Robert W. Soutas-Little · Daniel J. Inman · Daniel S. Balint

SI Edition
Engineering Mechanics Statics

정역학

김성수 · 김승필 · 박대호 · 안정훈 · 양　협
유삼상 · 이재훈 · 이병수 · 이준식 · 임병덕
장성욱 · 조용진 · 최병선　공역

Andover • Melbourne • Mexico City • Stamford, CT • Toronto • Hong Kong • New Delhi • Seoul • Singapore • Tokyo

**Engineering Mechanics:
Statics - Computational
Edition - SI Version,
1st Edition**

**Robert Soutas-Little
Daniel J. Inman
Daniel S. Balint**

Original edition © 2008 Cengage Engineering, a part of Cengage Learning.
Engineering Mechanics: Statics - Computational Edition - SI Version, 1st Edition
by Robert Soutas-Little, Daniel J. Inman, and Daniel S. Balint
ISBN: 9780495438113

ISBN-13: 979-11-5971-105-3

Cengage Learning Korea Ltd.
14F YTN Newsquare 76 Sangamsan-ro
Mapo-gu Seoul 03926 Korea
Tel: (82) 2 330 7000
Fax: (82) 2 330 7001

Cengage Learning is a leading provider of customized learning solutions
with office locations around the globe, including Singapore, the United Kingdom,
Australia, Mexico, Brazil, and Japan. Locate your local office at: **www.cengage.com**

Cengage Learning products are represented in Canada by Nelson Education, Ltd.

To learn more about Cengage Learning Solutions, visit **www.cengageasia.com**

Printed in Korea
Print Number: 01   Print Year: 2018

정역학을 공부하려는 학생들에게

이 책을 펴내게 된 배경

원저자들은, '요즈음 쓰이고 있는 정역학 교재들이 학생들이 갖추고 있는 컴퓨터 수준에 전혀 미치지 못하고 있어, 정역학 문제 해결방식에 한계가 있다고 느꼈기 때문'이라고 이 책의 발간 동기를 저자 서문에서 분명히 밝히고 있습니다. 한 마디로, 정역학 기본 교재는 대부분이 1960년대 이래로 그 내용이 거의 바뀐 게 없다는 말이죠.

이 번역서 또한 이 말에 공감하여, 공학 계열 학생들이 역학 분야에 첫 발을 들여놓으려면 반드시 이수해야 하는 필수 선행학습 과목으로서 정역학 과목을 학습하는 데 큰 도움이 되길 바라는 마음으로 발간하게 되었습니다.

역학이란?

역학은 물리학 가운데에서 가장 오래된 학문 분야로서, 기원전 400년 무렵의 그리스 문화에 기원을 두고 있습니다. 당시의 대표적인 인물로는 아리스토텔레스나 아르키메데스를 들 수 있죠. 그 후, 역학 원리의 공식적인 표현은 뉴턴에 의해 이루어졌습니다. 그러니까, 현대의 양자역학 이전의 고전역학은 뉴턴에 와서야 바야흐로 꽃을 피우게 된 것이죠.

역학은 글자 그대로 표현하자면 '力學'으로, '힘에 관한 학문'입니다. 당연히 힘이 작용하는 대상체에 따라 해석 방법도 달라지고, 그에 따라 합목적적으로 여러 학과목이 정립이 되어 있고요. 그렇게 해서, 역학은 기계설계, 구조해석, 응력해석, 진동, 전자기장 이론, 유체 및 고체 역학 등의 토대를 쌓은 기초 응용과학(engineering science)으로 발전하게 되었습니다.

간단히 말하자면, 역학은 운동을 다루고 기체, 액체 및 고체에 작용하는 힘의 효과를 다루는 물리 분야인 것입니다.

정역학이란?

정역학은 이러한 역학에서, '정적인 물체와 힘과의 관계'를 다루는 분야로 분화한 것입니다. 여기에서 '정적인 물체'라는 표현은 힘이 작용하는 대상체가 '정지 상태'이거나 '등속 운동'을 하고 있음을 의미합니다. 학생들은 정역학에 이 '등속 운동'을 하고 있는 물체가 포함된다는 사실에 매우 의아해하고, 또 흔히 잊어버리기도 합니다!

이 물체들은 가속도가 0인 물체라는 이야기입니다. 또한, 이 물체들은 외부에서 힘을 받고 있는데, 이동하거나 회전 운동을 하지 않는 힘의 평형 상태에 놓여 있는 물체를 의미하기도 한다는 점을 꼭 기억하길 바랍니다.

정역학 문제와 그 해결방식 사이에는?

그 동안 정역학 교재는 저자 서문에도 소개되어 있듯이, 1960년을 기점으로 하여 Beer and Johnson (벡터 판) → J. L. Meriam (SI 판의 효시) 등으로 출판이 되면서, 정역학 문제를 풀 때에도 일반 대수학 → 벡터 대수학 등이 적용되었습니다. 이에 따라 계산자 및 삼각함수표 → 계산기 등의 도구를 사용하여 문제를 주로 '손으로' 풀어 오다가, 1990년대 초부터는 컴퓨터를 사용하여 푸는 문제들이 일부 책에 실리기 시작하면서, 비로소 '컴퓨터로' 푸는 방식이 조금씩 적용되었으므로, 그때까지는 미스 매치가 일어나지는 않았습니다.

그러나 컴퓨터 사용이 늘어가고 그에 따라 학생들의 컴퓨터 수준이 높아져가면서, 상업용 소프트웨어에 적합한 새로운 해법인 행렬 대수학 등을 사용해야 할 필요성 또한 매우 높아지게 된 것이죠.

그런데도, 현실은 그렇지가 않다는 것이 원저자들의 주장하는 바입니다.

맺는 말

사실, 정역학은 놀랍게도 많지 않은 수의 기본 원리들을 기반으로 하고 있고, 그 동안은 벡터 대수학이라는 수학 분야를 도입하고 있었습니다. 이제 저자들은 행렬 대수학이라는 또 다른 수학 분야를 도입하고자 하는데, 이렇게 하게 되면 통상적인 컴퓨터 소프트웨어로 작업을 할 때에 유용하게 될 것입니다.

결론적으로 말하자면, 요즘에는 Mathematica®, MATLAB®, Mathcad®, Maple®, 그리고 다른 패키지들의 학생판이 나와 있고, 또한 많은 컴퓨터 해법을 휴대용 계산기에서도 사용할 수 있습니다. 이러한 소프트웨어는 대부분 행렬 표기법을 사용하고 있으므로 이제는 '행렬 대수학'을 기반으로 하는 정역학 문제 해결방식으로 공부를 할 때가 되었다는 의미이기도 합니다.

현실적인 면을 고려한다면, 우리가 정역학 문제를 풀 때, 특히 시험에서는 아직까지 컴퓨터나 스마트폰의 앱을 자유로이 사용할 수 있다고는 할 수 없을 것입니다. 그러므로 반드시 전통적인 해법으로 계산기를 사용하여 '손으로 푸는' 연습을 하는 한편, 시대의 흐름에 맞춰 이 책에서 새로이 도입하고 있는 행렬 표기법을 사용하는 정역학 문제 해법의 이론을 철저히 습득하여, 문제를 해결할 수 있는 수준에 이르도록 연습해야 할 것입니다.

2018. 01.

역자 일동

정역학 기본 교재는 대부분 1960년대 이래로 그 내용이 거의 바뀐 게 없다. 그 동안 정역학 교재로 인기가 높았던 교재 가운데에는 Beer and Johnson의 저서가 있는데, 이 책이 1962년에 처음 출간되었을 때는 벡터 판이 아니었으나 이후 1970년대 초에 벡터 판으로 출간되었다. 또 다른 인기 교재를 집필한 J. L. Meriam은 역학에 SI 단위를 사용한 선구자였다. Meriam은 또한 가능하기만 하다면 벡터 연산이 개념화되어야 한다고 굳건히 믿고 있었으므로, 대부분의 2차원 문제를 풀 때에는 먼저 벡터 다각형을 그린 다음 삼각법을 적용하는 데에 역점을 두었다. 컴퓨터 사용이 늘어가면서 1990년대 초에는 컴퓨터를 사용하여 푸는 문제들이 일부 책에 실리기는 하였지만, 학생들 대부분이 프로그래밍 언어에 익숙하지 않았던 만큼 제한적으로 실렸을 뿐이다. 게다가, 학과목 이수 과정은 이러한 유형의 문제를 다루기에는 시간이 한정되어 있었다. 요컨대, 벡터가 도입된 이후에도 책에 실린 자료나 기초 역학의 수학적 해결방식에는 변화가 거의 없었다.

그런데도 왜 우리는 여전히 또 다른 정역학 책을 저술하고 있는 걸까? 정역학 과목이라면 빠지지 않고 다루고 있는 주요 주제들은 지금껏 바뀌지 않고 시간의 시험에서 살아남아 있다. 정역학 과목은 질점과 강체 모두의 평형 개념을 제공하고 재료역학과 동역학 과목에 필요한 개념을 소개하는 역할을 해 왔다. 본 교재를 개발하게 된 큰 이유는 요즈음 교재들이 학생들이 갖추고 있는 컴퓨터 수준에 전혀 미치지 못하고 있고, 이러한 이유로 문제 해결방식에 한계가 있다고 느꼈기 때문이다. 이 책은 정역학을 완전히 새롭게 제시한 전형으로서 지난 10년 동안 개발되었다. 이 책을 저술하면서 사용한 문제 해결방식은 *Engineering Mechanics: Statics − Computational Edition*이라는 책 제목에 잘 나타나 있다. 저자들은 컴퓨터 소프트웨어를 사용하여 풀이한 일부 문제들을 MATLAB®, Mathcad®, Maple®, Mathematica® 전용 매뉴얼에 편성한 바 있다. 과제 문제들은 교수와 학생들이 특정 문제는 소프트웨어를 사용하여 풀 수도 있고 더 나아가서는 소프트웨어를 사용하여 풀어야만 하거나 아니면 '손으로'도 쉽게 풀 수 있음을 알 수 있도록 표시되어 있다.

저자들은 컴퓨터 소프트웨어를 사용하여 풀어야 할 문제의 범위를 크게 넓힐 수도 있음을 깨닫게 되었다. 실제로, 이러한 문제들 가운데 일부는 비선형 특성 때문에 컴퓨터 소프트웨어를 필수적으로 사용할 수밖에 없다. 교재에는 컴퓨터 방법들을 별도로 편성해 놓았으므로 교수는 이를 선택적으로 건너뛰어도 된다.

이 컴퓨터 방법들은 학생들이 앞으로 배울 과목에서 참조할 내용으로서 유용할 것이다. 저자들은 벡터 평형식을 스칼라 식으로 전개하지 않고 푸는 직접 벡터 해법과 같은 새로운 해법들을 도입하였다. 저자들은 'black box' 해법을 경계하고 학생들이 기본 역학을 물리적으로 잘 이해할 수 있도록 하였다. 컴퓨터 소프트웨어를 복잡한 그래픽 계산기로 볼 수도 있다. 이러한 컴퓨터 소프트웨어를 사용하는 해법은, 계산자와 삼각함수표에서 시작하여 계산기로 그리고 지금의 컴퓨터로 진화하는 과정에서 바로 다음 단계인 것이다.

저자들과 그 밖의 교수들은 지난 10년 동안 이러한 해법을 시험해 오면서 그 내용이 널리 받아들여질 수 있고 열중해야 할 대상임을 알았다. 벡터 평형식과 필요한 기하학적 구속조건을 모델링(자유 물체도)하고 수학식으로 세우는 데 더욱 더 중점을 두었다. 많은 문제들이 일반적인 매개변수 형식으로 공식화되어 있어서 학생들이 각각의 매개변수의 효과, 즉 각도, 길이, 부하, 스프링 상수, 마찰계수 등의 변화 효과를 알 수 있도록 되어 있다. 이 때문에 학생들은 설계의 함축적인 의미뿐만 아니라 해석기법도 함께 고려할 수 있게 될 것이다.

이 방식으로 학습하는 과정에서 일어나는 가장 큰 변화는 시험 유형에서 나타났다. 수치 계산 과정에는 이전만큼 중점을 두지 않으면서도 벡터 평형식의 모델링과 수식화에 더욱 더 중점을 두었기 때문에 시험에는 이러한 매개변수의 변화가 반영되었다. 따라서 많은 시험에서는 문제를 단지 수치 계산 과정이 유지되는 정도에서 풀도록 요구하게 된다. 전형적으로 전 과정을 수치 계산으로만 풀도록 부과한 과제 문제를 시험에 포함시켜서 학생들에게 이 문제를 컴퓨터 소프트웨어를 사용하여 풀게 하였다. 노트북 컴퓨터와 그래픽 계산기의 장래성이 커져 가면서 시험 기법도 바뀔 필요가 있는 것이다. "내 손자는 컴퓨터 분야에서 나를 훨씬 더 앞서 가고 있으며, 바로 나야말로 컴퓨터 지식을 받아 들여야 할 사람이다"라고 한 어느 저자의 말처럼 말이다.

모든 정역학 책들에는 힘, 모멘트, 평형 등에 관한 개념이 소개되어 있다. 게다가, 도형 중심, 2차 면적 모멘트, 내력, 보의 모멘트 등에 관한 기본 개념도 재료역학(변형체 역학)으로 이어지는 징검다리 역할로서 소개되어 있다. 또한, 건마찰 개념도 쐐기, 벨트, 일반적인 기구에 대한 응용과 함께 소개되어 있다. 저자들은 '필요한 정보만 제공하는(need-to-know)' 방식의 수학적 해법들을 도입하여 시험해 보았더니 어떤 경우에는 이 해법을 적용하면 안 된다는 사실을 알게 되어 제2장에 벡터 해석을 모두 실어 놓았다. 또 제2장에는 선형 연립 방정식과 행렬도 소개되어 있다. 평형은 선형 연립 방정식으로 표현되는데, 과거에는 학생들이 이를 수치적으로 푸는 데 많은 시간을 쏟아 붓곤 했다. 대부분의 계산기와 모든 소프트웨어에서는 이 선형 연립 방정식을 행렬식 해법을 사용하여 푼다. 이 책의 목적은 선형 대수학을 완벽하게 해결하는 방식을 제공하고자 하는 것이 아니고 학생들이 정통적으로 컴퓨터 소프트웨어를 사용할 수 있도록 충분한 자료를 더해주고자 하는 것이다. 제3장에서는 벡터 평형 방정식을 모델링하고 작성하는 데에 중점을 두어 질점 평형을 설명하고 있다. 먼저 제2장의 제1, 2, 3절에 있는 벡터를 도입하여 식 표현을 바꾼 다음 제2장에 있는 이 벡터 해법에 이어 제3장의 제1, 2절을 다루면 된다.

제3장에는 스프링과 부정정 문제가 제공되어 있는데 이 장은 변형체 역학으로 원활하게 이어지게 하는 징검다리 역할을 한다. 이 장의 내용은 그 특성이 '독립적'인 것이어서 정역학 과목의 연속성을 잃지 않으므로 건너뛰어도 된다. 제3장에는 2개의 특별한 절, '정마찰'과 '아치의 쐐기돌'이 추가로 소개되어 있다. 마찰은 제9장에서 표준 해법을 따라 상세하게 다루고 있지만, 질점 평형에서 이를 짧게 소개함으로써 마찰력

이 단지 평형에 필요한 힘과 같게 된다는 점과 정마찰계수는 단지 물체가 이동하기 전에 최대치를 나타낸다는 점을 강조하고 있다. 시스템이 완전히 불안정한 상태가 되면, 마찰력은 법선력에 정마찰계수를 곱한 값과 결코 같지 않게 된다. 아치에 관한 설명은 주로 역사적인 목적에서 하는 것이므로 과제 문제로만 취급하면 된다.

제4~6장에서는 몇 가지 벡터 해법을 추가하면서도 전통적인 표현방식을 따른다. 제7장에는 '행렬 해법을 사용한 조인트 법' 절이 추가되어 현대적인 구조해석을 소개하고 있다. 이 절은 다뤄도 되고 건너뛰어도 연속성을 잃지는 않는다. 제8장에는 불연속 함수에 관한 절이 추가되어 있어 재료역학 과목의 보 굽힘으로 원활하게 연결시켜주며 동역학에서 사용되는 '헤비사이드 스텝 함수'가 소개되어 있다. 제9장에서는 마찰을 전부 다루고 있는데 이는 제3장에 있는 질점 평형에 관한 내용과 중복된다. 제10장에는 관성 모멘트가 표준 과정으로 실려 있고 아이겐밸류 문제에 관한 설명이 추가되어 있다. 제11장에서는 가상 일을 주제로 다루고 있다. 이 주제는 표준 과정에서는 대개 건너뛰지만 정역학을 완전히 학습하려 하거나 그 내용을 참조하려면 포함시키면 된다.

생체역학 문제를 일부 추가시켜 학생들에게 역학 원리가 의용공학에 적용된다는 점을 소개하고자 했다. 생체역학은 정형외과학적 문제와 재활 문제를 임상적으로 이해할 수 있게 해줄 뿐만 아니라 스포츠 의학에 응용시킬 수 있는 주 도구가 되고 있다. 손쉽게 참조할 수 있도록 '정역학 용어집'이 포함되어 있으므로 학생들은 주제의 정의와 그 주제가 교재에 실려 있는 위치를 신속히 찾아볼 수 있다.

MATLAB®, Mathcad®, Maple®, Mathematica® 매뉴얼에는 저마다 각각의 컴퓨터 소프트웨어 패키지에 관한 상세한 내용과 정역학 문제 해결에 사용하는 방법이 소개되어 있다. 이러한 매뉴얼에는 이 교재에 실려 있는 적절한 예제들이 풀이되어 있으므로 학생들에게 정역학 문제를 푸는 데 특정한 소프트웨어 사용 안내를 할 때에 사용하면 된다. 이에 대하여 강의 시간을 추가적으로 할애하는 것은 거의 필요하지 않거나 전혀 필요하지 않다.

많은 사람들이 이 교재의 개발에 공헌하였다. 우리 저자들은 '의견'을 제시하고 유용한 제안을 많이 해준 여러 학생들에게 일일이 고마움을 전할 수 없지만 우리를 도와준 많은 인사들에게 감사의 말씀을 전하고자 한다. 여기에 이 인사들의 명단 일부를 알파벳 순서로 실었으나 혹시 이름이 누락되었다면 미리 양해를 구한다.

Dean Nicholas Altiero, College of Engineering, Tulane University

Professor Greg Heiner, Utah State University

Dr. K. Jimmy Hsia, University of Illinois, Urbana-Champaign

Dr. Dallas Kingsbury, Arizona State University

Professor Carl Knowlen, University of Washington

Professor John B. Ligon, Michigan Technical University

Dr. Jun Nogami, Michigan State University

Dr. K. Papadakis, University of Patras

Professor Roger Haut, Michigan State University

Professor Robert Hubbard, Michigan State University

Dr. Tamara Reed-Bush, Michigan State University

Dr. Wendy Reffeor, Grand Valley State University

Professor Henry Scanton, RPI

Dr. Joe Slater, Wright State University

Professor Arnold E. Somers, Jr., Valdosta State University

Patricia Soutas-Little, retired; Michigan State University

Professor Bill Spencer, University of Illinois, Urbana-Champaign (이전에는 Notre Dame에 근무)

Bill Stenquist, Editor, McGraw Hill

Dr. Wayne Whitman, Georgia Tech (이전에는 West Point에 근무)

그리고 Thomson Engineering 소속의 다음 사람들에게도 감사의 말씀을 전한다.

Chris Carson

Hilda Gowans

Rose Kernan, RPK Editorial Services

차 례

Chapter 01

서론

1.1 역학

역학은 물리학 가운데에서 가장 오래된 학문 분야로서, 기원전 400~300년의 그리스 문화에 기원을 두고 있다. 역학 문제를 연구한 가장 초기의 기록은 아리스토텔레스 (Aristotle; 기원전 384~322)의 저작이다. 이러한 초기의 저작 가운데 일부의 저작권에 관해서는 역사적인 의문이 남아 있기는 하지만, 수직력의 평형과 지렛대 작용에 관하여 연구한 사실은 이러한 저작물에 분명히 나타나 있다. 시라큐스의 아르키메데스(Archimedes; 기원전 287~212)는 형식을 갖춘 지렛대 연구와 무게 중심의 개념을 소개하였다. 그는 또한 기하학의 개념을 검토하여 부력 이론과 부유체의 평형에 관하여 기술하였다. 케플러 (Kepler)와 갈릴레오(Galileo)를 포함하여 이후의 많은 과학자와 수학자들이 역학의 발달에 공헌하였지만, 역학 원리를 형식을 갖춰 표현하는 것은 아이작 뉴턴 경(Sir Isaac Newton; 1642~1727)에 의해 이루어졌다.

역학은 기계설계, 구조해석, 응력해석, 진동, 전자기장 이론, 유체 및 고체 역학 등의 토대가 되는 기초 응용과학(engineering science)이다. 특히, 역학 과목에서는 모델링 방법, 벡터 대수학과 미적분 기법, 컴퓨터 해법이 사용된다. 역학은 운동을 다루고 기체, 액체 및 고체에 작용하는 힘의 효과를 다루는 물리학의 한 분야이다. 학습 편의상, 역학은 변형 고체 분야, 유체 및 기체 분야, 및 강체 분야로 나뉘어 왔다. 더욱 더 접근 방법을 단순하게 하고자, 강체 역학은 정지 상태나 등속 운동 상태에 놓여 있는 강체를 취급하는 정역학(statics)과 가속 운동 상태에 놓여 있는 강체를 취급하는 동역학으로 세분된다. 정역학이 동역학의 특별한 경우로 간주되기도 하지만, 힘과 모멘트의 개념을 확실히 이해하고, 물리적 상황을 모델링하는 방법을 배우고, 이러한 아이디어들을 기술할 때 필요한 수학적 도구를 사용하는 데 숙달을 하려면 정역학을 먼저 학습하는 것이 좋다.

놀랍게도 몇 가지가 되지도 않는 기본 원리들을 기반으로 하는 정역학은 수학의 한 분야인 벡터 대수학을 사용한다. 이제 저자들은 행렬 대수학이라는 또 다른 수학 분야를 도입하고자 하는데, 이 분야는 통상적인 컴퓨터 소프트웨어로 작업을 할 때에 유용하다는 것이 입증될 것이다. 정역학에서 문제를 풀 때에 반드시 행렬 표기법을 사용할 필요는 없지만, 현재 사용할 수 있는 상업용 소프트웨어는 대부분이 이 행렬 표기법을 사용하고 있다.

1.2 기본 개념

역학 공부의 출발점은 뉴턴이 자신의 3가지 운동법칙의 근간으로 삼았던 기본 개념들을 살펴보는 것이다. 이 개념들은 다음과 같다.

공간(space)은 물체와 사건(event)이 발생하며 상대적인 위치와 방향이 있지만 경계가 없는 공활한 장소이다. 공간에서는 길이, 면적 및 체적을 측정할 수 있다. 길이는 자와 같이 알고 있는 길이나 표준 길이의 다른 물체와 비교함으로써 측정할 수 있다. 면적은 2가지 수직 길이의 곱으로 정의되므로 2차원 공간을 측정할 수 있다. 체적은 3차원 공간이므로 3가지 길이의 곱이다. 뉴턴은 공간을 무한하고 균질이며, 등방성이고 절대적인 것으로 생각했다. 마지막 특성인 절대성 때문에 뉴턴은 주 관성좌표계의 존재를 가정할 수가 있었는데, 이 좌표계는 '항성(고정 별)'에 대하여 움직이지 않으므로 원점이 우주의 질량 중심에 위치된다. 공간이 등방성이게 되면, 공간 내의 임의의 점에 있는 밀폐계의 특성량들은 계의 방위에 따라 영향을 받지 않게 된다. '균질(homogeneous)'이란 공간이 모든 점에서 동일하며 점에 따라 변화하지 않는다는 것을 의미한다. 오늘날에는 공간에 대한 이해가 아인슈타인(Einstein)의 상대성 이론 때문에 뉴턴 시절의 그것과는 약간 달라졌지만, 이 책에서는 공간을 뉴턴이 가정했던 것과 같은 것으로 가정하고 상대론적인 효과에 기인하는 어떠한 작은 편차라도 무시할 것이다.

시간(time)은 사건의 흐름을 정리하는 데 사용되는 개념이다. 뉴턴은 시간이 절대적이라고 가정했다 — 즉 시간은 모든 관찰자에게 동일하므로 세상의 모든 물체와는 독립적이라는 것이다. 물리학자들은 시간을 현실 세계에서 우연히 도달하게 되는 비현실적인 관념이라고 생각했다. 바꿔 말하면, 일련의 사건의 흐름으로 시간이 정의되므로 시간은 그러한 사건의 흐름에 종속된다는 것이다. 이 책에서는 절대 시간이라는 뉴턴의 정의를 사용하며, 시간은 지구의 회전, 진자의 흔들림이나 원자의 진동(즉, 원소 세슘(cesium)에서의 천이 주파수)과 같은 반복가능한 특정 사건과 비교하여 측정된다.

뉴턴은 **질량(mass)**을 물체의 체적과 밀도의 관계를 나타내는 '물질의 양'으로 정의하였다. 뉴턴은 만유인력의 법칙에서 정의되는 '중력질량'이 가속에 저항하는 물체 저항의 척도인 관성 질량과 동등하다고 설명하였다. 현재에는, 이 설명을 '등가 원리'라고 하는데, 이는 아인슈타인의 상대성 이론 중 하나의 가설이다. 이 책에서는, 어떠한 상대론적인 효과도 무시하고 물체의 질량이 운동과는 독립적이라고 가정한다.

힘(force)은 다른 물체에 대한 한 물체의 작용으로 정의된다. 이 작용은 두 물체 사이의 직접적인 접촉의 결과일 수도 있고, 거리를 두고 떨어져 있는 두 물체 사이의 중력, 자기적 또는 전기적 효과 때문에 일어날 수도 있다. 뉴턴은, 힘은 항상 크기가 같고 방향이 반대인 짝으로 발생하여 각각의 힘은 각각의 상대 물체에 작용한다는 가설을 세웠다. 힘은 직접적으로 측정되지 않고, 단지 힘이 발생시키는 효과만을 측정할 수 있을 뿐이다. 예를 들면, 스프링을 늘리는 데 필요한 힘은 스프링이 늘어난 거리를 구하여 측정한다.

뉴턴은 강체 정역학과 동역학 분야의 근간인 4개의 공리, 즉 법칙을 공식화하였다. 그중에서 3가지 법칙은 **뉴턴의 운동 법칙**으로 알려져 있으며, 그 내용은 다음과 같다.

1. **모든 물체, 즉 질점은, 그 물체에 작용하는 힘에 의해 그 상태가 변화되어야 하지 않는 한, 원래의 정지 상태나 직선 균일 운동 (등속 운동) 상태를 유지한다.** 즉

물체는 순(알짜) 외력이 작용하지 않으면 정지 상태를 유지하거나 동일한 속력과 방향으로 계속 운동하게 된다.

2. **물체의 운동 변화는 그 물체에 가해진 순 힘에 비례하고 그 순 힘의 방향과 일치한다.** 즉, 순 힘은 질량과 속도의 곱의 변화와 같다. 질량은 가속도에 대한 물체의 저항이다.

3. **제1물체가 제2물체에 힘을 가하면, 제2물체도 제1물체에 크기가 같고 방향이 정반대인 공선력(같은 선을 따라 작용하는 힘)을 가한다.**

뉴턴의 나머지 법칙은 만유인력의 법칙이다.

4. **어떠한 두 물체라도 서로의 중력질량의 곱에 비례하고 두 물체 사이의 거리의 제곱에 반비례하는 크기의 힘으로 서로 당겨진다.** 인력의 예는 그림 1.1에 나타나 있다.

인력 F의 크기는 수식으로 쓰면 다음과 같다.

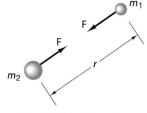

그림 1.1 질량이 각각 m_1과 m_2이고 그 중심 사이의 거리가 r만큼 떨어져 있는 두 물체 사이의 인력 F.

$$F = \frac{Gm_1m_2}{r^2} \tag{1.1}$$

여기에서,

$$G = 66.73 \times 10^{-12}\,\mathrm{m^3/kg \cdot s^2}$$

는 **만유인력 상수**이다.

지표면에 있는 물체의 **중량(weight)**은 지구 질량에 대한 물체의 인력이다. 중량은 다음 식과 같다.

$$W = \frac{GmM}{R^2} \tag{1.2}$$

여기에서, G는 만유인력 상수이고, m은 물체의 질량(kg 단위)이며, M은 지구의 질량(단위는 kg)이고 R은 지구의 반지름(단위는 m)이다. 지표면에 있는 물체의 인력은,

$$g = (GM)/R^2$$

의 비를 상수로 잡으면 g값이 $9.807\,\mathrm{m/s^2}$이나 $32.17\,\mathrm{ft/s^2}$이 된다. 이 값은 지구가 반지름이 R인 완전 구체가 아니고 고도가 변화하므로 지구의 여러 지점마다 다르다. 그러나 대부분의 공학 문제에서는 g를 상수로 취급한다. 지표면 부근에 있는 물체의 중량은 중력에 기인하며 다음과 같다.

$$W = mg \tag{1.3}$$

상수 g는 그 단위가 가속도 단위와 같으며, **중력 때문에 발생하는 가속도, 즉 중력 가속도**라고 한다. 이 개념은 질점 동역학 내용을 소개할 때 상세하게 설명할 것이다. 지금은 g를 지표면 상에서 물체의 질량과 중량의 관계를 나타내는 상수라고 생각하면 된다.

문제 가운데에서 개념을 묻는 문제들은 식을 세워 풀거나 정량적인 노력을 기울일 필요가 없다. 이 문제들은 Eric Mazur, Peer Instruction, Prentice Hall, Upper Saddle River, N. J., 1997에서 나온 아이디어에 근거를 두고 있음을 밝힌다.

1.1 버스와 소형 스포츠 카 사이에 충돌이 일어났다. 충돌 중에,
 a. 버스와 스포츠 카 사이에 어떠한 힘도 가해지지 않는다.
 b. 버스는 스포츠 카에 힘을 가하지만 스포츠 카는 버스에 어떠한 힘도 가하지 않는다.
 c. 버스는 스포츠 카가 버스에 가하는 힘보다 더 큰 힘을 스포츠 카에 가한다.
 d. 버스가 스포츠 카에 가하는 힘과 스포츠 카가 버스에 가하는 힘이 같다.
 e. 스포츠 카는 버스가 스포츠 카에 가하는 힘보다 더 큰 힘을 버스에 가한다.

결과로서 나타나는 감가속도(음의 가속도)는?
 a. 버스와 스포츠 카 모두에서 같다.
 b. 스포츠 카보다 버스에서 더 크다.
 c. 버스보다 스포츠 카에서 더 크다.

1.2 엘리베이터가 일정한 시간율(등속)로 올라가고 있다. 이 엘리베이터에 작용하는 순 힘은?
 a. 0과 같다.
 b. 엘리베이터 및 탑승자의 중량과 같다.
 c. 엘리베이터 중량과 이 엘리베이터를 끌어 올리는 케이블 장력 사이의 차와 같다.

1.3 반지름은 같지만 질량이 더 큰 행성으로 이주할 때, 체중은?
 a. 감소한다.
 b. 증가한다.
 c. 변하지 않는다.

1.4 질량은 같지만 반지름이 더 큰 행성으로 이주할 때, 질량은?
 a. 감소한다.
 b. 증가한다.
 c. 변하지 않는다.

1.3 단위

정역학 진도를 더 나가기 전에 길이, 질량, 시간, 힘 등의 단위를 정립하는 것이 중요하다. 대부분의 엔지니어와 과학자들은 **국제 절대단위계**(SI 단위, 즉 Systeme International d'Unites)를 사용하고 있지만, 많은 나라에서는 미터법 단위를 사용하고 있고 미국에서는 아직도 U.S. 상용단위를 사용하고 있다. 일반적인 미터법과 U.S. 상용단위계는 중량에 기반을 두고 있으므로 **중력단위계**라고 한다. 이 단위계에서는 힘이 기본 단위로 취급된다. 절대단위계에서는 질량이 기본 단위로 취급되므로 힘은 유도 단위이다. 미터법에서는 힘으로서의 kg(kgf; kilogram force)을 사용하고 있고 SI 단위계에서는 질량으로서의 kg(kgm; kilogram mass)을 사용하고 있으므로 여전히 혼동하게 된다. kgf는 지구 중력장 내에서만 사용되고 있지만, 여기에 9.81을 곱해서 N(Newton)으로 변환시키는 것은 SI 단위계에서도 마찬가지이다. 이 책에서는 모든 문제에 SI 단위를 사용하고 있으나 이 절에서 변환표를 소개한다.

1.3.1 SI 단위

SI 단위계에서 기본 단위는 길이, 질량, 시간인 반면에, 힘은 유도량으로 취급된다. SI 단위계에서는, 길이의 단위는 **미터**(m; meter)이고, 질량의 단위는 **킬로그램**(kg; kilogram)이며, 시간의 단위는 **초**(s; second)이다. 힘의 단위는 **뉴턴**(N; newton)이라고 하고, 이는 1 kg의 질량을 1 m/s²로 가속시키는 데 필요한 힘으로 정의되며, 기호를 사용하여 나타내면 다음과 같다.

$$1\text{ N} = (1\text{ kg}) \cdot (1\text{ m/s}^2)$$

SI 단위계에서는 한층 더 크거나 작은 단위들은 기본 단위들의 10배수들로서, 접두사로 표시한다. SI 접두사들은 표 1.1에 실려 있다. 이 단위들을 발음할 때에는 접두사에 강세를 두어 강조한다. 'kilometer'는 기술적인 내용이 아닌 대화에서 흔히 상이하게 발음되는 대표적인 예이다. 'hecto-', 'deka-', 'deci-', 'centi-'는 면적과 체적을 측정하거나 일상적으로 'centimeter'를 사용하는 경우를 제외하고는 사용하지 않는다.

지난 수 년 동안 일반화되어 사용되어 온 한 가지 SI 접두사는 nano-, 즉 10^{-9}이다. 21세기를 주도해온 주요 과학 및 공학 분야가 나노기술이다. 나노기술은 1~100 nm의 길이 규모의 원자, 분자, 대형 분자 수준에서의 새로운 연구 및 기술이다. 나노미터(nm)는 10억분의 1미터이므로 나노기술은 공학과 화학과 생물학을 결합하는 새로운 융합 과학이다. 이 기술에서는 한 번에 원자나 분자를 하나씩 쌓아 나노 기계를 제작한다. 나노 기어는 지름이 나노미터 규모로 분당 6조 바퀴의 회전수(rpm)의 속도로 회전할 수도 있다. 1990년에, IBM의 연구원들은 원자를 하나씩 조작할 수 있음을 증명하였다. 이제 연구는 원자와 분자를 조작하게 프로그램이 되는 **어셈블러**(assemblers)라고 하는

표 1.1
SI 접두사

승수	접두사 이름	기호
10^{12}	tera	T
10^{9}	giga	G
10^{6}	mega	M
10^{3}	kilo	k
10^{2}	hecto	h
10	deka	da
10^{-1}	deci	d
10^{-2}	centi	c
10^{-3}	milli	m
10^{-6}	micro	μ
10^{-9}	nano	n
10^{-12}	pico	p
10^{-15}	femto	f
10^{-18}	atto	a

나노 규모 기계 개발에 돌입하고 있다. **레플리케이터(replicators)**는 나노 기계를 제작하는 데 필요한 수조 개의 어셈블러를 구축하도록 프로그램된 것이다. 수조 개의 어셈블러와 레플리케이터는 $1\,mm^3$보다 더 작은 공간을 채울 것이다. 나노 기계로 만들어지게 될 첫 번째 제품은 강보다 100배 더 강하고 4배 더 가벼운 섬유가 될 것이다. 의료 분야에서는 나노 로봇, 즉 나노봇(nanobot)이 암 세포나 바이러스의 분자 구조를 바꿔 놓을 것이다. 분자 컴퓨터가 수조 바이트의 정보를 저장할 수가 있게 되어 실리콘 기반의 컴퓨터보다 수십억 배 더 빠르게 될 것이다. 미국 연방정부는 나노기술 연구에 상당한 예산을 배정하고 있다.

이 시점에서 소개해야 할 한 가지 측정 단위는 각도의 척도이다. 흔히 각도를 도(degree)로 표기하여 도 단위의 삼각함수(사인, 코사인 등)을 구하는 데 어려움을 느끼지는 않지만, 식에서 각도가 도 단위가 아닌 단위로 표기되어 있으면 그것은 라디안으로 측정된 것이다.

$$\pi \text{ radians} = 180°$$

라디안(rad)은 각도의 기본 단위이며, 도(°)는 단지 학생들이 이 단위에 익숙하다는 이유로 사용되고 있을 뿐이다. 각속도(회전율)를 도입할 때에는 초당 라디안(rad/s)으로 표시하면 된다. SI 단위계에서는 각도의 크기가 무차원이라는 점에 유의하여야 한다. 즉, 특정한 단위가 없다는 것이다. 그보다는 각도를 원호의 반경에 대한 원호 길이의 비라고 보는 것이다. 한 바퀴를 완전히 돌면 2π rad, 즉 360 °이다. 대부분의 컴퓨터 소프트웨어 패키지에서는 각도를 rad 단위로 나타내게 되어 있다.

1.3.2 미국 상용단위

많은 미국 엔지니어들은 아직도 길이, 힘, 시간 등의 단위로 옛 영국 단위를 기반으로 하는 단위계를 사용하고 있다. 이 단위계는 질량 대신에 힘을 기본 단위로 삼고 있기 때문에 상이한 단위계일 뿐만 아니라 상이한 개념이다. 이 책에는 미국 상용단위를 사용하는 문제가 전혀 실려 있지 않다. 이 단위계는 학생들이 이 단위들을 마주치게 되었을 때 도움이 되게 하고자 간략하게 복습할 것이다. 길이의 표준 단위는 피트(ft)이고 힘의 단위는 파운드(lb)이며 시간의 단위는 초(s)이다. 파운드(lb)를 표준 단위로 정의하게 되면 이 단위계는 인력이나 중량에 종속되게 된다. 상수 g는 미국 단위에서는 그 값이 $32.17\,ft/s^2$이다. 미국 단위에서 질량은 $lb \cdot s^2/ft$로 나타내는 슬러그(slug)로 측정된다. 미국 단위계는 십진법이 아니므로 이 단위계에서는 하나의 단위를 다른 단위로 변환할 때에 번거롭다. 예를 들면:

$$
\begin{aligned}
1 \text{ foot} &= 12 \text{ inches} \\
1 \text{ mile} &= 5280 \text{ ft} \\
1 \text{ yard} &= 3 \text{ ft} \\
1 \text{ nautical mile} &= 6080.2 \text{ ft} = 1853.248 \text{ meters}
\end{aligned}
$$

천문학자는 대단히 먼 거리를 측정해야 하므로 상이한 단위를 사용한다. 예컨대, 천문단위(AU; astronomical unit)는 지구에서 태양까지의 거리인 1억 5천만 km이다[1 AU = 150×10^6 km]. 이러한 거리에서는 mile이나 km는 거리를 측정하는 데 쓸모가 없게 되며 심지어는 천문단위도 곧 번거롭게 될 것이다. 성간 거리를 도표화할 때에 천문학자들은 광년을 사용하는데, 이는 빛이 시간당 7.2 AU의 일정한 속도(299,792 km/s)로 1년 동안 이동한 거리이다. 우리의 **은하수**는 지름이 90,000 광년이다. 알려진 우주를 둘러싸려면 한 변의 길이가 수십억 광년의 입방체가 필요하다.

널리 받아들여지고 있는 빅뱅 이론에 따르면, 우주는 약 150억 년 전의 거대한 최초 폭발에서 존재하게 된 이래로 광속에 가까운 속도로 팽창하고 있다고 한다.

1.3.3 단위계 변환

종종 하나의 단위계를 다른 단위계로 변환시켜야 할 경우가 있다. 대표적인 단위 변환계수는 표 1.2에 실려 있다.

예제 1.1

미국에서 속도 제한 표시가 60 mph(miles per hour)인 도로에서 운전을 하고 있다고 하자. 이 제한속도는 km/hr 단위로 얼마인가?

풀이 mph를 km/hr로 바꾸는 변환계수는 표 1.2에 실려 있다.

$$60 \text{ mph} = 60 \text{ mi/h} \times 1.609 \text{ km/mi} = 96.54 \text{ km/hr}$$

가속도, 경과 시간, 이동 거리 같은 운동 변수들을 계산할 때에는 속도의 단위를 m/s로 나타내야 한다. km/hr를 m/s로 변환시킬 때에는 1000 m/km를 곱하고 3600 s/hr로 나누면 된다. 즉

$$1 \text{ km/hr} = 1 \times \frac{1000 \text{ m/km}}{3600 \text{ s/hr}} \times \text{km/hr} = 0.278 \text{ m/s}$$

표 1.2
단위 변환

길이	SI 기본 단위는 미터 (m)	
1 피트(ft) → 0.3048 m		1 m → 3.281 ft
1 인치(in) → 2.54 cm		1 cm → 0.3937 in
1 야드(yd) → 0.9144 m		1 m → 1.094 yd
1 마일(mi) → 1.609 km		1 km → 0.6214 mile
1 옹스트롬(Å) → 10^{-10} m		→ 3.937×10^{-9}
1 펄롱(furlong) → 201.2 m		→ 660 ft
1 광년 → 9.461×10^{15} m		→ 5.879×10^{12} mi
1 미크론(microns) → 10^{-6} m		1 m → 10^6 microns μ
1 나노미터(nm) → 10^{-9} m		1 m → 10^9 nm

면적   SI 기본 단위는 제곱 미터 (m^2)

1 ft^2 → 9.290 × 10^{-2} m^2	1 m^2 → 10.764 ft^2 → 1.550 × 10^3 in^2
1 헥타르(hectare) → 1 × 10^4 m^2	1 hectare → 2.471 acre
1 제곱 마일(sq mile) → 640 에이커(acres)	1 sq mile → 2.590 × 10^6 m^2
1 제곱 인치(sq in) → 6.452 × 10^{-4} m^2	1 sq in → 6.452 cm^2

부피   SI 기본 단위는 세제곱 미터 (m^3)

1 m^3 → 3.541 세제곱 피트(cubic ft) → 6.102 × 10^4 in^3

1 세제곱 피트(cubic ft) → 2.832 × 10^{-2} m^3

1 세제곱 인치(cubic in) → 1.639 × 10^{-5} m^3

1 리터(liter) → 1.00 × 10^{-3} m^3 → 0.2642 갤런(미) → 2.113 파인트(미)

1 갤런(미) → 3.785 liter

1 갤런(영) → 1.201 gallon(미)

힘   SI 기본 단위는 뉴턴 (N)

1 lb force → 4.448 N	1 N → 0.2248 lb force
1 lb force → 4.534 × 10^{-1} kg force	1 kgf → 2.208 lb force
1 kg force → 9.807 N	1 kgf → 0.1020 N
1 dyne → 1.00 × 10^{-5} N	1 N → 1.000 × 10^5 dynes
1 U.S. ton → 2000 lb	

kgf(킬로)는 중력 미터법에서 중량의 기본 단위로 사용됨.

질량   SI 기본 단위는 킬로그램 (kg)

1 slug → 32.17 lb force gravitational weight (g = 32.17 ft/s^2)

1 slug → 14.59 kg mass

1 kg·1.0 m/s^2 = 1.00 N

지구에서의 중량 1kg · g = 9.807 N (여기에서 g = 9.807 m/s^2)

속도   SI 기본 단위는 미터/초 (m/s)

1 ft/s → 0.3048 m/s	1 m/s → 3.281 ft/s
1 km/hr → 0.6214 mph	1 mph → 1.609 km/hr
1 km/hr → 0.5396 knot	1 knot → 1.852 km/hr → 1.152 mph

압력   SI 기본 단위는 파스칼 (Pa ≡ N/m^2)

1 psi → 6.895 × 10^3 Pa	1 Pa → 1.450 × 10^{-4} psi
1 Mm Hg → 1.333 × 10^2 Pa	1 Pa → 7.501 × 10^{-3} mm Hg
1 atmosphere → 1.013 × 10^5 Pa	1 Pa → 9.869 × 10^{-6} atmosphere (atm)
1 atmosphere → 14.7 psi	1 psi → 6.804 × 10^{-2} atm

에너지   SI 기본 단위는 줄 (J ≡ N·m = kg m^2/s^2)

1 ft-lb → 1.356 J	1 J → 0.7377 ft-lb
1 erg → 1.00 × 10^{-7} J	1 J → 1.00 × 10^7 erg

동력   SI 기본 단위는 와트 (W ≡ J/s)

1 ft-lb/s → 1.356 W	1 W → 0.7376 ft-lb/s
1 HP(영) → 7.457 × 10^2 W	1 W → 1.341 × 10^{-3} HP

공학 실무에서, 데이터는 흔히 단위가 섞여서 나오거나 호환이 불가능한 단위로 나타날 때도 있다. 그러한 경우에는 어떠한 계산이라도 하기 전에 모든 단위를 일관된 단위계로 변환시키는 것이 대단히 중요하다. 예를 들면, 자동차 타이어 안에 들어 있는 공기의 체적을 타이어 옆면에 통상적으로 주어진 데이터로 계산하려고 한다고 하자. 규격표시 P215/65R15에서는 타이어의 폭이 mm 단위 (215 mm)로, 타이어 폭에 대한 옆면의 높이의 비(광폭비)가 % 단위(65 %)로, 휠 직경이 in 단위(15 in)로 각각 나타나 있다. 타이어의 옆면과 폭을 직선이라고 가정하고 타이어를 가운데가 비어 있는 원통형으로 보고, 타이어 내부 공기의 대략적인 체적을 계산하라. 그 결과를 m³ 단위로 나타내어라.

풀이 답을 m³ 단위로 구해야 하므로, 데이터를 미터 단위로 변환시켜야 한다. 휠 직경이 인치 단위이므로 제일 먼저 이것을 mm 단위로 변환시킨 다음 m 단위로 변환시키면 다음과 같다.

$$D = (15 \text{ in.})(25.40 \text{ mm/in.})(0.001 \text{ m/mm}) = 0.381 \text{ m}$$

타이어의 내경은 다음과 같다.

$$R_i = D/2 = 0.190 \text{ m}$$

타이어 폭은 다음과 같다.

$$w = 215 \text{ mm} = 0.215 \text{ m}$$

타이어 옆면 높이는 다음과 같다.

$$h = 0.65 \, w = 0.65 \, (0.215 \text{ m}) = 0.140 \text{ m}$$

그러므로 타이어의 외경은 다음과 같다.

$$R_o = R_i + h = 0.190 + 0.140 = 0.330 \text{ m}$$

타이어 내부 공기 체적은 다음과 같다.

$$V = \pi \, [R_o^2 - R_i^2] \, w$$

$$V = \pi \, [(0.330)^2 - (0.190)^2]0.215 = 0.049 \text{ m}^3$$

타이어 코드 해석

타이어 폭을 mm 단위로 표시함(경트럭용 타이어에서는 치수를 in 단위로 표시함).

승용차용 타이어(경트럭용 타이어는 LT로 표시함).

제조업체 코드의 마지막 숫자들은 타이어 제조 일자를 나타냄. 이 예시에서 0513은 2013년의 5번째 주를 의미함. 고무는 시효경화(시간이 지나면 딱딱해짐)를 일으키므로 최근 일자를 찾아야 함.

타이어 폭에 대한 옆면의 높이의 비(광폭비)를 나타냄. 범위는 35~80. 숫자가 클수록 승차감은 좋지만 운전감은 떨어짐을 의미함. 숫자가 낮을수록 승차감은 떨어지지만 운전감은 좋아짐을 의미함(경트럭용 타이어에서는 비로 표시하지 않음. 직경을 in 단위로 표시함. 예: 29 또는 31).

레이디얼 제조 방식을 의미함.

휠 직경을 in 단위로 표시함.

최대 하중 등급 지수. 전형적인 범위는 75~100. 숫자가 클수록 타이어가 더 많은 하중을 지지함을 의미함. 중량의 크기는 작은 글씨로 측면의 다른 곳에 표시되어 있음.

타이어의 내열성(열에 견디는 성능)을 나타냄. 최상은 A, 최하는 C. 이 표시를 A, B, C의 연비 등급으로 대체하는 대안이 있음.

정부 시험에서 젖은 도로에서의 타이어의 제동성을 나타냄. 최상은 A, 최하는 C.

타이어 제조 재료의 플라이(층) 수.

적정하게 공기가 채워지고 양호한 상태에서 타이어의 최대 안전 속도.
코드: S-112mph
　　　T-118mph
　　　U-124mph
　　　H-130mph
　　　V-149mph
　　　Z-150mph 이상,
제조업체의 규정에 따름.

트레드의 지속성을 나타냄. 예: 트레드 등급 220의 지속성은 트레드 등급 110의 2배임. 지수는 비 마모 마일수 (specific number of miles of wear)와 같지 않음.

출처: Bridgestone/Firestone, Tire Industry Safety Council USA TODAY

P215/65R15 타이어 (Bridgestone/Firestone 및 Tire Industry Safety Council 제공)

연습문제

1.5 NBA 농구 선수의 평균 키는 2 m보다 더 큰가?

1.6 자신의 키가 1.83 m이라면, ft 단위로는 얼마인가?

1.7 자신의 몸무게를 N 단위로 구하라.

1.8 자신의 질량을 kg 단위로 구하라.

1.9 자신의 질량을 slug 단위로 구하라.

1.4 수치 계산

어떠한 숫자라도 그 정밀도는 숫자에 포함되어 있는 유효숫자의 자릿수로 나타낸다. 유효숫자는 소수점의 위치를 명시하는 데 사용되는 0이 아닌 숫자의 개수로서 0도 포함된다. 예컨대, 숫자 2701은 유효숫자가 4자리이다. 그러나 숫자 2700은 유효숫자 자릿수가

2자리인지, 3자리인지, 아니면 4자리인지 알기가 어렵다. 이러한 어려움을 해소하고 크고 작은 숫자들을 편하게 표현하고자 10의 승수를 사용하는 **과학적 표기법**(scientific notation)이 채택되고 있다. 이 표기법에서는 숫자 2701은 2.701×10^3으로 표기된다. 숫자 2700은 모든 숫자가 유효할 때에는 2.700×10^3으로 표기되고 유효숫자가 단지 2자리일 때에는 2.7×10^3으로 표기된다.

정역학 문제에서는 과학적 표기법으로 표기되지 않은 데이터의 유효숫자 자릿수를 구하는 것이 쉽지 않을 수도 있다. 예를 들어, 2개의 힘이 그 크기가 각각 10 lb와 8 lb로 주어졌다고 하자. 여기에서 숫자 10을 살펴볼 때 유효숫자 자릿수는 2자리인가 아니면 1자리인가? 만약에 1.0×10^1으로 주어졌다면 이 데이터의 유효숫자 자릿수는 2자리라는 것이 명백할 것이다. 그러나 숫자 8을 살펴보고 나서 10으로 반올림되지 않았다는 점을 주목한다면, 데이터는 가장 근사한 값(pound)까지 정밀하고 10의 두 숫자는 모두 유효숫자라고 결론을 내려야만 한다. 또한, 힘이 각각 10 lb와 32 lb일 때도 이와 동일한 결론에 도달할 수 있게 된다. 그러나 하중이 30,000 lb이고 그 외에 어떤 하중도 주어져 있지 않을 때에는, 유효숫자 개수를 결정하는 방법이 전혀 없게 된다. 그러므로 이러한 문제에서는 하중을 쓰고 이어서 괄호 안에 과학적 표기법을 넣어 30,000(3.00×10^4) lb처럼 병기하여 데이터가 가장 근사한 값 100 lb 자리까지만 정밀하다는 것을 표시하여야 한다.

역학 문제에서는 제2장에서 예시하려고 하는 바와 같이 항상 벡터가 수반된다는 사실 때문에 유효숫자의 개수를 구하는 것이 한층 더 어렵다. 벡터 수학은 각도의 사인과 코사인과 같은 삼각함수를 사용한다. 각도를 가장 근사한 값까지만 측정하여 25°라고 기록한 각도는 24.5°에서 25.5°까지 변할 수는 있어도 여전히 2자리의 유효숫자가 유지된다고 가정하는 것이 타당할 것이다. 그러나 많은 계산에서는 각도의 사인과 코사인이 산출되고 있고 각도를 구하는 데는 인버스 사인과 인버스 코사인이 사용되고 있다. 문제에서 모르는 각도의 사인 값이 0.97인 2자리 유효숫자를 사용하여 각도를 구한다고 가정하자. 다음과 같이 각도를 1°의 정밀도까지 구한다는 것은 불가능한 것이다.

$$\sin (75°) = 0.966 \approx 0.97$$
$$\sin (76°) = 0.970 \approx 0.97$$
$$\sin (77°) = 0.974 \approx 0.97$$

그러므로 삼각법 계산에서 유효숫자 3자리로 자리올림 되지 않는다면 각도는 1°의 정밀도까지 구할 수 없다. 답은 가장 근사한 값까지 기록되고 0.1°는 포함되지 않게 될 것이다.

유효숫자의 개수는 데이터의 정밀도로 구한다. 해는 데이터 가운데에서 정밀도가 가장 낮은 데이터보다 더 정밀할 수가 없다. 예컨대, 1.000 m의 길이가 2 mm의 정밀도까지 측정될 수 있다면, 데이터의 정밀도는 다음과 같다.

$$\frac{0.002}{1.000} = 0.002 = 0.2\%$$

이 길이의 측정량을 4008 N의 힘이 질점에 작용하였다고 결론이 나온 문제를 푸는 데 사용한다고 가정하자. 이 힘을 4008 N이라고 기록하는 것은 계산의 정밀도를 잘못 나타내는 것이다. 가장 큰 오차는 0.2 %이므로 힘의 크기의 신뢰는 4000 N에서 4016 N 사이에서 변한다. 그러므로 해는 4.01×10^3 N으로 기록되어야 한다.

계산기에서 대형 슈퍼컴퓨터까지 어떠한 연산기계라도 숫자를 나타낼 공간은 유한하다. 공교롭게도 공학 계산에서 나타나는 많은 숫자들은 **무리수**(irrational numbers), 예컨대 π, e, $\sqrt{2}$ 등이다. 어떠한 연산 장치라도 그 설계자는 숫자를 유한한 기록 길이로 나타내는 가장 효율적인 방법을 결정하여야만 한다. 즉, 각각의 숫자는 유한한 개수의 0과 1로 이진법으로 나타내야 하기 때문이다. 이는 이중 또는 삼중 정밀도 계산을 사용함으로써 달라지기도 한다. 숫자가 기록되는 길이는 유한하므로 컴퓨터 결과에서 표시되는 숫자의 개수가 결정되게 된다. 예를 들어, 어떤 답이 1.497532×10^2으로 뜰 수도 있다. 그러나 이 데이터의 유효숫자 개수를 4개로 제한한다면 이 답은 1.498×10^2으로 기록되어야 한다. 컴퓨터의 방대한 계산에서는 반올림이 흔히 무시되곤 하지만, 정밀도는 계산에 사용되는 데이터의 정밀도까지 제한한다는 점을 항상 깨닫고 있어야 한다. 공학문제의 답은 반올림될 수밖에 없으므로 이후의 계산에서 잘못 해석되어서는 안 된다.

1.5 문제 풀이 전략

역학 문제 풀이는 다음의 4가지 주요 단계로 구성되어 있다고 볼 수 있다.

1. **물리적인 문제를 모델링하기**: 모델링은 해석할 물체를 살펴보고 해도 되고, 실제 치수를 알아볼 수가 있고 그 물체의 각각의 개별 부품을 살펴보고 치수를 알 수 있는 배치도나 사진 또는 축소/확대 모델 등을 놓고 해도 된다. 모델은 가능하다면 관련된 현상을 완전하게 파악할 수 있을 정도로 단순해야만 한다. 대상 물체를 스케치하여 2차원 물체로 모델링할 것인지 아니면 3차원 물체로 모델링할 것인지를 결정하는 것이 좋다. 이렇게 모델링하는 데 강력한 도구가 **자유 물체도**(free-body diagram)이다. 이 자유 물체도는 대상 물체를 주위 환경에서 고립시켜서 그 주위 환경과의 상호작용을 정확하게 나타낸다. 모델과 그에 상응하는 자유 물체도가 정확하게 작성되지 않으면 그 나머지 풀이 과정은 쓸모가 없게 된다. 그림 1.2에는 자유 물체도가 예시되어 있는데, 여기에는 사다리가 매끄러운 벽면에 기대어 있다. 사다리에 작용하는 힘에는 사람의 체중, 사다리와 벽면 사이의 힘, 사다리와 지면 사이의 법선력과 마찰력이 포함된다. 내력은 뉴턴의 운동 제3법칙 때문에 무시된다. 그러므로 사다리의 가로장과 양쪽 기둥 사이의 힘들은 자유 물체도에 포함되지 않는다.

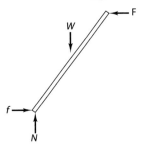

그림 1.2 자유 물체도

2. **지배 물리 법칙을 수학적인 형식으로 표현하기**: 정역학에서 이 단계는 평형방정식과

이에 필요한 구속조건식을 세우는 것이다. 동역학에서는 운동방정식과 운동 구속조건을 뉴턴의 운동 법칙에 따라 벡터 형식으로 표현한다. 이러한 수학적 식들을 표현하는 데에는 여러 가지 방법들이 있는데, 예를 들어 좌표계가 달라지면 이 식들도 달라진다. 정확하게 식이 세워진다면, 이와 같이 제각기 다른 방법에서도 동일한 해가 나오기 마련이지만, 어떤 방법에서는 다른 방법에서 보다도 더 많은 계산 과정이 필요하게 된다. 이 대목에서, 알고 있는 내용이 무엇이고, 모르고 있는 사항이 무엇이며, 무엇을 묻고 있는지를 판단하는 것이 중요하다.

3. **식 풀이:** 가능하다면 현대식 컴퓨터 툴을 사용하는 것이 문제를 푸는 데 들어가는 수고를 덜고 매개변수가 변화함에 따라 발생되는 사항을 조사할 수가 있다. 대부분의 정역학 문제들에서는 선형 연립 방정식의 풀이가 필요하게 되지만, 어떤 문제에서는 비선형 방정식이 수반될 때도 있다. 동역학 문제에서는 선형 또는 비선형 미분 연립방정식의 풀이가 필요하다. 컴퓨터 툴이 있기 때문에 그 결과를 x-y 그래프, 서피스 플롯(surface plot), 막대 그래프, 파이 그래프 등으로도 나타낼 수가 있다.

4. **결과 분석:** 이 단계는 설계 개념에서 기본이 된다. 결과에서는 설계를 적용하는 데 쓸모가 없거나 지나치게 복잡하다는 사실을 알 수도 있다. 결과를 주의 깊게 살펴보면 모델링하는 과정에서나 해석 중에 발생했을 법한 실수가 드러나기도 한다. 예컨대, 달리는 사람의 속도를 계산했더니 그 결과가 100 m/s였다면, 이 속도는 세계 기록의 거의 10배 정도가 되므로 오류를 의심해야만 한다. 교통 혼잡 시간 동안 금문교에 걸리는 하중을 계산해서 50 lb라는 결과가 나오면, 이 받아들이기 어려운 결과는 그 이전 단계 어디에서가 오류가 발생되었다는 사실을 분명히 나타내는 것이다.

1.6 컴퓨터 소프트웨어

더욱 더 많은 학생들이 컴퓨터를 접하게 되고 컴퓨터 소프트웨어의 성능이 향상됨에 따라 대학과정 공학과목들에는 상업용 컴퓨터 소프트웨어가 한층 더 빈번하게 채택되고 있다. 그러므로 대부분의 엔지니어링 회사들은 학생들이 컴퓨터 소프트웨어에 익숙해지길 기대하고 있다. 요즘에는 Mathematica®, MATLAB®, Mathcad®, Maple® 그리고 다른 패키지들의 학생판이 나와 있다. 또한 많은 컴퓨터 해법을 휴대용 계산기에서도 사용할 수가 있다. 이 교재에 있는 많은 문제들은 컴퓨터 소프트웨어를 사용하지 않고도 풀 수 있지만 이러한 컴퓨터 툴들은 학생들의 문제 이해력을 크게 향상시켜주고 특히 설계 과정에서 학생들의 통찰력을 증대시켜줄 것이다. 입력 매개변수와 그래프 형태로 시각적으로 표시된 결과를 바꾸기만 하여도 기하형상과 부하 조건의 변화를 조사할 수가 있다. 결과를 그래프로 작성할 수도 있는데, 이렇게 하여 보고서를 전문가처럼 준비하는 데 워드 프로세싱 문서로 전환하여도 된다. 수치 계산과 그래프 작성 툴을 사용할 수 있는 능력은 이 과목과 이후의 과목에서 그리고 실무에서 매우 쓸모가 많게 될 것이다. 또한, 이 책에 실려 있는 많은 문제들은 복잡한 선형 또는 비선형 연립 방정식을 수반하고 있는 경우에는 손으로 풀 수가 없다. 그러나 이러한 문제들은 엔지니어들이 자신의 현장 실무 중에 부딪치게 될 유형의 문제들이다.

Chapter 02

벡터 해석

2.1 서론

앞에서, 힘은 하나의 물체가 또 다른 물체에 대하여 행하는 작용으로 정의한 바 있다. 이 작용은 하나의 물체가 또 다른 물체와 접촉하게 됨으로써 일어나는 **표면력(surface force)**이 될 수도 있고, 이 작용은 떨어져 있는 물체들 사이의 중력 효과나 전자기 효과에서 비롯하는 **체적력(body force)**이 될 수도 있다. 이름에서 알 수 있듯이, 표면력은 물체의 표면에 작용하며, 체적력은 물체 내에 있는 각각의 질량 요소에 작용한다. 힘의 효과는 물체의 운동을 변화시키기도 하고 물체를 변형시키기도 하며 지지부에서 물체를 구속하는 힘들을 변화시키기도 한다(혹은 동시에 이 3가지를 모두 일으킨다). 이러한 효과들은 따로 따로 학습하기로 한다. 정역학은, 힘의 특성은 무엇이고 어떻게 힘의 작용들이 결합될 수 있는지 또는 어떻게 등가 작용들이 정의될 수 있는지와 함께 물체 상의 구속과 지지를 탐구하는 학문이다. 동역학은 힘 때문에 일어나게 되는 운동 변화를 다루는 학문이다. 재료역학이나 재료강도학은 힘을 받는 물체의 변형을 다루는 학문이다.

힘은 수학적으로 **벡터(vector)**로 기술하는데, 이는 크기와 방향이 모두 다 있는 양이다. 속도, 가속도, 위치, 모멘트, 힘 등을 포함하여 많은 물리량들이 벡터이다. 이 장에서는 벡터 대수학의 기초를 소개한다. 동역학 분야에서는 벡터 대수학에서 더 나아가 벡터 미적분학까지 확장될 것이다. 이 장에서는 벡터 대수학을 사용하여 **질점(particle)**에 대한 힘의 작용을 학습한다. 물체를 질점으로 모델링한다는 것은 물체의 크기가 미시적으로 작아야 한다는 것이 아니라, 물체의 크기와 형상이 그 물체에 작용하는 힘의 효과에 전혀 영향을 주지 않는 정도라는 것을 의미한다. 공학 문제 중에서 물체를 질점으로 모델링할 수 있는 문제는 매우 제한적이므로, 일반적으로는 물체의 크기와 형상을 고려하여야만 한다. 이러한 경우, 즉 변형이 중요한 게 아니라 크기와 형상이 중요할 때에는 물체를 **강체(rigid body)**라고 한다. 항공 관제사는 운항 중인 비행기를 관측할 때에는 비행기를 질점으로 간주하지만, 그 비행기의 조종사는 비행기를 강체로 간주하여 비행기의 여러 지점에 작용하는 힘들에 반응하여야 한다. 강체에 관하여 한층 더 일반적으로 고려해야 할 사항은 제4장에서 소개한다.

이 장에서는 벡터 해석과 행렬 해법의 기본적인 수학을 설명할 것이다. 1950년대에서 1960년대까지는, 대학과정 역학 교재에서 유일하게 벡터를 사용한 내용은 삼각법 해석을 사용하는 평면에서의 간단한 벡터 합산이었다. 이 교재에서는 이 해법을 가장 먼저 소개할 것이다. 선을 합하는 개념(벡터 합)은 속도 평행사변형을 고찰하였던 아르키메데스와 알렉산드리아의 헤론(Hero)에서 비롯된다. 힘의 평행사변형 개념은 16세기와 17세기에 일반적이었다. 1800년대가 되어서야 비로소 수학자들은 좌표를 사용할 수 있는 공간 해석 체계의 필요성을 논의하였다.

벡터 해석의 기원은 윌리엄 로완 해밀턴 경(Sir William Rowan Hamilton; 1805~1865)의 연구로 거슬러 올라갈 수 있다. 1831년에 해밀턴은 복소수(실수부와 허수부

$\sqrt{-1}$ 로 되어 있는 숫자)의 기하학적 표현을 연구하였다. 그는 $w + ix + jy + kz$와 같은 4원수(quaternion)라는 항을 도입하여 이러한 벡터들 간의 관계를 소개하였는데, 여기에서 $\mathbf{i}$, $\mathbf{j}$, $\mathbf{k}$는 단위 벡터이다. 해밀턴이 이 수학이 공간 해석에서 어느 정도 쓸모가 있을지도 모른다고 생각했을 수도 있지만, 이 주제를 연구했다는 증거는 거의 없다.

독일 수학자 그라스만(Hermann Günter Grassmann; 1809~1877)은, 해밀턴의 연구를 알고 있었지만, 사람들이 벡터 해석의 기원으로 생각하는 연구를 독자적으로 시작했다. 그는 공간 기하학 체계를 개발하였는데, 이것이 현대 벡터 해석으로 이어질 수 있게 되었다. 그는 이 체계를 분량이 많고 내용이 복잡한 책에 소개하였다. 이 체계는 아주 방대하고 난해하여 다른 사람들이 이를 이해하기가 어려웠다. 그는 자신이 생각하는 공간에서 벡터 곱셈의 개념을 소개하였다. 그는 일단 기하학을 대수학 형식으로 살펴보게 된다면 이를 3차원 공간으로 쉽게 확장시킬 수 있음을 깨달았다. 그의 책은 대부분 무시되었다. 한 서평가는 그의 책을 읽어보고 '불충분한 형태로 표현된 추천할 만한 좋은 책'이라고 썼다. 어떤 역사가가 이르길, '1879년에 사망한 이래로 번번이 사실상 잊혀져왔던 것처럼 때때로 재발견되는 것이 그라스만의 운명인 것 같다.'라고 하였다. Fearnly-Sandler는 1979년에 the American Mathematical Monthly에 발표한 논문에서 다음과 같이 썼다. "자신은 거인의 어깨 위에 섰다고 뉴턴이 말했던 것처럼, 모든 수학자들이 우뚝 섰지만 그라스만보다 새로운 주제를 창출하는 데에 혼자의 힘으로 더 가까이 다가간 사람은 거의 없다."

조사이어 윌라드 깁스(Josiah Willard Gibbs)는, 미국에서 공학 박사학위(예일대, 1868)를 받은 최초의 개인으로서 1881년에 《벡터 해석의 요소》를 출판하였다. 깁스는 그라스만의 업적에 크게 의지하여 벡터 대수학의 개념을 신중하게 체계화하였다. 깁스는 헤비사이드(Oliver Heaviside; 1850~1915)와 함께 현대 벡터 해석의 창시자로 추앙받고 있다. 이 두 사람의 연구 활동은 독립적이고 그 배경도 완전히 달랐다. 깁스는 예일대의 수리물리학 교수였지만 영국에서 헤비사이드의 공식 교육은 그가 16살 되던 해인 1866년에 끝이 났다. 헤비사이드는 2년 후에 전신 기사의 직업을 택했다. 그는 전기 문제에 관심을 갖게 되어 첫 논문을 1878년에 출간하였다. 1874년에는 부모와 함께 살면서 독학으로 연구하였다. 그는 1888년까지 깁스의 연구 활동을 몰랐으므로 벡터 미적분학 분야를 독자적으로 구축하였다. 깁스와 헤비사이드는 벡터 대수학과 벡터 미적분학으로 구성된 벡터 해석이라는 완전한 수학의 한 영역을 구축하였다.

1890년대는 '벡터론자들(vectorists)'과 벡터 해석이 제한된 분야에서만 유용할 것으로 생각한 학자들 사이에서 치열한 토론이 벌어진 시기였다. 세기가 바뀌자 벡터 해석은 물리학과 공학에서 표준 과목이 되어가고 있었다. 앞서 언급한 바와 같이, 1950년대 후반과 1960년대 전반까지는 벡터 해석이 공학계열 대학과정 역학 교재에 드물게 사용되었다. 교재들의 제목에는 '벡터 판'이라는 용어가 덧붙여졌다.

지금까지의 교재에서는 이와 같은 내용이 '필요한 정보'만을 제공하는 수준에서 소개되었다. 그 다음으로는 코사인 법칙과 사인 법칙에 부분적으로 근거를 두고 있는 삼각법에 의한 해를 사용하는 가장 단순한 수학적 벡터 대수학이 소개되기 마련이다. 대부분의 학생들이 이러한 해법에 익숙해지기 마련이겠지만, 이러한 방법은 2차원 문제에 국한되고 한층 더 품이 많이 든다. 이 책에서는 성분 표기법을 사용하여 완전한 벡터 해석을 소개할 것이며 벡터 방정식은 성분 표기법을 사용하여 연립 방정식 형태로 풀 것이다. 이러한 식들은 손으로 풀 수도 있고 행렬 해법으로 풀 수도 있다. 두 종류의 벡터 곱셈을 소개하고 각각의 응용을 설명할 것이다. 마지막으로는, 벡터 방정식의 직접 해를 소개하려고 한다. 대부분의 계산기와 모든 컴퓨터의 연산 프로그램은 이러한 벡터 해법과 행렬 해법을 지원한다. 이러한 벡터 해법에 숙달되게 되면 학생들이 정역학 문제를 모델링하고 벡터 평형 방정식을 세우는 데 크게 도움이 될 것이다. 일단 이러한 식이 세워지기만 하면 이 장에서 소개한 수학적 방법 중에서 어떠한 방법이라도 사용하여 풀어도 된다.

2.2 벡터

2.2.1 스칼라와 벡터의 정의

크기만 있는 물리량을 스칼라라고 한다. 스칼라의 예를 들면 질량, 온도, 체적, 에너지 등이다. 스칼라는 적절한 부호와 측정 단위(a unit scale of measure) — 예컨대 kg, °F 또는 ft^3 — 와 함께 숫자로 나타내거나 스칼라 함수라고 하는 함수로서 나타내기도 한다. 그러므로 가스 스토브의 한 지점의 온도를 50 °C로 제시함으로써 그 시각에서 그 지점의 온도를 나타내기도 한다. 그렇지 않으면, 가스 스토브의 버너로 가열하는 중 온도를 $T(t) = 37 + 10t$와 같이 시간의 함수로서 표현하기도 하며, 여기에서 t는 초 단위의 시간을 나타낸다. 이 경우에는, 버너의 온도가 최초에 37 °C였으며 버너의 온도는 10 °C/s의 상승률로 증가하고 있음을 나타내고 있다. 가스 스토브의 내부 온도는 그 내부 위치에 따라 다를 수가 있으므로 그 온도를 $T = 120 + 3x - 4y$와 같이 위치의 함수로 표현하기도 하며, 여기에서 x와 y는 가스 스토브 내부의 좌표이다. 이러한 스칼라 양을 수학적으로 처리할 때는 산수, 대수학 및 미적분학의 표준 규칙을 따른다.

많은 물리량에는 크기가 있을 뿐만 아니라 방향도 있으므로 물리량을 완벽하게 기술하려면 크기와 방향을 모두 다 알아야 한다. 이러한 양들의 예를 들자면, 힘, 변위, 속도, 가속도, 운동량 등이 있다. **크기와 방향이 모두 있고 벡터 합의 법칙을 만족시키게 되면, 이러한 양들을 벡터라고 한다.** 이와 같은 양들이 벡터 합의 법칙(제2.2.2절에서 소개한다)을 따라야 하는 요구조건은 벡터 수학의 기본이다. 크기와 방향은 있지만 벡터 합의 법칙을 만족시키지 않는 양들은 의미상 벡터로 취급해서는 안 된다. 벡터는 실수 장(field)에서 정의되므로 3차원 공간을 형성한다. 그러므로 벡터의 대수학은 2가지 연산, 즉 벡터의 합과 장 요소(field element)나 스칼라 곱셈에 의한 벡터의 곱셈에 바탕을 두고 있다.

벡터는 크기와 방향이 있지만 공간의 특정 위치에 있지 않는 방향성 선분으로 표현할 수 있다. 벡터를 완전히 알려면 크기와 방향을 명시할 필요가 있다. 예를 들어, 어떤 점으로부터 전체 '거리' 10 m를 이동했다면 원래 위치를 중심으로 해서 반경이 10 m인 구 안의 어딘가에 있을 것이라는 점을 제외하고는 현재 위치를 알 수가 없을 것이다. 실제로는 오른쪽으로 5 m를 이동하고, 그런 다음 왼쪽으로 5 m를 이동해서 출발점으로 되돌아왔을 수도 있다. 그러므로 변위 크기는 방향을 모르는 채 제한적으로만 사용할 수 있는 성질의 것이다.

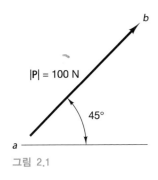

그림 2.1

벡터는 그림 2.1과 같이 화살표로 나타내기도 한다. 이러한 방식의 표현은 개념적으로 유용하며 전통적으로 벡터 해석에 도해(graphical) 방법이 사용되어 왔다. 화살표의 방향은 북동쪽 또는 수평선을 기준으로 해서 위쪽으로 45° 방향과 같이 공간에서 벡터의 방향을 나타낸다. 화살표의 길이는 적절한 축척 단위로 벡터의 크기를 나타낸다. 벡터는 무슨 물리량을 나타내느냐에 따라 단위의 다양성을 가질 수 있으므로 벡터의 크기는 이러한 적절한 단위로 표현됨을 주목하여야 한다. 벡터는 굵은 글씨체 $\mathbf{P}$로 표기하며 벡터 크기는 P 또는 $|\mathbf{P}|$로 표기한다. 예를 들어, 그림 2.1의 $\mathbf{P}$가 힘 벡터라면 그 단위가 N이나 lb가 되어야 하므로 그 크기는, 예컨대 10 N처럼 되어야 하는 것이다. 또, 벡터가 변위를 나타낸다면 길이의 단위가 되어야 하므로 그 크기는 100 mm가 되어야 한다. 벡터의 크기는 항상 양(+)의 스칼라이다. 벡터의 **방향성**(sense)은 화살표의 양의 방향에 따라 정해진다. 크기는 같으나 방향성이 반대인 벡터는 정의에 따라 그림 2.2와 같이 $-\mathbf{P}$로 표기한다. 벡터 $\mathbf{P}$와 $-\mathbf{P}$는 **크기는 같고 방향은 정반대**인 벡터들이다.

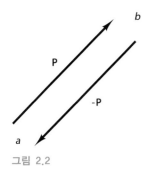

그림 2.2

벡터를 그 크기와 방향으로 완전하게 규정할 수 있지만, 공간에서 벡터의 작용 위치나 작용점도 규정해야 하는 응용 문제도 있다. 그림 2.3과 같이, 벡터의 **시점**(origin) 점 a와 벡터의 **종점**(terminus) 점 b를 지나면서 벡터 $\mathbf{P}$와 평행인 직선을 벡터의 **작용선**(line of action)이라고 한다. 작용선은 공간 내에서 벡터가 작용하는 무한 길이의 선이라고 할 수 있다. 작용선 상의 한 점이 정해지면 공간 상에서 벡터의 위치가 결정된다.

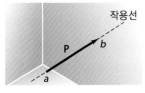

그림 2.3

2.2.2 벡터 합

공간에서 서로 평행하지 않고 특정 작용선이 전혀 없는 2개의 벡터 A와 B를 고려해 보자. 이 벡터들은 그 크기와 방향을 유지하면서 공간에서 어떠한 작용점에서도 작용하는 것으로 볼 수 있다. 그러므로 이 두 벡터는 그림 2.4에서와 같이 평면에 작용하는 것으로 취급할 수 있다. 공간에 그 위치가 명시되어 있고 공통의 평면에 서로 교차하는 작용선들이 놓여 있는 벡터들을 **공면 벡터**(coplanar vectors)라고 한다. 2개의 벡터가 단지 작용선만 명시되어 있을 때에는, 이 벡터들의 시점을 작용선을 따라 움직여서 평면에 있는 작용선들의 교점에 위치시킬 수 있다. 2개의 벡터가 공간 위치가 명시되어 있고 시점이 공통일 때에는 이를 **공점 벡터**(concurrent vectors)라고 한다. 2개의 벡터가 그 작용선이나 작용

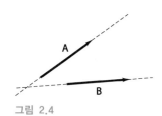

그림 2.4

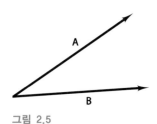

그림 2.5

점이 물리적으로는 중요하지 않다면 수학적으로는 공면 벡터나 공점 벡터로 볼 수 있다.

이제 2개의 벡터 **A**와 **B**의 효과가 어떻게 합해지는 것인지를 생각해보자. 예를 들어 **A**와 **B**가 둘 다 N 단위의 힘 벡터라면 그 합은 작용선의 교점에서 합성 효과로 나타나게 될 것이다. 두 벡터의 합은 벡터 **R**이며 이를 **합 벡터**(resultant vector)라고 하는데, 이는 벡터 **A**의 종점에 벡터 **B**의 시점을 일치시킨 다음 **A**의 시점으로부터 **B**의 종점까지 벡터 **R**을 취하여 구한다. 즉

$$\mathbf{R} = \mathbf{A} + \mathbf{B} \tag{2.1}$$

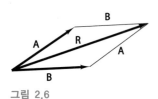

그림 2.6

개념적으로 이 연산은 벡터 합의 **평행사변형 법칙**을 설명하고 있다. 그림 2.6에는 벡터 합을 나타내는 평행사변형이 벡터 **A**의 종점에 벡터 **B**의 시점을 일치시키고 벡터 **B**의 종점에 벡터 **A**의 시점을 일치시켜서 작도되어 있다. 그러면 벡터 **A**와 **B**는 평행사변형의 변이 된다. 이 평행사변형의 대각선이 합 벡터 **R**이다. 이 모든 벡터들이 변위 벡터라면, **R**은 물체의 거리와 방향을 **A** 다음에 **B** 또는 그 반대의 순서로 이동시키는 것과 같을 것이다. 그 합력은 평행사변형을 작도하면서 선택된 순서에 관계없이 **A**와 **B**의 합과 등가이다. 그러므로 벡터 합은 **교환법칙**이 성립된다고 결론을 내릴 수 있다. 즉

$$\mathbf{A} + \mathbf{B} = \mathbf{B} + \mathbf{A} \tag{2.2}$$

정의에 따르면, 벡터는 크기와 방향이 모두 있어야 할 뿐만 아니라 벡터 합의 법칙도 만족시켜야 한다. 벡터 합은 교환법칙이 성립되는데, 이는 일반 스칼라 합에서는 당연한 일로 여겨지고 있는 사실이다. 이는, 어떤 물리량에 크기와 방향이 모두 있다 하더라도 교환법칙에 위배되면 그 물리량은 벡터가 아니므로, 벡터의 중요한 특성이다.

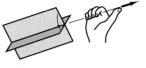

그림 2.7

크기와 방향은 있으나 벡터가 아닌 양으로 흥미로운 예는 유한 회전이다. 회전은 방향성이 있으면서 공간에 있는 선이나 축(방향)에 관한 것으로 명시될 수 있는데, 이 방향성은 일반적으로 오른손 법칙이라는 방식에 의해 정해진다. 이 법칙은 오른손 엄지로 회전축 방향을 가리키게 되면 나머지 네 손가락이 말리는 방향이 양(+)의 회전 방향을 가리키게 된다는 내용이다. 회전의 크기는 도(°)나 라디안(rad)으로 나타낸다. 그림 2.7에는 이러한 설명이 도시되어 있다.

이제, 모든 정황으로 보아, 이러한 회전이 벡터로 취급을 받으려면 벡터 합의 법칙을 만족시켜야만 한다. 책이 탁자 위에 놓여서 공간의 x축과 y축에 관하여 90 °만큼 회전되고 있다고 하자. x축에 관한 회전은 **A**회전으로 표시하고 y축에 관한 회전은 **B**회전으로 표시하기로 한다. 그림 2.8(a)에서는 회전 **A**가 먼저 이루어지고 이어서 회전 **B**가 이루어진다. 그림 2.8(b)에는 이러한 두 회전이 역순으로, 즉 **B** 먼저 **A** 나중의 순으로 도시되어 있다. 두 결과를 비교해보면, 회전은 순서가 중요하며 순서에 종속적이라는 것이 분명하다. 이러한 회전의 합은 교환법칙이 성립하지 않으므로, 유한 회전은 벡터 합의 법칙을 만족시키지 못한다.

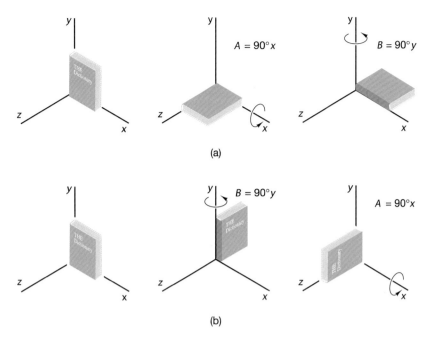

(a)

(b)

그림 2.8

$$\mathbf{A} + \mathbf{B} \neq \mathbf{B} + \mathbf{A}$$

교환법칙이 성립하지 않는다는 것(비교환성)은 또한 책의 최초 위치와 최종 위치가 주어져도, 이 책을 그 최초 위치로부터 최종 위치까지 이동시키는, 직교축에 관한 유일한 회전들을 결정할 수가 없다는 것을 의미한다. 예를 들어, 책을 먼저 x축에 관하여 $+90\,°$만큼 회전시킨 다음 z축에 관하여 $+90\,°$만큼 회전시키거나 아니면 y축에 관하여 $+90\,°$만큼 회전시키고 이어서 x축에 관하여 $+90\,°$만큼 회전시켜도 책의 최종 위치는 동일하게 된다. 따라서 유한 회전은 벡터 합의 법칙을 만족시키지 못하므로 벡터가 아니다. 그러므로 유한 회전은 공간에서 회전하는 물체를 고찰할 때 특히 어렵다. 이러한 어려움은 강체 동역학을 학습할 때 상세하게 알아볼 것이다.

그림 2.6의 평행사변형을 살펴보면, 벡터 합은 삼각형의 삼각법을 사용하여 구할 수 있다. 그림 2.9에서와 같이 3개의 벡터로 되어 있는 납작한 삼각형을 고찰해보자. 그림에서 벡터 $\mathbf{R}$의 크기는 코사인 법칙을 사용하여 구할 수 있다(수학 팁 2.1의 '사인 법칙과 코사인 법칙의 복습' 참조). 즉,

$$R^2 = A^2 + B^2 - 2AB \cos \gamma = A^2 + B^2 + 2AB \cos \theta_{AB} \tag{2.3}$$

여기에서, A, B, R 및 θ_{AB}는 그림 2.9에 정의되어 있다.

벡터 $\mathbf{B}$에 관한 합 벡터 $\mathbf{R}$의 방위는 각도 α로 주어져 있으며 다음과 같이 사인 법칙을 사용하여 구할 수 있다. 즉, 다음과 같다.

$$\sin \alpha = \frac{A}{R} \sin \gamma \tag{2.4}$$

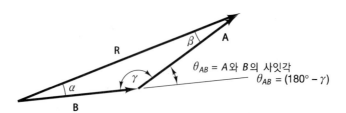

그림 2.9

수학 팁 2.1

사인 법칙과 코사인 법칙의 복습 모든 평면 삼각형에서는 $\alpha + \beta + \gamma = 180°$이다.

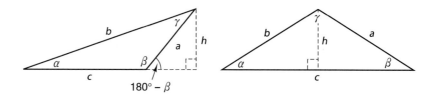

사인 법칙: $\dfrac{a}{\sin\alpha} = \dfrac{b}{\sin\beta} = \dfrac{c}{\sin\gamma}$

코사인 법칙: $a^2 = b^2 + c^2 - 2bc\cos\alpha$

$b^2 = a^2 + c^2 - 2ac\cos\beta$

$c^2 = a^2 + b^2 - 2ab\cos\gamma$

평면 삼각형의 높이 $= h = b\sin\alpha = a\sin\beta.$

벡터의 길이와 방향은 또한 제도기로도 작도할 수 있었으므로 합 벡터의 크기와 방위를 도식적으로 구하였다. 과거에는 이러한 성질의 도식적 기법이 일반적이었으며 아직도 개념적인 가치가 있지만 이제는 컴퓨터와 계산기로 이와 같은 문제에 대한 한층 더 정확하고 체계적인 해를 구할 수가 있다.

벡터 **A**에서 벡터 **B**를 빼는 것은 **A**에 (−**B**)를 합하는 것으로 정의되는데, 여기에서 −**B**는 **B**와 크기는 같고 방향은 정반대인 벡터이다. 벡터 차는 다음과 같고,

$$\mathbf{A} - \mathbf{B} = \mathbf{A} + (-\mathbf{B}) \tag{2.5}$$

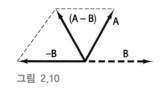

그림 2.10

이는 그림 2.10에 도시되어 있다. 명백하게, 벡터 합이나 벡터 차는 벡터 크기의 스칼라 합이나 스칼라 차와 값이 같지 않다.

그림 2.11에 도시되어 있는 바와 같이 3개의 벡터의 합을 고찰해보자. 벡터 **A**, **B**, **C**는 벡터 **A**+**B**를 형성한 다음 **C**를 더하거나 벡터 **B**+**C**에 **A**를 더하거나 하여 벡터

합 법칙을 연속적으로 사용함으로써 서로 더할 수 있다. 이 예에서는 3개의 벡터가 모두 동일한 평면에 놓여 있으므로 벡터 합을 도식적으로나 사인 법칙과 코사인 법칙을 사용하거나 하여 할 수 있다.

벡터 합은 그림 2.11에서와 같이 결합 법칙을 만족시킨다. 즉,

$$(\mathbf{A} + \mathbf{B}) + \mathbf{C} = \mathbf{A} + (\mathbf{B} + \mathbf{C}) \tag{2.6}$$

그러므로 스칼라 연산에서와 같이 **벡터는 합의 교환 법칙과 합의 결합 법칙을 모두 만족시킨다.** 이 벡터들은 공면 벡터일 필요는 없지만 3차원 사시도는 도식적으로 표현하기가 어렵다.

그림 2.10과 그림 2.11을 벡터 선도라고 하며 과거에 벡터들을 도식적으로 서로 합하는 데 사용하였다. 이 그림들은 또한 모든 벡터가 단일의 평면에 놓여 있을 때 평행사변형의 반복 사용을 이해하게 해주는 원리이다. 벡터 선도를 벡터 합에서 도식적 도구나 개념적 도구로 사용할 때에는, 각각의 벡터를 적절한 방위에 공통 척도로 나타내도록 주의하여야 한다.

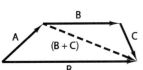

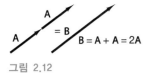

그림 2.11

2.2.3 벡터와 스칼라의 곱셈

같은 벡터를 두 번 더한 벡터는 그림 2.12에서와 같이 같은 방향으로 그 크기를 두 배한 벡터와 같다. 이 그림에서 벡터 **B**는 2A, 즉 그 크기가 벡터 **A** 크기의 두 배인 벡터와 같다. 어떠한 벡터도 스칼라로 곱할 수 있으며, 그 결과로 나오는 벡터는 방향은 바뀌지 않고 크기는 스칼라 곱만큼 증가하게 된다.

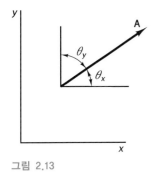

그림 2.12

2.2.4 벡터 성분

공간에서 벡터의 방향과 크기를 명시하기 위해서는, 적절한 기준계(좌표계)를 설정해야 한다. 프랑스의 위대한 수학자이자 철학자인 르네 데카르트(René Descartes; 1596~1650)는, 2차원 문제(모든 벡터가 하나의 평면에 놓여 있는 문제)에는 그 평면 상에 서로 직교하는 2개의 직선을 부여할 수 있다고 제안하였다. 그러면 이 2개의 직선, 즉 좌표축을 기준으로 하여 모든 방향과 방위를 좌표로 나타낼 수 있다는 것이다. 데카르트의 제안에 따라서, 벡터 **A**는 그림 2.13과 같이 그릴 수 있으며, 이 벡터가 놓인 평면은 데카르트 좌표, 즉 익히 잘 알고 있는 직교 좌표인 x와 y를 사용하여 정의한다. x축과 y축은 서로 수직을 이루므로 **직교축**(orthognal axes)이라고 한다. 실제 공학문제에서는 좌표축들이 처음부터 정해져 있는 것이 아니므로 방위를 선택하는 것은 엔지니어의 몫이다. 좌표 방향은 수평 - 수직, 남 - 북, 동 - 서 방향 또는 경사 방향(접선 방향)과 경사에 수직한 방향(법선 방향) 등과 같이 주로 물리적으로 연관된 방향으로 설정한다.

그림 2.13에서는, 수평선이 x축(가로 좌표)이고 수직선이 y축(세로 좌표)이다. 벡터 **A**와 x축 또는 y축 사이의 각각의 각도 θ_x와 θ_y가 명시되면 이 2개의 직교선에 관한

그림 2.13

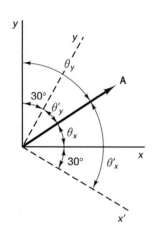

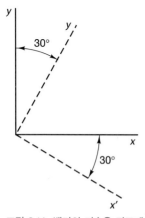

그림 2.14 벡터의 기술은 좌표계의 선정에 따라 달라지지만, 벡터의 크기와 방향은 변화하지 않는다.

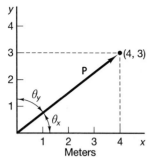

그림 2.15 벡터 크기의 단위는 좌표축의 척도와 일치하여야 한다. 즉, 축이 m를 나타내면 벡터 P의 크기는 m 단위로 측정된다.

벡터의 방위를 알 수 있게 된다. 2차원에서는, θ_x를 알고 있으면 θ_y는 보각이므로 $\theta_y = 90° - \theta_x$가 된다. 이로써 **특정한 좌표 축 x와 y에 관하여 벡터의 방위가 정해지게 된다는** 점을 주목하여야 한다. 좌표축을 다른 방식으로 선정하더라도 벡터 자체는 공간에서 동일한 방향을 그대로 유지하지만 그 벡터의 방위를 기술하는 각도들은 달라지게 진다. 이러한 내용은 그림 2.14에 예시되어 있는데, 여기에서 벡터 **A**는 2벌의 서로 다른 직교축 $x-y$와 $x'-y'$ 기준으로 하여 그 좌표를 나타낼 수 있다. 좌표계는 임의로 설정할 수 있으므로 좌표 설정이 문제 풀이에 미치는 영향을 고려해야 하며, 특정한 좌표계를 택하면 수식이 간단해질 수 있다. **벡터의 크기와 방향은 좌표의 선정과는 독립적이며, 단지 좌표계가 달라짐에 따라 좌표계에 대한 기술만 달라진다는 점**을 잊지 말아야 한다.

그림 2.14에는 제2의 좌표계($x'-y'$)가 제1의 좌표계에 대하여 시계 방향으로 30°만큼 회전되어 있다는 점을 주목하여야 한다. 각도 사이에는 다음과 같은 관계가 있다. 즉

$$\theta_x' = \theta_x + 30°$$
$$\theta_y' = \theta_y - 30°$$
$$\theta_x' + \theta_y' = \theta_x + \theta_y = 90° \qquad (2.7)$$

마지막 조건은 좌표축이 직교하므로 성립된다. 좌표축이 서로 직교할 때에 그 좌표축을 직교 좌표축이라고 하며, 비직교 좌표축은 특별한 적용 대상에만 사용된다는 점을 재차 주목하여야 한다.

좌표축에 관한 상기 설명에서는 차원이나 단위에 관해서는 아무런 언급을 하지 않았다. 그 대신 x와 y를 사용하여 2차원 공간에서 2개의 수직선의 방향을 표시하였다. 도식적 방법을 사용하여야 할 때에는 축에 표시할 길이와 벡터 크기의 비례관계를 나타내는 척도가 주어져야만 한다. 이는 예컨대 1 cm로 1 m의 길이를 나타내게 되는 축척 도면과 유사하다. 2가지 척도 유형의 차이는 힘 벡터 선도에서는 1 cm로 10 N을 나타낼 수 있지만, 속도 선도에서는 1 cm가 1 m/s가 될 수 있다.

벡터의 길이를 축척으로 조정하여 벡터의 크기에 상응시키면, 몇몇 간단한 삼각법의 개념을 사용하여 벡터를 기술할 수 있다. 원점으로부터 공간에 있는 좌표가 $(x, y) = (4,3)$인 점까지의 변위 벡터를 생각해보자. 벡터의 길이는 그림 2.15에서와 같이 m 단위로 주어지기도 한다. P의 길이, 즉 크기를 피타고라스 정리를 사용하여 구하면 5 m이다. P와 x축 사이의 각도는 36.9° = 0.644 rad이다. 벡터의 크기와 각도는 삼각형의 삼각법으로 구한다(수학 팁 2.2 복습 내용 참조).

일부 일반적인 삼각법 공식은 역학에서 빈번하게 사용된다

직각삼각형에서는 다음과 같다.

$$r = \sqrt{x^2 + y^2} \quad \text{피타고라스 정리}$$

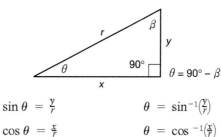

$$\sin\theta = \frac{y}{r} \qquad\qquad \theta = \sin^{-1}\left(\frac{y}{r}\right)$$

$$\cos\theta = \frac{x}{r} \qquad\qquad \theta = \cos^{-1}\left(\frac{x}{r}\right)$$

$$\tan\theta = \frac{y}{x} \qquad\qquad \theta = \tan^{-1}\left(\frac{y}{x}\right)$$

$$\sin\beta = \frac{x}{r} \qquad\qquad \cos\beta = \frac{y}{r} \qquad \tan\beta = \frac{x}{y}$$

$$y = r\sin\theta = r\cos\beta \qquad x = r\cos\theta = r\sin\beta$$

이제 그림 2.16에 도시되어 있는 힘 벡터를 살펴보자. 이 힘 벡터의 크기는 N 단위이다. 힘 벡터의 길이를 나타내는 데 예를 들어, 1 cm = 25 N와 같은 척도를 사용할 수 있으므로 도식적 측정이 가능해진다(역사적으로, 벡터 연산은 전자계산기와 컴퓨터를 활용하기 전에는 지루한 삼각법 계산을 피하고자 몇 가지 도식적 방식으로 많이 수행되어 왔다). 선 A_x와 A_y의 크기 또한 N 단위로 나타낼 수 있다. **A**와 x축 사이의 각도가 30 °이면 삼각법 관계에서 **A**는 x방향으로는 86.5 N이고 y방향으로는 50.0 N의 효과를 낸다. A_x와 A_y를 벡터로 쓰게 되면 이를 각각 벡터 **A**의 x방향 및 y방향 **직교 성분**(cartesian components)이라고 한다. 벡터 성분의 일반적인 정의는 이 절의 후반부에서 설명할 것이다. 그러나 벡터 성분들은 다음의 벡터 방정식을 만족시켜야만 한다.

$$\mathbf{A} = \mathbf{A}_x + \mathbf{A}_y \tag{2.8}$$

이 성분들의 크기는 다음과 같이 쓸 수 있다.

$$A_x = |\mathbf{A}|\cos\theta_x = 100\,[\cos 30°] = 86.6\,\text{N}$$
$$A_y = |\mathbf{A}|\cos\theta_y = |\mathbf{A}|\sin\theta_x = 100\,[\sin 30°] = 50.0\,\text{N} \tag{2.9}$$

여기에서, |**A**|는 벡터 **A**의 크기이다. 이 식들은 벡터 **A**가 양의 x방향과 y방향을 향하게 작도되어 있으므로 두 식 모두 부호가 양(+)인 상태로 작성되어 있다. 특정 좌표계에서는 벡터 **A**의 크기와 방향이 그 성분으로 완벽하게 명시된다는 점을 주목하여야 한다. **A**의 크기는 다음과 같이 피타고라스 정리를 사용하여 그 직교 성분으로 계산할 수 있다.

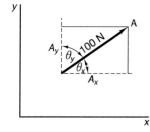

$A_y = 100 \sin 30 = 50.0$ N

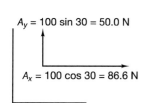

$A_x = 100 \cos 30 = 86.6$ N

그림 2.16

$$|\mathbf{A}| = \sqrt{A_x^2 + A_y^2} \qquad (2.10)$$

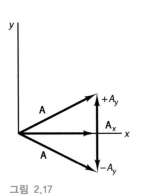

그림 2.17

그림 2.16에 도시된 예에서 $|100\,\text{N}| = \sqrt{(86.6)^2 + (50.0)^2}$ 임을 주목하여야 한다. 벡터 $\mathbf{A}$가 x축이나 y축과 각각 형성하는 각도는 각 성분의 비에 인버스 탄젠트(아크 탄젠트)를 취하여, 예컨대 $\theta_x = \tan^{-1}\left(\dfrac{A_y}{A_x}\right)$로 구할 수 있다. 그러므로 성분이 주어지면 벡터의 크기와 방향을 쉽게 구할 수 있다. 많은 공학 문제에서는 계측기를 사용하여 힘의 성분을 수직 방향으로 측정하므로 힘의 크기와 방향을 계산할 수가 있다.

벡터의 크기와 성분이 하나만 주어지면, 제2성분이 유일하게는 구해지지 않는다. $|\mathbf{A}|$와 $\mathbf{A}_x$를 알고 있을 때를 살펴보면, 그림 2.17과 같이 단지 $\mathbf{A}_y$의 크기만을 구할 수 있으며, 다음과 같이 계산할 수 있음을 알 수 있다.

$$\mathbf{A}_y = \pm\sqrt{|\mathbf{A}|^2 - |\mathbf{A}_x|^2}$$

벡터를 좌표계에 표시하는 또 다른 방법은 벡터의 크기와 그 크기가 x축, y축과 각각 이루는 각도를 명시하는 것이다. 벡터 $\mathbf{A}$와 그 성분들 사이의 각도의 코사인 값은 다음과 같이 나타낸다.

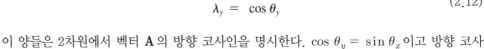

$$\begin{aligned} \cos\theta_x &= \frac{A_x}{|\mathbf{A}|} \qquad -180° < \theta_x \leq 180° \\ \cos\theta_y &= \frac{A_y}{|\mathbf{A}|} \qquad -180° < \theta_y \leq 180° \end{aligned} \qquad (2.11)$$

두 각도 θ_x와 θ_y의 (x축과 y축 각각에 대한) 코사인 값을 사용하면 벡터를 x축과 y축 각각에 '투영'시킴으로써 벡터의 성분을 알 수 있다. 벡터를 축에 투영시키는 것은 벡터 종점으로부터 그 축에 수선의 발을 내리는 것이다. 이 코사인을 **방향 코사인**이라고 하며 이는 역학에서 아주 중요하다. 방향 코사인을 간단히 다음과 같이 나타낸다.

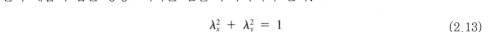

$$\begin{aligned} \lambda_x &= \cos\theta_x \\ \lambda_y &= \cos\theta_y \end{aligned} \qquad (2.12)$$

이 양들은 2차원에서 벡터 $\mathbf{A}$의 방향 코사인을 명시한다. $\cos\theta_y = \sin\theta_x$ 이고 방향 코사인의 제곱의 합은 항상 1이라는 점을 주목하여야 한다.

$$\lambda_x^2 + \lambda_y^2 = 1 \qquad (2.13)$$

그림 2.18에서는 다음의 관계식 또한 성립된다는 점을 주목하여야 한다.

$$\cos\theta_x = \pm\sin\theta_y: \quad + \text{ if } \theta_x \text{ is} < 90° \text{ and } - \text{ if } \theta_x \text{ is} > 90° \qquad (2.14)$$

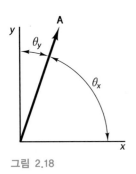

그림 2.18

직교 좌표계에서는, 성분 A_x는 x축에 대한 $\mathbf{A}$의 투영으로 A_y는 y축에 대한 $\mathbf{A}$의 투영으로 보면 된다.

벡터는 흔히 그 크기와 좌표계에 표시한 방향 코사인으로 명시하게 마련이다. 방향 코사인은 3차원에서 벡터를 설명할 때 더욱 더 충분히 참고하게 될 것이다.

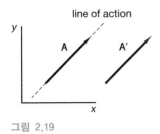
line of action

그림 2.19

　지금까지는 x축과 y축을 벡터의 방위를 명시하는 데에만 사용하였으며 공간에서 벡터의 작용점을 참조하지는 않았다. 예를 들어, 그림 2.19에서는 벡터 **A**와 **A**′는 평면에서 방향이 동일하다. 두 벡터의 시점은 공간에서 2개의 서로 다른 점에 위치하고 있으며, 이 벡터들은 서로 평행하므로 그 작용선은 교차하지 않는다. 그러나 이 벡터들의 크기와 방향이 동일하다면 그 성분 또한 동일하게 된다. 벡터 **A**와 **A**′는 그 성분으로 명시하거나 그 크기와 방향 코사인으로 명시하는데, 이들은 동등하므로 결국 **A** = **A**′가 된다. 두 벡터는 크기가 동일하고 공간 방향이 동일하면 그 작용점에 관계없이 동등하다.

　벡터의 효과가 공간에서 자신의 위치에 종속되지 않는 벡터가 있다. 즉, 그 효과가 벡터의 시점 위치와는 독립적이다. 이는 이러한 벡터들의 효과가 그 방향과 크기에만 의존된다는 것을 의미한다. **A**와 **A**′가 이러한 유형의 벡터라면 이 벡터들은 모든 상황에서 동등하고 등가이다. 즉, **A** = **A**′이다. 이와 같은 벡터를 **자유 벡터(free vectors)**라고 한다. 모멘트나 토크 그리고 각속도는 이러한 유형의 벡터이다. 또 다른 벡터들은 공간에 있는 선(작용선)을 따라 작용하지만, 작용점은 그 선을 따라서 유일하지가 않다. 시점과 종점은 작용선을 따라 임의로 선정될 수 있다. 이러한 벡터를 **미끄럼 벡터(sliding vectors)**라고 한다. 힘은 변형이나 내력과 같은 국부적인 효과를 고려하지 않을 때에는 미끄럼 벡터로 취급하여도 된다. 끝으로 벡터가 작용하는 점이 매우 중요한 경우가 있다. 이러한 벡터를 **고정 벡터(fixed vector)**라고 한다. 공간에서 회전하는 강체 상의 한 점의 속도는 고정 벡터의 한 예이다.

예제 2.1

정비 요원이 크기가 500 N인 힘 **F**로 자동차를 수평에 대하여 20°만큼 아래쪽으로 밀고 있다. 수직 및 수평 방향을 따라 $x-y$ 좌표계를 설정하여 힘 벡터의 성분 F_x와 F_y뿐만 아니라 방향 코사인을 각각 구하라.

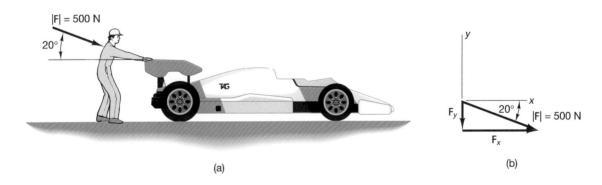

(a)   (b)

풀이　이 문제를 푸는 맨 처음 단계는 힘 **F**와 $x-y$축 그리고 이 축을 따라 **F**의 성분을 각각 그리는 것이다. **F**의 성분의 정의와 수학 창구 2.1에 있는 식을 사용하면, 힘이 x축과 이루는 각이 −20°일 때 성분의 크기를 다음과 같이 계산할 수 있다. 즉,

$$F_x = 500\,\text{N} \times \cos\,(-20°) = 470\,\text{N}$$
$$F_y = 500\,\text{N} \times \sin\,(-20°) = -171\,\text{N}$$

정비 요원이 500 N의 힘을 가하고 있지만 자동차의 이동 방향으로는 단지 470 N만 투입된다는 점에 주목하여야 한다. 500 N의 힘 가운데에서 자동차에 무엇인가의 일을 해서 자동차를 트랙 위에서 이동시키는 것은 이 성분뿐이다.

이 힘 벡터의 방향 코사인은 다음과 같다.

$$\lambda_x = \cos\theta_x = \cos\,(-20°) = 0.940$$
$$\lambda_y = \cos\theta_y = \cos\,(110°) = -0.342$$

다음의 식이 성립되어야 하는 점을 주목하여야 한다.

$$\lambda_x^2 + \lambda_y^2 = (0.940)^2 + (-0.342)^2 = 1.00$$

예제 2.2 그림과 같은 벡터에 대하여, $x-y$좌표계와 $x'-y'$좌표계에서 이 벡터의 성분과 방향 코사인을 각각 구하라.

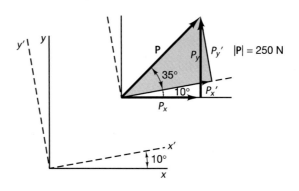

풀이 $x-y$좌표계에서는 다음과 같다.

$$\theta_x = 45° \qquad \theta_y = 45°$$

$x'-y'$좌표계에서는 다음과 같다.

$$\theta_x' = 35° \qquad \theta_y' = 55°$$

그러므로 방향 코사인은 다음과 같다.

$$\lambda_x = \cos\theta_x = 0.707 \qquad\qquad \lambda_x' = 0.819$$
$$\lambda_y = \cos\theta_y = 0.707 \qquad\qquad \lambda_y' = 0.574$$

그리고 각 성분의 크기는 다음과 같다.

$$P_x = \lambda_x|\mathbf{P}| = 177\,\text{N} \qquad\qquad P_x' = 205\,\text{N}$$
$$P_y = \lambda_y|\mathbf{P}| = 177\,\text{N} \qquad\qquad P_y' = 144\,\text{N}$$

각각의 좌표계에서 방향 코사인의 제곱의 합은 1이며 힘 $\mathbf{P}$의 크기는 250 N인 점을 주목하여야 한다.

종종 작은 벡터 방향각의 변화가 성분 변화에 미치는 효과는 직관과 다르게 나타나기도 한다. 이는 벡터의 성분 크기를 계산하는 데 사용되는 삼각함수의 비선형성 때문에 발생하다. 공학적인 측정과 설계에서는 이러한 거동을 이해하고 인식하는 것이 중요하다. 삼각함수의 특성은 벡터 방향의 변화가 각각의 성분에 균등하게 반영되지 않는다는 것이다. 이러한 내용은 이 예제에 아주 잘 예시되어 있다. 예제 2.2에서 각도기를 사용하여 2개의 좌표계 사이의 10°를 측정한다고 가정하여, 측정을 할 때 1°만큼 틀어지게 되었다고 하면, 측정치는 10°가 아니라 9°가 된다. 그러면 힘 $\mathbf{P}$의 x'성분은 $P_x' = 250 \cos 36° = 202\,\mathrm{N}$이 나와 정확한 값인 205 N가 되지 않는다. 마찬가지로, $P_y' = 250 \cos 54° = 147\,\mathrm{N}$이 나와 정확한 값인 144 N가 되지 않는다. x성분의 % 오차는 $(205-202)/205 \times 100 = 1.3\,\%$인 반면에 y성분의 % 오차는 $(147-144)/144 \times 100 = 2.1\,\%$인 점을 주목하여야 한다. 바꿔 말하면, x성분에서보다 y성분에서 1.5배만큼의 변화가 더 발생하게 된다.

작은 방향변화의 효과의 한층 더 극적인 예로서, 야구 투수가 스트라이크를 던지려고 할 때 직면하게 되는 오차를 고찰해보자. 투수는 공을 약 18.29 m(60 ft)의 거리를 던져서 그 공이 폭이 0.43 m(17 in)인 홈 플레이트를 지나도록 하여야 한다. 투수의 속셈은 그림 2.20과 같은 예시에서 수평 방향으로 2°만큼 벗어나게 하는 것이라고 가정하자. 수평 성분에서 얼마나 큰 오차가 발생하게 될까? 탄젠트 함수의 정의에서, 투구의 수평 성분은 $18.29 \tan (2°) = 0.64\,\mathrm{m}$이다. 그러므로 투수가 왼쪽이나 오른쪽으로 2°만 오차가 나게 던져도 홈 플레이트 중심선에서는 0.3 m 이상 벗어나는 결과로 나타나게 된다.

그림 2.20

2.2.5 벡터를 성분으로 분해하기

지금까지는 2개 또는 그 이상의 벡터를 합해서 원래의 벡터들과 등가인 단일의 벡터가 되게 할 수 있음을 살펴보았다. 그와는 반대로 단일의 벡터 **A**를 그 합이 **A**와 등가인 2개의 공면 벡터로 대체할 수도 있다. 공선은 아니지만 공면을 이루는 2개의 비공선 공면 벡터를 합해서 그 합이 원래의 벡터 **A**와 등가가 되도록 할 수 있으면, 이 벡터들을 **벡터 A의 성분**이라고 한다. 이러한 성분을 구하는 과정을 '벡터를 성분으로 분해하기'라고 한다.

웹스터 사전에는 '성분(component)'이라는 단어를 '전체를 구성하는 부분 중의 하나로서 역할을 하는 것'으로 정의하고 있으며, 이는 '함께'라는 의미의 라틴 접두어 'com-'과 '넣다'라는 의미의 'ponere'의 합성어이다. 벡터의 수학적·기술적 정의는 이러한 비전문적인 정의보다 더 정밀하며 이는 벡터를 어떠한 좌표 방향의 성분으로도 유일하게 분해하는 능력에 종속된다.

어떠한 벡터라도 2개의, 오직 2개의 비공선 공면 성분으로 분해할 수 있다. 또한, 3차원 공간에서는 어떠한 벡터라도 3개의, 오직 3개의 비공선 비공면 성분으로 분해할 수 있다.

2개의 벡터를 공면 분해할 때의 한계와 3개의 벡터를 3차원 분해할 때의 한계는, 이 한계가 2차원 및 3차원 공간을 각각 **구성(span)**하는 데 필요한 벡터의 개수라는 사실에 근거를 두고 있다. 2차원 및 3차원 공간 각각에 어떠한 벡터를 나타내는 데 필요한 벡터의 최소 개수와 유형을 명시하는 것을 이러한 2차원 및 3차원 공간 각각을 구성하는 데 필요한 요구조건이라고 한다. 이 말은 두 개의 공면 벡터 **B**와 **C**의 합과 등가인 벡터 **A**를 구할 수 있다는 것을 의미하거나 벡터 **A**가 주어지고 **B**와 **C**의 방향이 주어지면 **B**와 **C**의 크기를 구할 수 있다는 것을 의미한다. 그러나 **A**가 3개의 **공면 벡터 B, C 및 D**의 합과 동등하다는 것을 알고 있을 때, **A**의 크기와 방향을 알고 있고 **B, C** 및 **D**의 방향을 알고 있더라도, **B, C** 및 **D**의 크기는 구할 수가 없다. 이 내용은 부정정 문제의 주제가 등장할 때 한층 더 상세하게 설명할 것이다.

지금까지는 벡터를 포함하고 있는 공면 직교 좌표계에 대하여, 이 벡터의 성분 벡터의 개념을 소개하였다. 벡터를 2개의 직교 성분으로 분해하는 것은 서로 합해졌을 때 벡터 **A**가 나오게 되는 2개의 벡터 A_x와 A_y를 구하는 것과 같다. 즉,

$$\mathbf{A} = A_x + A_y$$

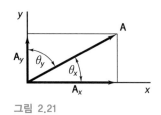

그림 2.21

A_x와 A_y의 크기를 $x-y$좌표계에서의 벡터 **A**의 스칼라 성분이라고 할 때도 있으며, 이 벡터 자체는 그림 2.21에서와 같이 벡터 성분이다. 벡터 **A**가 $x-y$좌표계에서 기술된다고 가정하면, 두 벡터 A_x와 A_y를 구하는 것은 직각 삼각형을 살펴보면 될 정도로 간단하다. 이 두 벡터의 크기는 식 (2.9)에서 계산해본 대로 그 결과는 다음과 같다.

$$A_x = |\mathbf{A}| \cos \theta_x$$
$$A_y = |\mathbf{A}| \cos \theta_y$$

여기에서 | **A** |는 벡터 **A**의 크기 (2.15)

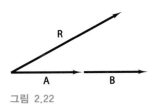

그림 2.22

이 방법은 일반화되어 비직교 좌표계에서 벡터의 성분을 구하는 데 사용될 수 있다. 벡터는 직교하지 않는 성분으로 분해할 수 있지만, 그 성분 벡터들은 **공선** 벡터가 아니다. 이 내용은 그림 2.22의 예에서 알 수 있다. 벡터 **A**와 **B**는 어떻게 조합하여도 그 합은 벡터 **R**이 될 수가 없다. **R**을 **A** 및 **B**와 함께 공선 벡터이라고 가정한다면, **R**과 동등하게 되는 무한한 가짓수의 **A**와 **B**의 조합이 있을 수 있을 것이다.

그림 2.23에는, 벡터 **A**가 선 u와 선 v을 따라 각각 성분 $\mathbf{A}_u$와 $\mathbf{A}_v$로 분해되어 도시되어 있는데, 여기에서 u와 v는 직교하지 않는다. 그림과 같이, 축 u는 x축으로부터 반시계 방향으로 α각도를 이루어 위치하며 축 v는 y축으로부터 시계 방향으로 β각도로 위치한다. $\theta_x + \theta_y = 90\,°$였다는 사실을 염두에 두고, 그림 2.24와 같이 벡터 합 삼각형을 작도할 수 있다. u와 v방향에 있는 **A**의 두 성분은 그림 2.24에 그려져 있는 삼각형에 사인 법칙을 적용하여 구할 수 있다. 이렇게 하면 다음과 같은 결과가 나온다.

$$\frac{\sin(90 + \alpha + \beta)}{|\mathbf{A}|} = \frac{\sin(\theta_y - \beta)}{A_u} = \frac{\sin(\theta_x - \alpha)}{A_v}$$

$$A_u = \frac{|\mathbf{A}| \sin(\theta_y - \beta)}{\sin(90 + \alpha + \beta)}$$

$$A_v = \frac{|\mathbf{A}| \sin(\theta_x - \alpha)}{\sin(90 + \alpha + \beta)} \tag{2.16}$$

여기에서, $\boldsymbol{A}_u$와 $\boldsymbol{A}_v$는 각각 u방향과 v방향에서의 벡터 **A**의 스칼라 성분이다.

이 과정은 비직교 좌표계에서 벡터의 성분을 구하는 것일 수도 있고 벡터를 작용선이 주어져 있는 2개의 벡터의 합으로 분해하는 것일 수도 있다.

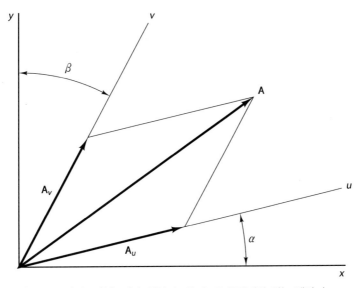

그림 2.23 비직교 축을 따라 성분 $\mathbf{A}_u$와 $\mathbf{A}_v$로 분해되어 있는 벡터 **A**

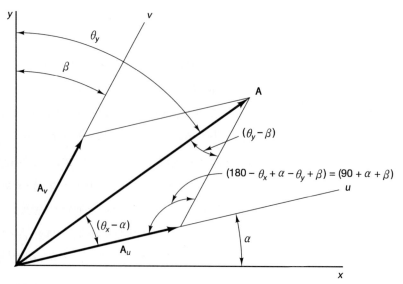

그림 2.24

　분명한 점은, 벡터 합은 벡터 수학의 모든 점에 기본이 되며, 벡터를 성분으로 분해하는 것은, 직교하거나 직교하지 않거나, 수학과 역학에서 극히 중요한 개념이라는 것이다. 많은 과학 계산기로는 직교 좌표에서 단일 조작으로 벡터의 성분을 구할 수 있으며 비직교 방향에서는 프로그램을 작성하여 성분을 구할 수 있다.

예제 2.3

원양 정기선이 2대의 예인선에 의해 예인되고 있다. 이 정기선에 가해지는 총 힘은 N45°E 방향의 130,000(1.3×10^5) N이며, 예인선 **A**는 북쪽으로 끌고 있는 반면에 예인선 **B**는 N70°E으로 끌고 있을 때, 각각의 예인선에 의해 가해지는 힘을 구하라.

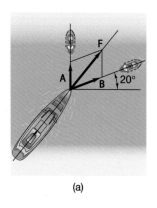

(a)

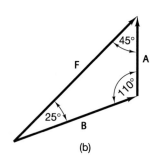

(b)

풀이　2대의 예인선에 의해 가해지는 힘들은 합해져서 정기선에 가해지는 총 힘과 같아야만 한다. 즉,

$$\mathbf{B} + \mathbf{A} = \mathbf{F}$$

벡터 선도를 그려 이를 나타내면, 첨부된 그림과 같다.

$$\frac{A}{\sin 25°} = \frac{B}{\sin 45°} = \frac{F}{\sin 110°}$$

$$F = 130,000 \text{ N}$$

그러므로 다음의 결과가 나온다.

$$A = 58,000 \text{ N} \quad \text{및} \quad B = 97,900 \text{ N}$$

이 선도는 직각 삼각형이 아니므로 피타고라스 정리가 적용되지 않음을 유의하여야 한다.

예제 2.4

지지 프레임이 아래 그림과 같이 배열된 2개의 부재 A와 B로 구성되어 있다. 브래킷에 가해지는 힘 F는 부재 A와 B를 따라 각각 성분 **A**와 **B**로 분해될 수 있다. 각도 β가 고정되어 있는 경우, 힘 F가 프레임의 끝에 가해질 때 각각의 부재에 가해지는 힘의 크기가 같게 되도록 각도 θ를 선정하여 프레임을 설계하라.

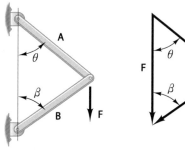 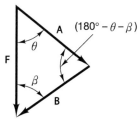

풀이 위의 오른쪽에 있는 그림과 같이 힘과 그 성분의 벡터 선도를 그린다. 성분들은 사인 법칙을 사용하여 구할 수 있으며, 다음과 같음을 주목하여야 한다.

$$\sin(180 - \theta - \beta) = \sin(\theta + \beta)$$
$$\frac{F}{\sin(\theta + \beta)} = \frac{A}{\sin \beta} = \frac{B}{\sin \theta}$$

그러므로 사인 법칙은 다음과 같이 된다.

$$A = B \frac{\sin \beta}{\sin \theta}$$

A와 **B**의 크기는 같아야만 하므로, θ의 사인 값은 β의 사인 값과 같아야 하며 2가지 해는 다음과 같다.

$$\theta = \beta \quad \theta = \pi - \beta$$

위의 식에서 첫 번째 해가 맞으며, 두 각도는 같다. 두 번째 해에서는 **A**와 **B**가 평행이 되는 형상이 나오는데, 이는 수학적으로는 맞지만, 물리적으로는 맞지 않다.

예제 2.5

$500(5.0 \times 10^2)$ N의 힘을 선 $a-a'$와 $b-b'$를 각각 따라서 성분으로 분해시켜야 한다. 선 $a-a'$ 방향 성분이 320 N이라는 것을 알고 있을 때, 각도 β와 선 $b-b'$ 방향 성분을 구하라.

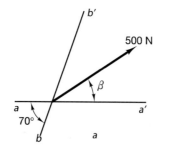
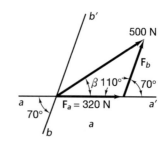

풀이 힘과 두 성분의 힘 벡터 선도를 그린다. 성분 F_a와 F_b 사이의 각도는 $(180° - 70°) = 110°$이다. 그러므로 사인 법칙을 적용하면 다음과 같다.

$$\frac{500}{\sin(110°)} = \frac{F_b}{\sin(\beta)} \Rightarrow 500 \sin\beta = F_b \sin(110°)$$

$$\frac{500}{\sin(110°)} = \frac{320}{\sin(180 - 110 - \beta)} \Rightarrow 500 \sin(70 - \beta) = 320 \sin(110°)$$

이제, $\sin(110°) = \sin(70°)$이고 $\sin(70° - \beta) = \sin(70°)\cos\beta - \cos(70°)\sin\beta$이므로, 두 번째 식은 다음과 같이 쓸 수 있다.

$$500 \sin(70°)\cos\beta - 500 \cos(70°)\sin\beta = 320 \sin(70°)$$

이 식은 β에 대한 초월함수 식이므로, 우변에 $\sin\beta$ 항을 취한 다음 식의 양변을 제곱하여 풀면 된다. 그런 다음, 삼각함수 등식인 $\cos^2\beta = 1 - \sin^2\beta$ 을 사용하여 $\cos\beta$에 관한 2차식으로 만든다. 이 식은 해가 두 개로 $\beta = 33°$와 $\beta = -73°$이지만, 양의 각도 만이 물리적으로 맞다. 일단 각도가 정해지면 크기 F_b를 첫 번째 식으로 구할 수 있는데, 그 값은 다음과 같다.

$$\beta = 33° \qquad F_b = 290\,\text{N}$$

많은 계산기와 대부분의 컴퓨터 소프트웨어 패키지에는 초월함수 식을 풀 수 있는 그래프 작도 기능과 제곱근 기능이 있다.

2.3 힘과 그 특성

제1장에서는, 힘을 한 물체가 또 다른 물체에 가하는 작용으로 정의하였다. 힘의 특성은 다음과 같다.

1. 크기
2. 방향(방위 및 방향성)
3. 작용점(시점과 종점)

힘은 벡터이고, 제2.2절에서 설명한 바와 같이 벡터 합을 포함하여 벡터 수학의 모든 법칙을 따른다. 힘의 크기를 명시하는 데 사용하는 단위는, SI 단위계에서는 뉴턴(N)이나 킬로뉴턴(kN) 등과 같은 단위이거나 미국 상용단위에서는 파운드(lb), 킬로파운드(kip),

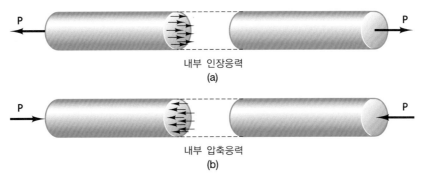

그림 2.25 (a) 봉에 작용하는 인장력 (b) 봉에 작용하는 압축력

톤(tons), 온스(oz) 등과 같은 단위들이다. 2차원 문제에서는, 힘 벡터는 좌표계에서 그 성분들을 명시하거나 각도 또는 방향 코사인[식 (2.12)에서 정의]을 사용하여 그 크기와 방향을 결정함으로써 그 특성을 기술한다. 힘의 방향성은 그 작용선을 따르는 벡터의 방향으로 표현할 수 있다. 힘의 방향성은 또한 케이블에서의 인장력이나 지지 구조물에서의 압축력과 같은 힘의 효과를 기술하는 형식으로 표현된다. 힘이 물체에 작용하면 힘은 내부 효과와 외부 효과 모두를 발생시키게 된다. 외부 효과는 물체 지지력의 변화이다. 내부 효과는 물체의 변형과 분포 내력이다. 이러한 내력의 강도를 **응력(stress)**라고 하며, 단위는 파스칼(Pa), 제곱미터당 뉴턴(N/m^2)이나 제곱인치당 파운드(lb/in^2 또는 psi) 등 이다. 이러한 응력은 그림 2.25(a)에서와 같이 물체를 갈라놓으려는 것(인장 응력이라고 함)일 수도 있다. 응력은 또한 그림 2.25(b)에서와 같이 물체를 압축할 수도 있다.

힘의 방향은 또한 **표면에 대한 법선(수직) 방향 혹은 표면에 접선 방향**처럼 서술 형식으로 표현할 수도 있다. 그림 2.26과 같이 표면에 접선 방향으로 작용하는 힘을 전단력이라고 하고 이 내력의 강도를 **전단 응력**이라고 한다. 구조 부재의 내력은 제7장에서 상세히 설명할 것이다.

이 절에서는, 질점에 대한 힘의 작용을 고찰한다. 모든 힘은, 질점이 점으로만 공간을 차지하므로, 그 공통의 작용점이 당연히 질점에 있다고 가정한다. 이러한 힘들은 공점력 계(共點力系; concurrent force system; 제4.8절 참조)을 형성하는데, 초반에는 공면력 계(共面力系; coplanar force system; 제4.8절 참조)와 공점력계만 살펴본다. 2개 또는 그 이상의 공면력의 통합 효과는 벡터 합 법칙으로 구한다. 이 힘들은 평행사변형 법칙을 사용하거나 벡터 성분을 사용하여 합할 수 있다.

대부분의 질점에 작용하는 힘 가운데 하나는 지구의 중력이다. 이는 질점의 중량이라고 도 하며 항상 지구 중심을 향하게 된다(제1.2절 참조). SI 단위에서는, 물체의 질량이 kg으로 표기되며 그 중량은 g를 곱하여 구한다. 즉,

$$W = m \, g \tag{2.17}$$

미국 상용단위에서는, 물체의 중량은 lb로 직접 측정되며, 그 질량은 g로 나누어 구한다.

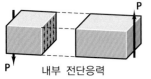

그림 2.26 블록의 표면에 접선 방향으로 작용하는 전단력 P

즉

$$m = W/g \tag{2.18}$$

중량의 단위는, SI 단위계에서 어떠한 힘과 마찬가지로 N이다. 어떤 실제 동역학 문제에서는 힘이 g로 표시되는데, 이렇게 하는 것은, 실제 힘들이 g값과 물체 질량의 곱이므로, 혼란스러운 일이다.

2.3.1 공점 공면력

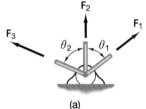

공점력계의 **합력**은 모든 힘의 벡터 합과 동등한 힘으로 정의된다. 이 합력은 독립적으로 작용하는 각각의 힘들이 나타내는 효과의 합이 발생시킨 것과 동일한 효과를 발생시킨다. 그러므로 합력은 공점력과 등가이다. 물체가 질점으로 모델링되면 물체에 작용하는 모든 힘들은 공점력이다. 관련 식은 수학적으로 다음과 같이 쓸 수 있다.

$$\text{합력}\,\mathbf{R} = \sum_i \mathbf{F_i} \tag{2.19}$$

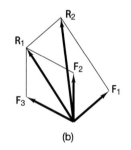

힘들이 같은 면에 놓여 있지만 같은 선에 있지는 않은 공면 비공선력일 때에는, 사인 법칙과 코사인 법칙을 사용하여 그 합을 구할 수 있다. 이와 같은 힘 계의 예는 그림 2.27에 도시되어 있다. 힘 $\mathbf{F_2}$와 $\mathbf{F_3}$를 평행사변형 법칙을 사용하여 합하면 $\mathbf{R_1}$을 구할 수 있다. 그런 다음, $\mathbf{R_1}$을 $\mathbf{F_1}$과 합하면 $\mathbf{R_2}$를 구할 수 있는데, 이것이 3개의 힘 $\mathbf{F_1}$, $\mathbf{F_2}$ 및 $\mathbf{F_3}$의 합력 또는 합이다. 모든 힘이 동일한 평면에 놓여 있으므로, 합력 벡터 $\mathbf{R_2}$의 방위와 크기는 삼각법을 사용하여 구할 수 있다. 이 절차는 평면에 놓여 있는 어떠한 개수의 공점력에 대해서도 계속할 수 있다. 공점 공면력계 합력의 정의는 벡터 합의 정의에 종속되며, 실제로 공점 공면력계 합력의 정의는 이 벡터 합의 정의를 반복 사용한 예라는 점을 주목하여야 한다.

그림 2.27 (a) 점에 작용하는 3개의 공점력 (b) 세 힘의 합력을 평행사변형 법칙을 2번 사용하여 구하기

이론적으로는, 공점력이 동일한 평면에 놓여 있지 않을 때 이 방법을 사용하는 데는 제한이 없지만, 3차원 공간에서 필요한 각도를 구하는 것은 어렵게 된다. 3차원 벡터 선도는 작도하기가 극히 어렵고, 일단 작도했다고 하더라도 해석에 필요한 필수 각도들을 쉽게 구할 수가 없다. 그림 2.28에는 3차원 벡터 선도의 예가 도시되어 있다. 벡터 $\mathbf{A}$와 $\mathbf{B}$는 공간에 평면을 형성하므로 그 합력 $\mathbf{R_1}$은 평행사변형 법칙을 사용하여 구할 수 있다. 벡터 $\mathbf{R_1}$과 $\mathbf{C}$는 공간에 또 다른 평면을 확정하며, 바라는 벡터 합 $\mathbf{R_2}$는 이 평면에 놓이게 된다. 문제 풀이에서는 벡터 $\mathbf{R_1}$과 $\mathbf{C}$ 사이의 각도를 구해야 하지만 어려운 일이 될 수도 있다는 점에 유의하여야 한다. 이 문제를 완전히 도식적으로만 푸는 것은 매우 어렵다. 좌표계와 벡터 성분을 사용하여 공간에서 벡터를 합하는 방법을 쓰는 것이 좋다. 이 대안적이고 한층 더 효율적인 방법은 다음 절에서 설명한다.

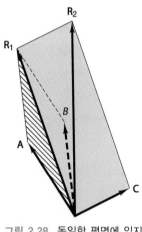

그림 2.28 동일한 평면에 있지 않은 3개의 공점 벡터를 합하기

예제 2.6	그림 2.27과 같은 링에 공점력으로 작용하는 3개의 힘의 합력을 구하라. 힘 F_2는 수직 방향으로 작용하며, $\theta_1 = 30°$이고 $\theta_2 = 45°$이다. 이 힘들의 크기는 각각 다음과 같다.

$$F_1 = 100\,\text{N}$$
$$F_2 = 50\,\text{N}$$
$$F_3 = 80\,\text{N}$$

풀이 힘 F_2와 F_3 사이의 중간 합력 R_1을 구해보기로 한다.

코사인 법칙을 적용하면 다음과 같다.

$$R_1^2 = 50^2 + 80^2 - 2(50)(80) \cos 135°$$

여기에서 R_1은 벡터 R_1의 크기이다. 양변에 제곱근을 취하면 다음과 같다.

$$R_1 = 120.7\,\text{N}$$

R_1이 수직선과 이루는 각도는 사인 법칙으로 구할 수 있다.

$$\sin \beta = \frac{80}{120.7} \sin 135°$$
$$\beta = 27.95°$$

이제 세 힘 계의 합력은 두 번째 그림과 같이 F_1과 R_1을 합하여 구할 수 있다. R_1과 F_1 사이의 각도는 다음과 같다.

$$\gamma = 180° - 30° - 27.95° = 122.05°$$

다시 코사인 법칙을 사용하면 다음과 같다.

$$R_2^2 = 120.7^2 + 100^2 - 2(120.7)(100) \cos 122.05°$$
$$R_2 = 193.34\,\text{N}$$

R_1과 R_2 사이의 각도는 사인 법칙으로 구할 수 있다.

$$\sin \phi = \frac{100}{193.34} \sin 122.05°$$
$$\phi = 26°$$

이 힘 계의 합력은 수직선에서 왼쪽으로 각도 $(27.95° - 26°) = 1.95°$만큼 기울어 작용하는 193.34 N 이다.

연습문제

2.1 벡터 A와 B를 $C = B + A$의 순서로, 즉 A의 시점을 B의 종점에 놓아서 합하라. C의 크기와 C와 B 사이의 각도를 구하라.

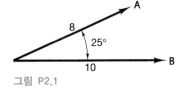

그림 P2.1

2.2 문제 2.1에서 $D = A + B$, 즉 A로 시작하여 B를 더하여 삼각형을 작도하라. D의 크기와 D와 B 사이의 각도를 구하라.

2.3 그림 P2.1에서 벡터 A와 B의 차를 $D = B - A$의 순서로 구하라. D의 크기와 D와 수평선 사이의 각도를 계산하라.

2.4 그림 P2.1에서 벡터 A와 B의 차를 $C = A - B$의 순서로 구하라. C의 크기와 C와 수평선 사이의 각도를 계산하라.

2.5 그림 P2.5에서 힘 $\mathbf{F}_1$과 $\mathbf{F}_2$의 합력을 계산하라.

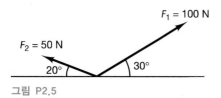

그림 P2.5

2.6 수상스키를 타는 두 사람이 그림 P2.6과 같이 x축을 따라 순 힘 500(5.00×10^2) N을 제공하는 보트에 의해 끌려가고 있다. 이 힘은 각각의 로프에 장력을 발생시키고, 이어서 장력은 수상 스키어를 끌게 된다. 사인 법칙을 사용하여 로프의 장력을 계산 하라.

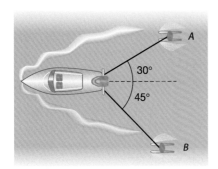

그림 P2.6

2.7 그림 P2.7과 같은 글라이더에 작용하는 2개의 속도 벡터의 합력 을 계산하라. 이 벡터 중의 하나는 바람의 효과를 나타내고 다른 하나는 견인 항공기 효과를 나타낸다.

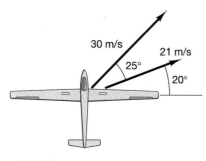

그림 P2.7

2.8 바지선(barge)이 2개의 예인선에 의해 끌려간다. 바지선을 수면 을 따라 이동시키려면 예인선은 바지선의 이동 방향을 따라 20,000(20.0×10^3) N의 합력($\mathbf{T}_A$와 $\mathbf{T}_B$의 합)을 가해야 한다. (a) 예인선 B가 $\beta = 45\,°$가 되는 위치에 있을 때 각각의 로프의 장력을 구하라. (b) 예인선 B가 $0 < \beta < 90\,°$에서 어느 위치로 도 이동이 가능하다고 가정하고, 바지선의 x방향을 따라 20,000(20.0×10^3) N의 합력이 계속 유지되면서 예인선 B의 로프의 장력이 최솟값이 되게 되는 각도 β를 구하라.

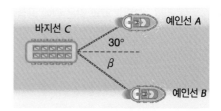

그림 P2.8

2.9 크기가 500(5.00×10^2) N인 힘 $\mathbf{F}$가 그림 P2.9와 같은 프레임에 작용한다. $\theta = 25\,°$인 경우에 지지봉 AC와 AB방향으로 작용 하는 $\mathbf{F}$의 성분을 계산하라.

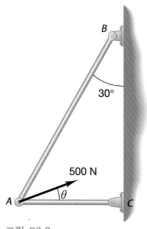

그림 P2.9

2.10 문제 2.9의 프레임을 올바르게 설계하려고 하면, 작용력 $\mathbf{F}$가 500 N일 때 AC방향 힘 성분이 크기가 400(4.00×10^2) N이 되도록 하는 각도 θ를 계산할 필요가 있다. 필요한 각도 θ와 그 결과 AB방향 힘을 구하라.

2.11 그림 2.11과 같이 250(2.50×10^2) N의 힘이 작용할 때 각각의 지지봉 방향으로 작용하는 힘을 계산하라.

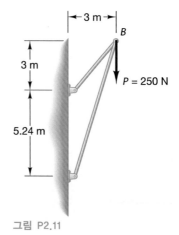

그림 P2.11

2.12 2개의 부재로 되어 있는 지붕 프레임 요소에서, 부재 간의 각도 θ는 30°이다. $\beta = 20$°에서 힘 $\mathbf{F} = 4000(4,000 \times 10^3)$ N가 이 구조물에 가해진다(그림 P2.12 참조). (a) 2개의 부재 A와 B 각 방향의 힘의 성분을 계산하라. (b) F는 20°(β = 20°)로 고정되어 있다고 하자. θ가 5°에서 90° 사이의 범위에서 변할 때 힘 A와 B를 계산하고, 이에 따라 주어진 하중에 대하여 다양한 지붕 설계를 검토하라. 계산 결과를 활용하여 이 경우에는 부재 A와 B의 하중이 그 크기가 같게 되는 각도 θ로 정의되는 최상의 설계나 최적의 설계를 구하라. $\theta = 0$°에서는 계산 결과에 특이한 점이 있는가?

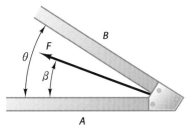

그림 P2.12

2.13 1000(1.000 × 10³) N의 힘을 x방향과 y방향으로 분해하라. 방향 코사인을 구하라.

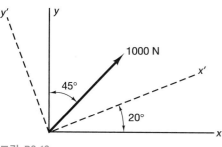

그림 P2.13

2.14 문제 2.13에서, 이 힘을 x'방향 성분과 y'방향 성분으로 분해하라. 방향 코사인을 구하라.

2.15 벡터 성분들이 x좌표와 y좌표로 주어졌을 때, 이 성분들을 x'좌표와 y'좌표로 구하라.

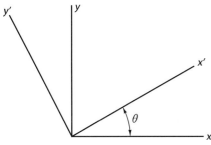

그림 P2.15

2.16 1.00×10^2 m의 변위 벡터를 u방향 성분과 v방향 성분으로 분해하라.

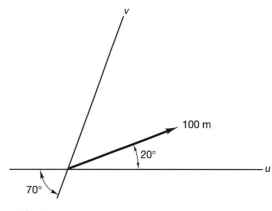

그림 P2.16

2.17 120 N (1.20 × 10²)의 힘을 선 $a-a'$과 $b-b'$ 각 방향 성분으로 분해하고자 한다. $a-a'$ 방향 성분이 80 N일 때, 각도 β와 $b-b'$ 방향 성분을 각각 구하라.

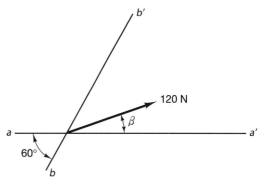

그림 P2.17

2.18 문제 2.17의 120 N에 대하여, $b-b'$ 방향 성분이 58 N일 때, 각도 β와 선 $a-a'$ 방향 성분을 각각 구하라.

2.19 그림 P2.17에는 단일의 점(트럭 상판에 있는 고리 볼트)에 동일 평면에서 공점력으로 작용하는 3개의 힘이 나타나 있다. 볼트에 작용하는 합력을 구하라.

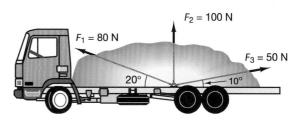

그림 P2.19

2.20 고속 모터보트의 기둥을 사용하여 3명의 수상 스키어를 끌고 있다. 수상 스키어는 저마다 수면에서의 항력이 약간씩 다르므로, 각각의 장력 또한 다르다. 즉 그림 P2.20과 같은 각도에서 $T_1 = 1.20 \times 10^2\,\mathrm{N}$, $T_2 = 1.50 \times 10^2\,\mathrm{N}$, $T_3 = 1.00 \times 10^2\,\mathrm{N}$ 이 각각 작용한다. 보트에 작용하는 합력과 이 합력이 보트의 축선에 수직하는 축에 대한 각도를 각각 계산하라.

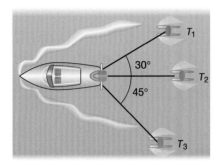

그림 P2.20

2.21 그림 P2.21과 같이 착륙 중인 비행기의 질량 중심에 4개의 공점력이 작용하고 있다. 합력과 이 합력이 수평축과 이루는 각도를 각각 계산하라.

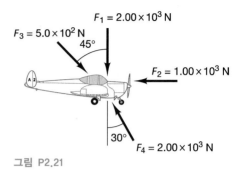

그림 P2.21

2.4 3차원 직교 좌표와 단위 기본 벡터

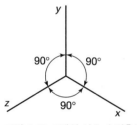

그림 2.29 3개의 상호 수직축의 직교 좌표계

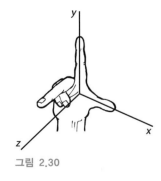

그림 2.30

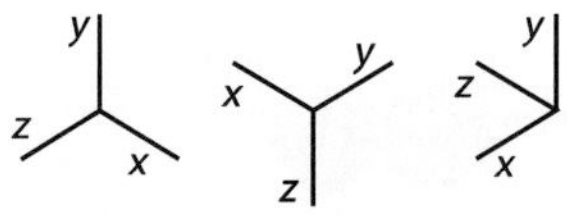

제2.2절에서는, 2차원 직교 좌표라고 하는 2차원 직교 $x-y$좌표계를 작도하였다. 이 좌표계는 그림 2.29와 같이 공통 교점에 그 원점이 있는 상호 직교 좌표축을 형성함으로써 3차원으로 확장시킬 수 있다. 이 좌표축들은 각각 x축, y축, z축을 나타내며 임의의 2개의 좌표축이 형성하는 평면을 **좌표평면**, 즉 $x-y$평면, $y-z$평면, $z-x$평면이라고 한다. x축은 $y-z$평면에 수직이고, y축은 $z-x$평면에 수직이며, z축은 $x-y$평면에 수직이다. 도시되어 있는 좌표계는 **오른손 좌표계**이다. 이는 그림 2.30과 같이 x좌표, y좌표, z좌표가 각각 오른손의 엄지, 인지, 중지와 일직선을 이루게 된다는 것을 의미한다. 벡터 수학은 오른손 좌표계에 바탕을 두고 있으므로 좌표계를 설정할 때에는 반드시 오른손 방식을 따르도록 해야 한다. 앞서 설명한 바와 같이, 좌표의 선택은 임의적이지만 그 선택은 오른손 좌표계이어야만 한다. 오른손을 회전시켜 엄지가 아무런 방향이나 가리키도록 할 수 있는 것처럼, 오른손 좌표계도 그림 2.31과 같이 오른손 방식을 유지시키면서 어떻게든지 회전시킬 수 있다. 오른손 좌표계의 정반대가 왼손 좌표계이다. 오른손 좌표계를 왼손 좌표계로 바꾸는 유일한 방법은, 그림 2.32에서와 같이 다른 축들은 그대로 놔둔 채 한축만 뒤로 빼내는 것이다. 이는 오른쪽 장갑을 뒤집어서 왼손이 들어가도록 하는 것과 같다. 이와 같은 작업을 수학적으로는 좌표축의 **회전**에 대비하여 **좌표 전위**(inversion of coordinates)라고 한다. 회전에서는 좌표계의 오른손 방식이 유지되지만 전위에서는 그렇지 않다.

2차원 경우와 유사하게, 벡터 $\mathbf{A}$는 그림 2.33과 같이 3개의 벡터 $\mathbf{A}_x$, $\mathbf{A}_y$, $\mathbf{A}_z$의 합이라

그림 2.31 다양한 방위를 나타내고 있는 오른손 좌표계

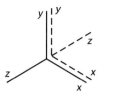

그림 2.32 실선 좌표계는 오른손 방식이고, 점선 좌표계는 왼손 방식이다.

고 볼 수 있다. 벡터 $\mathbf{A}_x$와 $\mathbf{A}_y$가 벡터 평행사변형의 직각에 있을 때에는 피타고라스 정리를 사용하여 합할 수 있다. 벡터 $\mathbf{A}_z$는 벡터 $(\mathbf{A}_x + \mathbf{A}_y)$에 수직이므로 피타고라스 정리를 다시 사용하여 이 벡터 합 $(\mathbf{A}_x + \mathbf{A}_y)$에 합할 수 있다. 그러면, 벡터 $\mathbf{A}$의 크기는 다음과 같다.

$$|\mathbf{A}| = \sqrt{A_x^2 + A_y^2 + A_z^2} \tag{2.20}$$

2차원에서처럼, 벡터의 크기 $|\mathbf{A}_x|$, $|\mathbf{A}_y|$, $|\mathbf{A}_z|$는 벡터 $\mathbf{A}$의 스칼라 성분인데, 이 벡터는 그 성분들의 유일 합과 같다. 즉,

$$\mathbf{A} = \mathbf{A}_x + \mathbf{A}_y + \mathbf{A}_z \tag{2.21}$$

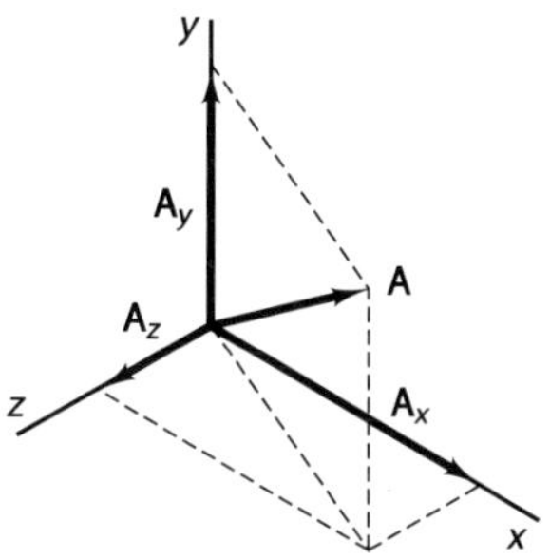

그림 2.33

벡터 $\mathbf{A}_x$, $\mathbf{A}_y$, $\mathbf{A}_z$는 그림 2.34에서와 같이 각각 x축, y축, z축에 대한 $\mathbf{A}$의 투영으로 보아도 된다. $\mathbf{A}$의 종점으로부터 각각의 성분의 종점까지의 선은 각각의 축에 수직이다. 성분은 단지 직교 좌표에서의 축에 대한 벡터의 투영이다. 벡터 $\mathbf{A}$와 각각의 축 사이의 각도들은 각각 θ_x, θ_y, θ_z로 나타낸다. 성분의 크기는 다음과 같이 벡터 $\mathbf{A}$와 이 각도들의 코사인으로 쓸 수 있다. 즉,

$$|\mathbf{A}_x| = |\mathbf{A}| \cos \theta_x, \quad |\mathbf{A}_y| = |\mathbf{A}| \cos \theta_y, \quad |\mathbf{A}_z| = |\mathbf{A}| \cos \theta_z \tag{2.22}$$

2차원에서와 같이, 벡터 $\mathbf{A}$의 방향 코사인은 다음과 같이 정의되고 표기된다.

$$\lambda_x = \cos \theta_x = \frac{|\mathbf{A}_x|}{|\mathbf{A}|}, \quad \lambda_y = \cos \theta_y = \frac{|\mathbf{A}_y|}{|\mathbf{A}|}, \quad \lambda_z = \cos \theta_z = \frac{|\mathbf{A}_z|}{|\mathbf{A}|} \tag{2.23}$$

방향 코사인의 제곱의 합은 1과 같다는 점을 염두에 두어야 한다.

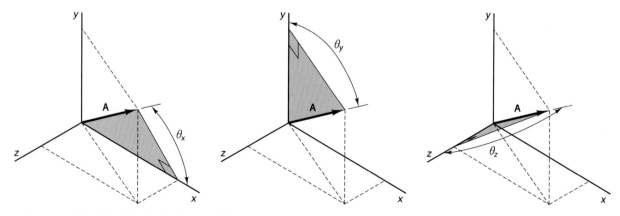

그림 2.34 벡터 $\mathbf{A}$의 벡터 성분은 직교 좌표축에 대한 $\mathbf{A}$의 투영이다.

2.4.1 단위 기본 벡터

지금까지는 직교 좌표계에서 벡터 **A**의 성분을 명시하거나 **A**의 크기와 방향 코사인을 명시함으로써 직교 좌표계로 표시하였다. 그러나 이러한 표기 방법을 사용하여 벡터를 합하기는 어렵다. 이 절에서는 단위 벡터를 도입하여 벡터 대수학을 단순화할 것이다.

단위 벡터는 크기가 1이고 특정 방향을 가리키는 벡터로 정의된다. **단위 벡터에는 단위가 없다.** 즉, 단위 벡터의 크기에는 m, N, lb 등의 단위가 붙지 않는다. 여기에서 주목할 점은 '단위(unit)'라는 단어가 2가지 다른 의미로 사용되고 있다는 점이다. 즉 단위 벡터에서의 단위는 그 크기가 1이라는 뜻이고, 측정 단위에서의 단위는 표준 기본 척도의 최소량 ─예컨대, m/s, m N 등─을 의미한다.

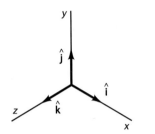

그림 2.35 x축, y축, z축을 각각 따르는 $\hat{\mathbf{i}}$, $\hat{\mathbf{j}}$, $\hat{\mathbf{k}}$ 단위 벡터

단위 벡터는 크기가 1이고 특정 방향을 가리키지만 어떠한 측정 단위도 붙지 않는 공간 방향지시기라고 볼 수 있다. 이 단위 벡터는 수학적으로 특정한 방향을 표시하는 데 사용된다. 단위 벡터는 벡터 위에 삿갓 모양 기호(caret) '^'를 씌워서 표기한다.

특별한 단위 벡터는 직교 좌표의 방향을 가리키는 데 사용된다. 일반적인 공학 **부호 표기법**에서는 x방향, y방향, z방향을 가리키는 데, 그림 2.35에서와 같이, 각각 $\hat{\mathbf{i}}$, $\hat{\mathbf{j}}$, $\hat{\mathbf{k}}$를 사용한다. $\hat{\mathbf{i}}$, $\hat{\mathbf{j}}$, $\hat{\mathbf{k}}$는 벡터이므로 좌표계에서 각각의 성분이 있다. 이 성분들은 다음과 같다.

$$
\begin{array}{lll}
i_x = 1 & j_x = 0 & k_x = 0 \\
i_y = 0 & j_y = 1 & k_y = 0 \\
i_z = 0 & j_z = 0 & k_z = 1
\end{array}
\tag{2.24}
$$

단위 벡터 $\hat{\mathbf{i}}$, $\hat{\mathbf{j}}$, $\hat{\mathbf{k}}$는 좌표계의 기초를 형성하므로 좌표계의 **단위 기본 벡터**라고 한다. 어떠한 벡터 **A**라도 단위 벡터를 사용하여 그 성분의 합으로 쓸 수 있다. 특히, 일반적인 3차원 벡터 **A**는 단위 벡터 $\hat{\mathbf{i}}$, $\hat{\mathbf{j}}$, $\hat{\mathbf{k}}$로 다음과 같이 쓸 수 있다.

$$
\mathbf{A} = A_x\hat{\mathbf{i}} + A_y\hat{\mathbf{j}} + A_z\hat{\mathbf{k}}
\tag{2.25}
$$

그림 2.36

이러한 배열 방식은 그림 2.36에 예시되어 있다. 벡터 **A**의 성분은 벡터의 시점이 좌표계의 원점과 일치하지 않더라도 구할 수 있다. 벡터 $\mathbf{A}_x$, $\mathbf{A}_y$, $\mathbf{A}_z$의 성분의 크기들은 스칼라 성분이다. 이러한 형식으로 벡터를 쓰는 것을 **성분 표기법**이라고 한다. 좌표계가 직교 좌표계이므로, $\mathbf{A}_x$는 $\mathbf{A}_y$ 및 $\mathbf{A}_z$와 독립적이다. 즉, $\mathbf{A}_x$는 y축과 z방향에 기여하는 바가 전혀 없다. 벡터 **A**는 단위 벡터가 $\hat{\mathbf{i}}$, $\hat{\mathbf{j}}$, $\hat{\mathbf{k}}$인 주어진 좌표계 x, y, z에서 그 성분 $\mathbf{A}_x$, $\mathbf{A}_y$, $\mathbf{A}_z$로 식 (2.25)와 같이 완벽하게 표현된다.

벡터의 크기는, 이전에 설명한 바와 같이, 다음과 같이 쓸 수 있다.

$$
|\mathbf{A}| = \sqrt{A_x^2 + A_y^2 + A_z^2}
\tag{2.26}
$$

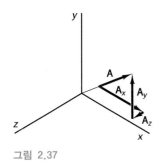
그림 2.37

이 식은 그림 2.37에서와 같이 피타고라스 정리를 반복해서 사용한 결과이다. 피타고라스 정리는 $x-z$ 평면과 평행한 평면에 있는 직각 삼각형에 먼저 적용된 다음, 2차로 $x-z$ 평면과 수직인 평면에 있는 직각 삼각형에 적용된다.

$\mathbf{A}$ 방향의 단위 벡터 $\hat{\mathbf{a}}$ 는 다음과 같이 주어진다.

$$\hat{\mathbf{a}} = \frac{\mathbf{A}}{|\mathbf{A}|} = \frac{A_x}{|\mathbf{A}|}\hat{\mathbf{i}} + \frac{A_y}{|\mathbf{A}|}\hat{\mathbf{j}} + \frac{A_z}{|\mathbf{A}|}\hat{\mathbf{k}}$$
$$\hat{\mathbf{a}} = a_x\hat{\mathbf{i}} + a_y\hat{\mathbf{j}} + a_z\hat{\mathbf{k}} \tag{2.27}$$

식 (2.23)의 방향 코사인 정의를 사용하면 다음의 식이 나온다.

$$\hat{\mathbf{a}} = \lambda_x\hat{\mathbf{i}} + \lambda_y\hat{\mathbf{j}} + \lambda_z\hat{\mathbf{k}}$$

2.4.2 성분 표기법에서의 벡터 항등식

2개의 벡터가 각각의 성분의 크기가 같으면, 즉 다음 식과 같으면, 그 2개의 벡터는 서로 같다고 정의되며 $\mathbf{A} = \mathbf{B}$ 로 표기된다.

$$A_x\hat{\mathbf{i}} + A_y\hat{\mathbf{j}} + A_z\hat{\mathbf{k}} = B_x\hat{\mathbf{i}} + B_y\hat{\mathbf{j}} + B_z\hat{\mathbf{k}}$$

$\hat{\mathbf{i}}$, $\hat{\mathbf{j}}$, $\hat{\mathbf{k}}$ 성분의 크기를 같게 놓으면, 다음의 식이 나온다.

$$A_x = B_x, \quad A_y = B_y, \quad A_z = B_z \tag{2.28}$$

단위 벡터는 직교하므로, 하나의 벡터를 또 다른 벡터와 등치시킨 벡터 방정식이라면, 그 각각의 x 성분, y 성분, z 성분의 크기를 독립적으로 동등하게 취급하여야 한다. 이렇게 취급한다는 것은 3개의 스칼라 식을 세우는 것과 같다. 두 벡터의 항등식은, 성분들이 동등하다는 사실과 그 두 벡터가 공간에서 차지하게 되는 위치와는 관계가 없다는 사실을 따를 뿐이다. 즉, 이 두 벡터는 그림 2.19에서와 같이 시점과 작용선이 공통이 아니더라도 수학적으로는 동등하게 된다. 이 동등한 벡터들의 효과가 물리적으로 같은지 다른지는 그 벡터들이 고정벡터인지, 미끄럼 벡터인지, 아니면 자유 벡터인지에 따라 달라진다. 즉, 나타내는 물리량에 따라 달라지는 것이다.

2.4.3 성분에 의한 벡터 덧셈

2개의 벡터는 성분이 같으면 합하여 합할 수 있다. 즉, 벡터 합은 다음과 같다.

$$\mathbf{C} = \mathbf{A} + \mathbf{B} \tag{2.29}$$

이 식은 성분 형태로 다음과 같이 쓸 수 있다.

$$C_x\hat{\mathbf{i}} + C_y\hat{\mathbf{j}} + C_z\hat{\mathbf{k}} = A_x\hat{\mathbf{i}} + A_y\hat{\mathbf{j}} + A_z\hat{\mathbf{k}} + B_x\hat{\mathbf{i}} + B_y\hat{\mathbf{j}} + B_z\hat{\mathbf{k}}$$
$$= (A_x + B_x)\hat{\mathbf{i}} + (A_y + B_y)\hat{\mathbf{j}} + (A_z + B_z)\hat{\mathbf{k}} \tag{2.30}$$

$\hat{\mathbf{i}}$, $\hat{\mathbf{j}}$, $\hat{\mathbf{k}}$ 성분을 같게 놓으면 3개의 스칼라 식이 나온다.

$$C_x = A_x + B_x$$
$$C_y = A_y + B_y \qquad (2.31)$$
$$C_z = A_z + B_z$$

두 벡터의 합은 앞에서도 설명했듯이 교환법칙이 성립된다.

$$\mathbf{C} = \mathbf{A} + \mathbf{B} = \mathbf{B} + \mathbf{A} \qquad (2.32)$$

즉, 스칼라 덧셈은 교환법칙이 성립되고 성분 표기법 때문에 벡터 덧셈이 스칼라 성분의 덧셈으로 바뀌었으므로, 벡터 덧셈 또한 교환법칙이 성립되는 것이다. 이러한 사실은 벡터 덧셈을 평행사변형 법칙으로 설명했을 때 언급한 바 있다. 또한, 벡터 덧셈은 성분의 스칼라 덧셈으로 이루어지게 되고 스칼라 덧셈은 결합법칙이 성립되어 순서와는 상관이 없으므로, 벡터 덧셈은 분명히 결합법칙 역시 성립된다. 즉

$$\mathbf{A} + \mathbf{B} + \mathbf{C} = (\mathbf{A} + \mathbf{B}) + \mathbf{C} = \mathbf{A} + (\mathbf{B} + \mathbf{C}) \qquad (2.33)$$

여러 개의 벡터가 동일한 좌표계에서 성분으로 표현되어 있으면, 벡터가 몇 개가 되더라도 그 성분들의 합 형태를 취함으로써 합할 수 있다. 삼각법에서는 각도가 필요하지만 벡터 성분의 합에서는 벡터 사이의 각도를 구할 필요가 없으므로, 벡터 성분의 합은 벡터 대수학을 간단하게 해준다. 제2.5절에서는 성분을 사용하는 것이 컴퓨터 소프트웨어에 적합하다는 점을 알 수 있을 것이다.

2.4.4 스칼라에 의한 벡터 곱셈

앞서 설명한 바와 같이, 똑같은 벡터를 합한 벡터는 다음과 같이 각각의 성분이 원래 벡터의 성분의 2배인 벡터와 같다. 즉

$$\mathbf{B} = \mathbf{A} + \mathbf{A} = 2\mathbf{A} \qquad (2.34)$$

이 식을 일반화하자면, 스칼라에 의한 벡터 곱셈은 스칼라에 의한 각각의 성분 곱셈과 등가이다. 그러므로

$$\alpha\mathbf{A} = \alpha A_x\hat{\mathbf{i}} + \alpha A_y\hat{\mathbf{j}} + \alpha A_z\hat{\mathbf{k}} \qquad (2.35)$$

여기에서, α는 임의의 스칼라 값을 나타낸다. 이 정의는 초등 수학에서 보듯 숫자의 곱셈을 숫자의 덧셈으로 전개하는 것과 일치한다는 점을 주목하여야 한다. 이러한 유형의 곱은 벡터 $\mathbf{A}$를 각각의 해당 스칼라 성분과 각각의 해당 단위 기본 벡터를 곱하여 합한 것으로 표현하는 원리가 된다.

2.4.5 벡터 뺄셈

하나의 벡터에서 다른 벡터를 빼는 벡터 뺄셈은, **벡터의 음 부호(−)**가 벡터에 (−1)을

곱한 것과 등가라는 점을 알고 구하면 된다. 그 벡터는 결과적으로 크기는 원래 벡터와 같지만 방향은 정반대가 된다. 그러므로 벡터 뺄셈은 다음과 같이 나타낼 수 있다.

$$\mathbf{D} = \mathbf{A} - \mathbf{B} = \mathbf{A} + (-\mathbf{B}) \tag{2.36}$$

성분 표기법에서, 벡터 뺄셈은 3개의 스칼라 식이 된다.

$$
\begin{aligned}
D_x &= A_x - B_x \\
D_y &= A_y - B_y \\
D_z &= A_z - B_z
\end{aligned} \tag{2.37}
$$

이로써 벡터 뺄셈은 스칼라 연산에서 정의된 바와 유사하게 정의할 수가 있다.

2.4.6 일반적인 단위 벡터

단위 벡터는 벡터를 좌표 성분으로 나타내는 데 사용되기도 하지만, 단위 벡터는 또한 좌표 방향과는 다른 방향을 나타내는 데 사용되기도 한다. 특히, 벡터가 원하는 방향을 따라 놓이게 되면 단위 벡터는 그 방향으로 형성되게 된다. 공간에서 방향이 특정한 벡터 $\mathbf{B}$를 살펴보자. 이 벡터는 힘 벡터일 수도 있고, 속도 벡터일 수도 있고, 변위 벡터일 수도 있으며, 아니면 벡터로 취급할 수 있는 다른 어떤 물리량일 수도 있다. 단위 벡터는 벡터 $\mathbf{B}$를 그 벡터 크기와 같은 스칼라로 나눈 것으로 정의되기도 한다. 이로써 벡터 $\mathbf{B}$의 방향을 가리키는 단위 벡터 $\hat{\mathbf{b}}$가 나온다. 벡터를 스칼라로 나누는 것은 그 벡터에 스칼라의 역수$(1/\alpha)$를 곱하는 것과 같다고 볼 수 있으므로 벡터에 스칼라를 곱하는 법칙을 사용하여 처리할 수 있다. 그러므로 $\mathbf{B}$방향에서의 단위 벡터 $\hat{\mathbf{b}}$는 다음과 같이 된다.

$$
\begin{aligned}
\hat{\mathbf{b}} &= \frac{\mathbf{B}}{|\mathbf{B}|} \text{ where } |\mathbf{B}| = \sqrt{B_x^2 + B_y^2 + B_z^2} \\
\hat{\mathbf{b}} &= \frac{B_x}{|\mathbf{B}|}\hat{\mathbf{i}} + \frac{B_y}{|\mathbf{B}|}\hat{\mathbf{j}} + \frac{B_z}{|\mathbf{B}|}\hat{\mathbf{k}}
\end{aligned} \tag{2.38}
$$

단위 벡터 $\hat{\mathbf{b}}$의 성분들은, 식 (2.23)에 정의되어 있는 바와 같이, 벡터 $\mathbf{B}$의 방향 코사인이라는 점을 주목하여야 한다. 2차원에서는, 벡터의 크기와 방향 코사인을 부여함으로써 벡터의 방향을 명시할 수 있었다. 그러므로 단위 벡터에는 단지 방향 특성만 있다고 보는 것이 타당하며, 이 방향 특성이 바로 방향 코사인이다. 벡터 $\mathbf{B}$는 간단히 $\mathbf{B} = |\mathbf{B}|\,\hat{\mathbf{b}}$로 쓸 수 있다.

2.4.7 공간에서의 벡터 방향

공간에 있는 점은 **위치 벡터**를 사용하여 위치를 나타낼 수 있다. 위치 벡터의 성분 크기는 그 점의 좌표 (x, y, z)이다. 그림 2.38에 있는 점 A와 B를 고찰해보자. 점 A와 B의 위치 벡터는 다음과 같다. 즉,

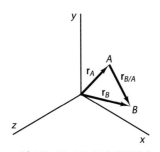

그림 2.38 점 A와 B의 위치 벡터와 점 A에 대한 점 B의 상대 위치 벡터

$$\mathbf{r_A} = x_A\hat{\mathbf{i}} + y_A\hat{\mathbf{j}} + z_A\hat{\mathbf{k}}$$
$$\mathbf{r_B} = x_B\hat{\mathbf{i}} + y_B\hat{\mathbf{j}} + z_B\hat{\mathbf{k}}$$
(2.39)

실제 문제에서는 종종 점 A에 대한 점 B의 상대 위치를 나타내는 것이 유용하다. 이는 다음과 같이 정의되는 **상대 위치 벡터** $\mathbf{r_{A/B}}$(A에 대한 B라고 읽음)를 사용하여 나타낸다.

$$\mathbf{r_{B/A}} = \mathbf{r_B} - \mathbf{r_A} = (x_B - x_A)\hat{\mathbf{i}} + (y_B - y_A)\hat{\mathbf{j}} + (z_B - z_A)\hat{\mathbf{k}}$$
(2.40)

B에 대한 A의 상대 위치 벡터는 A에 대한 B의 상대 위치 벡터에 음(−)의 부호를 붙인 것이다. 즉

$$\mathbf{r_{B/A}} = -\mathbf{r_{A/B}}$$
(2.41)

공간에서 벡터의 방향은 대개 공간에 있는 해당 벡터의 작용선에 관한 기하학적 정보를 제시함으로써 명시된다. 이 기하학적 정보는 작용선이 좌표축이나 좌표면과 이루는 각도 형태로 제시되기도 하고 작용선 상의 두 점의 좌표를 명시함으로써 제시되기도 한다. 그림 2.39와 같이, 케이블을 따라 작용하는 100 N의 힘을 살펴보자. 케이블의 위치는 케이블과 이 케이블의 $x-y$평면 상의 투영 사이의 각도 α와 이 케이블의 $x-y$평면 상의 투영과 x축 사이의 각도 β로 주어진다. 이 힘의 z방향 성분은 다음과 같다.

$$F_z = F \sin \alpha$$
(2.42)

$x-y$평면에 대한 힘의 투영은 다음과 같다.

$$F_{xy} = F \cos \alpha$$
(2.43)

$\mathbf{F}$의 x방향 성분과 y방향 성분은 이제 다음과 같이 구할 수 있다.

$$F_x = F_{xy} \cos \beta = F \cos \alpha \cos \beta$$
(2.44)
$$F_y = F_{xy} \sin \beta = F \cos \alpha \sin \beta$$
(2.45)

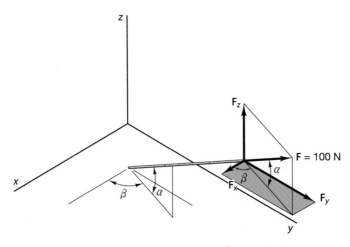

그림 2.39

이제 힘 벡터는 $\mathbf{F}$방향의 단위 벡터 $\hat{\mathbf{f}}$로 쓸 수 있는데, 이는 다음과 같다.

$$\hat{\mathbf{f}} = \cos \alpha \cos \beta \hat{\mathbf{i}} + \cos \alpha \sin \beta \hat{\mathbf{j}} + \sin \alpha \hat{\mathbf{k}} \tag{2.46}$$

그리고 힘은 다음과 같다.

$$\mathbf{F} = 100\hat{\mathbf{f}} = 100(\cos \alpha \cos \beta \hat{\mathbf{i}} + \cos \alpha \sin \beta \hat{\mathbf{j}} + \sin \alpha \hat{\mathbf{k}}) \tag{2.47}$$

벡터 방향을 제시할 수 있는 두 번째 방법은 그림 2.40에 예시되어 있는 바와 같이 작용선 상의 임의의 두 점의 좌표를 명시하는 것이다. 원점에서 $\mathbf{F}$의 작용선 상의 점 A까지의 위치 벡터는 다음과 같이 주어진다.

$$\mathbf{r_A} = x_A\hat{\mathbf{i}} + y_A\hat{\mathbf{j}} + z_A\hat{\mathbf{k}} \tag{2.48}$$

그리고 원점에서 $\mathbf{F}$의 작용선 상의 제2의 점 B까지의 위치 벡터는 다음과 같다.

$$\mathbf{r_B} = x_B\hat{\mathbf{i}} + y_B\hat{\mathbf{j}} + z_B\hat{\mathbf{k}} \tag{2.49}$$

상대 위치 벡터 $\mathbf{r_{B/A}}$는 다음과 같다.

$$\mathbf{r}_B = \mathbf{r}_A + \mathbf{r}_{B/A} \tag{2.50a}$$

그러므로 다음과 같이 된다.

$$\mathbf{r}_{B/A} = \mathbf{r}_B - \mathbf{r}_A = (x_B - x_A)\hat{\mathbf{i}} + (y_B - y_A)\hat{\mathbf{j}} + (z_B - z_A)\hat{\mathbf{k}} \tag{2.50b}$$

이제 힘의 방향에서의 단위 벡터는 다음과 같이 쓸 수 있다.

$$\hat{\mathbf{f}} = \frac{\mathbf{r}_{B/A}}{|\mathbf{r}_{B/A}|} \tag{2.51}$$

힘은 이 단위 벡터로 다음과 같이 쓸 수 있다.

$$\mathbf{F} = 100\,\hat{\mathbf{f}}\,\mathrm{N} \tag{2.52}$$

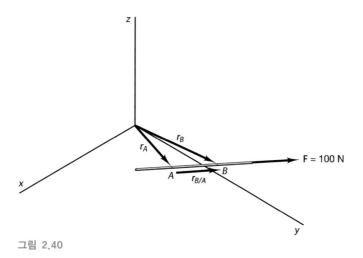

그림 2.40

공간에 있는 벡터는 일반적으로 벡터 크기에 벡터 방향을 명시하는 단위 벡터를 곱하여 나타낸다.

2.4.8 벡터의 행렬 표기법

벡터의 성분 표기법 가운데 제2의 형태는 벡터 계산에 컴퓨터 소프트웨어를 사용할 경우를 대비하여 소개한다. 행렬 표기법에서, 벡터 **A**는 숫자의 열(column)로 쓴다. 행렬은 제2.7절에서 상세하게 설명할 것이다. 이를 행렬로 쓰면 다음과 같다.

$$\mathbf{A} = \begin{pmatrix} A_x \\ A_y \\ A_z \end{pmatrix} \tag{2.25a}$$

(위의 식 번호는 성분 표기법에 있는 식을 다시 쓴 것을 나타낸다) **행렬(matrix)**은 행과 열로 나타낸 숫자의 배열이다. 행렬의 **요소**는 지정된 열과 행에 개별적으로 기입된 사항이다. 예컨대, a_{21}은 제2행, 제1열에 있는 요소이다. 첫 번째 하첨자는 요소의 행을 지정하고, 두 번째 하첨자는 요소의 열을 지정한다. 그러므로 a_{ij}는 i번째 행과 j번째 열에 있는 요소이다. 벡터에 행렬 표기법을 사용하는 상세한 내용은 제2.5절에서 설명하며, 여기에서 컴퓨터 소프트웨어를 소개한다. 단위 기본 벡터는 행렬 표기법으로 다음과 같이 쓴다.

$$\hat{\mathbf{i}} = \begin{pmatrix} 1 \\ 0 \\ 0 \end{pmatrix} \quad \hat{\mathbf{j}} = \begin{pmatrix} 0 \\ 1 \\ 0 \end{pmatrix} \quad \hat{\mathbf{k}} = \begin{pmatrix} 0 \\ 0 \\ 1 \end{pmatrix} \tag{2.24a}$$

이 표기법 형태에서는 항상 벡터의 3가지 성분 모두를 표기한다. 즉, 벡터가 $x - y$평면에 놓여 있으면 제3의 성분은 숫자 배열의 제3행에 0으로 표기된다.

A방향의 단위 벡터 $\hat{\mathbf{a}}$의 행렬은 다음과 같이 **A**의 방향 코사인으로 나타낸다.

$$\hat{\mathbf{a}} = \begin{pmatrix} \lambda_x \\ \lambda_y \\ \lambda_z \end{pmatrix} \tag{2.27a}$$

행렬 표기법에서, 벡터 합산은 다음과 같다.

$$\mathbf{C} = \mathbf{A} + \mathbf{B}$$
$$\begin{pmatrix} C_x \\ C_y \\ C_z \end{pmatrix} = \begin{pmatrix} A_x \\ A_y \\ A_z \end{pmatrix} + \begin{pmatrix} B_x \\ B_y \\ B_z \end{pmatrix}$$

그러므로 식 (2.30)은 다음과 같이 쓴다.

$$\begin{pmatrix} C_x \\ C_y \\ C_z \end{pmatrix} = \begin{pmatrix} A_x + B_x \\ A_y + B_y \\ A_z + B_z \end{pmatrix} \qquad (2.30\text{a})$$

벡터 $\mathbf{A}$에 스칼라 α를 곱한 곱셈은 식 (2.35)에 주어져 있으며, 행렬 표기법으로는 다음과 같다. 즉,

$$\alpha\mathbf{A} = \alpha \begin{pmatrix} A_x \\ A_y \\ A_z \end{pmatrix} = \begin{pmatrix} \alpha A_x \\ \alpha A_y \\ \alpha A_z \end{pmatrix} \qquad (2.35\text{a})$$

공간에서 원점으로부터 점 A까지의 위치 벡터는 행렬 표기법으로는 다음과 같이 쓴다.

$$\mathbf{r_A} = \begin{pmatrix} x_A \\ y_A \\ z_A \end{pmatrix} \qquad (2.39\text{a})$$

행렬 표기법은 표준 성분 표기법보다 특별히 더 나은 점이 전혀 없지만, 대부분의 실무 엔지니어들이 사용하는 계산기나 컴퓨터와 같은 계산 툴을 사용하여 벡터를 처리하는 데에는 유용하다.

2.5 벡터 연산의 계산

3차원 벡터는 3개의 성분으로 기술되므로, 벡터 연산의 계산에서는 3개의 스칼라 등가식을 수치적으로 처리해야 한다. 일반적인 상업용 소프트웨어 패키지와 계산기 중 일부는 이러한 계산을 보통의 계산기가 산술적 계산을 하는 식으로 하기도 한다.

많은 이러한 소프트웨어 프로그램은 값싼 학생판으로 보급되어 있거나 대학 컴퓨터 시설을 통하여 구할 수 있다. 이와 같은 소프트웨어 프로그램은 **벡터 계산기**로서 직접 사용될 수도 있고, 벡터를 대수 기호로 보고 적절한 기호로 입력하여 연산을 수행하는 데 사용될 수도 있다. 제3의 방법은 벡터를 명시하여 기호 연산을 수행하는 것이다. 모든 경우에, 벡터는 행렬 표기법에서 3개의 숫자나 기호의 행 또는 열로 표현된다. 행렬의 일반적인 주제는 제2.7절에서 설명하겠지만, 지금은 행렬을 명시된 행과 열의 숫자로 구성된 숫자 배열로 보기로 한다. 소프트웨어 패키지는 벡터 연산을 하는 데 꼭 필요한 것은 아니지만 이를 사용하면 수치 계산의 수고가 줄어들고 부주의한 실수를 피할 수 있게 된다.

<table>
<tr><td>예제 2.7</td></tr>
</table>

두 벡터의 합 벡터 C를, 즉 C = A + B를 구하라.

$$\mathbf{A} = 6\hat{\mathbf{i}} + 2\hat{\mathbf{j}} + 0\hat{\mathbf{k}}$$
$$\mathbf{B} = 0\hat{\mathbf{i}} + 7\hat{\mathbf{j}} + 5\hat{\mathbf{k}}$$

벡터 C를 C의 크기와 방향 벡터의 곱으로 쓰라.

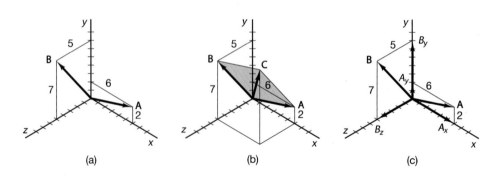

(a)   (b)   (c)

풀이 기준 좌표계에 두 벡터를 그린다. A와 B는 공간 내 평면을 형성하게 되고 C는 이 평면에 놓이게
된다는 점을 주목하여야 한다. 벡터 A와 B는 좌표 방향의 성분으로 분해할 수 있다.
이 예제에서는 삼각법 방법을 사용할 수도 있지만, 두 벡터 사이의 각도를 구하기가 어렵다. 성분을
사용하게 되면 확실히 계산을 매우 간단하게 할 수가 있다. 합 벡터는 다음과 같다.

$$\mathbf{C} = \mathbf{A} + \mathbf{B} = (6 + 0)\hat{\mathbf{i}} + (2 + 7)\hat{\mathbf{j}} + (0 + 5)\hat{\mathbf{k}} = 6\hat{\mathbf{i}} + 9\hat{\mathbf{j}} + 5\hat{\mathbf{k}}$$

C의 크기는 다음과 같다.

$$|C| = \sqrt{C_x^2 + C_y^2 + C_z^2} = 11.92$$

그러면 C의 방향 코사인은 다음과 같다.

$$\lambda_x = \cos\theta_x = \frac{C_x}{|\mathbf{C}|} = 0.503$$
$$\lambda_y = \cos\theta_y = \frac{C_x}{|\mathbf{C}|} = 0.755$$
$$\lambda_z = \cos\theta_z = \frac{C_z}{|\mathbf{C}|} = 0.419$$

그러므로 C방향의 단위 벡터는 다음과 같다.

$$\hat{\mathbf{c}} = 0.503\hat{\mathbf{i}} + 0.755\hat{\mathbf{j}} + 0.419\hat{\mathbf{k}}$$

벡터 C는 다음과 같이 쓸 수 있다.

$$\mathbf{C} = |\mathbf{C}|\hat{\mathbf{c}} = 11.92(0.503\hat{\mathbf{i}} + 0.755\hat{\mathbf{j}} + 0.419\hat{\mathbf{k}})$$

예제 2.8

체육관에 있는 전광판이 그림과 같이 3개의 케이블로 지지되고 있다. 각각의 케이블의 장력은 다음과
같다.

$$T_A = 368\,\text{N}$$
$$T_B = 259\,\text{N}$$
$$T_C = 482\,\text{N}$$

각각의 케이블의 힘 벡터를 장력의 크기와 케이블 방향의 단위 벡터로 명시하라. 그런 다음, 장력의
합력을 구하라.

풀이 케이블을 따르는 단위 벡터는 원점 O에서 A, B, C에 있는 케이블 부착 지점까지의 위치 벡터를 구한 다음 구한다. 그런 다음, 각각의 케이블 방향의 단위 벡터를 구한다. 각각의 케이블은 인장 상태에 있어야 하므로, 단위 벡터들은 원점 O에서 부착 지점을 향해야 한다.

케이블 A를 따라 원점 O에서 부착 지점 A까지의 벡터는 다음과 같다.

$$\mathbf{A} = -4\hat{\mathbf{i}} + 4\hat{\mathbf{j}} + 12\hat{\mathbf{k}}\,(\text{m})$$

그러므로 그 방향에서의 단위 벡터 $\hat{\mathbf{a}}$는 A를 그 크기로 나누어 구할 수 있다.

$$|\mathbf{A}| = \sqrt{(-4)^2 + (4)^2 + (12)^2}$$

$$|\mathbf{A}| = 13.27\,(\text{m})$$

$$\hat{\mathbf{a}} = -0.302\hat{\mathbf{i}} + 0.302\hat{\mathbf{j}} + 0.905\hat{\mathbf{k}}$$

같은 식으로, 원점 O에서 부착 지점 B와 C까지의 벡터는 다음과 같이 구할 수 있다.

$$\mathbf{B} = -4\hat{\mathbf{i}} - 6\hat{\mathbf{j}} + 12\hat{\mathbf{k}}\,(\text{m})$$

$$\mathbf{C} = 5\hat{\mathbf{i}} + 12\hat{\mathbf{k}}\,(\text{m})$$

이 두 방향에서의 단위 벡터는 다음과 같다.

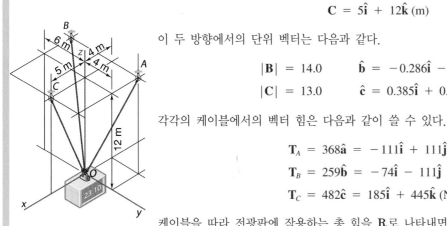

$$|\mathbf{B}| = 14.0 \qquad \hat{\mathbf{b}} = -0.286\hat{\mathbf{i}} - 0.429\hat{\mathbf{j}} + 0.857\hat{\mathbf{k}}$$

$$|\mathbf{C}| = 13.0 \qquad \hat{\mathbf{c}} = 0.385\hat{\mathbf{i}} + 0.923\hat{\mathbf{k}}$$

각각의 케이블에서의 벡터 힘은 다음과 같이 쓸 수 있다.

$$\mathbf{T}_A = 368\hat{\mathbf{a}} = -111\hat{\mathbf{i}} + 111\hat{\mathbf{j}} + 333\hat{\mathbf{k}}\,(\text{N})$$

$$\mathbf{T}_B = 259\hat{\mathbf{b}} = -74\hat{\mathbf{i}} - 111\hat{\mathbf{j}} + 222\hat{\mathbf{k}}\,(\text{N})$$

$$\mathbf{T}_C = 482\hat{\mathbf{c}} = 185\hat{\mathbf{i}} + 445\hat{\mathbf{k}}\,(\text{N})$$

케이블을 따라 전광판에 작용하는 총 힘을 $\mathbf{R}$로 나타내면 다음과 같다.

$$\mathbf{R} = \mathbf{T}_A + \mathbf{T}_B + \mathbf{T}_C = 1000\hat{\mathbf{k}}\,(\text{N})$$

물리적으로는 케이블의 인장력이 전광판을 (제자리에 유지시키면서) x방향과 y방향에서 안정되게 하고 있다. z방향의 힘이 1000 N이라는 것은 전광판의 무게가 1000 N이라는 것을 시사한다. 이 직관적인 추론은 제3장에서 정식 논의 과정을 거쳐 검증될 것이다.

단위 벡터의 성분들은 각각의 좌표축에 대한 방향 코사인이므로, 각각의 케이블이 수직선과 이루는 각도들은 쉽게 구할 수 있다. 케이블 A에서는 다음과 같다. 즉

$$\cos\theta_z^A = 0.905 \text{이므로 수직선에 대한 각도는 } 25.2°$$

다른 2개의 케이블에서는 각도가 다음과 같다.

$$\cos\theta_z^B = 0.857 \qquad \theta_z^B = 31°$$

$$\cos\theta_z^C = 0.923 \qquad \theta_z^C = 22.6°$$

다른 좌표축에 대한 각도는 같은 식으로 구하면 된다.

2.22 힘 벡터 $\mathbf{F} = 300\,\hat{i} - 700\,\hat{j} + 200\,\hat{k}\,(\mathrm{N})$이 있다. 힘의 크기와 힘 벡터방향의 단위 벡터 $\hat{f}$를 각각 구하라.

2.23 $\mathbf{A} = 3\,\hat{i} + 2\,\hat{j} + 6\,\hat{k}$로 정의되는 벡터 $\mathbf{A}$의 크기를 계산하라. $\mathbf{A}$방향의 단위 벡터를 구하라.

2.24 x축과는 30°를 이루고 y축과는 65°를 이루는 벡터가 있다. 이 벡터가 z축과 이루는 각도를 구하라.

2.25 힘 벡터 $\mathbf{F} = 30\,\hat{i} + F_y\,\hat{j} - 40\,\hat{k}\,(\mathrm{N})$이 있다. 이 힘의 크기가 130 N일 때, 성분 F_y를 구하라.

2.26 벡터 $\mathbf{A} = 10\,\hat{i} - 20\,\hat{j} + 5\,\hat{k}$와 벡터 $\mathbf{B} = 15\,\hat{i} + 5\,\hat{j} - 20\,\hat{k}$가 있다. 벡터 $\mathbf{C} = \mathbf{A} + 2\mathbf{B}$의 크기와 $\mathbf{C}$방향의 단위 벡터를 각각 구하라.

2.27 2개의 벡터 $\mathbf{U} = 2\,\hat{i} - \hat{j} + 5\,\hat{k}$와 $\mathbf{V} = -3\,\hat{i} + 2\,\hat{j}$가 있다. 벡터 $2\mathbf{U} - \mathbf{V}$의 크기와 이 벡터가 x축, y축, z축과 각각 이루는 각도를 구하라.

2.28 그림 P2.28과 같이, 배에 장착된 고리 볼트에 매여 있는 로프가 3차원 $\hat{i}$, $\hat{j}$, $\hat{k}$ 좌표계에 관하여 $\theta_x = 30°$ 및 $\theta_y = 85°$를 이루고 있다. 로프의 장력은 200 N로 측정되었다. z방향의 힘 성분을 계산하라.

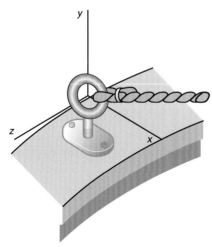

그림 P2.28

2.29 로프가 요트의 마스트를 붙들어 매고 있다(그림 P2.29 참조). 로프의 장력은 1000 N이다. 그림과 같은 좌표계에서 로프가 이루고 있는 각도 θ_x, θ_y 및 θ_z를 각각 계산하라. 로프가 고리 볼트에 가하는 힘 F_x, F_y 및 F_z를 구하라.

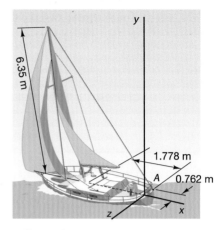

그림 P2.29

2.30 그림 P2.30과 같이 견인 트럭이 도랑에 빠진 자동차를 끌어내려고 하고 있다. 케이블의 장력은 9600 N이며, 그 배치도가 그림에 표시되어 있다. 견인 트럭이 자동차에 가하는 힘의 성분을 계산하라.

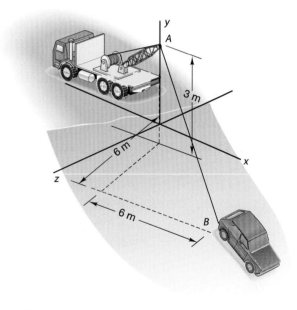

그림 P2.30

2.31 그림 P2.30에 있는 선 AB를 따르는 단위 벡터를 계산하라. 이 벡터의 크기를 계산하고 이것이 단위 벡터임을 증명하라.

2.32 점 A는 좌표가 (5, 0, 6)m이다. A에서 B까지의 거리가 13 m일 때, 점 B의 좌표 (9, 12, z_B)m에서 좌표 z_B를 구하라.

2.33 점 A는 좌표가 (5, 0, 6)m이고 점 B는 좌표가 (5, 0, 6)m이다. (A에 대한 B의) 상대 위치 벡터 $\mathbf{r}_{B/A}$와 단위 벡터 $\hat{e}_{B/A}$를 구하라.

2.34 그림 P2.34와 같이 2개의 벡터가 있다. 벡터 성분법을 사용하여 합력 $\mathbf{F}_1 + \mathbf{F}_2$을 구하라. 이 계산 결과를 코사인 법칙과 사인 법칙을 사용하여 푼 연습문제 2.5의 결과와 비교하라.

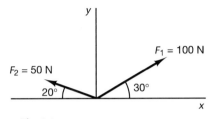

그림 P2.34

2.35 그림 P2.35에서 수상 스키어를 고려할 때, 2개의 장력 T_1과 T_2는 x방향으로 합해서 500 N을 넘으면 안 된다. 벡터 성분을 사용하여 T_1과 T_2의 크기를 각각 구하라.

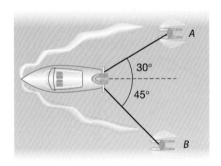

그림 P2.35

2.36 그림 P2.36과 같은 트럭의 고리 볼트에 작용하는 합력을 계산하라.

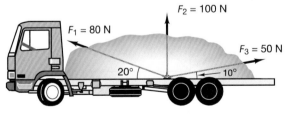

그림 P2.36

2.37 벡터 성분법을 사용하여 그림 P2.37과 같은 고속 모터보트에 작용하는 3개의 힘 벡터의 합력을 계산하라. 단, $T_1 = 120$ N, $T_2 = 120$ N 및 $T_3 = 100$ N이다.

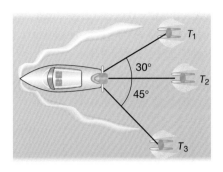

그림 P2.37

2.38 벡터 $\mathbf{A} = 100\hat{i}$는 2개의 벡터 $\mathbf{B}$와 $\mathbf{C}$의 합과 같다. $|\mathbf{B}|$의 크기가 70이고 $|\mathbf{C}|$의 크기가 80일 때, $\mathbf{B}$와 $\mathbf{C}$의 x성분과 y성분을 구하라.

2.39 그림 P2.39와 같이 착륙 시에 비행기에 작용하는 4개의 힘의 합력을 계산하라.

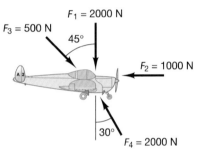

그림 P2.39

2.40 3개의 공면력이 링에 작용한다. 3개의 힘을 합하여 0이 되도록 각도 θ와 β를 계산하라(그림 P2.40 참조).

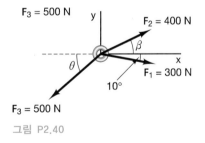

그림 P2.40

2.41 벡터 방정식 $\mathbf{A}+\mathbf{B}=\mathbf{D}$를 풀어 $\mathbf{B}$를 구하라. 여기에서, $\mathbf{A} = 2\hat{i} - 3\hat{j} + 2\hat{k}$이고 $\mathbf{B} = \hat{i} - \hat{j}$이다. 또한, $\mathbf{B}$의 방향 코사인을 계산하라.

2.42 벡터 방정식 $\mathbf{A} + \mathbf{B} = \mathbf{D}$를 풀어 $\mathbf{A}$를 구하라. 여기에서, $\mathbf{D} = \hat{i} - \hat{j} + \hat{k}$이고 $\mathbf{B} = 10\hat{i} + 10\hat{j} - 10\hat{k}$이다. 또한, $\mathbf{A}$의 방향 코사인을 계산하라.

2.43 벡터 방정식 $\mathbf{A} + \mathbf{B} + \mathbf{C} = \mathbf{D}$를 풀어 $\mathbf{B}$를 구하라. 여기에서, $\mathbf{A} = 3\hat{i} + 2\hat{j}$, $\mathbf{C} = \hat{i} + 15\hat{j} + 3\hat{k}$ 및 $\mathbf{D} = \hat{i} + \hat{j} + \hat{k}$이다. 또한, $\mathbf{B}$의 방향 코사인을 계산하라.

2.44 그림 P2.44에 2개의 위치 벡터 $\mathbf{A}$와 $\mathbf{B}$가 있다. 합 벡터 $\mathbf{R} = \mathbf{A} + \mathbf{B}$를 계산하고 그 방향 코사인을 구하라.

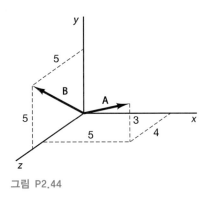

그림 P2.44

2.45 크기가 300 N인 힘 F가 연습문제 2.44에서 벡터 $\mathbf{A}$에 의해 정의되는 작용선을 따라 원점에 작용한다. 각각의 좌표 방향에서 이 힘의 성분을 계산하라.

2.46 연습문제 2.44의 2개의 벡터 $\mathbf{A}$와 $\mathbf{B}$의 합으로 되어 있는 합 벡터 $\mathbf{R}$에 의해 정해지는 작용선을 따라 500 N의 힘이 작용한다. x, y 및 z 좌표 방향으로 이 벡터의 성분들과 이 힘이 각각의 좌표와 이루는 각도를 구하라.

2.47 서커스 텐트를 고정시키는 데 사용한 로프에 의해 힘 F가 고리 볼트에 작용하고 있다. 로프가 이루는 각도의 측정치가 그림 P2.47에 표시되어 있다. 힘의 크기는 1500 N이 되어야 한다. 볼트 고정구를 선정할 때에는, 각각의 3가지 좌표 방향에서 볼트에 가해지게 되는 힘의 최댓값을 아는 것이 중요하다. F의 x성분, y성분, z성분을 각각 구하고 F를 성분 형태로 써라.

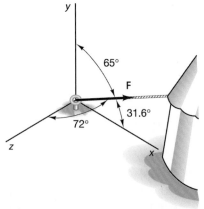

그림 P2.47

2.48 3개의 힘이 그림 P2.48에 주어진 좌표로 나타낸 방향을 따라 작용한다. 이 3개의 힘의 합력을 계산하고, 합력과 3개의 좌표 방향 각각이 이루는 각도들을 계산하라. 여기에서, F_1 = 100 N, F_2 = 50 N 및 F_3 = 75 N이다.

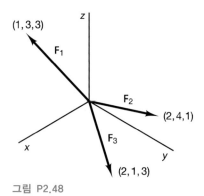

그림 P2.48

2.49 $x-y-z$좌표계에서 크기가 $800(8.00 \times 10^2)$ N인 힘의 성분들을 구하라(그림 P2.49 참조).

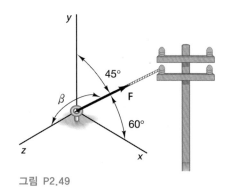

그림 P2.49

2.50 $x-z$평면과는 $\alpha = 40\,°$의 각도를 이루고 $x-z$평면 성분은 z축과 각도 $\beta = 60\,°$를 이루는, 크기가 2000 N인 힘 F의 성분들을 계산하라(그림 P2.50 참조).

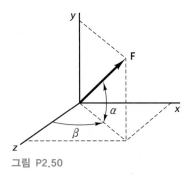

그림 P2.50

2.51 $x-y$평면과는 각도 $\alpha = 50\,°$를 이루고 $x-z$평면 성분과 y축 사이의 각도 $\beta = 70\,°$를 이루는, 크기가 1000 N인 힘 F의 성분들을 계산하라(그림 P2.51 참조).

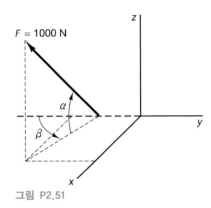

F = 1000 N

그림 P2.51

2.52 연습문제 2.50의 힘 F가 $\mathbf{F} = 250\,\hat{\mathbf{i}} + 230\,\hat{\mathbf{j}} + 125\,\hat{\mathbf{k}}$(N)과 같은 성분 형태로 주어진다. 벡터 $\mathbf{F}$와 $x - z$평면 간의 각도 α와 투영 F_{xz}와 z축 간의 각도 β를 계산하라.

2.53 벡터 P는 그림 P2.53에 표시된 각도들을 이루고 있는 $\mathbf{A}$와 $\mathbf{B}$의 합과 같다고 한다. $\mathbf{P}$는 $(35\,\hat{\mathbf{i}} + 35\,\hat{\mathbf{j}})$(N)이고 $\beta = 15\,^\circ$이며 $\alpha = 20\,^\circ$이다. 성분 $\mathbf{A}$와 $\mathbf{B}$를 계산하라.

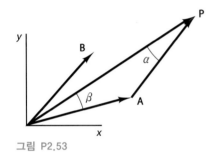

그림 P2.53

2.54 케이블 A, B 및 C의 장력의 합력이 $\mathbf{R} = 250\,\hat{\mathbf{k}}$(N)이고 y_C = 6 m일 때, 각각의 케이블의 장력을 구하라.

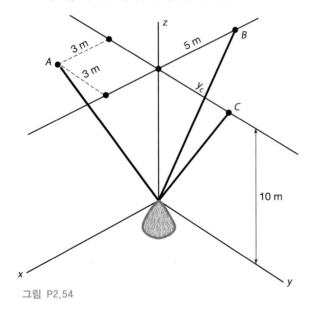

그림 P2.54

2.55 연습문제 2.54에서 y_C = 6 m이고 $\mathbf{R} = 300\,\hat{\mathbf{k}}$(N)일 때, 각각의 케이블의 장력을 구하라.

2.56 연습문제 2.54에서 점 C의 좌표가 $(0, y_C, 10)$ m일 때, 케이블 장력의 매개변수 해를 y_C의 함수로 구성하라. $1 \leq y_C \leq 10$ m에서의 해를 조사하고 $T_B = T_C$일 때 y_C의 값을 구하라.

2.57 다음의 벡터들은 행렬 표기법으로 쓰여 있다.

$$\mathbf{A} = \begin{pmatrix} 2 \\ -3 \\ 1 \end{pmatrix} \quad \mathbf{B} = \begin{pmatrix} 1 \\ 1 \\ 1 \end{pmatrix} \quad \mathbf{C} = \begin{pmatrix} 3 \\ 0 \\ -2 \end{pmatrix}$$

각각의 벡터가 x축, y축, z축과 이루는 각도를 구하라.

2.58 그림 P2.58과 같이 2대의 예인선이 바지선을 끌고 있다. 바지선의 운동결과에서, 합력 $\mathbf{P}$는 $(15,000\,\hat{\mathbf{i}})$ N임을 알았다. 알고자 하는 것은 예인선의 줄을 통해 얼마의 힘이 전달되는가 이다. 예인선이 이루는 각도는 그림에 표시되어 있다. 예인선 A와 B에 가해지는 힘의 크기를 각각 구하라.

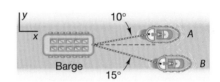

그림 P2.58

2.59 2대의 견인 트럭이 도랑에 빠진 조난 트럭을 끌어내리려고 하고 있다(그림 P2.59 참조). 견인 트럭 운전자들은 손상을 입은 트럭을 경로 OP를 따라 이동시켜야 하지만, 그 지역의 나무와 기타 특징 때문에 견인 트럭을 그림과 같은 각도로 위치시켜야 한다. 운전자들은 경험상 (그리고 조난 트럭의 중량을 고려하여) 트럭을 도랑에서 끌어내는 데 약 20,000 N의 힘을 취해야 한다는 것을 알고 있다. 조난 트럭을 OP를 따라 이동시키려면 각각의 견인 트럭에 얼마나 많은 힘을 가해야 하는가?

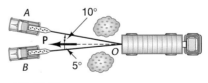

그림 P2.59

2.6 벡터의 비직교 방향 성분

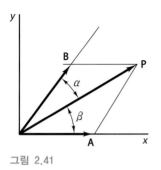

그림 2.41

제2.2절에서는 어떠한 벡터라도 2개로, 즉 단지 일직선 상에 놓여 있지 않은 2개의 공면 성분으로 분해할 수 있다는 사실을 알았다. 벡터를 직교하지 않은 벡터들의 합으로 나타내는 것이 좋을 때가 많다. 이 벡터들을 여전히 성분이라고는 하지만, 직교 성분은 아니다.

먼저, 그림 2.41에서와 같이 비직교 성분으로 표현된 벡터 **P**로 2차원 경우를 살펴보기로 한다. 이 문제는 제2.2절에서 삼각법 방법으로 해석하였고, 이제는 직교 단위 기본 벡터의 좌표계를 사용하여 풀고자 한다.

2차원 경우에서는, 다음과 같이 3가지 유형의 문제가 나타난다.

1. 2개의 성분 가운데 하나 ― 예컨대, **A**는 알고 있고 두 번째 성분 **B**는 다음의 벡터 방정식을 풀어서 구할 수 있다.

$$\mathbf{A} + \mathbf{B} = \mathbf{P} \tag{2.53}$$

이 식은 다음과 같이 된다.

$$\mathbf{B} = \mathbf{P} - \mathbf{A} \tag{2.54}$$

이 식에서 원하는 성분 벡터 **B**가 나온다. 식 (2.54)는 3개의 벡터에서 직교 성분 2개씩, 즉 총 6개의 변수가 수반되는 2개의 스칼라 식을 나타낸다. 그러므로 이 문제를 풀려면 적어도 4개의 변수를 알아야만 한다.

2. 2개의 벡터 **A**와 **B**는 그 방향을 알고 있지만, 크기는 모른다. 그리고 그 합은 **P**와 같다고 주어진다.

$$\mathbf{A} + \mathbf{B} = \mathbf{P} \tag{2.55}$$

즉 3개의 벡터의 방향은 알고 있지만 **P**에서는 크기만 알고 있으므로, **A**와 **B**의 크기를 구하고자 하는 것이다. 이는 다시 변수가 2개인 연립 방정식이 된다.

A와 **B** 비직교 방향에서의 **P**의 성분들은 직교 성분 표기법을 사용하여 구할 수 있다. **A**와 **B** 방향에서의 단위 벡터는 각각 다음과 같이 쓸 수 있다.

$$\begin{aligned} \hat{\mathbf{a}} &= \hat{\mathbf{i}} \\ \hat{\mathbf{b}} &= \cos(\alpha + \beta)\hat{\mathbf{i}} + \sin(\alpha + \beta)\hat{\mathbf{j}} \end{aligned} \tag{2.56}$$

컴퓨터 소프트웨어를 사용할 때에는, 식 (2.56)을 행렬 표기법으로 쓰면 다음과 같다.

$$\hat{\mathbf{a}} = \begin{pmatrix} 1 \\ 0 \\ 0 \end{pmatrix}$$

$$\hat{\mathbf{b}} = \begin{pmatrix} \cos(\alpha + \beta) \\ \sin(\alpha + \beta) \\ 0 \end{pmatrix} \tag{2.56a}$$

벡터 **P**는 알고 있으므로 성분 표기법으로 다음과 같이 쓸 수 있다.

$$\mathbf{P} = |\mathbf{P}| \cos \beta \hat{\mathbf{i}} + |\mathbf{P}| \sin \beta \hat{\mathbf{j}} \tag{2.57}$$

행렬 표기법으로는 다음과 같이 쓴다.

$$\mathbf{P} = |\mathbf{P}| \begin{pmatrix} \cos \beta \\ \sin \beta \\ 0 \end{pmatrix} \tag{2.57a}$$

A와 **B**가 **P**의 성분이라면 다음과 같다.

$$\mathbf{P} = |\mathbf{P}| \cos \beta \hat{\mathbf{i}} + |\mathbf{P}| \sin \beta \hat{\mathbf{j}} = |\mathbf{A}| \hat{\mathbf{a}} + |\mathbf{B}| \hat{\mathbf{b}} \tag{2.58}$$

행렬 표기법으로는 다음과 같이 된다.

$$\mathbf{P} = \begin{pmatrix} |\mathbf{P}| \cos \beta \\ |\mathbf{P}| \sin \beta \\ 0 \end{pmatrix} = \begin{pmatrix} |\mathbf{A}| + |\mathbf{B}| \cos(\alpha + \beta) \\ |\mathbf{B}| \sin(\alpha + \beta) \\ 0 \end{pmatrix} \tag{2.58a}$$

스칼라 식은 벡터의 성분들을 등치시켜서 구하는데, 이는 다음과 같다.

$$|\mathbf{P}| \cos \beta = |\mathbf{A}| + |\mathbf{B}| \cos(\alpha + \beta) \tag{2.59}$$
$$|\mathbf{P}| \sin \beta = |\mathbf{B}| \sin(\alpha + \beta)$$

2개의 스칼라 식은 **A**와 **B** 방향 성분의 크기에 대하여 풀면 된다.

3. 또 다른 유형의 벡터 문제는, 하나의 벡터는 그 크기를 모르고 또 다른 벡터는 그 방향을 모르는 그러한 설계 상황에서 나타난다. 그러므로 벡터 방정식 **A** + **B** = **C**에서는, $\hat{\mathbf{a}}$와 $|\mathbf{B}|$와 **C**를 알고 있고 $\hat{\mathbf{b}}$와 **A**는 구해야 한다.

좌표계는 **A**가 좌표축 가운데 하나를 따라서, 예컨대 x축을 따라서 놓이도록 잡아야 한다. y축은 x축과 수직을 이루게 되므로, 알고 있는 벡터 **C**를 이 좌표계에서 표현할 수 있다. 벡터는 다음과 같이 쓸 수 있다.

$$\mathbf{A} = |\mathbf{A}| \hat{\mathbf{i}}$$
$$\mathbf{B} = |\mathbf{B}| (\cos \lambda_x \hat{\mathbf{i}} + \cos \lambda_y \hat{\mathbf{j}}) \tag{2.60}$$
$$\mathbf{C} = C_x \hat{\mathbf{i}} + C_y \hat{\mathbf{j}}$$

x성분과 y성분을 등치시키면 미지수가 3개, 즉 λ_x, λ_y, $|\mathbf{A}|$인 2개의 식이 나온다. 방향 코사인의 제곱의 합은 1이다. 즉

$$\lambda_x^2 + \lambda_y^2 = 1 \qquad\qquad (2.61)$$

이 식은 해가 2개이므로 문제의 답도 2개이다.

예제 2.9 $\hat{a}$와 $|\mathbf{B}|$를 알고 있을 때, $\mathbf{A} + \mathbf{B} = \mathbf{C}$가 성립하도록 $\hat{b}$와 $\mathbf{A}$를 구하라.

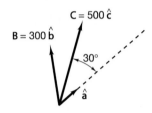

풀이 $\hat{i} = \hat{a}$가 되도록 좌표계를 잡는다.
벡터는 다음과 같이 쓸 수 있다. 즉,

$$\mathbf{C} = 500(\cos 30\hat{\mathbf{i}} + \sin 30\hat{\mathbf{j}})$$
$$\mathbf{A} = A\hat{\mathbf{i}}$$
$$\mathbf{B} = 300(\lambda_x\hat{\mathbf{i}} + \lambda_y\hat{\mathbf{j}})$$

x성분과 y성분을 등치시키면 다음과 같다.

$$\hat{\mathbf{i}}: A + 300\lambda_x = 500 \cos 30$$
$$\hat{\mathbf{j}}: 300\lambda_y = 500 \sin 30$$

세 번째 식은 방향 코사인의 특성이다.

$$\lambda_x^2 + \lambda_y^2 = 1$$

3개의 미지수에 대하여 3개의 식을 세운다. 이 식을 풀면 다음의 값이 나온다. 즉

$$\lambda_y = 0.834$$
$$\lambda_x = \sqrt{1 - \lambda_y^2} = \pm 0.553$$
$$A_+ = 267 \quad A_- = 599$$

해가 2개라는 점을 주목하여야 한다. 이 2개의 해는 다음 그림에 나타나 있다.

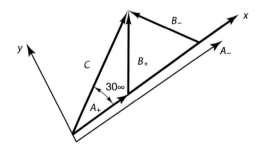

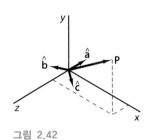

그림 2.42

3차원 비직교 성분들은 먼저 직교 좌표에 있는 벡터로 나타냄으로써 가장 잘 이해할 수 있다. 성분 P_x, P_y, P_z로 명시되는 벡터 $\mathbf{P}$를 살펴보기로 하자. 공통의 평면에 있지 않은 3개의 비공면 방향은 그림 2.42와 같이 3개의 단위 벡터 $\hat{\mathbf{a}}$, $\hat{\mathbf{b}}$, $\hat{\mathbf{c}}$로 명시된다. 이러한 단위 벡터의 직교 성분들은 알고 있는 것이다. 이 벡터들을 성분 형식으로 쓰면 다음과 같다.

$$\hat{\mathbf{a}} = a_x\hat{\mathbf{i}} + a_y\hat{\mathbf{j}} + a_z\hat{\mathbf{k}}$$
$$\hat{\mathbf{b}} = b_x\hat{\mathbf{i}} + b_y\hat{\mathbf{j}} + b_z\hat{\mathbf{k}}$$
$$\hat{\mathbf{c}} = c_x\hat{\mathbf{i}} + c_y\hat{\mathbf{j}} + c_z\hat{\mathbf{k}} \tag{2.62}$$
$$\mathbf{P} = P_x\hat{\mathbf{i}} + P_y\hat{\mathbf{j}} + P_z\hat{\mathbf{k}}$$

이 3개의 식은 다시 다음과 같은 형태의 하나의 벡터 방정식으로 표현할 수 있다.

$$|\mathbf{A}|\hat{\mathbf{a}} + |\mathbf{B}|\hat{\mathbf{b}} + |\mathbf{C}|\hat{\mathbf{c}} = \mathbf{P} \tag{2.63}$$

미지수는 각각의 성분의 크기들, 즉 $|\mathbf{A}|$, $|\mathbf{B}|$, $|\mathbf{C}|$이다. 이 벡터 방정식을 x성분, y성분, z성분끼리 등치시켜서 등가인 스칼라 식으로 전개하면 다음과 같이 미지수가 각각 3개인 3개의 식이 나온다.

$$a_xA + b_xB + c_xC = P_x$$
$$a_yA + b_yB + c_yC = P_y \tag{2.64}$$
$$a_zA + b_zB + c_zC = P_z$$

이제 문제는 3개의 선형 연립 방정식이 되어 버렸다. $\hat{\mathbf{a}}$, $\hat{\mathbf{b}}$, $\hat{\mathbf{c}}$가 모두 같은 평면에 놓여 있는 공면 벡터라면, 성분 A, B, C가 있는 평면에 성분이 수직인 벡터 $\mathbf{P}$를 표현할 수 없게 된다. $\mathbf{P}$가 $\hat{\mathbf{a}}$, $\hat{\mathbf{b}}$, $\hat{\mathbf{c}}$와 함께 공면 벡터이면, 같은 평면에는 놓여 있지만 같은 선에는 놓여 있지 않은 비공선 공면 벡터가 2개만 있으면 된다.

2차원 경우에서와 같이, 식 (2.63)에서는 벡터 $\mathbf{B}$와 $\mathbf{P}$는 크기와 방향을 모두 알지만, $\mathbf{C}$는 크기만을, $\mathbf{A}$는 방향만을 알고 있는 설계 문제가 있을 수 있다. 이러한 문제는 $\mathbf{C}$의 설계 하중에 제한이 있지만 방향은 어느 방향이라도 될 수 있는 경우에 발생한다. 미지수는 $\mathbf{A}$의 크기와 단위 벡터 $\hat{\mathbf{c}}$이다. 벡터 방정식은 3개의 스칼라 식으로 표현되지만 미지수는 4개이다. 최종 식은 다음과 같다.

$$c_x^2 + c_y^2 + c_z^2 = 1 \tag{2.65}$$

좌표계의 선택은 문제 솔버에 맡기면 되며, 이러한 유형의 문제는 좌표 축 가운데 하나가 $\mathbf{A}$방향 단위 벡터와 일직선을 이루게 되면 한층 더 쉽다. x축이 단위 벡터 $\hat{\mathbf{a}}$와 일직선을 이루게 되면 3개의 스칼라 식은 다음과 같이 된다.

$$A + Cc_x = P_x - Bb_x$$
$$Cc_y = P_y - Bb_y \tag{2.66}$$
$$Cc_z = P_z - Bb_z$$

그러므로 $\hat{\mathbf{c}}$의 두 성분은 다음과 같다.

$$c_y = \frac{P_y - Bb_y}{C}$$
$$c_z = \frac{P_z - Bb_z}{C} \tag{2.67}$$

$\hat{\mathbf{c}}$의 나머지 성분의 2개의 값은 다음과 같다.

$$c_x = \pm\sqrt{1 - c_y^2 - c_z^2} \tag{2.68}$$

이제 A의 값 2개를 구할 수 있다.

예제 2.10

삼각대가 10 kg의 영화 카메라를 지지하고 있다(그림 참조). 이 무게는 삼각대의 다리를 거쳐 아래쪽으로 전달되므로 세 다리의 합력은 아래쪽으로 98.1 N이 된다. 삼각대의 다리들을 이 수직 합력의 비직교 성분으로 간주하고 각각의 다리에 가해지는 힘을 구하라.

풀이 먼저, 그림과 같이 이 문제의 벡터 선도를 그린다. 합 벡터는 다음과 같이 쓸 수 있다.

$$\mathbf{R} = -98.1\hat{\mathbf{j}}$$

문제는 $\mathbf{R}$을 각각의 다리 방향 성분으로 분해하는 것과 같다. 각각의 다리 방향 단위 벡터는 다음과 같이 3차원으로 구할 수 있다.

$$\hat{\mathbf{a}} = \frac{1}{\sqrt{60^2 + 100^2}}(-60\hat{\mathbf{i}} - 100\hat{\mathbf{j}}) = -0514\hat{\mathbf{i}} - 0.857\hat{\mathbf{j}}$$

$$\hat{\mathbf{b}} = \frac{1}{\sqrt{52.5^2 + 100^2 + 30^2}}(52.5\hat{\mathbf{i}} - 100\hat{\mathbf{j}} + 30\hat{\mathbf{k}}) = 0.449\hat{\mathbf{i}} - 0.856\hat{\mathbf{j}} + 0.257\hat{\mathbf{k}}$$

$$\hat{\mathbf{c}} = \frac{1}{\sqrt{52.5^2 + 100^2 + 30^2}}(52.5\hat{\mathbf{i}} - 100\hat{\mathbf{j}} - 30\hat{\mathbf{k}}) = 0.449\hat{\mathbf{i}} - 0.856\hat{\mathbf{j}} - 0.257\hat{\mathbf{k}}$$

삼각대 다리에 가해지는 힘의 크기를 구하려면 다음의 벡터를 풀면 된다.

$$F_A\hat{\mathbf{a}} + F_B\hat{\mathbf{b}} + F_C\hat{\mathbf{c}} = \mathbf{R}$$

이 식을 $\hat{\mathbf{i}}$, $\hat{\mathbf{j}}$, $\hat{\mathbf{k}}$ 단위 벡터의 계수들을 각각 등치시켜 스칼라 식으로 전개하면 다음의 식이 나온다.

$$-0.514F_A + 0.449F_B + 0.449F_C = 0$$
$$-0.857F_A - 0.856F_B - 0.856F_C = -98.1$$
$$+0.257F_B - 0.257F_C = 0$$

이 연립 방정식은 대수적으로 풀 수도 있고 제2.7절에서와 같이 계산기나 컴퓨터를 사용하여 선형 연립 방정식을 풀 수도 있다.

$$F_A = 53.4\,\text{N}$$
$$F_B = 30.6\,\text{N}$$
$$F_C = 30.6\,\text{N}$$

삼각대 다리의 압축력은 서로 같지 않다.

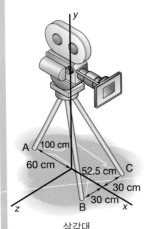

A 100 cm
60 cm
52.5 cm C
30 cm
30 cm
z B x

삼각대

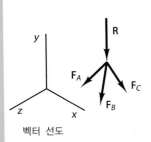

y
R
F_A
F_C
z F_B x

벡터 선도

2.7 선형 연립 방정식

정역학에서 대부분의 문제들은 미지량을 구하기 위해 풀어야 할 선형 연립 방정식으로 귀착된다. 이와 같은 연립 방정식을 푸는 데에는 현대적인 컴퓨터 방법을 쓸 수 있다. 다음과 같은 연립 방정식을 고찰해보자.

$$a_{11}x_1 + a_{12}x_2 + \ldots + a_{1n}x_n = c_1$$
$$a_{21}x_1 + a_{22}x_2 + \ldots + a_{2n}x_n = c_2$$
$$\ldots$$
$$a_{m1}x_1 + a_{m2}x_2 + \ldots + a_{mn}x_n = c_m$$

(2.69)

$m = n$이면, 식의 개수는 미지수만큼 많아지며 식들이 독립적이면 보통은 해를 구할 수 있다. $m < n$이면, 이 연립 방정식은 **결정미달형**(underdetermined), 즉 부정형이 되어 미지수를 구하기에 식의 개수가 너무 적다. $m > n$이면, 이 연립 방정식을 **결정초과형** (overdetermined) 연립 방정식이라고 하며 미지수는 식을 적절하게 만족시키도록 선정된다. **결정초과형** 연립 방정식은 최소제곱법을 사용하여 푼다(수치 해석 입문서 참조).

$m = n$인 선형 연립 방정식을 푸는 기본적인 방법에서는 오직 하나의 미지수가 얻어질 때까지 식들을 합하거나 빼서 미지수를 소거하여야 한다. 그런 다음 그 식을 보통의 대수학으로 풀어서, 그렇게 구한 값을 다른 식에 대입하여 또 다른 미지수를 구한다. 이 방법은 부록 A에 있는 **가우스-조단 소거법**(Gauss-Jordan reduction)으로 정형화되어 있다. 이 방법은 시간이 많이 드므로, 당연히 이 선형 연립 방정식을 풀기 위한 소프트웨어 루틴들이 개발되어 있다. 이러한 루틴들은 행렬 표기법이라고 하는 특별한 수학적 표기법을 사용하고 있고, 행렬 대수의 기초를 이루는 행렬 사용 규약을 따른다. 행렬 규약은 이 절에서 나중에 설명하기로 하고, 먼저 선형 연립 방정식의 몇 가지 다른 특성을 살펴보기로 한다.

다음과 같이 x와 y로 미지수가 2개인 식이 2개로 구성되어 있는 연립 방정식을 고찰해보자. 즉

$$2.0x + 3.0y = 10.0$$
$$1.0x - 1.0y = 2.0$$

두 번째 식에 3을 곱한 다음, 이를 첫 번째 식과 합하면 다음이 나온다.

$$x = 3.2$$

이 값을 두 번째 식에 대입하면 다음이 나온다.

$$y = 1.2$$

각각의 식은 $x - y$평면에 있는 선을 나타내므로 그림 2.43과 같이 그릴 수 있다. 연립 방정식의 해는 그림 2.43에서와 같이 $x - y$평면에 있는 선들의 교점이다. 이러한 두 식이 선형적으로 독립이 아니면, 두 선은 일치하게 되어 교점은 없게 된다. 때로는 두

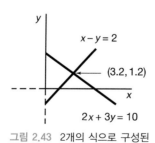

그림 2.43 2개의 식으로 구성된 연립 방정식의 그래프 표현

식이 거의 동일하여 두 선이 거의 일치하게 되어 교점을 구별하기가 어렵게 된다. 이러한 연립 방정식을 수학적으로는 조건이 불충분하다고 하며 교점을 구하려면 수치 정밀도를 높여야 할 필요가 있다. 조건이 불충분한 연립 방정식의 예를 들면 다음과 같다.

$$1.000x - 1.000y = 1.000$$
$$1.999x - 2.001y = 1.988$$

첫 번째 식에 1.999를 곱한 다음, 이 값을 두 번째 식에 대입하면 다음이 나온다.

$$-0.002y = -0.011$$

그러므로 $x = 6.5$이고 $y = 5.5$이다. 해를 구하는 데에는 유효숫자가 4자리인 숫자가 모두 필요했는데, 해의 정밀도는 유효숫자가 단지 2자리라는 점을 주목하여야 한다. 계수 가운데 어떤 계수에서는 마지막 자리수인데도 작은 변화로 인해 답에서는 큰 차이가 나기도 한다. 그러므로 이 연립 방정식은 조건이 불충분하다.

문제 풀이를 식으로 표현하는 과정에서 오류가 발생할 수 있으므로, 이 때문에 해가 없는 연립 방정식으로 이어진다. 다음의 두 식을 고찰해보자.

$$x - y = 1.00$$
$$-2x + 2y = 1.00$$

이 식들은 그림 2.44와 같이 분명히 $x - y$평면에 있는 2개의 선이다. 이 두 식은 평행선을 형성하므로 교점이 전혀 없다.

첫 번째 식에 2를 곱한 다음, 이를 두 번째 식과 합하면, 결과 식은 다음과 같다.

$$0 = 3.00$$

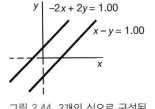

그림 2.44 2개의 식으로 구성된 해가 없는 연립 방정식의 그래프

이러한 연립 방정식을 모순 또는 불능이라고 한다. 대개는 연립 방정식이 불능이면, 문제를 계산하는 과정에서 오류가 발생(역학 원리가 정확하게 사용되지 않음)하거나 연립 방정식을 유도하는 수식 전개 과정에서 오류가 발생하게 된다.

연립 방정식이 미지수가 x, y, z로 3개인 식이 3개로 구성되어 있으면, 각각의 식은 $x - y - z$공간에 있는 평면을 나타낸다. 이 연립 방정식의 해는 그림 2.45와 같이 세 평면의 교점이 될 것이다. 세 평면 중에서 2개의 평면이 거의 일치하면 연립 방정식은 조건이 불충분하고, 2개의 평면이 평행하면 연립 방정식은 불능이다. 개념적으로, 이러한 개념들을 3개보다 더 많은 식으로 구성된 연립 방정식의 다차원 공간으로 확장시킬 수는 있지만, 이러한 연립 방정식의 그래프는 그릴 수가 없다.

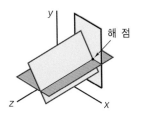

그림 2.45 3개의 식으로 구성된 연립 방정식의 그래프 표현

2.7.1 행렬

식 (2.69)에서 알고 있는 계수 a_{ij}는 다음과 같이 규칙적인 가로-세로 배열로 쓸 수 있다.

$$
\begin{bmatrix}
a_{11} & a_{12} & a_{13} & \dots & a_{1n} \\
a_{21} & a_{22} & a_{23} & \dots & a_{2n} \\
 & & & \dots & \\
a_{m1} & a_{m2} & a_{m3} & \dots & a_{mn}
\end{bmatrix}
\tag{2.70}
$$

이 배열은 m개의 행과 n개의 열로 구성되어 있다. 표기법 a_{ij}는 이 요소가 배열에서 i번째 행과 j번째 열에 있다는 것을 의미한다. 이러한 배열에 적절한 항등 법칙, 덧셈 법칙, 뺄셈 법칙, 곱셈 법칙이 결합되면, 이 배열을 **행렬(matrix)**이라고 한다. 연립 방정식 (2.69)에서 좌변의 미지수 x_i와 우변의 상수를 행 배열로 쓰면, 다음과 같이 3개의 행렬로 이루어진다.

$$
[A] = \begin{bmatrix}
a_{11} & a_{12} & a_{13} & \dots & a_{1n} \\
a_{21} & a_{22} & a_{23} & \dots & a_{2n} \\
 & & & \dots & \\
a_{m1} & a_{m2} & a_{m3} & \dots & a_{mn}
\end{bmatrix}
\tag{2.71}
$$

$$
[x] = \begin{bmatrix}
x_1 \\
x_2 \\
\dots \\
x_n
\end{bmatrix}
\tag{2.72}
$$

$$
[C] = \begin{bmatrix}
c_1 \\
c_2 \\
\dots \\
c_m
\end{bmatrix}
\tag{2.73}
$$

연립 방정식 (2.69)는 이제 행렬 표기법으로 다음과 같이 쓸 수 있다.

$$
[A]\,[x] = [C]
\tag{2.74}
$$

식 (2.74)은 $[A]$와 $[x]$의 곱이 $[C]$와 같다는 것을 의미한다. 행렬 곱셈을 설명하기 전에, 두 행렬의 항등성이 정의되어야 한다. 행렬 $[A]$가 요소가 a_{ij}(i번째 행과 j번째 열)인 m개의 행과 n개의 열로 구성되어 있는 $(m \times n)$ 배열이라면, 행렬 $[B]$는 오직 다음과 같을 때에만 행렬 $[A]$와 같다.

$$
b_{ij} = a_{ij}
\tag{2.75}
$$

특히 $[A]$와 $[B]$는 동일한 크기$(m \times n)$이어야 한다는 점을 유념하여야 한다. 2개의 행렬 $[A]$와 $[B]$가 그 크기$(m \times n)$가 동일할 때, $[A]$와 $[B]$의 합(즉, $[C]=[A]+[B]$)을 다음의 식으로 정의한다.

$$
c_{ij} = a_{ij} + b_{ij}
\tag{2.76}
$$

여기에서, i의 값은 m개의 행에서 1부터 m까지이며, j의 값은 n개의 열에서 1부터

n까지이다. 이 행렬 덧셈의 정의에서 요소가 2개의 행렬 $[A]$와 $[B]$에서 상응하는 요소들의 합으로 형성된 동일한 크기의 새로운 행렬 $[C]$가 간단히 생겨나게 된다. 행렬 덧셈에서는 다음과 같이 교환법칙이 성립한다. 즉

$$[A] + [B] = [B] + [A] \tag{2.77}$$

선형 연립 방정식 (2.69)는 다음과 같이 쓸 수 있다.

$$\sum_{k=1}^{n} a_{ik}x_k = c_i \quad (i = 1,2,\ldots m) \tag{2.78}$$

이 식은 행렬 방정식(matrix equation)인 식 (2.68)과 등가이므로, 행렬 곱셈은 다음과 같이 정의된다.

$$[A][x] = [a_{ik}][x_k] = \left[\sum_{k=1}^{n} a_{ik}x_k \right] \tag{2.79}$$

각각의 행에는 n개의 미지수에 상응하여 n개의 계수가 있다는 점에 유의하여야 한다. 이것은 식 (2.74)에서 $[A]$가 열이 n개이고 $[x]$는 행이 n개이어야 한다는 것을 의미한다. 행렬 곱셈의 공식적인 정의는 다음과 같다.

$$\begin{array}{ccc} [A] & [B] & = [C] \\ (m \times k) & (k \times n) & = (m \times n) \end{array} \tag{2.80}$$

여기에서, $[C]$의 요소는 다음과 같다.

$$c_{ij} = \sum_{k} a_{ik}b_{kj} \tag{2.81}$$

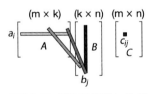

그림 2.46 행렬 곱셈에서, 곱 행렬 $[C]$의 각각의 요소 c_{ij}는 행렬 $[A]$의 i번째 열에 있는 각각의 요소 a_{ik}에 행렬 $[B]$의 j번째 행에 있는 상응하는 요소 b_{ij}를 곱한 다음 이 요소 곱들을 합하여 형성된다. 이는 $[A]$의 i번째 열을 $[B]$의 j번째 행에 포갠 다음 그 결과를 합한 것과 같다.

행렬 곱 $[C]$는 행의 개수가 $[A]$의 개수와 같고 열의 개수는 $[B]$와 같은 $(m \times n)$ 행렬이다. 행렬 곱셈이 정의되려면 $[A]$의 열의 개수는 $[B]$의 행의 개수와 같아야만 한다. $[C]$의 요소의 값은 그림 2.46과 같이 $[A]$의 행을 $[B]$의 열에 '겹치게' 한 다음 상응하는 요소들의 곱들을 합하여 구하면 된다. 행렬 곱셈에서는 다음과 같이 교환법칙이 성립하지 않는다. 즉

$$[A][B] \neq [B][A] \tag{2.82}$$

게다가, $[B]$의 열의 개수와 $[A]$의 행의 개수가 같지 않으면, 행렬 곱 $[B][A]$는 전혀 정의되지 않는다. 두 행렬이 모두 다 정사각 행렬(행의 개수와 열의 개수가 같은 행렬)이라고 하더라도 행렬 곱셈에서는 일반적으로 교환법칙이 성립하지 않는다. 그러나 행렬 곱셈에서는 다음과 같이 결합법칙이 성립한다.

$$[A]([B][C]) = ([A][B])[C] \tag{2.83}$$

또한 다음과 같이 분배법칙도 성립한다.

$$[A]\,([B] + [C]) = [A][B] + [A][C]$$
$$([B] + [C])\,[A] = [B][A] + [C][A] \qquad (2.84)$$

비특이 정사각 행렬에 역행렬이나 역수를 곱하는 것은 그 행렬로 나눈 것과 등가이며 선형 연립 방정식의 풀이에 기초가 되는 사항이다. 특이 행렬은 그 행렬식(determinant)이 0인 행렬이다. 행렬 $[A]$의 역행렬은 다음과 같이 쓴다.

$$\text{Inverse } [A] = [A]^{-1} \qquad (2.85)$$

특이 행렬에는 역행렬이 없으며, 비특이 행렬에는 역행렬이 유일하게 하나만 있다(부록 참조). $[A]$의 행렬식이 0이면, 연립 방정식 $[A][X] = [C]$이 선형적으로 독립이 아니므로 풀 수가 없다. $[A]$의 행렬식이 0이 아니면, 연립 방정식은 선형적으로 독립이므로 해가 존재한다.

1과 등가인 특별한 정사각 행렬을 **단위 행렬**(unit or identity matrix)이라고 하며 대각선 요소들이 1이고 나머지 모든 요소들은 0이다. (3×3) 단위 행렬은 다음과 같다.

$$[I] = \begin{bmatrix} 1 & 0 & 0 \\ 0 & 1 & 0 \\ 0 & 0 & 1 \end{bmatrix} \qquad (2.86)$$

어떠한 행렬이라도 단위 행렬을 곱하면 다음처럼 그 자체와 같아진다.

$$[A][I] = [I][A] = [A] \qquad (2.87)$$

행렬과 그 역행렬을 곱하면 다음과 같이 단위 행렬이 된다.

$$[A][A]^{-1} = [A]^{-1}[A] = [I] \qquad (2.88)$$

현대의 컴퓨터 소프트웨어는 역행렬 개념을 사용하여 선형 연립 방정식을 푼다. 모든 컴퓨터 소프트웨어 프로그램은 행렬을 사용하여 연립 방정식을 풀 수 있는 성능이 있다. 선형 연립 방정식의 해는 다음과 같이 표현된다.

$$[A][x] = [C] \qquad (2.89)$$

이 식은 다음과 같이 식의 양 변에 $[A]$의 역행렬을 곱하여 계산을 하게 된다.

$$[A]^{-1}[A][x] = [A]^{-1}[C] \qquad (2.90)$$

행렬과 그 역행렬의 곱은 단위 행렬과 같으며, 결과적으로 이 단위 행렬과 또 다른 행렬과의 곱은 이 행렬과 같다. 그러므로 식 (2.90)은 다음과 같이 된다.

$$[x] = [A]^{-1}[C] \qquad (2.91)$$

대부분의 정역학 문제는 연립 방정식을 푸는 것으로 바뀌게 되며, 컴퓨터 언어를 배우는 데 약간의 노력이 필요하긴 하지만 컴퓨터 프로그램을 사용하게 되면 계산 과정에 들어가는 시간을 크게 줄이게 된다는 것을 알 수 있을 것이다. 과거에는, 학생들은 이러한 식들을 손으로, 즉 식들을 합하고 빼서 미지수의 개수를 줄이는 식으로 풀었다. 이 식들을 손으로 푸는 방법을 아는 것도 중요하지만, 교육 수준이 향상됨에 따라 쓸 수 있는 현대적인 컴퓨터 툴을 사용하여야 한다. 교재의 다른 관점에서, MATLAB®, Maple®, Mathematica®, Mathcad® 같은 컴퓨터 소프트웨어를 사용하여 식을 풀 수 있다.

예제 2.11

다음과 같이 3개의 식으로 구성된 연립 방정식을 (a) 가우스 - 조단 소거법과 (b) 역행렬을 사용하여 풀어라.

$$2x - 3y + z = 100$$
$$2y - z = -50$$
$$3x + y + z = 35$$

풀이 (a) 첫 번째 식과 두 번째 식을 합하여 z를 소거하면 다음이 나온다.

$$2x - y = 50$$

다시 두 번째 식과 세 번째 식을 합하여 z를 소거하면 다음과 같이 된다.

$$3x + 3y = -15$$

이제 2개의 미지수 x와 y를 포함하는 2개의 변형식이 되었다. 먼저 첫 번째 변형식에 3을 곱한 다음 두 번째 변형식과 합을 합하면 다음이 나온다.

$$9x = 135 \qquad \Rightarrow \quad x = 15$$

이 식을 첫 번째 변형식에 대입하면 다음이 나온다.

$$30 - y = 50 \qquad \Rightarrow \quad y = -20$$

이 x값과 y값을 원래 식 가운데 하나에 대입하면 다음이 나온다.

$$z = 10$$

(b) 이 연립 방정식은 다음과 같이 행렬 표기법으로 쓸 수 있다.

$$[C] \, [X] = [R]$$

여기에서,

$$[C] = \begin{bmatrix} 2 & -3 & 1 \\ 0 & 2 & -1 \\ 3 & 1 & 1 \end{bmatrix} \quad [X] = \begin{bmatrix} x \\ y \\ z \end{bmatrix} \quad [R] = \begin{bmatrix} 100 \\ -50 \\ 35 \end{bmatrix}$$

$[X]$ 행렬의 값은 다음과 같이 역행렬로 구할 수 있다.

$$[X] = [C]^{-1} \, [R] \rightarrow \begin{bmatrix} x \\ y \\ z \end{bmatrix} = \begin{bmatrix} 15 \\ -20 \\ 10 \end{bmatrix}$$

실제 역행렬은 계산기나 컴퓨터 소프트웨어를 사용하여 구한다.

예제 2.12

다음과 같은 두 행렬에서

$$[A] = \begin{bmatrix} 2 & -3 & 1 \\ 0 & 2 & -1 \\ 3 & 1 & 1 \end{bmatrix} \qquad [B] = \begin{bmatrix} 5 & 3 & 2 \\ -2 & 1 & 4 \\ -1 & 0 & -1 \end{bmatrix}$$

다음을 각각 구하라.

(a) $[A] + [B]$

(b) $[A][B]$

(c) $[B][A]$

풀이 계산기나 컴퓨터 소프트웨어를 사용하면, 다음을 구할 수 있다.

$$\mathbf{A} = \begin{pmatrix} 2 & -3 & 1 \\ 0 & 2 & -1 \\ 3 & 1 & 1 \end{pmatrix} \qquad \mathbf{B} = \begin{pmatrix} 5 & 3 & 2 \\ -2 & 1 & 4 \\ -1 & 0 & -1 \end{pmatrix}$$

$$\text{(a)} \quad \mathbf{A} + \mathbf{B} = \begin{pmatrix} 7 & 0 & 3 \\ -2 & 3 & 3 \\ 2 & 1 & 0 \end{pmatrix}$$

$$\text{(b)} \quad \mathbf{A} \cdot \mathbf{B} = \begin{pmatrix} 15 & 3 & -9 \\ -3 & 2 & 9 \\ 12 & 10 & 9 \end{pmatrix}$$

$$\text{(c)} \quad \mathbf{B} \cdot \mathbf{A} = \begin{pmatrix} 16 & -7 & 4 \\ 8 & 12 & 1 \\ -5 & 2 & -2 \end{pmatrix}$$

연습문제

2.60 $\mathbf{R} = 100\,\hat{\mathbf{i}} + 50\,\hat{\mathbf{j}}$를 $\mathbf{A} = 30\,\hat{\mathbf{i}} + 60\,\hat{\mathbf{k}}$, $\mathbf{B} = 50\,\hat{\mathbf{j}} - 50\,\hat{\mathbf{k}}$ 및 $\mathbf{C}$로 분해할 때, $\mathbf{C}$를 구하라.

2.61 벡터 $\mathbf{R} = 30\,\hat{\mathbf{i}} - 40\,\hat{\mathbf{j}} + 60\,\hat{\mathbf{k}}$를 다음과 같이 각각 정의되는 선을 따라 분해하고자 한다.

$$\mathbf{a} = \hat{\mathbf{i}} + 2\hat{\mathbf{j}} - \hat{\mathbf{k}}$$
$$\mathbf{b} = 2\hat{\mathbf{i}} - \hat{\mathbf{j}} + \hat{\mathbf{k}}$$
$$\mathbf{c} = -\hat{\mathbf{i}} + \hat{\mathbf{j}} + 2\hat{\mathbf{k}}$$

이 세 성분의 크기를 각각 구하라.

2.62 그림 P2.62의 $x-y$좌표계에 보이는 바와 같은 $\mathbf{R} = -\hat{\mathbf{i}} + 3\hat{\mathbf{j}}$가 있다. x와 y를 각각 따르는 직교 기본 벡터를 사용하여 2개의 표시된 방향 u와 v 각 방향으로 $\mathbf{R}$의 성분을 계산하라.

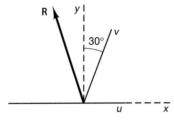

그림 P2.62

2.63 벡터 $\mathbf{R} = 100\,\hat{\mathbf{i}}$를 다음과 같은 3개의 단위 벡터 방향으로 각각 분해하라.

$$\hat{\mathbf{a}} = 0.707\hat{\mathbf{i}} + 0.707\hat{\mathbf{j}}$$
$$\hat{\mathbf{b}} = -0.612\hat{\mathbf{i}} + 0.612\hat{\mathbf{j}} + 0.5\hat{\mathbf{k}}$$
$$\hat{\mathbf{c}} = 0.353\hat{\mathbf{i}} + 0.353\hat{\mathbf{j}} + 0.866\hat{\mathbf{k}}$$

2.64 (선 $3\hat{i} + 2\hat{j} + 3\hat{k}$를 따라 작용하는) 200 N의 성분을 다음과 같은 3개의 로프를 따라서 각각 계산하라(그림 P2.64 참조).

$$\mathbf{A} = \hat{i} + \hat{j}$$
$$\mathbf{B} = \hat{j} + \hat{k}$$
$$\mathbf{C} = \hat{i} + \hat{k}$$

이 방향을 나타내는 벡터들은 단위 벡터가 아님에 유의하여야 한다.

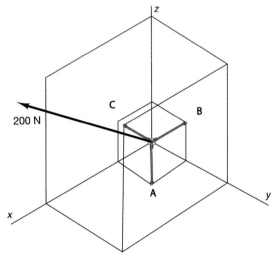

그림 P2.64

2.65 $\mathbf{A} = \hat{i} + \hat{j} + \hat{k}$, $\mathbf{B} = -\hat{j} - \hat{k}$ 및 $\mathbf{C} = \hat{i} - \hat{k}$로 주어지는 3개의 벡터를 따라 방향 코사인이 각각 $\lambda_x = 0.2617$, $\lambda_y = -0.2094$, $\lambda_z = 0.9422$인 크기가 100 N인 힘 벡터 $\mathbf{P}$의 성분을 각각 구하라(힌트: $\mathbf{A}$, $\mathbf{B}$, $\mathbf{C}$는 단위 벡터가 아님에 유의하여야 한다. $\mathbf{P}$를 이 선을 각각 따르는 성분으로 분해하려면, 단위 벡터를 사용하여야 한다).

2.66 다음의 선을 따라서 벡터 $\mathbf{R} = 50\hat{i} + 50\hat{j} + 50\hat{k}$의 성분을 각각 구하라.

$$\mathbf{A} = \hat{i} + 3\hat{j} + \hat{k}$$
$$\mathbf{B} = 5\hat{i} + 5\hat{j} + 2\hat{k}$$
$$\mathbf{C} = \hat{i} + 2\hat{j} + 3\hat{k}$$

2.67 그림 2.67과 같이 크기가 500 N인 힘 벡터 $\mathbf{P}$를 $\mathbf{P} = \mathbf{A} + \mathbf{B} + \mathbf{C}$가 되도록 성분으로 분해하라. 단, $\mathbf{A}$는 그 크기를 모르며, $\mathbf{B}$는 그 크기가 그림과 같은 방향으로 300 N이고 $\mathbf{C}$는 방향을 모르고 그 크기는 400 N이다. $\mathbf{A}$의 크기와 단위 벡터 $\hat{c}$를 각각 구하라.

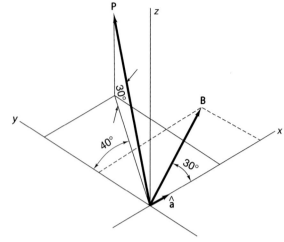

그림 P2.67

2.68 다음과 같은 선형 연립 방정식을 가우스-조단 방법으로 풀어라.

$$3F_A + 6F_B - 2F_C = 1000$$
$$-F_A + 2F_B = 500$$
$$2.5F_A - F_B + 3F_C = -200$$

2.69 문제 2.68의 선형 연립 방정식을 역행렬을 사용하여 풀어라. 행렬식을 검사하여 이 연립 방정식이 비특이 상태임을 증명하라.

2.70 다음 연립 방정식이 선형 종속임을 증명하라.

$$3x + 6y - 2z = 20$$
$$-2x + 2z = -30$$
$$x + 6y = -10$$

2.71 다음 연립 방정식을 풀어라.

$$T_1 - T_2 + 3T_3 - 2T_4 = 100$$
$$6T_2 - 2T_3 + T_4 - T_5 = -60$$
$$-2T_1 + 5T_2 + T_3 + 6T_5 = 200$$
$$-T_1 - 4T_3 - 3T_4 + T_5 = -40$$
$$-T_1 - 3T_2 + 2T_3 + T_4 - 3T_5 = 150$$

2.72 행렬 $[A] = \begin{bmatrix} 4 & -2 & 0 \\ -1 & 3 & 2 \\ 1 & 0 & 2 \end{bmatrix}$이고 $[B] = \begin{bmatrix} 1 & 3 & 1 \\ 0 & 2 & -2 \\ -3 & -1 & 2 \end{bmatrix}$일 때, (a) $[A] + [B]$ 및 (b) $[B] - [A]$를 각각 구하라.

2.73 문제 2.72의 행렬에서, (a) $[A][B]$ 및 (b) $[B][A]$를 각각 구하라.

2.74 문제 2.72에서 $[A]$와 $[B]$의 행렬식을 구하라.

2.75 문제 2.72에서 역행렬을 구하라.

2.76 다음의 선형 연립 방정식을 구하라.

$$F_1 - F_2 + 2F_3 - F_4 = 100$$
$$3F_1 - 2F_2 - F_3 + 3F_4 = -250$$
$$-2F_1 + 4F_2 - 5F_4 = 0$$
$$-F_1 + 6F_2 + F_3 + F_4 = 50$$

2.77 문제 2.76의 연립 방정식에서 둘째 식 우변이 −250 대신 +250일 때, 해의 차이를 구하라. 해가 부호 변화에 얼마나 민감한지를 주목하라.

2.78 문제 2.76의 연립 방정식에서 넷째 식 좌변 F_3의 계수가 +1 대신 −1일 때, 해의 차이를 구하라. 부호 변화에 대한 연립 방정식의 민감도를 주목하라.

2.8 두 벡터의 스칼라 곱

어떤 물리량을 계산할 필요가 있을 때에는 그에 알맞게 특별한 수학적 연산 방법을 개발할 필요가 있다. 벡터 곱셈 가운데 하나의 형태는 힘에 의해서 수행된 일을 계산할 때 필요하고, 다른 형태의 벡터 곱셈은 힘의 회전 효과를 계산할 때 필요하다. 이 두 가지 형태의 벡터 곱셈은 역학에서 나타나므로 정의를 내릴 필요가 있다. 각각 하나씩 독립적으로 살펴보고 각각의 용례를 예시할 것이다. 이 두 가지 벡터 곱셈의 명칭은 그 곱셈 결과에서 나오는 수학적인 양에서 따왔다. 첫 번째 형태의 벡터 곱셈은 그 결과가 스칼라이므로 **스칼라 곱**이라고 한다. 두 번째 형태의 벡터 곱셈은 그 결과가 또 다른 벡터로 나타나므로 **벡터 곱**이라고 한다. 벡터 곱은 제2.9절에서 상세히 설명할 것이다. 두 벡터의 나누기인 곱의 역은 정의가 되지 않는다는 것을 주목하면 흥미롭다.

스칼라 곱은 기호로서 두 벡터 사이에 '점(dot)'을 찍어 나타낸다. 이 때문에 스칼라 곱은 **도트 곱**이라고도 한다. **A**와 **B** 사이의 스칼라 곱의 기호 표기법은 다음과 같다.

$$\mathbf{A} \cdot \mathbf{B} \tag{2.92}$$

이 책에서는 '스칼라 곱'과 '스칼라 곱'을 혼용할 것이다.

그림 2.47과 같이 각각의 시점이 한 점에서 일치되어 있는 두 개의 벡터를 살펴보자. 각도 θ는 두 벡터 사이에 성립할 수 있는 두 개의 양의 각도 가운데에서 더 작은 값으로 $0 \le \theta \le 180°$이다. **A**와 **B**의 스칼라 곱은 다음 식과 같이 **A**의 크기와 **B**의 크기와 두 벡터 사이각의 코사인의 곱으로 정의된다.

$$\mathbf{A} \cdot \mathbf{B} = |\mathbf{A}||\mathbf{B}|\cos\theta \tag{2.93}$$

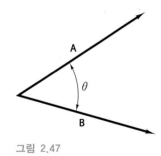

그림 2.47

이 곱은 개념적으로는 어떤 벡터의 다른 벡터에 대한 투영으로 볼 수 있으므로, 이 투영의 크기와 투영을 받는 벡터의 크기의 곱이 된다(그림 2.48 참조). 예를 들어, 스칼라 곱은 **A**를 **B**에 투영하거나 **B**를 **A**에 투영하거나 하는 것이므로 **B**방향에서 **A**가 차지하는 몫이거나 그 반대라고 생각할 수 있다. **A**와 **B**가 서로 수직이면 스칼라 곱은 0이다.

2개의 벡터를 직교 기본 단위 벡터를 사용하여 나타내면, 스칼라 곱에는 이러한 기본 벡터가 포함되게 된다. 기본 벡터는 단위 벡터이며 서로 수직이므로 기본 직교 벡터 사이의 스칼라 곱은 다음과 같다.

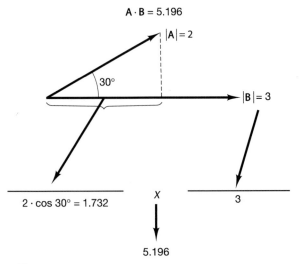

그림 2.48

$$\hat{\mathbf{i}} \cdot \hat{\mathbf{i}} = 1 \quad \hat{\mathbf{j}} \cdot \hat{\mathbf{j}} = 1 \quad \hat{\mathbf{k}} \cdot \hat{\mathbf{k}} = 1$$
$$\hat{\mathbf{i}} \cdot \hat{\mathbf{j}} = 0 \quad \hat{\mathbf{i}} \cdot \hat{\mathbf{k}} = 0 \quad \hat{\mathbf{j}} \cdot \hat{\mathbf{k}} = 0 \tag{2.94}$$

정의에서, 스칼라 곱은 다음과 같이 교환 법칙과 분배 법칙이 성립된다는 것을 알 수 있다. 즉

$$\mathbf{A} \cdot \mathbf{B} = \mathbf{B} \cdot \mathbf{A} = \alpha$$
$$\mathbf{A} \cdot (\mathbf{B} + \mathbf{C}) = \mathbf{A} \cdot \mathbf{B} + \mathbf{A} \cdot \mathbf{C} \tag{2.95}$$

두 벡터 사이의 스칼라 곱은 이제 기본 벡터와 스칼라 곱의 분배 특성을 사용하여 다음과 같이 쓸 수 있다. 즉

$$\mathbf{A} \cdot \mathbf{B} = (A_x\hat{\mathbf{i}} + A_y\hat{\mathbf{j}} + A_z\hat{\mathbf{k}}) \cdot (B_x\hat{\mathbf{i}} + B_y\hat{\mathbf{j}} + B_z\hat{\mathbf{k}})$$
$$\mathbf{A} \cdot \mathbf{B} = A_xB_x + A_yB_y + A_zB_z \tag{2.96}$$

스칼라 곱이 벡터 $\mathbf{A}$와 단위 기본 벡터 사이에서 이루어지면, 그 좌표축에 $\mathbf{A}$의 투영, 즉 $\mathbf{A}$의 좌표축 성분을 다음과 같이 구한다. 즉 다음과 같다.

$$\mathbf{A} \cdot \hat{\mathbf{i}} = A_x$$
$$\mathbf{A} \cdot \hat{\mathbf{i}} = |\mathbf{A}| \cos \theta_x \tag{2.97}$$

여기에서 항 θ_x는 x축과 벡터 $\mathbf{A}$의 사이각의 코사인, 즉 방향 코사인이다.

똑같은 벡터의 스칼라 곱은 그 벡터의 크기의 제곱과 같다. 즉

$$\mathbf{A} \cdot \mathbf{A} = |\mathbf{A}|^2 \tag{2.98}$$

2.8.1 스칼라 곱의 응용

스칼라 곱의 두 가지 중요한 응용을 자세히 살펴볼 것이다. 먼저, **스칼라 곱은 어떤**

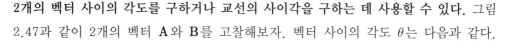

2개의 벡터 사이의 각도를 구하거나 교선의 사이각을 구하는 데 사용할 수 있다. 그림 2.47과 같이 2개의 벡터 **A**와 **B**를 고찰해보자. 벡터 사이의 각도 θ는 다음과 같다.

$$\theta = \cos^{-1}\left(\frac{\mathbf{A} \cdot \mathbf{B}}{|\mathbf{A}||\mathbf{B}|}\right) \quad 0 \leq \theta \leq 180° \tag{2.99}$$

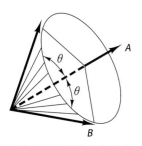

그림 2.49 스칼라 곱은 공간에서 2개의 벡터 **A**와 **B**의 방위를 구하는 데 사용되는 것이 아니라 그 두 벡터 사이의 각도 θ를 구하는 데 사용될 수 있다.

스칼라 곱은 **A**와 **B**가 놓여 있는 평면을 구하는 데 사용되는 것이 아니라 각도 θ를 구하는 데 사용될 수 있다는 점을 주의하여 이해하여야 한다. 즉, **B**는 그림 2.49와 같이 **A**에 대하여 원추각 θ를 이루는 원추면의 어느 곳에도 놓일 수 있다. 각도 θ의 부호는 $\cos\theta = \cos(-\theta)$이므로 항상 양(+)이다.

스칼라 곱의 두 번째 응용은 벡터를 공간에서 선에 평행한 성분과 직교하는 성분으로 분해하는 것이다. 벡터를 선에 평행한 성분과 직교하는 성분으로 분해하려면, 그 선을 따라서 단위 벡터를 구하여야 한다. 그림 2.50에 도시되어 있는 벡터와 선을 살펴보자. 여기에서 $\hat{\mathbf{u}}$는 그 선을 따르는 단위 벡터이다. 선 a에 평행한 성분은 이 선에 대한 벡터 **A**의 투영으로 구한다. 평행 성분은 다음과 같이 쓸 수 있다.

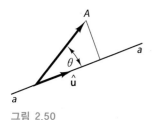

그림 2.50

$$\mathbf{A}_{\|} = (\mathbf{A} \cdot \hat{\mathbf{u}})\hat{\mathbf{u}} = |\mathbf{A}| \cos\theta \, \hat{\mathbf{u}} \tag{2.100}$$

선에 직교하는 성분은, 성분들을 모두 합하면 항상 원래의 벡터가 되어야만 한다는 사실을 사용하여, 다음과 같이 구할 수 있다. 즉

$$\mathbf{A} = \mathbf{A}_{\|} + \mathbf{A}_{\perp}$$
$$\mathbf{A}_{\perp} = \mathbf{A} - \mathbf{A}_{\|} = \mathbf{A} - (\mathbf{A} \cdot \hat{\mathbf{u}})\hat{\mathbf{u}} \tag{2.101}$$

투영이나 스칼라 곱을 사용하여 선을 따르는 벡터 성분을 구할 때, 두 번째 성분은 항상 그 선에 직교한다. 그러므로 스칼라 곱은 직교하지 않는 2개의 선이나 2개의 비직교선 좌표축을 따르는 성분들을 구하는 데에는 사용해서는 안 된다. 벡터 성분의 정의는 벡터가 항상 그 성분의 벡터 합과 같아야 한다는 것이다. 선을 따르는 벡터의 투영과 그 선을 따르는 벡터의 성분 사이의 다른 점은 그림 2.51에서 볼 수 있다. $\mathbf{A}_u$와 $\mathbf{A}_v$를 각각 u방향과 v방향에서의 벡터 **A**의 성분이라고 하고 $\hat{\mathbf{u}}$와 $\hat{\mathbf{v}}$를 각각 해당 방향에서의 단위 벡터라고 하자. 그러면 A는 다음과 같이 쓸 수 있다.

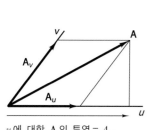

u에 대한 **A**의 투영 $= A_{pu}$

그림 2.51

$$\mathbf{A} = \mathbf{A}_u + \mathbf{A}_v = A_u\hat{\mathbf{u}} + A_v\hat{\mathbf{v}} \tag{2.102}$$

$\hat{\mathbf{u}}$방향에서의 **A**의 투영을 A_{pu}로 표시하기로 하자. 그러면 이 투영은 다음과 같다.

$$A_{pu} = \mathbf{A} \cdot \hat{\mathbf{u}} = A_u\,\hat{\mathbf{u}} \cdot \hat{\mathbf{u}} + A_v\,\hat{\mathbf{v}} \cdot \hat{\mathbf{u}}$$
$$A_{pu} = A_u + A_v\,\hat{\mathbf{v}} \cdot \hat{\mathbf{u}} \tag{2.103}$$

그러므로 투영 A_{pu}는 스칼라 곱 $\hat{\mathbf{v}} \cdot \hat{\mathbf{u}} = 0$일 때나 선 u와 v가 직교일 때에만 u방향의 성분 A_u와 동일하다. 스칼라 곱은 공간에서 주어진 선에 평행한 성분과 직교하는 성분으로 분해할 때에만 사용할 수 있다.

대부분의 컴퓨터 소프트웨어 패키지와 계산기는 자동적으로 두 벡터의 스칼라 곱을 수치적으로나 기호적으로 계산해주기 마련이다.

예제 2.13

그림의 선도에서와 같은 2개의 벡터가 다음 식으로 주어져 있다.

$$\mathbf{A} = 3\hat{\mathbf{i}} - 2\hat{\mathbf{j}} - 2\hat{\mathbf{k}}$$
$$\mathbf{B} = 4\hat{\mathbf{i}} + 4\hat{\mathbf{j}}$$

공간 상에 두 벡터를 그림으로 표시하고 두 벡터 사이의 각도를 구하라.

풀이 두 벡터는 그림과 같이 좌표계에 그려져 있다.
두 벡터의 크기는 다음과 같다.

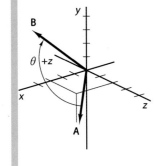

$$|\mathbf{A}| = \sqrt{\mathbf{A} \cdot \mathbf{A}} = \sqrt{3^2 + 2^2 + 2^2} = 4.123$$
$$|\mathbf{B}| = \sqrt{\mathbf{B} \cdot \mathbf{B}} = \sqrt{4^2 + 4^2} = 5.657$$

A와 B의 스칼라 곱은 다음과 같다.

$$\mathbf{A} \cdot \mathbf{B} = 3(4) - 2(4) = 4$$

그러므로 두 벡터 사이의 각도 θ는 다음과 같다.

$$\cos \theta = \frac{\mathbf{A} \cdot \mathbf{B}}{|\mathbf{A}||\mathbf{B}|} = \frac{4}{4.123(5.657)} = 0.172 \Rightarrow \theta = 80.1°$$

두 벡터는 3차원으로 그려져 있으므로, 각도는 공간에서의 각도로 봐야 한다. 스칼라 곱을 사용하면 두 벡터의 시점이 한 점에 일치할 때 그 두 벡터 사이의 각도 2개 중에서 더 작은 각도만 구할 수 있다.

예제 2.14

힘 $\mathbf{F} = 10\hat{\mathbf{i}} - 10\hat{\mathbf{j}} + 5\hat{\mathbf{k}}$ N이 봉에 가해지고 있는데, 그 위치는 해당 그림에 그려져 있다. 봉을 따라 전달되는 힘의 성분과 봉에 수직하는 성분을 구하라.

풀이 먼저, 점 A에 대한 점 B의 상대 위치 벡터 $\mathbf{r}_{B/A}$로부터 B를 향하는 봉 AB를 따르는 단위 벡터 $\hat{\mathbf{n}}$을 구한다.

$$\mathbf{r}_{B/A} = 12\hat{\mathbf{i}} + 3\hat{\mathbf{j}} + 4\hat{\mathbf{k}}$$

이 상대 위치 벡터의 크기는 다음과 같다.

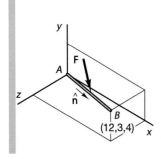

$$|\mathbf{r}_{B/A}| = 13$$

단위 벡터 $\hat{\mathbf{n}}$은 벡터 $\mathbf{r}_{B/A}$를 그 크기로 나누어 다음과 같이 구할 수 있다.

$$\hat{\mathbf{n}} = \frac{\mathbf{r}_{B/A}}{\mathbf{r}_{B/A}} = 0.923\hat{\mathbf{i}} + 0.231\hat{\mathbf{j}} + 0.308\hat{\mathbf{k}}$$

이 벡터의 크기를 계산하여 이 벡터가 단위 벡터라는 것을 확인함으로써 계산의 정밀도를 점검하고 오차를 제거할 수 있다. 봉을 따라 작용하는 힘 성분의 크기는 힘 벡터 $\mathbf{F}$와 단위 벡터 $\hat{\mathbf{n}}$의 도트 곱을 취하여 구할 수 있다.

$$\mathbf{F} \cdot \hat{\mathbf{n}} = 10(0.923) - 10(0.231) + 5(0.308) = 8.46$$

이는 AB를 따르는 힘 성분의 크기이므로, 벡터 $\mathbf{F}_{AB}$는 이 크기에 단위 벡터 $\hat{\mathbf{n}}$을 곱하여 다음과 같이 쓸 수 있다. 즉,

$$\mathbf{F}_{AB} = (\mathbf{F} \cdot \hat{\mathbf{n}})\hat{\mathbf{n}} = 8.46(0.923\hat{\mathbf{i}} + 0.231\hat{\mathbf{j}} + 0.308\hat{\mathbf{k}})$$
$$= 7.81\hat{\mathbf{i}} + 1.95\hat{\mathbf{j}} + 2.61\hat{\mathbf{k}}$$

봉에 수직인 힘 성분 $\mathbf{F}_\perp$는 다음과 같이 총 힘에서 봉에 평행한 힘 성분을 빼서 구하면 된다. 즉

$$\mathbf{F}_\perp = \mathbf{F} - \mathbf{F}_{AB} = 2.19\hat{\mathbf{i}} - 11.95\hat{\mathbf{j}} + 2.39\hat{\mathbf{k}}$$

스칼라 곱은 이 예제에서 다른 식으로 사용할 것이다. 예를 들어, 힘과 봉이 이루는 각도를 구하려고 한다고 하자. 힘 방향을 따르는 단위 벡터는 다음과 같다.

$$\hat{\mathbf{f}} = \mathbf{F}/|\mathbf{F}| = 0.667\hat{\mathbf{i}} - 0.667\hat{\mathbf{j}} + 0.333\hat{\mathbf{k}}$$

스칼라 곱은 두 벡터의 크기와 두 벡터 사이각의 코사인을 곱한 것과 같으므로 봉과 힘 사이의 각도는 다음과 같다.

$$\cos^{-1}(\hat{\mathbf{f}} \cdot \hat{\mathbf{n}}) = 55.7°$$

당연한 것이지만, $\mathbf{F}_{AB}$가 $\mathbf{F}_\perp$에 수직하는지를 알아봄으로써 오차가 있는지를 확인할 수 있다. 이 두 벡터가 서로 수직이면, $\cos 90°$가 0이므로 이 두 벡터의 스칼라 곱은 0이다. 다음과 같다.

$$\mathbf{F}_{AB} \cdot \mathbf{F}_\perp = [7.81(2.19) - (1.95)(11.95) + 2.61(2.39)] = 0.04$$

반올림 오차 때문에 이 스칼라 곱은 0과 약간 차이가 난다.

예제 2.15

벡터 합과 스칼라 곱을 사용하여 벡터 방정식 C = A + B에서 코사인 법칙을 유도하라.

풀이

$$\mathbf{C} \cdot \mathbf{C} = (\mathbf{A} + \mathbf{B}) \cdot (\mathbf{A} + \mathbf{B})$$
$$= \mathbf{A} \cdot \mathbf{A} + \mathbf{A} \cdot \mathbf{B} + \mathbf{B} \cdot \mathbf{A} + \mathbf{B} \cdot \mathbf{B}$$

스칼라 곱을 계산하고 항들을 결합하면 다음이 나온다.

$$C^2 = A^2 + B^2 + 2AB \cos \theta$$

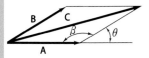

이 식은 스칼라 곱의 분배 법칙과 결합 법칙을 사용한 결과이다. 그림에서, 각도 관계를 살펴보면 스칼라 곱과 코사인 법칙과의 관계를 맺을 수 있다.

$$\beta = (180 - \theta)$$
$$\cos(180 - \theta) = -\cos \theta$$

β와 θ의 관계를 사용하면 코사인 법칙을 구할 수 있다.

$$C^2 = A^2 + B^2 - 2AB \cos \beta$$

이것이 코사인 법칙이다.

2.79 2개의 벡터 $\mathbf{A} = 3\hat{i} - 2\hat{j} + \hat{k}$와 $\mathbf{B} = \hat{i} + \hat{j} + \hat{k}$가 있다. $\mathbf{A} \cdot \mathbf{B}$, $\mathbf{A} \cdot \hat{i}$, $\mathbf{A} \cdot \hat{j}$, $\mathbf{A} \cdot \hat{k}$를 각각 계산하라.

2.80 문제 2.79의 벡터 $\mathbf{A}$와 $\mathbf{B}$ 사이의 각도를 계산하라.

2.81 선 ON을 따르는 단위 벡터 $\hat{n}$을 계산하고 이 선에 대한 벡터 $\mathbf{F}$의 투영을 구하라(그림 P2.81 참조).

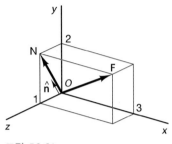

그림 P2.81

2.82 $\mathbf{A} = 4\hat{i} - \hat{j} + \hat{k}$이고 $\mathbf{B} = -\hat{i} + B_y\hat{j} + 3\hat{k}$라고 하고, 여기에서 B_y는 미지수이다. 벡터 $\mathbf{B}$가 $\mathbf{A}$에 직교되도록 하는 B_y를 구하라.

2.83 벡터 $\mathbf{R} = -\hat{i} + 3\hat{j}$를 살펴보고 선 V의 방향에서의 $\mathbf{R}$의 성분과 이 선 V에 수직인 제2 성분을 계산하라(그림 P2.83 참조).

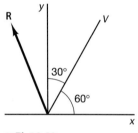

그림 P2.83

2.84 문제 2.83의 힘 벡터 $\mathbf{R}$이 있다. $\mathbf{R}$을 선 V 방향 성분 및 x축 성분으로 분해할 때의 V 방향 성분과 선 V에 대한 $\mathbf{R}$의 투영을 비교하라.

2.85 벡터 $\mathbf{A} = 3\hat{i} + 2\hat{j} - \hat{k}$와 $\mathbf{B} = \hat{i} - \hat{j} + B_z\hat{k}$가 있다. $\mathbf{A}$와 $\mathbf{B}$가 수직이 되도록 하는 B_z를 계산하라.

2.86 힘 $\mathbf{F} = 30\hat{i} + 30\hat{j}$ N이 크랭크의 핸들에 가해진다(그림 P2.86 참조). 핸들에 평행한 $\mathbf{F}$의 성분과 핸들에 수직한 $\mathbf{F}$의 성분을 각각 구하라. 핸들에 평행한 단위 벡터와 핸들에 수직한 단위 벡터를 각각 구하라.

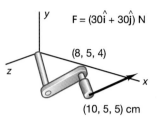

그림 P2.86

2.87 그림 P2.87과 같은 벡터 $\mathbf{F}$를 a를 따르는 성분과 b를 따르는 성분의 합으로 분해하고, 이 성분들을 a에 대한 $\mathbf{F}$의 투영과 b에 대한 $\mathbf{F}$의 투영과 비교하라.

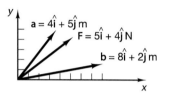

그림 P2.87

2.88 그림 P2.88과 같은 좌표계에 대하여 연습문제 2.87를 다시 풀어라.

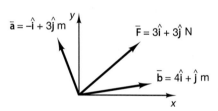

그림 P2.88

2.89 그림 P2.89와 같은 좌표계에 대하여 연습문제 2.87를 다시 풀어라.

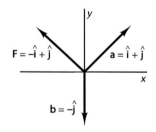

그림 P2.89

2.90 힘 벡터 $\mathbf{F} = (210\,\hat{i} + 305\,\hat{j} - 400\,\hat{k})$ N을 살펴보고 이를 선 $\mathbf{A} = 2\,\hat{i} + 3\,\hat{j} + \hat{k}$, $\mathbf{B} = -3\,\hat{i} - 2\,\hat{j} + 3\,\hat{k}$, $\mathbf{C} = -\hat{i} - \hat{j} - \hat{k}$ 를 각각 따르는 성분으로 분해하라. 이 세 선에 대한 $\mathbf{F}$의 투영을 각각 구하고, 이 성분들의 합은 벡터 $\mathbf{F}$와 같지만 투영의 합은 벡터 $\mathbf{F}$와 같지 않음을 증명하라.

2.91 힘 $\mathbf{F} = 100\,\hat{i} + 50\,\hat{j}$가 45°만큼 벌어져 있는 2개의 프레임 부재의 조인트에 작용한다(그림 P2.91 참조). 이 힘 벡터를 두 부재 방향 성분으로 각각 분해하라. 그런 다음 이 성분들을 a에 대한 $\mathbf{F}$의 투영 및 b에 대한 $\mathbf{F}$의 투영과 각각 비교하라.

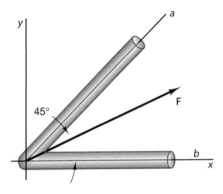

그림 P2.91

2.92 200 N의 힘이 프레임의 조인트에 작용한다(그림 P2.92 참조). 힘 $\mathbf{F}$를 프레임 부재 a와 b 각각의 방향 성분으로 분해하라. 또한, 스칼라 곱을 사용하고 벡터의 투영과 성분들과의 사이의 관계를 사용하여 a와 b 각각에 대한 $\mathbf{F}$의 투영을 계산하라.

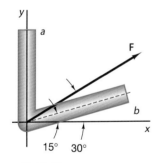

그림 P2.92

2.93 300 N의 힘이 프레임의 조인트에 작용한다(그림 P2.93 참조). 힘 $\mathbf{F}$를 프레임 부재 a와 b를 각각 따르는 성분으로 분해하라. 또한, 스칼라 곱을 사용하고 벡터의 투영과 성분들과의 사이의 관계를 사용하여 a와 b 각각에 대한 $\mathbf{F}$의 투영을 계산하라.

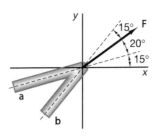

그림 P2.93

2.94 측정 결과, $\mathbf{F} = 200\,\hat{a} + 100\,\hat{b}$ N임을 알았다. 여기에서, $\hat{a}$와 $\hat{b}$는 프레임 부재 a와 b 각 방향의 단위 벡터이다(그림 P2.94 참조). 이 부재들이 서로 이루는 각도는 35°이다. 힘 $\mathbf{F}$의 크기, $\mathbf{F}$와 프레임(즉 $\hat{a}$)과 이루는 각도, $\hat{b}$에 대한 $\mathbf{F}$의 투영을 각각 계산하라.

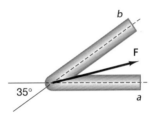

그림 P2.94

2.95 체조선수가 공중 기술동작을 마치고 착지할 때 다리에 표시한 표지의 위치를 실험실 좌표계에 관하여 측정한다. 올림픽 경기에서 봐서 알고 있듯이 착지 시에 무릎이 이루는 각도가 심판이 사용하는 평가 요인 중의 하나이다. 운동선수를 훈련시킬 때에는, 흔히 표지를 사용하여 실험실 좌표계에 관하여 표지의 위치들을 측정함으로써 이러한 각도를 구한다. 그림 P2.95에는 몇 가지 샘플 측정치가 표로 작성되어 있다. 각각 다음을 구하라. (a) 체조선수의 다리 길이 및 (b) 무릎의 굽힘각(종아리와 넓적다리 사이의 각도)

	x (meters)	y (meters)
엉덩이	2.10	1.0
무릎	2.30	0.6
발목	2.15	0.15

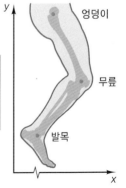

그림 P2.95

2.9 벡터 곱 / 크로스 곱

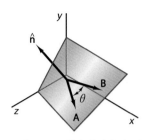

그림 2.52 2개의 벡터 A와 B는 공간에서 그 법선 벡터가 n̂인 평면을 형성한다.

벡터는 벡터 곱셈으로 기술해야 할 특정 물리적 현상에 따라서 2가지 다른 규약에 따라 곱셈을 할 수 있다. 첫 번째 벡터 곱셈은 제2.8절에서 소개한 것으로 그 결과가 스칼라 숫자로 나오므로 스칼라 곱이나 스칼라 곱이라고 한다. 두 번째 벡터 곱셈은 **벡터 곱** 또는 **크로스 곱**이라고 하는 것으로 그 결과는 곱해지는 두 벡터에 수직하는 또 다른 벡터가 나온다. 먼저, 그림 2.52에 예시되어 있는 바와 같이 2개의 공면 비공선 벡터가 공간에서 평면을 형성한다는 점을 주목하여야 한다. 대부분의 물리적인 현상은 ($x - y$ 평면과 같이) 좌표 평면에서의 변화나 평면에 직교하는 변화로서 기술할 수 있다. 예를 들어, 막의 표면을 따르는 온도의 변화와 막을 통하는 가스의 확산율에 관심을 둘 수 있다. 당연히, 공간에 평면을 형성하는 2개의 벡터 A와 B 사이에는 이 평면에 대해 수직하는 벡터를 정의하는 데 사용할 수 있는 수학적 연산 기법이 있다. 그림 2.62에서 단위 벡터 n̂은 A와 B가 형성하는 평면에 직교한다.

2개의 벡터 A와 B의 벡터 곱은 다음과 같이 정의된다.

$$\mathbf{A} \times \mathbf{B} = |\mathbf{A}||\mathbf{B}| \sin\theta \, \hat{\mathbf{n}} \tag{2.104}$$

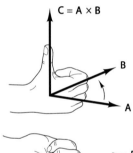

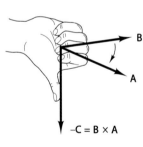

여기에서, 단위 벡터 n̂의 방향성은 그림 2.53에 예시되어 있는 오른손 법칙으로 명시된다. A×B의 방향성, 즉 n̂은 첫 번째 벡터 A에 오른손을 펴서 손가락들을 일치시킨 다음 두 번째 벡터 B쪽으로 손가락을 말아 쥐는 동작으로 구할 수 있다. 즉, 그림에서와 같이 오른손의 엄지가 n̂의 양의 방향을 가리키게 되는 것이다. 대부분의 볼트와 너트는 오른손 법칙을 따른다. 볼트를 오른쪽으로 돌리면 너트 속으로 점점 들어가서 너트와 체결된다.

A와 B 사이의 각도를 θ로 표시한다. $\theta = 90°$이면 $\sin\theta = 1$이고, $\theta = 0°$이면 $\sin\theta = 0$이다. 그러므로 A와 B가 평행 벡터이면, A×B = 0이 된다. 이러한 벡터들은 공선 벡터가 되는 셈이므로 공간에 평면을 형성하지 못하게 된다.

그림 2.53에서, 오른손 손가락들을 먼저 B와 일치시킨 다음 A쪽으로 손가락을 말아 쥐는 동작을 취하면, 벡터 곱 B×A가 형성되고 엄지는 양의 방향을 가리키게 되는 상황을 주목해보자. 그러므로 벡터 곱은 교환 법칙이 성립되지 않지만, 즉 A×B ≠ B×A이지만, 그 대신 다음은 성립한다.

$$\mathbf{A} \times \mathbf{B} = -(\mathbf{B} \times \mathbf{A}) \tag{2.105}$$

그러나, 벡터 곱은 다음과 같이 분배 법칙은 성립된다.

$$\mathbf{A} \times (\mathbf{B} + \mathbf{C}) = \mathbf{A} \times \mathbf{B} + \mathbf{A} \times \mathbf{C} \tag{2.106}$$

그림 2.52를 다시 참조하여 벡터 곱은 A와 B가 형성하는 평면에 수직하는 방향, 즉 단위 벡터 n̂을 정의하는 데 사용될 수 있다는 점을 주목하여야 한다. 이는 수학적으로

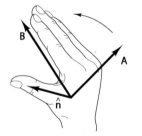

그림 2.53 벡터 곱 A×B의 방향은 오른손 손가락들을 A에서 B로 움직일 때 오른손 엄지가 가리키는 방향이다.

다음과 같이 쓸 수 있다.

$$\hat{\mathbf{n}} = \frac{\mathbf{A} \times \mathbf{B}}{|\mathbf{A} \times \mathbf{B}|} \tag{2.107}$$

주어진 방향에서의 단위 벡터는 그 방향의 벡터를 그 크기로 나누어 구한다는 점을 잊지 말아야 한다.

벡터 곱은 회전 효과를 고려해야 하는 역학 문제에서 나타난다. $\mathbf{A}$가 위치 벡터 $\mathbf{r}$이고 $\mathbf{B}$가 힘 벡터 $\mathbf{F}$일 때, 벡터 곱 $\mathbf{r} \times \mathbf{F}$는 단위가 모멘트 단위임에 유의하여야 한다. 벡터 곱과 힘의 모멘트 사이의 관계는 제4장에서 공식화될 것이다. 오른손 법칙은 대부분의 나사(오른 나사)를 체결하는 데 필요한 방향과 일치한다는 점 또한 유념하여야 한다.

벡터 곱은 성분 표기법을 사용하여 정형적으로 계산되기도 하므로, 직교 좌표계의 기본 단위 벡터 사이의 벡터 곱을 살펴보면 유용하다. 기본 단위 벡터 $\hat{\mathbf{i}}$, $\hat{\mathbf{j}}$, $\hat{\mathbf{k}}$의 벡터 곱은 다음과 같다.

$$\begin{aligned} \hat{\mathbf{i}} \times \hat{\mathbf{i}} = \mathbf{0} \qquad & \hat{\mathbf{j}} \times \hat{\mathbf{i}} = -\hat{\mathbf{k}} \qquad \hat{\mathbf{k}} \times \hat{\mathbf{i}} = \hat{\mathbf{j}} \\ \hat{\mathbf{i}} \times \hat{\mathbf{j}} = \hat{\mathbf{k}} \qquad & \hat{\mathbf{j}} \times \hat{\mathbf{j}} = \mathbf{0} \qquad \hat{\mathbf{k}} \times \hat{\mathbf{j}} = -\hat{\mathbf{i}} \\ \hat{\mathbf{i}} \times \hat{\mathbf{k}} = -\hat{\mathbf{j}} \qquad & \hat{\mathbf{j}} \times \hat{\mathbf{k}} = \hat{\mathbf{i}} \qquad \hat{\mathbf{k}} \times \hat{\mathbf{k}} = \mathbf{0} \end{aligned} \tag{2.108}$$

기본 단위 벡터 사이의 여러 가지 벡터 곱을 기억하는 데에는 단위 벡터를 좌표 기본 단위로 나타내는 작은 선도가 도움이 된다. 이 선도는 그림 2.54에 그려져 있다. 기본 단위 벡터는 2개의 벡터 $\mathbf{A}$와 $\mathbf{B}$ 사이의 벡터 곱 계산을 공식 형태로 살펴보는 데 사용되기도 한다. 두 벡터를 다음과 같이 성분 표기법으로 쓰기로 한다.

$$\mathbf{A} = A_x\hat{\mathbf{i}} + A_y\hat{\mathbf{j}} + A_z\hat{\mathbf{k}} \text{ and } \mathbf{B} = B_x\hat{\mathbf{i}} + B_y\hat{\mathbf{j}} + B_z\hat{\mathbf{k}} \tag{2.109}$$

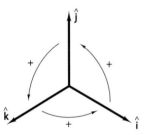

그림 2.54 2개의 기본 단위 벡터의 크로스 곱을 구하려면, 곱하려고 하는 첫 번째 벡터로부터 두 번째 벡터로 둥글게 원을 그린다. 나머지 벡터가 크로스 곱의 결과이다. 원을 반시계 방향으로 그리면 부호가 양(+)이 되고 시계 방향으로 원을 그리면 부호가 음(-)이 된다.

그러면, $\mathbf{A} \times \mathbf{B}$는 다음과 같이 된다.

$$\begin{aligned} (A_x\hat{\mathbf{i}} &+ A_y\hat{\mathbf{j}} + A_z\hat{\mathbf{k}}) \times (B_x\hat{\mathbf{i}} + B_y\hat{\mathbf{j}} + B_z\hat{\mathbf{k}}) \\ &= A_xB_y\hat{\mathbf{k}} - A_xB_z\hat{\mathbf{j}} - A_yB_x\hat{\mathbf{k}} + A_yB_z\hat{\mathbf{i}} + A_zB_x\hat{\mathbf{j}} - A_zB_y\hat{\mathbf{i}} \end{aligned}$$

이 식의 우변은 단위 벡터 사이에 분배 법칙과 벡터 곱을 반복적으로 적용하여 구할 수 있다. 벡터 곱의 성분들은 다음과 같이 단위 벡터에 따라 묶을 수 있다.

$$\mathbf{A} \times \mathbf{B} = (A_yB_z - A_zB_y)\hat{\mathbf{i}} + (A_zB_x - A_xB_z)\hat{\mathbf{j}} + (A_xB_y - A_yB_x)\hat{\mathbf{k}} \tag{2.110}$$

벡터 $\mathbf{C}$는 벡터 곱의 결과, 즉 $\mathbf{C} = \mathbf{A} \times \mathbf{B}$를 나타낸다. 그러면 벡터 곱은 다음과 같은 배열의 행렬식 형태로도 쓸 수 있다.

$$\mathbf{C} = \begin{vmatrix} \hat{\mathbf{i}} & \hat{\mathbf{j}} & \hat{\mathbf{k}} \\ A_x & A_y & A_z \\ B_x & B_y & B_z \end{vmatrix} \tag{2.111}$$

이 3×3 배열의 행렬식은, 좌상에서 우하로 그은 대각선 방향으로 요소를 세 개씩 곱한 값들의 합에서 우상에서 좌하로 그은 대각선 방향으로 요소를 세 개씩 곱한 값들의 합을 빼서 다음과 같이 그 값을 계산한다. 즉

$$\mathbf{C} = \begin{vmatrix} \hat{\mathbf{i}} & \hat{\mathbf{j}} & \hat{\mathbf{k}} \\ A_x & A_y & A_z \\ B_x & B_y & B_z \end{vmatrix}$$

$$= (\hat{\mathbf{i}} A_y B_z + \hat{\mathbf{j}} A_z B_x + \hat{\mathbf{k}} A_x B_y) - (B_x A_y \hat{\mathbf{k}} + B_y A_z \hat{\mathbf{i}} + B_z A_x \hat{\mathbf{j}}) \qquad (2.112)$$

다시, 벡터 곱은 같은 기본 단위 벡터가 곱해져 있는 항끼리 묶어서 다음과 같이 쓸 수 있다.

$$\mathbf{C} = \mathbf{A} \times \mathbf{B} = (A_y B_z - A_z B_y)\hat{\mathbf{i}} + (A_z B_x - A_x B_z)\hat{\mathbf{j}} + (A_x B_y - A_y B_x)\hat{\mathbf{k}}$$

이 식은 식 (2.110)과 같다. 행렬식 계산은 단위 벡터의 벡터 곱 공식보다 기억하기가 더 쉬울 것이다. 벡터 곱 $\mathbf{C} = \mathbf{A} \times \mathbf{B}$는 다음과 같이 스칼라 항으로 쓸 수 있다.

$$\begin{aligned} C_x &= A_y B_z - A_z B_y \\ C_y &= A_z B_x - A_x B_z \\ C_z &= A_x B_y - A_y B_x \end{aligned} \qquad (2.113)$$

벡터 $\mathbf{C}$의 x 성분은 벡터 $\mathbf{A}$와 $\mathbf{B}$의 x 성분과는 독립적이므로 y 성분과 z 성분만 포함되어 있다는 점을 주목하여야 한다. 이는 벡터 $\mathbf{C}$가 벡터 $\mathbf{A}$와 $\mathbf{B}$에 수직하다는 사실 때문에 그렇다. 이러한 관계를 사용하면 역학 문제 해석에 도움이 될 수 있으며 공식을 기억하는 데에도 유용하다.

어떠한 벡터라도 그 크기와 방향을 제시하게 되면 완전히 명시하게 되는 것이며, 공간에서의 위치는 특별한 응용이나 물리적 해석에서만 제시하면 된다. 그러므로 그림 2.55와 같이 수학적으로는 벡터 곱이 공면 벡터가 아닌 2개의 벡터 사이에서 형성될 수 있다는 점에 관심을 갖고 주목하여야 한다.

$\mathbf{A} = A_x \hat{\mathbf{i}}$, $\mathbf{B} = B_y \hat{\mathbf{j}}$이고 $\mathbf{C} = \mathbf{A} \times \mathbf{B}$라고 하면, $\mathbf{C} = A_x B_y \hat{\mathbf{k}}$이 된다. $\mathbf{C}$가 $\mathbf{A}$와 $\mathbf{B}$ 모두에 수직이 된다고 하여도, 벡터 $\mathbf{A}$와 $\mathbf{B}$는 단일의 평면에 놓여 있지는 않다. 이 개념은 수학에서의 많은 전개와 물리적 응용에서 매우 유용하다.

지금까지 2가지 형태의 벡터 곱셈을 소개하였지만, 벡터끼리의 나눗셈은 정의되지 않는다는 점을 유의하여야 한다. 이것은 벡터의 스칼라 곱(스칼라 곱)이나 벡터 곱(벡터 곱)에서는 역 계산이 전혀 성립되지 않는다는 것을 의미한다. 바꿔 말하자면, 다음과 같은 형태의 식이 있다고 하자. 즉

$$\mathbf{A} \cdot \mathbf{B} = \alpha \qquad (2.114)$$

여기에서, $\mathbf{A}$와 α를 알고 있어도, 보통의 스칼라 대수학의 경우에서와는 달리, 모르는 벡터 $\mathbf{B}$를 구하기 위한 직접적인 벡터 연산은 전혀 없다. 식 (2.110)을 벡터의 직교 성분들

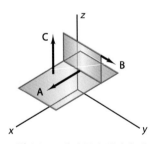

그림 2.55 2개의 공면 벡터 $\mathbf{A}$와 $\mathbf{B}$를 곱하게 되면 크로스 곱 $\mathbf{C}$를 형성할 수 있다.

을 사용하여 전개하면, 스칼라 형식은 다음과 같이 된다.

$$A_x B_x + A_y B_y + A_z B_z = \alpha \tag{2.115}$$

A의 성분을 알고 α를 알고 있는 상태에서도 이 식을 만족시키는 **B**의 성분들의 숫자는 무한개가 된다. 그러므로 2개의 벡터의 스칼라 곱을 역 계산하는 유일한 방법은 전혀 없다.

다음의 벡터 곱을 살펴보자.

$$\mathbf{A} \times \mathbf{B} = \mathbf{C} \tag{2.116}$$

여기에서 **A**와 **C**는 알고 있는 벡터이다.

식 (2.116)을 스칼라 형식으로 전개하면 식 (2.113)이 되는데, 이는 다음과 같이 행렬 표기법으로 쓸 수 있다.

$$\begin{bmatrix} 0 & -A_z & A_y \\ A_z & 0 & -A_x \\ -A_y & A_x & 0 \end{bmatrix} \begin{bmatrix} B_x \\ B_y \\ B_z \end{bmatrix} = \begin{bmatrix} C_x \\ C_y \\ C_z \end{bmatrix} \tag{2.117}$$

B의 성분들에 대한 이 3개의 식을 풀려고 한다면, 그 세 식이 선형적으로 종속되어 계수들의 행렬이 특이 행렬이 되기 때문에, 실패할 것이다. 이것은 **A**의 성분들을 포함하는 계수 행렬의 행렬식을 조사해보면 알 수가 있다. 즉, 이 행렬의 행렬식이 0이므로 이 식들을 풀 수가 없는 것이다. 그러므로 식 (2.116)의 벡터 **B**에는 어떠한 유일해도 존재하지 않는다. 벡터 **B**에 무한개의 해가 있는 이유는, 일반적인 의미로는 벡터를 2개의 성분으로, 즉 **A**에 평행한 성분과 **A**에 수직한 성분으로 나타내게 되면 더 잘 이해할 수 있다. 벡터 **A**는 다음과 같이 쓸 수 있다.

$$\mathbf{A} = A\hat{\mathbf{a}}$$

여기에서, $\hat{\mathbf{a}}$는 **A**방향 단위 벡터이다. 벡터 **B**는 다음과 같이 쓸 수 있다.

$$\mathbf{B} = \mathbf{B}_\parallel + \mathbf{B}_\perp \tag{2.118}$$

식 (2.109)는 다음과 같은 형태로 쓸 수 있다.

$$\mathbf{A} \times (\mathbf{B}_\parallel + \mathbf{B}_\perp) = \mathbf{C}$$
$$\mathbf{A} \times \mathbf{B}_\parallel = \mathbf{0} \tag{2.119}$$
$$\mathbf{A} \times \mathbf{B}_\perp = \mathbf{C}$$

$\mathbf{B}_\parallel$는 어떠한 값을 가져도 식 (2.119)는 여전히 성립되는 것이므로, 벡터 **B**가 유일하게는 구해지지 않는다는 것이다.

그러나 $\mathbf{B}_\perp$의 유일 값은 구할 수가 있다. 벡터 **A**, $\mathbf{B}_\perp$, **C**는 상호 수직이거나 직교한다는 점에 유의하여야 한다.

$$\mathbf{A} \times \mathbf{B}_\perp = |\mathbf{A}||\mathbf{B}_\perp|\hat{\mathbf{c}} = |\mathbf{C}|\hat{\mathbf{c}}$$

여기에서,

$$|\mathbf{A}||\mathbf{B}_\perp| = |\mathbf{C}| \qquad (2.120)$$

이고

$$|\mathbf{B}_\perp| = \frac{|\mathbf{C}|}{|\mathbf{A}|}$$

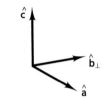

그림 2.56

이다. 그러므로 $\mathbf{A}$에 수직한 $\mathbf{B}$ 성분의 크기는 유일하게 구해진다. 그림 2.56에 있는 벡터 선도를 살펴보면 수직한 $\mathbf{B}$의 방향이 나타나 있다.

이 3개의 단위 벡터는 다음과 같이 직교 세트를 형성한다.

$$\hat{\mathbf{b}}_\perp = \hat{\mathbf{c}} \times \hat{\mathbf{a}}$$

그러므로 다음과 같다.

$$\mathbf{B}_\perp = \frac{|\mathbf{C}|}{|\mathbf{A}|}(\hat{\mathbf{c}} \times \hat{\mathbf{a}}) \qquad (2.121)$$

2.9.1 벡터의 다중 곱

벡터의 다중 곱은 많은 역학 응용에서 나타나므로 이를 살펴보면 좋을 것이다. $\mathbf{A}$, $\mathbf{B}$, $\mathbf{C}$를 임의의 3개의 벡터라 하고, 다음과 같은 식을 연산해보자.

$$\mathbf{A} \cdot (\mathbf{B} \times \mathbf{C}) \qquad (2.122)$$

이 결과는 스칼라이므로, 이를 $\mathbf{A}$, $\mathbf{B}$, $\mathbf{C}$의 스칼라 3중 곱(또는 혼합 곱)이라고 한다. $\mathbf{B}$와 $\mathbf{C}$의 벡터 곱은 괄호로 분리되어 있어 스칼라 곱을 하기 전에 이 연산을 해야 함을 나타내고 있다. $\mathbf{A}$와 $\mathbf{B}$의 스칼라 곱을 먼저 하게 되면 스칼라가 나오게 되어 벡터 곱을 할 수가 없게 되므로, 순서를 지키는 것이 필요하다. 일반적으로, 괄호를 사용하여 연산 순서에서 혼동을 회피하고 있다. 이러한 괄호의 사용은 대부분의 컴퓨터 프로그래밍 언어와 상업용 소프트웨어 패키지뿐만 아니라 프로그램이 가능한 계산기와 합치한다.

3개의 벡터의 직교 성분들을 일반적인 방식으로 표시하면, 스칼라 3중 곱은 다음과 같이 성분 형식으로 쓸 수가 있다.

$$\mathbf{A} \cdot (\mathbf{B} \times \mathbf{C}) = A_x(B_yC_z - B_zC_y) + A_y(B_zC_x - B_xC_z) + A_z(B_xC_y - B_yC_x) \qquad (2.123)$$

또는 다음과 같이 행렬식 형태로 쓸 수 있다.

$$\mathbf{A} \cdot (\mathbf{B} \times \mathbf{C}) = \begin{vmatrix} A_x & A_y & A_z \\ B_x & B_y & B_z \\ C_x & C_y & C_z \end{vmatrix} \qquad (2.124)$$

행렬식의 특성은, 행렬식의 어떤 2개의 열을 서로 바꿔도 행렬식의 부호만 바뀐다는 것이다. 여기에서 직접적으로 스칼라 3중 곱의 치환 이론이 나온다. **치환**이라는 것은 순서가 정해져 있는 세트의 순서를 바꾸는 것이다. 스칼라 3중 곱에서 벡터의 치환은 그 곱에서 어떤 2개의 열을 서로 바꾸는 것으로 정의된다. 스칼라 3중 곱을 치환한 결과는 원래의 스칼라 3중 곱의 부호가 음이 되는 것이다. 스칼라 3중 곱에서 벡터를 홀수 번 치환하게 되면 그 곱의 값은 부호만 바뀌게 되고, 짝수 번 치환하게 되면 그 곱의 값은 변하지 않게 된다. 그러므로 다음의 벡터 항등식들은 성립한다.

$$\mathbf{A} \cdot (\mathbf{B} \times \mathbf{C}) = \mathbf{B} \cdot (\mathbf{C} \times \mathbf{A}) = \mathbf{C} \cdot (\mathbf{A} \times \mathbf{B})$$
$$\mathbf{A} \cdot (\mathbf{B} \times \mathbf{C}) = -\mathbf{C} \cdot (\mathbf{B} \times \mathbf{A}) = -\mathbf{A} \cdot (\mathbf{C} \times \mathbf{B}) = -\mathbf{B} \cdot (\mathbf{A} \times \mathbf{C}) \tag{2.125}$$

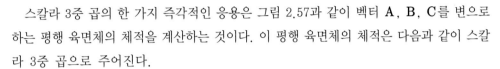

그림 2.57

스칼라 3중 곱의 한 가지 즉각적인 응용은 그림 2.57과 같이 벡터 **A**, **B**, **C**를 변으로 하는 평행 육면체의 체적을 계산하는 것이다. 이 평행 육면체의 체적은 다음과 같이 스칼라 3중 곱으로 주어진다.

$$V = \mathbf{A} \cdot (\mathbf{B} \times \mathbf{C})$$

스칼라 3중 곱은 토목공학, 기계공학, 항공우주공학 분야의 설계에서 응용된다.

A, **B**, **C**를 임의의 3개의 벡터라 하고, 다음과 같은 식을 연산해보자.

$$\mathbf{A} \times (\mathbf{B} \times \mathbf{C}) \tag{2.126}$$

이 결과는 벡터이므로, 이를 **A**, **B**, **C**의 벡터 3중 곱이라고 한다. 중요한 벡터 항등식은 다음과 같다. 그 증명은 하지 않는다.

$$\mathbf{A} \times (\mathbf{B} \times \mathbf{C}) = \mathbf{B}(\mathbf{A} \cdot \mathbf{C}) - \mathbf{C}(\mathbf{A} \cdot \mathbf{B}) \tag{2.127}$$

제2.8절에서는, 스칼라 곱의 한 가지 응용으로 벡터를 공간에서 주어진 선에 대해 평행 성분과 수직 성분으로 분해하는 것을 제시한 바 있다. 이 선의 방향은 그 선을 따르는 단위 벡터 $\hat{\mathbf{u}}$로 정의하였으므로, 이 선에 평행한 벡터 **A**의 성분은 다음과 같이 된다.

$$\mathbf{A}_{\parallel} = (\mathbf{A} \cdot \hat{\mathbf{u}})\hat{\mathbf{u}} \tag{2.128}$$

이 선에 수직인 성분은 다음과 같다.

$$\mathbf{A}_{\perp} = \mathbf{A} - \mathbf{A}_{\parallel} \tag{2.129}$$

이제 다음과 같은 벡터 3중 곱을 살펴보자.

$$\hat{\mathbf{u}} \times (\mathbf{A} \times \hat{\mathbf{u}}) = \mathbf{A}(\hat{\mathbf{u}} \cdot \hat{\mathbf{u}}) - \hat{\mathbf{u}}(\mathbf{A} \cdot \hat{\mathbf{u}}) \tag{2.130}$$

여기에서는 식 (2.127)의 벡터 항등식이 사용되었다. 똑같은 단위 벡터를 두 번 곱하면 1이 되므로, 식 (2.130)의 우변 첫 번째 항은 벡터 **A**와 같다. 식 (2.128)을 식 (2.130)의 우변 두 번째 항과 비교해보면 이 두 번째 항이 벡터 **A**의 평행 성분이라는 것을 알 수 있다. 그러므로 벡터 **A**의 수직 성분은 다음과 같다는 결론을 내릴 수 있다.

$$\mathbf{A}_{\perp} = \hat{\mathbf{u}} \times (\mathbf{A} \times \hat{\mathbf{u}}) \tag{2.131}$$

식 (2.128)과 식 (2.131)은, 제2.8절에서 소개한 바 있는, 공간에서 주어진 선에 대한 벡터의 평행 성분과 수직 성분을 구하는 방법의 대안으로 사용할 수 있다.

벡터 3중 곱의 또 다른 응용은 다음과 같은 식에서 $\mathbf{A}$와 $\mathbf{C}$를 알고 있을 때 수직 벡터를 구하는 풀이에서 찾아볼 수 있다.

$$\mathbf{A} \times \mathbf{B} = \mathbf{C} \tag{2.132}$$

앞서 $\mathbf{A}$에 수직인 $\mathbf{B}$의 성분만을 유일하게 구할 수 있다는 것을 보였다. 이 성분을 벡터 $\mathbf{P}$로 표시할 것이다. 이 3개의 벡터 $\mathbf{A}$, $\mathbf{P}$, $\mathbf{C}$는 서로 수직이므로 $\mathbf{P}$를 구하기 위해 풀어야 할 벡터 방정식은 다음과 같다.

$$\mathbf{A} \times \mathbf{P} = \mathbf{C} \tag{2.133}$$

벡터 3중 곱은 이 식과 알고 있는 벡터 $\mathbf{A}$를 벡터 곱으로 취하면 구성된다.

$$\mathbf{A} \times (\mathbf{A} \times \mathbf{P}) = \mathbf{A} \times \mathbf{C} \tag{2.134}$$

식 (2.123)을 사용하면, 벡터 3중 곱은 다음과 같이 쓸 수 있다.

$$\mathbf{A} \times (\mathbf{A} \times \mathbf{P}) = \mathbf{A}(\mathbf{A} \cdot \mathbf{P}) - \mathbf{P}(\mathbf{A} \cdot \mathbf{A}) \tag{2.135}$$

우변의 첫째 항은 $\mathbf{A}$가 $\mathbf{P}$에 수직하므로 0이다. 벡터 곱의 특성을 사용하면 식 (2.131)은 다음과 같이 쓸 수 있다.

$$\mathbf{P}(\mathbf{A} \cdot \mathbf{A}) = \mathbf{C} \times \mathbf{A}$$

즉

$$\mathbf{P} = \frac{\mathbf{C} \times \mathbf{A}}{\mathbf{A} \cdot \mathbf{A}} = \frac{|\mathbf{C}|}{|\mathbf{A}|} \hat{\mathbf{c}} \times \hat{\mathbf{a}} \tag{2.136}$$

이는 식 (2.121)과 일치한다.

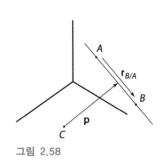

그림 2.58

벡터 3중 곱은 공간에 있는 점에서 공간에 있는 선까지의 수직 거리를 구하는 데 사용할 수 있다. 이 연산은 **힘의 모멘트** 개념을 설명하는 제4장에서 유용하게 사용될 것이다. 그림 2.58에 있는 선 AB와 점 C를 살펴보자. A에서 B까지의 벡터는 다음과 같이 정의될 수 있다.

$$\mathbf{r}_{B/A} = \mathbf{r}_B - \mathbf{r}_A$$

이와 유사하게, 점 C에서 선 위에 있는 점 B까지의 벡터는 다음과 같이 구성할 수 있다.

$$\mathbf{r}_{B/C} = \mathbf{r}_B - \mathbf{r}_C$$

이 두 벡터의 벡터 곱에는 $\mathbf{r}_{B/A}$나 벡터 $\mathbf{p}$에 수직한 $\mathbf{r}_{B/C}$의 성분만을 포함하게 되므로 다음과 같이 쓸 수 있다.

$$\mathbf{p} \times \mathbf{r}_{B/A} = \mathbf{r}_{B/C} \times \mathbf{r}_{B/A}$$

이 식을 $\mathbf{r}_{B/A}$와 벡터 곱을 하게 되면 다음 식이 나온다.

$$\mathbf{r}_{B/A} \times (\mathbf{p} \times \mathbf{r}_{B/A}) = \mathbf{r}_{B/A} \times (\mathbf{r}_{B/C} \times \mathbf{r}_{B/A})$$

식 (2.123)을 사용하면, 좌변은 다음 식과 같이 된다.

$$\mathbf{p}(\mathbf{r}_{B/A} \cdot \mathbf{r}_{B/A}) - \mathbf{r}_{B/A}(\mathbf{r}_{B/A} \cdot \mathbf{p}) = \mathbf{r}_{B/A} \times (\mathbf{r}_{B/C} \times \mathbf{r}_{B/A})$$

우변의 둘째 항은 두 벡터 $\mathbf{r}_{B/A}$와 $\mathbf{p}$가 수직이므로 정의에 따라 0이 된다. 선 AB를 따르는 단위 벡터는 다음과 같이 정의할 수 있다.

$$\hat{\mathbf{n}} = \frac{\mathbf{r}_{B/A}}{|\mathbf{r}_{B/A}|}$$

수직 벡터 $\mathbf{p}$는 이제 다음과 같이 정의할 수 있다.

$$\mathbf{p} = \frac{\mathbf{r}_{B/A} \times (\mathbf{r}_{B/C} \times \mathbf{r}_{B/A})}{|\mathbf{r}_{B/A}||\mathbf{r}_{B/A}|} = \hat{\mathbf{n}} \times (\mathbf{r}_{B/C} \times \hat{\mathbf{n}})$$

이 식은 식 (2.131)과 일치한다.

다중 벡터 곱을 포함한 유용한 벡터 항등식들이 수학 팁 2.3에 요약되어 있다.

수학 팁 2.3

벡터 항등식 다음 식들은 스칼라 곱과 벡터 곱의 조합을 포함한 몇 가지 유용한 항등식이다.

$$\mathbf{A} \cdot (\mathbf{B} \times \mathbf{C}) = \mathbf{B} \cdot (\mathbf{C} \times \mathbf{A}) = \mathbf{C} \cdot (\mathbf{A} \times \mathbf{B})$$

$$\mathbf{A} \times (\mathbf{B} \times \mathbf{C}) = \mathbf{B}(\mathbf{A} \cdot \mathbf{C}) - \mathbf{C}(\mathbf{A} \cdot \mathbf{B})$$

$$(\mathbf{A} \times \mathbf{B}) \times (\mathbf{C} \times \mathbf{D}) = \mathbf{B}[\mathbf{A} \cdot (\mathbf{C} \times \mathbf{D})] - \mathbf{A}[\mathbf{B} \cdot (\mathbf{C} \times \mathbf{D})]$$

$$= \mathbf{C}[(\mathbf{A} \times \mathbf{B}) \cdot \mathbf{D}] - \mathbf{D}[(\mathbf{A} \times \mathbf{B}) \cdot \mathbf{C}]$$

위 마지막 식은 다음 식을 유도하는 데 사용될 수 있다.

$$(\mathbf{A} \times \mathbf{B}) \times (\mathbf{A} \times \mathbf{C}) = \mathbf{A}[(\mathbf{A} \times \mathbf{B}) \cdot \mathbf{C}] - \mathbf{C}[(\mathbf{A} \times \mathbf{B}) \cdot \mathbf{A}]$$

우변의 둘째 항에 위 첫 번째 항등식을 적용하면 다음 식이 나온다.

$$[(\mathbf{A} \times \mathbf{B}) \cdot \mathbf{A}] = \mathbf{B} \cdot (\mathbf{A} \times \mathbf{A}) = 0$$

그러므로 다음과 같이 된다.

$$(\mathbf{A} \times \mathbf{B}) \times (\mathbf{A} \times \mathbf{C}) = \mathbf{A}[(\mathbf{A} \times \mathbf{B}) \cdot \mathbf{C}]$$

많은 계산기와 컴퓨터 소프트웨어 패키지는 연산자를 포함하고 있어 두 벡터 사이의 벡터 곱을 수행한다. 이 연산은 수치적으로나 해석적으로 수행될 수 있다.

예제 2.16

다음과 같은 두 벡터가 있다.

$$\mathbf{A} = 5\hat{\mathbf{i}} + 3\hat{\mathbf{j}}$$

$$\mathbf{B} = 3\hat{\mathbf{i}} + 6\hat{\mathbf{j}}$$

다음을 구하라. (a) $\mathbf{A} + \mathbf{B}$
(b) $\mathbf{A} \cdot \mathbf{B}$
(c) $\mathbf{A}$와 $\mathbf{B}$ 사이의 각도 θ
(d) $\mathbf{A} \times \mathbf{B}$ (벡터 곱의 크기를 정의 $|\mathbf{A}||\mathbf{B}|\sin\theta$에서 나오는 크기와 비교하라)
(e) $\mathbf{B} \times \mathbf{A}$

풀이 (a) $\mathbf{A} + \mathbf{B} = (5\hat{\mathbf{i}} + 3\hat{\mathbf{j}}) + (3\hat{\mathbf{i}} + 6\hat{\mathbf{j}}) = 8\hat{\mathbf{i}} + 9\hat{\mathbf{j}}$

(b) $\mathbf{A} \cdot \mathbf{B} = (5\hat{\mathbf{i}} + 3\hat{\mathbf{j}}) \cdot (3\hat{\mathbf{i}} + 6\hat{\mathbf{j}}) = 15 + 18 = 33$

(c) $\mathbf{A} \cdot \mathbf{B} = |\mathbf{A}||\mathbf{B}|\cos\theta$
$|\mathbf{A}| = 5.83 \quad |\mathbf{B}| = 6.71$
$\dfrac{\mathbf{A} \cdot \mathbf{B}}{|\mathbf{A}||\mathbf{B}|} = \cos\theta = 33 / (5.83 \times 6.71) = 0.844$
$\theta = 32.48\,°$

(d) $\mathbf{A} \times \mathbf{B} = (5\hat{\mathbf{i}} + 3\hat{\mathbf{j}}) \times (3\hat{\mathbf{i}} + 6\hat{\mathbf{j}}) = (30 - 9)\hat{\mathbf{k}} = 21\hat{\mathbf{k}}$
$|\mathbf{A}||\mathbf{B}|\sin\theta = (5.83)(6.71)\sin 32.48\,° = 21$

(e) $\mathbf{B} \times \mathbf{A} = (3\hat{\mathbf{i}} + 6\hat{\mathbf{j}}) \times (5\hat{\mathbf{i}} + 3\hat{\mathbf{j}}) = (9 - 30)\hat{\mathbf{k}} = -21\hat{\mathbf{k}}$

예제 2.17

50 kg의 질량이 있을 때, 이 질량의 중량 벡터를 점 $A(4,0,2)$ m, $B(0,2,4)$ m, $C(1,3,0)$ m으로 형성된 평면에 수직하는 성분과 평행하는 성분으로 구하라. $x-y$평면은 수평하고 z축은 수직이다.

풀이 공간에 있는 어떠한 3개의 비공선 점들이라도 평면을 형성한다. 먼저 3차원 축을 그리고 점 A, B, C의 위치를 잡는다. 이 세 점에 의해 형성되는 평면을 그려서 문제의 개념적인 느낌을 기술하라.

B에 대한 A의 상대 위치 벡터와 B에 대한 C의 상대 위치 벡터를 구한다.

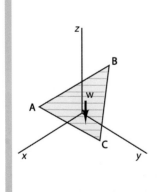

$$\mathbf{r}_{A/B} = \mathbf{r}_A - \mathbf{r}_B = 4\hat{\mathbf{i}} - 2\hat{\mathbf{j}} - 2\hat{\mathbf{k}}$$
$$\mathbf{r}_{C/B} = \mathbf{r}_C - \mathbf{r}_B = \hat{\mathbf{i}} + \hat{\mathbf{j}} - 4\hat{\mathbf{k}}$$

이 평면의 법선 벡터는 다음과 같다.

$$\hat{\mathbf{n}} = \frac{\mathbf{r}_{A/B} \times \mathbf{r}_{C/B}}{|\mathbf{r}_{A/B} \times \mathbf{r}_{C/B}|} = 0.549\hat{\mathbf{i}} + 0.768\hat{\mathbf{j}} + 0.329\hat{\mathbf{k}}$$

중량 벡터는 다음과 같다.

$$\mathbf{W} = -50 * 9.81\hat{\mathbf{k}}$$

이 벡터의 법선 및 접선 성분은 다음과 같다.

$$\mathbf{W}_n = (\mathbf{W} \cdot \hat{\mathbf{n}})\hat{\mathbf{n}} = -88.6\hat{\mathbf{i}} - 124.1\hat{\mathbf{j}} - 53.2\hat{\mathbf{k}}$$

$$\mathbf{W}_t = \mathbf{W} - \mathbf{W}_n = 88.6\hat{\mathbf{i}} + 124.1\hat{\mathbf{j}} - 437.3\hat{\mathbf{k}}$$

법선 성분을 법선 벡터와의 스칼라 곱을 사용하여 구하면, 중량 벡터에서 나머지 부분은 평면에 접선 성분임에 틀림없다.

이 벡터 연산은 마찰로 지지되고 있는 경사진 평면 위에 있는 물체를 고찰할 때 중요하다.

연습문제

2.96 2개의 벡터가 $\mathbf{r} = 3\hat{\mathbf{i}} + 2\hat{\mathbf{j}} - \hat{\mathbf{k}}$와 $\mathbf{F} = \hat{\mathbf{i}} + 2\hat{\mathbf{j}} + \hat{\mathbf{k}}$로 주어질 때, 벡터 곱 $\mathbf{r} \times \mathbf{F}$를 계산하라.

2.97 2개의 벡터가 $\mathbf{A} = \hat{\mathbf{i}} + \hat{\mathbf{j}}$와 $\mathbf{B} = 3\hat{\mathbf{i}} + 5\hat{\mathbf{j}}$로 주어진다. 두 벡터 사이의 각도를 계산하라.

2.98 2개의 벡터 $\mathbf{A} = 3\hat{\mathbf{i}} - \hat{\mathbf{j}} - \hat{\mathbf{k}}$와 $\mathbf{B} = \hat{\mathbf{i}} + \hat{\mathbf{j}}$의 벡터 곱 $\mathbf{A} \times \mathbf{B}$를 계산하라.

2.99 $\mathbf{A} = \hat{\mathbf{i}}$, $\mathbf{B} = 2\hat{\mathbf{i}} + 3\hat{\mathbf{j}} + \hat{\mathbf{k}}$ 및 $\mathbf{C} = -\hat{\mathbf{i}} - \hat{\mathbf{j}} + \hat{\mathbf{k}}$가 있다. $\mathbf{A} \times (\mathbf{B} + \mathbf{C})$와 $\mathbf{A} \times \mathbf{B} + \mathbf{A} \times \mathbf{C}$를 계산하여 분배 법칙이 성립함을 확인하라. 행렬식 규약을 사용하라.

2.100 2개의 벡터 $\mathbf{A} = A_x\hat{\mathbf{i}} + 3\hat{\mathbf{j}} + \hat{\mathbf{k}}$와 $\mathbf{B} = \hat{\mathbf{i}} + 2\hat{\mathbf{j}} + \hat{\mathbf{k}}$가 있다. 벡터 $\mathbf{C} = \mathbf{A} \times \mathbf{B}$가 $x-y$평면에 놓이게 되도록 성분 A_x를 계산하라. 해 벡터 $\mathbf{C}$는 $\mathbf{A}$와 $\mathbf{B}$에 동시에 수직이라는 사실을 확인하라. 본문에서 설명한대로, 일반적으로는 $\mathbf{C}$와 $\mathbf{B}$의 값이 주어져도, 식 $\mathbf{C} = \mathbf{A} \times \mathbf{B}$를 $\mathbf{A}$에 관하여 풀 수가 없다는 점에 유의하여야 한다.

2.101 벡터 $\mathbf{F} = 3\hat{\mathbf{i}} + 3\hat{\mathbf{j}} + \hat{\mathbf{k}}$가 있다. 벡터 $\mathbf{M} = \mathbf{r} \times \mathbf{F}$가 $x-y$평면에 놓이게 되도록 벡터 $\mathbf{r} = r_x\hat{\mathbf{i}} + \hat{\mathbf{j}} - \hat{\mathbf{k}}$의 x성분을 구하라. 당연한 사실이지만, $\mathbf{M}$이 $\mathbf{F}$와 $\mathbf{r}$에 동시에 수직이라는 사실을 직접 계산으로 증명하라. $\mathbf{r}$과 $\mathbf{F}$가 형성하는 평면을 그려라. 이 평면은 $x-y$평면에 수직이어야 한다. 본문에서 설명한 대로, 일반적으로는 $\mathbf{F}$와 $\mathbf{M}$의 값이 주어져도, 식 $\mathbf{M} = \mathbf{r} \times \mathbf{F}$를 $\mathbf{r}$에 관하여 풀 수가 없다는 점에 유의하여야 한다.

2.102 정역학과 동역학에서는, 스칼라 곱과 벡터 곱을 동시에 사용하여 3개의 벡터를 한꺼번에 곱셈하는 것이 반복적으로 일어난다. 스칼라 3중 곱 또는 혼합 3중 곱이라고 하는 이 곱은 $\mathbf{A} \cdot (\mathbf{B} \times \mathbf{C})$이다. (a) $\mathbf{A} = 3\hat{\mathbf{i}} + 2\hat{\mathbf{j}}$, $\mathbf{B} = \hat{\mathbf{i}} - \hat{\mathbf{j}} + \hat{\mathbf{k}}$ 및 $\mathbf{C} = \hat{\mathbf{i}} + 2\hat{\mathbf{j}} + 3\hat{\mathbf{k}}$일 때, 스칼라(숫자) $\mathbf{A} \cdot (\mathbf{B} \times \mathbf{C})$를 계산하라. (b) 또한, $(\mathbf{A} \times \mathbf{B}) \cdot \mathbf{C}$를 계산하라.

2.103 $\mathbf{F} = 3\hat{\mathbf{i}} + 10\hat{\mathbf{j}}$ kN이라 하고 $\mathbf{r}_1 = 4\hat{\mathbf{i}} + 5\hat{\mathbf{j}} - 3\hat{\mathbf{k}}$ m이고 $\mathbf{r}_2 = 3\hat{\mathbf{i}} - 2\hat{\mathbf{j}}$ m이라고 하자. $(\mathbf{r}_1 + \mathbf{r}_2) \times \mathbf{F}$와 $(\mathbf{r}_1 \times \mathbf{F}) + (\mathbf{r}_2 \times \mathbf{F})$를 계산하여 분배 법칙이 성립함을 증명하라.

2.104 벡터 곱의 분배 법칙과 단위 벡터 곱 이론을 사용하여 $\mathbf{r} \times \mathbf{F}$를 계산하라. 여기에서, $\mathbf{r} = 30\hat{\mathbf{i}} + 10\hat{\mathbf{j}} - 100\hat{\mathbf{k}}$이고 $\mathbf{F} = -100\hat{\mathbf{i}} + 200\hat{\mathbf{j}} + 325\hat{\mathbf{k}}$이다.

2.105 2개의 벡터 $\mathbf{A} = \hat{\mathbf{i}} + \hat{\mathbf{j}} + 3\hat{\mathbf{k}}$와 $\mathbf{B} = -\hat{\mathbf{i}} - \hat{\mathbf{j}} + 3\hat{\mathbf{k}}$가 평면을 형성한다. 이 평면에 대한 단위 법선 벡터를 계산하라.

2.106 $\mathbf{A} = 5\hat{\mathbf{i}} - 4\hat{\mathbf{j}} + 2\hat{\mathbf{k}}$이고 $\mathbf{C} = -28\hat{\mathbf{i}} - 24\hat{\mathbf{j}} + 22\hat{\mathbf{k}}$일 때, 식 $\mathbf{A} \times \mathbf{B} = \mathbf{C}$를 만족시키는 $\mathbf{B}$의 수직 성분을 구하라. 해가 존재하려면 $\mathbf{A}$가 $\mathbf{C}$에 수직이어야 한다는 사실을 확인하라.

2.107 $\mathbf{A} = 2\hat{\mathbf{i}} - 3\hat{\mathbf{j}} + 2\hat{\mathbf{k}}$이고 $\mathbf{C} = -16\hat{\mathbf{i}} - 10\hat{\mathbf{j}} + \hat{\mathbf{k}}$일 때, 식 $\mathbf{A} \times \mathbf{B} = \mathbf{C}$를 만족시키는 $\mathbf{B}$의 수직 성분을 구하라. 해가 존재하려면 $\mathbf{A}$가 $\mathbf{C}$에 수직이어야 한다는 사실을 확인하라.

2.108 $\mathbf{B} = -\hat{\mathbf{i}} + 2\hat{\mathbf{j}} + 4\hat{\mathbf{k}}$이고 $\mathbf{C} = -20\hat{\mathbf{i}} - 10\hat{\mathbf{j}}$일 때, 식 $\mathbf{A} \times \mathbf{B} = \mathbf{C}$를 만족시키는 $\mathbf{A}$의 수직 성분을 구하라.

2.109 비행기의 위치가 3개의 점 $A = (3,1,6)$, $B = (0,5,2)$, $C = (1,1,8)$로 정해진다. 수직 방향을 z방향으로 잡았을 때, 비행기에 놓여 있는 200 N 중량의 접선 성분과 법선 성분을 각각 구하라.

2.110 그림과 같이 공을 경사면에서 잡고 있다가 놓았다. 경사면 위에 있는 다른 두 점의 위치가 공의 초기 위치에 대하여 각각 $A = (3,0.5,-0.2)$ m이고, $B = (1,3,-0.3)$ m일 때, 공이 구르게 되는 방향의 단위 벡터를 구하라.

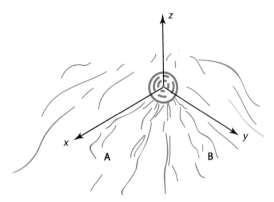

그림 P2.110

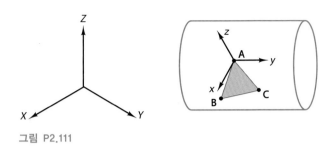

그림 P2.111

2.111 위치와 방위를 동시에 설정하면서 공간 속을 이동하고 있는 물체를 추적하고자 한다. 3개의 비공선점 (A, B, C)을 물체에 표시한 다음 3차원 운동 해석 시스템으로 추적한다. 물체에 부여한 국부 좌표계 (x, y, z)를 운동 해석 시스템에서 사용하는 글로벌 좌표계 (X, Y, Z)로 설정하라. 국부 좌표계의 x축은 벡터 $\mathbf{r}_{B/A}$를 따라 놓여 있어야 하고 z축은 점 A, B 및 C가 형성하는 평면에 수직하여야 한다.

a) 일반 벡터 방정식을 세워 국부 좌표계의 기본 단위 벡터를 세 점의 글로벌 좌표와 글로벌 기본 단위 좌표로 그 관계를 기술하라(그림 P2.111 참조).

b) 다음의 단위 벡터를 풀어서 국부 좌표계의 기본 단위 벡터와 글로벌 좌표계의 기본 단위 좌표의 관계를 나타내는 3 × 3 행렬을 구하라.

$$\mathbf{r}_A = 1.632\hat{\mathbf{I}} + 2.010\hat{\mathbf{J}} + 4.356\hat{\mathbf{K}}$$
$$\mathbf{r}_B = 1.420\hat{\mathbf{I}} + 2.516\hat{\mathbf{J}} + 3.140\hat{\mathbf{K}}$$
$$\mathbf{r}_C = 1.711\hat{\mathbf{I}} + 3.220\hat{\mathbf{J}} + 3.241\hat{\mathbf{K}}$$

2.10 직접 벡터 해

직접 벡터 해는 벡터 방정식을 푸는 데 이 벡터 방정식을 스칼라 형식으로 전개하지 않고 직접 구하는 벡터 해이다. 이 식의 예는 식 (2.131)과 식 (2.136)에 나타나 있다. 이 장에서는 벡터 대수학의 연산을 소개하고 있으며, 다음과 같은 벡터 방정식의 해를 구하는 방법은 이미 살펴본 바 있다.

$$A\hat{\mathbf{a}} + B\hat{\mathbf{b}} + C\hat{\mathbf{c}} = \mathbf{D} \tag{2.137}$$

단, 이 식에서 크기 A, B, C는 미지수이다. 이 식에서 C가 0이고 $\mathbf{D}$는 벡터 $\mathbf{A}$, $\mathbf{B}$와 공면 벡터일 때의 2차원 형태는 먼저 삼각법을 사용한 다음 직교 좌표계에서의 성분을 사용하여 풀었다. 3차원 문제는 벡터를 x, y, z 좌표계에 나타낸 다음 3개의 미지수에 대한 3개의 식을 통해 풀었다. 행렬법을 소개하여 이러한 연립 방정식을 풀었고 복잡한 정역학 문제에서 접하게 되는 더 큰 연립 방정식의 해를 구할 대비를 하였다.

식 (2.137)의 직접 벡터 해의 가장 간단한 형태는 단지 하나의 벡터만 알지 못할 때, 예컨대 $\mathbf{C}$만을 알지 못할 때 발생한다. 이 경우의 벡터 방정식은 다음과 같이 쓸 수 있다.

$$\mathbf{C} = \mathbf{D} - \mathbf{A} - \mathbf{B} \tag{2.138}$$

그러면 미지의 벡터는 단순한 벡터 합과 차로 구한다. 벡터 $\mathbf{C}$는 4개의 미지수와 $\mathbf{C}$의 크기와 단위 벡터의 3개의 성분을 포함하는 $C\hat{\mathbf{c}}$로 쓸 수도 있겠지만, 이들은 다음과 같이 쉽게 구한다.

$$C = |\mathbf{C}| \quad \hat{\mathbf{c}} = \frac{\mathbf{C}}{|\mathbf{C}|} \tag{2.139}$$

제2.8절과 제2.9절에서는, 두 벡터 사이에서의 2가지 종류의 곱셈을, 즉 스칼라 곱과 벡터 곱을 소개하였다. 2개의 벡터가 수직일 때 이 두 벡터 사이의 스칼라 곱은, 90°의 cos값이 0이므로, 0이 된다는 사실도 제시하였다. 평행하지 않은 두 벡터 사이의 벡터 곱에서는 이 2개의 벡터에 수직인 벡터가 나온다. 이러한 곱셈 정의는 선형 연립 방정식을 풀지 않고도 식 (2.137)을 푸는 데 사용될 수 있다. 그러나 어떠한 벡터 방정식이라도 이를 풀려면 벡터를 직교 x, y, z 좌표계에서 나타내야만 한다.

일반적인 3차원 문제에서는, 단위 벡터 $\hat{\mathbf{a}}$, $\hat{\mathbf{b}}$, $\hat{\mathbf{c}}$가 공면 벡터이어서는 안 되며 일반적으로 직교 벡터가 아니다. 식 (2.137)에 3개의 기본 단위 벡터를 각각 스칼라 곱을 취함으로써 다음과 같은 3개의 선형 식을 구성할 수 있다.

$$
\begin{aligned}
A\hat{\mathbf{a}}\cdot\hat{\mathbf{i}} + B\hat{\mathbf{b}}\cdot\hat{\mathbf{i}} + C\hat{\mathbf{c}}\cdot\hat{\mathbf{i}} = \mathbf{D}\cdot\hat{\mathbf{i}} \\
A\hat{\mathbf{a}}\cdot\hat{\mathbf{j}} + B\hat{\mathbf{b}}\cdot\hat{\mathbf{j}} + C\hat{\mathbf{c}}\cdot\hat{\mathbf{j}} = \mathbf{D}\cdot\hat{\mathbf{j}} \\
A\hat{\mathbf{a}}\cdot\hat{\mathbf{k}} + B\hat{\mathbf{b}}\cdot\hat{\mathbf{k}} + C\hat{\mathbf{c}}\cdot\hat{\mathbf{k}} = \mathbf{D}\cdot\hat{\mathbf{k}}
\end{aligned}
\tag{2.140}
$$

식 (2.140)은 식 (2.64)와 같은 형식의 것이어서 이 연립 방정식은 손으로 풀거나 행렬 기법을 사용하여 풀 수 있다.

이와 다른 방법으로는 2직교 단위 벡터 체계를 구성하는 것이다[**역자 주**: 2직교 (biorthogonal)는 3개 중 자신을 제외한 나머지 2개의 벡터와 직교한다]. 각각의 이러한 3개의 2직교 벡터들은 벡터 $\hat{\mathbf{a}}$, $\hat{\mathbf{b}}$, $\hat{\mathbf{c}}$ 가운데에서 2개에 수직하기 마련이다. 이러한 2직교 단위 벡터들은 벡터 곱을 사용하여 다음과 같이 구성한다.

$$\hat{\mathbf{r}} = \frac{\hat{\mathbf{b}} \times \hat{\mathbf{c}}}{|\hat{\mathbf{b}} \times \hat{\mathbf{c}}|} \quad \hat{\mathbf{s}} = \frac{\hat{\mathbf{c}} \times \hat{\mathbf{a}}}{|\hat{\mathbf{c}} \times \hat{\mathbf{a}}|} \quad \hat{\mathbf{t}} = \frac{\hat{\mathbf{a}} \times \hat{\mathbf{b}}}{|\hat{\mathbf{a}} \times \hat{\mathbf{b}}|} \tag{2.141}$$

단위 벡터 $\hat{\mathbf{a}}$, $\hat{\mathbf{b}}$, $\hat{\mathbf{c}}$는 원래부터 상호간에 수직이 아니므로, 2직교 벡터들은 벡터 곱의 크기로 나눌 때까지는 단위 벡터가 아니라는 점을 주목하여야 한다. 이러한 2직교 벡터의 값은 이제 벡터 방정식 (2.137)의 직접 해에서 자명(obvious)하게 된다. 먼저, 식 (2.137)에 단위 벡터 $\hat{\mathbf{r}}$로 스칼라 곱을 취하면 다음이 나온다.

$$A\hat{\mathbf{a}}\cdot\hat{\mathbf{r}} + B\hat{\mathbf{b}}\cdot\hat{\mathbf{r}} + C\hat{\mathbf{c}}\cdot\hat{\mathbf{r}} = \mathbf{D}\cdot\hat{\mathbf{r}}$$

여기서 $\hat{\mathbf{r}}$은 $\hat{\mathbf{b}}$와 $\hat{\mathbf{c}}$에 수직이다. 그러므로 다음과 같이 된다.

$$A\hat{\mathbf{a}}\cdot\hat{\mathbf{r}} = \mathbf{D}\cdot\hat{\mathbf{r}} \tag{2.142}$$

$$A = \frac{\mathbf{D}\cdot\hat{\mathbf{r}}}{\hat{\mathbf{a}}\cdot\hat{\mathbf{r}}}$$

이와 유사하게 B와 C의 값은 다음과 같이 된다.

$$B = \frac{\mathbf{D} \cdot \hat{\mathbf{s}}}{\hat{\mathbf{b}} \cdot \hat{\mathbf{s}}} \quad C = \frac{\mathbf{D} \cdot \hat{\mathbf{t}}}{\hat{\mathbf{c}} \cdot \hat{\mathbf{t}}} \tag{2.143}$$

이 해는 벡터 곱과 스칼라 곱의 특성만을 사용하여 구하였다.

다음과 같은 2차원 벡터 방정식이 있다.

$$A\hat{\mathbf{a}} + B\hat{\mathbf{b}} = \mathbf{D} \tag{2.144}$$

여기에서 $\hat{\mathbf{a}}$, $\hat{\mathbf{b}}$, $\mathbf{D}$는 동일한 평면, 즉 $x-y$평면에 놓여 있다.

이 식은 직접 벡터 방법으로 풀 수 있지만 성분 해는 간단하여 그 선택은 문제를 푸는 개인에게 남겨진 몫이 될 것이다. 이 두 성분 식은 다음과 같다.

$$\begin{aligned} Aa_x + Bb_x &= D_x \\ Aa_y + Bb_x &= D_y \end{aligned} \tag{2.145}$$

직접 벡터 해에서는 z방향 단위 벡터 $\hat{\mathbf{k}}$를 세 번째 단위 벡터로 취급하게 된다. $\hat{\mathbf{a}}$와 $\hat{\mathbf{b}}$에 대한 2직교 벡터는 다음과 같다.

$$\hat{\mathbf{r}} = \hat{\mathbf{k}} \times \hat{\mathbf{b}} \quad \hat{\mathbf{s}} = \hat{\mathbf{k}} \times \hat{\mathbf{a}} \tag{2.146}$$

A와 B의 값은 다음과 같다.

$$A = \frac{\mathbf{D} \cdot \hat{\mathbf{r}}}{\hat{\mathbf{a}} \cdot \hat{\mathbf{r}}} \quad B = \frac{\mathbf{D} \cdot \hat{\mathbf{s}}}{\hat{\mathbf{b}} \cdot \hat{\mathbf{s}}} \tag{2.147}$$

직접 벡터 해는 단위 벡터의 2직교 세트를 구성하여 구한 바 있다. 이는 다른 수학적 기법과 일치함을 확인하고자 한 것이고, 식 (2.137)의 해는 다음과 같이 나오기 마련이다.

$$A = \frac{\mathbf{D} \cdot (\hat{\mathbf{b}} \times \hat{\mathbf{c}})}{\hat{\mathbf{a}} \cdot (\hat{\mathbf{b}} \times \hat{\mathbf{c}})} \quad B = \frac{\mathbf{D} \cdot (\hat{\mathbf{c}} \times \hat{\mathbf{a}})}{\hat{\mathbf{b}} \cdot (\hat{\mathbf{c}} \times \hat{\mathbf{a}})} \quad C = \frac{\mathbf{D} \cdot (\hat{\mathbf{a}} \times \hat{\mathbf{b}})}{\hat{\mathbf{c}} \cdot (\hat{\mathbf{a}} \times \hat{\mathbf{b}})}$$

예제 2.18

다음 벡터 방정식에서 A, B, C의 크기를 각각 구하라.

$$A\hat{\mathbf{a}} + B\hat{\mathbf{b}} + C\hat{\mathbf{c}} = \mathbf{D}$$

여기에서,

$$\hat{\mathbf{a}} = 0.231\hat{\mathbf{i}} + 0.308\hat{\mathbf{j}} + 0.923\hat{\mathbf{k}}$$

$$\hat{\mathbf{b}} = -0.231\hat{\mathbf{i}} + 0.308\hat{\mathbf{j}} + 0.923\hat{\mathbf{k}}$$

$$\hat{\mathbf{c}} = -0.385\hat{\mathbf{i}} + 0.923\hat{\mathbf{k}}$$

$$\mathbf{D} = 100\hat{\mathbf{k}}$$

이다.

풀이 3개의 2직교 단위 벡터들은 다음과 같이 구성된다.

$$\mathbf{R} = \hat{\mathbf{b}} \times \hat{\mathbf{c}} = -0.284\hat{\mathbf{i}} - 0.568\hat{\mathbf{j}} - 0.118\hat{\mathbf{k}} \quad |\mathbf{R}| = 0.646$$

$$\hat{\mathbf{r}} = \frac{\mathbf{R}}{|\mathbf{R}|} = -0.440\hat{\mathbf{i}} - 0.879\hat{\mathbf{j}} - 0.183\hat{\mathbf{k}}$$

$$\mathbf{S} = \hat{\mathbf{c}} \times \hat{\mathbf{a}} = -0.284\hat{\mathbf{i}} + 0.568\hat{\mathbf{j}} - 0.118\hat{\mathbf{k}} \quad |\mathbf{S}| = 0.646$$

$$\hat{\mathbf{s}} = \frac{\mathbf{S}}{|\mathbf{S}|} = -0.440\hat{\mathbf{i}} + 0.879\hat{\mathbf{j}} - 0.183\hat{\mathbf{k}}$$

$$\mathbf{T} = \hat{\mathbf{a}} \times \hat{\mathbf{b}} = 0.568\hat{\mathbf{i}} - 0.142\hat{\mathbf{k}} \quad |\mathbf{T}| = 0.586$$

$$\hat{\mathbf{t}} = \frac{\mathbf{T}}{|\mathbf{T}|} = 0.970\hat{\mathbf{i}} - 0.243\hat{\mathbf{k}}$$

벡터 크기 값들은 이제 다음과 같이 구할 수 있다.

$$A = \frac{\hat{\mathbf{r}} \cdot \mathbf{D}}{\hat{\mathbf{r}} \cdot \hat{\mathbf{a}}} = 33.854$$

$$B = \frac{\hat{\mathbf{s}} \cdot \mathbf{D}}{\hat{\mathbf{s}} \cdot \hat{\mathbf{b}}} = 33.854$$

$$C = \frac{\hat{\mathbf{t}} \cdot \mathbf{D}}{\hat{\mathbf{t}} \cdot \hat{\mathbf{c}}} = 40.625$$

이 계산에는 시간이 많이 들지만 대부분의 컴퓨터 소프트웨어 프로그램을 사용하면 계산을 빨리 할 수 있다.

연습문제

2.112 벡터 $\mathbf{A} = 8\hat{\mathbf{i}} - 3\hat{\mathbf{j}} + 2\hat{\mathbf{k}}$와 단위 벡터 $\hat{\mathbf{u}} = 0.577\hat{\mathbf{i}} + 0.577\hat{\mathbf{j}} + 0.577\hat{\mathbf{k}}$가 주어졌을 때, $\hat{\mathbf{u}}$에 대한 $\mathbf{A}$의 평행 성분과 수직 성분을 각각 구하라.

2.113 직접 벡터 해법을 사용하여, 벡터 방정식 $\mathbf{A} + \mathbf{B} = \mathbf{C}$를 만족시키는 $\mathbf{A}$와 $\mathbf{B}$의 크기를 각각 구하라. 여기에서,

$$\hat{\mathbf{a}} = 0.707\hat{\mathbf{i}} + 0.707\hat{\mathbf{j}}$$

$$\hat{\mathbf{b}} = \hat{\mathbf{j}}$$

$$\mathbf{C} = 4\hat{\mathbf{i}} - 3\hat{\mathbf{j}}$$

2.114 벡터 방정식에서 유도된 스칼라 방정식을 풀어서 2.113의 해를 증명하라.

2.115 직접 벡터 해법을 사용하여, $\mathbf{A}$, $\mathbf{B}$ 및 $\mathbf{C}$가 다음과 같은 벡터로 정의되는 선을 따라 각각 놓여 있을 때, 벡터 방정식

$\mathbf{A} + \mathbf{B} + \mathbf{C} = \mathbf{D}$을 만족시키는 $\mathbf{A}$, $\mathbf{B}$ 및 $\mathbf{C}$의 크기를 각각 구하라.

$$\mathbf{A}l = 3\hat{\mathbf{i}} + 4\hat{\mathbf{j}} + 10\hat{\mathbf{k}}$$

$$\mathbf{B}l = -4\hat{\mathbf{i}} - 3\hat{\mathbf{j}} + 12\hat{\mathbf{k}}$$

$$\mathbf{C}l = -3\hat{\mathbf{i}} + 4\hat{\mathbf{j}} + 10\hat{\mathbf{k}}$$

및

$$\mathbf{D} = 100\hat{\mathbf{k}}$$

2.116 벡터 방정식을 연립 방정식으로 전개하여 2.115의 해를 증명하라.

2.117 직접 벡터 해법을 사용하여, 미지 벡터 $\mathbf{A}$, $\mathbf{B}$ 및 $\mathbf{C}$의 방향을 다음과 같은 벡터 방정식의 해에 대하여 각각 알고 있을 때 그 크기를 각각 구하라.

$$A\hat{\mathbf{a}} + B\hat{\mathbf{b}} + C\hat{\mathbf{c}} = 250\hat{\mathbf{k}}$$

$$\hat{\mathbf{a}} = 0.318\hat{\mathbf{i}} + 0.424\hat{\mathbf{j}} + 0.848\hat{\mathbf{k}}$$

$$\hat{\mathbf{b}} = -0.566\hat{\mathbf{i}} + 0.226\hat{\mathbf{j}} + 0.793\hat{\mathbf{k}}$$

$$\hat{\mathbf{c}} = 0.324\hat{\mathbf{i}} - 0.487\hat{\mathbf{j}} + 0.811\hat{\mathbf{k}}$$

벡터 방정식을 3개의 스칼라 방정식으로 전개한 다음 풀어서 이 해를 증명하라.

2.118 직접 벡터 해법을 사용하여, 다음과 같은 벡터 방정식을 풀어라.

$$A\hat{\mathbf{a}} + B\hat{\mathbf{b}} + C\hat{\mathbf{c}} = 191\hat{\mathbf{i}} + 217\hat{\mathbf{j}} - 68\hat{\mathbf{k}}$$

여기에서,

$$\hat{\mathbf{a}} = 0.6\hat{\mathbf{i}} + 0.8\hat{\mathbf{j}}$$

$$\hat{\mathbf{b}} = 0.707\hat{\mathbf{i}} + 0.707\hat{\mathbf{k}}$$

$$\hat{\mathbf{c}} = 0.385\hat{\mathbf{j}} + 0.923\hat{\mathbf{k}}$$

이다. 3개의 스칼라 식을 풀어서 해를 증명하라.

2.119 직접 벡터 해법을 사용하여, 다음과 같은 벡터 방정식을 풀어라.

$$A\hat{\mathbf{a}} + B\hat{\mathbf{b}} + C\hat{\mathbf{c}} = 25\hat{\mathbf{i}} + 135\hat{\mathbf{j}} + 90\hat{\mathbf{k}}$$

여기에서,

$$\hat{\mathbf{a}} = 0.6\hat{\mathbf{i}} + 0.8\hat{\mathbf{j}}$$

$$\hat{\mathbf{b}} = -0.707\hat{\mathbf{i}} + 0.707\hat{\mathbf{k}}$$

$$\hat{\mathbf{c}} = 0.707\hat{\mathbf{j}} + 0.707\hat{\mathbf{k}}$$

이다. 3개의 스칼라 방정식을 풀어서 해를 증명하라.

2.120 직접 벡터 해법을 사용하여, 벡터 방정식 A + B + C = D를 풀어라. 여기에서,

$$\hat{\mathbf{a}} = 0.577\hat{\mathbf{i}} + 0.577\hat{\mathbf{j}} + 0.577\hat{\mathbf{k}}$$

$$\hat{\mathbf{b}} = -0.707\hat{\mathbf{i}} + 0.707\hat{\mathbf{k}}$$

$$\hat{\mathbf{c}} = 0.577\hat{\mathbf{i}} - 0.577\hat{\mathbf{j}} - 0.577\hat{\mathbf{k}}$$

$$\mathbf{D} = -6\hat{\mathbf{i}} + 87\hat{\mathbf{j}} + 120\hat{\mathbf{k}}$$

이다. 3개의 스칼라 방정식을 풀어서 해를 증명하라.

2.121 직접 벡터 해법을 사용하여, 벡터 방정식 A + B + C = D를 풀어라. 여기에서,

$$\hat{\mathbf{a}} = 0.302\hat{\mathbf{i}} - 0.905\hat{\mathbf{j}} + 0.302\hat{\mathbf{k}}$$

$$\hat{\mathbf{b}} = -0.371\hat{\mathbf{i}} - 0.928\hat{\mathbf{k}}$$

$$\hat{\mathbf{c}} = -0.707\hat{\mathbf{j}} - 0.707\hat{\mathbf{k}}$$

$$\mathbf{D} = 12\hat{\mathbf{i}} - 55\hat{\mathbf{j}} + 10\hat{\mathbf{k}}$$

이다. 3개의 스칼라 식을 풀어서 해를 증명하라.

2.122 직접 벡터 해법을 사용하여, 벡터 방정식 A + B + C = D를 풀어라. 여기에서,

$$\hat{\mathbf{a}} = 0.302\hat{\mathbf{i}} + 0.905\hat{\mathbf{j}} + 0.302\hat{\mathbf{k}}$$

$$\hat{\mathbf{b}} = -0.371\hat{\mathbf{i}} - 0.928\hat{\mathbf{k}}$$

$$\hat{\mathbf{c}} = -0.707\hat{\mathbf{j}} + 0.707\hat{\mathbf{k}}$$

$$\mathbf{D} = 12\hat{\mathbf{i}} + 50\hat{\mathbf{j}} + 10\hat{\mathbf{k}}$$

이다. 3개의 스칼라 방정식을 풀어서 해를 증명하라.

단원 요약

이 장은 벡터 대수학과 벡터 방정식의 해법에 초점을 맞췄다. 2차원 식은 벡터 선도를 그린 다음 삼각법을 사용하여 풀면 된다. 그러나 삼각법 방법은 3차원 벡터 방정식에서는 잘 통하지 않는다. 3차원 문제에서는 기준 좌표계가 필요하다. 이 기준 좌표계는 문제를 푸는 사람이 설정하게 된다. 어떤 경우에는 특정한 좌표계를 선정하여 문제 풀이에 들어가는 노력을 줄일 수 있다. 벡터 방정식은 선정된 좌표계의 성분으로 표현한다. 그런 다음, 이 벡터 방정식을 3개의 스칼라 방정식으로 전개하여 이 연립 방정식을 손으로 풀거나 선형 대수학을 사용하여 풀면 된다. 행렬 기법은 실수를 줄일 수 있고 또 실수로 선형적으로 독립된 연립 방정식을 세우지나 안 했는지 상황을 판정하는 데 이점이 있다. 몇몇 벡터 방정식에서는 직접 벡터 해를 구할 수 있으므로 이 식을 스칼라 성분으로 전개할 필요가 없다.

이후의 장에서는 평형 조건을 모델링하고 필요한 벡터 방정식을 구성하는 데 집중할 것이다. 이 식들은 이 장에서 소개한 방법 가운데에서 한 개 또는 그 이상을 사용하여 풀 수 있다.

Chapter 03

질점 평형

3.1 질점의 자유 물체도

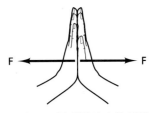

그림 3.1 두 사람이 손을 맞댄 채 서로 밀고 있으면, 각자는 힘을 어느 한 쪽 방향으로 가하지만 크기가 같고 방향이 정반대인 힘을 느낀다.

모델링 개념을 살펴보기 전에, 뉴턴의 운동 제3법칙, 즉 '**제1물체가 제2물체에 힘을 가하면, 제2물체도 제1물체에 크기가 같고 방향이 정반대인 동일선상의 힘을 가한다.**'는 내용을 검토해보자. 이것은 작용과 반작용의 개념이다. 두 사람이 그림 3.1과 같이 오른손을 맞댄 채 서로 밀고 있다고 하자. 오른쪽 사람은 왼쪽으로 밀고 있지만(작용), 왼쪽 사람에게서 오른쪽으로 미는 힘을 느낀다(반작용). 누가 힘을 발생시키고 누가 저항하고 있는지를 단정 지을 수도 없다. 작용력과 반작용력은 크기가 같고 방향이 정반대이며 동일직선 상에 작용하는 힘이다.

뉴턴의 제3법칙은 질점을 주어진 환경에서 중력을 포함하여 그 질점에 작용하는 모든 힘을 나타내는 데 사용될 수 있다. 이렇게 질점에 작용하는 모든 힘을 나타내게 되면 자유 물체도가 그려지게 된다. 이 자유 물체도는 엔지니어가 습득할 수 있는 아주 유용한 도구 중 하나이다. 정확한 자유 물체도가 작도되면 풀이는 매우 체계적으로 얻을 수 있다.

자유 물체도의 공식적인 정의는 다음과 같다.

자유 물체도는 물체를 주어진 환경 또는 주위 물체들로부터 고립시켜서 물체에 상호작용하는 적절한 외력을 표현한 일단의 물체들을 그린 그림이다.

물체에 작용하는 모든 힘들이 공통의 단일 점에 작용(공점력계)한다면, 그 물체는 질점으로 모델링할 수 있다. 힘들을 공점력으로 모델링할 수 없으면, 물체도 질점으로 모델링할 수 없으므로 물체의 기하형상을 고려해야만 한다. 공점력은 작용점에 대하여 전혀 회전효과(모멘트)를 발생시키지 않는다.

고립된 물체 내부에는 대개는 내력이 작용하지만, 뉴턴의 제3법칙에 의하면 이 힘들은 물체에 작용하는 외력의 합력에 보탬이 되지 않는다. 이 외력들은 다른 물체들과의 접촉 때문에 일어나기도 하고 분리된 물체들의 인력 때문에 발생하기도 한다. 모든 외력을 공점력으로 취급할 수 있다면 물체를 **질점**으로 모델링할 수 있다. 이 경우에는, 외력의 크기와 방향만 나타내어도 된다. 제4.2절에서는 물체를 질점으로 취급할 수 없을 때, 즉 물체에 작용하는 힘들이 공점력이 아닐 때, 이러한 물체에 대하여 자유 물체도를 사용하여 모델링할 것이다. 이러한 경우에는 각각의 외력의 작용점들이 중요하므로 자유 물체도에 정확하게 도시하여야 한다.

자유 물체도의 작도는 어떠한 역학 문제를 풀더라도 중요한 단계이다. 그러나 이러한 자유 물체도를 전개하기 전에, **공간 선도**를 먼저 활용하여야 한다. 공간 선도는 주어진 환경 내에서의 실제 물체를 나타낸다. 이 선도는 차원 결정과 물체 간의 상호작용을 결정할 수 있게 해주는 사진, 청사진, 축척 모델, 스케치 또는 기타 수단이기도 하다. 이 교재에서는 공간 선도는 대부분 그림으로 제공되어 있다.

그림 3.2 로프와 풀리로 건초 더미를 붙들고 있는 목동의 공간 선도

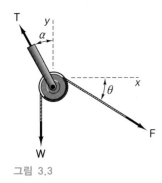

그림 3.3

그림 3.2에는 헛간의 천장에 걸려 있는 풀리(pulley)를 사용하여 건초 더미를 붙들고 있는 목동이 나와 있다. 이 공간 선도가 실제 문제를 모델링하는 첫 번째 단계이므로 자유 물체도를 표현하기 전에 조사하여야 한다. 어떤 사람이 헛간에 들어가서 그림과 같은 장치로 건초 더미가 지지되고 있는 것을 관찰한다고 가정을 해보자. 풀리와 헛간 지붕 사이에 있는 로프가 충분히 튼튼한지를 알아보려면, 두 가지 점을 알아야 하거나 측정해야 할 필요가 있는 것이다. 첫째로는 건초 더미의 무게를 알 필요가 있고, 둘째로는 로프와 수평선이 이루는 각도 θ를 구할 필요가 있다. 이 각도는 풀리와 목동의 손 사이의 로프의 길이와 손에서 로프의 수직부 사이의 수평 거리를 측정한 다음 삼각법을 사용하여 계산하면 된다. 경험에서 미루어 볼 때 일반적으로 관찰을 잘 하면 각도를 계산할 수 있다. 제3.2절에서는 로프가 천장과 이루는 각도 α를 알고 있을 때 건초 더미의 무게를 구할 수 있다는 사실을 보여줄 것이다. 무게와 각도는 서로 관계가 있으므로 서로 독립적으로 명시되어서는 안 된다.

공간 선도를 사용하여 풀리에 작용하는 모든 힘을 나타내는 풀리의 자유 물체도를 그린다. 그러면 풀리는 고립되어 질점으로 취급된다. 건초 더미의 무게는 힘 벡터 **W**로 표시한다. 로프는 이 힘을 풀리에 전달한다. 풀리에 마찰이 전혀 없다면, 로프의 인장력은 일정하다. 그러므로 목동은 로프의 다른 쪽에 건초 더미의 무게, 즉 **W** 벡터의 크기와 같은 힘 **F**를 가해야 한다. 풀리의 무게를 무시하면, 풀리에 작용하는 유일한 다른 힘은 로프를 따라 천정으로 작용하는 인장력 **T**라는 사실을 알 수 있다. 그림 3.3에는 풀리의 자유 물체도가 그려져 있다.

자유 물체도를 그리고 나면, 알고 있거나 측정할 수 있는 것이 무엇이며 무엇을 정역학의 식으로 계산해야 하는지 명시할 필요가 있다. 건초 더미의 무게를 알고 있으면, 그 힘을 자유 물체도에 그리거나 다음과 같이 식 형태로 나타낼 수 있다.

$$\mathbf{W} = -200\hat{\mathbf{j}}\,\text{N}$$

건초 더미의 무게를 알고 있으므로 이미 가정한 바를 토대로 하여 벡터 **F**의 크기 또한 200 N이어야 한다는 것을 알 수 있다는 점에 주목하여야 한다.

공간 선도에는 흔히 문제를 푸는 데 필요한 치수가 포함되지만, 정보가 충분하지 않은 것보다는 훨씬 더 많은 것이 더 좋다. 자유 물체도의 작도는 어떠한 역학 문제라도 정확하게 푸는 데 핵심이 된다.

두 물체 사이의 마찰로 인한 힘은 특별 절 3.5A와 제9장에서 상세하게 설명할 것이다. 이 힘은 항상 운동에 대향하고 그 값은 접촉하는 물체들의 재질과 접촉 표면 간의 법선력에 의존하는 최댓값이다.

예제 3.1

어떤 사람이 그림과 같이 수평 노면을 따라 자동차를 밀고 있다. 그림을 보면 이 사람의 팔은 수평선과 대략 40 °의 각도를 이루고 있는 것으로 보인다. 이 사람의 다리와 노면 사이의 반력이 (차에서 멀게

뻗은) 오른쪽 다리와 평행하게 작용한다고 가정하면, 이 힘과 수직선이 이루는 각도는 대략 30°가 된다. 이 사람을 질점으로 보고 이 사람한테 작용하는 힘들을 나타내는 자유 물체도를 그려라.

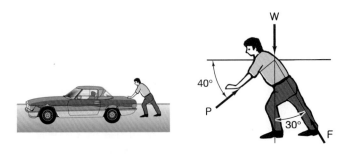

풀이 여기에서 그림은 이 상황을 나타내는 공간 선도 역할을 한다. 오른쪽 그림은 이 사람의 체중을 안다고 가정할 때의 자유 물체도이다. 이럴 때에는 이 사람을 동일평면 공점력의 영향을 받는 질점으로 모델링한다는 점을 알아야 한다. 힘 **P**는 자동차의 반력이고, 힘 **F**는 노면의 반력이며, 체중 **W**는 중력으로 인한 힘이다. 이 사람의 왼쪽 다리에 작용하는 힘은 무시하지만, **F**는 오른쪽 다리를 따라 작용한다. 노면과 다리 사이의 힘은 지면에 대한 법선력과 마찰력으로 이루어져 있다는 점을 주목하여야 한다. 이 사람을 질점으로 보면 3개의 힘 **W**, **P**, **F**는 공점력 계를 구성한다.

예제 3.2

그림과 같은 삼각대가 영화 촬영용 카메라를 지지하고 있다. 각각의 다리는 압축 상태에 있으며 카메라에 힘을 가하고 있다. 그림에 나와있는 카메라와 삼각대의 공간선도를 바탕으로 하여 카메라를 질점으로 보고 자유 물체도를 그려라.

풀이 먼저, 공간 선도를 살펴보아 적절한 자유 물체도를 그릴 수 있을 만큼 필요한 측정치들이 잡혀 있는지를 판정해야 한다. 삼각대 다리의 길이가 주어져 있지 않지만 주어진 치수에서 구할 수 있다. 또한, 공간에서 다리의 방위를 알기 위해서는 삼각대 다리의 밑바닥 위치를 알아야 할 필요가 있다. 문제를 해석하려면 이러한 방위들을 각각의 다리를 따라 작용하는 단위 벡터를 사용하여 표현하여야 한다. 그러면 각각의 다리에 작용하는 압축력의 방향을 알 수 있다. 이러한 힘들은 압축력이어야 하며 그렇지 않으면 다리가 지지 바닥에서 떠오르게 된다. 카메라 무게의 방향과 크기를 알고 있으므로 각각의 다리에 작용하는 단위 벡터를 $\hat{a}$, $\hat{b}$, $\hat{c}$로 하고 그 압축력의 크기를 A, B, C로 하는 자유 물체도를 그릴 수 있다.

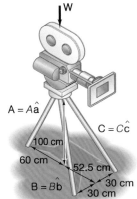

| 예제 3.3 | 그림과 같은 풀리 장치에서, 풀리의 마찰을 무시할 때 케이블의 장력을 구하는 데 사용할 수 있는 자유 물체도를 그려라. |

풀이 마찰을 무시하면 케이블의 인장력 T는 일정하다. 케이블에 부착된 블록과 풀리는 단일의 질점으로 보고, 케이블은 분할선 $a-a$로 세 부분으로 자르면 된다. 블록에만 자유 물체도를 적용하게 되면 블록에는 2개의 서로 다른 인장력이 작용하게 되어, 제2의 자유 물체도가 풀리에 필요하게 된다는 점에 유의하여야 한다. 그러므로 가장 간단한 자유 물체도는 다음의 그림과 같다.

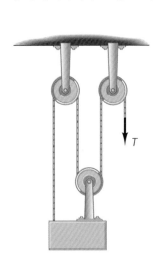 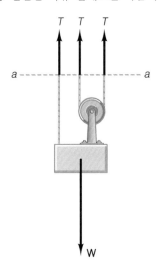

연습문제

3.1 질량이 20 kg인 상자가 30°경사진 면 위에서 정지 상태를 유지하고 있다(그림 P3.1 참조). 마찰 저항 때문에 상자가 위치를 유지하고 있다는 점을 고려해 이 상자를 질점으로 모델링하여 자유 물체도를 그려라.

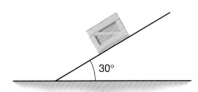

그림 P3.1

3.2 그림 P3.2와 같이, 등반가가 절벽을 래펠링(rappelling; 현수 하강법; 2중 로프를 사용하여 암벽을 타고 내려가는 방법)으로 내려오고 있다. 이 등반가의 자유 물체도를 그려라.

그림 P3.2

3.3 그림 P3.3의 공간도와 같이, 100 kg의 상자가 지지되어 있다. 이 질량의 자유 물체도를 그려라.

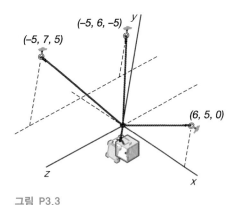

그림 P3.3

3.4 그림 P3.4와 같이, 중량이 W이고 반경이 R인 2개의 실린더가 매끄러운 평면에 놓여 있다. 각각의 실린더의 자유 물체도를 그려라.

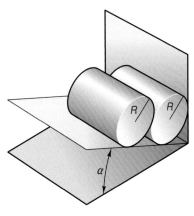

그림 P3.4

3.5 100 kg의 블록이 풀리로 매달려 정지 상태로 유지되어 있다(그림 P3.5 참조). 블록 m의 자유 물체도를 그려라.

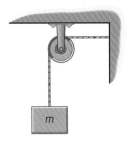

그림 P3.5

3.6 그림 P3.6과 같이, 풀리와 2개의 블록이 질량 m_1에 대한 마찰 저항으로 현 위치에 유지되고 있다. 각각의 블록을 질점으로 모델링하여 자유 물체도를 그려라.

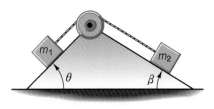

그림 P3.6

3.7 그림 P3.7에서, 블록 m_2는 마찰력으로 현 위치에 유지되고 있다. m_2를 질점으로 모델링하여 자유 물체도를 그려라.

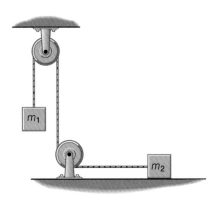

그림 P3.7

3.8 그림 P3.8과 같이, 장치가 움직이지 않고 '균형'(즉 연속 케이블의 인장력이 풀리의 양 쪽에서 같음)을 이루고 있으며 마찰이 없을 때, 각각의 블록과 풀리의 자유 물체도를 그려라. 풀리의 반경은 무시하고 각각의 성분을 질점으로 취급하라.

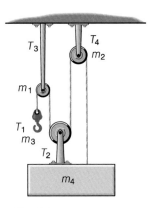

그림 P3.8

3.9 그림 P3.9와 같이, 질량이 m인 상자가 3개의 로프로 현 위치에 유지되어 있다. 각각의 로프의 끝 위치는 m 단위의 좌표로 표시되어 있다. 각각의 힘의 크기는 T_1, T_2 및 T_3와 같이 기호로 표시되어 있다. 상자의 자유 물체도를 그린 다음, 질량에 작용하는 각각의 벡터를 $\hat{i}$, $\hat{j}$, $\hat{k}$ 좌표로 나타내어라. 상자를 질점으로 모델링하라.

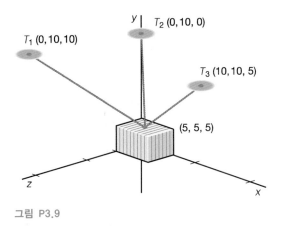

그림 P3.9

3.10 그림 P3.10과 같이, 질량이 m인 상자가 3개의 로프로 현 위치에 유지되어 있다. 각각의 로프의 끝 위치는 ft 단위의 좌표로 표시되어 있다. 각각의 힘의 크기는 T_1, T_2 및 T_3와 같이 기호로 표시되어 있다. 상자의 자유 물체도를 그린 다음, 질량에 작용하는 각각의 벡터를 $\hat{i}$, $\hat{j}$, $\hat{k}$ 좌표로 나타내어라. 상자를 질점으로 모델링하라.

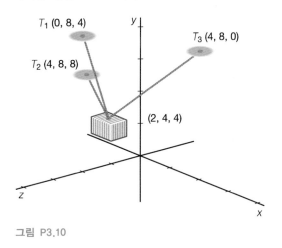

그림 P3.10

3.2 질점의 평형

　　앞 절에서는, 힘의 벡터 특성을 설명하였으며, 일련의 공점력들이 결과적으로 나타내는 힘을 이 힘들의 합으로 정의하였다. 질점에 작용하는 모든 힘의 합력이 0이면, 이 질점은 **평형** 상태에 있다. 뉴턴의 운동 제2법칙은 '**질점의 운동 변화(또는 가속도)는 그 질점에 가해진 순 힘에 비례한다.**'고 기술하고 있다. 순 힘은 합력과 같다. 질점이 평형 상태에 있으면, 합력은 0이고 그 질점은 정지 상태를 유지하거나 주어진 방향에서 일정한 속력, 즉 일정한 속도로 계속해서 움직인다. 이는 동역학의 특별한 경우에 해당하므로 항상 그에 알맞게 고려하여야 한다.

　　평형 문제는 먼저 질점이 정지 상태에 있는지 아니면 일정한 속도로 움직이는지를 관찰함으로써 접근하여야 한다. 그러면 뉴턴의 운동 제2법칙에 의해 질점에 작용하는 순 힘은 전혀 존재하지 않는다. 평형 상태에 있는 질점에 m개의 공점력이 작용하면, 이 힘들의 합은 다음과 같이 0이 된다.

$$\mathbf{R} = \sum_{i=1}^{m} \mathbf{F}_i = 0 \tag{3.1}$$

　　평형 개념은, 0이 되는 합력을 구하려고 사용되는 것이 아니라, 질점에 작용하면서도 그 평형을 유지시키는 필요한 미지력을 구하는 데 사용된다.

　　예를 들어, 그림 3.4에서와 같이 질점이 $\hat{n}$방향으로 작용하는 아는 힘 500 N과 또 다른

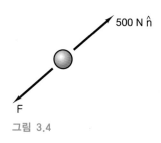

그림 3.4

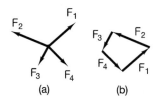

그림 3.5 (a) 4개의 힘이 작용하고 있을 때 평형 상태에 있는 질점, (b) 그림 (a)의 힘의 다각형.

모르는 힘(미지력) **F**를 받아 평형 상태에 있는지를 관찰한다고 하자. 그러면, 힘 **F**를 평형 방정식으로 구할 수가 있다.

합력, 즉 힘의 합은 0이 되어야 한다. 그러므로,

$$\mathbf{R} = \mathbf{F} + 500\,\hat{\mathbf{n}} = 0$$
$$\mathbf{F} = -500\,\hat{\mathbf{n}}$$

힘 **F**는 그 크기가 500 N이고, 작용선은 단위 벡터 $\hat{\mathbf{n}}$과 동일하지만, 방향은 정반대($-\hat{\mathbf{n}}$)이다.

이제 그림 3.5(a)와 같이 힘이 세 개 이상 작용하고 있는 질점이 평형 상태에 있는지를 살펴보자. 이 힘들이 공면력이면서 공점력이면, 그림 3.5(b)에 그려져 있는 힘의 다각형을, 미지의 힘을 구하는 도식적 수단으로 사용할 수가 있다. 평형인 경우에는 이러한 힘의 다각형이 닫힌 모양이다. 즉 합력이 0이 된다. 이는 벡터 표기법으로 다음 식과 같이 쓴다.

$$\mathbf{R} = 0 = \mathbf{F}_1 + \mathbf{F}_2 + \mathbf{F}_3 + \mathbf{F}_4 \tag{3.2}$$

식 (3.2)는 행렬 표기법으로 다음 식과 같이 쓸 수 있다.

$$\begin{pmatrix} F_{1x} \\ F_{1y} \\ F_{1z} \end{pmatrix} + \begin{pmatrix} F_{2x} \\ F_{2y} \\ F_{2z} \end{pmatrix} + \begin{pmatrix} F_{3x} \\ F_{3y} \\ F_{3z} \end{pmatrix} + \begin{pmatrix} F_{4x} \\ F_{4y} \\ F_{4z} \end{pmatrix} = 0 \tag{3.2a}$$

이미 설명한 바와 같이 삼각법을 사용하여 벡터를 합할 수도 있지만, 직교 성분을 사용하면 풀이 과정이 매우 간단해진다. 3차원 문제에서는 힘 벡터 선도를 그리는 것이 어려우므로 벡터 평형 방정식에서 유도된 스칼라 방정식을 사용하여 해를 구하면 된다. 질점에 대한 3개의 스칼라 평형 방정식은 다음과 같다.

$$\begin{aligned} F_{1x} + F_{2x} + F_{3x} + F_{4x} &= 0 \\ F_{1y} + F_{2y} + F_{3y} + F_{4y} &= 0 \\ F_{1z} + F_{2z} + F_{3z} + F_{4z} &= 0 \end{aligned} \tag{3.2b}$$

즉,

$$\mathbf{R} = \sum \mathbf{F} = 0$$
$$\sum \left(F_x \hat{\mathbf{i}} + F_y \hat{\mathbf{j}} + F_z \hat{\mathbf{k}} \right) = 0$$
$$\left(\sum F_x \right)\hat{\mathbf{i}} + \left(\sum F_y \right)\hat{\mathbf{j}} + \left(\sum F_z \right)\hat{\mathbf{k}} = 0$$

마지막 식에서는 기본 단위 벡터의 계수가 다음과 같이 각각 0이 되어야 한다.

$$\begin{aligned} \sum F_x &= 0 \\ \sum F_y &= 0 \\ \sum F_z &= 0 \end{aligned} \tag{3.3}$$

그러므로 각각의 직교 방향에서의 힘의 합은 0이 되어야 한다. 마지막 3개의 식은 질점에 대한 스칼라 평형 방정식이며, 각각의 식은 독립적으로 만족되어야 한다. 질점을 포함하는 3차원 문제에는 3개의 스칼라 평형 방정식이 있으며, 단지 3개의 미지수만 구할 수 있다. 가끔은 평형 방정식 수보다 미지수의 개수가 더 많은 문제를 접할 때도 있다. 이는 모델링 단계에서 실수를 한 결과로 나타날 수 있다. 즉 공간 선도에서 적용할 수 있는 정보 가운데 일부를 고려하지 않은 결과인 것이다. 그러나 질점이 과잉 구속되어 있는 부정정 문제도 있다. **부정정**(statically indeterminate)이란 단지 정적 평형 개념만을 사용해서는 해를 구할 수 없는 것을 의미한다.

제3.1절에 도시되어 있는 자유 물체도에는, 지지 부재 내의 인장력과 압축력이 지지 부재의 중심선을 따라 작용하는 것으로 나타나 있다. 그러므로 힘의 작용선은 지지 로프나 케이블을 따라서 존재하고 로프는 압축력을 지지하지 못하므로 당연히 상태에 있게 된다. 만약에 지지 부재가 삼각대 다리처럼 봉 형태라면 압축 상태에 있게 된다. 이 다리가 인장력을 전달하도록 되어 있다면 이 인장력을 바닥에 전달하기 위해서는 바닥에 다리를 고정시켜야만 한다. 정역학 문제를 풀 때에는 초기에 자유 물체도에 대하여 힘의 방향성을 명시한다. 지지 부재가 인장력만을 전달하거나 아니면 압축력만을 전달하도록 되어 있으면 이러한 내용을 자유 물체도에 명시해야만 한다. 해석 결과가 음수이면 방향이 정반대임을 나타내는 것이므로, 이는 실수를 하였거나 질점을 적절하게 지지하지 못한 것이다. 지지 부재의 기능적인 제한을 살펴보는 것은 역학 문제를 푸는 데 굉장히 중요하다.

예제 3.4

그림 3.2에서 200 N의 건초 더미를 붙드는 데 사용되고 있는 풀리 장치가 있다. 각도 θ가 명시되어 있을 때 힘 **F**와 인장력 **T**를 구하라.

풀이 자유 물체도는 그림 3.3에 그려져 있으므로 바로 정역학적 평형 문제를 풀면 된다. 이 문제는 로프가 수평선과 이루는 0°에서 90° 사이의 각도 θ를 구하기 위해 풀 수 있다(해당 그림 참조). 풀리에 마찰이 전혀 없으면 로프에 가해지는 힘 **F**의 크기는 무게 **W**와 같게 된다. **T**를 미지의 벡터로 취급하여 평형 방정식을 세우면 다음과 같다.

$$\mathbf{R} = \sum F = 0$$
$$\mathbf{R} = \mathbf{T} + 200 (\cos\theta\hat{\mathbf{i}} - \sin\theta\hat{\mathbf{j}}) - 200\hat{\mathbf{j}} = \mathbf{0}$$

그러므로

$$\mathbf{T} = 200\left[-\cos\theta\hat{\mathbf{i}} + (1 + \sin\theta)\hat{\mathbf{j}}\right]$$

T의 크기는 다음과 같다.

$$|\mathbf{T}| = 200\sqrt{\cos^2\theta + (1 + \sin\theta)^2} = 200\sqrt{2 + 2\sin\theta}$$

T의 최솟값은 목동이 로프를 수평 방향으로 당겨서 각도 θ가 0°일 때 발생하며 $T = 283$ N임을 주목하여야 한다. 인장력의 최댓값은 다음과 같이 θ에 대한 인장력 크기의 도함수를 0으로 놓으면 구할 수 있다. 즉

$$\frac{d}{d\theta}|\mathbf{T}| = \frac{d}{d\theta}200\sqrt{2+2\sin\theta} = \frac{-200\cos\theta}{\sqrt{2+2\sin\theta}} = 0$$

$$\theta = \pm 90°$$

인장력의 최댓값은 목동이 로프를 수직으로 잡아당겨서 각도가 90°일 때 발생하며 T = 400 N이다. **T**가 수직선과 이루는 각도 α의 탄젠트 값은 다음과 같다.

$$\tan\alpha = -\frac{T_x}{T_y} = \frac{\cos\theta}{(1+2\sin\theta)}$$

$$\text{for } \theta = 0, \qquad \alpha = 45°$$
$$\theta = 90°, \qquad \alpha = 0$$

각도 θ가 30°이면 다음과 같이 된다.

$$\mathbf{T} = 200\left[-\cos 30°\hat{\mathbf{i}} + (1 + \sin 30°)\hat{\mathbf{j}}\right] = -173\hat{\mathbf{i}} + 300\hat{\mathbf{j}}$$

이 식은 인장력을 완벽하게 만족시키지만, 다음과 같이 인장력의 크기와 각도 α로 쓸 수도 있다. 즉, $|\mathbf{T}|$ = 346 N, α = 30°.

예제 3.5

해당 그림과 같이 3개의 케이블로 지지되어 있는 질량이 200 kg인 전광판이 있다. 각각의 케이블의 인장력을 구하라.

풀이 각 케이블에 대한 단위 벡터들은 공간 선도에서 구할 수 있다. 단위 벡터들은 다음과 같이 예제 2.8에서 각각의 케이블을 따라 구한 바 있다.

$$\hat{\mathbf{a}} = -0.302\hat{\mathbf{i}} + 0.302\hat{\mathbf{j}} + 0.905\hat{\mathbf{k}}$$
$$\hat{\mathbf{b}} = -0.286\hat{\mathbf{i}} - 0.429\hat{\mathbf{j}} + 0.857\hat{\mathbf{k}}$$
$$\hat{\mathbf{c}} = 0.385\hat{\mathbf{i}} + 0.923\hat{\mathbf{k}}$$

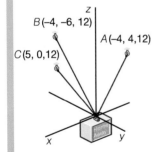

각각의 케이블의 벡터 힘은 다음과 같이 쓸 수 있다.

$$\mathbf{T}_A = T_A\,\hat{\mathbf{a}}$$
$$\mathbf{T}_B = T_B\,\hat{\mathbf{b}}$$
$$\mathbf{T}_C = T_C\,\hat{\mathbf{c}}$$

각각의 케이블은 인장 상태에 있으며, 단위 벡터는 각 케이블과 일치하는 방향으로 취한다. 블록의 무게는 $W = mg = 200 \times 9.8 = 1962$ N이며 $-\hat{\mathbf{k}}$방향을 향한다. 벡터 평형 방정식은 다음과 같다.

$$\mathbf{T_A} + \mathbf{T_B} + \mathbf{T_C} + \mathbf{W} = 0$$

스칼라 방정식은 다음과 같다.

$$\sum F_x = 0; \qquad -0.302\,T_A - 0.286\,T_B + 0.385\,T_C = 0$$
$$\sum F_y = 0; \qquad 0.302\,T_A - 0.429\,T_B \qquad\qquad = 0$$
$$\sum F_z = 0; \qquad 0.905\,T_A + 0.857\,T_B + 0.923\,T_C = 1962$$

이 3차원 문제는 벡터 방정식을 성분으로 전개하지 않고도 직접 벡터 방법으로 풀 수 있다. 벡터 방정식을 다음과 같이 바꿔 쓴다.

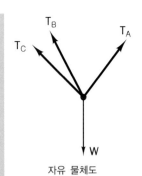

자유 물체도

$$T_A + T_B + T_C = -W$$

3개의 2직교 벡터 $\hat{r}$, $\hat{s}$, $\hat{t}$의 식을 세우고 이를 직접 벡터 풀이에 사용한다.

$$\hat{r} = \frac{\hat{b} \times \hat{c}}{|\hat{b} \times \hat{c}|} \quad \hat{s} = \frac{\hat{c} \times \hat{a}}{|\hat{c} \times \hat{a}|} \quad \hat{t} = \frac{\hat{a} \times \hat{b}}{|\hat{a} \times \hat{b}|}$$

$$\hat{r} = -0.34\hat{i} + 0.811\hat{j} + 0.225\hat{k}$$

$$\hat{s} = -0.4\hat{i} - 0.901\hat{j} + 0.167\hat{k}$$

$$\hat{t} = 0.949\hat{i} + 0.317\hat{k}$$

케이블 인장력의 크기는 이제 다음과 같이 쉽게 구할 수 있다.

$$T_A = \frac{-\hat{r} \cdot W}{\hat{r} \cdot \hat{a}} = 723\,\text{N}$$

$$T_B = \frac{-\hat{s} \cdot W}{\hat{s} \cdot \hat{b}} = 509\,\text{N}$$

$$T_C = \frac{-\hat{t} \cdot W}{\hat{t} \cdot \hat{c}} = 945\,\text{N}$$

이 3개의 연립 방정식과 3개의 미지수는 손으로 풀 수도 있고 컴퓨터 소프트웨어를 사용하여 풀 수도 있다. 결과는 다음과 같다.

$$T_A = 723\,\text{N} \qquad T_B = 509\,\text{N} \qquad T_C = 945\,\text{N}$$

네 번째 케이블이 지지 기구에서 보조로 블록으로부터 수직으로 걸려 있다면 네 번째 인장력이 있을 것인데 이 기구는 과잉 구속되어 있으므로 부정정 문제가 된다.

예제 3.6

암벽 등반가가 등반을 하면서 체중을 왼쪽 다리에서 오른쪽 다리로 이동시키고 있다. 이 등반가를 모든 힘이 엉덩이에 있는 질량 중심에 공점력으로 작용하는 상태에서 질점으로 모델링하여 각각의 다리에만 체중을 실고 있을 때 왼쪽 다리와 오른쪽 다리에 걸리는 힘을 구하라.

풀이 힘 사이의 각도는 그림과 같은 자유 물체도에서 어림잡을 수 있다. 이 문제는 등반가의 체중으로 풀 수 있다. 벡터는 2차원 평면에서 수평선과 수직선으로 선정된 좌표계에서 성분으로 표현할 수 있다. 즉

$$\mathbf{T} = T\left(\sin 12° \,\hat{i} + \cos 12° \,\hat{j}\right)$$

$$\mathbf{W} = -W\hat{j}$$

$$\mathbf{A} = A\left(-\sin 25° \,\hat{i} + \cos 25° \,\hat{j}\right)$$

$$\mathbf{B} = B\left(-\sin 60° \,\hat{i} + \cos 60° \,\hat{j}\right)$$

왼쪽 다리만이 체중을 지지할 때에는 벡터 평형 방정식이 다음과 같이 된다.

$$\mathbf{A} + \mathbf{T} + \mathbf{W} = \mathbf{0}$$

이 식은 성분으로 전개하여 풀거나 직접 벡터 방법을 사용하여 풀면 다음이 나온다.

$$A = 0.345\,\text{W}$$
$$T = 0.703\,\text{W}$$

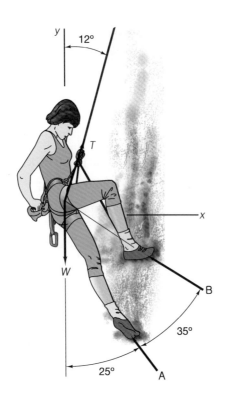

체중이 오른쪽 다리로 완전히 이동되었을 때에는 벡터 평형 방정식은 다음과 같이 된다.

$$\mathbf{B} + \mathbf{T} + \mathbf{W} = \mathbf{0}$$

이 벡터 방정식을 풀면 다음이 나온다.

$$B = 0.219\,W$$
$$T = 0.911\,W$$

예제 3.7

그림과 같이 양 쪽 끝에서 인장력 **T**로 잡아 당겨지고 있는 중량이 **W**인 코드를 살펴보자. 1차적인 근사에서, 이 코드는 그 중량이 코드의 중심에 집중되어 있는 질점으로 가정한다. 코드가 완전 수평을 이루려면 인장력은 얼마나 커야 하는가?

풀이 코드가 수평선과 각도 θ를 이룰 때, 수직 방향 힘을 합하면 다음과 같이 나온다.

$$2\,T \sin \theta - W = 0$$

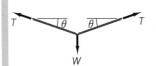

즉

$$T = \frac{W}{2 \sin \theta}$$

코드가 수평으로 뻗히게 되면, $\theta = 0$이고 $\sin \theta = 0$이라는 점을 유의하여야 한다. 그러면 인장력 T가 무한히 크게 된다. 그러므로,

'그래서 아무리 세다 해도, 그 힘을 쓰지 않으면,
아무리 가늘더라도, 끈을 잡아당길 수가 없다네,
수평선이 되게
완전한 직선이 되게.'

[우유적인 운율(meter)과 압운시(rhyme)의 예로서 인용함. *Elementary Treaties on Mechanics*, William Whewell(1794~1866) 참조]

예제 3.8

케이블 AB가 10 kg의 칼라(collar)를 매끄러운 수직 봉의 점 A에서 평형 상태를 유지하고 있다. 케이블의 인장력을 구하라.

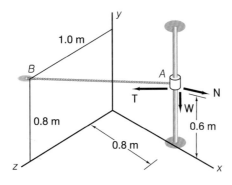

풀이 칼라에는 3개의 힘, 즉 케이블 인장력, 봉에 대한 법선력 및 칼라의 중량이 작용하고 있다. 이 3개의 벡터는 다음과 같이 쓸 수 있다.

$$\mathbf{T} = T\hat{\mathbf{t}}$$
$$\mathbf{N} = N\hat{\mathbf{n}}$$
$$\mathbf{W} = -10*9.81\hat{\mathbf{j}}$$

케이블 끝 점의 좌표는 다음과 같다.

$$\mathbf{A} = 0.8\hat{\mathbf{i}} + 0.6\hat{\mathbf{j}}$$
$$\mathbf{B} = 0.8\hat{\mathbf{j}} + 1.0\hat{\mathbf{k}}$$

A에서 B까지의 단위 벡터는 다음과 같다. 즉,

$$\hat{\mathbf{t}} = \frac{\mathbf{B} - \mathbf{A}}{|\mathbf{B} - \mathbf{A}|}$$
$$\hat{\mathbf{t}} = -0.617\,\hat{\mathbf{i}} + 0.154\hat{\mathbf{j}} + 0.772\hat{\mathbf{k}}$$

봉에 대한 단위 벡터는 $\hat{\mathbf{j}}$이며 벡터 평형 방정식은 다음과 같다. 즉,

$$\mathbf{T} + \mathbf{N} + \mathbf{W} = \mathbf{0}$$

이 식에 봉에 대한 단위 벡터로 스칼라 곱을 취하면 다음과 같다.

$$\mathbf{T}\cdot\hat{\mathbf{j}} + \mathbf{N}\cdot\hat{\mathbf{j}} + \mathbf{W}\cdot\hat{\mathbf{j}} = \mathbf{0}$$

법선력은 봉에 대한 단위 벡터에 수직이므로 스칼라 식이 다음과 같이 나온다.

$$T = \frac{-\mathbf{W}\cdot\hat{\mathbf{j}}}{\hat{\mathbf{t}}\cdot\hat{\mathbf{j}}} = 636\,\text{N}$$

법선력은 평형 방정식에서 다음과 같이 구할 수 있다.

$$\mathbf{N} = -(\mathbf{T} + \mathbf{W})$$
$$\mathbf{N} = 393\hat{\mathbf{i}} - 491\hat{\mathbf{k}}\,\text{N} \qquad |\mathbf{N}| = 629\,\text{N}$$

2개의 매끄러운 봉으로 구성되어 있는 수직 프레임에 칼라가 걸려 있다. 칼라 A의 질량은 8 kg이고, 칼라 B의 질량은 4 kg일 때, 평형각 α와 칼라 사이의 케이블 인장력을 구하라.

풀이 2개의 질점의 자유 물체도를 그린다.

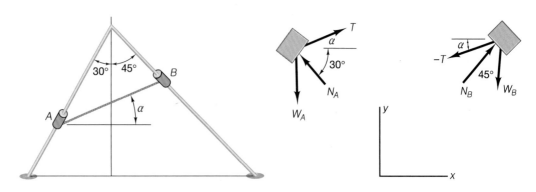

칼라 A의 평형 방정식은 다음과 같다.

$$\mathbf{W_A} + \mathbf{N_A} + \mathbf{T} = \mathbf{0}$$

칼라 B의 평형 방정식은 다음과 같다.

$$\mathbf{W_B} + \mathbf{N_B} - \mathbf{T} = \mathbf{0}$$

모든 벡터가 같은 평면에 놓여 있으므로, 4개의 스칼라 식은 다음과 같다.

$$T \cos \alpha - N_A \cos 30° = 0$$
$$T \sin \alpha + N_A \sin 30° - WA = 0$$
$$-T \cos \alpha + N_B \sin 45° = 0$$
$$-T \sin \alpha + N_B \cos 45° - W_B = 0$$

T를 소거하면, 다음과 같이 α가 나온다.

$$N_A \cos 30° = N_B \sin 45° \Rightarrow N_A = 0.816 \, N_B$$
$$N_A \sin 30° + N_B \cos 45° = 117.7$$
$$N_A = 86.1 \text{N} \quad N_B = 105.6 \text{ N}$$

첫째 식과 둘째 식에서 다음을 구한다.

$$T \cos \alpha = 74.6$$
$$T \sin \alpha = 35.6$$
$$\tan \alpha = 0.476$$
$$\alpha = 25°$$
$$T = 82.3 \text{ N}$$

그림과 같이 A에서는 질량이 10 kg인 칼라가, B에서는 질량이 15 kg인 칼라가 각각 매끄러운 봉에서 미끄럼 이동하고 있다. 칼라는 길이가 2 m인 케이블로 지지되어 있다. 이 장치가 평형 상태에 있을 때, 각각의 봉으로부터 각각의 칼라까지의 거리와 케이블의 인장력을 구하라.

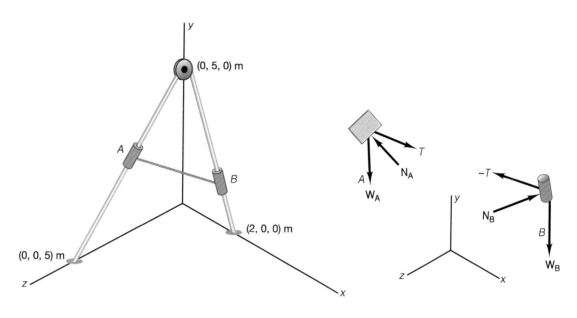

풀이 칼라 A의 평형 방정식은 다음과 같다.

$$\mathbf{W_A} + \mathbf{N_A} + \mathbf{T} = \mathbf{0}$$

그리고 칼라 B의 평형 방정식은 다음과 같다.

$$\mathbf{W_B} + \mathbf{N_B} - \mathbf{T} = \mathbf{0}$$

이제, 각각의 봉의 밑동으로부터 봉의 맨 끝을 향하는 단위 벡터는 다음과 같다.

$$\mathbf{L_A} = 5\hat{\mathbf{j}} - 5\hat{\mathbf{k}} \qquad \hat{\mathbf{I}}_A = 0.707\hat{\mathbf{j}} - 0.707\hat{\mathbf{k}}$$
$$\mathbf{L_B} = -2\hat{\mathbf{i}} + 5\hat{\mathbf{j}} \qquad \hat{\mathbf{i}}_B = -0.371\hat{\mathbf{i}} + 0.929\hat{\mathbf{j}}$$

점 A와 B는 원점으로부터 각각 다음과 같이 위치한다.

$$\mathbf{A} = 5\hat{\mathbf{k}} + a\hat{\mathbf{I}}_A$$
$$\mathbf{B} = 2\hat{\mathbf{i}} + b\hat{\mathbf{I}}_B$$

여기서, a와 b는 각각 봉의 밑동으로부터 칼라까지의 거리이다.
케이블을 따라 칼라 A로부터 칼라 B까지의 벡터는 다음과 같다.

$$\mathbf{B} - \mathbf{A} = (2 - 0.371b)\hat{\mathbf{i}} + (0.929b - 0.707a)\hat{\mathbf{j}} - (5 - 0.707a)\hat{\mathbf{k}}$$

케이블의 길이가 2 m이므로, $(\mathbf{B} - \mathbf{A})$를 따르는 단위 벡터는 다음과 같다.

$$\hat{\mathbf{t}} = \frac{\mathbf{B} - \mathbf{A}}{2}$$

법선력은 각각의 봉에 수직이어야 하므로, 이제 스칼라 곱을 사용하여 평형 방정식에서 법선력을 다음과 같이 소거시킬 수 있다.

$$T(\hat{\mathbf{I}}_A \cdot \hat{\mathbf{t}}) - 10 \cdot 9.81(\hat{\mathbf{I}}_A \cdot \hat{\mathbf{j}}) = 0$$
$$-T(\hat{\mathbf{I}}_B \cdot \hat{\mathbf{t}}) - 15 \cdot 9.81(\hat{\mathbf{I}}_B \cdot \hat{\mathbf{j}}) = 0$$

이 두 스칼라 식을 전개하면 다음과 같이 나온다.

$$T[0.707*0.5*(0.929b - 0.707a) + 0.707*0.5*(5 - 0.707a)] = 10*9.81*0.707$$

$$T[0.371*0.5*(2 - 0.371lb) - 0.929*0.5*(0.929b - 0.707a)] = 15*9.81*0.929$$

이 식은 a, b 및 T에 대한 2개의 비선형 식이다. 셋째 식은 다음과 같이 구할 수 있다.

$$(\mathbf{B} - \mathbf{A}) \cdot (\mathbf{B} - \mathbf{A}) = 4$$

$$(2 - 0.371b)^2 + (0.929b - 0.707a)^2 + (5 - 0.707a)^2 = 4$$

이 3개의 비선형 식은 컴퓨터 소프트웨어를 사용하여 풀면, 다음과 같이 나온다.

$$a = 4.85 \text{ m}$$

$$b = 2.84 \text{ m}$$

$$T = 252 \text{ N}$$

법선력은 평형 방정식에서 직접 구하게 되면 다음과 같다.

$$\mathbf{N_A} = -\mathbf{T} - \mathbf{W_A}$$
$$\mathbf{N_B} = \mathbf{T} - \mathbf{W_B}$$
$$\mathbf{N_A} = -119\hat{\mathbf{i}} + 198\hat{\mathbf{j}} + 198\hat{\mathbf{k}} \quad |\mathbf{N_A}| = 304 \text{ N}$$
$$\mathbf{N_B} = 119\hat{\mathbf{i}} + 48\hat{\mathbf{j}} - 198\hat{\mathbf{k}} \quad |\mathbf{N_B}| = 236 \text{ N}$$

예제 3.11 경사면에 놓여 있는 50 kg의 질량이 평형을 유지하는 데 필요한 법선력과 접선력을 각각 구하라.

풀이 경사면에서의 2개의 벡터를 다음과 같이 구한다.

$$\hat{\mathbf{e}}_{\mathbf{B/A}} = -\cos 30°\hat{\mathbf{i}} - \sin 30°\hat{\mathbf{k}}$$
$$= -0.866\hat{\mathbf{i}} - 0.5\hat{\mathbf{k}}$$
$$\hat{\mathbf{e}}_{\mathbf{C/A}} = -\cos 45°\hat{\mathbf{j}} - \sin 45°\hat{\mathbf{k}}$$
$$= -0.707\hat{\mathbf{j}} - 0.707\hat{\mathbf{k}}$$

벡터 곱을 사용하여 표면에 법선인 단위 벡터를 세우면 다음과 같다.

$$\hat{\mathbf{n}} = \frac{\hat{\mathbf{e}}_{\mathbf{B/A}} \times \hat{\mathbf{e}}_{\mathbf{C/A}}}{|\hat{\mathbf{e}}_{\mathbf{B/A}} \times \hat{\mathbf{e}}_{\mathbf{C/A}}|}$$

$$\hat{\mathbf{n}} = -0.378\hat{\mathbf{i}} - 0.655\hat{\mathbf{j}} + 0.655\hat{\mathbf{k}}$$

중량 벡터는 다음과 같다.

$$\mathbf{W} = -50g\hat{\mathbf{k}} = -490.5\hat{\mathbf{k}}$$

법선력은 법선 방향의 성분과 반대 방향이다.

$$\mathbf{F_n} = -(\mathbf{W} \cdot \hat{\mathbf{n}})\hat{\mathbf{n}}$$
$$\mathbf{F_n} = -121.4\hat{\mathbf{i}} - 210.2\hat{\mathbf{j}} + 210.2\hat{\mathbf{k}}$$
$$|\mathbf{F_n}| = 321.1 \text{ N}$$

접선 방향의 평형력은 다음과 같은 평형 방정식의 해로부터 구할 수 있다.

$$\mathbf{F_n} + \mathbf{F_t} + \mathbf{W} = \mathbf{0}$$
$$\mathbf{F_t} = -(\mathbf{F_n} + \mathbf{W})$$
$$\mathbf{F_t} = 121.4\hat{\mathbf{i}} + 210.2\hat{\mathbf{j}} + 280.3\hat{\mathbf{k}}$$
$$|\mathbf{F_t}| = 370.8\,\text{N}$$

연습문제

3.11 그림 P3.11과 같이, 질량이 m = 1000 kg인 블록이 3개의 케이블 배열에 걸려 있다. α = 30 °이고 β = 45 °인 경우에 인장력 T_1, T_2 및 T_3를 각각 계산하라.

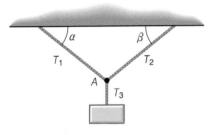

그림 P3.11

3.12 100 kg의 상자가 수평면과 각도 θ를 이루고 있는 마찰이 없는 경사면에 놓여서 평형 상태를 유지하고 있다(그림 P3.12 참조). (a) θ = 30 °일 때, 케이블 인장력을 계산하라. (b) 경사각 θ가 0 °에서 90 ° 사이에서 5 °씩 증가하는 경사면에서 케이블 인장력 T와 표면에 대한 법선력을 각각 계산하라. 인장력 T가 법선력과 같아지는 θ값을 구해보라.

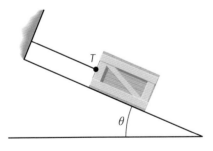

그림 P3.12

3.13 바지선이 도크에 매어져 있고 바지선 엔진으로 힘을 가함으로써 강물 흐름에 대하여 정지 상태로 유지하고 있다(그림 P3.13). 강물 흐름과 바지선 엔진의 순 합력은 4000 N으로 점 C를 통과하면서 수평선과 10 ° 상방으로 작용하고 있다. 점 A와 B에 묶여 있는 로프 인장력을 각각 계산하라.

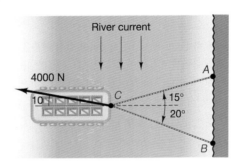

그림 P3.13

3.14 그림 P3.14와 같이, 95 kg의 상자가 3개의 로프로 매어져 있다. 각각의 로프 인장력을 계산하라. T_2는 수평력이고 T_1은 수직력이라고 가정한다.

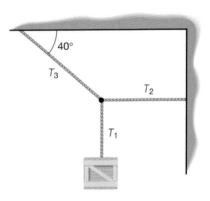

그림 P3.14

3.15 그림 P3.15와 같은 기하형상으로 11 kg의 전등 고정구가 한 점에서 만나는 4개의 코드로 천장에 매달려 있다. (a) 중력은 x축을 따라서 작용한다고 가정하고, 4개의 코드 인장력을 각각 계산하라. 치수의 단위는 m로 주어져 있다. (b) 4개의 코드가 만나는 점의 좌표를 1.25 m에서부터 2.5 m까지 0.15 m씩 변화를 주어 전등을 여러 높이로 이동시키는 것이 코드 인장력에 미치는 효과를 조사하라.

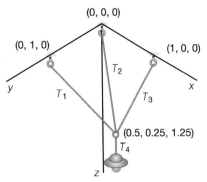

(0, 0, 0)

(0, 1, 0)

(1, 0, 0)

T_2

y

T_1

T_3

x

(0.5, 0.25, 1.25)

T_4

z

그림 P3.15

3.16 3개의 케이블 하네스(harness)를 사용하여 암석 블록을 마찰이 없는 몇 개의 롤러를 이용하여 끌고 있다(그림 P3.16 참조). 작용력은 5000 N이다. (a) l_1 = 2 m이고 l_2 = 2 m이고, 점 A에서 평형을 이루고 있을 때 인장력 T_1, T_2 및 T_3를 각각 계산하라. 치수의 단위는 모두 m이다. (b) 다양한 l_2값에서 인장력 T_1, T_2 및 T_3를 각각 계산하고, 모든 케이블에서 최소 인장력이 걸리게 되는 점 B의 위치를 구하여 이 케이블 장치를 설계하라(힌트: 문항 (b)는 설계 중심의 문항이므로 수치 해를 구하면 된다).

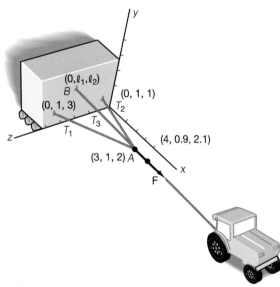

y

(0,ℓ_1,ℓ_2)

B

(0, 1, 1)

(0, 1, 3)

T_2

T_3

z

T_1

(4, 0.9, 2.1)

(3, 1, 2) A

x

F

그림 P3.16

3.17 엔진이 2개의 고정 케이블 인장력 (T_1, T_2)과, 균형추 m_2가 구비된 가동 케이블 인장력 T_3에 의해 평형 상태로 유지되고 있다(그림 P3.17 참조). 인장력 T_1, T_2, T_3 및 T_4를 각각 계산한 다음, 엔진의 질량이 350 kg인 경우에 대하여 균형추의 질량을 계산하라. 정비소의 모서리를 좌표계로 하여, 점 A는 A → (0, 4, 4) m로, 점 B는 B → (0, 4, 0) m로, 점 C는 C

→ (2, 2, 2) m로 하고, 풀리는 풀리→(3.33, 2, 2.33) m (즉 l_1 = 2 m이고 l_2 = 2.33 m임)로 한다. 풀리-로프 표면은 마찰이 없다고 가정하므로, 풀리의 어느 쪽에서도 인장력은 동일하다.

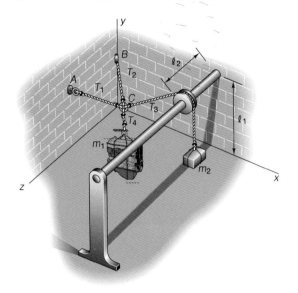

y

B

ℓ_2

T_2

A

T_1

C

ℓ_1

T_3

T_4

m_1

m_2

z

x

그림 P3.17

3.18 연습문제 3.17의 평형추 장치를 다시 살펴보라. 주어진 엔진의 질량 350 kg에 대하여 $W_2 = m_2 g$가 최솟값이 될 때까지 위치 l_1과 l_2를 변경하면서 풀리 장치에 대한 최상의 설계를 계산하라. 여기에서, '최상의 설계'는 평형추의 값 W_2가 최소가 되는 풀리의 형상(즉, l_1과 l_2의 값)을 말한다.

3.19 교통 신호등의 일반적인 하중은 중력과 바람에 의하여 신호등의 상부에 작용하는 $\mathbf{F} = -25\,\hat{\mathbf{i}} - 500\,\hat{\mathbf{j}} + 25\,\hat{\mathbf{k}}$로 모델링된다(그림 P3.19 참조). 지지 케이블의 인장력을 각각 구하라. 치수의 단위는 m이다.

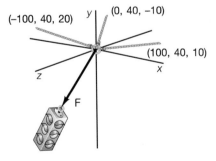

(−100, 40, 20)

y

(0, 40, −10)

(100, 40, 10)

z

x

F

그림 P3.19

3.20 그림 P3.20에서, 질량이 100 kg인 m_1을 평행 상태로 유지시키는 데 필요한 질량 m_2를 계산하라. 풀리에서는 마찰이 전혀 없다고 가정한다.

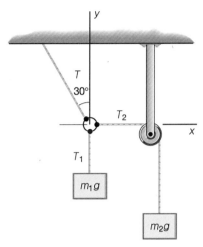

그림 P3.20

3.21 맞바람을 맞고 있는 상태에서 정지 비행을 하려는 헬리콥터가 힘 $\mathbf{F}_1 = 800\,\hat{i} - 2000\,\hat{j}$ N이 그 중심에서 작용하는 것으로 모델링된다(그림 P3.19 참조). 헬리콥터의 질량은 6350 kg이다. 정지 비행 조건이 평형 상태에 상응한다고 가정할 때, 조종사가 힘 $\mathbf{F}_2$가 얼마가 되도록 조종해야 하는가? 여기에서, 헬리콥터는 질점으로 모델링한다.

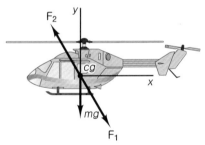

그림 P3.21

3.22 그림 P3.22와 같이, 질량이 440 kg인 엔진이 3개의 케이블로 지지되고 있다. 각각의 케이블에 걸리는 인장력을 계산하라.

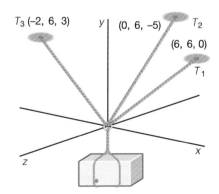

그림 P3.22

3.23 그림 P2.23과 같은 장치가 평형 상태에 있을 때, 인장력 T_1, T_2 및 T_3와 그에 상응하는 벡터 형태의 식을 계산하라. 풀리에서는 마찰이 전혀 없다.

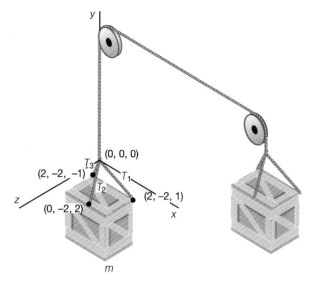

그림 P3.23

3.24 그림 P2.24와 같은 풀리 장치가 3개의 질량을 평형 상태로 지지하고 있다. A의 질량이 12 kg일 때, B의 질량과 C의 질량을 각각 구하라. 마찰 효과는 무시하라.

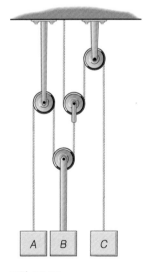

그림 P3.24

3.25 그림 P2.25와 같은 장치에서, 각각의 풀리 질량은 m으로 하며 마찰은 무시하고, 큰 질량 M을 지지하는 데 필요한 힘 T를 구하라.

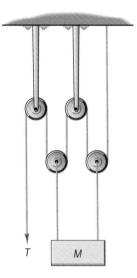

그림 P3.25

3.26 그림 P2.26과 같은 장치에 대하여 연습문제 3.25를 다시 풀어라.

그림 P3.26

3.27 그림 P3.27과 같이, 2개의 매끄러운 경사면에 질량이 8 kg인 실린더가 놓여 있다. 5°에서 60°까지의 β값에 대하여 경사면과 실린더 간의 힘을 구하고 그 결과를 그래프로 그려라.

그림 P3.27

3.28 그림 P3.27과 같이, 12 kg짜리 칼라(collar)가 매끄러운 봉에 지지되어 있다. 케이블에 걸리는 인장력과 칼라와 봉 사이의 법선력을 각각 구하라.

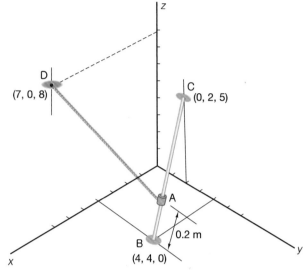

그림 P3.28

3.29 그림 P3.29와 같이, 2개의 매끄러운 봉으로 구성된 삼각형 프레임이 수직면에 설치되어 있다. 그림과 같이 2개의 칼라 A와 B는 케이블로 연결되어 있다. $\theta = \beta = 30°$이고 칼라의 질량은 각각 $m_A = 6$ kg이고 $m_B = 4$ kg일 때, 이 장치가 평형 상태에 있을 때, 각도 α와 케이블 장력 T를 각각 구하라.

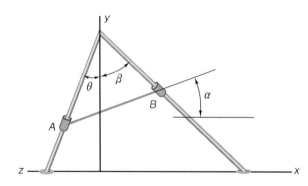

그림 P3.29

3.30 그림 P3.29와 같은 프레임에서, 칼라의 질량이 각각 6 kg이고 각도 θ와 β가 45°일 때, 평형각 α와 케이블 장력을 각각 구하라.

3.31 그림 P3.29와 같은 프레임에서, 임의의 각도 θ 및 β와 $m_A > m_B$인 임의의 칼라 질량에 대하여 케이블 장력과 평형각의 일반식을 유도하라.

3.32 예제 3.10과 같은 프레임에서, 칼라 A의 질량을 무시할 수 있을 때, 평형 위치를 구하라. 케이블이 칼라 A를 지지하고 있는 봉에 대하여 법선 방향(수직 방향)에 있음을 증명하고 케이블의 인장력을 구하라.

3.33 예제 3.10과 같은 프레임에서, 칼라 B의 질량을 무시할 수 있을 때, 평형 위치를 구하라. 케이블이 칼라 B를 지지하고 있는 봉에 대하여 법선 방향(수직 방향)에 있음을 증명하고 케이블의 인장력을 구하라.

3.34 그림 P3.34와 같이, 20 kg짜리 질량 A와 30 kg짜리 질량 B가 매끄러운 봉에서 자유롭게 미끄럼 이동한다. 칼라가 3 m짜리 케이블로 연결되어 있을 때, 케이블의 장력과 평형 위치를 구하라.

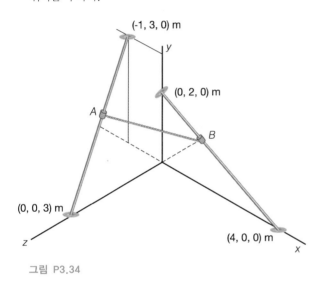

그림 P3.34

3.35 그림 P3.34에서, 칼라 A의 질량을 무시할 수 있을 때, 장치의 평형 위치를 구하라.

3.36 그림 P3.36과 같이, 질량이 90 kg인 지붕 기술자가 가파른 지붕에서 작업을 하고 있을 때, 이 기술자가 평형 상태를 유지하는 데 필요한 접선력(마찰력)을 구하라.

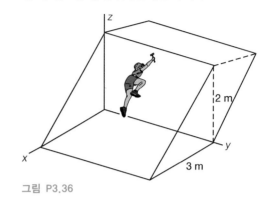

그림 P3.36

3.37 그림 P3.37과 같이, 질량이 72 kg인 암벽 등반가가 모의 암벽에서 연습을 하고 있다. 이 등반가가 미끄러지지 않도록 자신이 유지하여야 하는 접선력을 구하라.

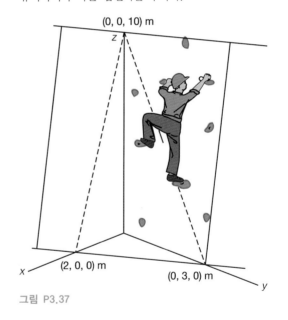

그림 P3.37

3.3 스프링

스프링은 많은 기계에서 사용되며, 형상에 따라 코일 스프링과 판 스프링으로 분류되고 기능에 따라 선형 스프링, 비선형 스프링, 토션 스프링으로 분류되기도 한다. 스프링의 주 특징은 스프링을 변형시키는 데 필요한 힘, 즉 스프링을 신장시키거나 압축시키는 데 필요한 힘은 스프링 변형량과의 함수라는 것이다. 가장 간단한 스프링은 선형 스프링인데, 이것은 스프링을 신장시키는 데 필요한 힘을 '신장되지 않은' 위치로부터의 위치 변화의 선형 함수로 나타낼 수 있다. 대부분의 스프링은 신장 시에는 인장력을, 압축 시에는 압축력을 각각 전달할 수 있다. 힘-변형 관계는 다음과 같다.

$$F = k(l_f - l_0) = k\delta \tag{3.4}$$

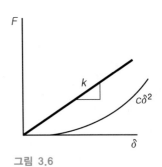

여기에서 l_f는 스프링의 최종 길이이고, l_0는 스프링이 늘어나지 않았을 때의 원래 길이 이며, k는 스프링 상수이고, δ는 스프링의 변형량이다. 식 (3.4)에서는 스프링의 최종 길이가 원래 길이보다 더 길면 힘이 양수가 되고 스프링의 최종 길이가 원래 길이보다 더 짧으면 힘은 음수가 된다는 점을 주목하여야 한다. 신장량에 대하여 스프링 힘을 그래프로 나타내면 그래프는 그림 3.6과 같이 직선이 된다. 스프링 상수 k는 이 직선의 기울기이다. 스프링의 강성(stiffness)이 클수록 기울기는 커진다. 스프링은 힘을 제어하고 부품의 이동량을 제한하는 데 기계에서 유용하다는 것은 명백한 사실이다. 제11장에서는 스프링이 신장되거나 압축될 때 스프링에 포텐셜 에너지가 저장된다는 것을 증명할 것이다.

그림 3.6

스프링 중에는 비선형 스프링도 있는데, 이 비선형 스프링의 스프링 힘과 변위와의 관계식은 다음과 같이 비선형 식이 된다.

$$F = c\delta^2 \tag{3.5}$$

이 스프링의 강성은 다음과 같이 신장량에 따라서 증가하게 된다.

$$\frac{dF}{d\delta} = 2c\delta \tag{3.6}$$

인체에는 뼈와 뼈를 연결하는 스프링(인대; ligaments)과 근육과 뼈를 연결하는 스프링 (힘줄; tendons)이 있다. 발뒤꿈치에 있는 아킬레스건은 힘-변형 관계식이 식 (3.5)와 유사한 비선형 스프링이다.

스프링이 물체를 지지하는 데 사용되고 있을 때에는, 자유 물체도는 스프링이 신장 위치에 있는 것으로 그려야 하며, 기하형상도 그 위치에서 결정하여야 한다. 이 장치의 기하형상을 결정하는 것은 미지의 스프링 지지력을 구하는 것과 결부되므로 문제는 비선형 문제가 된다. 그러므로 이러한 문제들은 컴퓨터 소프트웨어를 사용하지 않고서는 쉽게 풀 수가 없다. 비선형 연립 방정식의 해는 반복 계산법으로 구한다. 반복 계산법은 초기 '추정' 해에서 시작하여 정확한 해에 수렴할 때까지 매 계산(반복)마다 그 추정치를 보정한다.

예제 3.12 추 W가 해당 그림에서와 같이 직렬로 연결된 2개의 스프링으로 지지되어 있다. (1) 추가 이 스프링 시스템을 신장시키게 되는 총 길이와, (2) 등가 스프링 상수, 즉 이 두 스프링의 강성과 동일한 단일 스프링의 스프링 상수를 각각 구하라.

풀이 각각의 스프링 힘은 추 W와 같다. 총 신장량은 두 스프링의 신장량 합과 같다. 그러므로 다음과 같이 된다.

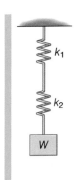

$$\delta_1 = \frac{W}{k_1}; \delta_2 = \frac{W}{k_2}$$

$$\delta = \delta_1 + \delta_2 = W\left(\frac{1}{k_1} + \frac{1}{k_2}\right) = W\left(\frac{k_1 + k_2}{k_1 k_2}\right)$$

직렬 연결되어 있는 두 스프링의 등가 스프링 상수는 다음과 같다.

$$W = k_e\delta$$

그러므로 다음이 나온다.

$$k_e = \frac{k_1 k_2}{k_1 + k_2}$$

예제 3.13

그림과 같이 늘어나지 않은 형태로 도시된 스프링 장치가 점 C에서 1000 N의 수직력 **F**를 지지하고 있다. 늘어나지 않은 스프링의 길이는 $L_1 = 14$ cm이고 $L_2 = 11.4$ cm이며, 스프링 상수는 $k_1 = 2000$ N/cm이고 $k_2 = 1000$ N/cm이다. 즉, 매우 강성이 큰 장치이다. 각각의 스프링에 걸리는 인장력을 구하라. 이 문제를 스프링 상수가 10배 감소되었을 때, 즉 강성이 작은 '연성 장치'로 보고 다시 풀어라.

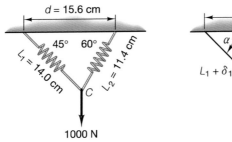
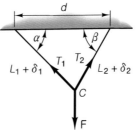

풀이 이 문제는, 기하형상이 힘이 작용함에 따라 변하므로, 이전에 살펴보았던 문제들 보다 훨씬 더 복잡하다. 변형된 장치의 일반적인 기하형상이 그림에 예시되어 있다.

각도 α와 β는 코사인 법칙에 따라 다음과 같이 스프링의 변형량으로 나타낼 수 있다. 즉,

$$\cos\alpha = \frac{d^2 + (L_1 + \delta_1)^2 - (L_2 + \delta_2)^2}{2d(L_1 + \delta_1)}$$

$$\cos\beta = \frac{d^2 + (L_2 + \delta_2)^2 - (L_1 + \delta_1)^2}{2d(L_2 + \delta_2)}$$

스프링의 인장력은 다음과 같이 변형량과의 관계가 성립된다.

$$T_1 = k_1\delta_1$$

$$T_2 = k_2\delta_2$$

평형 방정식은 다음과 같다.

$$\sum F_x = T_1\cos\alpha - T_2\cos\beta = 0$$

$$\sum F_y = T_1\sin\alpha + T_2\sin\beta - F = 0$$

이제, 6개의 미지수 α, β, δ_1, δ_2, T_1 및 T_2에 관한 6개의 식이 구해졌다. 해를 구하는 어려움은 이 식들이 비선형이라는 점이다. 이를 손으로 풀기에는 매우 어려울 것이다. 따라서 컴퓨터 소프트웨어를

사용하여 해를 구할 수 있다.

이 문제에서는 단지 간단한 기하형상 관계와 평형 방정식만을 사용하였지만, 실제 공학에서는 실제로 복잡한 비선형계의 평형 해이다. 흔히, 지지 계는 특정하게 변형되는 기하형상이 되도록 설계되어야 한다. 예를 들어, 변형계가 각도 α와 β가 60°가 되도록 한다면, 이 각도들은 알고 있는 값이어야 하고 스프링 상수는 설계 미지수로서 선정될 수 있다.

예제 3.5에 있는 3차원 평형 문제는 3개의 케이블을 스프링으로 취급하여 풀 수도 있다.

예제 3.14

그림과 같이, 3개의 케이블로 지지되어 있는 질량이 200 kg인 득점 전광판이 있다. 각각의 케이블의 스프링 상수가 그 단면적과 재료 특성량(Young 계수)의 곱을 그 길이로 나눈 값($k = EA/L$)과 같을 때, 각각의 케이블에 걸리는 인장력을 구하라. 각각의 케이블의 (EA) 값은 1.2×10^5 N/m이다.

풀이 그림에는 변형되지 않은 상태의 장치가 그려져 있는데, 좌표계의 원점은 케이블이 득점 전강판에 부착되어 있는 점에 잡혀 있다. 이 점은 케이블이 변형됨에 따라 공간에서 움직이기 마련이다. 이 점의 최종 위치의 좌표를 $(x0, y0, z0)$이라고 하자. 부착점 A, B 및 C의 좌표는 각각 (xA, yA, zA), (xB, yB, zB) 및 (xC, yC, zC)일 때, 각각의 케이블의 늘어난 길이의 제곱은 다음과 같다.

$$(xA - x0)^2 + (yA - y0)^2 + (zA - z0)^2 = LA^2$$
$$(xB - x0)^2 + (yB - y0)^2 + (zB - z0)^2 = LB^2$$
$$(xC - x0)^2 + (yC - y0)^2 + (zC - z0)^2 = LC^2$$

각각의 케이블의 늘어나지 않은 길이는 다음과 같다.

$$(xA)^2 + (yA)^2 + (zA)^2 = LA_0^2$$
$$(xB)^2 + (yB)^2 + (zB)^2 = LB_0^2$$
$$(xC)^2 + (yC)^2 + (zC)^2 = LC_0^2$$

각각의 늘어난 케이블에 대한 단위 벡터는 각각 다음과 같다.

$$\hat{\mathbf{a}} = \frac{(xA - x0)}{LA}\hat{\mathbf{i}} + \frac{(yA - y0)}{LA}\hat{\mathbf{j}} + \frac{(zA - z0)}{LA}\hat{\mathbf{k}}$$
$$\hat{\mathbf{b}} = \frac{(xB - x0)}{LB}\hat{\mathbf{i}} + \frac{(yB - y0)}{LB}\hat{\mathbf{j}} + \frac{(zB - z0)}{LB}\hat{\mathbf{k}}$$
$$\hat{\mathbf{c}} = \frac{x(C - x0)}{LC}\hat{\mathbf{i}} + \frac{(yC - y0)}{LC}\hat{\mathbf{j}} + \frac{(zC - z0)}{LC}\hat{\mathbf{k}}$$

케이블의 인장력과 케이블의 늘어난 양은 스프링 상수와의 관계로 나타낼 수 있다.

$$T_A = k_A (LA - LA_0)$$
$$T_B = k_B (LB - LB_0)$$
$$T_C = k_C (LC - LC_0)$$

예제 2.18에서와 같이, 평형 방정식은 다음과 같이 벡터 평형 방정식의 스칼라 성분에서 구한다.

$$T_A \hat{\mathbf{a}} + T_B \hat{\mathbf{b}} + T_C \hat{\mathbf{c}} + \mathbf{W} = 0$$

이 스칼라 식들은 다음과 같다.

$$\frac{(xA - x0)}{LA} T_A + \frac{(xB - x0)}{LB} T_B + \frac{(xC - x0)}{LC} T_C = 0$$

$$\frac{(yA - y0)}{LA} T_A + \frac{(yB - y0)}{LB} T_B + \frac{(yC - y0)}{LC} T_C = 0$$

$$\frac{(zA - z0)}{LA} T_A + \frac{(zB - z0)}{LB} T_B + \frac{(zC - z0)}{LC} T_C = 1962$$

이 비선형 연립 방정식을 풀면 인장력과 각각의 케이블의 늘어난 길이와 득점 전광판의 최종 좌표를 구할 수 있다. 각각의 케이블 인장력과 득점 전광판 부착점의 최종 위치는 다음과 같다.

$$T_A = 723 \, N \qquad T_B = 516 \, N \qquad T_C = 935 \, N$$
$$x0 = -0.039 \, m \qquad y0 = -0.022 \, m \qquad z0 = -0.924 \, m$$

이 문제의 설계 변형은 케이블의 스프링 상수를 선정하는 것이므로, 케이블이 변형되면 득점 전광판은 아래로 내려가기만 할 뿐이다. 즉, $x0$와 $y0$는 0이다. 케이블 중의 하나(이 경우에는, 케이블 A)의 스프링 상수를 먼저 선정하고 나서, 식을 풀어 다른 2개의 스프링 상수와 케이블의 인장력을 구한다. (EA)의 값과 케이블 인장력은 각각 다음과 같다. 즉,

$$T_A = 722 \, N \qquad\qquad T_B = 508 \, N \qquad\qquad T_C = 944 \, N$$
$$(EA)_A = 1.2 \times 10^5 \, N \qquad (EA)_B = 9.4 \times 10^4 \, N \qquad (EA)_C = 1.51 \times 10^5 \, N$$

케이블 B의 강성이 감소하게 되면 케이블 C의 강성이 증가하게 된다는 점에 주목하여야 한다. 이러한 조정은 재질을 바꾸거나 케이블의 단면적을 변경함으로써 달성할 수 있다.

3.4 부정정 문제

부정정 문제는 관심 물체가 과잉 지지되어 있을 때, 즉 물체를 평형 상태로 유지하는데 필요한 지지 수보다 더 많은 지지가 있을 때 발생한다. 그림 3.7과 같이 2개의 케이블로 지지되어 있는 물체를 살펴보자. 물체는 질점으로 모델링되므로 두 케이블은 평행을 이루게 되어 천장의 동일한 지점에 부착된다. 그림에는 두 케이블이 분명히 보이게 하려고 서로 떼어 놓았다. 케이블들은 추를 달면 신장하게 되므로, 이 케이블들을 스프링 상수가 정해진 스프링으로 모델링한다. 추를 달지 않으면 이 스프링들은 신장되지 않는다. 추를 달면 두 스프링은 이 추를 지지하게 되어 똑같은 신장량만큼 늘어나게 된다. 2개의 스프링 힘 $\mathbf{F}_A$와 $\mathbf{F}_B$는 추 $\mathbf{W}$와 공선을 이루게 되므로 정적 평형에는 단지 하나의 스칼라 식, 즉 $\sum \mathbf{F}_{vertical} = 0$이 필요할 뿐이다. 그러므로 다음과 같이 된다.

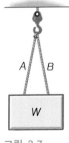

그림 3.7

$$F_A + F_B - W = 0 \tag{3.7}$$

이 스칼라 식에는 미지의 스프링 힘이 두 개이므로 각각의 스프링에 작용하는 힘은 평형 개념만으로는 구할 수가 없다. 따라서 이러한 문제를 부정정 문제라고 한다. 그러나 두 스프링의 스프링 상수를 알고 있다면 스프링 힘과 그 변형량 사이에는 다음과 같은 관계 식이 적용된다.

$$F_A = k_A \delta_A$$

$$F_B = k_B \delta_B \tag{3.8}$$

여기에서, k와 δ는 각각 스프링 상수와 변형량이다. 추를 달기 전에는 두 스프링이 늘어나지 않으므로 스프링의 최종 신장량은 같을 수밖에 없다. 이를 **기하형상 적합성** 또는 **변형 적합성**의 조건이라고 하며 다음과 같이 쓸 수 있다.

$$\delta = \frac{F_A}{k_A} = \frac{F_B}{k_B}$$

즉,

$$F_A = \frac{k_A}{k_B} F_B \tag{3.9}$$

이는 두 미지력에 대한 두 번째 식이며, 해는 다음과 같다.

$$F_A = \frac{k_A}{k_A + k_B} W$$

$$F_B = \frac{k_B}{k_A + k_B} W \tag{3.10}$$

스프링이 그 강성이 똑같으면 각각의 스프링은 추의 무게를 반씩 지지할 것이다. 그렇지 않으면, 각각의 스프링이 스프링 시스템의 총 강성에 기여하는 바에 비례하여 추의 무게가 분배될 것이다. 부정정 문제는 변형체, 구조물, 진동 그리고 다른 많은 분야에서의 역학 연구에서 상세하게 고찰되고 있다.

| 예제 3.15 | 예제 3.5의 전광판에 네 번째 케이블 D를 추가하여 지지를 강화하고자 한다. 이 케이블은 다른 3개의 케이블과 재질도 똑같고 단면적도 똑같으며 변형되지 않은 상태에서 천장에서 수직으로 12 m에 이른다. 전광판을 지지하는 케이블의 인장력을 각각 구하라. |

풀이 이 시스템이 지금은 부정정 문제이기는 하지만, 예제 3.14에서 풀었던 비선형 시스템에 또 다른 식을 추가하여 이 케이블의 인장력을 평형 방정식에 추가함으로써 해를 구할 수 있다. 추가 식에서는 케이블의 변형 길이와 변형 케이블을 따르는 단위 벡터가 나온다. 즉

$$(xD - x0)^2 + (yD - y0)^2 + (zD - z0)^2 = LD^2$$

재차, 비선형 연립 방정식을 풀어야 하므로 컴퓨터 소프트웨어를 사용하여 수치 해를 구해야 한다. 주어진 경우에서는, 4개의 케이블의 인장력과 득점 전광판 부착부의 좌표는 다음과 같다.

$$T_A = 125\,\text{N} \quad T_B = 89\,\text{N} \quad T_C = 162\,\text{N} \quad T_D = 1.623 \times 10^3\,\text{N}$$

$$x_0 = -0.007\,\text{m} \quad y_0 = -0.004\,\text{m} \quad z_0 = -0.016\,\text{m}$$

선택된 위치에 네 번째 케이블을 추가함으로써 이 케이블이 전광판의 거의 모든 무게를 지지하게 되며 다른 케이블들은 다만 장치를 안정시킬 뿐이다. 이 때문에 추가 케이블이 끊어지게 되어 안전하지 못한 설계가 될 수 있다.

예제 3.16

생체역학에서 부정정 문제의 중요한 예는 그림 SP3.16a와 같이 접골판을 사용하여 하중 지지 뼈의 골절을 교정시킬 때 발생한다. 이 그림은 접골판이 부착되어 있는 대퇴골의 골절이 접골판에 의해 교정되고 있는 것을 나타내고 있다. 뼈는 최상으로 재접합되거나 치유되어야 하므로 이 문제는 어떻게 골절을 안정화시키느냐 하는 문제도 되지만 어떻게 하면 뼈가 하중을 충분히 받아 치유를 촉진시킬 수 있느냐 하는 문제가 된다. 그림 SP3.16b의 자유 물체도에는 가장 간단한 모델링이 그려져 있다. 한 가지 정적 평형 방정식은 다음과 같다.

$$F_B + F_P = W$$

대퇴골과 접골판은 각각 스프링 상수가 k_B와 k_P인 선형 스프링으로 볼 수 있다. 이 문제의 해는 이미 식 (3.10)의 형태로 살펴본 바가 있다.

$$F_B = \frac{k_B}{k_B + k_P} W$$

$$F_P = \frac{k_P}{k_B + k_P} W$$

생체역학자는 이제 접골판의 스프링 상수를 조정하는 방법을 알게 되었으므로 대퇴골에 대한 '응력 차단'을 최소화하여 치유를 촉진시킬 수 있다.

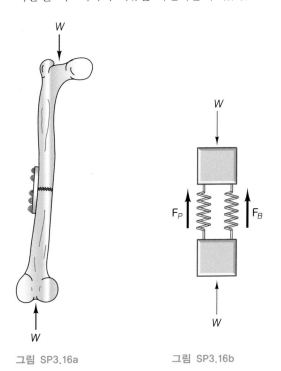

그림 SP3.16a   그림 SP3.16b

대퇴골을 접골할 때, 생 골절 끝 부분 사이에 틈새가 있으면 대퇴골의 스프링 상수는 0이 되어 모든 하중은 접골판에 의해 지지될 것이다. 뼈는 종국적으로는 그 간극 틈새를 메우게 되겠지만 치유는 늦어지게 된다. 지금은 압축 접골판이라고 하는 특수한 접골판이 개발되어 있어 골절 부위에 초기 압축력을 가해준다.

3.38 평형 원리와 선형 스프링 변형법칙을 사용하여, 그림 3.38에 예시되어 있는 스프링 장치의 힘을 계산하라.

3.39 그림 P3.39(a)와 같은 스프링 장치에 힘이 작용하고 있다. (a) 간극 c가 이어지도록 하는 데 필요한 힘은 얼마인가? (b) 이 스프링 장치가 간극 값의 2배만큼 처지게 되는 데 필요한 힘은 얼마인가?

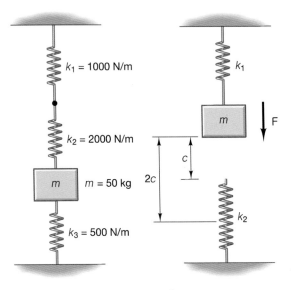

그림 P3.38   그림 P3.39

3.40 그림 P3.40과 같이 배열되어 있는 스프링과 2개의 케이블이 100 kg의 블록을 지지하고 있다. 각도 측정값이 각각 $\theta = 30\,°$이고 $\beta = 20\,°$일 때, 스프링이 $x = 0.017$ m만큼 처지게 되면 스프링 강성과 케이블 인장력을 각각 계산하라. 케이블의 변형은 무시한다.

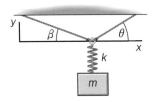

그림 P3.40

3.41 연습문제 3.40의 스프링-케이블 배열을 다시 살펴보라. 블록의 질량이 100 kg이고, 스프링의 강성은 10,000 N/m이며, $\theta = 15\,°$이고 $\beta = 20\,°$일 때, 인장력 T_1과 T_2 및 블록의 처짐량을 계산하라.

3.42 스프링 상수가 동일한 3개의 스프링을 그림 P3.42와 같이 처지게 하는 중량을 구하라(이 절차는 저울을 영점 조정하는 것과 유사함).

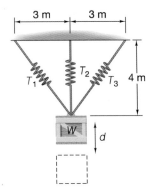

그림 P3.42

3.43 그림 P3.43에서, 평형 조건을 만족시키는 벡터 T_1을 따라서 스프링의 처짐량을 계산하라. 스프링 상수는 $k = 2000$ N/m이고 상자는 질량이 46.38 kg이다. 각각의 치수는 사전에 스프링의 처짐량을 고려하여 주어졌음에 유의하여야 한다.

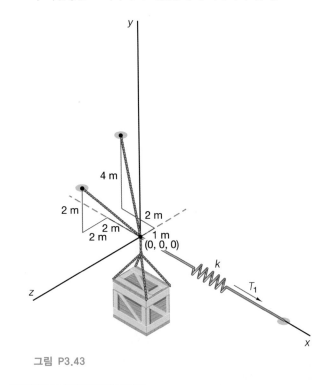

그림 P3.43

....

*모든 문제에서 해당하는 장치는 하중이 걸리지 않을 때의 형상을 나타내고 있다.

3.44 그림 P3.44와 같이, 50 kg의 칼라(collar)가 스프링에 의해 지지되어 매끄러운 봉을 따라 미끄럼 이동하고 있다. 스프링이 수평 위치에 있으면 스프링은 늘어나지 않는다. 스프링 상수가 2000 N/m일 때, 이 장치의 평형 위치를 구하라.

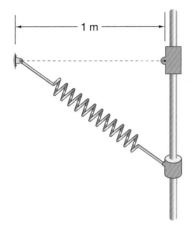

그림 P3.44

3.45 그림 P3.45와 같이, 칼라 장치가 A에서의 10 kg 칼라와 B에서의 15 kg 칼라로 구성되어 있다. 이 두 칼라는 스프링 상수가 500 N/m인 스프링으로 연결되어 있으며 늘어나지 않은 길이가 2 m이다. 이 칼라 장치가 평형 위치에 있을 때, 스프링의 늘어난 길이를 구하라.

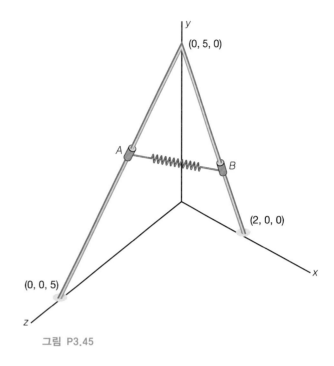

그림 P3.45

3.46 그림 P3.45와 같은 장치에서, 스프링이 강성이 매우 크고(예를 들어, 500,000 N/m보다 크고), 평형 위치는 예제 3.10에서 구한 것과 동일하다. 스프링 힘을 구하라.

3.5 특별 주제

질점 평형의 원리를 사용하여 간단한 마찰 문제와 간단한 구조물 문제를 해석할 수 있도록 이 장에는 2개의 특별 주제가 추가되어 있다. 이 책에서는 이 두 주제 모두를 나중에 다시 상세하게 다루지만 일부 공학 분야에서는 이 주제들을 간단히 소개하는 것으로 끝이 난다. 기계공학 학생들은 기계가 마찰과 이 마찰로 인한 에너지 손실로 구동된다고 생각하여야 한다. 토목공학 엔지니어들에게는 구조물에 관한 상세한 학습이 필요하다.

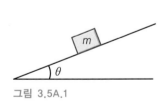

그림 3.5A.1

3.5A 마찰 서론

뉴턴의 운동 제3법칙인 작용 및 반작용 법칙의 또 다른 중요한 예는 2개의 접촉 물체 사이에서 마찰을 고려해야 할 때 발생한다. 마찰에 관한 학문, 즉 **마찰공학(tribology)**은 역학에서 대단히 중요한 개념이며, 접착제나 접합제가 없이 접촉하고 있는 2개의 표면은 힘이 충분히 작용하면 서로에 대하여 미끄럼 이동을 하게 된다. 미끄럼 이동에 대한 저항은 **마찰** 때문에 발생한다. 구동 벨트와 쐐기와 같은 유용한 마찰 응용은 제9장에서 상세히 다룰 것이다.

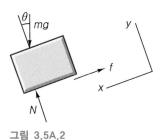

그림 3.5A.2

그림 3.5A.1과 같이 경사면 위에 놓여 있는 질량이 m인 블록을 살펴보자. 블록은 경사면에 가하는 법선력과 경사면과 블록 사이의 마찰력에 의해 평형 상태로 유지되고 있다. 그림 3.5A.2에는 블록의 자유 물체도가 그려져 있다. 평형 방정식은 다음과 같다. 즉

$$N - mg\cos\theta = 0$$
$$mg\sin\theta - f = 0$$

평형을 이루려면 마찰력은 $mg\sin\theta$와 같아야 한다. 이 마찰력은 블록이 수평면에 놓여 있을 때에는 0이 된다는 점을 주목하여야 한다. 그러므로 마찰력은 블록을 미끄럼 이동시키려고 하는 힘과 같게 될 뿐이다. 수평면 위에 있는 블록에 이 수평면과 평행하게 힘 **P**를 작용시키면 마찰력은 어떤 최댓값에 도달할 때까지는 **P**와 그 크기가 같고 그 방향이 정반대가 된다.

블록과 수평면 사이의 마찰력은 최댓값에 도달할 때까지 이러한 미끄럼 이동 경향에 저항하게 된다. 어떠한 두 물체 표면 사이에서 미끄러짐이 발생하기 직전의 최대 마찰력은, 두 물체 사이의 법선력과 각각의 물체의 표면 재료에 종속되며 대개는 μ_s로 표시하는 정마찰 계수를 사용하여 나타낸다. 최대 정마찰력은 다음과 같다.

$$f_{\max} = \mu_s N \tag{3.5A.2}$$

여기에서, N은 블록에 작용하는 법선력이다. 그림 3.5A.1과 같은 경사면 위에 놓여 있는 블록에서는 마찰력과 법선력의 비는 다음과 같다.

$$\frac{f}{N} = \frac{mg\sin\theta}{mg\cos\theta} = \tan\theta$$

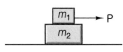

그림 3.5A.3

블록이 미끄러질 때까지 경사각을 천천히 증가시켜서 미끄러짐이 발생할 때의 경사각에 탄젠트를 취하면, 이 값은 정마찰 계수와 같게 된다. 블록이 미끄러지면 저항 마찰은 25 % 정도 감소되며, 이때의 법선력에 대한 마찰력의 비를 동마찰계수 μ_k로 표시하는데 이는 단위가 없는 계수이다.

일반적으로, 정마찰 계수는 두 표면 사이에서 미끄럼이 일어나는지 아닌지를 판별할 때에만 사용한다. 평형에 필요한 마찰력이 두 표면 사이에서 발생할 수 있는 마찰력의 최댓값보다 더 크면 이 표면들 사이에서는 상대 운동이 일어난다. 표 3.5.1을 참조하길 바란다.

그림 3.5A.3에는 하나의 블록이 다른 하나의 블록 위에 올라간 상태로 2개의 블록이 그려져 있다. 상부 블록에는 힘이 가해져서 상부 블록이 하부 블록을 가로질러 미끄러지도록 하고 있다. 그림 3.5A.4에는 두 블록 사이의 표면과 하부 블록의 아래 표면과 수평면 사이의 표면, 이 모든 표면 사이에 마찰이 존재할 때 두 블록에 작용하는 힘들이 그려져 있다.

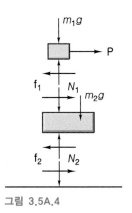

그림 3.5A.4

표면 재료	정마찰 계수
강과 강	0.75
고무와 콘크리트	0.50~0.90
고무와 얼음	0.05~0.3
금속과 얼음	0.04
구리와 구리	1.2
금속과 나무	0.20~0.60
테플론®과 테플론®	0.04
유리와 유리	0.90
구리와 강	0.50
나무와 나무	0.25~0.50
알루미늄과 알루미늄	1.10
고무 타이어와 자갈	0.5
고무 타이어와 흙	0.3~0.5
고무 타이어와 눈	0.1~0.3

표 3.5.1

m_1에는 작용력 **P**에 대향하여 마찰력이 발생하여 상부 블록은 하부 블록에 대하여 미끄럼 이동을 하지 못하게 된다. 이 마찰력은 그 값이 증가하면서 작용력과 반대로 작용하게 되고 마침내 그 최댓값에 도달하게 되면 미끄러짐이 발생하게 된다. 이 마찰력은 그림과 같이 하부 블록에 작용하는 힘과는 그 크기가 같고 방향은 정반대이다. 마찰력 $\mathbf{f}_1$이 작용을 하게 되면 수평면에 대한 하부 블록의 미끄럼 이동이 일어나려고 하지만 이 미끄럼 이동은 수평면과 하부 블록 사이의 마찰 $\mathbf{f}_2$에 의해 저항에 부딪치게 된다.

이 시스템에서 미끄러짐이 발생하지 않을 때에는 두 블록 사이의 마찰력의 크기와 하부 블록과 수평면 사이의 마찰력의 크기가 **P**의 크기와 같다. 두 블록 사이의 법선력은 $m_1 g$이고 하부 블록과 수평면 사이의 법선력은 $(m_1 + m_2)g$이다. 그러므로 정마찰 계수가 모든 표면 사이에서 동일하면 상부 블록은 하부 블록에 대하여 미끄러지게 된다.

예제 3.5A.1

그림과 같이 400 N 상자가 경사면을 미끄러져 올라가거나 내려가지 않도록 하는 데 필요한 힘 P값의 범위를 구하라. 단, 상자와 경사면 사이의 정마찰 계수는 0.20이다.

풀이 먼저, 경사면에 평행 및 수직하는 좌표계를 선정하여 상자의 자유 물체도를 그린다(그림 참조). 마찰력은 양쪽으로 작용하는 것으로 그려져 있다. P가 최소일 때에는 미끄러짐 경향이 경사 하향이므로 마찰은 경사 상향으로 작용하여 미끄러짐에 저항하게 된다. P가 최대일 때에는 미끄러짐 경향이 경사 상향이므로 마찰은 경사 하향으로 작용하여 저항한다. 미끄러짐 개시 순간의 조건은 이미 명시한 바 있으며 마찰력의 크기는 정마찰 계수와 법선력의 곱이다. 평형 방정식을 쓰게 되면 다음과 같다.

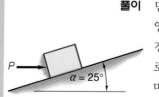

$$P + W + N + f = 0$$
$$\mathbf{P} = P(\cos 25\hat{\mathbf{i}} - \sin 25\hat{\mathbf{j}})$$
$$\mathbf{W} = 400(-\sin 25\hat{\mathbf{i}} - \cos 25\hat{\mathbf{j}})$$

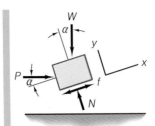

여기에서,

$$\mathbf{N} = N\hat{\mathbf{j}}$$

$$\mathbf{f} = \pm\,0.2\;N\,\hat{\mathbf{i}} \qquad [(+)\text{는 } P\text{가 최소일 때이며 } (-)\text{는 } P\text{가 최대일 때임.}]$$

벡터 방정식의 $\hat{\mathbf{i}}$ 성분과 $\hat{\mathbf{j}}$ 성분을 각각 등치시키면 다음과 같은 2개의 스칼라 평형 방정식이 나온다. 즉

$$P_{\max/\min} \cos 25° - 400 \sin 25°(-/+)0.2\,N = 0$$

$$-P_{\max/\min} \sin 25° - 400 \cos 25° + N = 0$$

마찰력이 음수이면(경사 하향으로 작용하면), 운동 개시 순간은 경사 상향이며 P는 최대가 된다. 행렬 평형 방정식은 다음과 같다.

$$\begin{bmatrix} \cos 25° & -0.2 \\ -\sin 25° & 1 \end{bmatrix} \begin{bmatrix} P_{\max} \\ N \end{bmatrix} = \begin{bmatrix} 300 \sin 25° \\ 400 \cos 25° \end{bmatrix}$$

이 행렬식을 풀면 $P_{\max} = 293.9$ N이 나온다.

마찰력이 양수이면(경사 상향으로 작용하면), 운동 개시 순간은 경사 하향이며 행렬식은 다음과 같다.

$$\begin{bmatrix} P_{\min} \\ N \end{bmatrix} = \begin{bmatrix} \cos 25° & +0.2 \\ -\sin 25° & 1 \end{bmatrix}^{-1} \begin{bmatrix} 300 \sin 25° \\ 400 \cos 25° \end{bmatrix}$$

그러므로 경사 하향 운동에 저항하는 데 필요한 최소력은 $P_{\min} = 97.4$ N이다.

이제 이 문제를 좌표계를 달리 선정하여 다시 풀어보자. 그 결과는 좌표계 선정에 관계없이 변함이 없지만 평형 방정식은 상이한 대수학적 양상을 보인다. 자유 물체도는 어느 좌표계에 대해서도 동일하다. 경사면에 접선인 단위 벡터는 경사 상향을 양(+)으로 잡으면 다음과 같다.

$$\hat{\mathbf{t}} = \cos 25°\hat{\mathbf{i}} + \sin 25°\hat{\mathbf{j}}$$

단위 법선 벡터는 식 (5.6), 즉 두 접선 벡터의 벡터 곱을 사용하여 다음과 같이 구한다.

$$\hat{\mathbf{n}} = \hat{\mathbf{k}} \times \hat{\mathbf{t}} = -\sin 25°\hat{\mathbf{i}} + \cos 25°\hat{\mathbf{j}}$$

이 좌표계에서의 힘은 다음과 같다.

$$\mathbf{P} = P_{\max/\min}\hat{\mathbf{i}}$$

$$\mathbf{W} = -400\hat{\mathbf{j}}$$

$$\mathbf{N} = N(-\sin 25°\hat{\mathbf{i}} + \cos 25°\hat{\mathbf{j}})$$

$$\mathbf{f} = (-/+)\,0.2N\,(\cos 25°\hat{\mathbf{i}} + \sin 25°\hat{\mathbf{j}})$$

경사 상향 운동 개시 순간이면서 경사 하향 운동 개시에 저항하는 순간에서의 P값을 구하는 행렬식은 다음과 같다.

$$\begin{bmatrix} P_{\max/\min} \\ N \end{bmatrix} = \begin{bmatrix} 1 & -\sin 25° \mp 0.2 \cos 25° \\ 0 & \cos 25° \mp 0.2 \sin 25° \end{bmatrix}^{-1} \begin{bmatrix} 0 \\ 400 \end{bmatrix}$$

P의 최댓값과 최솟값은 각각 다음과 같다.

$$P_{\min} = 97.4 \qquad P_{\max} = 293.9$$

그림과 같은 블록에서, 블록이 움직이기 시작하는 임의의 경사각 α에 대하여 최소력 P를 θ의 함수로 구하라.

풀이 먼저, x축이 경사면과 평행하고 y축이 경사면에 수직하는 좌표계를 선정한다. 그런 다음, 해당 그림과 같이 블록의 자유 물체도를 그린다. 지금 미끄럼 개시순간에 필요한 P의 최솟값을 구하므로, 마찰력의 크기는 정마찰 계수를 사용하여 구한다. 평형 방정식은 다음과 같이 된다.

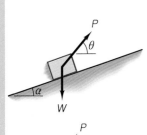
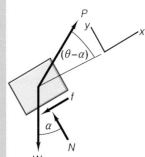

$$P\cos(\theta - \alpha) - f - W\sin\alpha = 0$$
$$N - W\cos\alpha + P\sin(\theta - \alpha) = 0$$
$$f = \mu_s N$$

$$\begin{bmatrix} P \\ N \\ f \end{bmatrix} = \begin{bmatrix} \cos(\theta - \alpha) & 0 & -1 \\ \sin(\theta - \alpha) & 1 & 0 \\ 0 & -\mu_s & 1 \end{bmatrix}^{-1} \begin{bmatrix} W\sin\alpha \\ W\cos\alpha \\ 0 \end{bmatrix}$$

이 식을 P에 관하여 풀면 다음과 같다.

$$P(\theta) = \frac{W(\sin\alpha + \mu_s\cos\alpha)}{\cos(\theta - \alpha) + \mu_s\sin(\theta - \alpha)}$$

P는 θ의 함수이므로 P의 최솟값은 $P(\theta)$를 θ에 관하여 미분한 다음, 특정한 최댓값과 최솟값은 이 미분 결과를 0으로 놓으면 구할 수 있다.

그림과 같이 질량이 m인 블록이 경사면에 놓여 있다. 블록이 미끄러지지 않게 하는 데 필요한 최소 정마찰 계수를 구하라. 이 경사면은 $x-z$면의 x축과는 각도 α를 이루고 $y-z$면의 y축과는 각도 β를 이룬다.

풀이 경사면 표면에 대한 법선 방향과 경사면을 따라 아래쪽으로 작용하는 접선력의 방향은 식 (5.6)으로 구할 수 있다. 경사면과 $x-y$면과의 교선을 따라서, 경사면과 $y-z$면과의 교선을 따라서 각각의 벡터를 그린다.

$$\hat{\mathbf{m}} = \cos\alpha\hat{\mathbf{i}} - \sin\alpha\hat{\mathbf{k}}$$
$$\hat{\mathbf{q}} = \cos\beta\hat{\mathbf{j}} - \sin\beta\hat{\mathbf{k}}$$

경사면에 대한 법선 방향의 단위 벡터는 그림과 같이 $\hat{\mathbf{m}}$과 $\hat{\mathbf{q}}$를 사용하여 정의된다. 이 두 벡터는 서로 직교가 아니므로, 법선 방향의 단위 벡터는 이 두 벡터의 벡터 곱을 벡터 곱의 크기로 나눈 것이다. 즉

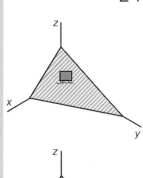

$$\hat{\mathbf{n}} = \frac{\hat{\mathbf{m}} \times \hat{\mathbf{q}}}{|\hat{\mathbf{m}} \times \hat{\mathbf{q}}|}$$

$$\hat{\mathbf{n}} = \frac{1}{\sqrt{\cos^2\alpha + \sin^2\alpha\cos^2\beta}}[\sin\alpha\cos\beta\hat{\mathbf{i}} + \cos\alpha\sin\beta\hat{\mathbf{j}} + \cos\alpha\cos\beta\hat{\mathbf{k}}]$$

물체에 작용하는 유일한 힘 — 법선력과 마찰력 이외의 힘 — 은 중력으로, 블록의 무게를 다음과 같이 쓴다.

$$\mathbf{W} = -mg\hat{\mathbf{k}}$$

$\mathbf{W}$의 법선 성분과 접선 성분은 각각 다음과 같다.

$$\mathbf{W}_n = (\mathbf{W} \cdot \hat{\mathbf{n}})\hat{\mathbf{n}}$$
$$\mathbf{W}_t = \mathbf{W} - \mathbf{W}_n$$

필요한 마찰력은 당연히 $\mathbf{W}_t$와 크기가 같고 방향은 정반대이며, 법선력은 $\mathbf{W}_n$과 크기가 같고 방향은 정반대이므로 다음과 같이 된다.

$$\mathbf{N} = -\mathbf{W}_n \quad \mathbf{f} = -\mathbf{W}_t$$

최소 정마찰 계수는 다음과 같다.

$$\mu_{s\,min} = \frac{|\mathbf{f}|}{|\mathbf{N}|}$$

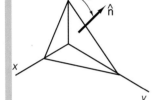

단위 벡터 $\hat{\mathbf{n}}$은 경사 표면에 대해 법선 방향이므로, z축과 법선 벡터 사이의 각도 θ가 평면의 경사각이다 (그림 참조). 이 각도는 다음과 같다.

$$\theta = \cos^{-1}(\hat{\mathbf{n}} \cdot \hat{\mathbf{k}})$$

정마찰계수는 미끄럼 개시 순간에 상응하는 경사각의 탄젠트 값으로 정의할 수 있다는 점을 앞서 설명한 바 있다. 그러므로 임의의 경사각에 대한 최소 정마찰 계수는 다음과 같다.

$$\mu_s = \tan \theta = \tan[\cos^{-1}(\hat{\mathbf{n}} \cdot \hat{\mathbf{k}})]$$

이 벡터 연산은 특정한 수치의 경우에 대하여 적용할 수 있다.

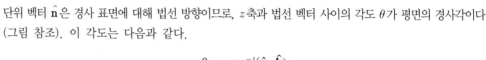

예제 3.5A.4

그림과 같이 2개의 블록이 케이블로 지지되고 있다. $\alpha > \beta$이고 $m_1 > m_2$인 경우를 살펴보자. 마찰이 블록 2와 경사 표면 사이에서만 발생할 때, 이 시스템을 평형 상태로 유지하는 데 필요한 마찰력과 케이블의 장력을 구하라.

풀이 그림과 같이 각 블록의 자유 물체도를 그린다. 블록 1에는 마찰이 전혀 없으므로, 경사 방향에서의 평형 방정식은 다음과 같다.

$$m_1 g \sin \alpha - T = 0$$

즉

$$T = m_1 g \sin \alpha$$

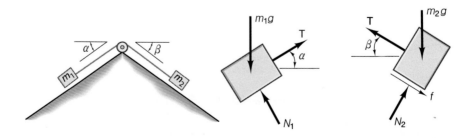

블록 2의 평형에서는 다음 식을 구할 수 있다.

$$T - f - m_2 \sin \beta = 0$$

T를 치환하면 다음이 나온다.

$$f = (m_1 \sin \alpha - m_2 \sin \beta)g$$

연습문제

3.47 그림 P3.47과 같이, 100 N의 힘이 200 N의 블록을 끌고 있다. 블록과 바닥 사이의 정마찰 계수 μ_s = 0.6이고 동마찰 계수 μ_k = 0.4이다. (a) 블록과 바닥 사이의 마찰력은 얼마인가? (b) 이 블록은 움직일 수 있을까?

그림 P3.47

3.48 (a) 200 N의 블록이 30° 경사면에 놓여 있다. 블록과 평면 사이의 정마찰 계수 μ_s = 0.8이다. 이 블록은 정지 상태로 유지되는가? (b) 50 kg의 질량이 45° 경사면에 놓여 있다. 블록과 평면 사이의 정마찰 계수 μ_s = 0.6이다. 이 블록은 정지 상태로 유지되는가?

3.49 블록과 경사면 사이의 마찰 계수가 μ_s = 0.35일 때, 50 kg의 블록이 경사면에 정지 상태로 놓여 있으려면 경사면의 최대각은 얼마인가?

3.50 그림 P3.50과 같이, 10 N의 힘이 40 N의 블록을 밀고 있다. 경사면의 경사각은 α = 40°이다. 블록과 경사면 사이의 정마찰 계수 μ_s = 0.75이고 동마찰 계수 μ_k = 0.65이다. 이 블록은 경사면에서 미끄러지게 될까? 만약 이 블록이 미끄러지게 된다면, 경사면에서 밀려 올라가게 될까? 아니면 밀려 내려가게 될까? 블록과 경사면 사이의 마찰력은 얼마인가?

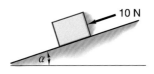

그림 P3.50

3.51 그림 P3.51과 같이, 60 N의 힘이 10 kg의 블록을 밀어 내리고 있다. 경사면의 경사각은 α = 20°이다. 블록과 경사면 사이의 정마찰 계수 μ_s = 0.6이고 동마찰 계수 μ_k = 0.5이다. 이 블록은 경사면에서 미끄러지게 될까? 만약 이 블록이 미끄러지게 된다면, 경사면에서 밀려 올라가게 될까? 아니면 밀려 내려가게 될까? 블록과 경사면 사이의 마찰력은 얼마인가?

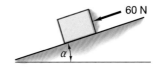

그림 P3.51

3.52 연습문제 3.50에서, 정적 평형이 그대로 유지될 때 최대 경사각 α는 얼마인가?

3.53 그림 P3.53과 같이, 100 N의 힘이 50 kg의 블록을 끌어 올리고 있다. 블록과 경사면 사이의 정마찰 계수 μ_s = 0.4이고 동마찰 계수 μ_k = 0.3이다. 경사면의 경사각은 α = 35°이다. 이 블록은 경사면에서 미끄러지게 될까? (a) 이 블록은 움직이게 될까? (b) 블록과 경사면 사이의 마찰력은 얼마인가?

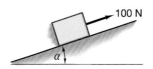

그림 P3.53

3.54 그림 P3.54와 같이, 수평면에 대하여 상향 경사각 α = 45°로 작용하는 75 N의 힘이 100 N의 블록을 끌어 올리고 있다. 블록과 경사면 사이의 정마찰 계수 μ_s = 1.3이며, 동마찰 계수 μ_k = 1.1이다. (a) 이 블록은 움직이게 될까? (b) 블록과 경사면 사이의 마찰력은 얼마인가?

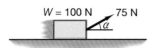

그림 P3.54

3.55 5 kg의 블록이 100 kg의 질량을 매단 채 레일 위에 놓여 있다(그림 P3.55 참조). (a) 이 블록이 레일을 따라 이동하기 시작하는 데 필요한 힘은 얼마인가? 블록과 레일 사이의 정마찰 계수 $\mu_s = 0.6$이고 동마찰 계수 $\mu_k = 0.5$이다. 힘은 그림과 같이 $60\,°$만큼 경사지게 작용하고 있다. (b) 각도 α가 얼마일 때, 힘 F는 블록을 오른쪽으로 미끄럼 이동시킬 수 있는가?

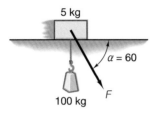

그림 P3.55

3.56 그림 P3.56과 같이, 경사면에 대하여 상향 경사각 $\beta = 35\,°$로 작용하는 1000 N의 힘이 100 kg의 블록을 끌어 올리고 있다(그림 P3.56 참조). 블록과 경사면 사이의 정마찰 계수 $\mu_s = 0.25$이고, 동마찰 계수 $\mu_k = 0.15$이다. 경사면의 경사각은 $\alpha = 40\,°$이다. (a) 블록과 경사면 사이의 마찰력은 얼마인가? (b) 이 블록은 움직이게 될까?

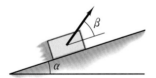

그림 P3.56

3.57 그림 P3.57과 같이, 경사면에 대하여 상향 경사각 $\beta = 25\,°$로 작용하는 650 N의 힘이 1500 N의 블록을 밀어 내리고 있다. 블록과 경사면 사이의 정마찰 계수 $\mu_s = 1.05$이고, 동마찰 계수 $\mu_k = 0.95$이다. 경사면의 경사각은 $\alpha = 30\,°$이다.

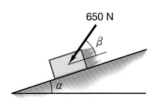

그림 P3.57

(a) 이 블록은 움직이게 될까? (b) 블록과 경사면 사이의 마찰력은 얼마인가?

3.58 그림 P3.58과 같이, 2개의 블록이 경사면에 놓여 있다. 블록 A는 질량이 100 kg이고 블록 B는 질량이 10 kg이다. 경사면의 경사각은 $35\,°$이다. (a) 블록이 미끄러지지 않게 하는 데 필요한 최소 마찰계수는 얼마인가? 경사면과 블록 사이의 마찰 계수와 두 블록 사이의 마찰 계수는 같다고 가정한다. (b) 로프의 인장력은 얼마인가?

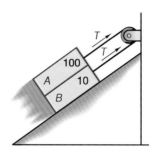

그림 P3.58

3.59 그림 P3.59와 같이, 2개의 블록이 경사면에 놓여 있다. 블록 A는 질량이 10 kg이고 블록 B는 질량이 25 kg이다. 경사면의 경사각은 $20\,°$이다. (a) 블록이 미끄러지지 않게 하는 데 필요한 최소 마찰계수는 얼마인가? 경사면과 블록 사이의 마찰 계수와 두 블록 사이의 마찰 계수의 4배라고 가정한다. (b) 로프의 인장력은 얼마인가?

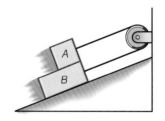

그림 P3.59

3.60 경사면이 x축에 대하여 $30\,°$만큼 경사져 있다. 50 kg의 질량이 이 평면 위에 놓여 있다. 평면과 블록 사이의 정마찰 계수 $\mu_s = 0.5$이고, 동마찰 계수 $\mu_k = 0.4$이다. 힘 $\mathbf{F} = 20\,\hat{\mathbf{i}} + 40\,\hat{\mathbf{j}}$ N이 블록에 가해지고 있다. 중력은 y방향으로 작용한다고 가정한다. 이 블록은 미끄러지게 될까?

3.61 지붕을 이는 기술자가 지붕 위에 서 있다. 이 지붕 기술자는 질량이 80 kg이다. 지붕 기술자의 부츠와 지붕 합판 사이의 마찰 계수 $\mu_s = 0.4$이다. 지붕 기술자가 미끄러지지 않으려면 지붕의 최대 경사각은 얼마가 되어야 하는가?

3.62 구난 트럭이 그림 P3.62와 같이 자동차를 도랑에서 꺼내고 있다. 자동차는 질량이 1000 kg이다. 자동차를 도랑 밖으로 막 꺼내는 데 필요한 견인 케이블의 인장력은 얼마인가? 자동차 바퀴 베어링과 차축 사이의 정마찰 계수 $\mu_s = 0.8$이고, 동마찰 계수 $\mu_k = 0.7$이다.

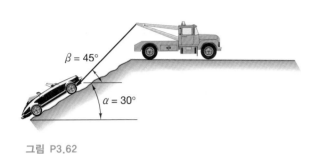

그림 P3.62

3.63 공항에서는 컨베이어 벨트를 사용하여 수화물을 지면에서 비행기의 화물칸으로 이동시킨다(그림 P3.63 참조). 컨베이어 벨트의 경사각은 40°이다. 수화물이 미끄러지지 않게 하려면 수화물과 벨트 사이의 최소 마찰 계수는 얼마가 되어야 하는가?

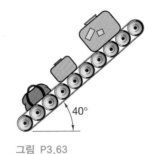

그림 P3.63

3.5B 아치의 쐐기돌

아치형 다리(홍예교)는 아주 오래된 다리 형식 중의 한 가지이며 자연적인 강도가 매우 크다(그림 3.5B.1 참조). 아치형 다리의 중량은 아치의 곡선을 따라 양쪽 끝에 있는 지지부로 전달된다. 이 지지부는 다리 받침(홍예받이; 교대)이라고 하는데 이는 하중을 지지하여 아치의 양 끝이 벌어지지 않게 한다. 로마인들은 아치를 사용하여 다리와 수도교를 지지시켰다. 많은 구조물이 오늘날에도 여전히 건재하며 유명한 것 중의 하나는 프랑스 님(Nimes) 부근의 퐁 뒤 갸르(Pont du Gard) 수도교이다. 기원전에 세워졌지만, 이 수도교는 상단에 발라진 회반죽만으로도 서로 지탱되고 있다. 이 구조물에서 상단 이외의 나머지 석재들은 자체 중량의 전단력으로 서로를 떠받치고 있다. 이집트인들은 이보다

그림 3.5B.1 Jose Gil/Shutterstock

훨씬 전에 아치를 사용하였는데, 솔로몬(Solomon) 신전이 세워지기 460년 전인 기원전 1540로까지 거슬러 올라가는 테베(Thebes) 무덤의 아치가 그 증거이다.

아치는 그림 3.5B.2와 같이 한가운데에 있는 쐐기돌(keystone)과 이 쐐기돌의 양옆으로 배치되는 짝수 개의 홍예석(voussoirs)으로 전체 석재의 개수는 홀수 개로 구성된다. 쐐기돌은 아치교에서 가장 중요한 석재로서 이 쐐기돌이 없으면 아치는 붕괴되고 만다. 이 아치 구조물을 건축하는 동안에 쐐기돌을 제자리에 놓을 때까지는 아치를 받침대로 지지하여야만 한다.

아치를 구조물로 볼 수 있으므로 쐐기돌에 작용하는 힘들은 그림 3.5B.2와 같이 단순한 아치 트러스를 고찰해보면 가장 잘 이해할 수 있다. 그림 3.5B.4에는 구조물의 두 부재를 연결하는 핀의 자유 물체도가 그려져 있다. 수평 방향의 힘들의 대칭 또는 합은 왼쪽 부재와 오른쪽 부재의 압축력이 같다는 것을 보여주고 있다. 수직 방향에서의 평형에서 다음의 식이 나온다. 즉

$$C = \frac{W}{2 \sin \theta} \tag{3B.1}$$

이 트러스에서 핀은 아치의 쐐기돌에 해당한다. 각도 θ값이 감소함에 따라 부재들의 압축력은 증가한다는 점을 주목하여야 한다. 이 아치 트러스는 수직력과 수평력이 평형을 이루게 되는 다리 받침에 중량을 하향 전달한다.

핀에서의 평형을 살펴봄으로써 트러스 부재의 하중을 해석하는 방법을 조인트 법이라고 하며 이는 제7장에서 상세하게 다루게 될 것이다. 그러므로 여기에서는 핀을 질점으로 취급하여 개략적으로 설명한 방법에 따라 해석할 것이다.

석재 아치의 쐐기돌에 작용하는 힘들은 질점 평형의 개념을 사용하여 구할 수 있다. 쐐기돌 양쪽으로 8개씩, 총 17개의 석재로 구성된 반원형 아치를 살펴보자. 그림 3.5B.5에는 쐐기돌의 자유 물체도가 그려져 있다. 평형 방정식은 다음과 같다. 즉

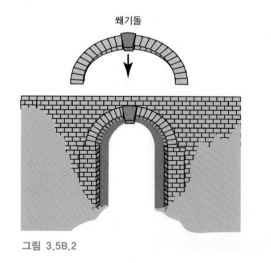

그림 3.5B.2

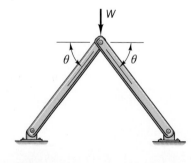

그림 3.5B.3

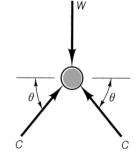

그림 3.5B.4

$$2C_{10} \sin 10° - W_{ks} = 0$$

$$C_{10} = 1/2 \frac{W_{ks}}{\sin 10°} = 2.879 \, W_{ks}$$

(3.5B.2)

W_{ks}는 쐐기돌에 작용하는 총 중량과 키스톤 자체의 중량의 합이다. 쐐기돌에 작용하는 중량은 쐐기돌 위에 구조물이 얹히고 이 구조물을 가로질러 하중이 더해질 때 매우 커지기도 한다.

각각의 홍예석(쐐기돌은 제외)은 10°씩 차지하여 전체적으로 반원형 아치를 이루며, 그림 3.5B.6에는 첫 번째 10°짜리 홍예석의 자유 물체도가 그려져 있다. 수직선과 20°를 이루는 석재 표면에 대한 접선 방향을 y축으로 잡고 이에 대한 법선 방향을 x축으로 잡을 때, x방향과 y방향에서의 평형 방정식은 다음과 같다. 즉

$$-C_{20} + C_{10} \cos(20° - 10°) + W_{15} \sin 20° = 0$$
$$-S_{20} + C_{10} \sin(20° - 10°) - W_{15} \cos 20° = 0$$

(3.5B.3)

여기에서, W_{15}는 중심이 아치의 중심선에서 15° 벗어나 있는 홍예석에 작용하는 총 중량이다.

C_{20}과 S_{20}에 대하여 정리하면 다음과 같다.

$$C_{20} = 2.835W_{ks} + 0.342 \, W_{15}$$
$$S_{20} = 0.5W_{ks} - 0.940 \, W_{15}$$

(3.5B.4)

임의의 홍예석의 하중에 대한 일반해는 그림 3.5B.7에 그려져 있는 자유 물체도에서 구할 수 있다.

$$C_{\beta} = C_{\alpha} \cos(\beta - \alpha) - S_{\alpha} \sin(\beta - \alpha) + W \sin \beta$$
$$S_{\beta} = C_{\alpha} \sin(\beta - \alpha) - S_{\alpha} \cos(\beta - \alpha) + W \cos \beta$$

(3.5B.5)

밑바닥 홍예석에 작용하는 힘들은 그림 3.5B.8과 같은 아치 부를 살펴봄으로써 구할 수 있다. 수평 방향의 힘과 수직 방향의 힘을 각각 합하면 다음과 같다.

$$C_{90} = C_{10} \sin 10° + \sum W = 0.5W_{ks} + \sum W$$
$$S_{90} = C_{10} \cos 10° = 2.835W_{ks}$$

(3.5B.6)

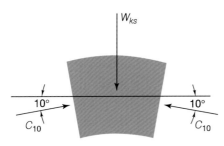

그림 3.5B.5

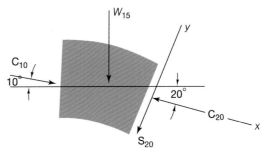

그림 3.5B.6

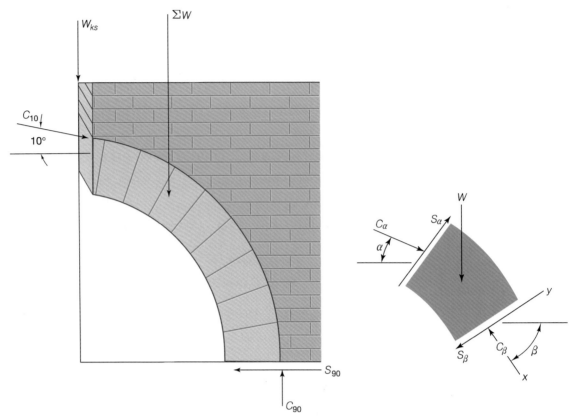

그림 3.5B.7

그림 3.5B.8

그림 3.5B.6에는 첫 번째 홍예석이 압축력과 전단력이 홍예석의 20° 경사면에 작용하고 있는 상태에서 모델링되어 있다. 전단력이 경사면에 존재할 수 있는가에 대한 질문이 나올 수 있다. 이 경사면에 대한 큰 압축력 때문에 적절한 마찰이 발생하게 되고 홍예석의 쐐기 형상은 미끄럼에 저항하게 된다. 이와는 다른 모델에서는 홍예석에는 평형을 이루는 데 필요한 수평력을 작용시키고 홍예석 간에는 전단력이 작용하지 않도록 배치할 수 있다. 이 모델의 결과는 그림 3.5B.9와 같이 S_{20}을 수평 방향과 C_{20} 방향에서의 비직교 성분으로 각각 분해함으로써 구할 수 있다. 이 성분들은 다음과 같다.

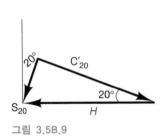

그림 3.5B.9

$$H \sin 20° = S_{20}$$
$$C_{20} H \cos 20°$$
(3.5B.7)

식 (3.5B.4)를 사용하면 다음이 나온다.

$$H = \frac{1}{\sin 20°} (0.5W_{ks} - 0.94W_{15}) = 1.462W_{ks} - 2.747W_{15}$$
$$C'_{20} = H \cos 20° = 1.374 \, W_{ks} - 2.581W_{15}$$
(3.5B.8)

그림 3.5B.10을 살펴보면, 두 번째 홍예석에 대한 압축력은 다음과 같다.

$$C_{20}^{H} = C_{20} - C'_{20} = 1.461W_{ks} + 1.641W_{15}$$
(3.5B.9)

이 홍예석의 정확한 모델은 도시한 두 모델을 조합한 것이다. 확실히 2개의 홍예석 사이에는 전단력이 있기는 하지만, 이것이 불충분할 때에는 구조물의 나머지 석재를 사용하여 수평력을 전개하면 된다. 첫 번째 홍예석에 작용하는 총 힘은 두 모델에서 같다는 점을 주목하여야 한다. 다리 받침에서의 수평력을 계산할 수 있다면 두 모델은 동일하게 된다.

아치는 토목공학 구조물에서 중요한 역할을 하며 구조 설계 과목에서 상세하게 해석되고 있다. 세인트 루이스(St. Louis)는 19세기 서부로의 확장을 기려 1935년에 국정 기념물로 선정되었다. 미 서부를 개척한 정착민들을 기념하여, 높이와 기초부가 630 ft인 역 현수선 아치가 1960년대에 완성되었다. 지난 2000년 동안은 석재 아치교가 그랬던 것처럼 지금은 철근 콘크리트 아치교가 인기이다.

연습문제

3.64 쐐기돌과 아치 양쪽으로 홍예석이 5개씩, 총 11개의 석재로 구성된 반원형 아치를 살펴보자. 쐐기돌의 양변은 수직선과 15°를 이루고 있고 각각의 홍예석의 하변은 아치의 중심선을 기준으로 해서 기울기 각도가 15°씩 증가하고 있다. 쐐기돌과 각각의 홍예석에 요구되는 힘을 계산하라.

3.65 그림 3.5B.10의 자유 물체도를 사용하여 수평력과 압축력을 각각 계산하고 이 결과를 식 (3.5B.8)과 식 (3.5B.9)의 그것들과 비교하라.

단원 요약

이 장에서는 질점의 평형을 설명하였다. 물체가 모든 힘이 물체 내의 단일 점에 작용한다고 볼 수 있을 만큼 충분히 작으면 이 물체는 질점으로 모델링할 수 있다. 자유 물체도는 공점력이 작용하는 공간 내의 점이 된다. 질점이 평형 상태에 있을 때에는 모든 힘의 벡터 합은 0이어야 한다. 이 때문에 제2장에서 설명한 방법들을 사용하여 풀 수 있는 벡터 방정식이 필요하다.

스프링은 질점의 평형 상태에서 변형 효과를 설명하기 위해 소개하였다. 어떤 경우에는 문제가 부정정 문제로 분류되기도 하지만 지지부의 변형을 고찰함으로써 해를 구할 수 있다.

2가지 특별한 질점 평형 조건을 소개하였다. 먼저, 마찰 개념을 설명하였으며 이는 제9장에서 더 깊이 있게 다룰 것이다. 둘째로, 아치라고 하는 아주 오래된 구조물을 질점 평형 방법을 사용하여 해석하였다.

질점 평형 문제를 푸는 데 반드시 기억해야 할 특정한 공식은 없으며, 정확한 자유 물체도를 그려서 질점에 작용하는 모든 힘들에 대하여 벡터 평형 방정식을 세우고 이 벡터 방정식을 푸는 것이 중요하다.

Chapter 04

강체: 등가 힘 계

4.1 강체

제3장에서는 공점력(concurrent forces)을 받는 질점의 평형을 학습하였다. 질점으로 모델링된 물체는 공간에서 단일 점만을 차지하므로, 그 크기와 기하형상은 무시할 수 있다. 따라서 질점에 작용하는 힘들은 공점력이므로 질점의 평형은 공간에 있는 질점의 위치와는 독립적이다. 질점으로 모델링된 물체를 학습하게 되면 공점력계를 형성하는 힘들의 크기와 방향의 효과는 이해할 수 있지만 공간 위치의 효과는 이해할 수가 없다. 이 힘들은 그 직교 성분(Cartesian components)으로 완벽하게 명시되며 모든 힘들은 질점에 있는 동일한 점에 작용한다고 보면 된다.

그러나 실제 세상에서는 모든 물체는 크기도 있고 형상도 있다. 그러므로 물체를 질점으로 모델링하는 것은 특별한 경우일 수밖에 없다. 일반적으로는, 물체를 질점으로 모델링해서도 안 되고 물체의 크기와 형상을 무시해서도 안 된다. 물체의 크기와 형상을 고려할 때에는 물체에 작용하는 힘들의 작용점을 명시하여야 한다. 그림 4.1에서 자동차의 운전대에 가해지는 힘들은 그 힘들이 운전대에 가해지는 위치에 따라서 자동차를 왼쪽이나 오른쪽으로 회전시키거나 자동차를 현재의 방향으로 유지할 수 있다. 이 경우에는 분명히 물체에 대한 힘의 작용점이 중요하다.

모든 물체들은 질점계로 구성되어 있다. 이러한 질점들의 크기는 원자 크기이거나, 분자 크기이거나, 입자 크기이거나 아니면 그보다 더 크다. 입자들은 **내력(internal forces)**에 의해 서로 결합되는데, 이 내력은 물체를 서로 붙들고 있는 '접착제(glue)' 같은 것이다. 내력은 항상 짝으로 발생하고 크기가 같으며 방향은 정반대이며 공선력이다. 그러므로 이러한 모든 내력의 합력, 즉 합(sum)이 영이므로 물체의 외부 운동이나 그 평형 상태에 아무런 영향을 주지 않는다. 그림 4.2에는 내력이 $\mathbf{f_{ij}}$ 및 $\mathbf{f_{ji}}$인 2개의 질점 m_i와 m_j가 나타나 있으며, 물론 여기에서는 다음 식이 성립된다.

$$\mathbf{f_{ji}} = -\mathbf{f_{ij}} \tag{4.1}$$

이 힘들의 합력은 이 질점들을 계로 볼 때 영이다. 물체를 구성하는 질점계는 다른 물체와 접촉하여 작용하는 힘이나 떨어져 있는 다른 물체가 잡아당기는 인력에만 반응한

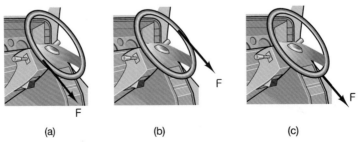

(a)   (b)   (c)

그림 4.1 운전대에 작용하는 힘의 효과는 힘이 작용하는 위치에 따라 다르다. (a) 반시계 방향 회전 (b) 시계 방향 회전 (c) 회전하지 않음

그림 4.2 i번째 질점에 작용하는 j번째 질점의 내력인 f_{ij}는 j번째 질점에 작용하는 i번째 질점의 내력인 f_{ji}와 크기가 같고 방향이 정반대이며 동일선 상에 있다.

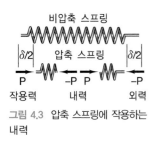

비압축 스프링

압축 스프링

$\delta/2$　$\delta/2$

P　　-P P　　-P

작용력　내력　외력

그림 4.3 압축 스프링에 작용하는 내력

다. 이러한 힘들을 **외력(external forces)**이라고 하며 표면력(접촉력)이나 체적력(예컨대, 중력)이 이에 해당한다.

물체에 작용하는 외력이 균형을 이루지 못하면, 그 물체는 뉴턴의 운동 제2법칙에 따라서 가속이 된다. 심지어는 물체가 평형 상태에 있을 때에도, 이러한 외력들은 물체를 변형시키기도 하고 그 형상을 변화시키기도 하여, 물체 내의 내력을 변화시킨다. 예를 들어, 스프링의 양 끝을 서로 누르면, 스프링은 길이가 짧아져서 내부 압축을 받게 된다. 스프링의 왼쪽 끝에 힘을 가하면, 오른쪽 끝의 외부 반력에 의해 저항을 받는다. 그림 4.3에는 내력으로 압축된 스프링이 그려져 있다. 그림 4.3에는 압축된 스프링과 내력이 그려져 있다.

콘크리트나 강처럼 많은 공학 재료들은 단단하고 그 물체의 크기에 비하여 길이 변화나 변형이 적다. 그러므로 물체의 크기와 형상은 외력으로 인하여 현저하게 변화하지 않는다. 이러한 경우에, 물체는 강체(rigid body)로 모델링되며, 평형 기하형상을 고려할 때 작은 변형은 무시된다. 이러한 변형과 내력들은 파단이나 과도한 변형으로 인한 파괴를 방지해줄 물체의 크기와 재질을 결정하는 설계에서 중요하다. **재료역학** 또는 **재료의 강도학**에서는 내력 및 변형의 효과를 공부한다. 또한 변형이 물체의 크기에 비하여 클 때도 있는데, 이때에는 평형 조건이 이러한 변형에 종속된다. 장대 높이뛰기에 사용되는 유리섬유 장대가 예이다.

물체가 강체로 모델링될 때에는 각각의 외력의 작용점이 명시되지만, 강체의 반응은 이 외력들의 작용선에만 종속될 뿐이다. 이 때문에 힘은 작용선을 따라서 이동될 수 있다 (전달성의 원리). 이와 같은 이동은 제4.2절에서 설명할 것이다. 물체가 크기도 있고 형상도 있을 때에는, 힘들은 물체의 한 점이나 물체를 관통하는 축선을 중심으로 하여 모멘트를 발생시킴으로써 회전 효과를 일으킬 수 있다. **토크(torque)**라는 용어는 많은 응용에서 모멘트와 바꿔 쓸 수 있지만, 토크는 일반적으로는 비틀림과 관련이 있다. **모멘트(moment)**라는 용어는 힘의 회전 효과에 더 적합한 용어이다. 모멘트는 힘과 특정 점에 관한 이 힘의 작용선에 대한 수직거리의 곱이다. 힘은 물체를 병진 운동시키고 모멘트는 물체를 회전시킨다. 모멘트를 계산하는 데에는 크로스 곱, 즉 벡터 곱을 사용하면 된다.

우력(couple)의 개념은 제4.7절에서 소개한다. 우력은 비공선력으로서 크기가 같고 방향이 정반대인 2개의 힘으로 되어 있다. 우력은 물체에 순수 회전 효과를 발생시킨다.

끝으로, 등가 힘 계는 제4.8절과 제4.9절에서 설명할 것이다. 힘 계는 물체에 동일한 거시적인 효과를 발생시키는 등가 힘 계로 대체할 수 있다. 이 개념은 동역학 문제를 푸는 기초가 된다.

4.2 강체의 모델링과 힘의 모멘트

물체를 강체로 모델링할 때에는 변형 효과와 형상 변화 효과를 무시한다. 물체의 크기

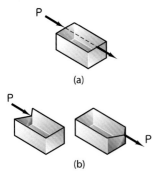

그림 4.4 (a) 강체로 모델링한 마분지 상자 (b) 강체로 모델링하지 않은 마분지 상자

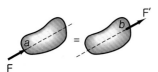

그림 4.5 강체는 작용선이 동일한 동등한 힘 F와 F'에 동일하게 반응한다.

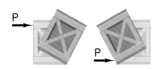

그림 4.6 강체는 작용선이 다른 2개의 동등한 힘에 상이하게 반응한다.

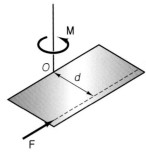

그림 4.7 점 O에 관한 힘 F의 모멘트 M은 물체에 회전 효과를 발생시킨다. 수직 거리 d가 모멘트 팔이다.

와 형상이 현저할 때에는 그 물체에 작용하는 힘의 작용점을 명시해야 하고 힘을 고정 벡터로 표시해야 한다. 실제로, 물체를 강체로 모델링하느냐 마느냐는 경우에 따라 다르다. 예를 들어, 그림 4.4와 같은 마분지 상자를 살펴보자. 상자를 강체로 취급하면, 이 상자를 힘 F로 밀거나 당기거나 상자에 대한 효과는 동일하다. 그러나 변형과 내력을 고려하게 되면 그림으로 설명한 것처럼 힘의 효과는 다르다. 공학에서 대부분의 모델링은 단순한 경우에서 시작하여 필요에 따라 복잡성을 추가한다. 그러므로 그림 4.4의 상자를 모델링하는 맨 처음 방법은 변형을 무시하고 상자를 강체로 취급하는 것이다. 변형은 나중에 설계를 하거나 상자를 만들 재료를 선정할 때 정보가 필요하면 고려하면 된다. 한층 더 복잡한 변형체 모델은 상자가 찌그러지는 것, 즉 얼마나 많은 힘을 가해야 상자가 망가지는가를 연구할 때 필요하게 된다.

물체를 강체로 간주할 때에는, 물체에 가해지는 힘을 미끄럼 벡터로 나타내도 된다. 그러므로 힘의 작용선은 공간에서 유일하지만, 힘은 그 작용선을 따라 어느 곳으로나 작용하는 것으로 볼 수 있다. 이 개념을 **전달성의 원리**(principle of transmissibility)라고 하며 평형을 고려할 때나 물체의 운동을 해석할 때에 힘이 작용선 상에서 어느 곳에 가해지더라도 그 효과는 동일함을 의미한다. 그림 4.5에 도시되어 있는 강체의 반응은 **힘 F와 F′가 그 크기, 방향성 및 작용선이 각각 동일하기 때문에** 동일하다. 이 경우에는, 힘 F를 받는 물체의 반응은 힘 F′를 받는 물체의 반응과 같다. 즉, 달리 표현하자면 a에 가해지는 F와 b에 가해지는 F′는 동일한 결과를 발생시킨다. 전달성의 원리는 힘의 작용점이 중요하지 않다는 것을 서술하는 것이 아니라, 다만 힘은 그 작용선을 따라 어느 곳으로나 작용하는 한다는 점을 주목하여야 한다. 그림 4.6에 도시되어 있는 포장 상자의 윗부분을 밀면 상자는 넘어가게 되지만, 상자의 바닥 부분을 밀면 넘어오게 된다는 점 또한 주목하여야 한다. 이 예에서는, 힘 P에 2개의 서로 다른 작용선이 있으므로 그 결과적인 거동도 서로 다르다.

힘의 작용선의 위치가 달라지면 힘이 발생시키는 회전 효과도 변하게 된다. 이 회전 효과를 점 O에 관한 **힘의 모멘트**라고 하며, 이는 그림 4.7에서와 같이 힘의 크기와 점 O에서부터 힘의 작용선까지의 수직 거리를 곱한 것과 같은 것으로 정의된다. 이 수직 거리를 **모멘트 팔**이라고 한다. 점 O에 관한 F의 모멘트는 그 크기가

$$|\mathbf{M}| = Fd \tag{4.2}$$

와 같고, 그림과 같은 평면에 있는 점 O에 관하여 (위에서 봤을 때) 반시계 방향 회전 효과를 일으키게 된다. 그림 4.7에서 힘 F와 수직 거리 d(모멘트 팔)가 평면을 형성하고 있다는 점과 회전 효과의 축이 점 O에서 이 평면에 대하여 수직을 이룬다는 점을 주목하여야 한다. 제4.4절에서는 모멘트를 크기가 Fd이고 방향성을 오른손 법칙으로 정의한 상태에서 방향이 평면에 수직인 벡터로 나타낼 수 있다는 것을 설명할 것이다.

모멘트의 크기는 힘이나 모멘트 팔을 증가시킴으로써 증가시킬 수 있다. 예컨대, 체

결 너트에 가하는 모멘트는 힘을 증가시키거나 체결 너트용 렌치에 연장부를 추가시킴으로써 증가시킬 수 있는 것이다. 어떤 물체들은, 모멘트를 취해야 할 점으로부터 작용선까지의 수직 거리를 간단한 수학으로 구할 수 있다. 이 내용은 이어지는 예를 들어 설명할 것이다. 그러나 앞서 설명한 바와 같이 한층 더 복잡한 문제들에서는 벡터를 사용함으로써 문제를 아주 간단하게 풀 수 있다. 모멘크(또는 토크)의 개념은 매우 중요하고 또 널리 사용되므로 이미 특별한 수학적 도구를 도입하여 이러한 양들을 취급하고 있다. 즉 벡터 곱, 즉 크로스 곱이 정의되어 모멘트의 물리적 개념을 수용하고 있는 것이다.

모멘트의 크기는 힘과 거리의 곱이라는 점을 주목하여야 한다. 그러므로 모멘트의 단위는 일반적으로 SI 단위계에서는 뉴턴-미터($N \cdot m$)이고 미국 상용 단위계에서는 파운드-피트($lb \cdot ft$)이다. 다른 단위들도 다양하게 사용되는데, 예를 들어 볼트를 조이는 데 사용하는 토크 렌치는 흔히 $N \cdot cm$ 단위로 정밀하게 조정된다.

| 예제 4.1 | 다음 그림에서 점 A에 관한 $|F| = 200\,N$의 모멘트의 크기를 구하라. |

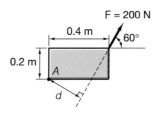

풀이 F의 작용선을 따라 연장선을 그린 다음, 점 A에서 작용선까지 수직선을 구한다. 모멘트는 힘과 모멘트 팔의 곱인데, 이 경우에는 모멘트 팔이 단순히 거리 d이므로, $M_A = Fd$이다. 이 거리는 다음과 같이 간단한 삼각함수로 구할 수도 있다.

$$x = \frac{0.2}{\tan 60°} = 0.115$$

상자 바닥을 따라서 점 A에서 작용선까지의 거리는 $0.4 - 0.115 = 0.285$이다. 그러므로 거리 d는 다음 그림의 삼각형에서 구할 수 있다.

$$\sin 60° = \frac{d}{0.285}$$
$$d = 0.247\,m$$
$$M_A = Fd = 200(0.247) = 49.4\,N \cdot m$$

예제 4.2

다음 그림에 있는 브래킷(bracket)의 점 A, B 및 C에 관한 200 N 힘의 모멘트를 구하라.

풀이 점 A, B 및 C에 관한 200 N 힘의 모멘트 팔은 각각 다음과 같다.

$$d_A = 0$$
$$d_B = 1 \text{ m} \times \sin 45° = 0.707 \text{ m}$$
$$d_C = 3 \text{ m} \times \sin 45° = 2.121 \text{ m}$$

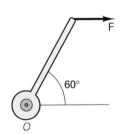

모멘트는 각각 다음과 같다.

$$M_A = 0$$
$$M_B = 141.4 \text{ N} \cdot \text{m ccw (반시계 방향)}$$
$$M_C = 424.2 \text{ N} \cdot \text{m cw (시계 방향)}$$

200 N 힘의 작용선은 점 A를 통과하므로 이 점에 관한 모멘트는 0이다. 점 C는 작용선에서 더 멀리 떨어져 있으므로 그 모멘트는 점 B에 관한 모멘트보다 더 크다.

연습문제

4.1 20 N의 힘 F가 그림 P4.1과 같은 0.4 m 레버의 끝에 가해지고 있다. 이 힘이 점 O에 관하여 발생시키는 모멘트의 크기를 계산하고 회전 효과의 방향을 기술하라.

그림 P4.1

4.2 기계공이 볼트를 45 N·m로 조여야 한다. 기계공의 렌치 길이가 15 cm일 때, 기계공은 렌치 끝에서 수직 방향으로 얼마의 힘을 가해야 하는가?

4.3 기계공이 한쪽 팔로 발휘할 수 있는 최대 힘은 500 N이다. 기계공이 밸브를 닫을 때 150 N·m의 토크가 필요하다면, 모멘트 팔을 얼마나 길게 하여야 하는가?

4.4 그림 P4.4의 파이프 렌치의 손잡이를 따라 점 A, B 및 C에 300 N의 힘이 각각 가해질 때 이 파이프 렌치에 의해 점 O에서 발생되는 각각의 모멘트를 비교하라. 이 모멘트들의 회전 방향성은 어떻게 되는가?

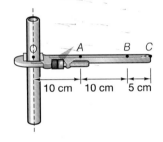

그림 P4.4

4.5 그림 P4.5에서 점 O에 관한 힘 F의 모멘트를 계산하고 또 점 P에 관한 모멘트를 다시 계산하라. 회전 방향은 어느 쪽으로 발생되는가?

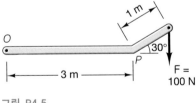

그림 P4.5

4.6 오른 나사 볼트를 풀려면 40 N·m의 토크를 반시계 방향으로 발생시켜야 한다. 다음과 같은 경우에 힘 **F**(크기와 방향)를 각각 구하라(그림 P4.6 참조). (a) d = 10 cm, (b) d = 8 cm.

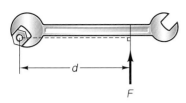

그림 P4.6

4.7 250 N의 힘이 원점에서 0.4 m 떨어진 점에서 각도 θ로 렌치에 가해지고 있다(그림 P4.7 참조). 각도 θ가 0에서 90°까지 10° 씩 증가하여 변화할 때 점 O에 관한 모멘트를 각각 계산하라. 이 모멘트의 최댓값과 최솟값은 얼마인가? 회전의 방향성은 어떻게 되는가?

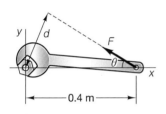

그림 P4.7

4.8 그림 P4.8에서와 같이 200 N의 힘이 가해질 때 점 A, B, C 및 D에 관한 모멘트를 구하라.

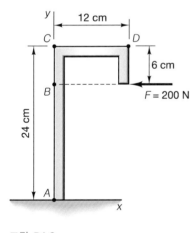

그림 P4.8

4.9 25 N의 화분이 브래킷에 걸려 있다(그림 P4.9 참조). 지지점 A와 B에 관한 모멘트를 각각 계산하라.

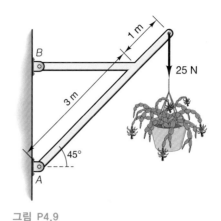

그림 P4.9

4.10 4000 N의 힘이 그림 P4.10에서와 같이 트레일러 연결부에 가해진다. (a) 범퍼 위치 A와 B에서 발생되는 모멘트를 각각 계산하라. (b) 견인차가 회전하면, 힘 F는 그 방향이 바뀐다. $\mathbf{F}$의 작용선이 선 BC를 따라 놓이도록 바뀔 때, 위치 A와 B에서의 모멘트를 각각 계산하라.

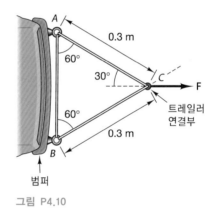

그림 P4.10

4.3 공간에 있는 점에 관한 힘의 모멘트

벡터 곱은 공간에 있는 점에 관한 힘의 **모멘트 벡터**를 정의하는 데 사용된다. 벡터 곱의 정의에서는 참조 점으로부터 작용선까지의 수직 거리가 자동적으로 산출된다는 것과 방향성(sense), 즉 '모멘트의 방향'이 정밀하게 정해진다는 것을 증명할 것이다. 그림 4.8에서 작용선을 따라서 두 위치 사이에 그려져 있는 힘 **F**를 살펴보자. 이 힘은

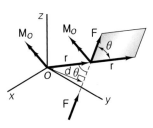

그림 4.8 공간에 있는 점 O에 관한 힘 $\mathbf{F}$의 모멘트 벡터 $\mathbf{M}_O$

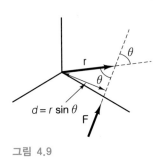

그림 4.9

그 작용선을 따라 어느 곳에라도 위치시킬 수 있으므로, 벡터 $\mathbf{r}$의 원점을 힘 $\mathbf{F}$의 원점과 일치되도록 위치시키게 되면 음영 평면은 위치 벡터와 힘 벡터로 형성된 평면과 일치하게 된다. 원점인 점 O에 관한 힘의 모멘트는 다음과 같은 벡터 곱으로 정의된다.

$$\mathbf{M}_O = \mathbf{r} \times \mathbf{F} \tag{4.3}$$

여기에서 $\mathbf{r}$은 점 O에서 힘 벡터 $\mathbf{F}$의 작용선 위에 어떤 점까지의 벡터이다. 벡터 곱의 수학적 정의에서, 모멘트 벡터 $\mathbf{M}_O$는 $\mathbf{r}$과 $\mathbf{F}$로 형성된 평면에 수직이다. 그림 4.8에서, $|\mathbf{r}|\sin\theta$는 그림 4.9와 같이 O에서 작용선까지의 수직 거리 d와 같다는 점에 주목하여야 한다. 그림 4.9에서 작용선까지의 수직거리 $d = |\mathbf{r}|\sin\theta$이다. $|\mathbf{r} \times \mathbf{F}| = |\mathbf{F}||\mathbf{r}|\sin\theta = |\mathbf{F}|d$이므로, 이는 제4.2절에 소개되어 있는 모멘트 정의의 스칼라 개념, 즉 $M = Fd$를 만족시킨다. 그러므로 벡터 곱의 정의는 스칼라 정의와 동등하다. 그러나 벡터 곱은 점 O에서 힘의 작용선까지의 수직 거리를 자동적으로 결정해주므로 스칼라 개념보다 사용하기가 더 쉽다는 점을 주목하여야 한다. 2차원 문제에서는 벡터 대수학을 사용하는 이점이 뚜렷하게 드러나지 않지만, 일반적인 3차원 문제를 다룰 때에는 벡터를 사용하는 것이 필수가 된다. 모멘트 벡터의 방향성은 이미 설명한 바와 같이 오른손 법칙으로 정의된다. 모멘트 벡터는 대개 참조 점 O에서 작용하는 것처럼 보이지만 자유 벡터이다.

| 예제 4.3 |

예제 4.1은 모멘트 팔을 구하는 데 삼각법을 사용한 다음 모멘트의 스칼라 정의를 사용하여 풀었다. 여기에서는 같은 문제를 벡터를 사용하여 풀어야 한다. 그림에서 점 A에 관한 힘 200 N의 모멘트의 크기를 구하라.

풀이 점 A로부터 힘의 작용선 상의 한 점까지의 위치 벡터는 다음과 같다.

$$\mathbf{r} = 0.4\hat{\mathbf{i}} + 0.2\hat{\mathbf{j}} \text{ meters}$$

힘 벡터는 다음과 같다.

$$\mathbf{F} = 200(\cos 60°\hat{\mathbf{i}} + \sin 60°\hat{\mathbf{j}}) = 100\hat{\mathbf{i}} + 173.2\hat{\mathbf{j}} \text{ N}$$

점 A에 관한 힘의 모멘트는 다음과 같다.

$$\mathbf{M} = \mathbf{r} \times \mathbf{F} = (0.4\hat{\mathbf{i}} + 0.2\hat{\mathbf{j}}) \times (100\hat{\mathbf{i}} + 173.2\hat{\mathbf{j}})$$
$$= (69.28 - 20)\hat{\mathbf{k}} = 49.28\hat{\mathbf{k}} \text{ N·m}$$

단위가 N·m일 때 수치 정밀도 이내에서 두 답은 같다.

| 예제 4.4 |

그림과 같은 상자의 각각의 꼭지점에 관하여 힘 $P = 500$ N의 모멘트를 구하라.

풀이 그림과 같이 꼭지점 D를 원점으로 하여 오른손 좌표계를 선정한다. 힘의 작용선은 모서리 BG를 따라 놓여 있으므로, 꼭지점 B와 G에 관한 모멘트는 그 모멘트 팔이 0이기 때문에 0이 된다. 다음으로, 각각의 꼭지점 A, C, D에 관한 모멘트를 살펴보기로 한다. $\mathbf{r}_{B/A}$을 점 A에서 점 B까지의,

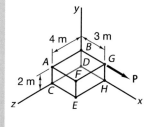

즉 A에 대한 B의 상대 벡터라고 하자. 점 B는 힘의 작용선 상의 한 점이다. 그러므로 다음과 같다.

$$\mathbf{r}_{B/A} = -4\hat{\mathbf{k}}$$

$$\mathbf{M}_A = \mathbf{r}_{B/A} \times \boldsymbol{P} = -4\hat{\mathbf{k}} \times 500\hat{\mathbf{i}} = -2000\hat{\mathbf{j}} \text{ N} \cdot \text{m}$$

이와 유사하게 다음과 같이 된다.

$$\mathbf{r}_{B/C} = 2\hat{\mathbf{j}} - 4\hat{\mathbf{k}}$$

$$\mathbf{M}_C = \mathbf{r}_{B/C} \times \boldsymbol{P} = (2\hat{\mathbf{j}} - 4\hat{\mathbf{k}}) \times 500\hat{\mathbf{i}} = (-2000\hat{\mathbf{j}} - 1000\hat{\mathbf{k}}) \text{ N} \cdot \text{m}$$

모멘트는 직교 성분으로 표현되어 있지만, 크기와 공간에서 그 방향을 정의하는 단위 벡터와의 곱으로 쓸 수 있다. 예를 들어, $\mathbf{M}_C$의 단위 벡터는 다음과 같다.

$$\hat{\mathbf{m}}_C = \mathbf{M}_C/|\mathbf{M}_C| = (-2000\hat{\mathbf{j}} - 1000\hat{\mathbf{k}})/2236 = (-0.894\hat{\mathbf{j}} - 0.447\hat{\mathbf{k}})$$

그러므로 모멘트는 다음과 같다.

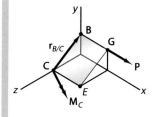

$$\mathbf{M}_C = 2236 (-0.894\hat{\mathbf{j}} - 0.447\hat{\mathbf{k}}) \text{ N} \cdot \text{m}$$

힘 P로 인한 점 C에서의 모멘트는 그 크기가 2236 N · m 이고 단위 벡터 벡터 $\hat{\mathbf{m}}_C$에 의해 정의되는 축에 관하여 회전효과가 있다. 이 회전효과의 방향은 해당 그림과 같이 오른손 법칙(오른손의 엄지가 단위 벡터의 방향을 가리키면 나머지 네 손가락이 말리는 방향이 회전효과의 방향임)에 의해 명시된다. D에서의 모멘트는 이와 유사하게 계산할 수 있다. 그러므로 다음과 같다.

$$\mathbf{r}_{B/D} = 2\hat{\mathbf{j}}$$

$$\mathbf{M}_D = \mathbf{r}_{B/D} \times \boldsymbol{P} = 2\hat{\mathbf{j}} \times 500\hat{\mathbf{i}} = -1000\hat{\mathbf{k}} \text{ N} \cdot \text{m}$$

필요한 모멘트의 회전 중심이 되는 점으로부터 힘의 작용선 상의 임의의 점까지 위치 벡터를 취할 수 있으므로, 다음의 위치 벡터는 동일하며 그에 따라 모멘트도 동일하다. 그러므로 다음과 같이 된다.

$$\mathbf{r}_{G/F} = \mathbf{r}_{B/A} \text{는} \quad \mathbf{M}_F = \mathbf{M}_A \text{를 의미한다.}$$

$$\mathbf{r}_{G/E} = \mathbf{r}_{B/C} \text{는} \quad \mathbf{M}_E = \mathbf{M}_C \text{를 의미한다.}$$

$$\mathbf{r}_{G/H} = \mathbf{r}_{B/D} \text{는} \quad \mathbf{M}_H = \mathbf{M}_D \text{를 의미한다.}$$

다시 말하지만, 이 문제는 컴퓨터 소프트웨어를 사용하면 쉽게 풀 수 있다.

4.3.1 직접 벡터 해

지금까지는, 힘과 이 힘의 작용점을 알고 있을 때 이 힘의 모멘트를 계산하는 법을 설명하였다. 설계 문제에서는, 필요한 모멘트를 알고서, 주어진 힘이 작용하는 위치, 즉 힘의 작용선을 구하고자 하거나, 아니면 힘의 작용점을 알고서 이 힘의 크기와 방향을 구하고자 할 때가 많다. 예로서는 필요한 토크를 축에 가하는 기구의 설계를 들 수 있다.

특정 점에 관하여 모멘트를 계산할 때에 다음과 같은 식을 풀어 계산한 적이 있을 것이다.

$$\mathbf{M} = \mathbf{r} \times \mathbf{F} \qquad (4.4)$$

여기에서, $\mathbf{r}$과 $\mathbf{F}$는 둘 다 알고 있을 때이다. 이는 벡터 방정식의 직접 해를 나타낸다. 반면에, $\mathbf{M}$과 $\mathbf{F}$가 주어지면, 역 문제를 풀어서 $\mathbf{r}$을 구해야 한다. $\mathbf{M}$과 $\mathbf{r}$이 주어져도 유사한 상황이 벌어지게 되고 문제는 힘 $\mathbf{F}$를 구하는 것이 된다. 제2.9절에서 벡터 나눗셈은 정의되지 않는다는 사실을 알았다. 그러므로 $\mathbf{M}$을 $\mathbf{F}$로 나누어 $\mathbf{r}$을 구하거나 $\mathbf{M}$을 $\mathbf{r}$로 나누어 $\mathbf{F}$를 구하는 공식적인 방법은 전혀 없다.

그러나 벡터 곱의 개념을 일부 적용하면 벡터 해석을 사용하여 이러한 문제의 해를 구할 수 있다. 역 문제는 그림 4.10에 예시되어 있다. 벡터 곱의 특성 때문에 모멘트 $\mathbf{M}$은 $\mathbf{r}$과 $\mathbf{F}$ 모두에 수직이어야만 한다. 그러나 일반적으로 $\mathbf{r}$과 $\mathbf{F}$는 서로 간에 수직이 아니다. 실제로, 점 O에서 힘 $\mathbf{F}$의 작용선까지 그을 수 있는 $\mathbf{r}$의 개수는 무한대이다. 이중에서 단지 하나 $\mathbf{r} = \mathbf{p}$는 O에서 힘 $\mathbf{F}$의 작용선까지의 수직거리이다. $\mathbf{p}$를 결정할 수 있으면, 작용선 상에 있는 공간 내의 점을 구한 바가 있으며, 이에 따라 공간 내에서 작용선의 위치를 알 수 있는 것이다. 그런 다음, 이 작용선 상의 임의의 점에 필요한 힘을 위치시킬 수가 있다. 역 문제는 이제 직용선 상에 있는 특정 벡터 $\mathbf{p}$를 풀 수 있게 변환이 되었다.

다음의 곱을 살펴보자.

$$\mathbf{M} = \mathbf{p} \times \mathbf{F} \qquad (4.5)$$

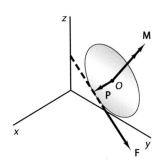

그림 4.10 단지 하나의 위치 벡터 $\mathbf{p}$만이 $\mathbf{F}$의 작용선과 직각을 이루면서 O에서 그을 수 있는 선에 놓인다.

식 (4.4)의 세 벡터는 이제 상호 수직, 즉 서로 간에 직교를 이룬다. 세 벡터에 관한 이 제한 조건으로 역 문제를 풀 수가 있게 되어, 벡터 $\mathbf{p}$는 제2.9절에서 소개한 벡터 3중 곱으로 직접 구할 수 있다. 역 문제를 풀려면, 식 (4.5)의 양변에 다음과 같이 힘 $\mathbf{F}$를 곱하면 된다.

$$\mathbf{F} \times \mathbf{M} = \mathbf{F} \times (\mathbf{p} \times \mathbf{F}) \qquad (4.6)$$

식 (4.6)의 우변은 벡터 3중 곱인데, 이는 식 (2.123)을 사용하여 다음과 같이 쓸 수 있다.

$$\mathbf{F} \times \mathbf{M} = \mathbf{F} \times (\mathbf{p} \times \mathbf{F}) = \mathbf{p}(\mathbf{F} \cdot \mathbf{F}) - \mathbf{F}(\mathbf{F} \cdot \mathbf{p}) \qquad (4.7)$$

이 식의 마지막 항은, $\mathbf{F}$와 $\mathbf{p}$가 수직이고 임의의 두 수직 벡터의 스칼라 곱은 0이므로, 0이다. 스칼라 곱 $\mathbf{F} \cdot \mathbf{F}$는 스칼라이고 그 크기는 알고 있는 힘의 크기의 제곱과 같다. 스칼라로 나누는 것은 정의가 잘 되어 있으므로 벡터 $\mathbf{p}$는 다음과 같다.

$$\mathbf{p} = \frac{\mathbf{F} \times \mathbf{M}}{\mathbf{F} \cdot \mathbf{F}} \qquad (4.8)$$

여기에서 모멘트와 힘이 주어질 때 위치 벡터를 구하는 역 문제의 해가 나온다. $\hat{\mathbf{f}}$를 $\mathbf{F}$방향의 단위 벡터라고 하고 다음과 같이 정의하면,

$$\hat{\mathbf{f}} = \mathbf{F}/|\mathbf{F}| \tag{4.9}$$

이 힘은 점 O에서 다음과 같은 위치에 있는 작용선 상의 임의의 점에 작용하게 된다는 점에 유의하여야 한다.

$$\mathbf{r} = \mathbf{p} + d\hat{\mathbf{f}} \tag{4.10}$$

여기에서, d는 임의의 값이 되는데, 이는 $(d\hat{\mathbf{f}} \times \mathbf{F})$는 항상 0이 되기 때문이다. 그러므로 식 (4.10)은 다음의 식이 성립하기 때문에 이러한 역 문제에 대한 무한 개수의 해를 그리는 데 사용할 수 있다.

$$\mathbf{M} = \mathbf{r} \times \mathbf{F} = (\mathbf{p} + d\hat{\mathbf{f}}) \times \mathbf{F} = \mathbf{p} \times \mathbf{F} + d(\hat{\mathbf{f}} \times \mathbf{F}) = \mathbf{p} \times \mathbf{F}$$

설계 상황에서 흔히 발생하는 역 문제의 두 번째 유형은, 한 점에서 필요한 모멘트가 주어지고 미지력이 작용하는 점은 알지만 필요한 힘의 크기와 방향은 알지 못할 때 발생한다. 다시 말하지만, 이 문제는 스케치를 그려서 상황을 개념화하게 되면 직접 벡터 해법으로 풀 수 있다.

그림 4.11에는 관련된 벡터가 그려져 있다. 모멘트 $\mathbf{M}$은 모멘트의 정의에 따라 $\mathbf{r}$과 $\mathbf{F}$가 형성하는 평면에 수직이다. 벡터 $\mathbf{M}$과 $\mathbf{r}$(O에서 점 A까지의 위치 벡터)을 알고 있으면, 점 A에 작용하는 힘은 O에서 모멘트 $\mathbf{M}$을 발생시키도록 결정되어야만 한다. 힘 $\mathbf{F}$는 $\mathbf{r}$에 수직인 성분 $\mathbf{F}_p$와 $\mathbf{r}$방향을 따르는 성분 $\mathbf{F}_r$로 분해한다. 성분 $\mathbf{F}_r$은 $\mathbf{r}$의 작용선을 따르며 O를 통과하므로, 이 성분은 O에 관하여 어떠한 모멘트도 발생시키지 못한다. 이러한 형태의 힘을 사용하여, 모멘트 식을 구하면 다음과 같이 된다.

$$\mathbf{M} = \mathbf{r} \times \mathbf{F} = \mathbf{r} \times (\mathbf{F}_p + \mathbf{F}_r) = \mathbf{r} \times \mathbf{F}_p \tag{4.11}$$

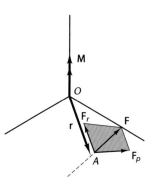

그림 4.11 주어진 점 A에 작용하지만 그 크기와 방향을 모르는 힘 $\mathbf{F}$에 의해 주어진 모멘트 $\mathbf{M}$

$\mathbf{r}$에 평행한 힘 성분 $\mathbf{F}_r$은 O에서의 모멘트에 영향을 주지 않기 때문에 유일한 값으로 결정되지 않는다. $\mathbf{r}$에 수직한 힘 성분 $\mathbf{F}_p$는 앞의 역 문제 해에서 사용했던 것과 유사하게 결정할 수가 있다. 식 (4.11)의 양 변에 알고 있는 벡터 $\mathbf{r}$로 벡터 곱을 하면 다음이 나온다.

$$\mathbf{r} \times \mathbf{M} = \mathbf{r} \times (\mathbf{r} \times \mathbf{F}_p) \tag{4.12}$$

벡터 3중 곱은 다음과 같이 쓸 수 있다.

$$\mathbf{r} \times \mathbf{M} = \mathbf{r} \times (\mathbf{r} \times \mathbf{F}_p) = \mathbf{r}(\mathbf{r} \cdot \mathbf{F}_p) - \mathbf{F}_p(\mathbf{r} \cdot \mathbf{r}) \tag{4.13}$$

$\mathbf{r}$과 $\mathbf{F}_p$는 두 벡터가 서로 수직하므로, 이 두 벡터의 스칼라 곱이 포함되어 있는 항은 0이다. 스칼라 곱 $\mathbf{r} \cdot \mathbf{r}$은 알고 있는 스칼라이므로 미지력은 다음과 같다.

$$\mathbf{F}_p = -\frac{\mathbf{r} \times \mathbf{M}}{\mathbf{r} \cdot \mathbf{r}} \tag{4.14}$$

이 식은 모멘트 식과 관련된 제2유형의 역 문제에 해를 제공해준다.

식 (4.8)과 식 (4.14)로 주어진 이러한 2가지 유형의 역 문제의 해를 **직접 벡터 해**라고 하며 이 해는 3개의 벡터가 직교를 이루고 있고 벡터 곱이 포함되어 있는 식을 풀 때 유용하다.

| 예제 4.5 | 그림과 같은 선도에서, 좌표가 (10, −6, 8) m인 점 A에 위치하여 원점에 다음과 같은 모멘트를 발생시키는 최소력 **F**를 구하라. |

$$\mathbf{M}_O = 3000\hat{\mathbf{i}} + 1000\hat{\mathbf{j}} - 3000\hat{\mathbf{k}} \ \text{N} \cdot \text{m}$$

풀이 이 모멘트는 O에서 A까지의 위치 벡터에 수직하여야 한다. 위치 벡터는 다음과 같다.

$$\mathbf{r}_{A/O} = 10\hat{\mathbf{i}} - 6\hat{\mathbf{j}} + 8\hat{\mathbf{k}} \ \text{m}$$

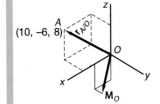

이 벡터들은 서로 수직을 이루므로 그 스칼라 곱은 다음과 같이 0이 되어야 한다.

$$\mathbf{M}_O \cdot \mathbf{r}_{A/O} = 0$$

그러므로 다음의 역 해를 구할 수 있다.

$$\mathbf{r} \times \mathbf{F} = \mathbf{M}$$

식 (4.14)를 사용하여, (**r**에 수직하는) 최소력을 다음과 같이 구한다.

$$\mathbf{F}_p = -\frac{\mathbf{r} \times \mathbf{M}}{\mathbf{r} \cdot \mathbf{r}} = -(10{,}000\hat{\mathbf{i}} + 54{,}000\hat{\mathbf{j}} + 28{,}000\hat{\mathbf{k}})/200$$
$$= -50\hat{\mathbf{i}} - 270\hat{\mathbf{j}} - 140\hat{\mathbf{k}} \ (\text{N})$$

r에 평행하는 힘 **F** 성분이 없으므로, 이 힘이 적용할 수 있는 최소력이 된다. 수학적인 실수를 저지르지 않으려면, 이 힘과 위치 벡터가 진짜로 서로 수직을 이루는지 확인해보고 또한 모멘트와 힘 벡터가 서로 수직하는지 확인을 해보면 된다.

4.4 바리뇽 정리

제2장에서는, 공점력계의 합력이 힘의 벡터 합과 같다는 것을 알았다. 프랑스 수학자 바리뇽(Varignon; 1654~1722)은 **모멘트의 원리**, 즉 **바리뇽 정리**라고 하는 개념을 개발했는데, 이는 '한 점에 관한 힘의 모멘트는 그 점에 관한 힘의 성분들의 모멘트의 합과 같다.'고 하는 내용이다. 이 원리는 제2.9절에 있는 식 (2.102)인 벡터 곱의 분배 특성의 직접적인 결과이다.

공점력계의 합은 다음과 같은 단일의 합력으로 쓸 수 있다. 그러면 이 합력의 모멘트는 다음과 같이 된다.

$$\mathbf{R} = \sum_i \mathbf{F}_i = \mathbf{F}_1 + \mathbf{F}_2 + \mathbf{F}_3 + \cdots$$

$$\mathbf{M} = \mathbf{r} \times \mathbf{R} = \mathbf{r} \times (\mathbf{F}_1 + \mathbf{F}_2 + \mathbf{F}_3 + \cdots)$$
$$= \mathbf{r} \times \mathbf{F}_1 + \mathbf{r} \times \mathbf{F}_2 + \mathbf{r} \times \mathbf{F}_3 + \cdots \qquad (4.15)$$

여기에서, 마지막 식은 벡터 곱의 분배 특성에서 이어지는 것이다. 이 식은 쉽게 수정되어 바리뇽 정리의 정확한 형태를 취하게 된다. 먼저, 임의의 힘은 다음과 같이 그 성분의 벡터 합으로 표현할 수 있다.

$$\mathbf{F} = F_x\hat{\mathbf{i}} + F_y\hat{\mathbf{j}} + F_z\hat{\mathbf{k}}$$

다음으로, 임의의 점에 관한 모멘트는 다음과 같다.

$$\mathbf{M} = \mathbf{r} \times \mathbf{F} = \mathbf{r} \times F_x\hat{\mathbf{i}} + \mathbf{r} \times F_y\hat{\mathbf{j}} + \mathbf{r} \times F_z\hat{\mathbf{k}}$$

임의의 점으로부터의 위치 벡터는 다음과 같이 쓸 수 있다.

$$\mathbf{r} = x\hat{\mathbf{i}} + y\hat{\mathbf{j}} + z\hat{\mathbf{k}}$$

그러면 모멘트는 다음과 같이 된다.

$$\mathbf{M} = (x\hat{\mathbf{i}} + y\hat{\mathbf{j}} + z\hat{\mathbf{k}}) \times (F_x\hat{\mathbf{i}} + F_y\hat{\mathbf{j}} + F_z\hat{\mathbf{k}})$$

즉

$$\mathbf{M} = (yF_z - zF_y)\hat{\mathbf{i}} + (zF_x - xF_z)\hat{\mathbf{j}} + (xF_y - yF_x)\hat{\mathbf{k}} \qquad (4.16)$$

x축에 관한 모멘트는 오른손 법칙에서는 모멘트 벡터의 $\hat{\mathbf{i}}$성분이다. 이 모멘트에는 단지 yz평면에서의 위치와 힘 성분들이 수반된다. 식 (2.109)에 이어진 설명을 상기해보면, y축과 z축에 관한 모멘트에 대해서도 유사한 관찰을 할 수 있다. 이와 같이, 모멘트는 3개의 평면 해석의 합, 즉 3중 평면 구성(triplanar in composition)으로 볼 수 있다. 대칭축에 관한 보의 굽힘과 같은 응용에서는, 각각의 축에 관한 굽힘 해석을 독립적으로 처리한다.

바리뇽 정리는 모멘트의 스칼라 성분을 구하는 데 매우 유용하지만, 벡터 곱을 사용하면 바리뇽 이론을 사용하지 않고서도 모멘트를 체계적으로 구할 수 있다는 사실을 알게 될 것이다.

예제 4.6

그림과 같이 크랭크가 점 O에서 핀으로 지지되어 있어서 이 점에 관하여 자유롭게 회전할 수 있으며 1000 N의 힘을 받고 있다. 점 O에서의 모멘트를 구하라.

풀이 먼저, 크랭크가 xy평면에 놓이도록 좌표계를 설정한다(그림 참조). 그러면 바리뇽 정리를 사용하여 점 O에서의 모멘트의 z성분을 구할 수 있다. 힘 $\mathbf{F}$의 성분들은 다음과 같다.

$$F_x = 707\,\text{N} \quad F_y = 707\,\text{N}$$

점 O에서 F_x까지의 모멘트 팔의 길이는 2 m이고, 이 성분의 모멘트는 z축에 관하여 시계 방향으로

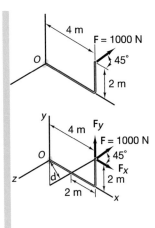

작용하며 그 크기는 1414 N · m이다. F_y 성분의 모멘트 팔의 길이는 4 m이고, 이 성분의 모멘트는 반시계 방향으로 2828 N · m이다. 바리뇽 정리에 의해, 힘 **F**의 모멘트는 이 모멘트들의 합으로 반시계 방향으로, 즉 오른손 법칙에 따라 양의 z방향으로 1414 N · m과 같다.

바리뇽 정리를 벡터 표기법에 사용하면 다음이 나온다.

$$\mathbf{M}_O = \mathbf{r} \times \mathbf{F} = \mathbf{r} \times (F_x\hat{\mathbf{i}} + F_y\hat{\mathbf{j}})$$
$$= (4\hat{\mathbf{i}} + 2\hat{\mathbf{j}}) \times (707\hat{\mathbf{i}} + 707\hat{\mathbf{j}}) = -1414\hat{\mathbf{k}} + 2828\hat{\mathbf{k}} = 1414\hat{\mathbf{k}} \text{ N} \cdot \text{m}$$

다른 방법으로는, 문제가 2차원이므로 거리 d는 삼각법으로 직접 구할 수 있다.

$$d = 2 \sin 45 = 1.414 \text{ m}$$
$$\mathbf{M}_O = 1.414 \text{ m} (1000 \text{ N}) = 1414 \text{ N} \cdot \text{m}$$

그러나 모멘트는 간단한 2차원 문제를 제외하고는 벡터를 사용하여 풀어야 계산이 가장 잘 된다.

예제 4.7

그림과 같이 인장력이 300 N인 케이블이 봉에 부착되어 있다. 다음을 계산하라.
(i) 상대 위치 벡터 $\mathbf{r}_{B/A}$를 사용하여 점 A에 관한 케이블 인장력의 모멘트
(ii) 상대 위치 벡터 $\mathbf{r}_{C/A}$를 사용하여 점 A에 관한 케이블 인장력의 모멘트
(iii) 점 A에서 케이블까지의 수직 위치 벡터

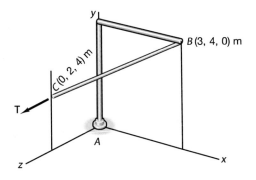

풀이 상대 위치 벡터들은 다음과 같다.

$$\mathbf{r}_{B/A} = 3\hat{\mathbf{i}} + 4\hat{\mathbf{j}} \text{ m}$$
$$\mathbf{r}_{C/A} = 2\hat{\mathbf{j}} + 4\hat{\mathbf{k}} \text{ m}$$
$$\mathbf{r}_{C/B} = -3\hat{\mathbf{i}} - 2\hat{\mathbf{j}} + 4\hat{\mathbf{k}} \text{ m}$$

케이블을 따르는 단위 벡터는 다음과 같다.

$$\hat{\mathbf{t}} = \frac{\mathbf{r}_{C/B}}{|\mathbf{r}_{C/B}|} = -0.557\hat{\mathbf{i}} - 0.371\hat{\mathbf{j}} + 0.743\hat{\mathbf{k}}$$

케이블의 인장력은 다음과 같다.

$$\mathbf{T} = T\hat{\mathbf{t}} = -167\hat{\mathbf{i}} - 111\hat{\mathbf{j}} + 223\hat{\mathbf{k}} \text{ N}$$

점 A에 관한 인장력의 모멘트는 각각 다음과 같다.

(i) $\mathbf{M}_A = \mathbf{r}_{B/A} \times \mathbf{T} = 891\hat{\mathbf{i}} - 669\hat{\mathbf{j}} + 334\hat{\mathbf{k}} \text{ Nm}$

(ii) $\mathbf{M}_B = \mathbf{r}_{C/A} \times \mathbf{T} = 891\hat{\mathbf{i}} - 669\hat{\mathbf{j}} + 334\hat{\mathbf{k}} \text{ Nm}$

점 A에서 케이블까지의 수직 위치 벡터는 다음과 같이 정의된다.

$$(iii) \qquad \mathbf{p} \times \mathbf{T} = \mathbf{M_A}$$

$$\mathbf{T} \times (\mathbf{p} \times \mathbf{T}) = \mathbf{T} \times \mathbf{M_A}$$

$$\mathbf{p}(\mathbf{T} \cdot \mathbf{T}) - \mathbf{T}(\mathbf{T} \cdot \mathbf{p}) = \mathbf{T} \times \mathbf{M_A}$$

$$\mathbf{p} = \frac{\mathbf{T} \times \mathbf{M_A}}{\mathbf{T} \cdot \mathbf{T}} = 1.24\hat{\mathbf{i}} + 2.83\hat{\mathbf{j}} \times 2.35\hat{\mathbf{k}} \ \text{m}$$

$\mathbf{p} \cdot \mathbf{T} = 0$은 $\mathbf{p}$가 $\mathbf{T}$에 수직함을 증명한다.

예제 4.8

그림과 같이 기둥이 3개의 케이블로 지지되고 있다. 케이블 AB의 인장력은 스트레인 게이지로 3 kN 으로 측정되었다. 3개의 케이블의 인장력으로 인하여 기둥 O의 밑동에서의 모멘트가 0일 때, 다른 두 케이블의 장력을 각각 구하라.

풀이 3개의 케이블 각각을 따르는 단위 벡터를 다음과 같이 세운다.

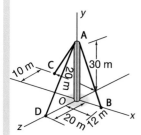

$$\mathbf{AB} = 12\hat{\mathbf{i}} - 30\hat{\mathbf{j}} \qquad \hat{\mathbf{e}}_{AB} = \frac{\mathbf{AB}}{|\mathbf{AB}|} \qquad \hat{\mathbf{e}}_{AB} = 0.371\hat{\mathbf{i}} - 0.928\hat{\mathbf{j}}$$

$$\mathbf{AC} = -20\hat{\mathbf{i}} - 30\hat{\mathbf{j}} - 10\hat{\mathbf{k}} \qquad \hat{\mathbf{e}}_{AC} = \frac{\mathbf{AC}}{|\mathbf{AC}|} \qquad \hat{\mathbf{e}}_{AC} = -0.535\hat{\mathbf{i}} - 0.802\hat{\mathbf{j}} - 0.267\hat{\mathbf{k}}$$

$$\mathbf{AD} = -30\hat{\mathbf{j}} + 20\hat{\mathbf{k}} \qquad \hat{\mathbf{e}}_{AD} = \frac{\mathbf{AD}}{|\mathbf{AD}|} \qquad \hat{\mathbf{e}}_{AD} = -0.832\hat{\mathbf{j}} + 0.555\hat{\mathbf{k}}$$

원점 O에서 점 A까지의 벡터, 즉 $\mathbf{r}_{A/O} = 30\,\hat{\mathbf{j}}$를 설정한다. 이제 각각의 케이블 인장력의 원점에 관한 모멘트는 다음과 같이 형성된다.

$$\mathbf{M}_{AB} = \mathbf{r}_{A/O} \times 3\hat{\mathbf{e}}_{AB} = -33.42\hat{\mathbf{k}}$$

$$\mathbf{M}_{AC} = \mathbf{r}_{A/O} \times T_{AC}\hat{\mathbf{e}}_{AC} = T_{AC}(-8.018\hat{\mathbf{i}} + 16.64\hat{\mathbf{k}})$$

$$\mathbf{M}_{AD} = \mathbf{r}_{A/O} \times T_{AD}\,\hat{\mathbf{e}}_{AD} = T_{AD}16.64\hat{\mathbf{i}}$$

원점 O에서의 총 모멘트를 0으로 놓으면 다음이 나온다.

$$T_{AC} = 2.08 \ \text{kN}$$
$$T_{AD} = 1.00 \ \text{kN}$$

이 문제는 케이블 인장력의 합이 y방향에 있을 때는 원점에서의 모멘트가 0이라는 사실을 이해하고 있다면 모멘트 식을 세우지 않고 풀 수 있다.

$$3\hat{\mathbf{e}}_{AB} + T_{AC}\hat{\mathbf{e}}_{AC} + T_{AD}\hat{\mathbf{e}}_{AD} = C\hat{\mathbf{j}}$$

여기에서 C는 기둥의 압축력이다.

$$3(0.371\hat{\mathbf{i}} - 0.928\hat{\mathbf{j}}) + T_{AC}(-0.535\hat{\mathbf{i}} - 0.802\hat{\mathbf{j}} - 0.267\hat{\mathbf{k}})$$
$$+ T_{AD}(-0.832\hat{\mathbf{j}} + 0.555\hat{\mathbf{k}}) = C\hat{\mathbf{j}}$$

벡터 방정식을 풀면 다음이 나온다.

$$T_{AC} = 2.08 \ \text{kN}$$
$$T_{AD} = 1.00 \ \text{kN}$$

그림에서 2개의 케이블은 벽에 수직한 3.6 kN의 힘과 점 D에서 크기가 10 kN·m인 모멘트를 발생시킨다고 한다. 이 두 케이블의 인장력을 구하라.

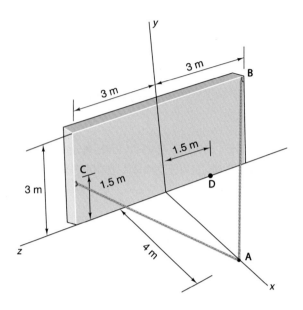

풀이 점 B에서 점 A까지의 상대 위치 벡터와 점 A에서 점 C까지의 상대 위치 벡터를 구한다.

$$\mathbf{r_{A/B}} = 4\hat{\mathbf{i}} - 3\hat{\mathbf{j}} + 3\hat{\mathbf{k}}$$
$$\mathbf{r_{A/C}} = 4\hat{\mathbf{i}} - 1.5\hat{\mathbf{j}} - 3\hat{\mathbf{k}}$$

이 두 상대 위치 벡터를 따르는 단위 벡터를 구한다.

$$\hat{\mathbf{e}}_{A/B} = 0.686\hat{\mathbf{i}} - 0.514\hat{\mathbf{j}} + 0.514\hat{\mathbf{k}}$$
$$\hat{\mathbf{e}}_{A/C} = 0.766\hat{\mathbf{i}} - 0.287\hat{\mathbf{j}} - 0.575\hat{\mathbf{k}}$$

두 케이블의 인장력은 다음과 같이 쓸 수 있다.

$$\mathbf{T_B} = T_B\hat{\mathbf{e}}_{A/B}$$
$$\mathbf{T_C} = T_C\hat{\mathbf{e}}_{A/C}$$

이 두 케이블이 벽에 수직한 3.6 kN의 힘을 발생시킨다고 알려진 사실은 수학적으로 다음과 같은 첫 번째 선형 식으로 표현할 수 있다.

$$0.686T_B + 0.766T_C = 3.6$$

또한, 점 D에서 크기가 10 kN·m인 모멘트를 발생시킨다는 두 번째 사실은 수학적으로 표현하기가 더욱 어렵다. 점 D에서 점 A까지의 상대 위치 벡터를 구한다.

$$\mathbf{r_{A/D}} = 4\hat{\mathbf{i}} + 1.5\hat{\mathbf{k}}$$

이제 점 D에 관한 각각의 인장력의 모멘트를 구할 수 있다.

$$\mathbf{M_B} = \mathbf{r_{A/D}} \times T_B\hat{\mathbf{e}}_{A/B}$$
$$\mathbf{M_C} = \mathbf{r_{A/D}} \times T_C\hat{\mathbf{e}}_{A/C}$$

이 두 모멘트 벡터 합의 크기는 10 kN·m라고 했다. 즉,

$$|\mathbf{M_B} + \mathbf{M_C}| = 10$$

이 식을 수학적으로 등가인 식으로 변형시키면 다음과 같다.

$$(\mathbf{M_B} \cdot \mathbf{M_B}) + 2(\mathbf{M_B} \cdot \mathbf{M_C}) + (\mathbf{M_C} \cdot \mathbf{M_C}) = 100$$

이 식을 전개하면 다음과 같은 두 번째 선형 식이 나온다.

$$5.89T_B^2 - 1.7T_BT_C + 13.397T_C^2 - 100 = 0$$

이 식에는 제곱이나 곱의 형태로 2개의 미지의 인장력이 들어 있으므로, 계산기나 컴퓨터를 사용하여 첫 번째 선형 식을 수치적으로 풀어야 한다. 이 두 식을 인장력 T_C가 T_B의 함수가 되도록 쓰면 다음과 같다.

$$T_{C1}(T_B) = \frac{1}{0.766}(3.6 - 0.686T_B)$$
$$T_{C2}(T_B) = \frac{1}{2*13.397}\left[1.7T_B + \sqrt{1.7^2T_B^2 - 4*13.397*(5.89T_B^2 - 100)}\right]$$

이 두 식의 곡선을 작성하면 도식적 해를 구할 수 있다.

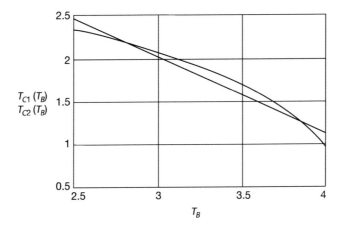

이 문제에는 그래프의 두 교점에서 각각 하나씩 모두 두 개의 해가 있다는 점을 주목하여야 한다. 케이블의 인장력은 각각 다음과 같다.

$$T_B = 2.8 \,\text{kN} \quad \text{및} \quad 3.9 \,\text{kN}$$

또는

$$T_C = 2.2 \,\text{kN} \quad \text{및} \quad 1.2 \,\text{kN}$$

4.11 연습문제 4.5의 장치 모멘트를 벡터 정의를 사용하여 계산하라.

4.12 그림 P4.12에 연습문제 4.7의 렌치와 볼트가 다시 그려져 있다. 크기가 250 N인 힘 **F**로 인하여 점 O에 관해 발생하는 모멘트가 최댓값이 되게 하는 각도 θ를 모멘트의 벡터 정의를 사용하여 계산하라.

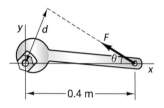

그림 P4.12

4.13 연습문제 4.8을 벡터 표기법을 사용하여 다시 풀어라(그림 P4.13 참조).

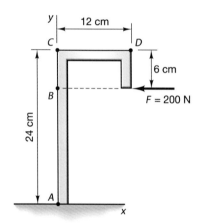

그림 P4.13

4.14 그림 P4.14와 같은 자동차 견인줄이 있다. 그림에서와 같이 4000 N의 힘이 트레일러 연결부에 작용하고 있고, 이 힘은 견인차가 견인줄 AB을 잡아당김에 따라 각도 θ를 통해 변화하게 된다. 범퍼 연결점 B에 관한 모멘트를 각도 θ의 함수로 계산하라. $\theta = 0$, 45°, 90°에서 $\mathbf{M}_B$의 값을 각각 계산하라.

4.15 점 O로부터 힘 벡터 $\mathbf{F} = \hat{i} - 2\hat{j} + 5\hat{k}$ (kN)까지의 위치 벡터가 $\mathbf{r} = 2\hat{i} + 3\hat{j} - 4\hat{k}$ (m)으로 주어져 있다. $\mathbf{r}$에 작용하는 **F**의 점 O에 관한 모멘트를 계산하라.

4.16 그림 P4.16과 같이, 300 N의 힘이 봉에 작용하고 있다. 좌표의 단위는 cm이다. 원점에 가해지는 **F**에 의한 모멘트를 계산하라.

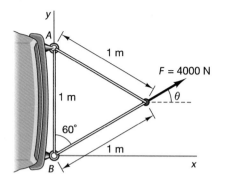

그림 P4.14

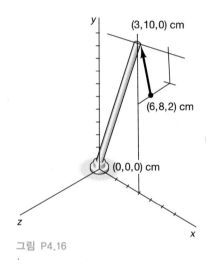

그림 P4.16

4.17 브래킷에 걸려 있는 로프가 그 길이를 따라 9000 N의 힘을 브래킷에 가하고 있다(그림 P4.17 참조). 브래킷이 트랙터에 연결되어 있는 점에서 발생되는 모멘트를 계산하고 브래킷의 꺾인 부분(엘보)에서 발생하는 모멘트를 계산하라.

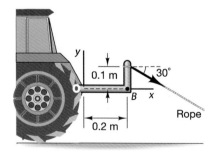

그림 P4.17

4.18 그림 P4.18과 같이, 기중기가 하수관의 끝을 들어올리고 있다. 크레인이 6000 N의 힘을 선 CB를 따라서 작용하고 있을 때, 점 A에 관하여 발생되는 모멘트를 그림에 나타낸 좌표계를 사용하여 계산하라.

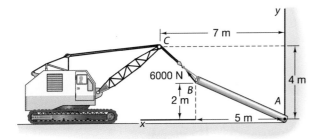

그림 P4.18

4.19 체결 렌치를 내리 눌러서 체결 너트를 조이고 있다. (a) 그림
P4.19과 같은 구성에서 θ = 25°일 때, 체결 너트에 관하여가
아니라 바퀴의 중심인 O에 관하여 힘이 발생시키는 모멘트를
계산하라. (b) 각도 θ가 0에서 90°까지 사이에서 90°의
증분으로 변할 때, O에 관한 모멘트를 각도 θ의 함수로
계산하라.

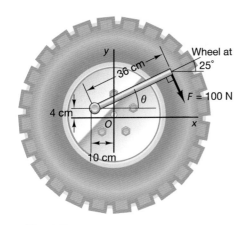

그림 P4.19

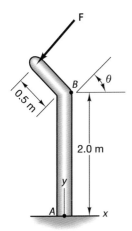

그림 P4.20

4.20 그림 P4.20과 같이, 도시된 방향을 따라 18 kN의 힘이 콘크리트
모노레일 지지 기둥의 윗 끝에 있는 도시된 점에 수직으로
가해지고 있다. θ = 45°일 때, 이 힘이 점 A에 관하여 발생시키
는 모멘트를 구하고 점 B에 관한 모멘트도 구하라.

4.21 그림 P4.21과 같이, 힘 $\mathbf{F} = 8\,\hat{\mathbf{i}} + 3\,\hat{\mathbf{j}} - \hat{\mathbf{k}}$ (kN)이 크기가 200
× 200 × 300 (mm)인 알루미늄 재료를 기계 가공한 부품에
있는 점 A에 가해지고 있다. 점 O에 관한 $\mathbf{F}$의 모멘트를
계산하라.

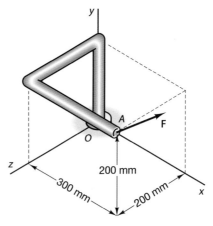

그림 P4.21

4.22 힘 $\mathbf{F} = -\hat{\mathbf{i}} - \hat{\mathbf{j}} + 3\,\hat{\mathbf{k}}$ (kN)이 점 O로부터 $\mathbf{F}$의 작용선까지
$\mathbf{r} = \hat{\mathbf{i}} + \hat{\mathbf{j}} + 3\,\hat{\mathbf{k}}$ (m)로 정의되는 모멘트 팔을 거쳐 작용하고
있다. 점 O에 관한 최종 모멘트를 계산하라.

4.23 그림 P4.23과 같이, 50 N의 힘이 점 A에서 점 B까지의 작용선
을 따라 위치하고 있다. 점 O에 관한 모멘트를 2가지로 계산하
라. 즉 먼저 점 O로부터 점 B까지의 벡터를 사용하고, 그런
다음 점 O로부터 점 A까지의 벡터를 사용하라. 이 벡터들은
동일한가? 모멘트의 정의를 사용하여 이 벡터들이 동일하거나
동일하지 않는 것인지를 설명하라.

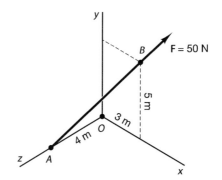

그림 P4.23

4.24 그림 P4.24와 같이, 상자 모서리가 레버로 그림에 표시되어 있는 방향을 따라 600 N의 힘으로 들어올려 있다. 이 힘이 상자에 있는 점 A에 관하여 가하는 모멘트를 계산하라.

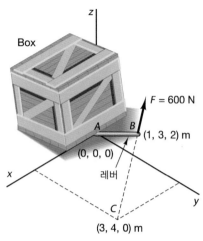

그림 P4.24

4.25 힘 $\mathbf{F}_1 = 40\,\hat{\mathbf{i}} + 20\,\hat{\mathbf{j}} - 15\,\hat{\mathbf{k}}$ (N)이 비행기 조종사에 의해 운전대의 하부에 가해지고 있다(그림 P4.25). 점 O에 관한 힘 $\mathbf{F}_1$의 모멘트를 계산하라.

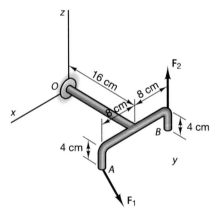

그림 P4.25

4.26 비행기 조종사가 그림 P4.25에 그려져 있는 운전대의 한 쪽 끝인 점 A에는 힘 $\mathbf{F}_1 = 40\,\hat{\mathbf{i}} + 20\,\hat{\mathbf{j}} - 10\,\hat{\mathbf{k}}$ (N)을, 다른 한 쪽 끝인 점 B에는 $\mathbf{F}_2 = 25\,\hat{\mathbf{k}}$ (N)을 각각 가한다고 하자. 이 두 힘이 점 O에 관하여 일으키는 모멘트를 계산하라.

4.27 그림 P4.27과 같이, 각각이 10 kN인 2개의 힘이 2개의 다른 방향으로 기둥에 가해지고 있다. 이 두 힘이 점 O에 가하는 총 모멘트를 계산하라.

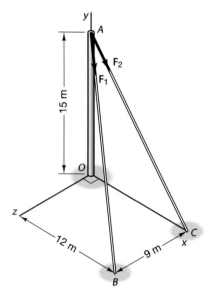

그림 P4.27

4.28 그림 P4.28과 같이, 2개의 힘이 크랭크 기구에 가해지고 있다. 이 힘들은 그림에 표시되어 있는 좌표계에 나타나 있는 대로 $\mathbf{F}_1 = 50\,\hat{\mathbf{i}}$ (N)과 $\mathbf{F}_2 = -50\,\hat{\mathbf{k}}$ (N)이다. (a) 어느 힘이 $\hat{\mathbf{j}}$ 방향으로 점 O에 관하여 더 큰 모멘트를 발생시킬까? (b) 이 두 힘의 점 O에 관한 총 모멘트를 계산하라. $\hat{\mathbf{j}}$ 성분만이 크랭크를 y축 둘레로 회전시키는 데 유용하다는 점을 유의하여야 한다.

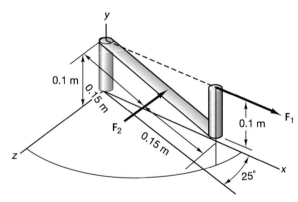

그림 P4.28

4.29 연습문제 4.28(b)를 $\mathbf{F}_1 = \mathbf{F}_2 = -50\,\hat{\mathbf{k}}$ (N)을 사용하여 다시 풀어라.

4.30 2개의 철선이 전봇대에 연결되어 이를 보조 지지하고 있다(그림 P4.30 참조). 각각의 철선은 자체를 따르는 작용선으로 2.1 kN의 힘을 가하고 있다. 이 두 힘이 점 O에 관하여 일으키는 모멘트를 계산하라.

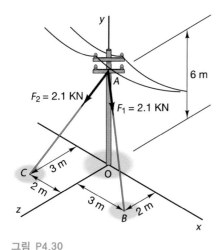

그림 P4.30

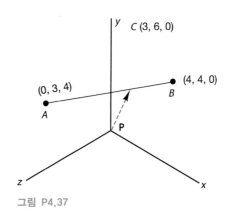

그림 P4.37

4.31 힘 $\mathbf{F}_1 = 100\,\hat{i} + 40\,\hat{k}$ (N)을 사용하여 $\hat{j}$ 방향으로 점 O에 관하여 300 N·m의 토크를 발생시키려고 한다고 하자(당연하지만, $\mathbf{F} \cdot \mathbf{M} = 0$이라는 점에 유의하라). 힘 $\mathbf{F}$와 결합되어 원하는 모멘트를 발생시키게 되는 위치 벡터 $\mathbf{r}$의 값을 계산하라.

4.32 $\mathbf{F}_1 = 10\,\hat{i} - 10\,\hat{j} - 20\,\hat{k}$ (N)이고 $\mathbf{M}_O = 20\,\hat{i} + 10\,\hat{j} + 5\,\hat{k}$ (kN · m)이며, 여기에서 $\mathbf{M}_O \cdot \mathbf{F} = 0$일 때, 이 힘으로 이 모멘트를 발생시키게 되는 가장 짧은 모멘트 팔 $\mathbf{r}$의 값을 계산하라.

4.33 $\mathbf{r}_O = 10\,\hat{i} + 10\,\hat{j} - 5\,\hat{k}$ (m)로 정의되는 점을 지날 때 $\mathbf{M}_O = 10\,\hat{i} + 5\,\hat{j} + 30\,\hat{k}$ (N · m)의 모멘트를 발생시키게 되는 힘 $\mathbf{F}$를 구해야 한다고 하자. 먼저, 해를 구할 수 있는지 아닌지를 확인해본 다음, 구할 수 있으면 최소 $\mathbf{F}$를 계산하라.

4.34 위치 벡터를 $\mathbf{r}_O = 3\,\hat{i} + 2\,\hat{k}$ (m)로 하고 $\mathbf{M}_O = 20\,\hat{i} - 30\,\hat{k}$ (N · m)로 하여 연습문제 4.33을 다시 풀어라.

4.35 $\mathbf{r}_O = 3\,\hat{i} + 5\,\hat{j} + 2\,\hat{k}$ (m)로 정의되는 점을 지나서 가해질 때 $\mathbf{M}_O = 20\,\hat{i} - 30\,\hat{k}$ (N · m)의 모멘트를 발생시키게 되는 최소 힘 $\mathbf{F}$를 계산하라. 먼저, 해를 구할 수 있는지 아닌지를 확인해보라. 이 문제를 연습문제 4.34와 비교해보라.

4.36 $\mathbf{r}_O = 3\,\hat{i} + 5\,\hat{j} + 2\,\hat{k}$ (m)로 정의되는 점을 지나서 가해질 때 $\mathbf{M}_O = 20\,\hat{i} - 35\,\hat{j} + 6\,\hat{k}$ (kN · m)의 모멘트를 발생시키게 되는 힘 $\mathbf{F}$를 계산하라. 먼저, 해를 구할 수 있는지 아닌지를 확인해본 다음, 구할 수 있으면 힘 $\mathbf{F}$를 계산하라.

4.37 벡터 곱의 특성을 사용하여, 그림 P4.37에서 원점으로부터 선 AB에 수직인 벡터를 구하라.

4.38 벡터 곱의 특성을 사용하여, 그림 P4.37에서 점 C로부터 선 AB에 수직인 벡터를 구하라.

4.39 그림 P4.39와 같이, 인장력 T_A, T_B, 및 T_C와 부착점 좌표 a_x, a_y, b_x, b_y 및 h가 다음과 같이 주어졌을 때, 기둥의 밑동에 관한 케이블 인장력의 모멘트가 0이 되게 되는 케이블 C의 부착점 좌표를 구하라. 기둥에 가해지는 압축력을 계산하라.

$$T_A = 200\,\text{N} \qquad a_x = 1\,\text{m} \qquad a_y = -2\,\text{m}$$

$$T_B = 100\,\text{N} \qquad b_x = -3\,\text{m} \qquad b_y = -1\,\text{m}$$

$$T_C = 300\,\text{N}$$

$$h = 5\,\text{m}$$

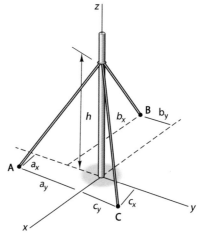

그림 P4.39

4.40 연습문제 4.39에서, C의 인장력을 100에서 1000 N의 범위에서 명시함으로써 C의 부착점이 선 $C_y = \lambda\,C_x$를 따라서 위치한다는 것을 증명하고, λ를 계산하라.

4.5 축에 관한 힘 모멘트

제4.3절에서는, 공간에 있는 점에 관한 힘 모멘트를 설명하였으며 이 모멘트는 벡터 곱을 사용하여 쉽게 구할 수 있음을 보였다. 많은 실제 적용에서는 힘 모멘트의 특정 방향 성분을 구하는 것이 필요하다. 이 공간에 있는 점을 지나 원하는 방향의 모멘트 성분과 평행한 선을 그렸을 때, 이 모멘트 성분을 **이 선에 관한 힘의 모멘트**라고 한다. 제2.8절에서는, 도트 곱, 즉 스칼라 곱을 사용하여 공간에 있는 선에 대하여 벡터의 평행한 성분과 수직한 성분을 각각 구하였다. 여기에서도 공간에 있는 선에 대한 힘 모멘트를 구하는 데 동일한 수학적 방법을 사용하게 될 것이다.

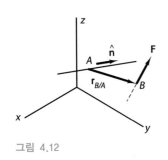

그림 4.12

그림과 같이 4.12와 같이, 공간에 있는 특정한 선과 이 선 상에 있지 않은 점에 가해지는 힘을 살펴보자. 점 A는 공간에 있는 임의의 점이고, 점 B는 힘 $\mathbf{F}$의 작용선 상에 있는 임의의 점이라고 하자. 점 A에 관한 힘 $\mathbf{F}$의 모멘트는 다음과 같다.

$$\mathbf{M}_A = \mathbf{r}_{B/A} \times \mathbf{F} \tag{4.17}$$

여기에서, $\mathbf{r}_{B/A}$는 A에서 B까지의 벡터, 즉 점 A에 대한 점 B의 상대 위치 벡터이다. 공간에 있는 선의 방향은 단위 벡터 $\hat{\mathbf{n}}$으로 주어지며, 이 선에 평행한 모멘트 성분은 스칼라 곱을 사용하여 구할 수 있다. 이제, 스칼라 곱의 교환 특성에 따라, $\hat{\mathbf{n}}$방향에서의 모멘트의 절대 값은 이 방향에서의 모멘트의 투영으로 쓸 수 있다.

$$|\mathbf{M}_n| = \mathbf{M}_A \cdot \hat{\mathbf{n}} = \hat{\mathbf{n}} \cdot (\mathbf{r}_{B/A} \times \mathbf{F}) \tag{4.18}$$

이는 선에 관한 힘 모멘트의 크기이다. 이 모멘트는 $\hat{\mathbf{n}}$방향에 있을 때 그 값이 양이다(모멘트 벡터의 방향은 오른손 법칙으로 정해진다). 이 성분의 크기는 스칼라 3중 곱인데, 이는 식 (2.120)에 따라 다음과 같은 행렬식으로 쓸 수 있다.

$$|\mathbf{M}_n| = \hat{\mathbf{n}} \cdot (\mathbf{r}_{B/A} \times \mathbf{F}) = \begin{vmatrix} n_x & n_y & n_z \\ r_{B/Ax} & r_{B/Ay} & r_{B/Az} \\ F_x & F_y & F_z \end{vmatrix} \tag{4.19}$$

선에 관한 힘 모멘트의 크기는 스칼라 3중 곱이므로, 식 (2.121)의 등식은 합당한 응용에서 사용하면 된다. 단위 벡터 $\hat{\mathbf{n}}$을 사용하면 식 (4.19)를 다음과 같이 쓸 수 있다.

$$\mathbf{M}_n = |\mathbf{M}_n|\hat{\mathbf{n}} = |\hat{\mathbf{n}} \cdot (\mathbf{r}_{b/a} \times \mathbf{F})|\hat{\mathbf{n}} \tag{4.20}$$

선에 관한 모멘트는 그 선에 평행한 점 A에 관한 모멘트의 성분이다. 그러나 이 선에 수직인 성분도 있다. 이 성분은 총 모멘트에서 평행 모멘트를 빼서 구하거나 식 (2.127)을 사용하여 구한다.

$$\begin{aligned} \mathbf{M}_p &= \mathbf{M}_A - \mathbf{M}_n \\ \mathbf{M}_P &= (\mathbf{r}_{b/a} \times \mathbf{F}) - [\hat{\mathbf{n}} \cdot (\mathbf{r}_{B/A} \times \mathbf{F})]\hat{\mathbf{n}} \\ &= \hat{\mathbf{n}} \times [(\mathbf{r}_{B/A} \times \mathbf{F}) \times \hat{\mathbf{n}}] \end{aligned} \tag{4.21}$$

여기에서 전개 과정은 제2.6 및 2.9절에서 증명한 것과 수학적으로 동일하다.

선에 관한 모멘트의 개념은 축의 토크와 나사 드라이버의 회전 효과를 구하는 데에서 뿐만 아니라 다른 기계분야 응용에서 매우 유용하다. 스칼라 곱은 모멘트 벡터를 투영시키는 계산으로 다음과 같다.

$$|\mathbf{M}_n| = |\mathbf{M}_A| \cos \theta \tag{4.22}$$

여기에서, θ는 점 A에 관한 모멘트와 선 사이의 각도이다. 이 선에 관한 최대 모멘트는 θ가 0일 때 발생하며 θ가 90°일 때에는 선에 관하여 회전 효과가 전혀 없다.

예제 4.10

타이어 체결 너트 렌치는 타이어에 있는 체결 너트를 제거하는 데 사용한다. 200 N의 힘이 가해질 때 이 체결 너트에 가해지는 유효 토크를 계산하라(그림 참조).

풀이

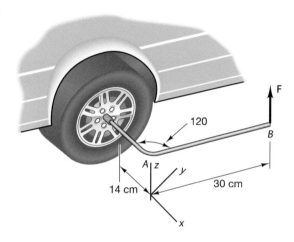

체결 너트 렌치의 유일한 유효 회전 효과는 점 A를 지나는 x방향의 선에 관한 힘 $\mathbf{F}$의 모멘트이다. y축과 z축에 관한 점 A에서의 모멘트 성분들은 체결 너트를 회전시키지 못한다. 먼저, 점 A에 관한 힘 모멘트를 구해 보기로 한다. 점 A에서 B까지의 위치 벡터를 구하면 다음과 같다. 즉

$$\mathbf{r}_{B/A} = 0.3(\sin 30 \hat{\mathbf{i}} + \cos 30 \hat{\mathbf{j}}) \text{ m}$$
$$\mathbf{F}_B = 200 \hat{\mathbf{k}} \text{ N}$$
$$\mathbf{M}_A = \mathbf{r}_{B/A} \times \mathbf{F}_B = (0.15 \hat{\mathbf{i}} + 0.25 \hat{\mathbf{j}}) \times 200 \hat{\mathbf{k}}$$
$$= 52 \hat{\mathbf{i}} - 30 \hat{\mathbf{j}} \text{ N} \cdot \text{m}$$

유효 토크는 타이어 체결 너트에 평행한 방향, 즉 x방향의 성분이며 다음과 같다.

$$\mathbf{M}_x = (\mathbf{M}_A \cdot \hat{\mathbf{i}}) \hat{\mathbf{i}} = 52 \hat{\mathbf{i}} \text{ N} \cdot \text{m}$$

이 해는 컴퓨터 소프트웨어를 사용하여 직접 구할 수 있다.

예제 4.11

$\mathbf{F}_r$과 $\mathbf{F}_l$은 그림과 같이 자전거 핸들의 오른쪽 끝과 왼쪽 끝에 각각 작용하는 힘을 나타낸다. 이 핸들에 작용하는 힘이 $\mathbf{F}_r = (-80 \hat{\mathbf{i}} - 80 \hat{\mathbf{j}})$ N이고 $\mathbf{F}_l = (-80 \hat{\mathbf{i}} - 80 \hat{\mathbf{j}} + 40 \hat{\mathbf{k}})$ N일 때, 자전거 타는 사람이 바퀴 축의 중심에 가하는 모멘트를 구하라. 그런 다음, y축에 관한 모멘트 성분을 구하라.

풀이 점 A에서 오른쪽 핸들 손잡이까지의 위치 벡터는 다음과 같다.

$$\mathbf{r}_{r/A} = -(0.90 \sin 20°)\hat{\mathbf{i}} + (0.90 \cos 20°)\hat{\mathbf{j}} + 0.40\hat{\mathbf{k}}$$

이와 유사하게, 점 A에서 왼쪽 핸들 손잡이까지의 위치 벡터는 다음과 같다.

$$\mathbf{r}_{l/A} = -(0.90 \sin 20°)\hat{\mathbf{i}} + (0.90 \cos 20°)\hat{\mathbf{j}} - 0.40\hat{\mathbf{k}}$$

점 A에서의 모멘트는 다음과 같다.

$$\mathbf{M_A} = \mathbf{r}_{r/A} \times \mathbf{F}_r + \mathbf{r}_{l/A} \times \mathbf{F}_l$$
$$= [-(0.90 \sin 20°)\hat{\mathbf{i}} + (0.90 \cos 20°)\hat{\mathbf{j}} + 0.40\hat{\mathbf{k}}] \times (-80\hat{\mathbf{i}} - 80\hat{\mathbf{j}})$$
$$+ [-(0.90 \sin 20°)\hat{\mathbf{i}} + (0.90 \cos 20°)\hat{\mathbf{j}} - 0.40\hat{\mathbf{k}}] \times (-80\hat{\mathbf{i}} - 80\hat{\mathbf{j}} + 40\hat{\mathbf{k}})$$
$$= 33.8\hat{\mathbf{i}} + 12.3\hat{\mathbf{j}} + 184.6\hat{\mathbf{k}}$$

y축에 관한 모멘트는 12.3 N·m이다.

이 계산을 할 때에도 컴퓨터 소프트웨어를 사용하면 된다.

연습문제

4.41 힘 $\mathbf{F} = 12\hat{\mathbf{i}} + 12\hat{\mathbf{j}} - 8\hat{\mathbf{k}}$ (N)이 손잡이에 가해지고 있다(그림 P4.41). 주어진 치수(단위는 cm)를 참고하여, 점 A에 관한 힘 F의 모멘트와 AB축에 관한 힘 F의 모멘트를 구하라.

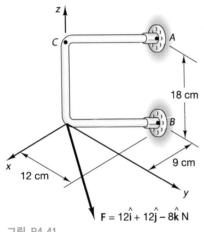

그림 P4.41

4.42 그림 P4.41의 장치에서, 선 CA에 관하여 힘 $\mathbf{F}$가 일으키는 모멘트를 계산하라.

4.43 그림 P4.43과 같이 전선 도관이 점 A와 B에 있는 2개의 브래킷으로 지지되어 있다. 제3의 브래킷에서 전선 도관을 굽히려고 하는데, 이는 C에 있는 브래킷에 힘 $\mathbf{F} = -60\hat{\mathbf{i}} + 20\hat{\mathbf{j}} - 30\hat{\mathbf{k}}$ (N)가 점 C에 가해지는 결과가 된다. 선 AB에 관한 모멘트를 계산하라. 즉 밑에 있는 2개의 브래킷을 지나는 도관에 관한 점 C에서의 힘의 회전 효과를 구하라.

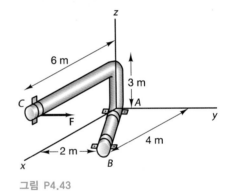

그림 P4.43

4.44 자전거를 타는 사람이 발로 페달에 표시되어 있는 힘을 가할 때 자전거의 스프로킷 축에 가해지는 모멘트를 계산하라(그림 P4.44 참조).

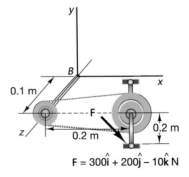

F = 300î + 200ĵ – 10k̂ N

그림 P4.44

4.45 그림 P4.45와 같이, 길이가 1.5 m인 깃대가 $T = 1\,kN$의 인장력이 걸려 있는 케이블로 안정되어 있다. 원점을 지나는 z축에 관한 힘의 모멘트를 계산하라.

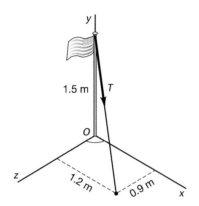

그림 P4.45

4.46 그림 P4.46과 같이, 40 N의 힘이 창문 개방 기구의 크랭크 손잡이에 있는 점 B에 x축 방향으로 가해지고 있다. (a) 이 힘이 z축에 관하여 발생시키는 모멘트 값을 계산하라. (b) 이 40 N의 힘은 이동하여 음의 x축으로부터 45° 방향으로 점 B에 가해지지만, 계속 $x - y$평면에 있다고 가정한다. z축에 관한 힘의 모멘트를 다시 계산하라.

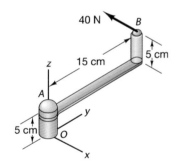

그림 P4.46

4.47 힘 $\mathbf{F} = -360\,\hat{\mathbf{i}} - 480\,\hat{\mathbf{j}} + 400\,\hat{\mathbf{k}}$ (N)이 한 쪽에 장착 핀이 끼워져 있는 한 변의 길이가 500 mm의 정육면체 블록을 기계 가공한 금속 브래킷에 있는 점 A에 가해지고 있다(그림 P4.47 참조). 장착 핀의 중심선은 $x - y$평면으로부터 250 mm 위에 그리고 브래킷 면으로부터 10 mm 떨어져서 y축에 평행하게 위치한다. 장착 핀을 지나는 중심선 pp'에 관한 모멘트를 구하라.

4.48 그림 P4.48과 같이, 한 변의 길이가 500 mm의 정육면체 블록에 장착 핀이 블록의 한 쪽 모서리로부터 블록의 맞은 편 표면 중심을 지나고 있다. 힘 $\mathbf{F} = -360\,\hat{\mathbf{i}} - 480\,\hat{\mathbf{j}} + 400\,\hat{\mathbf{k}}$ (N)이 블록의 윗면의 중심에 가해지고 있다. 장착 핀 pp'에 관한 힘의 모멘트를 계산하라.

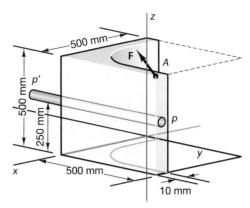

그림 P4.47

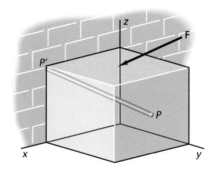

그림 P4.48

4.49 그림 P4.49와 같은 크랭크 기구에서, $\theta = 90°$인 경우에 점 O에 관하여 발생되는 모멘트가 $\mathbf{M}_O = 12\,\hat{\mathbf{i}} - 15\,\hat{\mathbf{j}} - 30\,\hat{\mathbf{k}}$ (N · m)가 되도록 점 C에 작용하는 힘 $\mathbf{F}$를 구하라.

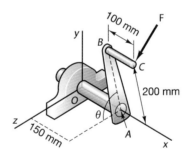

그림 P4.49

4.50 그림 P4.49와 같은 크랭크 기구에서, $\mathbf{F} = -20\,\hat{\mathbf{i}} - 20\,\hat{\mathbf{k}}$ (N)이라 할 때 모멘트에 대한 θ (0에서 90° 사이)의 효과를 조사하라. θ값이 얼마일 때, 점 O에 관한 모멘트가 최대가 되는가?

4.51 모든 힘이 z축을 따라서만 작용하고 있을 때, 연습문제 4.50을 다시 풀어라. 즉 힘의 크기는 동일하지만 z방향을 향하고 있을 때, 모멘트에 대하여 θ가 0과 90° 사이에서 변하는 효과를 조사하라.

4.6 우력 모멘트

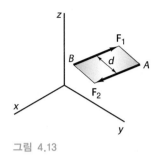

그림 4.13

기계의 회전 운동을 처리하는 또 다른 유용한 개념은 우력 개념이다. **우력(couple)** 은 크기는 같고 방향은 정반대이며 거리가 d만큼 떨어져 있는 2개의 비공선 평행력으로 정의된다. 이 상황은 그림 4.13에 예시되어 있다. 이 두 힘은 평행을 이루고 있으므로 그림과 같이 공면력이기도 한다는 점을 주목하여야 한다. 이 두 힘의 합력이 0이라는 점은 분명하다.

$$\mathbf{F}_2 = -\mathbf{F}_1$$
$$\mathbf{R} = \mathbf{F}_1 + \mathbf{F}_2 = \mathbf{0} \tag{4.23}$$

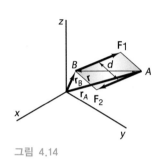

그림 4.14

힘 계의 합력은 힘들이 물체에 나타내는 병진 효과와 관련이 있으므로, 우력은 물체를 병진시키는 경향이 전혀 없다. 개념적으로 우력은 물체에 회전 효과가 나타나게 한다. 크기가 같고 방향은 정반대이며 비공선력인 2개의 힘이 단지 회전 효과만을 발생시킨다는 사실 그 자체만으로 우력은 주목을 끄는 학습 개념이 되는 것이다. 그렇지만, 우력의 다른 특성들이야 말로 우력을 정역학 학습에서 중요한 '도구'가 되게 한다는 사실을 이후의 설명에서 알게 될 것이다. 또한, 힘 계를 단일 합력과 우력으로 구성된 등가계로 변환시킬 수 있다는 내용도 설명할 것이다.

원점에 관한 2개의 힘 $\mathbf{F}_1$과 $\mathbf{F}_2$의 모멘트를 살펴보자. 이때, 점 A와 B를 각각 $\mathbf{F}_1$과 $\mathbf{F}_2$의 작용선 상의 한 점이라고 하자. 그림과 같이 좌표계를 선정하고 원점에서 점 A와 B까지의 위치 벡터를 각각 설정하면, 이 두 벡터의 모멘트는 벡터 곱을 사용하여 구할 수 있다. 원점에 관한 총 모멘트는 원점에 관한 각각의 힘 모멘트의 합이다. 즉

$$\mathbf{M}_O = \mathbf{r}_B \times \mathbf{F}_1 + \mathbf{r}_A \times \mathbf{F}_2 \tag{4.24}$$

그러나 $\mathbf{F}_2 = -\mathbf{F}_1$이면, 식 (4.24)는 다음과 같이 쓸 수 있다.

$$\mathbf{M}_O = \mathbf{r}_B \times \mathbf{F}_1 - \mathbf{r}_A \times \mathbf{F}_1 \tag{4.25}$$

벡터 곱의 분배 특성으로 원점에 관한 우력 모멘트는 다음과 같이 더 간단하게 쓸 수 있다.

$$\mathbf{M}_O = (\mathbf{r}_B - \mathbf{r}_A) \times \mathbf{F}_1 \tag{4.26}$$

그러나 $(\mathbf{r}_B - \mathbf{r}_A)$는 A에 대한 B의 상대 위치 벡터, 즉 $\mathbf{r}_{B/A}$이다. 그러므로 원점에 관한 우력 모멘트는 다음과 같이 간단한 식으로 바꿔 쓸 수 있다.

$$\mathbf{M}_O = \mathbf{r}_{B/A} \times \mathbf{F}_1 \tag{4.27}$$

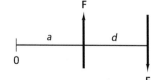

그림 4.15

식 (4.27)은 우력을 형성하는 두 힘의 모멘트가 두 힘 자체와 두 힘 사이의 위치 벡터에만 의존하고 좌표 원점에 대한 두 힘의 위치와는 관계가 없는 것을 보이고 있다. 그림 4.15에서는 간단한 2차원 예가 이 종속성을 명백하게 예시하고 있다.

이 그림에서, 원점 O에 관한 모멘트는 다음과 같이 쓸 수 있다.

$$M_O = -Fa + F(a + d)$$

여기에서는 시계 방향을 양으로 잡았다. 그러므로,

$$M_O = Fd \tag{4.28}$$

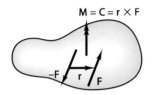

그림 4.16 거리 **r**만큼 떨어져 있는 2개의 힘 **F**에 의해 형성되는 우력 모멘트 **C**

이제는 우력 모멘트가 거리 a에는 종속되지 않고 우력을 형성하는 두 힘 사이의 수직 거리 d에만 종속하게 된다는 내용을 설명하고자 한다. **우력 모멘트**는 공간에 있는 임의의 점에 관한 벡터처럼 **자유 벡터**로 볼 수 있다. 우력을 형성하는 2개의 평행 힘은 그림 4.16과 같이 공간에 평면을 한정하기도 하므로 우력 모멘트 벡터는 이 평면에 수직이 된다. 그러면, 다음과 같이 놓을 수 있다.

$$\mathbf{C} = \mathbf{r} \times \mathbf{F} \tag{4.29}$$

여기에서, $\mathbf{r}$은 두 힘의 작용선 사이의 임의의 벡터이다. 이 특별한 모멘트를 우력 모멘트라고 한다. **이것은 이와 같이 우력 모멘트라고도 하고 그냥 우력이라고도 한다.**

두 우력은 그 모멘트 벡터가 같으면 등가라고 한다. 이 상황은 그림 4.17에 예시되어 있다. $\mathbf{F}_1$에 의해 형성된 우력 모멘트는 다음이 성립되면 $\mathbf{F}_2$에 의해 형성된 우력 모멘트와 같다.

$$\mathbf{C}_1 = \mathbf{C}_2$$
$$\mathbf{r}_1 \times \mathbf{F}_1 = \mathbf{r}_2 \times \mathbf{F}_2 \tag{4.30}$$

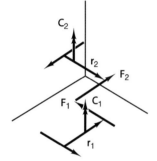

그림 4.17 두 우력은 그 모멘트 벡터가 같으면 등가이다.

이 등식이 성립하려면, 쌍을 이루는 두 힘 $\mathbf{F}_1$과 $\mathbf{F}_2$가 평행한 평면에 놓여 있어야 하고 힘의 크기와 수직 거리의 각각의 곱이 같아야 한다. 즉 2개의 우력 모멘트가 같으려면 다음이 성립하여야 한다.

$$F_1 d_1 = F_2 d_2 \tag{4.31}$$

여기에서, d_1과 d_2는 이 쌍 벡터 사이의 수직 거리이다.

우력 모멘트는 (물체에 대한 작용점이 특정하지 않은) 자유 벡터이므로 벡터 합 법칙에 따라 더할 수도 있고 강체 상의 임의의 위치에 작용하는 것으로 보면 된다. 그림 4.18에 있는 우력 모멘트 $\mathbf{C}_1$, $\mathbf{C}_2$, $\mathbf{C}_3$를 합하게 되면 다음과 같은 합 모멘트가 나온다.

$$\mathbf{C} = \sum_i \mathbf{C}_i \tag{4.32}$$

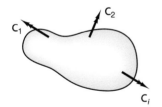

그림 4.18

모멘트 $\mathbf{C}$ 역시 자유 벡터이므로 물체에 작용하는 모든 우력의 물체에 대한 복합 회전 효과를 나타낸다.

예제 4.12

수중 건축물의 기초를 확장하여 건축물의 하중을 넓은 표면적에 분산시키고자 한다. 이 구조를 래프트(raft) 기초 또는 매트(mat) 기초라고 한다. 기초에 가해지는 하중은 그림과 같은 형상일 때, 구조물에 가해지는 우력 모멘트를 계산하라.

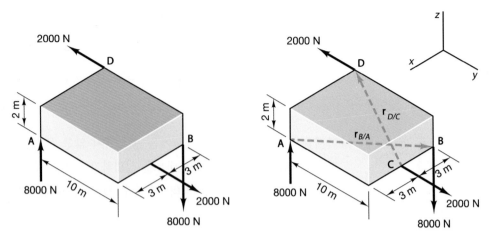

풀이 먼저, 그림과 같이 좌표계를 설정한다. 이 좌표계를 기준으로 하여 다음과 같이 우력의 힘 벡터와 위치 벡터를 쓸 수 있다.

$$\mathbf{r}_{B/A} = -6\hat{\mathbf{i}} + 10\hat{\mathbf{j}} \qquad \mathbf{F}_B = -8000\hat{\mathbf{k}}$$
$$\mathbf{r}_{D/C} = -3\hat{\mathbf{i}} - 10\hat{\mathbf{j}} + 2\hat{\mathbf{k}} \quad \mathbf{F}_D = -2000\hat{\mathbf{j}}$$

그러면 우력 모멘트와 총 모멘트는 다음과 같다.

$$\mathbf{M} = \mathbf{C}_{AB} + \mathbf{C}_{CD} = \mathbf{r}_{A/B} \times \mathbf{F}_B + \mathbf{r}_{D/C} \times \mathbf{F}_D$$
$$\mathbf{M} = (-48000\hat{\mathbf{j}} - 80000\hat{\mathbf{i}}) + (6000\hat{\mathbf{k}} + 4000\hat{\mathbf{i}}) \,\text{N} \cdot \text{m}$$
$$\mathbf{M} = -76000\hat{\mathbf{i}} - 48000\hat{\mathbf{j}} + 6000\hat{\mathbf{k}}$$

이 복합 모멘트는 세 축 모두에 관하여 회전 효과를 발생시킨다. 벡터 계산을 할 때 컴퓨터 소프트웨어를 사용하면 된다.

연습문제

4.52 그림 P4.52에서, 크기가 같고 방향이 정반대인 2개의 힘이 점 A에 관하여 일으키는 모멘트를 계산하고 B에 관하여 다시 계산하라. 크기가 같고 방향이 정반대인 2개의 힘의 모멘트의 합인 우력 모멘트가 자유 벡터라고 확신하는가?

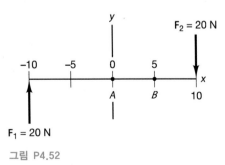

그림 P4.52

4.53 그림 P4.53과 같이, 자동차 운전대에 가해지는 크기가 같고 방향이 정반대인 2개의 힘으로 인한 우력 모멘트를 계산하라.

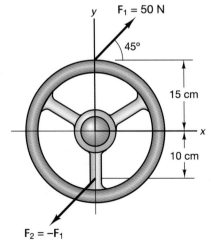

그림 P4.53

4.54 비행기가 보조익을 사용하여 한 쪽 보조익은 들어올리고 다른
쪽 보조익은 내림으로써 기체를 좌우로 기울여 선회 운동을
한다(그림 P4.54 참조). 날개를 스쳐 지나가는 공기와 보조익으
로 밀려 들어오는 공기로 인하여 그림에 표시되어 있는 대로
크기가 같고 방향이 정반대인 2개의 힘이 발생된다. 이러한
힘들이 각각 대략 2400 N으로 비행기의 중심에서 3 m 떨어진
지점에 작용할 때, 최종 우력 모멘트를 계산하라.

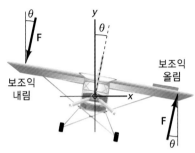

그림 P4.54

4.55 예제 4.12의 래프트(raft) 기초를 살펴보고, 그림 P4.55와
같이 작용력 값이 다른 상태에서 다시 풀어라. 2개의 우력에
의해 발생되는 총 모멘트를 계산하고, 이 모멘트들의 최종
크기를 구하라.

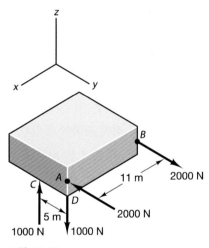

그림 P4.55

4.56 T형 바(bar)를 사용하여, y축과 평행한 2개의 50 N의 힘으로
T형 바의 한 쪽은 내리 누르고 다른 쪽은 밀어 올려 물 밸브를
열고 있다(그림 P4.56 참조). 크기가 같고 방향이 정반대인
2개의 힘의 작용점은 손잡이 양 쪽 끝의 좌표 (x, y, z)를
cm 단위로 명시하여 주어져 있다. 우력 모멘트와 그 크기 및
방향 코사인을 각각 계산하라.

4.57 그림 P4.57에는 두 쌍의 힘이 걸려 있는 장착 브래킷이 그려져
있다. 각각의 우력 모멘트를 구한 다음 합 우력을 구하라.

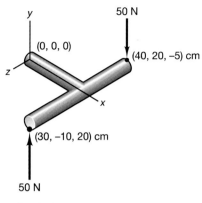

그림 P4.56

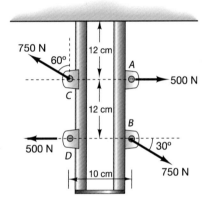

그림 P4.57

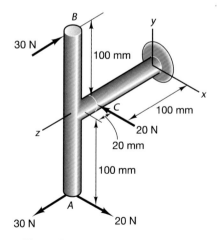

그림 P4.58

4.58 그림 P4.58과 같이, 2개의 우력이 배관에 작용하고 있다. 각각의 힘은 x축이나 z축을 따라서 평행하게 작용한다. 합 모멘트뿐만 아니라, 그 크기 및 방향 코사인을 각각 계산하라. 그런 다음, 총 우력 모멘트를 힘과 합 모멘트의 단위 모멘트의 곱으로 나타내어라.

4.59 2개의 우력이 아치의 쐐기돌에 작용하고 있다(그림 P4.59 참조). 합 모멘트를 구하고, 이 합 모멘트를 그 크기와 합 모멘트의 방향을 따르는 단위 벡터의 곱으로 나타내어라.

4.60 그림 P4.59에 예시되어 있는 아치에서, 총 우력이 표시되어 있는 힘에서 $\mathbf{C}_{TOT} = -100\,\hat{i} + 100\,\hat{j}$ (N)의 특정한 값을 갖도록 홍예석의 두께 β와 절단 경사각 θ(즉, γ)를 선정하여 쐐기돌을 설계해보라.

4.61 2개의 300 N으로 구성되어 있는 우력이 상자에 작용하고 있다(그림 P4.61 참조). 상자는 한 변의 길이가 500 mm인 정육면체이며, 점 A에 작용하는 300 N의 힘은 그 방향 코사인이 $\cos\theta_x = 0.408$, $\cos\theta_y = 0.408$ 및 $\cos\theta_z = 0.816$이다. 우력 모멘트를 계산하라.

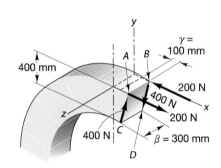

그림 P4.59

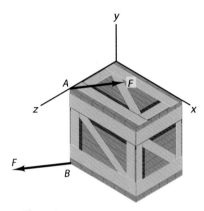

그림 P4.61

4.7 등가 힘 계

힘은 우력을 사용하여 강체의 다른 점으로 이동시킬 수 있는데, 이 새로운 힘 - 우력 계를 등가 힘 계라고 한다. 2개의 힘 계가 물체에 있는 임의의 점에 관하여 동일한 합력과 동일한 모멘트를 발생시키면 이 2개의 힘 계를 등가라고 한다. 그림 4.19(a)와 같이 물체의 점 B에 작용하는 힘 $\mathbf{F}$를 살펴보기로 하자. 물체는 질점이 아니라 강체이므로 물체의 다른 점 A에 관하여는 병진 효과와 회전 효과를 나타낸다. 힘의 작용선 상에 있는 점 B와 다른 점들은 단지 병진 효과만을 수행한다. 점 A에서의 병진 효과와 회전 효과를 알아보려면, 점 B에서의 단일의 힘을 점 A를 지나는 원래 힘과 우력으로 구성된 등가 힘 계로 대체시켜야 한다. 힘 $\mathbf{F}$를 점 A로 '이동'시키려면, 크기는 $\mathbf{F}$와 같고, 방향은 정반대이며 공선력이어서 물체에는 전혀 순 힘을 가하지 않게 되는 2개의 힘을 점 A에서 합하면 된다[그림 4.19(b)]. 물체에 있는 임의의 점에 관한 힘의 합력과 합 모멘트는 점 A에 등가 0의 힘을 합하여 변하지 않게 되었다. 즉

$$\mathbf{F} + (-\mathbf{F}) = 0 \tag{4.33}$$

점 B에서의 힘 $\mathbf{F}$와 점 A에서의 힘 $-\mathbf{F}$는 다음과 같은 모멘트를 나타내는 우력을

형성한다.

$$C = r_{B/A} \times F \qquad (4.34)$$

여기에서 $r_{B/A}$는 A에 대한 B의 상대 위치 벡터이다[그림 4.19(c) 참조]. 그림 4.19(a), (b), (c)에 그려져 있는 3힘 계는 물체에 동일한 병진 효과와 회전 효과를 발생시키므로 등가 힘 계이다. 등가 힘 계의 개념은 물체에 대한 국부적인 효과가 하나의 계에서 다른 계로 변화하는 것이며 내력과 변형이 관심 대상일 때에는 쓸모가 없다는 점을 유념하여야 한다.

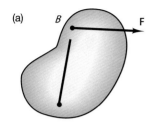

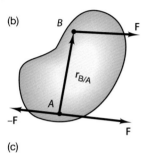

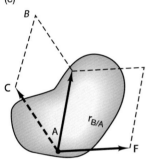

그림 4.19 (a) 강체의 점 B에 작용하는 힘 F (b) 점 A에서 크기가 같고 방향이 정반대인 공선력에 의해 형성된 등가 힘 계 (c) 점 A에 작용하는 힘 F와 우력으로 구성된 등가 힘 계

그러므로 강체에서는 한 점에 작용하는 힘을 우력 모멘트와 함께 다른 점에 작용하는 등가 힘으로 대체할 수 있다. 이 표현의 역도 역시 성립한다. 즉 서로 수직인 임의의 힘과 우력 모멘트는 단일의 힘으로 대체될 수 있다. 이러한 내용은 제4.8절에서 상세히 설명할 것이다. 등가 힘 계를 형성하는 것은 힘이 물체의 질량 중심에 작용하는 것으로 보는 동역학 문제 해석에 기본이 된다.

이미 등가 힘 계를 형성할 우력을 사용하여 단일의 힘을 물체의 다른 점으로 이동시킬 수 있다는 것을 알고 있다. 단일의 강체에 여러 개의 힘이 작용할 때에도 동일한 방법을 사용할 수가 있다. 그림 4.20(a)와 같이 작용선이 다른 여러 개의 힘을 받고 있는 물체를 살펴보자. 이때의 등가 힘 계도 점 O에 작용하는 합력과 모멘트로 구성하여 구할 수 있다. 이 힘들이 단일의 합력과 모멘트로 변형되어도 이 힘들의 회전 효과와 병진 효과는 여전히 등가라는 점을 주목하여야 한다. 그림 4.20(a)에서 각각의 힘을 점 O로 이동시키고 이 공점력들을 합하여 합력을 구한다. 각각의 힘을 이동시켜서 우력을 발생시키면, 이 우력 모멘트들의 벡터 합에서 단일의 모멘트가 나온다. 이 상황은 수학적으로 다음과 같이 표현된다.

$$R = \sum F_i \qquad (4.35)$$

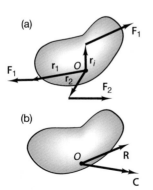

그림 4.20 (a) 작용선이 다른 여러 개의 힘이 작용하고 있는 강체 (b) 합력과 우력 모멘트로 구성된 등가 힘 계

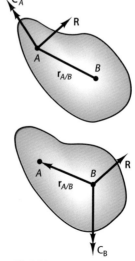

그림 4.21

$$C = \sum c_i = \sum r_i \times F_i \qquad (4.36)$$

그림 4.20(a)의 힘 계는 그림 4.20(b)와 같이 점 O에서의 힘과 모멘트로 구성된 등가 힘 계로 변환된다. 점 O를 선택하는 것은 임의적이지만, 대개는 점 O를 특정 문제나 응용에서 요구하는 바대로 관심이 있는 점으로 선정하게 되어 있다.

등가 힘 계가 점 A에서 정의되면, 점 A에서의 합력을 점 B로 이동시키고 우력을 형성시킴으로써 점 B에서 또 다른 등가 힘 계를 구할 수 있다. 점 A에 있었던 모멘트는 자유 벡터이므로 이 새로운 우력 모멘트와 합칠 수가 있다. 그림 4.21에는 이러한 2개의 힘 계가 그려져 있다. 합력은 점 A와 점 B 모두에서 동일하다. 점 B에서의 모멘트와 점 A에서의 모멘트는 다음 식과 같은 관계가 있다.

$$C_B = C_A + r_{A/B} \times R \qquad (4.37)$$

모멘트 C_A는 점 A와 점 B에서 동일한 자유 벡터이므로, C_A와 C_B 사이의 차는 R을 A에서 B로 '이동'시켜서 형성된 우력 모멘트에 원인이 있다.

그림에서, 점 A에 작용하는 1000 N의 하중을 점 B로 이동시킨 다음 다시 점 C와 점 D로 이동시킬 때, 힘과 우력 모멘트로 구성된 등가 힘 계를 구하라.

풀이 점 A에서의 원래 힘 계는 다음과 같다.

$$F_A = 1000\hat{i}$$

점 B에서 힘의 작용선까지의 상대 위치 벡터는 다음과 같다.

$$r_{A/B} = r_A - r_B = 2\hat{k}$$

점 B에서는, 등가 힘 계가 점 A에서의 힘과 동등한 힘과 우력 모멘트로 변환되는데, 이 우력 모멘트는 점 A에서의 힘 F_A와 이 힘과 크기가 같고 방향이 반대인 B에서의 힘 F_B에 의해 형성된다. 즉

$$F_B = 1000\hat{i}$$

$$C_B = r_{A/B} \times F_A = 2\hat{k} \times 1000\hat{i} = 2000\hat{j} \text{ N} \cdot \text{m}$$

점 C에서 등가 힘 계는 다음과 같이 된다.

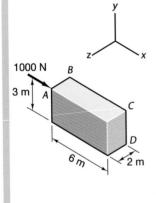

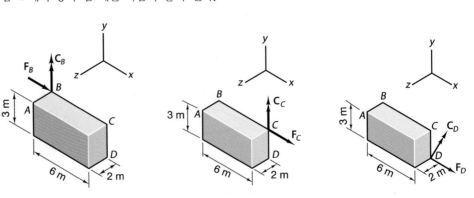

$$\mathbf{F}_C = 1000\hat{\mathbf{i}}$$

$$\mathbf{C}_C = \mathbf{r}_{A/C} \times \mathbf{F}_A = (-6\hat{\mathbf{i}} + 2\hat{\mathbf{k}}) \times 1000\hat{\mathbf{i}} = 2000\hat{\mathbf{j}} \text{ N} \cdot \text{m}$$

점 D에서 등가 힘 계는 다음과 같이 된다.

$$\mathbf{F}_C = 1000\hat{\mathbf{i}}$$

$$\mathbf{C}_D = \mathbf{r}_{A/D} \times \mathbf{F}_A = (-6\hat{\mathbf{i}} + 3\hat{\mathbf{j}} + 2\hat{\mathbf{k}}) \times 1000\hat{\mathbf{i}} = (2000\hat{\mathbf{j}} - 3000\hat{\mathbf{k}}) \text{ N} \cdot \text{m}$$

그림에는 $\mathbf{F}_B$, $\mathbf{F}_C$, $\mathbf{F}_D$의 방향과 작용점이 나타나 있다.

연습문제

4.62 25 N의 힘이 변속기 손잡이에 가해지고 있다(그림 P4.62 참조). 이 단일의 힘 계를 점 B에 작용하는 등가 힘과 우력으로 치환하라.

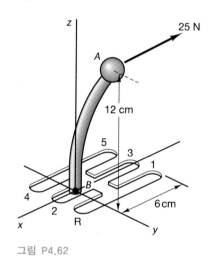

그림 P4.62

4.63 그림 P4.63과 같이, 500 M의 힘이 한 변의 길이가 1 m인 사각 블록의 점 B에 가해지고 있다. 점 B에 작용하는 이 단일의 힘을 점 A에 작용하는 등가 힘과 우력으로 치환하라.

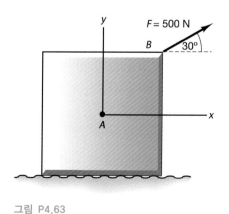

그림 P4.63

4.64 그림 P4.64와 같이, 300 N의 힘이 한 변의 길이가 1 m인 사각 블록에 가해지고 있다. (a) 힘을 점 C로 이동한 경우 (b) 힘을 점 B로 이동한 경우의 등가 힘 계를 각각 계산하라.

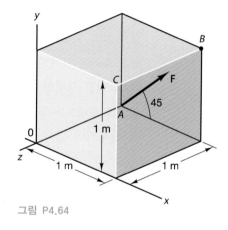

그림 P4.64

4.65 그림 P4.65와 같이, 힘 $\mathbf{F} = -20\hat{\mathbf{i}} - 10\hat{\mathbf{j}} - 10\hat{\mathbf{k}}$ (N)이 구에 있는 점 A에 가해지고 있다. 이 힘을 점 O에 작용하는 등가 힘으로 치환하고, 이 과정에서 발생하는 최종 우력 모멘트를 계산하라.

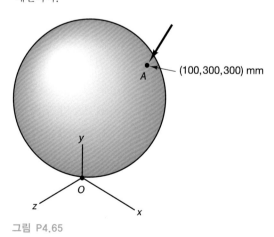

그림 P4.65

4.8 특별한 등가 힘 계

일반적으로는 어떠한 힘 계라도 물체에 있는 임의의 점 O에 관하여 병진 효과와 회전 효과를 나타내는, 점 O에 관한 등가 힘 - 모멘트 계로 변환시킬 수 있다. 예를 들어, n개의 힘이 작용하며 점 O에서 i번째 힘까지의 위치 벡터가 $\mathbf{r}_i$인 물체를 살펴보자. 이 물체에는 또한 m개의 모멘트 또는 우력 모멘트가 작용할 수도 있다(이 모멘트들은 자유 벡터를 의미하므로 작용점들이 있을 리 없다). 등가 힘 - 모멘트 계는 힘들을 점 O로 이동시켜서 형성되는 합력과 합 우력 모멘트로 변환시킬 수 있다. 이 등가 관계를 기호로 나타내면 다음과 같다.

$$\mathbf{R} = \sum_{i=1}^{n} \mathbf{F}_i$$

$$\mathbf{C}_O = \sum_{i=1}^{n} \mathbf{r}_i \times \mathbf{F}_i + \sum_{i=1}^{m} \mathbf{C}_i \tag{4.38}$$

합력 $\mathbf{R}$로 인한 병진 효과는 물체의 모든 점에서 동일하다. 그러나 모멘트 $\mathbf{C}_o$로 인한 회전 효과는 물체의 점에 따라 다르다. 또한, 물체의 대부분의 점에서는 합력 $\mathbf{R}$과 모멘트 $\mathbf{C}_o$가 어떤 특별한 사유에서 서로에 대하여 일정 방향을 향하지 않기 마련이다. 즉, 이 합력과 모멘트는 굳이 서로 평행하거나 수직할 필요가 없는 것이다. 이 상황은 그림 4.22에 예시되어 있다. 그러나 다음과 같은 2가지 특별한 경우가 발생하기도 한다. 즉

1. 등가계가 순전히 모멘트인 경우. 이 경우에는 $\mathbf{R} = 0$이 되므로 모멘트 $\mathbf{C}$는 물체의 모든 점에서 동일하게 된다. 물체에 작용하는 힘들은 우력의 요소가 되어 순전히 회전 효과를 발생시키게 된다. 이 효과는 물체의 모든 점에서 동일하다.

2. 등가 힘 계에 회전 효과가 전혀 없는 점이 있는 경우. 이 경우에는 $\mathbf{C} = 0$이 되는 점이 존재하므로 이 점에서는 등가계가 단지 $\mathbf{R}$뿐이다. 그와 같은 단일의 점이 발견된다면, 이 단일의 점을 지나는 $\mathbf{R}$의 작용선에는 이러한 점들이 무한개로 놓여 있게 된다. 그와 같은 점이나 선이 존재하게 되면, 그 선에 있지 않는 물체 내의 임의의 점에서의 힘 - 모멘트 계는 서로 수직인 합력 $\mathbf{R}$과 모멘트 $\mathbf{C}$로 구성된다. 이와 같은 등가계는 그림 4.23에 도시되어 있는데, 여기에서 A는 등가 힘 계가 단지 합력 $\mathbf{R}$으로만 되어 있는 점이고, B는 A를 지나는 $\mathbf{R}$의 작용선에 있지 않는 물체 내의 임의의 다른 점이다.

A를 지나는 $\mathbf{R}$의 작용선에 있는 임의의 점에는 단지 합력 $\mathbf{R}$로만 되어 있는 등가 힘 계가 있다. 즉, 모멘트 $\mathbf{C}$는 0이 된다. 점 B에서 등가 힘 계를 구해 보면, 점 B에서의 모멘트는 다음과 같다.

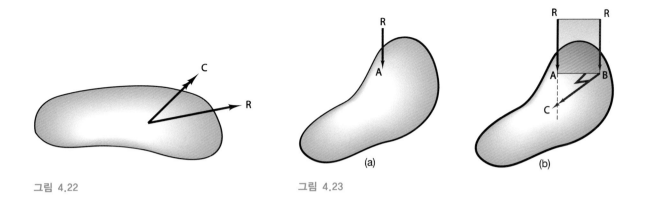

그림 4.22

그림 4.23

$$C_B = r_{A/B} \times R \tag{4.39}$$

여기에서, C_B는 R과 $r_{A/B}$ 모두에 수직이다.

힘 계는, 물체의 임의의 점에서 힘 계가 모멘트와 이 모멘트에 수직하는 힘으로 구성되어 있을 때, 작용선이 공간에 유일하게 있는 합력으로만 되어 있는 등가 계로 언제나 변환시킬 수 있다. 이 관계는 항상 다음과 같은 3가지 특별한 경우로 나타난다. 즉

1. 공점력계 (共點力系; 공통 점에 여러 개의 힘이 작용하는 계)
2. 공면력계 (共面力系; 공통 면에 여러 개의 힘이 작용하는 계)
3. 평행력계 (平行力系; 여러 개의 평행한 힘이 작용하는 계)

다음에서, 각각의 힘 계를 개별적으로 살펴보기로 한다.

4.8.1 공점력계

공점력계(concurrent force system)는 모든 힘들의 작용선들이 공통점에서 교차하는 힘 계이다. 제2장에서는, 공점력계를 살펴보았고 이와 같은 힘 계는 공통점을 통과하는 단일의 합력으로 치환할 수 있다는 내용이었다. 합력은 모든 공점력의 벡터 합이다. 합력이 공점에서 이동되면, 등가 힘 계가 합력과 수직 모멘트 벡터로 구성된다.

4.8.2 공면력계

공면력계(coplanar force system)는 앞에서 정의한 바와 같이, 주어진 상황에서 모든 힘이 공간 내 단일의 평면에 작용한다고 볼 때 존재하는 계이다. 좌표계는 어떤 식으로든지 정의하여야 하므로, 그림 4.24에서처럼 일반성에 손상이 가지 않도록 힘이 작용하는 평면을 $x - y$평면이 되게 선정할 수 있다. 각각의 힘에는 단지 x성분과 y성분만이 있다. 즉

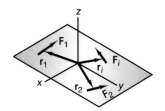

그림 4.24 공면력계

$$\mathbf{F}_i = F_{xi}\hat{\mathbf{i}} + F_{yi}\hat{\mathbf{j}} \tag{4.40}$$

이와 유사하게, 원점에서 각각의 힘까지의 위치 벡터 또한 이 $x-y$평면에 놓이게 된다.

$$\mathbf{r}_i = x_i\hat{\mathbf{i}} + y_i\hat{\mathbf{j}} \tag{4.41}$$

그러면 원점에 관한 힘 모멘트는 다음과 같이 된다.

$$\mathbf{C}_O = \mathbf{M}_O = \sum_i \mathbf{r}_i \times \mathbf{F}_i = \sum_i (x_iF_{yi} - y_iF_{xi})\hat{\mathbf{k}} \tag{4.42}$$

그리고 이 모멘트는 z방향에 있다. 합력은 다음과 같다.

$$\mathbf{R} = \sum_i \mathbf{F}_i = \sum_i (F_{xi}\hat{\mathbf{i}} + F_{yi}\hat{\mathbf{j}}) \neq 0 \tag{4.43}$$

그러므로 공면력계는 원점에서의 합력 $\mathbf{R}$과 모멘트 $\mathbf{C}_o$로 구성되는 등가력계로 치환될 수 있다. 모멘트 벡터와 합력 벡터는 서로 수직이라는 점에 유의하여야 한다. 이는 두 벡터 간의 스칼라 곱, 즉 스칼라 곱을 살펴볼 뿐만 아니라 이 두 벡터 자체를 살펴봄으로써 증명할 수 있다. 이 스칼라 곱은 다음과 같이 0이 된다.

$$\mathbf{R} \cdot \mathbf{C}_O = 0 \tag{4.44}$$

물체 내 한 점(이 경우에는 원점)에서는 합력과 이 합력에 수직인 모멘트로 구성되는 등가 힘 계가 존재하므로, 그림 4.25에서와 같이 등가 힘 계가 단지 합력으로만 이루어지는 평면에서는 또 다른 점이 존재함을 알 수 있다. $\mathbf{R}$을 점 O에서 $x-y$평면 내 임의의 다른 점으로 이동시키게 되면 $\mathbf{R}$에 수직하고 z방향에 있는 추가적인 우력 모멘트가 발생된다. 개념적으로 이 추가적인 우력 모멘트는 원래의 모멘트 $\mathbf{C}$와 크기는 같고 방향은 정반대이다. 그러므로 이 점 A에서는 등가 힘 계가 다음과 같다.

$$\mathbf{C}_A = \mathbf{C} + \mathbf{r}_{A/O} \times (-\mathbf{R}) = 0$$
$$\mathbf{R} = \mathbf{R} \tag{4.45}$$

이 특별한 점 A에서는 우력 모멘트가 소멸되는데, 이 점은 식 (4.45)를 살펴보면 구할

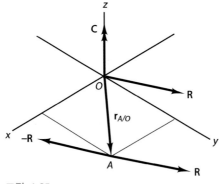

그림 4.25

수 있다. 다음의 식을 살펴보자.

$$\mathbf{C}_A = \mathbf{C} + \mathbf{r}_{A/O} \times (-\mathbf{R}) = 0$$

그러므로 다음이 성립된다.

$$\mathbf{r}_{A/O} \times (\mathbf{R}) = \mathbf{C} \tag{4.46}$$

합력 $\mathbf{R}$과 모멘트 $\mathbf{C}$는 알고 있으므로, O에서 A까지의 위치 벡터는 이 벡터 방정식을 스칼라 형식으로 전개하여 구하면 된다. 전개하면 다음과 같이 나온다.

$$x_{A/O}R_y - y_{A/O}R_x = C \tag{4.47}$$

$\mathbf{C}$에는 이 좌표계에서 0이 아닌 성분이 z축을 따라서 유일하게 하나가 있으므로, 이 마지막 표현식은 $x-y$평면 내에 존재하는 선의 식 형태이다. 즉,

$$ax + by = c \tag{4.48}$$

A는 $\mathbf{R}$의 작용선 상의 임의의 점이어야 하므로 이 선형 관계는 당연한 것이다. 그러므로 어떠한 평면력계라도 평면 내의 유일 선을 따라 작용하는 합력으로 구성되는 등가 힘 계로 치환될 수 있는 것이다.

이 선에 있는 하나의 특정한 점은 직접 벡터 해를 사용하여 구할 수 있다. 이 점은 점 A에서 원점까지의 수직 거리에 있다. 즉 벡터 $\mathbf{r}_{A/O} = \mathbf{p}_{A/O}$가 성립되는데, 이는 합력 $\mathbf{R}$에 수직한다. 이 벡터는 $\mathbf{R}$과 $\mathbf{C}$ 모두에 수직을 이루게 된다. 식 (4.46)은 해당 점에 대하여 벡터 3중 곱을 사용하여 직접 풀 수가 있다. 식 (4.46)과 합력 벡터 $\mathbf{R}$과의 벡터 곱을 취하면 다음과 같다.

$$\mathbf{R} \times (\mathbf{p}_{A/O} \times \mathbf{R}) = \mathbf{R} \times \mathbf{C}$$

이 벡터 3중 곱을 전개하면 다음과 같이 나온다[식 (2.123) 참조].

$$\mathbf{p}_{A/O}(\mathbf{R} \cdot \mathbf{R}) - \mathbf{R}(\mathbf{p}_{A/O} \cdot \mathbf{R}) = \mathbf{R} \times \mathbf{C}$$

그러나 $\mathbf{p}_{A/O}$와 $\mathbf{R}$이 수직하므로, $(\mathbf{p}_{A/O} \cdot \mathbf{R}) = 0$이다. 그러므로 다음과 같다.

$$\mathbf{p}_{A/O} = \frac{\mathbf{R} \times \mathbf{C}}{(\mathbf{R} \cdot \mathbf{R})} \tag{4.49}$$

4.8.3 평행력계

평행력계(parallel force system)는 물체에 작용하는 모든 힘의 작용선들이 평행한 힘 계이다. 일반적으로, 이 힘들은 같은 평면에 놓여 있지는 않지만 공통 평면에는 수직한다. 그림 4.26에는 평행력계가 도시되어 있는데, 이 그림에서는 모든 힘이 z방향에 있으므로 $x-y$평면과는 수직을 이루고 있다. 각각의 힘에는 z방향 성분만 있으므로 다음과 같이

쓸 수 있다.

$$\mathbf{F}_i = F_i \hat{\mathbf{k}} \tag{4.50}$$

그러므로 합력에도 z방향 성분만 있다.

$$\mathbf{R} = \sum_i F_i \hat{\mathbf{k}} \tag{4.51}$$

위치 벡터는 원점으로부터 각각의 힘의 작용선이 $x-y$평면과 교차하는 교선까지 형성되는 것이다.

$$\mathbf{r}_{i/o} = x_i \hat{\mathbf{i}} + y_i \hat{\mathbf{j}} \tag{4.52}$$

힘들을 원점으로 이동시킴으로써 발생되는 모멘트는 다음과 같다.

$$\mathbf{C} = \sum_i \mathbf{r}_{i/o} \times \mathbf{F}_i = \sum_i y_i F_i \hat{\mathbf{i}} - \sum_i x_i F_i \hat{\mathbf{j}}$$
$$= C_x \hat{\mathbf{i}} + C_y \hat{\mathbf{j}} \tag{4.53}$$

이 모멘트는 $x-y$평면에 놓여 있고 합력 벡터에 수직이다. 힘의 위치 벡터를 $x-y$평면에서 취했지만, 이 위치들은 각각의 힘의 작용선 상의 임의의 점을 선정하여도 되며, 그 합 모멘트는 $\hat{\mathbf{k}} \times \hat{\mathbf{k}} = 0$이므로 동일하게 된다. 원점에서의 등가 힘 계는 합력 $\mathbf{R}$과 모멘트 $\mathbf{C}$로 구성되는데, 이 모멘트는 $\mathbf{R}$과 수직이어야 한다.

다시 말하면, 그림 4.27과 같이 등가 힘 계는 합력 $\mathbf{R}$의 구성으로만 존재하는데, 이 $\mathbf{R}$에는 공간 내에 유일한 작용선이 있으며 이 작용선에는 $x-y$평면과의 사이에 유일한 교점이 있다. $\mathbf{R}$을 이 유일한 교점인 점 A로 이동시키게 되면, 그 등가 힘 계는 다음과 같이 된다.

$$\mathbf{R} = \mathbf{R}$$
$$\mathbf{C}_A = \mathbf{C} + \mathbf{r}_{A/O} \times (-\mathbf{R}) = 0 \tag{4.54}$$

점 A의 위치는 다음과 같은 벡터를 풀어서 구하면 된다.

$$\mathbf{r}_{A/O} \times (\mathbf{R}) = \mathbf{C} \tag{4.55}$$

이 벡터 방정식을 스칼라 성분으로 전개하면 다음과 같이 나온다.

$$(x_{A/O} \hat{\mathbf{i}} + y_{A/O} \hat{\mathbf{j}}) \times R\hat{\mathbf{k}} = C_x \hat{\mathbf{i}} + C_y \hat{\mathbf{j}}$$
$$x_{A/O} = -\frac{C_y}{R} \qquad y_{A/O} = \frac{C_x}{R} \tag{4.56}$$

이와는 다른 방법으로는, 식 (4.55)에 있는 3개의 벡터는 서로 수직이므로, 이 식을 벡터 3중 곱을 사용하여 직접 벡터 해로 다시 풀어도 된다.

$$\mathbf{R} \times (\mathbf{p}_{A/O} \times \mathbf{R}) = \mathbf{R} \times \mathbf{C}$$

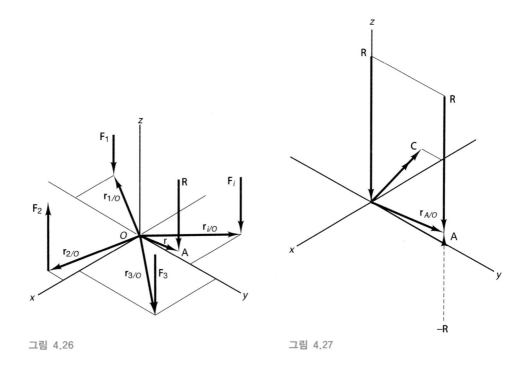

그림 4.26   그림 4.27

이 벡터 3중 곱을 전개하면 다음과 같다[식 (2.123) 참조].

$$\mathbf{p}_{A/O}(\mathbf{R} \cdot \mathbf{R}) - \mathbf{R}(\mathbf{p}_{A/O} \cdot \mathbf{R}) = \mathbf{R} \times \mathbf{C} \qquad (4.57)$$

그러나 $\mathbf{p}_{A/O}$와 $\mathbf{R}$이 수직하므로 $(\mathbf{p}_{A/O} \cdot \mathbf{R}) = 0$이다. 그러므로 다음과 같다.

$$\mathbf{p}_{A/O} = \frac{\mathbf{R} \times \mathbf{C}}{(\mathbf{R} \cdot \mathbf{R})}$$

이 식은 합력과 평면과의 유일한 교점에 관한 위치 벡터 식이므로 등가 힘 계는 합력으로만 구성되는 것이다.

　　매우 중요한 평행력계의 응용 중의 하나는 중력만이 물체에 작용할 때 발생한다. 이 상황에서는, 합력으로만 되어 있는 등가 힘 계가 물체의 무게 중심을 정의하는 데 사용된다.

예제 4.14	공면력계가 원점으로부터의 각각의 위치 벡터가 다음과 같은 여러 개의 힘으로 구성되어 있다.

$$\mathbf{F}_1 = 100\hat{\mathbf{i}} + 100\hat{\mathbf{j}}\,(\text{N}) \qquad \mathbf{r}_{1/O} = 2\hat{\mathbf{i}} + 3\hat{\mathbf{j}}\,(\text{m})$$
$$\mathbf{F}_2 = 50\hat{\mathbf{j}} \qquad\qquad\qquad \mathbf{r}_{2/O} = -10\hat{\mathbf{i}} + 2\hat{\mathbf{j}}$$
$$\mathbf{F}_3 = 300\hat{\mathbf{i}} - 450\hat{\mathbf{j}} \qquad\quad \mathbf{r}_{3/O} = 4\hat{\mathbf{i}} - 4\hat{\mathbf{j}}$$

단일의 합력으로 되어 있는 등가 힘 계를 구하고, 공간 내 합력의 작용선을 구하라.

풀이　3개의 벡터 모두가 $x-y$평면에 놓여 있으므로, 이 문제는 앞에서 설명한 공면력계의 예이다. 합력은 다음과 같다.

$$\mathbf{R} = \sum \mathbf{F} = 400\hat{\mathbf{i}} - 300\hat{\mathbf{j}}$$

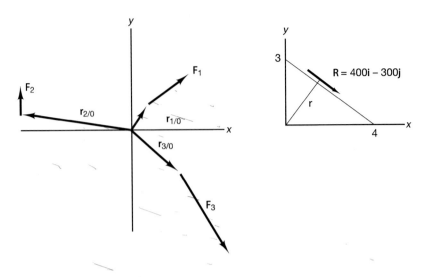

원점에서의 우력, 즉 원점에 관한 힘 모멘트는 다음과 같다.

$$\mathbf{C} = \sum \mathbf{r}_{i/o} \times \mathbf{F}_i = (2\hat{\mathbf{i}} + 3\hat{\mathbf{j}}) \times (100\hat{\mathbf{i}} + 100\hat{\mathbf{j}}) + (-10\hat{\mathbf{i}} + 2\hat{\mathbf{j}}) \times (50\hat{\mathbf{j}})$$

$$+ (4\hat{\mathbf{i}} - 4\hat{\mathbf{j}}) \times (300\hat{\mathbf{i}} - 450\hat{\mathbf{j}}) = -1200\hat{\mathbf{k}}$$

합력 $\mathbf{R}$으로만 되어 있는 등가 힘 계의 유일한 작용선을 구하려면, 다음 식을 풀어야 한다.

$$\mathbf{r}_{A/o} \times \mathbf{R} = \mathbf{C}$$

이 식은 다음과 같은 스칼라 식으로 변환된다.

$$-300x_A - 400y_A = -1200 \quad \text{즉} \quad 3x + 4y = 12$$

이 식은 x절편이 4 m이고 y절편이 3 m인 $x-y$평면 내의 선이다. 합력에 수직인 벡터 $\mathbf{r}$은 식 (4.8)에서 직접 구해도 된다(왼쪽 그림 참조).

$$\mathbf{r} = \frac{\mathbf{R} \times \mathbf{C}}{\mathbf{R} \cdot \mathbf{R}} = \frac{(400\hat{\mathbf{i}} - 300\hat{\mathbf{j}}) \times (-1200\hat{\mathbf{k}})}{(400\hat{\mathbf{i}} - 300\hat{\mathbf{j}}) \cdot (400\hat{\mathbf{i}} - 300\hat{\mathbf{j}})}$$

$$= \frac{360{,}000\hat{\mathbf{i}} + 480{,}000\hat{\mathbf{j}}}{250{,}000} = 1.44\hat{\mathbf{i}} + 1.92\hat{\mathbf{j}} \ \text{m}$$

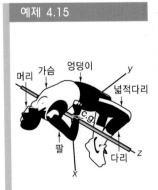

예제 4.15

그림과 같이 중력장에 수평으로 놓여 있는 인체의 무게 중심을 구하라. 인체의 시상면(矢狀面; sagittal plane)은 인체를 좌·우측으로 나누는 인체의 중앙을 지나는 평면이다. 체중(= B.W.)은 이 평면에 관하여 대칭적으로 분포되어 있다고 본다.

다양한 신체 부위의 무게와 원점으로부터의 위치는 다음과 같다.

$$F_{\text{legs}} = 0.12 \ \text{B.W. (B.W.} = \text{체중)} \quad \mathbf{r} = 50\hat{\mathbf{i}} + 50\hat{\mathbf{j}} \ \text{(cm)}$$

$$F_{\text{thighs}} = 0.16 \ \text{B.W.} \quad\quad\quad\quad\quad \mathbf{r} = 30\hat{\mathbf{i}} + 30\hat{\mathbf{j}}$$

$$F_{\text{hips}} = 0.23 \ \text{B.W.} \quad\quad\quad\quad\quad \mathbf{r} = 12.5\hat{\mathbf{i}} + 12.5\hat{\mathbf{j}}$$

$$F_{\text{chest}} = 0.32 \ \text{B.W.} \quad\quad\quad\quad\quad \mathbf{r} = 16.25\hat{\mathbf{i}} - 27.5\hat{\mathbf{j}}$$

$$F_{\text{arms}} = 0.10 \ \text{B.W.} \quad\quad\quad\quad\quad \mathbf{r} = 50\hat{\mathbf{i}} - 75\hat{\mathbf{j}}$$

$$\frac{F_{\text{head}} = 0.07 \text{ B.W.}}{\sum F_i = 1.00 \text{ B.W.}} \qquad\qquad \mathbf{r} = 42.5\hat{\mathbf{i}} - 60\hat{\mathbf{j}}$$

풀이 식 (4.55)에서, $x-y$평면 내에서의 무게 중심은 다음과 같다.

$$\sum x_i F_i = 50(0.12) + 30(0.16) + 12.5(0.23) + 16.25(0.32) + 50(0.10) + 42.5(0.07)$$

$$\sum y_i F_i = 50(0.12) + 30(0.16) + 12.5(0.23) - 27.5(0.32) - 75(0.10) - 60(0.07)$$

$$x_{c.g.} = \frac{C_y}{R} = -\frac{\sum x_i F_i}{\sum F_i} = 27.95 \text{ cm}$$

$$y_{c.g.} = \frac{C_x}{R} = -\frac{\sum y_i F_i}{\sum F_i} = -6.825 \text{ cm}$$

무게 중심은 신체 밑으로(양의 x방향으로) 28 cm인 지점에 있다는 것에 주목하여야 한다. 이것이 'Fosbury Flop'을 사용하는 높이뛰기에서 신체의 무게 중심이 실제로 가로막대 아래를 지나게 되는 이유이다. Dick Fosbury는 고등학교 재학 중에 새로운 점프 법을 개발하여 1968년 멕시코시티 올림픽에서 2.24 m(7 ft 1/4 in)의 기록으로 금메달을 땄다. 그는 가로막대를 등 뒤로 넘는 방식으로 신체를 회전시키는 어려운 기술을 개발하였다.

4.9 일반적인 등가 힘 계

제4.7절에서는, 등가 힘 계를 물체에 있는 어떤 점에서도 모멘트와 합력이 각각 동일한 힘 계로 정의하였다. 등가 힘 계는 우력을 사용함으로써 형성할 수 있는데, 이로써 합력을 이동시킬 수 있다. 이런 식으로 형성된 우력 모멘트는 **항상 합력에 수직하게** 된다. 그러므로 합력에 평행한 모멘트만이 있는 등가 힘 계가 항상 존재하게 된다. 이 힘 계를 **렌치(wrench)**라고 하며, 이에 관해서는 이 절에서 나중에 설명할 것이다. 원래의 힘 계가 합력과 모멘트가 서로 수직을 이루어 구성되어 있으면, 제4.8절과 같이 특정한 작용선이 있는 합력으로만 되어 있는 등가 힘 계가 존재한다.

응용 중에는 합력과 특정 방향의 모멘트로 구성된 등가 계가 강체에 대한 힘 계의 효과를 기술하는 데 편리한 것들도 있다. 이 모멘트에는 합력에 평행한 원래의 모멘트의 성분과 동등한 성분인 $\mathbf{C}_\parallel$ 이 항상 있다. 원래의 힘 계가 점 O에서의 모멘트와 합력으로 구성되어 있는 경우를 살펴보자. 이 힘 계는 2개의 벡터 $\mathbf{R}$과 $\mathbf{M}_o$로 명시되는데, 여기에서 $\mathbf{R} \neq 0$으로 점 O를 지나 작용하며 $\mathbf{M}_o$는 자유 벡터이다. 그림 4.28과 같이, 점 A에 작용하는 합력과, 방향은 알지만 크기는 모르는 모멘트 $\mathbf{T}$로 구성되어 있는 등가 힘 계가 필요하다고 하자. 점 A에서의 힘 계가 점 O에서의 힘 계와 등가일 때에는, 문제를 다음과 같이 수학적인 공식으로 쓸 수 있다.

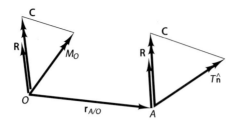

그림 4.28

$$\mathbf{r}_{A/O} \times \mathbf{R} + T\hat{\mathbf{n}} = \mathbf{M}_O \tag{4.58}$$

여기에서, $\mathbf{r}_{A/O}$는 점 O로부터 등가 힘 계 합력의 작용선에 있는 점 A까지의 미지의 위치 벡터이며, $\hat{\mathbf{n}}$은 필요한 모멘트 T방향의 단위 벡터이다. 식 (4.58)은 다음과 같이 다시 쓸 수 있다.

$$\mathbf{r}_{A/O} \times \mathbf{R} = \mathbf{M}_O - T\hat{\mathbf{n}} \tag{4.59}$$

식 (4.59)는 크기 T를 먼저 알고 있을 때 미지의 위치 벡터 $\mathbf{r}_{A/O}$를 구하는 벡터 방정식으로 볼 수 있다. 이 식의 우변인 벡터 $(\mathbf{M}_o - T\hat{\mathbf{n}})$는 해가 존재한다고 하면 $\mathbf{r}_{A/O}$와 $\mathbf{R}$ 모두에 수직하여야만 한다. 모멘트 벡터 $\mathbf{T}$는 $\mathbf{M}_o$의 성분 중에서 $\mathbf{R}$에 평행한 성분을 소거할 수 있도록 되어 있어야만 한다. 즉

$$\mathbf{R} \cdot \mathbf{M}_O - \mathbf{R} \cdot T\hat{\mathbf{n}} = 0$$

그러므로 다음과 같이 된다.

$$T = \frac{\mathbf{R} \cdot \mathbf{M}_O}{\mathbf{R} \cdot \hat{\mathbf{n}}} \tag{4.60}$$

미지의 모멘트 T의 크기는 식 (4.60)의 분모가 0이 아니면, 즉 벡터 $\mathbf{R}$과 $\hat{\mathbf{n}}$이 수직이 아니면, 항상 구할 수 있다. 벡터 $\mathbf{r}_{A/O}$는 O로부터 점 $\mathbf{R}$의 작용선에 있는 임의의 점 A까지의 위치 벡터이다. 그러므로 무한 개수의 벡터가 이 요구조건을 만족시키게 된다. 그러나 해가 존재하게 되면, $\mathbf{R}$과 $(\mathbf{M}_o - T\hat{\mathbf{n}})$ 모두에 수직하는 특정 위치 벡터 $\mathbf{p}_o$는 직접 벡터 연산에서 구할 수 있다. 식 (4.6)~(4.8)에서와 같이, 식 (4.59)의 양 변의 벡터 곱을 합력 $\mathbf{R}$로 취하면 다음이 나온다.

$$\mathbf{R} \times (\mathbf{p}_O \times \mathbf{R}) = \mathbf{R} \times (\mathbf{M}_O - T\hat{\mathbf{n}}) \tag{4.61}$$

벡터 3중 곱을 구하는 벡터 항등식인 식 (2.123)을 사용하면 다음이 나온다.

$$\mathbf{p}_O(\mathbf{R} \cdot \mathbf{R}) - \mathbf{R}(\mathbf{R} \cdot \mathbf{p}_O) = \mathbf{R} \times (\mathbf{M}_O - T\hat{\mathbf{n}})$$

그러나

$$(\mathbf{R} \cdot \mathbf{p}_O) = 0$$

이므로, 다음과 같이 된다.

$$\mathbf{p}_O = \frac{\mathbf{R} \times (\mathbf{M}_O - T\hat{\mathbf{n}})}{(\mathbf{R} \cdot \mathbf{R})} \qquad (4.62)$$

4.9.1 렌치

식 (4.60)은 합력과 특정 방향의 모멘트로 구성된 일반적인 등가 힘 계가, 이 특정 방향의 단위 벡터와 합력의 스칼라 곱이 0이 아닐 때면, 생성될 수 있다는 것을 보여주고 있다. 모든 일반화된 힘 계는 합력과 이 합력에 **평행**인 모멘트 벡터로 구성된 등가 힘 계로 변환시킬 수 있다. 이 힘 계는, 공간 내 작용선이 유일하며 **렌치(wrench)**라고 하는데, 그림 4.29에 예시되어 있다. 합력 $\mathbf{R}$과 평행 모멘트 $\mathbf{C}$의 방향성이 같으면, 양(+)이라고 한다[그림 4.29(a)]. 합력 $\mathbf{R}$과 평행 모멘트 $\mathbf{C}$의 방향성이 정반대이면, 렌치는 음(−)이라고 한다[그림 4.29(b)].

그림 4.30과 같이, 원점에서 합력 $\mathbf{R}$과 모멘트 $\mathbf{M}_O$로 구성되어 있는 힘 계를 살펴보자. 일반적으로, 자유 벡터 $\mathbf{M}_O$는 합력 벡터와 평행이 아니다. 오히려, $\mathbf{M}_O$에는 $\mathbf{R}$과 평행한 성분인 $\mathbf{C}_\parallel$와 $\mathbf{R}$에 수직인 성분인 $\mathbf{C}_\perp$이 있다. 그러므로 $\mathbf{M}_O$는 유일하게 $\mathbf{R}$에 평행한 성분과 수직인 성분으로 분해할 수 있다.

$\mathbf{R}$을 공간에 있는 임의의 점으로 이동시킬 때에는, 이 이동으로 인하여 발생되는 추가적인 우력 모멘트는 $\mathbf{R}$과 수직을 이루어야 한다고 한 바 있다. 그러므로 공간 내에서 $\mathbf{R}$에 평행한 선을 구할 수가 있으며 바로 이 선을 **렌치 축(wrench axis)**이라고 하는데, $\mathbf{R}$은 이 렌치 축을 따라 작용하는 것으로 볼 수 있으며, 그러므로 이와 관련된 우력 모멘트는 $\mathbf{R}$에 수직한 성분인 $\mathbf{C}_\perp$ 성분과 크기는 같고 방향은 정반대가 된다. 이는 공면 력계와 평행력계를 합력 $\mathbf{R}$만을 포함하는 등가 계로 변환시키는 데 사용했던 과정과 동일하다. 그러나 그 경우에는 모멘트 $\mathbf{M}_O$는 $\mathbf{R}$에 수직이었다는 것을 보였다. 일반화된

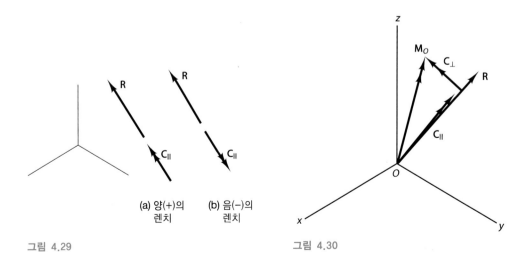

(a) 양(+)의 렌치   (b) 음(−)의 렌치

그림 4.29

그림 4.30

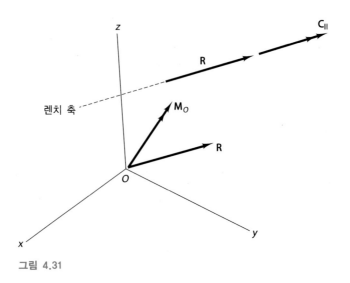

그림 4.31

경우에는, 어떠한 **R** 모멘트도 **R**에 평행한 모멘트 성분을 전혀 발생시키지 않게 된다. 그러므로 가장 일반적인 등가 힘 계는 합력 **R**과 **평행** 모멘트 **C**∥이다. 그림 4.31과 같은 특정한 힘 계에서, 이러한 조합, 즉 렌치에는 공간 내의 유일한 작용선, 즉 렌치 축이 있다.

　물체의 3차원 운동을 해석하는 데에도 유사한 방법을 취할 수 있는데, 이 방법을 나사 축(screw axis) 및 나선 축(helical axis)이라고 하기도 한다. 이 용어들은 힘 계를 해석할 때 적용하는 것이지만, 실제로는 운동역학에만 사용하고 힘 계에는 렌치(wrench)를 사용하여야 한다.

　렌치를 구하려면, 먼저 모멘트 $\mathbf{M}_O$를 **R**에 평행한 성분과 수직한 성분으로 분해할 필요가 있다. 벡터를 공간 내 선을 따라 평행 성분과 수직 성분으로 분해하는 과정은 제2.8, 2.9, 4.5절에서 설명하였다. **R**의 방향은 다음과 같이 정의되는 단위 벡터로 나타낼 수 있다.

$$\hat{\mathbf{e}}_R = \frac{\mathbf{R}}{|\mathbf{R}|} \tag{4.63}$$

　R에 평행한 $\mathbf{M}_O$의 성분은 **R** 작용선 상의 $\mathbf{M}_O$의 투영에 **R**을 따르는 단위 벡터를 곱한 것이다. 즉

$$\mathbf{C}_\parallel = (\hat{\mathbf{e}}_R \cdot \mathbf{M}_O)\hat{\mathbf{e}}_R \tag{4.64}$$

R에 수직한 $\mathbf{M}_O$의 성분은 $\mathbf{M}_O$에서 **R**에 평행한 $\mathbf{M}_O$의 성분을 빼서 다음과 같이 구한다.

$$\mathbf{C}_\perp = \mathbf{M}_O - \mathbf{C}_\parallel \tag{4.65}$$

이제, 공간에서 $\mathbf{M}_O$의 수직 성분이 0이 되는 선은 평행력계와 공면력계에 사용하는 방법을 적용하면 구할 수 있다. **r**을 원점으로부터 렌치 축 상의 임의의 점까지의 위치 벡터라

고 하자. 그러면 다음과 같이 된다.

$$\mathbf{r} \times \mathbf{R} = \mathbf{C}_\perp \tag{4.66}$$

이 식은 다음의 3개의 스칼라 식과 같이 스칼라 형태로 쓸 수 있다.

$$
\begin{aligned}
yR_z - zR_y &= C_{\perp x} \\
-xR_z + zR_x &= C_{\perp y} \\
xR_y - yR_x &= C_{\perp z}
\end{aligned}
\tag{4.67}
$$

식 (4.67)은 벡터 $\mathbf{r}$의 미지의 성분 x, y, z에 관한 3개의 식이므로 쉽게 풀릴 수 있을 것 같이 보이지만, 식들이 선형적으로 독립적이지 않으므로 쉽지가 않다. 식을 다음과 같이 행렬 표기법으로 쓰게 되면 그 종속성을 알 수 있다.

$$
\begin{bmatrix}
0 & R_z & -R_y \\
-R_z & 0 & +R_x \\
R_y & -R_x & 0
\end{bmatrix}
\begin{bmatrix}
x \\
y \\
z
\end{bmatrix}
=
\begin{bmatrix}
C_{\perp x} \\
C_{\perp y} \\
C_{\perp z}
\end{bmatrix}
\tag{4.68}
$$

계수 행렬의 행렬식은 0이며, 이 계수 행렬에는 역행렬이 없다. 즉 이 계수 행렬은 특이 행렬이며 이는 세 식이 선형적으로 독립적이지 않다는 것을 의미한다. x값은 다음과 같다.

$$
x = \frac{
\begin{vmatrix}
C_{\perp x} & R_z & -R_y \\
C_{\perp y} & 0 & +R_x \\
C_{\perp z} & +R_x & 0
\end{vmatrix}
}{
\begin{vmatrix}
0 & R_z & -R_y \\
-R_z & 0 & +R_x \\
R_y & -R_x & 0
\end{vmatrix}
}
\tag{4.69}
$$

이 식의 분모는 계수 행렬의 행렬식이며 0이다. 렌치 축 상의 임의의 점이 식 (4.66)의 해가 되기 때문에, 이는 예상 밖의 일이 아니다. 렌치 축과 좌표 평면과의 교점을 선정하는 방법은 한 가지일 것이다. 예를 들어, 렌치 축과 $x-y$평면과의 교점을 구하고자, 식 (4.67)에서 $z=0$으로 놓으면, 교점의 좌표는 다음과 같다.

$$
\begin{aligned}
x &= \frac{C_{\perp y}}{R_z} \\
y &= \frac{C_{\perp x}}{R_z} \\
z &= 0
\end{aligned}
\tag{4.70}
$$

이와 유사하게, $y-z$평면과 $x-z$평면과의 교점은 각각 다음과 같다.

$$x = 0 \qquad x = \frac{C_{\perp z}}{R_y}$$

$$y = \frac{C_{\perp z}}{R_z} \qquad y = 0 \qquad\qquad (4.71)$$

$$z = \frac{C_{\perp y}}{R_x} \qquad z = -\frac{C_{\perp x}}{R_y}$$

각각의 이 교점들은 렌치 축 상의 점이므로 공간에서 이 축을 구할 때 사용하면 된다.

직접 벡터 해 방법 또한 렌치 축에 수직인 원점으로부터 벡터를 구하는 데 사용할 수 있다. 이는 다른 2개의 벡터와 서로 수직인 식 (4.66)의 벡터 **r**을 선택하는 특정한 방법이다. 다시 말하자면, 다음과 같은 벡터 3중 곱이 형성된다.

$$\mathbf{R} \times (\mathbf{r} \times \mathbf{R}) = \mathbf{R} \times \mathbf{C}_{\perp}$$

$$\mathbf{r}(\mathbf{R} \cdot \mathbf{R}) - \mathbf{R}(\mathbf{r} \cdot \mathbf{R}) = \mathbf{R} \times \mathbf{C}_{\perp}$$

r과 **R**은 수직이므로 다음과 같이 된다.

$$\mathbf{r}(\mathbf{R} \cdot \mathbf{R}) = \mathbf{R} \times \mathbf{C}_{\perp}$$

$$\mathbf{r} = \frac{\mathbf{R} \times \mathbf{C}_{\perp}}{\mathbf{R} \cdot \mathbf{R}} \qquad\qquad (4.72)$$

밑에 있는 식이 렌치 축 상의 특정 점의 위치를 정해주며, 전체 축은 합력 **R**이 이 점을 지나 작용하는지를 살펴서 그리면 된다.

예제 4.16

인간 행동양식을 연구하는 생체역학에서는, 힘 감지 판 형태의 다이나모미터(dynamometer)를 바닥에 깔아서 개인이 걸을 때 발과 바닥 간의 힘을 측정한다. 이 힘 감지 판은 스트레인 게이지를 사용하여 힘의 세 성분과 이 시설의 중심에 관한 모멘트의 세 성분을 측정하는데, 이는 그림에서와 같이 판 표면에서 40 mm 밑에 있다.

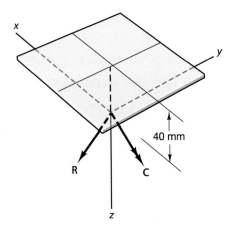

힘 감지 판에서 다음과 같은 합력과 모멘트가 측정되었다고 하자.

$$\mathbf{R} = 50\hat{\mathbf{i}} + 150\hat{\mathbf{j}} + 800\hat{\mathbf{k}} \text{ (N)}$$

$$\mathbf{M}_O = 80\hat{\mathbf{i}} + 10\hat{\mathbf{j}} + 10\hat{\mathbf{k}} \text{ (N} \cdot \text{m)}$$

먼저, 렌치 힘과 모멘트(이 응용에서는 지면 반력 토크라고 함)를 구한다. 그런 다음, 렌치 축과 힘 감지 판 표면과의 교점을 구하라(이 교점은 '압력 중심' 또는 '힘 중심'이라고 하며, 발과 힘 감지 판 사이에서 힘이 집중하는 점이다).

풀이 먼저, $\mathbf{R}$방향에서의 단위 벡터를 구한다.

$$\hat{\mathbf{e}}_{\mathbf{R}} = \frac{\mathbf{R}}{|\mathbf{R}|} = \frac{50\hat{\mathbf{i}} + 150\hat{\mathbf{j}} + 800\hat{\mathbf{k}}}{815.5}$$

$$\hat{\mathbf{e}}_{\mathbf{R}} = 0.061\hat{\mathbf{i}} + 0.184\hat{\mathbf{j}} + 0.981\hat{\mathbf{k}}$$

우력의 성분 중에서 반력에 평행한 성분(지면 반력 토크)은 다음과 같다.

$$\mathbf{T} = \mathbf{C}_\perp = (\mathbf{M}_O \cdot \hat{\mathbf{e}}_R)\hat{\mathbf{e}}_R = 16.53\hat{\mathbf{e}}_R = 1.01\hat{\mathbf{i}} + 3.04\hat{\mathbf{j}} + 16.33\hat{\mathbf{k}} \, (\text{N} \cdot \text{m})$$

모멘트 $\mathbf{M}_O$의 수직 성분은 다음과 같다.

$$\mathbf{C}_\parallel = \mathbf{M}_O - \mathbf{T} = 78.99\hat{\mathbf{i}} + 6.96\hat{\mathbf{j}} - 6.22\hat{\mathbf{k}}$$

원점으로부터 렌치 축과 힘 감지 판 표면의 교점(압력 중심)까지의 위치 벡터는 다음과 같다.

$$\mathbf{r} = x\hat{\mathbf{i}} + y\hat{\mathbf{j}} - 0.04\hat{\mathbf{k}}$$

그리고 이 위치 벡터는 다음의 식으로 구한다.

$$\mathbf{r} \times \mathbf{R} = \mathbf{C}_\perp$$

$$(x\hat{\mathbf{i}} + y\hat{\mathbf{j}} - 0.04\hat{\mathbf{k}}) \times (50\hat{\mathbf{i}} + 150\hat{\mathbf{j}} + 800\hat{\mathbf{k}}) = (78.99\hat{\mathbf{i}} + 6.96\hat{\mathbf{j}} - 6.22\hat{\mathbf{k}})$$

$$x = -0.011\text{m} \qquad y = 0.091 \, \text{m}$$

힘 감지 판 표면에서 렌치 형태의 등가 힘 계는 다음과 같다.

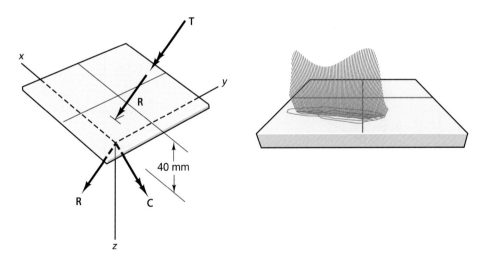

이 정보는 발바닥 표면(밑바닥)에 가해지는 지면 반력의 작용점으로 해석되어 발목 관절, 무릎 관절, 엉덩이 관절에 걸리는 하중을 계산하는 데 사용될 수 있다. 렌치 계산에는 많은 벡터 계산이 수반되는데, 걸음걸이 해석, 즉 사람이 걸을 때 신체에 작용하는 힘 해석에서는, 발이 힘 감지 판과 접촉하고 있는 동안에 렌치 교점을 매 10 ms마다 연산한다. 걸음걸이 해석에서 구한 실제 압력 중심 이미지 패턴 그림이 오른쪽 그림에 나타나 있다.

예제 4.17

걸음걸이 해석 실험실에 있는 힘 감지 판 표면에서는 z방향 모멘트만이 발생한다고 알려져 있다. 이 실험 장치 중심에서의 힘과 모멘트는 각각 다음과 같다.

$$\mathbf{R} = 50\hat{\mathbf{i}} - 150\hat{\mathbf{j}} + 450\hat{\mathbf{k}} \text{ N}$$

$$\mathbf{M}_O = 13.5\hat{\mathbf{i}} + 9\hat{\mathbf{j}} - 6\hat{\mathbf{k}} \text{ N} \cdot \text{m}$$

z방향에서의 합력과 모멘트로 구성된 등가 힘 계를 구하라. 또한, 이 등가 힘 계에서 실험 장치 중심으로부터 합력의 작용선까지의 수직 벡터를 구하라.

풀이 z방향에서의 크기와 모멘트는 식 (4.60)에서 구하는데, 여기에서

$$\hat{\mathbf{n}} = \hat{\mathbf{k}}$$

그러므로 다음과 같이 된다.

$$T = \frac{\mathbf{R} \cdot \mathbf{M}_O}{\mathbf{R} \cdot \hat{\mathbf{n}}}$$

$$T = (50 \times 13.5 - 150 \times 9 - 450 \times 6)/450 = -7.5 \text{ N} \cdot \text{m}$$

식 (4.62)에서 O로부터 $\mathbf{R}$의 작용선까지의 수직 벡터는 다음과 같다.

$$\mathbf{P}_O = \frac{\mathbf{R} \times (\mathbf{M}_O - T\hat{\mathbf{n}})}{\mathbf{R} \cdot \mathbf{R}}$$

$$\mathbf{p}_O = -0.019\hat{\mathbf{i}} + 0.026\hat{\mathbf{j}} + 0.011\hat{\mathbf{k}} \text{ m}$$

연습문제

4.66 그림 P4.66과 같이, 2개의 힘이 노트북 컴퓨터의 맨 윗부분과 바닥부에 가해지고 있다. (a) $\theta = 30°$일 때, 점 A로 표시된 힌지에서의 합력 계를 계산하라. (b) 다른 각도, 즉 $\theta = 10°$, $20°$, $40°$, $50°$, …, $90°$일 때, 우력을 재계산하라.

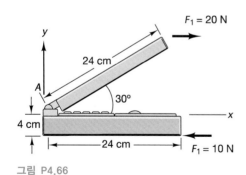

그림 P4.66

4.67 4개의 힘이 트럭 프레임의 단면 부재에 작용하고 있다(그림 P4.67 참조). 점 A에서의 합력과 합 모멘트를 계산하고, 합력 만으로도 모든 4개의 힘의 효과가 나타나게 되는 x축 상의 점 B를 구하라. 여기에서, $F_1 = 10$ kN, $F_2 = 10$ kN, $F_3 = 3$ kN 및 $F_4 = 4$ kN이다.

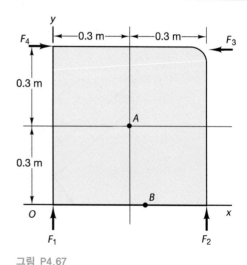

그림 P4.67

4.68 연습문제 4.67에서, 점 O에 관한 합력을 계산하라. 합력만으로도 모든 4개의 힘의 효과가 나타나게 되는 x축 상의 점 B를 구하라.

4.69 연습문제 4.67에서, 합력으로만 힘 계를 나타내게 되고 원점으로부터 **R**의 시점까지의 위치 벡터가 **R**에 직각인 위치를 계산하라(즉 직접 벡터 해법을 사용하라).

4.70 그림 P4.70과 같은 기계 부품의(z방향으로 하향인) 중심을 직접 벡터 해법을 사용하여 계산하라. 각각의 부분의 중량 분포 위치는 $x-y$평면에서 원점에 관하여 주어져 있다.

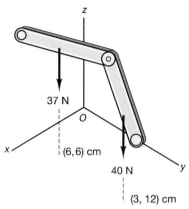

그림 P4.70

4.71 선적용 화물 상자에 4개의 힘과 우력이 가해지고 있다(그림 P4.71 참조). 원점에 관한 합력을 계산하라. 그런 다음, 합력만으로도 강체에 대하여 등가 효과가 발생하게 되는 위치를 계산하라.

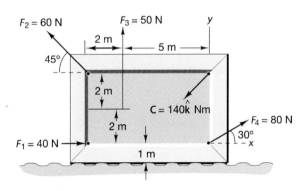

그림 P4.71

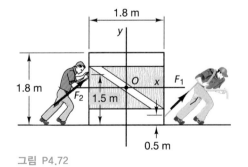

그림 P4.72

4.72 그림 P4.72와 같이, 2명의 작업자가 상자를 밀고 당기고 있다. 힘 $\mathbf{F}_1$은 1000 N로 x축과 45° 상방으로 작용하며, $\mathbf{F}_2$ = 500 N로 x축과 30° 상방으로 작용한다. (a) 점 O에서의 합력과 모멘트를 계산하라. (b) 합력만으로도 등가 효과가 발생하게 되는 점 A를 계산하라.

4.73 3개의 하중이 다리의 트러스 분할부에 가해지고 있다(그림 P4.73 참조). (a) 등가 힘 계를 계산하라(즉 합력을 계산하고 이 합력이 작용하여야 하는 점을 계산하라). 여기에서, $\mathbf{F}_1$ = $-25\,\hat{i}$ (kN), $\mathbf{F}_2 = 10\,\hat{i} - 17.32\,\hat{j}$ (kN) 및 $\mathbf{F}_3 = -30\,\hat{j}$ (kN)이다. (b) 문항 (a)에서 계산된 합력 **R**에 의해 결정된 작용선의 식과 작용점을 계산하고, 이 식을 사용하여 이 합력이 작용하여 등가 힘 계를 발생시키는 구조물 상의 점을 구하라.

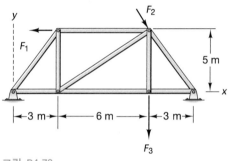

그림 P4.73

4.74 벡터 $\mathbf{R} = 500\,\hat{i} + 250\,\hat{j} - 100\,\hat{k}$ (N)과 $\mathbf{C} = 10\,\hat{i} + 40\,\hat{j} + 30\,\hat{k}$ (N·m)이 주어졌을 때, **R**에 평행한 벡터 **C**의 성분과 **R**에 직각인 벡터 **C**의 성분을 각각 계산하라.

4.75 벡터 $\mathbf{R} = 1000\,\hat{i} - 270\,\hat{j} + 500\,\hat{k}$ (N)과 $\mathbf{C} = 50\,\hat{i} + 50\,\hat{j} - 50\,\hat{k}$ (N·m)이 주어졌을 때, **R**에 평행한 벡터 **C**의 성분과 **R**에 직각인 벡터 **C**의 성분을 각각 계산하라.

4.76 그림 P4.76과 같이, 3개의 힘이 강체에 가해지고 있다. 원점에 관하여 합력과 모멘트를 계산하고, 이 모멘트를 합력에 평행한

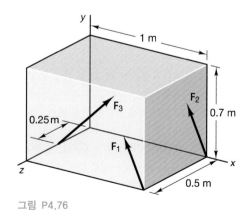

그림 P4.76

성분과 직각인 성분으로 분해하라. 이 정보를 사용하여 렌치를 계산하라. 여기에서, $\mathbf{F}_1 = \mathbf{F}_2 = -10\,\hat{i} + 20\,\hat{j}$ (N) 및 $\mathbf{F}_3 = 30\,\hat{i} + 30\,\hat{j} + 30\,\hat{k}$ (N)이다.

4.77 그림 P4.77에서, 데크 위에 서서 난간에 기대어 있는 사람이 힘 $\mathbf{F}_1 = -750\,\hat{j}$ (N), $\mathbf{F}_2 = 40\,\hat{i} - 40\,\hat{j} + 40\,\hat{k}$ (N) 및 $\mathbf{F}_3 = -20\,\hat{i} - 35\,\hat{j} + 60\,\hat{k}$ (N)을 가하고 있다. 합력 렌치를 계산하고 원점으로부터 이 렌치의 작용선까지의 벡터를 구하라.

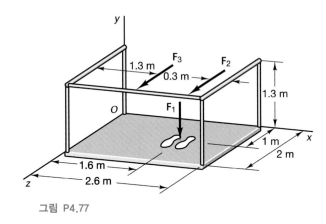

그림 P4.77

4.78 그림 P4.78과 같이, 3개의 힘이 장착 브래킷에 작용하고 있다. $\mathbf{F}_1 = -10\,\hat{i} - 3\,\hat{j} - 4\,\hat{k}$ (N), $\mathbf{F}_2 = 10\,\hat{i} + 10\,\hat{j} + 10\,\hat{k}$ (N) 및 $\mathbf{F}_3 = 10\,\hat{i} + 10\,\hat{j}$ (N)일 때, 렌치를 계산하고 원점으로부터 렌치까지 이 렌치 축에 직각인 위치 벡터 $\mathbf{r}$을 계산하라.

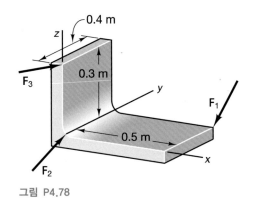

그림 P4.78

4.79 합력 $\mathbf{R} = 3\,\hat{i} + 6\,\hat{j} + 2\,\hat{k}$ (N)과 $\mathbf{M} = 12\,\hat{i} + 4\,\hat{j} + 6\,\hat{k}$ (N·m)이 있다. 등가 렌치를 구하고 원점으로부터 이 렌치 축까지 뻗으면서 이 렌치 축에 직각인 위치 벡터 $\mathbf{r}$을 구하라.

4.80 원점에 작용하는 합력 $\mathbf{F} = 2587\,\hat{i} - 1232\,\hat{j} - 500\,\hat{k}$ (N)과 $\mathbf{C} = 2700\,\hat{i} + 300\,\hat{j} + 100\,\hat{k}$ (N·m)로 주어지는 합 모멘트가 있다. 등가 렌치를 구하고 원점으로부터 이 렌치 축까지 뻗으면서 이 렌치 축에 직각인 위치 벡터 $\mathbf{r}$을 구하라.

4.81 모멘트가 전부 $\hat{i}$방향을 향하는 상태에서, 합력 $\mathbf{R} = 25\,\hat{i} - 10\,\hat{j} + 3\,\hat{k}$ (N)과 모멘트 $\mathbf{M}_O = 5\,\hat{i} + 5\,\hat{j} + 5\,\hat{k}$ (N·m)로 기술되는 계가 $\mathbf{r}$에서 $\mathbf{R}$로 표현되도록, 이 합력 $\mathbf{R}$의 위치를 나타내는 위치 벡터 $\mathbf{p}_O$와 모멘트 $\mathbf{T}$를 계산하라.

4.82 레버 기구가 합력은 $\mathbf{R} = 25\,\hat{i} + 5\,\hat{j} + 3\,\hat{k}$ (N)이고 모멘트는 $\mathbf{M}_O = -10\,\hat{i} + 27\,\hat{k}$ (N·m)이다. $\mathbf{p}_O$로 기술되는 위치에 있는 $\mathbf{R}$이 z방향으로 순 모멘트를 발생시키도록 하는 $\mathbf{R}$의 위치와 모멘트 $\mathbf{T}$의 값을 구하라(그림 P4.82 참조).

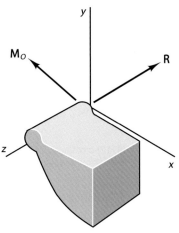

그림 P4.82

4.83 그림 P4.82의 기구에 $\mathbf{R} = 10\,\hat{i} + 10\,\hat{j} + 10\,\hat{k}$ (N)의 합력과 $\mathbf{M}_O = -5\,\hat{i} - 5\,\hat{j} - 5\,\hat{k}$ (N·m)의 모멘트가 가해지고 있다. $\mathbf{p}_O$로 기술되는 위치에 있는 $\mathbf{R}$이 $x-y$평면에서 45° 방향으로 순 모멘트를 발생시키도록 하는 $\mathbf{R}$의 위치와 모멘트 $\mathbf{T}$의 값을 구하라.

4.84 그림 P4.84와 같이, 합력 $\mathbf{R} = 10\,\hat{i}$ (N)와 모멘트 $\mathbf{M}_O = 5\,\hat{i}$ (N·m)가 있다. $\mathbf{T}$가 그림에서 선 a를 따라 가해지도록 하는 $\mathbf{R}$의 위치와 모멘트 $\mathbf{T}$의 값을 구하라.

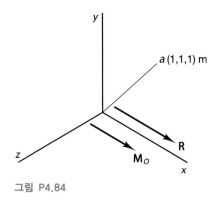

그림 P4.84

이 장에서는 강체에 작용하는 힘과 모멘트를 설명하였다. 강체에 힘이 작용하는 위치(작용점)에 따라서 강체의 다른 점에 관한 이 힘의 모멘트(회전 효과)는 달라지게 마련이다. 모멘트는 관심점으로부터 힘의 작용점까지의 위치 벡터와 힘 벡터와의 곱($\mathbf{M} = \mathbf{r} \times \mathbf{F}$)으로 정의된다. 공간에 있는 힘 모멘트는 벡터를 사용하여 정의된다. 우력은 크기는 같고 방향이 정반대이며 거리는 d만큼 떨어져 있는 2개의 비공선 평행력으로 정의된다.

등가 힘 계는 우력 개념을 사용하여 정의하였다. 가장 일반적인 등가 힘 계는 렌치이며 이 렌치의 응용은 걸음걸이 해석용 힘 감지 판을 예로 들었다.

Chapter 05

분포력: 도형 중심과 무게 중심

5.1 서론

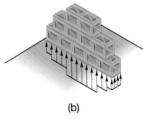

그림 5.1

지금까지는 힘을 특정한 작용선을 따라 특정한 점에 작용하는 **집중력**(concentrated forces)으로 취급하였다. 그러므로 힘은 크기, 방향, 방향성과 특정한 작용선이나 작용점이 있는 단일의 벡터로 표현할 수 있었다. 그러나 물체를 크기가 0인 질점으로 모델링하는 것과 유사하게 집중력은 실제로 수학적으로 단순화한 것일 뿐이다. 집중력이란 0에 가까운 극한 면적에 작용하는 분포 압력이라 생각할 수 있다.

그 압력과 0에 가까운 면적의 곱은 집중력의 크기와 같게 된다. 이 조건을 만족시키게 되는 압력은 무한한 값을 갖게 된다. 그러므로 집중력은 이상적으로는 0의 면적에 작용하는 무한 압력이다. 이 개념은 제8장에서 디랙(Dirac) 델타 함수를 소개하면서 수학적으로 살펴보게 될 것이다.

많은 응용에서 힘을 집중력이라고 가정할 수는 없고 선을 따라서 또는 표면에 걸쳐서 분포되어 있다고 간주하여야 한다. 그림 5.1에는 **분포력**의 예가 나타나 있다. 그림 5.1(a)의 힘은 (천장에 깔려 있는 수관처럼) 원통형 물체와 평평한 표면 사이의 접촉선을 따라 균일하게 분포되어 있다. 그림 5.1(b)에는 화물을 싣고 부리는 하역 도크에 있는 화물상자의 힘이 도크 표면을 따라 불균일하게 분포되어 있다.

어떤 경우에는 상황과 필요에 따라 힘을 분포력 또는 집중력으로 모델링할 수 있다. 이 선택은 대개 힘이 분포되어 있는 면적 크기를 물체 크기와 비교하여 하게 된다. 예컨대, 그림 5.2에서는 탁자 다리와 바닥 사이의 힘이 각각의 탁자 다리의 끝부분에 걸쳐서 분포된다. 그러나 전체 탁자를 해석할 때에는 이 힘을 집중력으로 간주해도 정밀성을 잃지 않는다.

분포력은 집중력을 명시할 때와 유사하게 단위 길이 당 힘의 크기 또는 단위 면적 당 크기로 그 방향과 함께 명시한다. 분포력은 표면에 법선(수직)을 이루어야 하며, 기체나 유체에 의해 발생되는 분포력은 압력이라고 한다. 물체 내부 분포력은 응력이라고

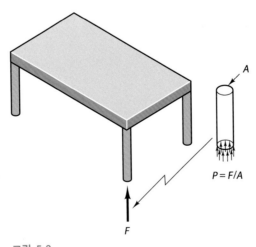

$P = F/A$

그림 5.2

하며 이는 재료역학 과목에서 학습하게 된다.

선을 따라 분포하는 힘은 그 단위가 단위 길이 당 힘(N/m 또는 lb/ft)이며, 면적에 걸쳐 분포하는 힘은 그 단위가 단위 면적당 힘(N/m² 또는 lb/ft²)이다. SI 단위인 N/m²은 **파스칼**(pascals; 줄여서 Pa로 씀)이라고 한다. 미국 상용단위인 lb/in²은 흔히 psi로 쓰인다. 압력은 또한 수은주의 높이(mm)나 대기압으로도 명시된다. 즉

$$1 \text{ mm Hg} = 0.019 \text{ psi} = 133 \text{ N/m}^2(\text{Pa})$$

$$1 \text{ atm} = 14.7 \text{ psi} = 760 \text{ mm Hg} = 1.01 \times 10^5 \text{ Pa}$$

1기압은 공기, 즉 대기에 의해 해수면 수준에서 지표면에 가해지는 압력이다.

그림 5.3

대표적인 분포력의 예를 들면 그림 5.3과 같이 자동차 타이어와 지면 사이의 힘이다. 이 특정 타이어에 의해 지지되는 자동차의 중량 부분은 타이어 압력에 타이어와 노면의 접촉 면적을 곱한 것과 같다. 즉

$$W = pA$$

접촉 면적은 타이어를 부풀게 하는 압력뿐만 아니라 타이어 종류와 특정한 접지면(tread) 형태에 따라서도 변할 수 있다. 앞의 표현을 빌리자면, 자동차의 중량은 표면적 A와 타이어 압력 p를 측정하여 구할 수 있다. 과거 미국에서는, 차량 중량 계량소가 없는 이면 도로를 이용하는 트럭의 중량을 정하는 데 교통국 직원이 이 기법을 사용하곤 했다.

물체의 체적에 걸쳐 분포된 다른 종류의 힘을 **체적력(body forces)**이라고 한다. 대표적인 체적력은 중력이지만, 체적력은 또한 자기 효과나 전기 효과에서 일어나기도 한다. 지표면에 있는 물체의 중력은 뉴턴의 인력 법칙으로 구한다. 그림 5.4에는 지표면에 있는 작은 질량이 도시되어 있다. 중력은 다음과 같다.

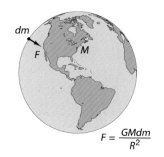

$$F = \frac{GMdm}{R^2}$$

그림 5.4

$$F = \frac{GMdm}{R^2} = gdm$$

여기에서, G는 만유 인력상수, M은 지구의 질량, R은 지구의 반경, dm은 질량의 미분 요소, g는 중력 가속도이며, 이 식은 다음과 같이 된다.

$$g = \frac{GM}{R^2} = 9.807 \text{ N/kg} = 32.17 \text{ lb/slug}$$

이는 지구의 인력에 의한 단위 질량 당 힘이다. 상수 g는 그 단위가 가속도의 단위, 즉 m/s²이나 ft/s²와 같다. 이는 제1장에서 맨 처음 소개되었으며, 여기에서는 물체의 무게 중심을 정의하는 데 사용할 것이다.

강체 모델을 사용하는 적용에서는 중력에 의한 분포 체적력을 무게 중심에 작용하는 집중력으로 대체할 수 있다. 그림 5.1에 있는 원통형 물체와 천장 사이의 접촉 압력과 화물 상자와 하역 데크 사이의 접촉 압력과 같은 다른 분포력 등도 집중력으로 대체될

수 있다. 이 집중력의 위치와 크기는 그 합력과 모멘트가 분포력 계에서와 동일한 등가 힘 계를 생성함으로써 구한다.

제4장에서는 점이나 선에 관한 회전 효과의 척도로서 힘의 모멘트 개념을 설명하였다. 점이나 선에 관한 모멘트는 그 점이나 선으로부터 작용선까지의 위치 벡터와 힘 자체의 벡터 곱인 것으로 정의되었다. 이러한 위치 벡터는 공간에 있는 선, 면적 또는 체적의 기하형상 중심의 위치를 기술하는 데 수학적으로 유용하다. 선이나 면적이나 체적에는 무한 개수의 점이 있다. **도형 중심**(centroid)이라고 하는 선, 면적 또는 체적의 기하학적 중심은 선, 면적 또는 체적의 모멘트 개념을 사용하여 구하면 된다. 이 모멘트는 흔히 **1차 모멘트**(first moment)라고 하며 기준점이나 기준선으로부터 선, 면적 또는 체적의 요소까지의 거리에 선형적으로 비례한다. 선, 2차원 면적 또는 체적으로 모델링된 물체에서 질량 밀도가 일정하면, 무게 중심은 도형 중심과 일치한다. 이후에는, 기준점이나 기준선으로부터 선, 면적 또는 체적의 요소까지의 거리의 제곱에 종속하는 2차 면적 모멘트를 살펴 볼 것이다. 이와 같은 힘 모멘트의 유사성은 벡터 곱을 수반하지는 않지만 물체의 질량 중심이나 선, 면적 또는 체적의 도형 중심을 구하는 데 여전히 매우 중요하다.

예를 들어, y축에 관한 1차 면적 모멘트는, 그림 5.5에서와 같이, y축에 관한 각각의 면적 미분요소의 모멘트의 합으로서 정의된다. 미적분학에서 미분 면적에 대하여 나타내는 표준 표기법을 사용하면, i번째 요소의 모멘트는 다음과 같음을 알 수 있다.

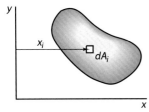

그림 5.5

$$dM_i = x_i \, dA_i \tag{5.1}$$

y축에 관한 1차 면적 모멘트는 면적에 걸친 적분으로 쓴다. 즉

$$M_y = \int_A x \, dA \tag{5.2}$$

선의 1차 모멘트와 체적의 1차 모멘트도 이와 유사하게 정의할 수 있다. 질량 분포의 1차 모멘트 또한 **질량 중심**(center of mass)이라고 하는 체적 내 특정 점을 구하는 데 사용할 것이며, 이는 다음 절에서 설명하겠다.

이후의 절에서 설명하는 도형 중심, 질량 중심, 무게 중심 등의 개념은 주로 미적분학에 의존한다. 특히, 적분의 정의가 합해야 할 요소의 크기가 0에 접근할 때의 합의 극한이라는 점을 상기하여야 한다. 미적분학에서의 방법과 특히, 길이(dx), 면적($dx \, dy$) 및 체적 ($dx \, dy \, dz$)의 미분 요소나 미세 요소의 용도를 기억하는 것이 중요하다. 도형 중심, 질량 중심, 무게 중심 등은 대개 다중 적분의 예로서 설명되는데, 이에 관한 상세한 내용은 미적분학 내용을 참조하길 바란다.

5.2 질량 중심과 무게 중심

5.2.1 질량 중심

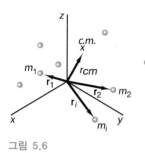

그림 5.6

그림 5.6과 같이 공간에 분포되어 있는 질점계를 살펴보자. 동적 해석 중에는 이러한 질점계를 특정한 점에 집중하는 덩어리 질량(lumped mass)으로 취급하기도 한다. **질량 중심**은 모든 질점의 질량이 집중된다고 볼 수 있는, 공간 내의 점으로 정의된다.

$$M = \sum_i m_i \tag{5.3}$$

이 식을 모든 질점의 총 질량이라고 놓는다. 원점으로부터 질량 중심까지의 위치 벡터를 다음과 같이 정의한다.

$$\mathbf{r}_{c.m.} = \frac{\sum_i m_i \mathbf{r_i}}{M} \tag{5.4}$$

질량 중심까지의 위치 벡터는 개별 위치 벡터 $\mathbf{r}_i$의 가중 평균으로 볼 수 있다. 벡터 방정식 (5.4)는 그 스칼라 성분으로 다음과 같이 쓸 수 있다.

$$x_{c.m.} = \frac{\sum_i m_i x_i}{M} \qquad y_{c.m.} = \frac{\sum_i m_i y_i}{M} \qquad z_{c.m.} = \frac{\sum_i m_i z_i}{M} \tag{5.5}$$

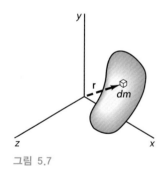

그림 5.7

질량이 질점계로서 분포되어 있지 않고 강체에 연속적으로 분포되어 있을 때, 그 합 계산은 적분이 된다. 그러므로 그림 5.7에서는 물체의 총 질량과 질량 중심이 다음과 같이 된다.

$$M = \int_m dm$$
$$\mathbf{r}_{c.m.} = \frac{1}{M} \int_m \mathbf{r} \, dm \tag{5.6}$$

여기에서, dm은 분포 질량의 미분 요소를 나타낸다. 물체의 질량 밀도가 ρ로 균일하면 미분 요소 dm은 체적 미분 요소 dV에 들어 있는 질량이다. 그러므로 다음과 같다.

$$dm = \rho \, dV$$

벡터 $\mathbf{r}$은 원점으로부터 질량 미분 요소 dm까지의 위치 벡터이다. 질량 중심 위치에 대한 상응하는 스칼라 식은 다음과 같다.

$$x_{c.m.} = \frac{1}{M} \int_m x dm \qquad y_{c.m.} = \frac{1}{M} \int_m y dm \qquad z_{c.m.} = \frac{1}{M} \int_m z dm \tag{5.7}$$

질량 미분 요소 dm은 질량 밀도 ρ와 체적 미분 요소 dV로 다음과 같이 쓸 수 있다.

$$dm = \rho dV$$

$$M = \int_V \rho dV \tag{5.8}$$

$$\mathbf{r}_{c.m.} = \frac{1}{M} \int_V \rho \mathbf{r}\, dV$$

질량 밀도가 체적에 걸쳐서 변화하지 않는다면, 질량 밀도는 일정하므로 적분 기호 밖으로 끄집어낼 수가 있다. 그러므로 일정 질량 밀도, 총 질량, 질량 중심은 각각 다음과 같다.

$$M = \rho \int_V dV = \rho V$$

$$\mathbf{r}_{c.m.} = \frac{\rho}{M} \int_V \mathbf{r}\, dV = \frac{\rho}{\rho V} \int_V \mathbf{r}\, dV = \frac{1}{V} \int_V \mathbf{r}\, dV \tag{5.9}$$

위 식 중에서 마지막 적분 식이 체적의 **도형 중심(centroid)**을 정의하고 있음을 나타내고 있는 것은 당연하다. 그러므로 밀도가 강체에서 일정하면 질량 중심은 체적의 도형 중심과 일치하게 된다.

5.2.2 무게 중심

지구 표면에 놓여 있는 물체의 중량은 지구와 물체의 모든 부분 간의 중력에 의한 인력에 기인한다. 그러므로 이 인력은 물체 전체에 걸쳐서 분포되는 체적력을 발생시킨다. 물체가 지구 반경에 비하여 매우 작으면, 각각의 질량 요소로부터 지구 중심까지의 거리는 그 값이 거의 같다. 그러므로 각각의 질량 요소 dm에 작용하는 체적력의 크기는 다음과 같다. 여기에서, g는 제1장에서 정의한 중력 가속도이다.

$$dF = gdm \tag{5.10}$$

물체에 작용하는 이 모든 인력은 지구 중심에 관하여 공점력이 되지만, 지구 반경이 물체의 크기에 비하여 매우 크기 때문에 이 인력들은 평행력으로 간주된다. 그러므로 중력에 의한 체적력은 평행력 계를 형성하므로 유일한 작용선이 있는 단일의 합력으로 구성된 등가 힘 계로 치환될 수 있다. 이 등가 힘 계 $\mathbf{R}$은 제4장에서와 같이 모든 평행력의 합과 같다. 각각의 질량 요소 dm에 작용하는 체적력은 적분으로 나타낼 수 있다.

$$\mathbf{R} = \int_m g\, dm\, \hat{\mathbf{e}}_R \tag{5.11}$$

여기에서, $\hat{\mathbf{e}}_R$은 지구 중심을 향하는 단위 벡터이다. 이 합력이 **물체의 중량**이다. 물체에는 질량이 있기는 하지만 단지 중력에 의한 인력 때문에 물체에는 중량이 있다.

무게 중심은 총 중량이 집중한다고 간주하는 물체 내의 점으로서 정의된다. 중력에 의한 인력 때문에 발생하는 체적력이 평행력계로 간주되면 제4장의 식 (4.50)∼(4.56)에 있는 방법을 지침으로 사용하여 무게 중심을 구할 수 있다. 질량은 연속적으로 분포되어 있으므로 이 식에서의 합 계산은 적분으로 대체된다. 물체 중량의 원점에 관한 모멘트는 각각의 질량 미분 요소로 인한 모든 중력 모멘트의 적분과 같다. **무게 중심까지의 위치 벡터**는 다음과 같이 쓸 수 있다.

$$\mathbf{r}_{c.g.} \times \mathbf{R} = \int_m \mathbf{r} \times (gdm)\hat{\mathbf{e}}_R$$

$\hat{\mathbf{e}}_R$가 $-z$방향에 있는 것으로 보면, 다음과 같이 된다.

$$\hat{\mathbf{e}}_R = -\hat{\mathbf{k}} \tag{5.12}$$

따라서 식 (5.11)로부터

$$x_{c.g.} \int_m gdm = \int_m xgdm$$

$$y_{c.g.} \int_m gdm = \int_m ygdm$$

그러므로 g는 지구 표면에 있는 작은 물체에 걸쳐 일정하다고 보기 때문에 다음과 같이 된다.

$$x_{c.g.} = \frac{\int xdm}{\int dm} = \frac{1}{M} \int xdm$$

$$y_{c.g.} = \frac{\int ydm}{\int dm} = \frac{1}{M} \int ydm \tag{5.13}$$

좌표 방향의 선택은 임의적이므로 다음이 성립됨을 쉽게 알 수 있다.

$$z_{c.g.} = \frac{1}{M} \int_m zdm \tag{5.14}$$

물체의 무게 중심은 이 경우에는 질량 중심과 동일한 점에 위치한다. 그러므로 이 점은 질량 중심이라고도 하고 무게 중심이라고도 한다.

표 5.1

	질량	반경
지구	597.6×10^{22} kg	6.371×10^6 m
달	7.35×10^{22} kg	1.738×10^6 m

물체의 질량이 일정하다고 해도, 중량은 물체가 어떤 별이나 달에 있는가와 그 별이나 달에서 어느 정도 높이에 있는가에 따라 달라진다. 예를 들어, 달의 질량과 반경은 표 5.1에서와 같이 지구의 질량과 반경과 다르다. 이 표에 있는 값과 G값을 사용하여 지구에서의 중력에 의한 인력 상수 g값을 구하면 다음과 같다.

$$g_{earth} = 9.81 \text{ m/s}^2$$

그리고 달에서는 다음과 같다.

$$g_{moon} = 1.62 \text{ m/s}^2$$

따라서 달 표면에 있는 물체의 중량은 지구 표면에서의 중량의 단지 16.5%에 불과하다. 그러므로 '문 워크'를 하고 있는 체중이 200 lb(91 kgf)인 사람은 무게가 단지 33 lb(15 kgf)밖에 되지 않는데, 이 때문에 이 사람은 달 표면을 가로질러 멀리 뛸 수가 있는 것이다. 이 사람의 근육은 지구에서 발달된 것이기 때문에 달보다 한층 더 큰 중력으로 의한 인력에 대항하여 움직일 수 있다. 이 점에서, 우주비행사들이 우주에서 장기간 머무르게 되면 근육이 약해지고 관절이 느슨해질 위험이 있다. 실제로, 우주비행사는 척추 디스크에 가해지는 압력이 감소되어 키가 커지기도 한다. 저 중력(미소 중력) 상태는 또한 심장 쇠약과 평형감각 상실을 일으키기도 한다. 사람의 평형은 부분적으로 내이에 의해서나 머리 가속도를 감지하는 전정계에 의해 유지된다. 1991년, NASA는 이러한 효과를 연구하고자 미소 중력 전정계 연구(MVI; Microgravity Vestibular Investigation)라는 우주왕복선 임무 비행을 한 바 있다(그림 5.8 참조).

그림 5.8 MVI 임무에 사용된 NASA 로고(NASA 제공)

5.3 평균 위치: 1차 모멘트

5.3.1 면적의 도형 중심

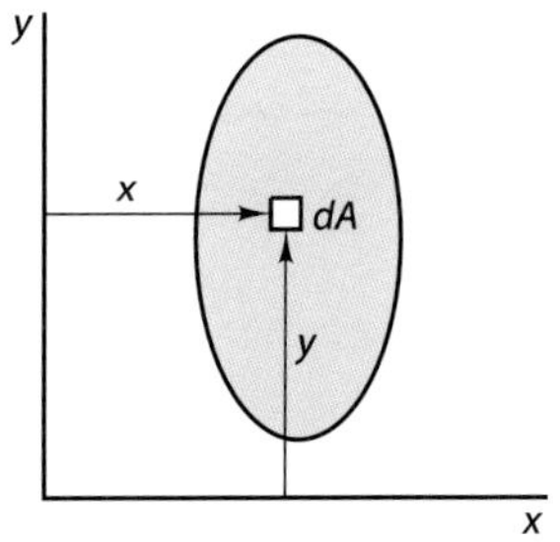

그림 5.9

면적 A의 도형 중심은 면적의 기하학적 중심이다. 그 위치는 그림 5.9와 같이 전체 면적에 걸쳐 면적의 1차 모멘트를 평균함으로써 구할 수 있다.

면적의 도형 중심은 다음과 같은 식으로 x축과 y축에 관한 위치로 나타낸다.

$$
\begin{aligned}
x_c &= \frac{1}{A}\int_A x dA \\
y_c &= \frac{1}{A}\int_A y dA
\end{aligned}
\tag{5.15}
$$

여기에서,

$$A = \int_A dA$$

는 면적이다.

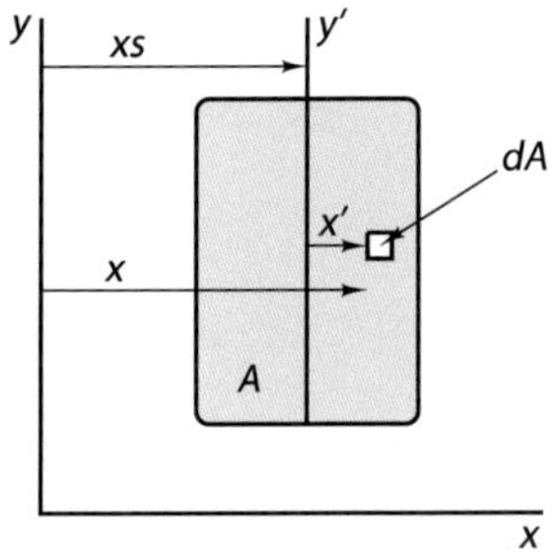

그림 5.10

그림 5.10의 그림을 살펴보면 알 수 있듯이 대칭축은 항상 도형 중심 축이 된다. x축과 y축은 공간에 있는 임의의 축이라고 하고, y'축을 면적의 대칭축이라고 하자. 대칭축은 면적을 기하학적으로 정확히 동일하게 2개의 부분으로 분할하는 선이다. xs를 좌표축으로부터 대칭축까지의 거리라고 하자. 임의의 미분 면적 요소 dA의 x좌표는 다음 식과 같이 xs 및 x'와 관계가 있다.

$$x = xs + x'$$

변수 x를 상수 xs와 변수 x'의 합으로 치환하게 되면, 도형 중심까지의 거리는 다음과 같이 된다.

$$
\begin{aligned}
x_c &= \frac{1}{A}\int xdA \\
&= \frac{1}{A}\int_A (x' + xs)\, dA = \frac{1}{A}\int_A x' dA + \frac{xsA}{A} \\
&= \frac{1}{A}\int_A x' dA + xs
\end{aligned}
$$

그러나 다음 적분

$$\int_A x' dA$$

는 대칭 한계 사이의 홀함수(기함수)의 적분으로 항상 0이 됨을 주목하여야 한다(수학 팁 5.1 참조). 따라서,

$$x_c = xs$$

이므로 대칭축은 도형 중심 축, 즉 도형 중심을 통과하는 축이 된다. 도형 중심 축은 무한개이지만, 면적에 대칭축이 2개 이상이 있으면 이 대칭축의 교점이 면적의 도형 중심이 된다는 사실을 주목하여야 한다.

수학 팁 5.1

짝함수와 홀함수 변수 x의 짝함수는 다음의 식을 만족한다.

$$f_e(-x) = f_e(x)$$

또한, 홀함수는 다음 식을 만족한다.

$$f_o(-x) = -f_o(x)$$

짝함수의 예는 다음과 같다.

$$x^2, \cos x, x\sin x, x^{2n}$$

홀함수의 예는 다음과 같다.

$$x, \sin x, x\cos x, x^{홀수 \ 승}$$

짝함수를 적분하면 그 결과가 홀함수가 되고, 홀함수를 적분하면 그 결과가 짝함수가 된다. 이와 유사하게, 짝함수의 미분은 홀함수가 되고, 홀함수의 미분은 짝함수가 된다.

대칭 한계에 걸쳐 짝함수를 적분하면 다음과 같이 된다.

$$\int_{-a}^{+a} f_e(x)dx = 2\int_{0}^{a} f_e(x)dx$$

대칭 한계에 걸쳐 홀함수를 적분하면 다음과 같이 된다.

$$\int_{-a}^{+a} f_o(x)dx = 0$$

함수라고 해서 모두 다 짝수이거나 홀수는 아니다. 예를 들면, $(x+x^2)$는 짝수도 아니고 홀수도 아니다. 그러나 어떤 함수는 짝함수와 홀함수의 합으로 쓸 수가 있다.

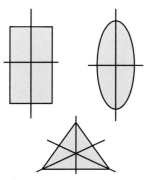

그림 5.11

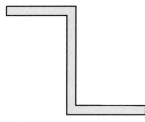

그림 5.12

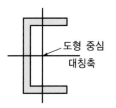

도형 중심
대칭축

그림 5.13

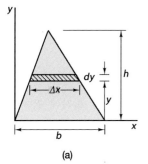

(a)

(b)

그림 5.14 (a) 적분의 1차 요소
(b) 적분의 2차 요소

$g(x)$를 짝수도 아니고 홀수도 아닌 함수라고 하자. 그러면, $g(x)$는 다음과 같이 쓸 수 있다.

$$g(x) = \frac{g(x) + g(-x)}{2} + \frac{g(x) - g(-x)}{2}$$
$$\text{짝수} \qquad\qquad \text{홀수}$$

흔히, 면적의 도형 중심은 대칭축을 통해 직감적으로 구할 수 있다. 그림 5.11에는 그 예들이 그려져 있다. 그러나 그림 5.12의 면적의 경우에는 대칭축이 전혀 없는데도, 대칭인 것처럼 속을 때도 있다.

도형 중심은, 그림 5.13의 C형강 면적의 경우에서와 같이, 항상 면적 자체에 존재하는 것은 아니다.

면적의 도형 중심은 식 (5.15)에 의해 면적에 걸친 적분으로 정의된다. 면적의 적분은 단일 적분을 사용하거나 2중 적분을 사용하면 된다. 그림 5.14와 같은 삼각형 면적을 살펴보자. 그림 5.14(a)에서는 선 적분 요소를 선정한다. 닮은 꼴 삼각형에서 다음의 관계가 성립됨을 알 수 있다.

$$\frac{\Delta x}{h - y} = \frac{b}{h}$$

삼각형의 면적은 $bh/2$이므로 x축으로부터 도형 중심까지의 거리 y_c는 다음과 같다.

$$\left(\frac{1}{2}hb\right)y_c = \int_0^h y(x\,dy) = \int_0^h y\,\frac{b(h - y)}{h}\,dy$$

$$y_c = \frac{2}{hb}\left[\frac{b}{h}\left(\frac{hy^2}{2} - \frac{y^3}{3}\right)\right]_0^h = \frac{h}{3}$$

도형 중심은 식 5.14(b)를 사용하여 2중 적분으로 구할 수도 있다.

$$y_c = \frac{2}{bh}\int_0^h \left(\int_{\frac{ay}{h}}^{b - \frac{(b - a)y}{h}} dx\right)y\,dy = \frac{2}{bh}\int_0^h \frac{b(h - y)}{h}y\,dy$$

$$y_c = \frac{h}{3}$$

대부분의 컴퓨터 소프트웨어 패키지에서는 적분표에서 적분 결과를 찾을 필요가 없이 적분을 수치 방법으로 처리하거나 해석적으로 처리하게 되어 있다.

그림과 같은 반원 면적의 도형 중심을 구하라.

풀이 극 좌표를 선정하고 이중 적분을 사용하여 도형 중심을 구한다. y축은 대칭축이므로 도형 중심 축이다. 극 좌표에서 면적 요소는 $r\,dr\,d\theta$이므로 반원 면적은 다음과 같다.

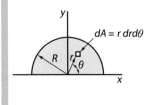

$$\int_0^\pi \int_0^R r\,dr\,d\theta = \pi R^2/2$$

면적 요소까지의 거리는 $y = r\sin\theta$이므로 원점으로부터 그 축 상의 도형 중심까지의 거리는 다음과 같다.

$$y_c = \frac{1}{A}\int_A y\,dA = \frac{2}{\pi R^2}\int_0^\pi \int_0^R r\sin\theta(r\,dr\,d\theta) = \frac{2R}{3\pi}\int_0^\pi \sin\theta\,d\theta = \frac{4R}{3\pi}$$

5.3.2 체적의 도형 중심

체적의 도형 중심은 체적의 기하형상 중심으로 정의된다. 이는 전체 면적에 걸쳐 체적의 **1차 모멘트**를 평균하여 살펴봄으로써 구할 수 있다. 수학적으로는 다음과 같다.

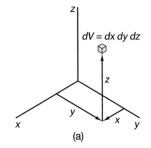

$$x_c = \frac{1}{V}\int_V x\,dV \quad y_c = \frac{1}{V}\int_V y\,dV \quad z_c = \frac{1}{V}\int_V z\,dV \tag{5.16}$$

여기에서, 체적의 1차 모멘트는 다음과 같다.

$$Q_x = \int_V x\,dV \quad Q_y = \int_V y\,dV \quad Q_z = \int_V z\,dV \tag{5.17}$$

식 (5.16)은 벡터 표기법으로 다음과 같이 쓸 수 있다.

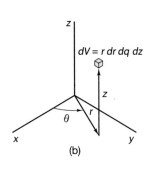

$$\mathbf{r}_c = \frac{1}{V}\int_V \mathbf{r}\,dV \tag{5.18}$$

제5.2절에서는 실제 물체가 질량 밀도가 일정할 때, 그 질량 중심이 체적의 도형 중심과 동일한 점에 있다는 것을 나타내었다. 물체의 질량 밀도 또는 비중량이 체적에 걸쳐서 변할 때에는 질량 중심(또는 무게 중심)은 체적의 도형 중심과 일치하지 않게 된다.

식 (5.16)~(5.18)은 어떤 체적에 대해서는 단일 적분이나 삼중 적분으로 풀 수 있다. 단일 적분을 사용할 때에는, 하나의 변수에 관하여 적분하여도 전체 체적이 포함되게 되는 미분 체적 요소를 선정한다. 3중 적분을 사용할 때에는, 특정하게 선정된 좌표계에 맞춰서 체적 미분 요소를 선정한다. 예를 들어, 직교 좌표 $(x,\,y,\,z)$를 사용할 때에는, 미분 체적 요소가 $dV = dx\,dy\,dz$가 된다. 원통 좌표 $(r,\,\theta,\,z)$를 사용할 때에는, 미분 체적 요소가 $dV = r\,dr\,d\theta\,dz$가 되며, 구 좌표 $(R,\,\phi,\,\theta)$에서는 미분 체적 요소가 $dV = R^2\sin\phi\,dR\,d\theta$가 된다. 이러한 좌표계들은 그림 5.15에 나타나 있다. 구 좌표에서의 각도의 표기법은 문헌마다 다른데, 즉 많은 교재에서 z축으로부터 R 위치까지를 θ로, $x-y$평면에서의 각도를 ϕ로 표기하고 있다는 점에 유의하여야 한다.

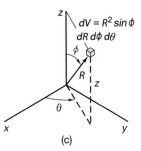

그림 5.15 (a) 직교 좌표계 (b) 원통 좌표계 (c) 구 좌표계

삼중 적분 방법과 함께 좌표계에 미분 체적 요소를 사용하는 것보다, 단일 적분 방법에 사용할 단일의 미분 체적 요소를 구하기가 더 어려울 때가 있다.

예제 5.2 반경이 R인 반구의 도형 중심을 구하라.

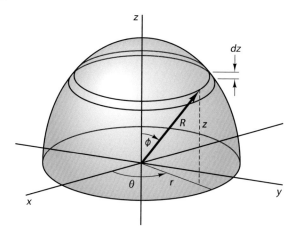

풀이 도형 중심은 대칭축, 즉 z축 상에 있게 되므로 이 축에 있는 위치만을 구할 필요가 있다. $\pi r^2 dz$의 체적 요소를 설정하고 단일 적분을 사용하면 된다.

$$r^2 + z^2 = R^2$$
$$\pi r^2 dz = \pi(R^2 - z^2)dz$$

이 체적 요소를 다음과 같이 z축을 따라 0에서부터 R까지 적분하여 체적과 도형 중심을 구하면 된다.

$$V = \int_0^R \pi(R^2 - z^2)\, dz = \frac{2}{3}\pi R^3$$

$$z_c = \frac{3}{2\pi R^3}\int_0^R \pi(R^2 - z^2)\, z\, dz = \frac{3R}{8}$$

체적과 도형 중심은 다음과 같이 구 좌표계에서 체적 요소를 사용하여 3중 적분으로 구할 수도 있다.

$$V = \int_0^R \int_0^{2\pi} \int_0^{\frac{\pi}{2}} (r^2 \sin\phi)\, d\phi d\theta dr = \frac{2}{3}\pi R^3$$

$$z = r\cos\phi$$

$$z_c = \frac{3}{2\pi R^3}\int_0^R \int_0^{2\pi} \int_0^{\frac{\pi}{2}} (r^3 \sin\phi \cos\phi)\, d\phi d\theta dr = \frac{3R}{8}$$

5.3.3 선의 도형 중심

미분 길이 요소가 ds인 선의 도형 중심은 선의 길이로 나눈 선의 1차 모멘트로 정의되기도 한다.

$$x_c = \frac{1}{L}\int_L x\,ds \quad y_c = \frac{1}{L}\int_L y\,ds \quad z_c = \frac{1}{L}\int_L z\,ds \qquad (5.19)$$

여기에서, $L = \int_L$ 은 선의 길이이다.

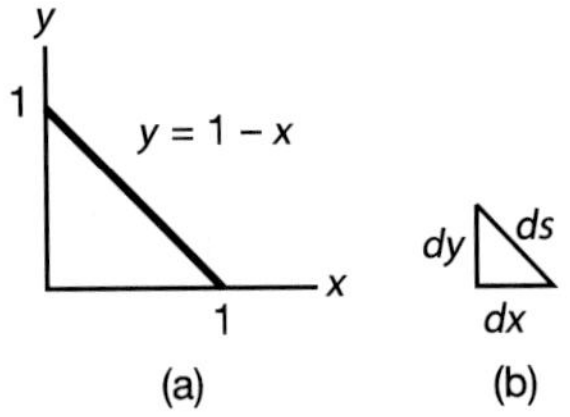

직선의 도형 중심은 선의 중간 지점이므로 직감적으로 알 수 있다. 그림 5.16에는 간단한 예가 나타나 있다. 이 선은 다음의 식으로 정의된다.

$$y = 1 - x \quad 0 \leq x \leq 1$$

그림 5.16 (a) 평면에 있는 선 (b) 미분 길이 ds

미분 길이 ds 는 미분 증분이 dx 와 dy 인 간단한 직각 삼각형을 형성하므로, 다음과 같이 된다.

$$ds = \sqrt{dx^2 + dy^2}$$

선의 식을 미분하면 다음이 나온다.

$$dy = -dx$$

dy 를 치환하면, 미분 길이 ds 는 변수 x 로 쓸 수 있으므로 선의 길이와 도형 중심은 각각 다음과 같다.

$$ds = \sqrt{2}dx$$
$$L = \int_L ds = \sqrt{2}\int_0^1 dx = \sqrt{2}$$
$$x_c = \frac{1}{L}\int_0^1 x\,ds = \frac{1}{\sqrt{2}}\int_0^1 \sqrt{2}x\,dx = \left.\frac{x^2}{2}\right|_0^1 = \frac{1}{2}$$
$$y_c = \frac{1}{L}\int_0^1 y\,ds = \frac{1}{\sqrt{2}}\int_0^1 \sqrt{2}(1-x)\,dx = \left.\left(x - \frac{x^2}{2}\right)\right|_0^1 = \frac{1}{2}$$

곡선은 초기에는 선을 따라 미분 매개변수 ds 로 정의할 수 있다. 이 매개변수는 선을 x 의 함수로 정의함으로써 소거할 수도 있겠지만, 3차원 곡선은 그 길이를 따르는 매개변수로 정의된다는 사실을 알게 될 것이다.

예제 5.3	곡선군 $y = x^n$ 의 도형 중심을 구하라.

풀이 선의 미분 요소 ds 를 곡선 식을 미분하여 dx 와 dy 로 정의한다.

$$dy = nx^{n-1}$$

곡선을 따르는 미분 길이는 다음과 같다.

$$ds = \sqrt{n^2 x^{2(n-1)} + 1}\,dx$$

영역 $0 \leq x \leq 1$ 에 걸쳐 정의되는 곡선을 살펴보면, 곡선의 길이는 다음과 같다.

$$L = \int_0^1 \sqrt{n^2 x^{2(n-1)} + 1}\, dx$$

도형 중심은 다음과 같다.

$$x_c = \frac{1}{L} \int_0^1 x\sqrt{n^2 x^{2(n-1)} + 1}\, dx$$

$$y_c = \frac{1}{L} \int_0^1 x^n \sqrt{n^2 x^{2(n-1)} + 1}\, dx$$

컴퓨터 소프트웨어를 사용하여 상이한 n값에 대하여 적분 값을 계산할 수 있다.

5.3.4 공간에 있는 곡선의 도형 중심

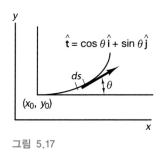

그림 5.17

공간에 있는 곡선은 기하형상 중심이 확실하다. 공간에 있는 일반적인 도형 중심과 길이를 앞 절에서와 같이 곡선에 따른 미분 길이 ds를 도입하여 구한다. 먼저, 평면에 있는 곡선을 살펴보기로 한다. 그림 5.17에는 2차원 곡선의 일부가 그려져 있다. 단위 벡터 $\hat{\mathbf{t}}$는 임의의 점에서 곡선에 접하며 각도 θ의 함수이다. 매개변수 s는 임의의 점에서 곡선 길이의 측정치이며, 각도 θ는 s의 함수이다. 접선 벡터는 다음과 같이 미분 길이로 쓸 수 있다.

$$\hat{\mathbf{t}} = \frac{dx}{ds}\hat{\mathbf{i}} + \frac{dy}{ds}\hat{\mathbf{j}}$$

곡선은 s에 대한 θ의 함수 종속성으로 정의된다. 예를 들어, 반경이 R이고 중심이 $(0, R)$인 원은 다음과 같은 매개변수 관계식으로 정의된다.

$$\theta(s) = s/R$$

그림 5.17와 같은 곡선은 (x_0, y_0)에서 시작하며, $\theta(s)$로 정의되는 곡선에 있는 점 s의 좌표는 다음과 같다.

$$x(s) = x_0 + \int_0^s \cos\theta(\eta)\, d\eta$$

$$y(s) = y_0 + \int_0^s \sin\theta(\eta)\, d\eta$$

(5.20)

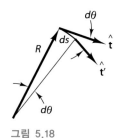

그림 5.18

이러한 내용을 명백히 하고자 모의(dummy) 적분 변수 η를 식 (5.20)에 도입한다. 곡선의 길이는 매개변수 s의 최댓값으로 나타낼 수 있다. θ는 단위가 rad이므로, 함수 $\theta(s)$는 길이로 정규화(normalize)한 s의 함수가 되어야 한다는 점에 유의하여야 한다. 원의 경우에는, 이 함수가 s/R이었다. 그림 5.18에는 각도의 변화 $d\theta$에 대한 곡선의 원호 길이 ds가 나타나 있다. 단위 접선 벡터가 곡선 상의 거리 ds를 따라 이동하여 $\hat{\mathbf{t}}$에서 $\hat{\mathbf{t}}'$로 변화함에 따라 그 점에서 곡선의 곡률 반경은 다음과 같이 된다.

$$ds = Rd\theta$$

곡선 상의 임의의 점에서 곡률반경은 다음과 같이 함수 $\theta(s)$와 관계가 있다.

$$\frac{1}{R} = \frac{d\theta(s)}{ds} \tag{5.21}$$

길이가 L인 2차원 곡선의 도형 중심은 식 (5.19)로 정의되므로, 식 (5.20)을 사용하면 다음과 같이 쓸 수 있다.

$$x_c = x_0 + \frac{1}{L}\int_0^L x(s)ds \quad y_c = y_0 + \frac{1}{L}\int_0^L y(s)ds \tag{5.22}$$

대부분의 경우에 식 (5.20)~(5.22)을 적분하는 것은 어려운 일이며, 부정적분은 대개 적분표에 실려 있지 않다. 그러므로 대부분의 도형 중심은 수치 적분으로 구하기 마련이다.

3차원 공간에 있는 일반적인 곡선의 길이와 도형 중심도 이와 유사한 방식으로 구한다. 그림 5.19에는 곡선 상의 임의의 점에서 단위 접선 벡터 $\hat{t}$가 그려져 있다. 단위 벡터의 방향은, 단위 벡터 $\hat{t}$와 이 단위 벡터의 $x-y$평면 투영 간의 각도 $\beta(s)$와, 이 $x-y$평면 투영과 x축 간의 각도 $\theta(s)$로 나타낼 수 있다. 이 각도는 둘 다 모두 곡선을 따르는 위치 s의 함수이다. 단위 접선 벡터를 곡선 길이 s의 함수로 표현하면 다음과 같다.

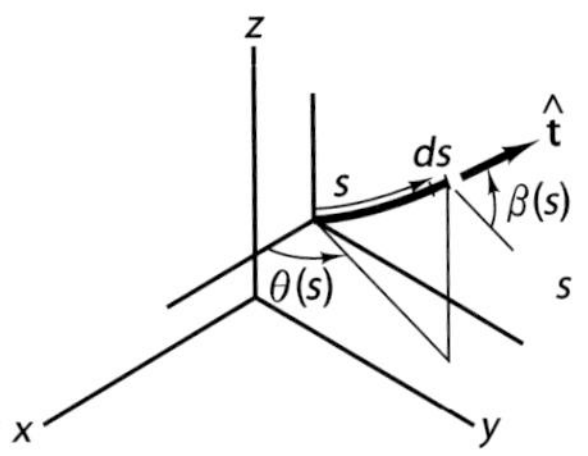

그림 5.19

$$\hat{t}(s) = \cos\theta(s)\cos\beta(s)\hat{i} + \sin\theta(s)\cos\beta(s)\hat{j} + \sin\beta(s)\hat{k} \tag{5.23}$$

s에 대한 θ와 β의 함수 종속성은 주어진 곡선을 공간에 명시한다. $\hat{t}$의 x성분, y성분, z성분은 각각 기울기 dx/ds, dy/ds, dz/ds이다. 그러므로 곡선 상에서 점 s의 좌표는 다음과 같다.

$$
\begin{aligned}
x(s) &= x_0 + \int_0^s \cos\theta(s)\cos\beta(s)ds \\
y(s) &= y_0 + \int_0^s \sin\theta(s)\cos\beta(s)ds \quad 0 \le s \le L \,(\text{곡선 길이}) \\
z(s) &= z_0 + \int_0^s \sin\beta(s)ds
\end{aligned}
\tag{5.24}
$$

예를 들어, 반경이 $R\cos\beta$이고 피치가 일정(β가 일정)한 나선형 곡선은 다음과 같은 매개변수 식으로 쓸 수 있다.

$$\theta = s/R \quad \beta = \text{일정}$$

이 나선형 곡선의 피치는 z방향의 일정한 기울기이다. 나선형 곡선은 많은 기계에 볼 수 있는 코일 스프링의 설계와 제작에 기본이 된다.

식 (5.19)에서는 다음과 같은 곡선의 길이와 도형 중심이 나온다.

$$L = \int_0^L ds$$

$$x_c = x_0 + \frac{1}{L}\left(\int_0^L \left(\int_0^s \cos\theta(s)\cos\beta(s)ds\right)ds\right)$$

$$y_c = y_0 + \frac{1}{L}\left(\int_0^L \left(\int_0^s \sin\theta(s)\cos\beta(s)ds\right)ds\right) \quad\quad (5.25)$$

$$y_c = y_0 + \frac{1}{L}\left(\int_0^L \left(\int_0^s \sin\beta(s)\,ds\right)ds\right)$$

선, 면적, 체적 모두는 그 정의와 공식이 매우 유사하며 피적분함수에서 나타나는 미분 요소만이 다르다. 선에서는 미분 요소가 선의 길이의 미분 요소 ds이다. 면적에서는 미분 요소가 면적의 미분 요소 dA이며, 체적에서는 dV이다. 이러한 미분 요소들은 좌표계에 종속되며 좌표계의 선정은 물체 형상에 따라 달라지게 마련이다. 결과적인 적분은 미적분 기법, 적분표, 컴퓨터 소프트웨어를 사용한 수치 적분, 또는 기호처리기 컴퓨터 코드를 통한 해석적 방법을 사용하여 계산하면 된다.

도형 중심, 질량 중심, 무게 중심 등의 계산은 적분으로 변환된다. 그러므로 이러한 계산들은 흔히 대부분의 미적분학 과목에서 응용 주제가 된다. 일반적으로, 이러한 적분은 2개 또는 3개의 좌표 방향에 걸친 적분을 필요로 하는 다중 적분이다. 예제는 미적분 교재를 참고하면 된다.

연습문제

선의 도형 중심

5.1 원점으로부터 점 (1, 1) m까지 뻗어 있는 선 $y = x$의 도형 중심을 구하라(그림 P5.1 참조).

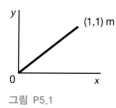

그림 P5.1

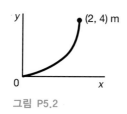

그림 P5.2

5.2 원점으로부터 점 (2, 4) m까지 뻗어 있는 선 $y = x^2$의 도형 중심을 구하라(그림 P5.2 참조).

5.3 선이 $x = 10$ m, $y = 100$ m인 점까지 뻗어 있을 때 연습문제 5.2를 다시 풀어라.

5.4 원점으로부터 점 (2, 8) m까지 뻗어 있는 선 $y = x^3$의 도형 중심을 구하라.

5.5 원점으로부터 점 $(\pi/2, 1)$ mm까지 뻗어 있는 선 $y = \sin x$의 도형 중심을 구하라(그림 P5.5 참조). 단위를 꼭 붙일 것.

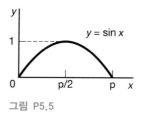

그림 P5.5

5.6 원점으로부터 뻗어 있는 선의 길이를 변화시켜 다음과 같이 각각 연장시켜서 연습문제 5.5를 다시 풀어라. (a) $x = \pi$ rad 및 (b) $x = 2\pi$ rad (c) 최대 진폭이 1 mm인 사인 곡선 1주기의 길이는 얼마인가?

5.7 차량의 손잡이로 사용되는 반원형 '선'의 도형 중심을 계산하라 (그림 P5.7 참조). 여기에서는 원의 식을 세우고 적분을 할 때 직각 좌표를 사용할지 아니면 극좌표를 사용할지를 선택하라. 반경은 $R = 10$ cm로 놓는다.

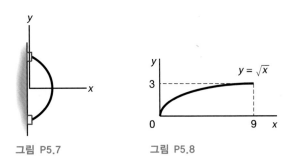

그림 P5.7

그림 P5.8

5.8 원점으로부터 점 $x = 9\,\text{m}$까지 뻗어 있는 선 $y = \sqrt{x}$ 의 도형 중심을 계산하라(그림 P5.8 참조).

면적의 도형 중심

5.9 그림과 같은 직사각형 면적의 도형 중심을 직접 적분으로 계산하고 도형 중심은 항상 대칭축에 위치한다는 본문 설명을 증명하라 (그림 P5.9 참조).

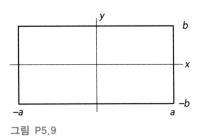

그림 P5.9

5.10 그림 P5.10에 예시되어 있는 좌표계에 대하여 직사각형 면적의 도형 중심을 직접 적분으로 계산하고, 도형 중심은 항상 대칭축에 위치한다는 본문 설명을 증명하라.

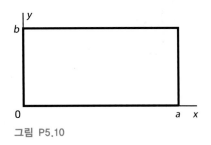

그림 P5.10

5.11 그림 P5.11에 예시되어 있는 좌표계를 사용하여 높이가 h이고 밑변이 b인 삼각형 면적의 도형 중심을 계산하라.

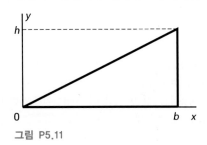

그림 P5.11

5.12 그림 P5.12에 도시되어 있는 삼각형 면적의 도형 중심을 계산하라.

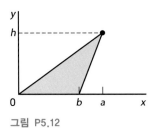

그림 P5.12

5.13 그림 P5.13에서, x축에 중심이 있고 반지름이 R인 원호의 도형 중심을 계산하라.

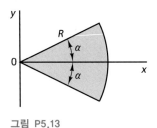

그림 P5.13

5.14 그림 P5.14에 도시되어 있는 반지름이 R인 4분원의 도형 중심을 계산하라.

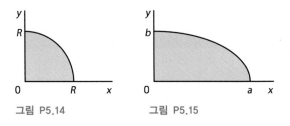

그림 P5.14　　　　　그림 P5.15

5.15 그림과 같이 4분 타원으로 형성되어 있는 면적의 도형 중심을 계산하라(그림 P5.15 참조). 타원의 식은 $\left(\dfrac{x}{a}\right)^2 + \left(\dfrac{y}{b}\right)^2 = 1$ 이다.

5.16 그림과 같이 포물선 바깥쪽 면적, 즉 포물선 $y = x^2$과 x축으로 형성되는 면적의 도형 중심을 계산하라(그림 P5.16 참조).

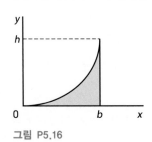

그림 P5.16

5.17 그림과 같이 곡선 $y = h\sqrt{x/b}$ 와 x축 사이 면적의 도형 중심을 계산하라(그림 P5.17 참조).

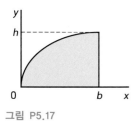

그림 P5.17

5.18 그림 P5.18에 예시되어 있는 2개의 곡선 사이 면적의 도형 중심을 계산하라. 위 곡선은 $y = \dfrac{h}{b}x$ 이고 아래 곡선은 $y = \dfrac{h}{b^2}x^2$ 이며, 구간은 원점으로부터 점 $(b,\ h)$까지이다.

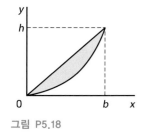

그림 P5.18

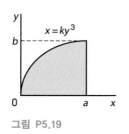

그림 P5.19

5.19 그림과 같이, $x = a$, 원점, 곡선 $x = ky^3$ 및 x축으로 둘러싸인 면적과 이 면적의 도형 중심을 계산하라(그림 P5.19 참조).

5.20 그림과 같이 알루미늄으로 평판을 기계 가공하여 형성시킨 항공기 날개용 프레임이 있다. 이 평판은 그 형상이 그림 P5.20에 있는 2개의 곡선 사이에 그려져 있다. 이 평판의 면적은 비행기의 질량에서 평판이 차지하는 몫을 계산하는 데 필요하다. 이 부품은 날개의 길이를 따라 테이퍼가 형성되도록 여러 개의 다른 a와 b값으로 변형 생산되어야 한다. 또한, 가공

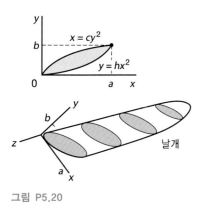

그림 P5.20

시에 기술자가 이 부품을 체결할 수 있도록 그 도형 중심의 위치를 알아야 한다. (a) 이 부품의 면적과 그 도형 중심의 위치를 계산하라. 답을 a와 b로 나타내어라. (b) $a = 3$ m와 $b = 1$ m의 특정한 값에서 이 부품의 면적과 그 도형 중심의 위치를 계산하라.

체적

5.21 그림 P5.21에 도시되어 있는 반경이 R이며 속이 비지 않은 중실 원기둥의 체적과 그 도형 중심을 계산하라.

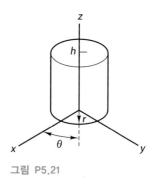

그림 P5.21

5.22 그림 P5.22에 예시되어 있는 중실 직육면체의 체적과 그 도형 중심을 계산하라.

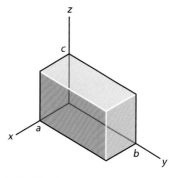

그림 P5.22

5.23 그림 P5.23에 예시되어 있는 중실 원뿔의 체적과 그 도형 중심을 계산하라.

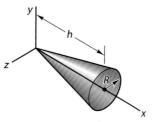

그림 P5.23

5.24 그림 P5.24에 예시되어 있는 중실 포물면 '원뿔'의 체적과 그 도형 중심을 계산하라. 이 포물선의 식은 $x-y$평면에서 $y^2 = \dfrac{R^2}{h}x$이다.

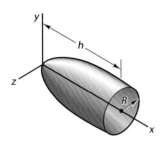

그림 P5.24

5.25 그림 P5.25에 도시되어 있는 반경이 R인 중실 반구의 체적과 그 도형 중심을 계산하라. $x-y$평면에 놓여 있는 요소의 변의 식은 원의 식이다.

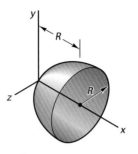

그림 P5.25

5.4 파푸스-굴디누스 정리

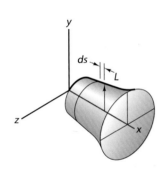

그림 5.20a

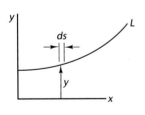

그림 5.20b

17세기에 미적분이 생겨나기 오래 전에, 그리스 기하학자 파푸스 알렉산드리아 (Pappus Alexandria; 서기 300년)는 회전체의 표면과 체적에 관한 2개의 정리를 개발하였다. 파푸스의 업적이 당시에도 잘 알려져 있었음에도 스위스 수학자 폴 굴딩(Paul Guldin; 1577~1643)은 자신이 원조임을 주장하였다.

그림 5.20와 같이, 곡선 L이 이 곡선과 교차하지 않는 축(비교차축)에 관하여 회전하고 있는 상태를 살펴보자. 이 축이 일반적인 성질을 잃지 않는다고 하고 x축이라고 하자. 선 L이 x축에 관하여 회전함에 따라 각각의 미분 선 요소 ds는 x축에 관하여 링을 형성한다. 이 링의 표면적은 링의 둘레 길이에 선 요소의 길이 ds를 곱한 것과 같다. 그러므로 미분 표면적은 다음과 같다.

$$dA = 2\pi\, y\, ds$$

표면적 A는 이 2차원 곡선을 비교차축인 x축에 관하여 회전시켜서 형성된 것이다. 이 회전 표면의 면적은 dA를 전체 길이 L에 걸쳐 적분한 것이다. 즉

$$A = 2\pi \int_L y(s)\,ds$$

이 선의 도형 중심은 식 (5.19)에 따라 정의되어 다음과 같이 된다.

$$y_c L = \int_L y(s)\,ds$$

그러면 표면적은 다음과 같이 쓸 수 있다.

$$A = 2\pi y_c L \tag{5.26}$$

이 계산은 다음과 같은 정리의 근본이 된다.

파푸스-굴디누스 정리 1: 길이가 L인 2차원 곡선을 그 평면에 있는 임의의 비교차축에 관하여 회전시켜 생성되는 회전체의 표면적 A는 그 곡선의 길이와 그 곡선의 도형 중심이 이동한 경로의 길이를 곱한 것(생성 곡선의 길이와 이 생성 곡선의 도형 중심이 이동한 거리를 곱한 것)과 같다.

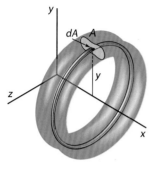

그림 5.21

앞서 설명한 내용은 다른 회전 면적에도 확대 적용할 수 있다. 그림 5.21과 같이 어떤 면적을 그 평면에 있는 비교차축에 관하여 회전시키면 체적이 생성되게 된다.
면적 요소 dA를 축에 관하여 회전시키면, 다음과 같은 체적 링이 형성된다.

$$dV = 2\pi y \, dA$$

그러면, 면적을 x축에 관하여 회전시켜 생성된 전체 체적은 다음과 같다.

$$V = 2\pi \int_A y dA$$

식 (5.15)를 사용하면, 생성 면적의 도형 중심을 다음과 같이 구할 수 있다.

$$y_c A = \int_A y dA$$

면적을 회전시켜 생성시킨 전체 체적은 다음과 같다.

$$V = 2\pi y_c A \tag{5.27}$$

이는 다음 정리의 근간이 된다.

파푸스-굴디누스 정리 2: 평면적 A를 그 평면에 있는 임의의 비교차축에 관하여 회전시켜 생성되는 회전체의 입체 체적 V는 그 면적과 그 면적의 도형 중심이 이동한 경로의 길이를 곱한 것(생성 면적과 이 생성 면적의 도형 중심이 이동한 거리를 곱한 것)과 같다.

예제 5.4

진폭이 0.5 m인 반 사인 곡선 회전체의 표면적을 (0, 2) m에서 시작하여 구하라. 이 곡선의 식은 다음과 같다.

$$y(x) = 2 + 0.5 \sin(\pi \times x) \qquad x = 0\text{에서부터 } x = 1\text{까지}$$

컴퓨터 활용 풀이

$$x := 0, 0.05 \ldots 1$$
$$y(x) := 2 + 0.5 \cdot \sin(\pi \cdot x)$$
$$ds(x) := \sqrt{1 + (0.5 \cdot \pi \cdot \cos(\pi \cdot x))^2}$$

$$L = \int_0^1 ds(x)\,dx$$

$$L = 1.464$$

$$y_c = \frac{1}{L}\cdot\int_0^1 y(x)\cdot ds(x)\,dx$$

$$y_c = 2.288$$

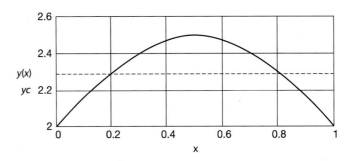

| 예제 5.5 | 반경이 r이고 중심이 $(0,\,R)$인 원을 x축에 관하여 회전시켜서 생성되는 입체의 표면적과 체적을 구하라(그림 참조). 이 입체를 원환체(torus)라고 한다. |

풀이 이 원을 둘러싸고 있는 선의 도형 중심과 원의 면적의 도형 중심은 다음과 같다.

$$y_c = R$$

표면적을 생성시키는 선의 길이는 원의 둘레이다. 즉

$$L = 2\pi r$$

원의 면적은 다음과 같다.

$$A = \pi r^2$$

그러므로 파푸스-굴디누스의 제2정리를 사용하면 원환체의 표면적과 원환체의 체적은 각각 다음과 같다.

$$\text{면적} = 2\pi R(2\pi r) = 4\pi^2 Rr$$

$$\text{체적} = 2\pi R(\pi r^2) = 2\pi^2 Rr^2$$

연습문제

면적

5.26 그림 P5.26에서 선을 $x = 0$에서부터 $x = 5$까지 x축에 관하여 회전시켜서 형성되는 물체의 표면적을 계산하라.

5.27 파푸스-굴디누스의 제1정리를 사용하여 반 원호를 x축에 관하여 회전시켜서 생성되는 구의 표면적을 계산하라(반원 곡선의 도형 중심과 원호 길이에 관한 표 5.2 참조).

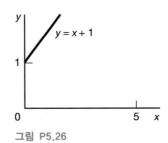

그림 P5.26

5.28 파푸스-굴디누스의 제1정리를 사용하여 선 $y=\sin x$를 x축에 관하여 회전시켜서 생성되는 표면적을 계산하라(그림 P5.26 참조).

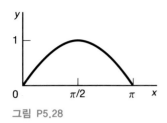

그림 P5.28

체적

5.29 그림 P5.10의 직사각형의 면적을 x축에 관하여 회전시켜서 형성되는 체적을 계산하라. 풀이가 맞는지 확인하라.

5.30 삼각형(연습문제 5.11과 표 5.2 참조)의 면적과 도형 중심을 참조하여, 원뿔의 체적을 계산하라.

5.31 그림 P5.15의 타원을 x축에 관하여 회전시켜서 형성되는 입체의 체적을 계산하라.

5.32 그림 P5.12의 부등변 삼각형을 x축에 관하여 회전시켜서 형성되는 체적을 계산하라. 이 체적은 한 쪽 끝이 제2의 작은 원뿔로 절취되어 있는 원뿔이다. 풀이가 맞는지 확인하라.

5.5 합성체의 도형 중심

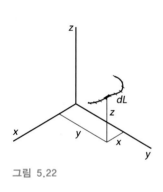

그림 5.22

이 절에서는 합성체의 선, 면적, 체적 등의 도형 중심을 구하는 것을 설명한다. 합성체는 몇 개의 다른 물체로 구성된 물체이다. 합성체의 성분들이 개별적으로 도형 중심을 알고 있거나 표에서 구할 수 있는 단순한 기하형상일 때에는, 합성체의 도형 중심은 적분을 하지 않고도 구할 수 있다. 체적, 면적, 선 등의 도형 중심은 적분으로 정의된다. 수치해석법에서는 이러한 체적, 면적, 선 등을 유한 개수의 하부 단위로 분할하여 이러한 적분 해에 접근시킨다. 예를 들어, 공간에 있는 선은 그림 5.22에서와 같이 하부 단위로 분할할 수 있다. 그러면 이 선의 길이는 다음과 같이 이 하부 단위의 길이의 합으로 쓸 수가 있는 것이다.

$$L = \sum_i dL_i \tag{5.28}$$

선 요소 dL_i의 도형 중심은 좌표가 x_i, y_i 및 z_i이다. 그러므로 전체 선의 도형 중심은 다음과 같이 된다.

$$x_c = \frac{1}{L}\sum_i x_i dL_i \quad y_c = \frac{1}{L}\sum_i y_i dL_i \quad z_c = \frac{1}{L}\sum_i z_i dL_i \tag{5.29}$$

개별적인 선 요소는 길이가 동일할 필요는 없다는 점에 유의하여야 한다. 선 요소의 길이를 더 작게 잡을수록 그 합 계산은 주어진 적분 정의에 더 빨리 접근하게 된다. 각각의 선 요소에 정확한 도형 중심을 명시하게 되면, 합성체를 사용하여 계산한 전체 선의 도형 중심 또한 정확하게 되기 마련이다. 이러한 합성체의 합 공식은 선의 개별 길이의 도형 중심을 알 때 전체 선의 도향중심을 계산하는 데 유용하다. 예제 5.6에 이러한 경우를 나타내었다.

이와 유사하게, 면적의 도형 중심은 도형 중심을 알고 있는 면적 A_i의 합성으로 보고 구할 수 있다. 전체 면적과 그 도형 중심은 다음과 같이 여러 가지 합성 부분의 합으로 정의할 수 있다. 즉

$$A = \sum_i A_i$$

$$x_c = \frac{1}{A} \sum_i x_i A_i$$

$$y_c = \frac{1}{A} \sum_i y_i A_i \tag{5.30}$$

$$z_c = \frac{1}{A} \sum_i z_i A_i$$

면적에 알고 있는 형상의 구멍이나 개방부가 있을 때에는, 구멍이 없는 면적을 하나의 요소를 보고 구멍 자체를 제2의 '음'의 면적으로 보아 해당하는 A_i값에 (−) 부호를 부여한다. 알고 있는 면적으로 전체 면적을 분할하는 이 방법에서는 복잡한 적분을 하지 않아도 되고 도형 중심을 구하는 것이 아주 간단해진다.

이 방법은 합성 체적으로 취급할 체적의 도형 중심을 구하는 데에도 적용할 수 있다. 관련 공식은 다음과 같다.

$$V = \sum_i V_i$$

$$x_c = \frac{1}{V} \sum_i x_i V_i$$

$$y_c = \frac{1}{V} \sum_i y_i V_i \tag{5.31}$$

$$z_c = \frac{1}{V} \sum_i z_i V_i$$

면적과 체적을 합성체로 편리하게 분할하여 사용할 수 있도록, 표 5.2에는 단순한 면적과 체적의 도형 중심이 실려 있다.

표 5.2
일반적인 형상의 도형 중심

형상		$\bar{x}$	$\bar{y}$	면적
삼각형 면적			$\dfrac{h}{3}$	$\dfrac{bh}{2}$
4분원 면적		$\dfrac{4r}{3\pi}$	$\dfrac{4r}{3\pi}$	$\dfrac{\pi r^2}{4}$
반원 면적		0	$\dfrac{4r}{3\pi}$	$\dfrac{\pi r^2}{2}$
반 포물선 안쪽 면적		$\dfrac{3a}{8}$	$\dfrac{3h}{5}$	$\dfrac{2ah}{3}$
포물선 안쪽 면적		0	$\dfrac{3h}{5}$	$\dfrac{4ah}{3}$
포물선 바깥쪽 면적		$\dfrac{3a}{4}$	$\dfrac{3h}{10}$	$\dfrac{ah}{3}$
부채꼴 면적		$\dfrac{2r\sin\alpha}{3\alpha}$	0	αr^2
4분 원호		$\dfrac{2r}{\pi}$	$\dfrac{2r}{\pi}$	$\dfrac{\pi r}{2}$
반원호		0	$\dfrac{2r}{9}$	πr
원호		$\dfrac{r\sin\alpha}{\alpha}$	0	$2\alpha r$

형상		$\overline{x}$	체적
반구		$\dfrac{3a}{8}$	$\dfrac{2}{3}\pi a^3$
반타원 회전체		$\dfrac{3h}{8}$	$\dfrac{2}{3}\pi a^2 h$
포물면 회전체		$\dfrac{h}{3}$	$\dfrac{1}{2}\pi a^2 h$
원뿔체		$\dfrac{h}{4}$	$\dfrac{1}{3}\pi a^2 h$
각뿔체		$\dfrac{h}{4}$	$\dfrac{1}{3} abh$

| 예제 5.6 | 그림과 같은 전체 선분의 도형 중심을 구하라(모든 단위는 m). |

풀이 각각의 선분 길이는 다음과 같다.

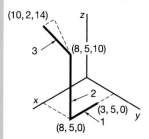

$$L_1 = \sqrt{(8-3)^2 + (5-5)^2 + (0-0)^2} = 5\,\text{m}$$
$$L_2 = \sqrt{(8-8)^2 + (5-5)^2 + (10-0)^2} = 10\,\text{m}$$
$$L_3 = \sqrt{(10-8)^2 + (2-5)^2 + (14-10)^2} = 5.39\,\text{m}$$

전체 선의 길이는 다음과 같다.

$$L = \sum_i L_i = 20.39\,\text{m}$$

각각의 선분의 중앙점 또는 도형 중심의 좌표는 다음과 같다.

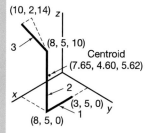

선분	L_i, m	X_i, m	Y_i, m	Z_i, m
1	5	5.5	5	0
2	10	8	5	5
3	5.39	9	3.5	12

그러므로 전체 선의 도형 중심은 다음과 같다.

$$x_c = \frac{1}{L}\sum_i x_i L_i = \frac{1}{20.39}(5.5\cdot 5 + 8\cdot 10 + 9\cdot 5.39) = 7.65\,\text{m}$$

$$y_c = \frac{1}{L}\sum_i y_i L_i = \frac{1}{20.39}(5\cdot 5 + 5\cdot 10 + 3.5\cdot 5.39) = 4.60\,\text{m}$$

$$z_c = \frac{1}{L}\sum_i z_i L_i = \frac{1}{20.39}(0\cdot 5 + 5\cdot 10 + 12\cdot 5.39) = 5.62\,\text{m}$$

도형 중심은 어느 선분에도 있지 않음을 주목하여야 한다(그림 참조).

| 예제 5.7 | 그림과 같은 면적의 도형 중심을 구하라(모든 단위는 mm). |

풀이 먼저, 면적을 3부분으로 나누어, 이 중에서 2개는 좌하귀의 정사각형 절취부와 우상귀의 원형 구멍으로 음(−)의 면적을 잡는다. 좌표축은 그림과 같이 면적의 좌하귀에 잡는다. 도형 중심은 다음의 표에 있는 빈 칸을 채워서 구하면 된다.

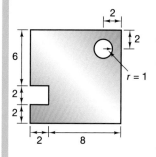

부분번호	면적 A_1, mm^2	X_{ic}, mm	Y_{ic}, mm	$X_{ic}A_i$, mm^3	$Y_{ic}A_i$, mm^3
1	100	5	5	500	500
2	−4	1	3	−4	−12
3	−3.14	8	8	−25.13	−25.13
Σ	92.86			470.87	462.87

합성 면적의 도형 중심은 다음과 같다.

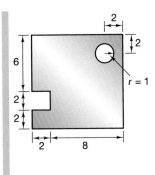

$$x_c = \frac{\sum x_{ic} dA_i}{\sum dA_i} = \frac{470.87}{92.86} = 5.07 \text{ mm}$$

$$y_c = \frac{\sum y_{ic} dA_i}{\sum dA_i} = \frac{462.87}{92.86} = 4.98 \text{ mm}$$

여기에서, 각 부분의 도형 중심은 일반적인 형상의 표에 있는 정사각형과 같은 형상의 값을 사용하여 계산하며, 그럼 다음 이 도형 중심의 위치를 원래의 일반적인 형상에 연관시킨다.

도형 중심은 기계설계와 힘 해석에서 결정적인 부분이다. 어떤 부분을 다수의 체결구로 정위치에 유지시키고자 할 때, 체결구의 불균형으로 인한 회전 효과와 그로 인한 파손을 방지하려면 하중이 체결구의 도형 중심을 지나가도록 해야 한다.

연습문제

5.33 그림 P5.33에 예시되어 있는 세 선분의 도형 중심을 계산하라. 이 선분은 삼각대를 나타낸다. 치수는 단위가 m이고 두께는 무시한다.

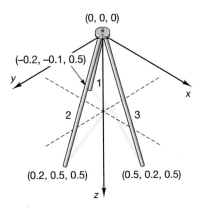

그림 P5.33

5.34 그림 P5.34에는 시계 덮개를 정위치에 유지시키는 데 사용되는 스프링 클립이 도시되어 있다. 두께가 없는 선으로 가정하고 이 물체의 도형 중심을 계산하라. 치수는 단위가 mm이다.

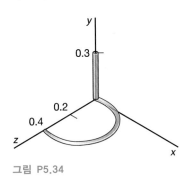

그림 P5.34

5.35 그림 P5.35에 있는 선분의 도형 중심을 계산하라. 치수는 단위가 m이다.

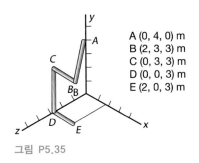

A (0, 4, 0) m
B (2, 3, 3) m
C (0, 3, 3) m
D (0, 0, 3) m
E (2, 0, 3) m

그림 P5.35

5.36 그림 P5.36에 예시되어 있는 안전 울타리 지주의 도형 중심을 계산하라. 이 결과를 꼭대기에 'V' 형상 부분이 없는 지주와 비교하라.

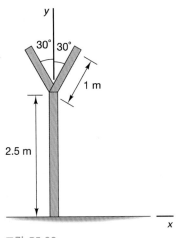

그림 P5.36

5.37 그림 P5.37과 같이 링크를 핀으로 연결한 삼각형의 도형 중심을 계산하라. 이를 일체로 만든 삼각형의 도형 중심과 비교하면 그 결과는 어떤가? 치수는 단위가 m이다.

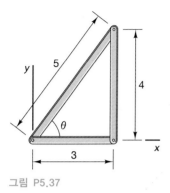

그림 P5.37

면적 도형 중심

5.38 그림 P5.38과 같이, 열쇠 형상이 두꺼운 모재에서 mm 단위의 치수로 설계된다. 합성체 풀이 방법을 사용하여 이 열쇠 형상의 도형 중심을 계산하라.

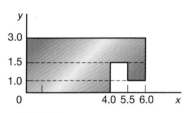

그림 P5.38

5.39 장착 브래킷이 금속 판재에서 가공된다(그림 P5.39 참조). 이렇게 가공을 하게 되면 도형 중심이 바뀌게 되고, 이에 따라 이 금속 판재의 질량 중심도 바뀌게 된다. 새로운 도형 중심을 계산하고 이를 구멍이 없는 동일한 금속 판재의 도형 중심과 비교하라. 그림의 치수는 단위가 m이다. 구멍은 모두 다 반경이 0.05 m이다.

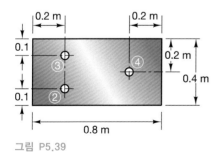

그림 P5.39

5.40 연습문제 5.39를 다음과 같은 조건에서 다시 풀어라. (a) ④에 있는 구멍의 반경을 0.175로 한다. (b) ④에 구멍을 뚫지 않는다. 그런 다음, 계산 결과를 구멍 가공을 하기 전의 금속 판재의 도형 중심과 비교하라.

5.41 그림 P5.41과 같이 모노레일 지지부재의 콘크리트 부의 도형 중심을 계산하라. 도형 중심이 구조물에 위치하는지 확인하라.

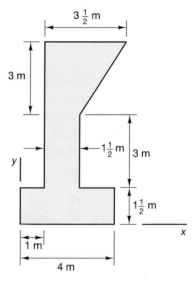

그림 P5.41

5.42 그림 P5.42에 예시되어 있는 'I'형 보 단면의 도형 중심을 계산하라.

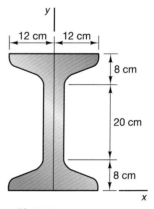

그림 P5.42

5.43 장착 브래킷이 폭이 5 mm인 강재로 제조되어 그림 P5.43과 같은 형상으로 성형되어 있다. 도형 중심을 계산하라. 도형 중심이 물체에 있는지 확인하라.

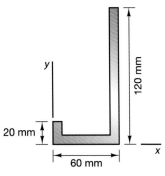

그림 P5.43

5.44 콘크리트 옹벽이 그림 P5.44에 예시되어 있는 단면 치수로 건조되어 있다. 이 옹벽에 '되메움' 시공을 하기 전에, 도형 중심을 구하고자 한다. (a) 도형 중심을 계산하라. (b) 힘 해석 결과, 계산된 값을 바꿔서 질량 중심을 결정해야 한다고 하면, 벽을 재설계하여 질량 중심을 이동시킬 방법을 3가지 제시하라. 좌표계는 주어진 것을 사용하라.

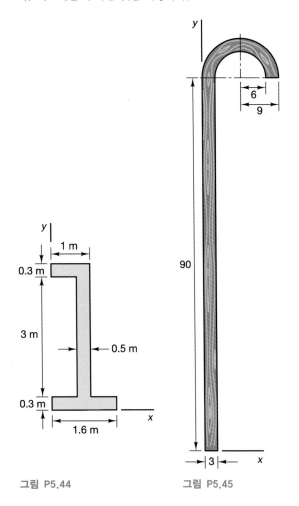

그림 P5.44

그림 P5.45

5.45 지팡이 단면의 도형 중심을 계산하라(그림 P5.45 참조). 치수는 단위가 mm이다. 도형 중심이 지팡이에 있는지 확인하라.

5.46 그림 P5.46에 예시되어 있는 목재 선반의 면적 도형 중심을 계산하라. 나무 판재는 두께가 1 cm이다.

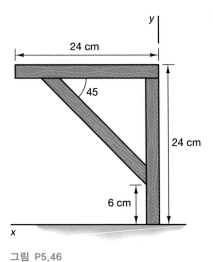

그림 P5.46

체적

5.47 2개의 콘크리트 기둥이 접합되어 도크의 지지 구조물을 형성하고 있다(그림 P5.47 참조). 합성체의 도형 중심을 계산하라. 치수는 단위가 m이다.

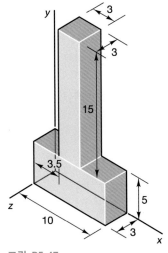

그림 P5.47

5.48 그림 P5.46과 같이 2개의 구멍이 가공된 기계 부품의 도형 중심을 계산하라. 구멍 ②는 직경이 1 cm이고 블록을 완전히 관통하고 있다. 다른 구멍 ③은 직경이 1 cm이고 깊이가 2 cm이다. 이 구멍들로 인하여 블록의 도형 중심 위치가 크게 달라지는지 확인하라.

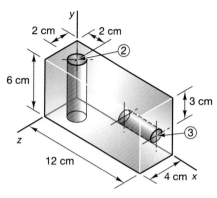

그림 P5.48

5.49 직육면체 금속 블록에서 포물면 입체를 절취하였다(그림 P5.49 참조). 포물면 입체는 깊이가 5 cm이고 반경이 2 cm이다. 직육면체는 높이가 7 cm이다. 이 기계 부품의 도형 중심과 체적을 계산하라.

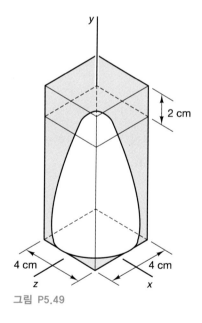

그림 P5.49

5.50 두께가 6 mm인 3개의 직사각형 강재가 밀도가 거의 같은 용접재로 서로 용접되어 있다(그림 P5.50 참조). 이 3개의 평판이 교차하는 부분에 직사각형 단면의 강체로 4면체의 한 면을 용접하는 모의 실험을 했을 때 이 전체 물품의 도형 중심과 체적을 계산하라.

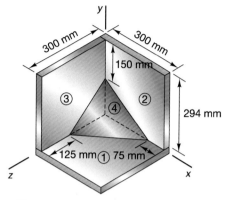

그림 P5.50

5.51 비행기로 이어지는 탑승교는 일련의 직사각형 단면의 평행육면체가 연달아 이어져서 형성되는 텔레스코프형 다단 장치이다. 이 장치를 설계할 때에는 탑승교가 x축 방향으로 신축할 때 각각의 위치에서 무게 중심이 어디인지를 알아야 한다. 각각의 직사각형 단면의 평행육면체의 길이는 8 m이고 벽의 두께는 0.08 m이다. 제1단은 8 m × 4 m × 4 m이다. 그림 P5.51에 예시되어 있는 중심선 좌표계를 사용하여 제2단이 제1단의 끝부분을 지나 0에서부터 6 m까지 신장할 때 도형 중심의 위치를 계산하라.

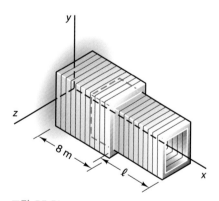

그림 P5.51

5.6 보에 작용하는 분포 하중

많은 공학 응용에서 공통적인 구조 부재는 보이다. **보(beam)**는 그 길이가 깊이나 폭보다 훨씬 더 큰 부재로 정의된다. 보는 대개 직선 부재이며 그 길이 방향 축에 수직인 하중을 지지하는 데 사용된다. 이 부재들은 굽힘 하중을 지지하므로 재료역학이나 구조해석 과목에서 특별한 주제로 취급한다. 최초 형태가 굽어져 있는 보는 직선 보와는 다르게 해석하여야 한다.

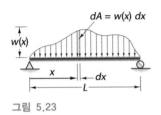

그림 5.23

직선 보는 그림 5.23과 같이 그 길이방향 축에 수직인 방향으로 보의 길이를 따라 하중이 분포되어 있는 2차원 부재로 모델링된다. 이 분포 하중은 보의 길이를 따르는 위치인 x의 함수로 나타내므로 $w(x)$로 쓰며, 그 단위는 N/m이다. 이 분포는 면적요소가 $dA = w(x)\,dx$인 하중 곡선 아래의 면적으로 취급할 수 있다는 점을 주목하여야 한다. 길이가 L인 보에 작용하는 총 등가 하중은 다음과 같다.

$$W = \int_0^L w(x)dx = A \tag{5.32}$$

보에 작용하는 분포하중은 일련의 연속적인 평행력으로 볼 수 있다. 그러므로 등가 힘 계는 보의 특정 점에 작용하는 단일 힘 W로 되어 있다고 보는 것이다. 이러한 유형의 등가 힘 계에 관한 이론 전개는 제4.9절에 소개되어 있다. 단일 힘은 분포력 계에서의 모멘트와 동일한 모멘트를 원점에 관하여 발생시켜야만 한다. 그러므로 다음과 같다.

$$x_c W = \int_0^L w(x)xdx$$
$$x_c = \frac{1}{W}\int_0^L w(x)xdx \tag{5.33}$$

W는 하중 곡선 아래의 면적 A와 동일하고 wdx는 이 면적의 요소 dA이므로, 식 (5.33)은 하중 곡선 아래 면적의 도형 중심을 구하는 것과 등가이다.

그러므로 외부 지지 반력만이 필요할 때에는, 보에 작용하는 분포하중은 하중 곡선 아래 면적과 그 크기가 같으며 이 면적의 도형 중심을 지나 작용하는 합력으로 되어 있는 등가 힘 계로 대체할 수 있다.

보의 내력을 계산해야 할 때에는, 보가 부분으로 분할되면 유사한 방법을 사용한다(제8장 참조).

보의 내부 응력 (단위 면적 당 내부 분포 하중)을 해석하려면, 보 단면적의 도형 중심을 구해야만 한다. 중요한 점은 이 도형 중심이 하중 면적의 도형 중심과 아무런 관계가 없다는 사실을 이해하는 것이다. 분포하중을 등가의 단일 힘으로 대체하게 되면 보에 작용하는 반력을 계산하는 데 유용하지만, 이러한 등가성도 보에 작용하는 내력이나 보의 변형을 구하는 데에는 쓸모가 없다.

예제 5.8

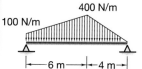

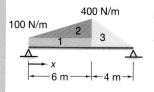

풀이 보를 다음과 같이 3개의 영역으로 분할하라.

등가 힘 계는, 면적의 도형 중심의 경우에서와 유사하게, 다음과 같이 첨부된 표에서 구할 수 있다. 필요한 값들을 다음과 같이 구한다.

$$A_1 = 100(6) = 600 \text{ N} \qquad x_1 = 3 \text{ m}$$
$$A_2 = 1/2\ 300(6) = 900 \text{ N} \qquad x_2 = 2/3(6) = 4 \text{ m}$$
$$A_3 = 1/2\ 400(4) = 800 \text{ N} \qquad x_3 = 6 + 1/3(4) = 7.33 \text{ m}$$

하중 면적	면적 dA_i	도형 중심까지의 거리 X_i	$X_i dA_i$
1	600 N	3 m	1800 Nm
2	900 N	4 m	3600 Nm
3	800 N	7.33 m	5864 Nm
Σ	2300 N		11,264 Nm

2300 N의 등가 하중은 보의 왼쪽 끝으로부터 $x_c = 11{,}264/2300 = 4.9$ m이 되는 지점에 작용한다. 외부 지지 반력은 이제 이 등가 하중을 사용하여 계산하면 된다.

연습문제

5.52 그림 P5.52에 도시된 하중의 등가 힘 계를 계산하라.

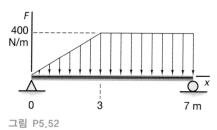

그림 P5.52

5.53 그림 P5.53에서, 등가 하중과 그 작용점을 계산하라.

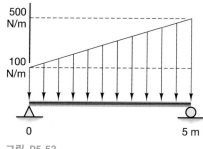

그림 P5.53

5.54 모래 하중이 트럭의 적재대를 따라 분포되어 있다(그림 P5.52 참조). 등가 하중과 그 작용점을 계산하라.

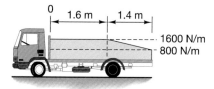

그림 P5.54

5.55 그림 P5.55에 도시된 보를 따라 분포된 하중을 특정 점에 작용하는 단일 힘으로 치환하라.

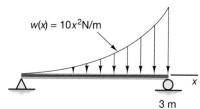

그림 P5.55

5.56 바람 하중이 8층 빌딩에 가해지고 있다(그림 P5.53 참조). 바람 하중은 $w(x) = 10(x^3 + 10x^2)$ N/m로 모델링할 수 있다고 알려져 있다. 등가 점 하중과 그 작용점을 계산하라.

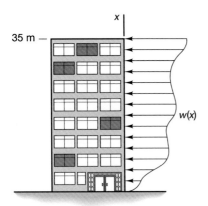

그림 P5.56

5.57 이제, 바람 하중을 $w(x) = 10\left(1 + \sin\left(\dfrac{\pi x}{50}\right)\right)$ N/m로 모델링할 수 있다고 가정하고 연습문제 5.56을 다시 풀어라.

5.58 바람 하중을 $w(x) = 10(1 + \sin x)$ N/m로 하여 연습문제 5.56을 다시 풀어라.

5.59 비행기 날개에 가해지는 양력에 의한 압력이 $p(x) = 1000\,x\sin(x)$ N/m인 경우에 이에 대한 등가 힘과 그 작용점을 계산하라(그림 P5.59 참조).

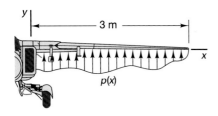

그림 P5.59

5.60 자동차용 측면 충격 에어백을 $w(x) = 100(1 + \cos x)$ N/m의 분포하중으로 모델링할 수 있다. 이 장치의 등가 힘과 그 작용점을 계산하라(그림 P5.60 사용).

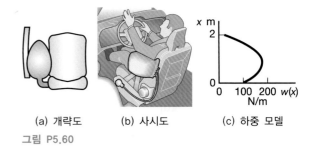

(a) 개략도 (b) 사시도 (c) 하중 모델

그림 P5.60

5.61 눈과 얼음이 길이가 8 m인 평편한 지붕에 쌓여 있다(그림 P5.61 참조). 결과적인 분포 하중은 $w(x) = 1000\left(x\cos\dfrac{\pi x}{40}\right)^2$ N/m이다. 등가 점 하중 계를 계산하라.

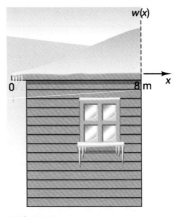

그림 P5.61

5.62 그림 P5.62에 도시된 천장의 유리 채광창에 눈에 의한 분포하중으로 인하여 작용하는 등가 하중을 $w_1(x) = 10\sin(x)$ N/m이고 $w_2(x) = 2\sin(x)$ N/m라고 가정하고 계산하라. 여기에서 w_2는 유리 채광창의 곡률로 인해 '잃어버린' 하중을 나타낸다.

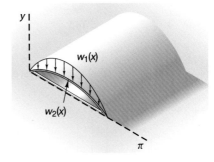

그림 P5.62

5.7 잠긴 표면에 작용하는 유체 압력으로 인한 힘

정지 상태에 있는 유체는 유체 내에 있는 어떠한 점에도 유체 정압을 가한다. 파스칼의 법칙에 따르면, 이 압력은 모든 방향에서 똑같다. 임의의 점에 가해지는 압력의 크기는 유체 표면 압력과 이 점 위의 유체의 중량을 합한 것과 같다. 그러므로 유체 표면 아래 깊이 d에 있는 점 A에 작용하는 절대 압력은 다음과 같다.

$$p_A = p_s + \gamma d \tag{5.34}$$

여기에서, p_s는 유체 표면에서의 대기압이고, γ는 유체의 비중량이며, d는 유체 표면 아래에 있는 점 A까지의 깊이이다. 식 (5.34)는 유체의 밀도 ρ로 다음과 같이 쓸 수 있다.

$$p_A = p_s + \rho g d \tag{5.35}$$

여기에서, g는 중력 가속도 상수이다. 민물의 비중량은 $9800\,\mathrm{N/m}^3$이며, 물의 밀도는 $1000\,\mathrm{kg/m}^3$이다. 파스칼의 법칙이 기체나 액체에 성립하지만, 기체의 밀도는 고도와 온도에 따라 변화하므로 식 (5.34)와 (5.35)는 비압축성 유체에만 유효하다.

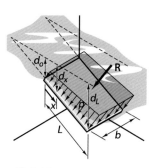

그림 5.24

그림 5.24에 그 모서리가 도시되어 있는 직사각형의 잠긴 평판에 작용하는 힘(유체 정압의 합력)을 살펴보자. 이 평판을 따르는 임의의 점 x에서의 압력 p는 다음과 같다.

$$p = \rho g d_x$$

여기에서, d_x는 점 x에서 액체의 자유 표면까지의 거리이며 ρ와 g는 앞에서 정의한 값이다. 미분 요소 dx에 작용하는 힘은 다음과 같다.

$$dF = \rho g d_x b dx \tag{5.36}$$

여기에서, 평판의 균일한 폭이다. 평판 표면 위의 하중 체적은 사다리꼴이며, 합력은 이 체적의 도형 중심을 지난다. 평판에 대한 합력의 작용점을 **압력 중심**이라고 한다. d_0를 $x = 0$에서의 깊이라고 하고 d_L을 $x = L$에서의 깊이라고 하면, 다음과 같이 된다.

$$R = 1/2(d_0 + d_L)\rho g L b \tag{5.37}$$

합력은 평판에 수직으로 하중 체적의 도면 중심을 지나 작용하는데, 이 도면 중심은 다음과 같다.

$$x_c = \left[d_0 \rho g L b \frac{L}{2} + \frac{(d_L - d_0)}{2}\rho g L b \frac{2L}{3} \right] / R$$

$$x_c = \frac{\dfrac{(2d_L + d_0)}{6}\rho g b L^2}{\dfrac{(d_L + d_0)}{2}\rho b g L}$$

$$x_c = \frac{(2d_L + d_0)}{3(d_L + d_0)} L \tag{5.38}$$

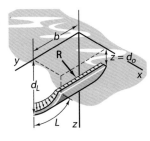

그림 5.25

평판이 수평을 이루어 $d_0 = d_L$이면, 압력 중심은 평판의 중앙인 $x = L/2$에 있다. 평판의 왼쪽 모서리가 액체의 표면에 있으면 $d_0 = 0$이므로, 압력 중심은 $x = 2L/3$에 있다.

폭이 b로 일정한 만곡 판이 액체에 잠겨 있을 때에는, 이 만곡 판의 표면에 수직으로 작용하는 압력은 방향이 변하므로 압력은 그림 5.25에서와 같이 표면에 법선 방향을 유지하게 된다. 합력 R과 그 작용선의 계산은 한층 더 어렵다. 이 때문에, 즉 압력 하중 아래의 체적과 이 체적의 도형 중심을 구하는 데는 적분을 사용하여야만 한다.

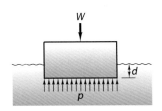

그림 5.26

이 값들을 구하는 또 다른 방법은 그림 5.26과 같이 자유 물체도와 이 자유 물체도에 국한된 액체의 체적을 그리는 것이다. F_v는 이 체적 위에 있는 유체의 수직력이다. F_h는 이 체적에 수평으로 작용하는 압력에 의한 수평력이다. 이 힘들은 둘 다 평편한 표면에 작용하므로 계산으로 구할 수 있다. W는 이 액체 체적에 수용되어 있는 유체의 중량이므로 만곡 판의 곡선을 알면 계산할 수 있다. 이 3개의 힘은 작용선을 알고 있으므로 공면력으로 보면 된다. 그러므로 작용선이 특정한 등가 합력 R은 제4.9절에서 설명한 방법을 사용하여 구할 수 있으며, 다음과 같이 된다.

$$R = F_v + F_h + W \tag{5.39}$$

만곡판의 곡선을 간단한 함수로 표현할 수 있으면, 합력과 압력 중심은 쉽게 구할 수 있다.

5.7.1 부력

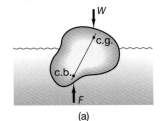

그림 5.27

아르키메데스(Archimedes)는 부력의 원리를 발견하여 물체가 어떠한 유체나 기체나 액체에서도 뜰 수 있는 원인을 이해하였다. 그림 5.27에서와 같이 액체에 떠 있는 상자를 살펴보자. 이 상자의 밑바닥에 작용하는 압력은 다음과 같다.

$$p = \rho g d \tag{5.40}$$

상자의 밑바닥을 가로질러 작용하는 총 합력은 다음과 같다.

$$R = pA = \rho g dA \tag{5.41}$$

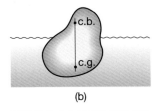

그림 5.28 (a) 물체의 무게 중심이 부력 중심과 같은 수직선에 있지 않으면 (b) 물체는 두 중심이 수직으로 일직선을 이룰 때까지 회전한다.

여기에서, A는 밑바닥 면적이다. 상자는 부력(buoyancy)이라고 하는 합력이 상자의 무게와 같으면 액체에 떠서 평행 상태에 있게 된다. 그러나 dA는 상자가 밀어내는 액체의 체적이다. 그러므로 부력은 밀려난 액체의 중량과 같으며, 그 작용선은 이 밀려난 액체의 중량 중심을 지나게 된다. 상자의 무게가 증가하게 되면, 상자는 밀려난 액체의 중량이 상자의 무게와 같아지게 될 때까지 액체 표면 아래 더 밑으로 내려가게 된다. 상자의 무게가 같은 체적의 액체 중량보다 더 크면, 상자는 가라앉게 된다.

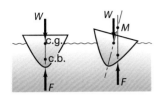

그림 5.29

이 두 중심의 위치는 부유 물체, 특히 선박, 보트 등의 안정성을 해석하는 데 매우 중요하다. 선박의 무게 중심은 선박이 좌우로 요동할 때에도 동일한 점을 유지하지만, 부력 중심은 밀려난 액체의 체적(배제 체적)의 형상이 변화하면 이동하게 된다(이 배제 체적은 일정하지만, 그 형상이 변화하면 부력 중심이 바뀐다는 점에 유의하여야 한다). 선박은 대략 20°까지의 기울기에서도 안정을 유지하도록 설계된다. 이 기울기 각도는 그림 5.29에 그려져 있는 선체 단면으로 예시되어 있다.

부력 중심을 지나는 수직선과 선체 단면의 중심선과의 교점을 **경심**(metacenter) M이라고 하며, 무게 중심 위로 경심까지의 거리 h를 경심 높이라고 한다. 대부분의 선박 설계에서는, 이 경심 높이를 20°까지의 기울기에 대하여 거의 일정하게 유지시킨다. 경심 M이 무게 중심의 위에 있으면, 결과적인 우력으로 선박은 똑바로 서려고 하므로 선체 설계는 안정하다. 선박이 기울었을 때 경심 M이 무게 중심보다 밑에 있으면 우력 모멘트는 경사 방향 상태에 있게 되어 기울기는 더 커지게 된다. 즉 명백히 불안정 상태에 놓이게 된다.

| 예제 5.9 | 그림과 같이 댐 뒤에 있는 물은 깊이가 50 m이다. 물의 압력이 길이가 10 m인 댐에 가하는 합력 R의 크기를 구하라. 물의 표면으로부터 압력 중심까지의 거리를 구하라. |

풀이 대기압을 무시하면, 댐의 기초부에서의 압력을 다음과 같이 구할 수 있다.

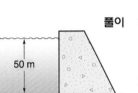

$$p = \rho\, gd = (1000)(9.81)(50) = 490.5 \text{ kN/m}^2$$

그러므로 길이가 10 m인 댐에 가하는 합력 R의 크기는 다음과 같다.

$$R = 1/2(490,500)(50)(10) = 122.6 \text{ MN}$$

합력은 댐 깊이의 2/3 지점에 작용한다.

$$d_R = 2/3\,(50) = 33.3 \text{ m}$$

연습문제

5.63 방파제가 평지에 민물 수로를 따라 수직 벽면으로 축조되어 있다(그림 P5.63 참조). 길이가 25 m인 수로를 따라서 합력 R의 크기와 물의 표면으로부터 압력 중심까지의 거리를 계산하라.

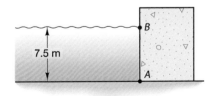

그림 P5.63

5.64 45°의 경사 벽으로 되어 있는 방파제가 민물 수로를 따라 축조되어 있다(그림 P5.64 참조). 길이가 25 m인 수로를 따라서 합력 R의 크기를 계산하라.

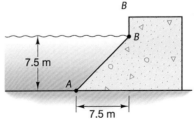

그림 P5.64

5.65 반경이 7.5 m인 4분원 벽으로 되어 있는 방파제가 민물 수로를 따라 축조되어 있다(그림 P5.65 참조). 길이가 25 m인 수로를 따라서 합력 **R**의 크기를 계산하라.

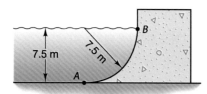

그림 P5.65

5.66 그림 P5.66과 같이, 방파제가 정점이 점 A에 있는 포물선 단면 형상으로 민물 ($\gamma = 9800$ N/m³) 수로를 따라 축조되어 있다. 길이가 25 m인 수로를 따라서 합력 **R**의 크기와 이 힘이 작용하여야 하는 작용점의 위치를 계산하라.

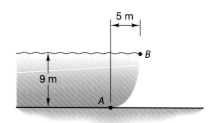

그림 P5.66

5.67 유리 상자가 색깔이 있는 물로 채워져 북엔드(bookend)로 사용되고 있다(그림 P5.67 참조). 유리 상자의 각각의 측면과 밑바닥에 작용하는 합력의 크기와 위치를 계산하라.

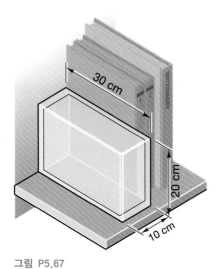

그림 P5.67

5.68 표지 부표(marker bouy)가 민물 호수에 로프로 고정되어 있다. 그림 P5.68에 도시된 위치에 부표를 고정시키는 케이블 장력을 계산하라. 부표는 질량이 60 kg이고 반경이 0.1 m인 속이 빈 원통으로 본다.

그림 P5.68

5.69 그림 P5.68에 도시되어 있는 직사각형 '부유물'에는 중심에 얼마나 많은 중량을 놓으면 가라앉게 되는가? 이 부유물은 속이 비어 있는 상자로 그 크기는 $1 \times 2 \times 0.5$ m이고 질량은 40 kg이다.

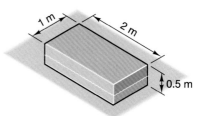

그림 P5.69

5.70 속이 비어 있어 무게를 무시할 수 있는 플라스틱 원통형 드럼통이 부유식 도크를 유지하도록 설계되어 있다(그림 P5.70). 각각의 드럼통은 2000 N을 지지할 수 있어야 하며 그 길이는 1 m를 넘지 않는다. 도크를 떠있게 하는 데 사용할 수 있는 드럼통의 반경을 계산하라.

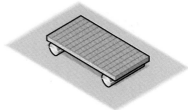

그림 P5.70

도형 중심 도형 중심은 선, 면적 또는 체적의 기하형상 중심이다. 도형 중심은 다음과 같이 정의되는 선, 면적 또는 체적의 1차 모멘트를 사용하여 구한다.

$$\mathbf{M} = \int_L \mathbf{r}\, dL \quad \text{(선)}$$

$$\mathbf{M} = \int_A \mathbf{r}\, dA \quad \text{(면적)}$$

$$\mathbf{M} = \int_V \mathbf{r}\, dV \quad \text{(체적)}$$

도형 중심은 다음과 같이 정의된다.

$$\mathbf{r_c} = \frac{1}{L} \int_L \mathbf{r}\, dL \quad \text{(선)}$$

$$\mathbf{r_c} = \frac{1}{A} \int_A \mathbf{r}\, dA \quad \text{(면적)}$$

$$\mathbf{r_c} = \frac{1}{V} \int_V \mathbf{r}\, dV \quad \text{(체적)}$$

질량 중심 강체의 질량 중심은 모든 질량이 집중되어 있다고 생각하는 점으로 다음과 같이 정의된다.

$$\mathbf{r_{cm}} = \frac{1}{M} \int \mathbf{r}\, dm$$

여기에서, M은 전체 질량이다.

• 파푸스-굴디누스 정리

파푸스-굴디누스 정리 1: 길이가 L인 2차원 곡선을 그 평면에 있는 임의의 비교차축에 관하여 회전시켜 생성되는 회전체의 표면적 A는 그 곡선의 길이와 그 곡선의 도형 중심이 이동한 경로의 길이를 곱한 것(생성 곡선의 길이와 이 생성 곡선의 도형 중심이 이동한 거리를 곱한 것)과 같다.

파푸스-굴디누스 정리 2: 평면적 A를 그 평면에 있는 임의의 비교차축에 관하여 회전시켜 생성되는 회전체의 입체 체적 V는 그 면적과 그 면적의 도형 중심이 이동한 경로의 길이를 곱한 것(생성 면적과 이 생성 면적의 도형 중심이 이동한 거리를 곱한 것)과 같다.

합성체의 도형 중심 단순한 기하형상의 도형 중심을 알고 있고 선, 면적 또는 체적을 이러한 단순한 기하형상의 합성체로 볼 수 있을 때, 이 합성체의 도형 중심은 적분보다도 유한한 합으로 정의할 수 있다. 즉

$$\mathbf{r}_c = \frac{1}{L} \sum_i \mathbf{r_i} dL_i \quad \text{(선)}$$

$$\mathbf{r}_c = \frac{1}{A} \sum_i \mathbf{r_i} dA_i \quad \text{(면적)}$$

$$\mathbf{r}_c = \frac{1}{V} \sum_i \mathbf{r_i} dV_i \quad \text{(체적)}$$

보에 작용하는 분포 하중 보에 작용하는 분포 하중은 보를 따르는 위치 x의 함수 $w(x)$ N/m (또는 lb·ft)로 주어진다. 총 등가 하중은 다음과 같다.

$$W = \int_0^L w(x)dx = A$$

즉, 하중 분포 곡선 아래의 면적이다. 등가 하중은, 등가 하중의 모멘트가 분포 하중의 모멘트와 같아지게 되는, 보에 있는 한 점에 작용한다고 볼 수 있다. 이 점은 하중 분포 곡선 아래 면적의 도형 중심과 일치하므로, 다음의 식이 성립한다.

$$x_c W = \int_0^L w(x)x dx$$

$$x_c = \frac{1}{W} \int_0^L w(x)x dx$$

등가 하중은 보 지지부에서의 반력을 구할 때에만 사용되어야 한다(제7장의 보의 내력과 모멘트 참조).

잠긴 표면에 작용하는 힘 정지 상태의 유체는 잠긴 표면의 각각의 점에 유체 정압을 가한다. 이 압력은 유체 표면 압력과 잠긴 표면의 점 위의 유체의 중량을 합한 것과 같다. 압력 분포 그래프 아래의 체적은 잠긴 표면에 작용하는 총 힘과 같다. 이 등가 총 힘은 압력 중심을 지나게 되는데, 이 점은 압력 분포 그래프 아래 체적의 도형 중심과 일치한다.

부력 물체가 액체에 떠 있을 때, 물체는 자신이 밀어내는 액체의 중량과 그 크기가 같은 수직 부력에 의해 평형 상태로 유지되게 된다. 물체는 부력이 물체의 중량과 같을 때 뜨게 된다. 최대 부력은 물체 체적과 같은 액체 체적의 중량과 같다. 물체의 중량이 최대 부력보다 크면, 물체는 액체에 가라앉게 된다. 부력의 작용선은 밀려난 액체 체적의 도형 중심을 지나는데, 이 점이 부력 중심이다. 물체가 떠 있으려면, 부력의 수직 작용선은 부력 중심과 물체의 무게 중심을 지나야 한다.

이 장에서는 면적의 도형 중심과 물체의 무게 중심을 수학적으로 정의하였다. 면적의 도형 중심은 분포 하중을 학습할 때에 매우 중요하므로 재료 역학이나 재료 강도학 과목에서 사용하기 마련이다. 정역학에서는 앞으로 배울 상급 과목에 대비하여 이 내용을 소개하였다. 이와 유사하게, 무게 중심은 동역학 문제에서 질량 중심의 위치 결정과 강체의 평형을 해석할 때 중량 벡터의 작용점을 지정에 사용할 목적으로 정의하였다.

이 장은 미적분과 밀접한 관계가 있으며 많은 개념은 미적분학에 소개되어 있다. 보에 작용하는 분포 하중의 응용과 유체 압력 및 부력이 제시되어 있다.

Chapter **06**

강체의 평형

6.1 서론

　제3장에서는 질점 평형의 개념을 소개하였다. 뉴턴의 제2법칙은, 질점에 순 힘이 작용하고 있으면 그 질점의 운동에 변화가 일어나게 된다고 기술하고 있다. 물체(강체 또는 질점)가 정지 상태에 있거나 운동 상태에 변화가 없다고 관찰이 되면, 그 물체는 평형 상태에 있다고 한다. 그렇다면, 뉴턴의 제2법칙은 물체에 어떠한 순 힘도 작용하고 있지 않다는 뜻이 된다. 단일 질점에 대해서는 3개의 스칼라 평형 방정식을 세웠다. 그런 다음 이 3개의 연립 방정식을 3개의 미지 반력에 관하여 풀었다. 제4장에서는 등가 힘 계를 살펴보았고, 힘의 회전 효과는 물체의 한 점에 관하여 그 물체에 작용하는 모멘트로 정의하였다. 물체가 질점으로 모델링되면 그 질점에 작용하는 모든 힘들은 공점력이며, 모든 힘들이 공점을 통과하게 되면 이 공점에 관한 이 힘들의 모멘트는 0이다. 그러므로 공점력 계의 합력이 0이면 질점은 평형 상태에 있게 된다.

　강체에 작용하는 가장 일반적인 힘 계는 특정 작용선에서의 힘력 $\mathbf{R}$과 우력 모멘트 $\mathbf{C}$로 표현할 수 있다. 서로 다른 등가 힘 계가 전개되어 $\mathbf{R}$이 여러 작용점과 여러 작용선을 갖게 되면 우력 모멘트의 값은 변한다. 평형 상태에 있는 강체에서 그 물체에 작용하는 어떠한 등가 힘 계의 합력과 우력 모멘트는 0이 된다. 이로써 다음과 같은 2개의 벡터 평형 방정식이 나온다. 즉

$$\mathbf{R} = \sum F_x \hat{\mathbf{i}} + \sum F_y \hat{\mathbf{j}} + \sum F_z \hat{\mathbf{k}} = 0$$

$$\mathbf{M_O} = \sum \mathbf{r} \times \mathbf{F} = \sum M_x \hat{\mathbf{i}} + \sum M_y \hat{\mathbf{j}} + \sum M_z \hat{\mathbf{k}} = 0 \tag{6.1}$$

벡터는 오직 각각의 성분이 0일 때에만 0임을 유의하여야 한다. 그러므로 이 2개의 벡터 평형 방정식은 다음과 같이 6개의 스칼라 식으로 쓸 수 있다.

$$\sum F_x = 0 \quad \sum M_x = 0$$

$$\sum F_y = 0 \quad \sum M_y = 0$$

$$\sum F_z = 0 \quad \sum M_z = 0 \tag{6.2}$$

식 (6.1)과 식 (6.2)는 강체가 평형 상태에 있으면 각각의 방향의 힘의 합은 0이고 이 강체의 어떤 점을 지나는 x축, y축 및 z축에 관한 각각의 모멘트 합이 0이라는 내용을 기술하고 있다. 일반적으로, 단일 강체의 평형은 식 (6.2)에 있는 6개의 연립 방정식으로 나타낸다. 이 선형 연립 방정식은 제2장에 소개되어 있는 행렬식 규약으로 용이하게 풀 수 있다.

　힘 계를 점 A에서의 합력 $\mathbf{R}$과 모멘트 $\mathbf{C}_A$로 표현하게 되면 점 B에서의 등가 힘 계는 그 모멘트가 다음과 같이 된다.

$$\mathbf{C_B} = \mathbf{C_A} + \mathbf{r}_{A/B} \times \mathbf{R} \tag{6.3}$$

모멘트 C_A와 합력 R이 둘 다 모두 0(평형 조건)이면, 모멘트 C_B는 상대 위치 벡터 $\mathbf{r}_{A/B}$의 모든 값에 대하여 0이 된다. 그러므로 평형 상태에 있는 강체에서는 강체에 있는 어떠한 점에 관하여도 그 모멘트가 0이 되어야 한다. 강체의 여러 점에 관한 모멘트에 대하여 식을 쓸 수는 있지만, 단일의 강체에 대하여는 오직 6개의 독립적인 정적 평형 방정식밖에 없다. 그러므로 2개의 상이한 점에 관하여 모멘트를 취할 때에는 새로운 독립 식들을 세울 필요는 없다.

물체에 작용하는 힘은 중력과 같은 체적력이거나 아니면 표면력이다. 표면력은 다른 물체와의 접촉점과 지지부에서 발생한다. 체적력과 다른 물체와의 접촉점에서의 표면력은 알고 있지만, 일반적으로 지지 점에서의 힘과 모멘트들은 모르기 마련이다. 식 (6.2)에는 6개의 식이 있으므로 지지력이나 모멘트의 6개의 미지 성분들은 이 6개의 평형 방정식으로 구할 수 있다. 그렇지만, 평형을 유지하는 데 필요 이상으로 더 많은 지지부가 있는 조건을 접하기 마련인데, 그와 같은 조건을 수반하고 있는 문제는 **부정정**(statically indeterminate) 문제로 분류한다(이러한 문제들은 제6.7절에서 한층 더 상세하게 설명할 것이다).

평형 방정식을 풀려고 하기 전에 물체는 질점이나 강체로 모델링해야 하며 그런 다음 모든 작용력과 작용 모멘트 그리고 지지 반력을 표시한 **자유 물체도**(free-body diagram)를 작도하여야 한다. 물체를 이러한 식으로 모델링하는 것은 경험에 바탕을 둔 기법이며 자유 물체도는 평형 방정식을 세우는 데 사용되는 밑그림이다. 그러므로 **자유 물체도 (free- body diagram)**에는 세워진 모든 가정, 모든 중요한 기하 치수, 물체에 작용하는 모든 힘들의 위치와 방향 등을 표시하여야 한다. 정확한 자유 물체도가 작성되면 어떠한 정적 평형 문제라도 선형 연립 방정식을 풀 수 있게 된다는 면에서 볼 때 이는 해석에서 매우 중요한 점이다. 그러므로 일단 정확한 자유 물체도가 완성되기만 하면 풀이는 체계적으로 이루어진다. 행렬식 표기법을 사용하여 선형 연립 방정식을 푸는 방법은 제2.7절에서 설명하였다.

먼저 물체를 2차원 강체로 모델링할 수 있는 평형 문제를 살펴본 다음, 해석을 3차원으로 넓혀 갈 것이다. 2차원 문제에서 힘들은 공면력이며 어떤 점에 관하여 취한 이 힘들의 모멘트들은 이 공면력들과 수직을 이루게 되므로 결국 이 힘 평면에 수직하게 된다. 그러므로 문제는 벡터 방향성에서 3차원이다. 그러나 2차원 문제에서는 모멘트 성분은 하나뿐이다. 따라서 6개의 정적 평형 방정식 가운데 단지 3개만이 2차원 문제에서 특별한 경우에 수반된다. $x-y$평면에 모든 힘들이 포함된 좌표계가 선정되면, 유일한 모멘트 성분은 z방향에 있게 된다. 3개의 자명하지 않은 비자명 스칼라 평형 방정식은 다음과 같다.

$$\sum F_x = 0$$
$$\sum F_y = 0 \qquad\qquad (6.4)$$
$$\sum M_z = 0$$

6.2 2차원 모델의 지지

    강체를 2차원 강체로 모델링하려면, 강체에 작용하는 모든 힘이 공통 평면에 놓여 있어야 하고 강체에 작용하는 모든 모멘트는 그 평면에 수직이어야만 한다. **지지 (supports)** 역시 2차원으로 취급하여야 한다. 물체는 물체에 있는 지지 때문에 지지부재가 작용하는 지점에서 그 이동이 제한된다. 2차원 모델에서는, 지지 때문에 병진운동이 한 방향이나 두 방향에서 제한되기도 하고 물체의 평면에 수직한 축에 관한 회전운동이 제한되기도 한다. 앞으로 설명할 다양한 유형의 지지부재에 익숙해져야 하고 지지부재에서 발생하는 힘이나 모멘트를 구속하는 유형을 알아야 하는 것이 매우 중요하다. 먼저, 운동을 한 방향에서만 제한하는 지지를 살펴보기로 한다.

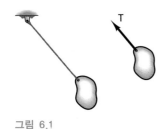

그림 6.1

    그림 6.1에 도시되어 있는 케이블은 그 길이가 일정하게 유지되면서 물체의 운동을 제한한다. 지지력은 케이블의 인장력이다. 현수교, 풀리 장치 등과 같은 많은 장치들은 로프나 케이블로 지지된다. 그림 6.1에 있는 가요성 끈, 즉 케이블이나 로프 등의 지지는 물체의 부착점으로부터 고정점까지 이어져 있는 끈을 따라 작용하는 장력으로 나타낼 수 있다. 이러한 끈 유형의 지지는 압축력을 전달할 수 없다는 점에 유의하여야 한다. 그러므로 지지력의 방향과 방향성은 두 가지 모두 알고 있다. 지지력의 해가 케이블이 압축 상태이어야 함을 나타내는 음의 값으로 나오면, 이러한 지지 유형에서는 압축력을 지지할 수가 없으므로 모델이 부정확하거나 계산이 잘못된 것이다. 이와 같은 지지는 제3장에서 상세하게 살펴본 바 있으며, 힘의 방향은 물체로부터 지지 연결부까지의 케이블을 따라 작용하는 단위 벡터로 나타낸다. 이 단위 벡터는 이 계의 기하형상에서 구할 수 있다.

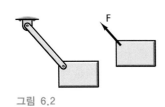

그림 6.2

    그림 6.2와 같은 강체 링크 형태의 지지는 링크의 축을 따라 인장력이나 압축력을 전달할 수 있다. 힘의 작용선은 알고 있지만, 벡터의 방향성은 그렇지 않다. 이 부재는 (그림과 같이) 인장 상태에 있거나 아니면 압축 상태에 있으므로, 가정한 방향성이 옳으면 힘의 해는 양의 값이 나오고 힘 벡터가 반대의 방향성으로 작용하면 음의 값이 나오기 마련이다. 이 지지에서 미지 반력은 한 개만 존재한다.

    그림 6.3과 같이 롤러, 로커 또는 매끄러운 표면과의 접촉(마찰 없음) 간의 지면 반작용은 물체와 표면 간에 압축 **법선력(normal force)** 만을 전달할 수 있다. 이 힘을 법선력이라고 하는 이유는 접촉 표면에 수직으로, 즉 법선 방향으로 작용하기 때문이다.

롤러   로커   매끄러운 표면 = N

그림 6.3

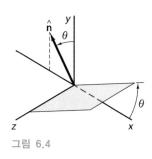

그림 6.4

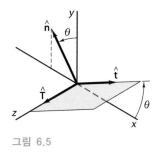

그림 6.5

그러므로 이 지지에서는 하나의 미지 반작용만이 있으며, 이 반작용은 운동과는 반대로 법선 방향으로만 작용하게 된다. 물체가 경사 표면과 접촉하여 지지되어 있으면, 법선력의 방향은 물체의 기하형상에서 구하거나 벡터 곱을 사용하여 구하면 된다. 그림 6.4에는 삼각법을 사용하여 2차원 문제에서 법선 단위 벡터를 구하는 예가 도시되어 있다. 표면이 수평이면 (즉, x-z평면에 있으면), 법선은 양의 y방향에 있다. 결과적으로, 표면이 수평의 x축과 각도 θ를 이루면, 단위 법선 벡터는 수직의 y축과 각도 θ를 이룬다. 이 단위 법선 벡터는 다음과 같다.

$$\hat{\mathbf{n}} = -\sin(\theta)\hat{\mathbf{i}} + \cos(\theta)\hat{\mathbf{j}} \qquad (6.5)$$

이 경우에는, 법선을 그림에서 기하형상을 살펴보고 구하였다.

표면에 법선 방향인 단위 벡터를 구하는 또 다른 방법은 벡터 곱셈에서 벡터 곱의 결과가 두 벡터에 의해 형성되는 평면에 수직이라는 사실을 사용하는 것인데, 이 방법은 3차원 문제에도 쉽게 확대 적용할 수 있다. 그림 6.5와 같이, 수평의 x-z평면과 각도 θ를 이루고 있는 표면을 살펴보자. 이것은 그림 6.4에 있는 표면과 동일하다는 사실을 주목하여야 한다. 단위 법선 벡터는 다음과 같다.

$$\hat{\mathbf{n}} = \frac{\hat{\mathbf{T}} \times \hat{\mathbf{t}}}{|\hat{\mathbf{T}} \times \hat{\mathbf{t}}|} \qquad (6.6)$$

평면에 접하는 단위 벡터들은 다음과 같다.

$$\hat{\mathbf{t}} = \cos(\theta)\hat{\mathbf{i}} + \sin(\theta)\hat{\mathbf{j}}$$
$$\hat{\mathbf{T}} = \hat{\mathbf{k}} \qquad (6.7)$$

이 경우에, 평면에 접하는 두 벡터는 서로 직교하므로, 식 (6.6)에서 벡터 곱의 크기로 나눌 필요가 전혀 없다. 단위 법선 벡터는 다음과 같다.

$$\hat{\mathbf{n}} = \hat{\mathbf{T}} \times \hat{\mathbf{t}} = \hat{\mathbf{k}} \times [\cos(\theta)\hat{\mathbf{i}} + \sin(\theta)\hat{\mathbf{j}}]$$
$$= -\sin(\theta)\hat{\mathbf{i}} + \cos(\theta)\hat{\mathbf{j}}$$

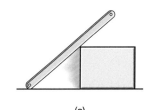

(a)

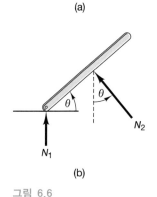

(b)

그림 6.6

이 마지막 식은 식 (6.5)에서 구한 결과와 같으므로 삼각법을 대체할 방법이다.

접촉하고 있는 물체 사이에서는 어느 것이 법선 표면인가를 알아내는 것이 중요하다. 그림 6.6(a)와 같이, 상자 모서리에 놓여 있는 봉을 살펴보자. 그림 6.6(b)에서와 같이, 이 봉에는 2개의 법선력이 작용한다. 봉의 바닥에 있는 법선력은 상자가 바닥에 접하여 이동하여도 바닥에 수직이다. 상자와의 접촉점에 있는 법선력은 이 접촉점이 봉의 표면에 접하여 이동할 때도 봉에 수직이다.

법선력은 또한 그림 6.7과 같이 칼라 지지나 핀-홈 지지에서도 발생한다. 이 경우에는, 법선력이 칼라와 봉 사이에 또는 핀과 홈 사이에 존재한다. 이 힘은 접촉 표면(봉의 표면 또는 홈의 표면)에는 법선 방향이며 운동 방향에는 수직이다. 그러나 접촉은 봉의 어느

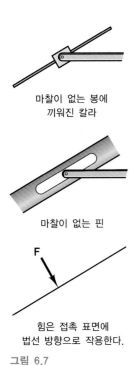

마찰이 없는 봉에
끼워진 칼라

마찰이 없는 핀

F

힘은 접촉 표면에
법선 방향으로 작용한다.

그림 6.7

한 쪽이나 홈의 어느 한 쪽에서 발생하게 되므로 법선력의 방향성은 알지 못한다. 홈이나 봉이 굽어져 있으면, 법선력은 그 곡선의 접선에 수직으로 작용하게 된다.

이제 운동을 두 방향에서 구속하게 되는 지지를 살펴보기로 하자. 그림 6.8에서와 같이, 강체와 거친 표면 사이의 접촉점에서는 법선력과 마찰력이 둘 다 발생한다. 마찰력은 대개 기본 물리학 과목에서 소개하고 있으므로 제9장에서 상세하게 설명할 것이다. 거친 표면과의 접촉점에는 2개의 미지 반력이 있다. 어떤 경우에는, 법선력과 마찰력을 미지의 각도 α로 작용하는 단일 미지 반력으로 취급하는 것이 유리할 때도 있다.

그림 6.9와 같은 힌지(hinge) 조인트에서는 운동이 마찰을 무시할 수 있을 때에 수평 방향과 수직 방향 모두에서 구속된다. 힌지는 마찰을 무시하면 자유롭게 회전한다. 반력 $\mathbf{R}$의 두 성분은 방향은 알지만 크기는 알지 못하는 2개의 지지력으로 취급할 수 있다. 마찰을 고려하게 되면, 회전은 핀에 관한 모멘트에 의해 제한된다. 반력의 수평 성분과 수직 성분은 어느 방향으로도 가정할 수 있으므로, 계산 값의 부호는 이렇게 처음에 가정한 대로 되거나 그 반대가 된다.

그림 6.10과 같은 고정 지지 또는 매입 지지에서는 지지점에서 물체의 수평 운동, 수직 운동, 회전 운동이 제한된다. 이 지지점에는 물체에 작용하는 미지 반력과 미지 모멘트가 있게 마련이다. 이 힘 성분과 모멘트 성분의 방향성은 알지 못하므로, 계산을 하기 전에 방향성을 가정한 다음, 계산 결과의 부호로 확인하면 된다.

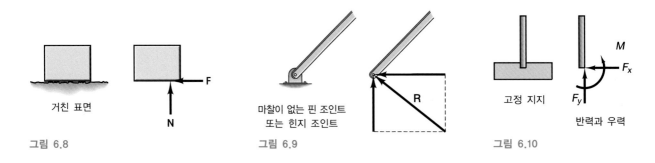

거친 표면

N

F

마찰이 없는 핀 조인트
또는 힌지 조인트

R

고정 지지

M

F_x

F_y

반력과 우력

그림 6.8   그림 6.9   그림 6.10

어떤 지지들은 변형가능한 케이블 또는 로프로 보아야 하므로, 그림 6.11과 같이 스프링으로 모델링할 수 있다. 봉을 지지하는 스프링은 스프링의 축선을 따라 힘을 가하게 되므로 이 힘의 크기는 스프링이 얼마나 늘어났느냐에 달려 있기 마련이다. 즉 스프링의 신장량에 종속된다. 스프링 상수가 k인 선형 스프링이라고 가정하면, 스프링 힘은 다음과 같다.

$$F = kd$$

여기에서, d는 스프링의 신장량이다.

강체는 이러한 지지들이 어떤 식으로든지 조합된 상태에서 지지되게 되어 그 운동이 제한된다. 일단 물체가 그 주위에서 고립되면, 지지는 지지력과 지지 모멘트로 치환된다. 흔히 저지르게 되는 실수는 이러한 지지력과 지지 모멘트를 잘못 표시하는 것이다.

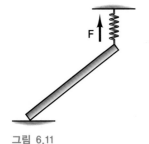

F

그림 6.11

6.3 3차원 모델의 지지

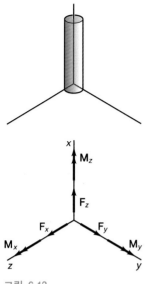

그림 6.12

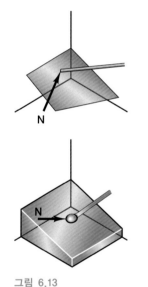

그림 6.13

제6.2절에서는, 2차원 물체로 모델링할 수 있는 구조물의 지지들을 설명하였다. 이 지지들은 물체에 2개의 힘 성분과 1개의 모멘트 성분을 가하여 물체의 2개의 가능한 병진 운동과 1개의 회전 운동을 구속할 수 있다. 그러므로 물체의 3개의 자유도가 구속된다. 모든 물체는 본질적으로 3차원이므로, 2차원으로 모델링할 수 있는 가지 수는 한정되어 있다. 3차원 물체는 6개의 **자유도**(3개의 병진 운동과 3개의 회전 운동)이므로, 이러한 지지 때문에 이러한 운동들이 구속되기 마련이다. 2차원 모델의 경우에서와 같이, 지지의 유형이 다르면 구속의 유형도 달라진다. 구속이 가장 많은 지지 유형은, 그림 6.12와 같이 물체에 3개의 힘 성분과 3개의 모멘트 성분을 가함으로써 모든 6개의 자유도를 제한하는 고정 유형(매입 또는 용접)의 지지이다. 고정 지지에서의 반작용은, 어딘가의 방향을 향함으로써 평형이 이루어지게 하는 반력과 어딘가의 방향을 향하는 벡터로 표현되는 모멘트이다. 대개는 그림과 같이 이 2개의 벡터를 그 성분들로 나타내는 것이 가장 좋다.

구속이 가장 적은 지지는 케이블이나 로프이다. 이러한 지지 유형에서의 유일한 힘은 케이블을 따르는 장력이므로, 케이블이 단지 1개의 자유도(케이블 신장 방향에서의 병진 운동)를 제한한다는 사실을 2차원 모델을 통하여 알고 있다. 케이블이 인장 상태에 있을 때에도, 물체는 케이블에 수직하는 방향으로 자유롭게 회전할 수 있다. 강체에 대한 모든 구속, 즉 강체에 대한 모든 지지는 모든 6개의 자유도를 힘-모멘트 시스템으로 보고 물체가 이 시스템에서 제한되고 있는지 아닌지를 조사해야 한다는 것은 이미 알고 있는 내용이다.

롤러나 로커와 유사한 지지 유형은 볼 지지 또는 마찰이 없는 표면인데, 이들은 어느 것이나 그림 6.13과 같이 법선력만을 가할 뿐이다. 경사 표면 위에서 접촉이 이루어지게 되면, 식 (6.6)은 이 표면에 대한 단위 법선 벡터를 구하는 데 사용할 수 있으므로, 법선력은 벡터 형식으로 $\mathbf{N} = N\hat{\mathbf{n}}$와 같이 표현할 수 있다. 그림 6.14와 같은 경사 표면을 살펴보기로 하자. 단위 접선 벡터 $\hat{\mathbf{T}}$와 $\hat{\mathbf{t}}$는 각각 $y-z$평면과 $x-z$평면에 놓여 있으며 다음과 같다.

$$\hat{\mathbf{t}} = \cos{(\theta)}\hat{\mathbf{i}} + \sin{(\theta)}\hat{\mathbf{k}}$$
$$\hat{\mathbf{T}} = \cos{(\beta)}\hat{\mathbf{j}} + \sin{(\beta)}\hat{\mathbf{k}} \tag{6.8}$$

이 두 단위 접선 벡터 간의 스칼라 곱은 0이 아니므로, 이 두 벡터는 직교하지 않는다. 단위 법선 벡터는 다음과 같다.

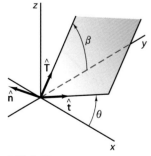

그림 6.14

$$\hat{\mathbf{n}} = \frac{\hat{\mathbf{t}} \times \hat{\mathbf{T}}}{|\hat{\mathbf{t}} \times \hat{\mathbf{T}}|} = \frac{-\sin{(\theta)}\cos{(\beta)}\hat{\mathbf{i}} - \cos{(\theta)}\sin{(\beta)}\hat{\mathbf{j}} + \cos{(\theta)}\cos{(\beta)}\hat{\mathbf{k}}}{\sqrt{\sin^2\theta\cos^2\beta + \cos^2\theta}} \tag{6.9}$$

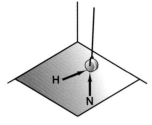

그림 6.15

이러한 지지 유형은 부분적으로 단지 1개의 자유도만을, 즉 접촉 표면에 법선이면서 접촉 표면으로 들어가는 방향만을 구속한다는 점에 주목하여야 한다. 발과 지면 간의 법선력의 경우에서와 같이, 물체는 자유롭게 표면에서 분리된다.

그림 6.15에 있는 롤러 지지는 2개의 힘 성분을, 즉 수직 성분과 수평 성분을 가할 수 있다. 수평력은 롤러가 자신이 구르는 방향과 직각을 이루는 방향으로 미끄러지는 것에 대한 저항으로 인한 것이다. 그러므로 법선력의 방향과 수평력의 방향은 둘 다 모두 알고 있는 것이다.

물체가 거친 표면과 접촉 상태에 있을 때에는, 법선력이 물체를 향하는 한, 이 표면은 물체의 모든 병진 운동을 제한하는 3개의 힘 성분을 가할 수 있다. 다시 말하자면, 물체는 표면에서 분리될 수 있으며, 이렇게 분리되는 경우에는 접촉력이 있을 수 없다. 롤러와 유사한 지지 유형은 그림 6.16과 같은 볼-소킷 조인트 또는 볼-컵 지지이다. 봉의 축선을 따라 볼을 당겨도, 볼은 소킷(컵) 속에 유지될 수 있다. 그러므로 법선력은 봉의 축선을 따라 압축 상태로 작용하여야 한다. 소킷은 봉의 축선에 직각을 이루는 두 방향에서 병진 운동을 구속한다. 그러므로 볼-소킷 조인트는 2개의 병진 운동을 완전히 구속하고 세 번째 병진 운동은 부분적으로 구속하지만, 3개의 회전 자유도는 구속되지 않는다. 그림 6.17에 그려져 있는 인체의 엉덩이 관절(고관절)은 일종의 볼-소킷 조인트이며, 볼(넓적 다리의 위쪽 끝부분, 즉 대퇴골의 두부)을 소킷(엉덩이 뼈(골반)의 비구(오목부); acetabular cup)에 유지시키려면 인대와 근육이 필요하다. 법선력 N은 넓적다리의 목 부분의 축선을 따라 밀어 붙이며, 수직력 V와 전·후방력 AP는 이 축선에 직각으로 작용한다.

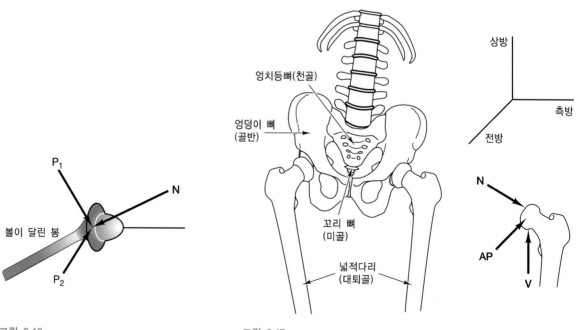

그림 6.16

그림 6.17

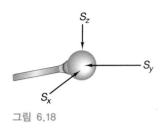

그림 6.18

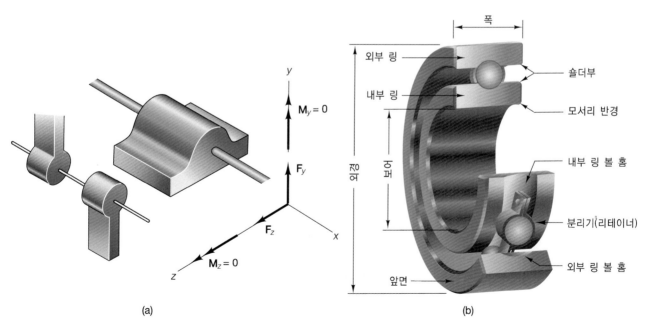

볼-소킷 조인트는, 그림 6.18과 같이, 모든 병진 운동을 완전히 구속하지만, 3개의 회전 자유도는 구속되지 않는다. 볼-소킷 지지에서는, 볼이 소킷에서 빠지지 않는 한, 구속력 성분은 좌표축과 일직선을 이루게 된다.

유니버설 조인트는 그림 6.19와 같이 모든 병진 운동과 하나의 회전 운동을 구속한다. 유니버설 조인트는 x방향, y방향, z방향에서의 병진 운동을 구속하며 x축에 관한 모멘트를 구속하거나 전달한다.

힌지 지지와 베어링 지지는 더욱 더 복잡하여, 이 지지들에서는 힌지 축선이나 베어링 축선에 관한 회전은 허용되더라도, 힌지 축선이나 베어링 축선에 직각인 2개의 축선에 관한 회전은 구속된다. 그림 6.20(a)에는 쓰러스트 저항(추력 저항)이 전혀 없는 힌지와 베어링이 그려져 있다. 이러한 유형의 지지에서는, 힌지 축선이나 축의 축선을 따르는 병진 운동에도 전혀 구속이 없고 이 축선에 관한 회전 운동에도 어떠한 구속이 없다. 해석을 할 때에는, 대개 힌지와 베어링을 단순화하여 이 힌지 축선이나 축의 축선에 직각을 이루는 두 방향에서의 병진 운동만을 구속하며 모멘트는 무시한다. 힌지나 베어링을 이런 식으로 모델링할 때에는, 이들을 단순 지지라고 하며, 여기에서는 1개의 병진 운동과 3개의 모든 회전 자유도는 구속되지 않는다. 이러한 가정이 비현실적인 것으로 보일지 모르겠지만, 그림 6.20(b)와 같은 볼 베어링을 조사해보면 y축에 관한 회전 운동과 z축에 관한 회전 운동은 전혀 구속되지 않는다는 것을 알 수 있다. 이러한 축 모멘트들은 대개 베어링의 축 정렬 어긋남이나 과도한 축 굽힘에 원인이 있다.

그림 6.21에는 자신의 축선을 따르는 병진 운동을 구속하는 쓰러스트 베어링과 힌지가 그려져 있다. 이러한 지지 유형에서는 5개의 자유도가 구속되며 힌지 축선이나 축의

(a)

(b)

그림 6.20

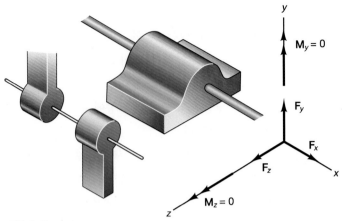

그림 6.21

축선에 관한 회전 운동만은 구속되지 않는다. 이 자유 물체도에는 F_x가 추가되어 있음을 주목하여야 한다. 보통의 힌지나 보통의 베어링에서와 같이, 쓰러스트 베어링이나 쓰러스트 힌지는 대개 병진 운동만을 구속하여 지지 모멘트들을 무시할 수 있도록 모델링된다.

2차원 모델에서와 같이, 3차원 물체도 지지들에 의해 과소 구속되거나 과잉 구속된다. 물체가 과소 구속될 때에는, 적어도 1개의 자유도는 과소 구속되기 마련이다. 이렇게 설계하는 것이 필요한지는 모르겠지만, 과소 구속 자유도와 관련된 평형 방정식은 적정한 것이 될 수는 없다. 물체는 이러한 자유도에 관하여는 불안정하게 되기 마련이므로, 설계를 할 때에는 이 결과들을 반영해야 한다.

구조물이 과잉 구속되어 있을 때에는, 이 문제를 **부정정** 문제라고 하게 된다. 단지 6개의 평형 방정식만을 세울 수 있으므로, 모르는 지지력과 지지 모멘트의 개수가 6개를 초과하게 되면 이 지지력과 지지 모멘트 중의 몇 개는 평형만을 따져 보고서는 구할 수가 없다. 이러한 유형의 문제들은 대개 물체의 변형과 지지의 변형을 고려하여 풀어야 한다. 부정정계는 제6.7절에서 설명할 것이다.

6.4 자유 물체도

먼저 제3.9절에서는 자유 물체도의 개념을 소개하여 이를 질점에 적용하였다. 강체를 2차원이나 3차원으로 모델링함으로써 자유 물체도를 전개하는 것이 더욱 더 어렵게 되었다.

자유 물체도를 전개하는 과정은 다음과 같다.

1. 자유 물체도에서 고립시킬 물체를 확실히 정한다.
2. 이 물체를 질점으로 모델링할지 강체로 모델링할지, 2차원으로 할지 3차원으로 할지를 결정한다.

3. 사진, 물체의 스케치, 청사진 등과 같은 공간도에서 얻어낸 물체의 치수를 정확하게 표시한다. 물체의 형상을 스케치한다.

4. 물체를 그 지지와 다른 물체로부터 고립시키고, 물체에 작용하는 모든 외력과 모멘트를 그 작용점에 표시한다. 이 힘들은 지지에 있거나 중력에 의한 것이거나 다른 물체와의 접촉에 의한 것이다. 힘을 무시할 수 있다고 가정했을 때에는 자유 물체도에 그 가정을 명확히 기술한다.

5. 자유 물체도에 나타나는 모르는 힘과 모멘트의 개수를 세어보고, 이 문제를 푸는 데 평형 방정식을 충분히 사용할 수 있는지 아닌지를 결정한다. 평형 방정식의 개수보다 미지수가 더 많으면 자유 물체도를 잘못 그렸거나 아니면 문제가 부정정 문제인 것이다. 모르는 힘들은 대개 지지에서 물체에 작용하는 반력이나 반작용 모멘트 아니면 구속력이나 구속 모멘트들로 구성되어 있으며, 어떤 경우에는 다른 물체와의 접촉으로 인한 힘일 때도 있다.

예제 6.1

그림에 있는 각각의 물체의 자유 물체도를 그려라.

풀이

a. 그림 (a)와 같은 자동차가 있다. 앞 타이어와 뒤 타이어에 작용하는 법선력은 각각의 타이어와 질량 중심 간의 거리를 나타내는 기호 a와 b와 함께 그려져 있다. 이 경우에, 자동차는 2차원 물체로 모델링되어 있다.

b. 그림 (b)에 그려져 있는 막대의 하단부는 거친 표면의 바닥에 놓여 있다. 막대는 상자의 매끄러운 모서리에 기대여 있다. 막대의 자유 물체도 또한 그림에 그려져 있다.

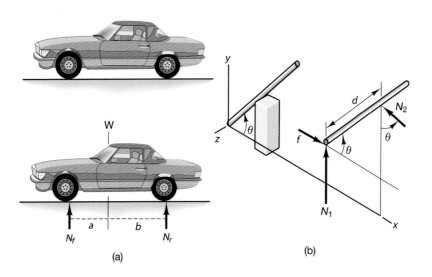

(a)

(b)

c. 그림 (c)와 같이, 50 kg의 간판이 점 A에서의 볼-소킷 조인트와 3개의 케이블로 강체 봉의 끝에 지지되어 있다. 자유 물체도 또한 그림에 그려져 있다.

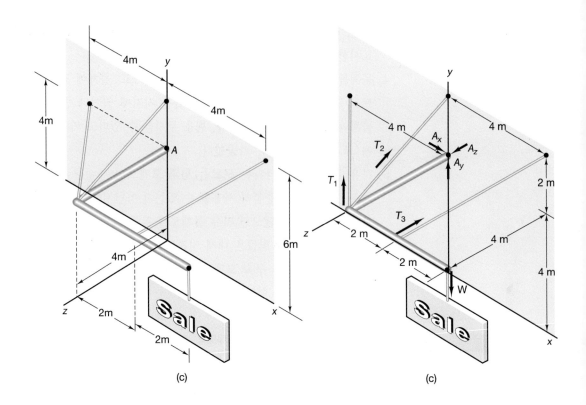

(c)

(c)

d. 길이 $3R$인 막대기가 수평선과 각도 α를 이루며 반경 R인 그릇에 놓여 있다(그림 (d) 참조). 이 막대기의 자유 물체도는 우측 그림과 같다.

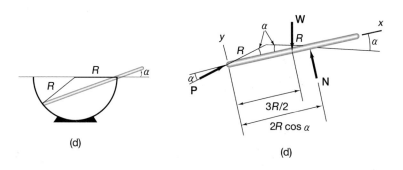

(d)

(d)

e. 그림 (e)에서 사람이 자동차의 뒤를 밀고 있으므로, 앞 타이어가 자유롭게 회전할 수 있다고 하면 뒤 타이어와 지면 사이에는 수평력이 존재한다. 자유 물체도를 완성하려면 더 많은 정보가 필요하다는 점에 유의하여야 한다. 필요한 기하형상 정보에는 다음이 포함된다. 즉

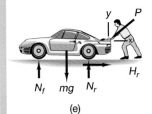

(e)

자동차 앞 바퀴와 뒷 바퀴 사이 거리(N_f와 N_r 사이의 거리)

자동차 질량 중심 위치

사람 손 바로 밑 힘의 작용점

또한, 자동차의 중량과 사람이 가하는 힘의 크기도 알아야 한다. 이를 통해 타이어에서의 미지반력을 구할 수 있다.

6.1 그림 P6.1과 같이, 주행 크레인을 개략적으로 그린 스케치가 있다. 바퀴 사이의 거리는 4 m이고 무게 중심은 바퀴 사이의 정중앙에 있다. 평형추는 왼쪽 차축 1 m 뒤에서 외력으로 작용하고 있고 점 B에서 크레인에 걸려 있는 중량 또한 외력으로 취급된다고 가정한다. 크레인의 자유 물체도를 그리고 모든 힘과 치수를 부여하라. 반드시 좌표축도 포함시켜 그려라.

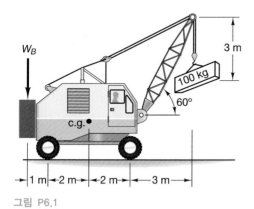

그림 P6.1

6.2 통행로에 있는 작은 다리가 한 쪽 끝은 핀으로, 다른 한쪽은 롤러로 지지되어 있다(그림 P6.2). 다리를 지지부에서 분리하여 자유 물체도를 그려라. 다리의 무게 중심은 지지부 사이의 중간인 기하형상의 중심에 있다.

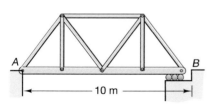

그림 P6.2

6.3 그림 P6.3과 같이, 세 사람의 활동의 자유 물체도를 그려라. 골격에 외력으로 작용하는 모든 하중과 대략적인 치수를 나타내라.

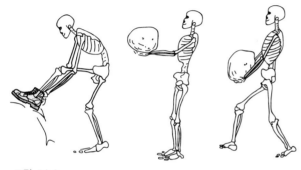

그림 P6.3

6.4 그림 P6.4와 같이, 자동차에서 거울을 분리시켜서 자동차 사이드 미러의 자유 물체도를 그려라. 거울의 중량을 포함시켜라. 거울은 차체와 고정 연결되어 있다.

그림 P6.4

6.5 그림 P6.5와 같이, 간판을 고정시키는 데 사용된 보의 자유 물체도를 그려라. 이 간판은 질량이 10 kg이고 이 균질 보의 질량은 5 kg이다.

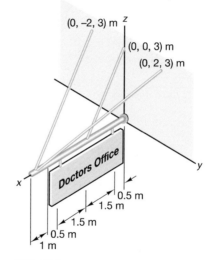

그림 P6.5

6.6 그림 P6.6에는 점 A에서는 케이블로, 점 B와 C에서는 각각 1개의 강체 링크로 지지되어 있는 길이가 4 m인 균질 슬래브가 그려져 있다. 슬래브는 질량이 5.1 kg이다. 이 슬래브의 자유 물체도를 그려라.

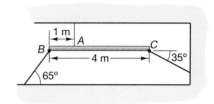

그림 P6.6

6.7 척추에 가해지는 하중 상태를 이해하려면, 상체의 자유 물체도를 그릴 필요가 있다. 그림 P6.7에는 2개의 외부 하중, 즉 상체 하중 B와 들어올릴 중량인 W가 그려져 있다. 내부 하중은 등 근육 힘 M, 복부 압력 P, 척주 압축력 C 및 디스크를 가로지르는 전단력 S 등이다. 치수를 개략적으로 계산하고 각도 θ가 증가함에 따라 척주 하중 상태의 변화를 설명하라.

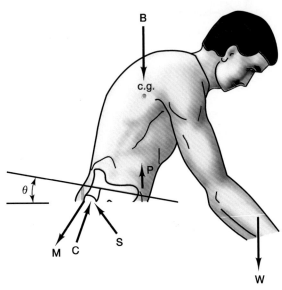

그림 P6.7

6.8 그림 P6.8과 같이, 오래된 아이스박스가 기울기가 15°인 경사로 위에 놓여 있다. 이 아이스박스는 단면이 0.4 m × 1 m이고 무게 중심은 자체의 기하형상 중심이다. 아이스박스는 경사로를 따라 힘을 가하는 것으로 모델링할 수 있는 작은 가로대로 현 위치에 유지된다. 질량이 50 kg인 아이스박스의 자유 물체도를 그려라.

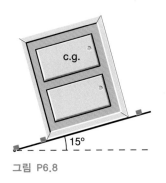

그림 P6.8

6.9 그림 P6.9와 같이, 50 N의 봉이 한 쪽 끝 A에서는 핀으로 지지되고 B에서는 로프로 지지된다. 100 N의 간판은 로프로 지지되어 있다. (a) 간판의 자유 물체도를 그려라. (b) 봉의 자유 물체도를 그려라.

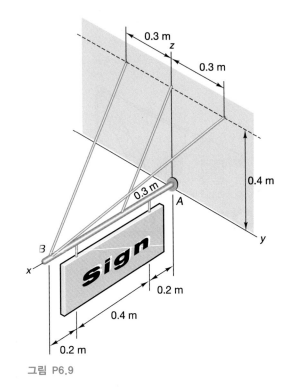

그림 P6.9

6.10 그림 P6.10과 같이, 승강 기구의 자유 물체도를 그려라. 이 기구의 질량은 10 kg이다.

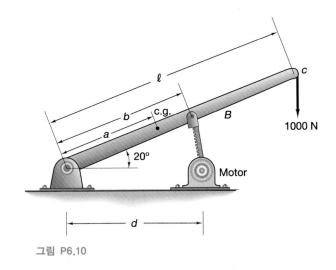

그림 P6.10

6.5 2차원 강체의 평형

식 (6.1)의 평형 방정식은, 물체를 2차원으로 모델링할 수 있을 때에는, 단순한 형태가 된다. $x-y$평면을 구조물의 평면이라고 할 때, 2차원 모델에서는 z방향으로 작용하는 힘도 전혀 없어야 하고 x방향이나 y방향 성분이 있는 우력도 전혀 없어야 한다. 이 경우에는, 다음과 같이 3개의 비자명 스칼라 평형 방정식만 있으면 된다.

$$\sum F_x = 0$$
$$\sum F_y = 0 \tag{6.10}$$
$$\sum M_z = 0$$

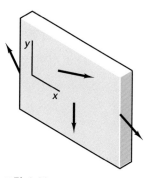

그림 6.22

이렇게 축소된 평형 연립 방정식의 풀이 과정을 설명하기 전에, 강체를 언제 2차원으로 모델링할 수 있는지를 살펴보는 것이 중요하다. **첫 번째 경우**는 물체의 깊이나 두께가 다른 치수에 비하여 작을 때와 물체가 공간 내 평면을 점유하는 것처럼 보일 때이다. 또한, 물체에 작용하는 모든 힘은 공면력이어야 하고 물체의 평면에 놓여 있어야 한다. 얇은 평판이나 얇은 보가 어떤 부하 상태에서 이 조건을 만족시킨다. 그러나 평판이 얇다고 하더라도 어떤 힘들이 평판 표면에 법선 방향으로 작용할 때에는 이 평판을 2차원 물체로 모델링하면 안 된다. 그림 6.22에는 모든 힘들이 공면력인 2차원 모델의 예가 도시되어 있다. 이 물체가 평면 내에서의 병진 운동과 이 평면에 직각인 축에 관한 회전 운동에 저항하려면 지지에 의해 구속되어야만 한다는 사실을 주목하여야 한다. 평면에 직각인 방향으로 물체가 병진운동을 못하게 하고 또 평면을 벗어나서 물체가 회전운동을 못하게 하는 지지들이 있겠지만, 이 지지들로 인한 반작용은 0으로 가정된 것처럼 자유물체도 상에는 그려져 있지 않다.

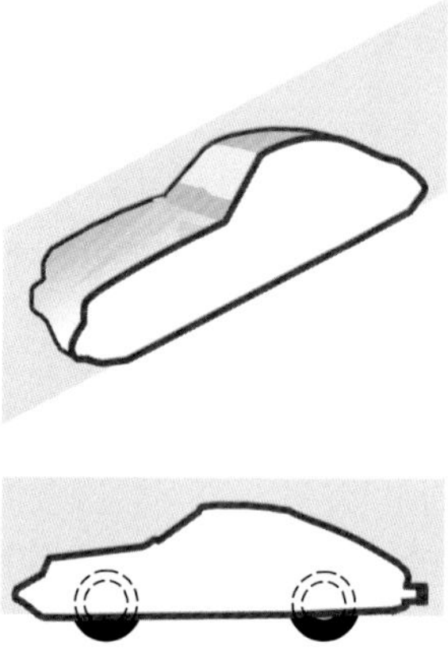

물체를 2차원으로 모델링할 수 있는 **두 번째 경우**는 물체에 기하형상과 부하가 둘 다 대칭을 이루는 대칭면이 있을 때이다. 이 대칭면에서는 그림 6.23과 같이, 직각으로 작용하는 힘들이 소거가 되고 평행하게 작용하는 힘들은 대칭면에 대한 등가 공면력계로 변환시킬 수 있다.

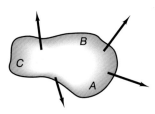

그림 6.23

어떤 경우에는, 자동차의 중앙면을 대칭면으로 사용하여, 자동차의 질량 중심이 이 평면에 있고 왼쪽과 오른쪽 앞바퀴에 작용하는 외력이 똑같으며 왼쪽과 오른쪽 뒷바퀴에 하중이 똑같이 작용한다고 봄으로써 자동차를 2차원 물체로 취급할 수 있다.

2차원 평형에서는 3개의 평형 방정식만 만족되어도 충분(나머지 3개의 식은 1개의 힘 성분과 2개의 모멘트 성분이 0이 되어 자동으로 만족됨)하므로, 이 세 식에서 3개의 미지수만 구하면 된다. 이 식들은, 벡터 방정식을 세워 물체에 작용하는 힘의 합력을 0으로 놓고 벡터 곱을 사용하여 임의의 점에 관한 모멘트를 취하여 이 모멘트 벡터를 0으로 놓음으로써 구할 수 있다. 스칼라 평형 방정식 또한 1개 이상의 점에 관한 모멘트를 0으로 놓음으로써 구할 수 있다. 그러므로 그림 6.24와 같이 얇은 판에서는 스칼라 평형

그림 6.24

방정식을 다음과 같은 형태로 취할 수 있다. 즉

$$\begin{vmatrix} \sum F_x = 0 \\ \sum F_y = 0 \\ \sum M_A = 0 \end{vmatrix} \quad \text{또는} \quad \begin{vmatrix} \sum F_x = 0 \\ \sum M_A = 0 \\ \sum M_B = 0 \end{vmatrix} \quad \text{또는} \quad \begin{vmatrix} \sum M_A = 0 \\ \sum M_B = 0 \\ \sum M_c = 0 \end{vmatrix} \quad (6.11)$$

이 3개의 식은 선형 독립적이므로 어떤 식으로든지 조합하여 사용하면 된다. 하지만 오직 3개의 선형 독립 식만 있을 뿐이므로 단지 3개의 미지수만을 구할 수 있다. 물체에서 하나 이상의 점에 관한 모멘트를 취하는 것은 이로울 것이 전혀 없다. 식 (6.10) 이외의 식들을 어떤 식으로든지 조합하여 사용하려고 하는 유일한 이유는 3개의 선형 연립 방정식을 푸는 데 들어가는 노력을 줄이고자 하는 것이다. 예를 들어, 모멘트를 지지 점에 관하여 취하게 되면, 모르는 지지력은 이 식 안에 들어갈 리가 없게 된다. 3개의 미지수를 구하기 위해 이 3개의 결과 식을 풀 때에 현대의 컴퓨터 툴을 사용한다면, 가장 직접적인 방법은 2개의 스칼라 힘 식과 임의의 점에 관한 모멘트 식을 세워서 3×3 선형 연립 식을 푸는 것이다.

6.5.1 풀이 전략

평형 문제는 자유 물체도를 작도하고 나면 체계적이고 조직적인 방식으로 풀린다. 이 장의 나머지 절과 이후의 장에서는, 문제를 모델링하는 관점에 집중할 것이다. 즉, 정확한 자유 물체도를 작도하고 강체(들)의 운동을 제한하는 지지를 적절하게 표시하는 내용을 설명한다. 일단 자유 물체도를 작도하고 나면 문제를 다음 단계에 따라 풀면 된다.

1. 원점을 포함하여 좌표계를 선정한다. 어떤 경우에는 이렇게 선정한 좌표계로 평형 방정식을 푸는 어려움이 줄어들기도 하지만, 어떻게 선정하여도 그 결과는 동일하게 나오기 마련이다. 강체 동역학을 공부할 때 원점의 선정과 좌표축의 방위 설정은, 원점을 대개 물체의 질량 중심에 놓고 좌표축은 주 축과 일치시켜 방위를 정하게 되므로 더욱 더 제한적이 된다.
2. 선정된 좌표계에서 물체에 작용하는 힘과 우력 벡터를 벡터 표기법으로 쓴다. 각각의 힘 벡터마다 원점으로부터 작용선까지의 위치 벡터를 쓴다. 모든 벡터를 양함수 형태의 벡터 표기법으로 쓴다.
3. 2개의 벡터 평형 방정식을 쓴다. 즉, 힘의 합을 0으로 놓고 원점에 관한 모멘트의 합을 0으로 놓는다. 이 2개의 벡터 방정식에서, 평면 정역학 문제일 때는 3개의 스칼라 식이 나오고 일반적인 평형 문제일 때는 6개의 스칼라 식이 나온다.
4. 연립 방정식을 푼다.
5. 최종적인 해가 모델의 물리적 특성과 확실히 일치하는지를 검토한다.

6.5.2 2력 부재

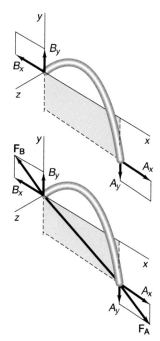

그림 6.25

힘들이 강체의 두 점에만 작용할 때에는 특별한 평형 문제가 발생한다. 이때 대부분의 경우에 물체의 중량을 무시한다. 이러한 강체를 **2력 물체**라고 하는데, 이 물체가 평형 상태에 있을 때에는 그림 6.25와 같이 **두 힘은 크기가 같고 공선력이며 방향성이 정반대**가 된다. 점 A와 B에 1개 이상의 힘(예컨대, 성분들)이 작용하여도, 이 힘들은 합해져서 각각의 점에서 단일의 등가력을 발생시킬 수 있으며, 이 등가력들은 다음과 같은 2력 부재 조건을 만족시켜야 한다.

$$\mathbf{F_A} = -\mathbf{F_B} \tag{6.12}$$

2력 부재에 3개의 스칼라 평형 방정식을 세우게 되면, 힘들은 크기가 같고 방향은 정반대이며 공선력이라는 결과가 나오기 마련이다. 그러므로 해석을 하는 데에 꼭 필요하지는 않다고 하더라도 2력 부재에 대한 힘 관계식은 미지수의 개수를 줄이는 데 사용할 수 있다. 이러한 내용은 특히 제7장에서 소개하는 구조 해석에서 성립된다.

많은 응용에서, 이 2력 부재는 그림 6.26(a)와 같이 직선으로 가늘고 기다란 부재이며, 2력 부재의 작용선은 부재 축선과 일치하게 된다. 그림 6.26(a)에 있는 직선 부재는 압축 상태에 있고, 그림 6.26(b)에 있는 직선 부재는 인장 상태에 있다. 제7장에 있는 트러스는 인장 상태가 아니면 압축 상태에 있는 직선 2력 부재로 모델링할 수 있다.

6.5.3 3력 부재

물체가 단지 3개의 힘만을 받고 있으면, 이 물체를 **3력 물체**라고 한다. 3력 부재가 평형 상태에 있으면, **힘들은 공면력이어야 하고 공점력이거나 평행력이어야** 한다. 3력 부재에 작용하는 힘들은 공면력이어야 한다는 사실은 쉽사리 알 수 있다. 3개의 힘 중에서 어떠한 힘이라도 2개는 공간에서 평면을 형성하게 되므로, 세 번째 힘은 이 평면에 공면력이 되어야 한다. 그렇지 않으면, 이 힘에는 평면에 직각을 이루는 성분이 있게 되므로 물체는 평형 상태에 있지 않게 된다. 그림 6.27에는 이러한 경우의 2가지 예가 도시되어 있다. 3력 부재에 작용하는 힘들은 공면력이므로, 이 부재는 항상 2차원 물체로 취급할 수 있다. 3력 부재에 관한 이러한 관찰 결과는 식을 푸는 데 들어가는 노력을 줄이는 데 사용되기도 하고 일부 도식적 해석이나 삼각법 해석의 기반이 되기도 한다. 2력 부재의 경우에서와 같이, 3력 부재도 평형 상태에 있는 여느 강체처럼 해석하면 된다.

3력 부재 중에서 가장 중요하고 누가 봐도 아주 단순한 예를 하나 들자면 지렛대를 들 수 있다. 그림 6.28은 제1종 레버(지렛대)는 힘의 회전 효과, 즉 힘에 의한 모멘트를 잘 나타내는 훌륭한 예이다. 좌표계의 원점은 지렛대의 받침에 있으며, x축은 평형 상태에 있는 지렛대와 평행이다. 이 계는 평행력계이므로, 모든 힘 벡터에는 y방향 성분만 있다. 힘 벡터와 위치 벡터는 각각 다음과 같다.

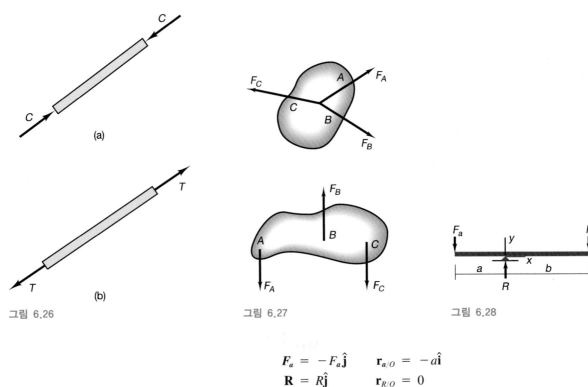

$$F_a = -F_a\hat{\mathbf{j}} \qquad \mathbf{r}_{a/O} = -a\hat{\mathbf{i}}$$
$$\mathbf{R} = R\hat{\mathbf{j}} \qquad \mathbf{r}_{R/O} = 0$$
$$F_b = -F_b\hat{\mathbf{j}} \qquad \mathbf{r}_{b/O} = b\hat{\mathbf{i}}$$

스칼라 평형 방정식은 다음과 같이 구한다. 즉 y방향 힘들을 합하면

$$-F_a + R - F_b = 0$$

원점(받침)에 관하여 모멘트를 취하면

$$b F_b - a F_a = 0$$

지렛대 받침에서의 반력 R은 지렛대가 평형 상태에 있으면 힘 F_a와 F_b의 합과 같다. 받침에 관한 모멘트의 합 계산에서는 평형을 이루려면 F_a로 인한 모멘트는 F_b로 인한 모멘트와 그 크기가 같고 방향이 정반대라는 사실을 알 수 있다. 그러므로 이 힘 사이에는 다음과 같은 관계가 성립되어야 한다.

$$F_a = (b/a)F_b \qquad (6.13)$$

이 관계는 시소를 타고 있는 어린이들을 살펴보면 드러난다. 세간의 표현에서 '막대기의 짧은 쪽을 잡다'는 말은 부당한 대우를 받았거나 거래를 잘못했다는 것을 뜻한다. 점 a에 있는 힘은 '막대기의 짧은 쪽을 잡았으므로', 점 b에 있는 힘의 회전 효과와 균형을 이루려면 더 큰 효과를 발휘해야만 한다.

그림 6.29에는 다른 종류의 레버가 예시되어 있는데, 여기에서는 받침이 레버의 왼쪽 끝에 있다.

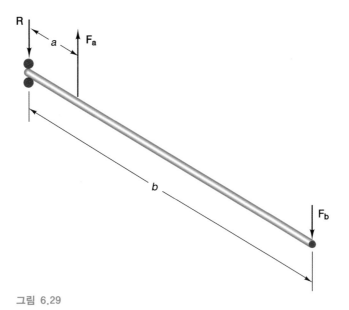

그림 6.29

y방향의 평형에서, 받침에서의 반력은 다음과 같다.

$$\mathbf{R} = \mathbf{F_a} - \mathbf{F_b}$$

받침에 관한 모멘트의 합 계산에서는 식 (6.13)과 같은 관계가 나오므로 $\mathbf{F_a}$는 $\mathbf{F_b}$보다 훨씬 더 커야 한다.

인체에서 '막대기의 짧은 쪽을 잡은' 근육은 그림 6.30에서 볼 수 있다. 팔꿈치 아래 팔(하박부)의 비 b/a는 평균 인체에서 8/1이다. 그러므로 손 안에 20 lb의 물체를 들고 있으면 이두박근은 160 lb의 힘을 발휘해야만 하며, 팔꿈치 관절에서의 압축력은 140 lb가 된다.

신체 부위의 자유 물체도를 어느 부위라도 작도를 해보면, 대부분의 인체 관절은 개개의 중량을 훨씬 초과하는 힘들을 전달한다는 것을 알 수 있다.

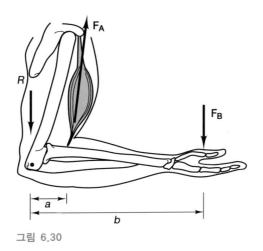

그림 6.30

그림 6.31(a)에 예시되어 있는 바와 같이, 의자에 앉아서 신체의 중앙면, 즉 시상면에 물체를 들고 있는 사람을 살펴보자. 이제 이 사람은 그림 6.31(b)의 자유 물체도와 같은 단순 레버 문제로 취급할 수 있다. 손 안에 있는 중량은 뒷등 근육(후배근)에 의해 척추 뼈 기둥(척주)에 관하여 발생되는 모멘트와 균형을 이루어야만 한다. 이 경우에는 비 b/a를 20~50으로 볼 수 있으므로, 근력은 중량보다 20~50배 더 커지게 되어 척추에 걸리는 하중은 매우 커지게 된다.

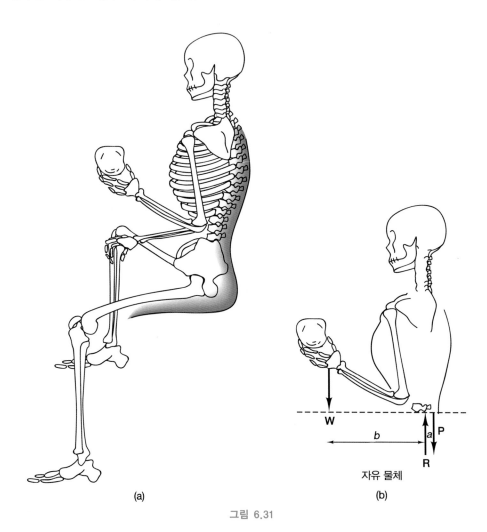

(a)

(b)

자유 물체

그림 6.31

예제 6.2

다음 그림과 같이, 접혀지는 선반이 균일하게 열을 지어 올려놓은 책들로 그 하중을 받고 있다. 선반 지지부에서의 반력을 구하라. 책은 합쳐서 무게가 180 N이 나가며, 책들의 질량 중심은 벽으로부터 12 cm 앞에 있다. 선반의 중량은 무시하라.

풀이 A를 원점으로 하는 좌표계를 선정하여 자유 물체도를 그린다. 먼저, 모든 힘을 벡터 표기법으로 쓰고 원점으로부터 각각의 힘의 작용선 상의 한 점까지의 위치 벡터를 구한다.

$$\mathbf{A} = A_x\hat{\mathbf{i}} + A_y\hat{\mathbf{j}} \qquad \mathbf{r}_{A/A} = 0$$
$$\mathbf{B} = -B_x\hat{\mathbf{i}} \qquad\qquad \mathbf{r}_{B/A} = -4\hat{\mathbf{j}}$$
$$\mathbf{W} = -40\hat{\mathbf{j}} \qquad\qquad \mathbf{r}_{W/A} = -6\hat{\mathbf{i}}$$

이 힘 계의 합력은 $\mathbf{R} = \sum\mathbf{F} = 0$이므로, 합력의 각각의 성분은 0이다. 즉,

$$A_x - B_x = 0$$
$$A_y - 40 = 0$$

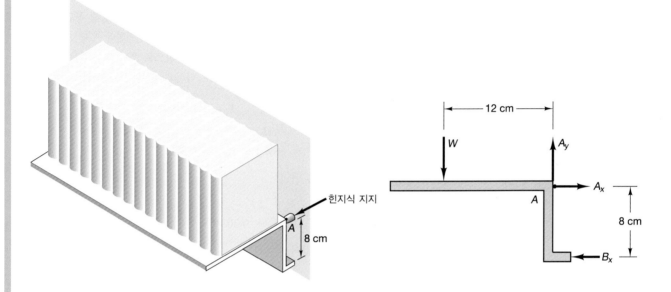

어느 점에 관해서도 모멘트를 계산할 수 있으므로, 원점 A에 관하여 모멘트를 취하면 문제 풀이가 쉬워진다(단지 하나뿐인 미지수 B_x는 식에 나타나게 되어 있다). 그러므로

$$\mathbf{r}_{B/A} \times \mathbf{B} + \mathbf{r}_{W/A} \times \mathbf{W} = [12(180) - 8B_x]\hat{\mathbf{k}} = 0$$
$$B_x = 270\,\text{N}$$

이 결과를 첫 번째 식에 대입하면 다음과 같다.

$$A_x = 270\,\text{N}$$

두 번째 식에서 다음을 구한다.

$$A_y = 180\,\text{N}$$

점 A에 원점을 정하고 이 점에 관한 모멘트들을 합하여 한층 더 쉽게 3×3 연립 방정식의 해를 구했지만, 원점은 어느 곳에 잡아도 된다.

다른 풀이 선반은 3력 부재로 볼 수 있고 이 3개의 힘은 공점력이다.

$$A(\cos 33.7\,\hat{\mathbf{i}} + \sin 33.7\,\hat{\mathbf{j}}) - 180\hat{\mathbf{j}} - B\hat{\mathbf{i}} = 0$$
$$A \sin 33.7 = 180$$
$$A = 238\,\text{N}$$
$$A \cos 33.7 = B$$
$$B = 270\,\text{N}$$

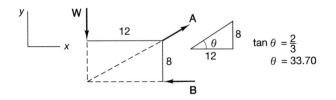

$$\tan \theta = \frac{2}{3}$$
$$\theta = 33.70$$

그림과 같은 전륜 구동 자동차의 질량 중심이 앞바퀴 뒤쪽으로 바퀴 사이 거리의 30%가 되는 곳에 있을 때, 앞바퀴와 뒷바퀴에 걸리는 하중을 구하라.

풀이 질량 중심이 자동차의 기하형상 대칭면에 놓여 있다고 가정하고, 이 문제를 평행 공면력의 경우로 취급할 수 있다. 좌표계의 원점은 당연히 앞바퀴와 지면 간의 접촉점으로 선정한다. 일단 자유 물체도(해당 그림 참조)를 그리고 나면, 힘 벡터와 위치 벡터를 벡터 표기법으로 쓰면 된다. 타이어에 걸리는 힘 벡터는 앞 타이어 2개나 뒤 타이어 2개를 나타내므로 다음과 같은 식이 된다.

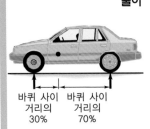

바퀴 사이 거리의 30%　바퀴 사이 거리의 70%

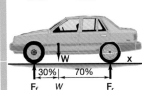

$$\mathbf{F}_r = 2F_r\hat{\mathbf{j}} \qquad \mathbf{r}_{r/f} = 1.00\hat{\mathbf{i}}$$
$$\mathbf{F}_f = 2F_f\hat{\mathbf{j}} \qquad \mathbf{r}_{f/f} = 0$$
$$\mathbf{W} = -W\hat{\mathbf{j}} \qquad \mathbf{r}_{W/f} = 0.30\hat{\mathbf{i}}$$

2개의 비자명 평형 방정식은 다음과 같다.

$$2F_f + 2F_r - W = 0$$
$$2.00F_r - 0.30W = 0$$

이 선형 연립 방정식을 풀면 다음 값이 나온다.

$$F_r = 0.15W$$
$$F_f = 0.35W$$

그러므로 각각의 앞 타이어는 자동차 중량의 35%를 지지하며, 각각의 뒤 타이어는 자동차 중량의 15%를 지지한다. 전륜 구동 자동차는 앞 타이어에 걸리는 중량 분배율이 더 크므로 더 많은 견인력을 발생시킬 수 있다.

길이 $3R$인 막대기가 반경이 R인 반구형 그릇 안에 놓여 있고, 막대기가 평형 상태에 있을 때, 막대기가 수평선과 이루는 각도 α를 구하라. 막대기와 그릇 사이의 마찰은 무시하고 그릇은 흔들리지 않는다고 가정한다(해당 그림 참조).

풀이 반작용은 접촉 표면에 법선 방향일 수밖에 없다. 자유 물체도는 그림과 같다. 좌표계의 원점을 막대기의 왼쪽 끝으로 선정하는데, 이는 그릇의 안쪽과 접촉 상태에 있으며, x축은 막대기와 평행하고 y축은 막대기와 직각을 이룬다. 삼각법을 사용하여 원점과 법선력 N 사이의 거리를 구한다.
흔히 직면하는 가장 큰 어려움은 자유 물체도에 필요한 기하 매개변수를 구하는 것이다. 힘 벡터와 원점으로부터 각각의 힘의 작용선까지의 위치 벡터는 각각 다음과 같다.

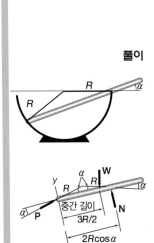

$$\mathbf{P} = P(\cos\alpha\hat{\mathbf{i}} + \sin\alpha\hat{\mathbf{j}}) \qquad \mathbf{r}_{P/O} = 0$$
$$\mathbf{W} = W(-\sin\alpha\hat{\mathbf{i}} - \cos\alpha\hat{\mathbf{j}}) \qquad \mathbf{r}_{W/O} = 3R/2\hat{\mathbf{i}}$$
$$\mathbf{N} = N\hat{\mathbf{j}} \qquad \mathbf{r}_{R/O} = (2R\cos\alpha)\hat{\mathbf{i}}$$

평형 방정식은 다음과 같다.

$$\sum F_x: P\cos\alpha - W\sin\alpha = 0 \qquad\qquad (\text{SP}6.4.1)$$

$$\sum F_y: P\sin\alpha - W\cos\alpha + N = 0 \qquad\qquad (\text{SP}6.4.2)$$

$$\sum M_O: -(3R/2)W\cos\alpha + (2R\cos\alpha)N = 0 \qquad\qquad (\text{SP}6.4.3)$$

식 (SP6.4.1)에서 식 (SP6.4.3)은 P, N 및 α를 W로 나타낸 비선형 연립 방정식을 구성하고 있다. 모멘트 식인 식 (SP6.4.3)은 막대기가 그릇의 언저리와 접촉하는 점에서의 법선력을 직접 구할 수 있다. 즉

$$N = 3/4W \qquad\qquad (\text{SP}6.4.4)$$

식 (SP6.4.1)과 식 (SP6.4.2)에서는 다음과 같이 P와 W 및 α의 관계를 나타내는 2개의 식이 나온다. 즉

$$P = W\tan\alpha$$
$$P = \frac{(\cos\alpha - 0.75)W}{\sin\alpha} \qquad\qquad (\text{SP}6.4.5)$$

이 2개의 P값을 등치시키면, 다음과 같이 α에 관한 초월식이 나온다. 즉

$$\frac{\sin\alpha}{\cos\alpha} = \frac{\cos\alpha - 0.75}{\sin\alpha}$$

그러므로

$$\sin^2\alpha - \cos^2\alpha + 0.75\cos\alpha = 0 \qquad\qquad (\text{SP}6.4.6)$$

이 식은 삼각함수 항등식을 사용하여 풀면 되므로, 그에 따라 $\sin^2\alpha$항이 소거되며, 그렇지 않으면 컴퓨터 소프트웨어를 사용하여 식의 근을 구하면 된다. 삼각법에서, 다음과 같이 α에 관한 2차식을 구한다. 즉

$$1 - 2\cos^2\alpha + 0.75\cos\alpha = 0$$

이 식은 $ax^2 + bx + c = 0$의 형태이므로, 다음과 같은 해가 나온다.

$$x = \frac{-b \pm \sqrt{b^2 - 4ac}}{2a}$$

이 식의 해는 다음과 같다.

$$\cos\alpha = \begin{pmatrix} 0.919 \\ -0.544 \end{pmatrix}$$

즉

$$\alpha = \begin{pmatrix} 23.2° \\ 123° \end{pmatrix}$$

$123°$라는 값은 물리적으로 비현실적이므로, 정확한 평형 위치는 $23.2°$이다. 막대기 끝에서의 법선 접촉력 P는 이제 다음과 같이 구할 수 있다.

$$P = W\tan\alpha = 0.429\,W$$

길이가 2 m이고 질량이 50 kg인 균일한 봉이 스프링 상수가 500 N/m인 스프링으로 지지되어 있다. 스프링은 수직 위치에서 2 m의 길이로 늘어나지 않은 상태로 있다. 봉의 평형각 α를 구하라.

풀이 그림 SP6.5.2에는 평형 위치에 있는 봉의 자유 물체도가 그려져 있다.
스프링의 인장력은 다음과 같이 쓸 수 있다.

$$\mathbf{T}(\alpha) = T(\alpha)\left[-\frac{\sin\alpha}{\sqrt{5-4\cos\alpha}}\hat{\mathbf{i}} + \frac{2-\cos\alpha}{\sqrt{5-4\cos\alpha}}\hat{\mathbf{j}}\right]$$

여기에서,

$$T(\alpha) = kl\left[\sqrt{5-4\cos\alpha}-1\right]$$

이며, 중량 벡터는 다음과 같이 쓸 수 있다.

$$W = 50g$$
$$\mathbf{W} = -W\hat{\mathbf{j}}$$

점 C로부터 $\mathbf{T}$와 $\mathbf{W}$까지의 위치 벡터는 각각 다음과 같다. 즉

$$\mathbf{r}_{T/C} = l(\sin\alpha\hat{\mathbf{i}} + \cos\alpha\hat{\mathbf{j}})$$
$$\mathbf{r}_{W/C} = \frac{l}{2}(\sin\alpha\hat{\mathbf{i}} + \cos\alpha\hat{\mathbf{j}})$$

점 C에 관한 모멘트는 다음과 같다.

$$\mathbf{M}_C = \mathbf{r}_{T/C}\times\mathbf{T} + \mathbf{r}_{W/C}\times\mathbf{W} = \mathbf{0}$$
$$\mathbf{M}_C = \left\{T(\alpha)l\left[\frac{2\sin\alpha-\sin\alpha\cos\alpha+\sin\alpha\cos\alpha}{\sqrt{5-4\cos\alpha}}\right] - \frac{Wl}{2}\sin\alpha\right\}\hat{\mathbf{k}} = \mathbf{0}$$

$(l\sin\alpha)$를 뽑아내면, 해는 α의 함수의 근의 형태로 쓸 수 있다.

$$f(\alpha) = T(\alpha)\frac{2}{\sqrt{5-4\cos\alpha}} - \frac{W}{2} = 0$$

이 함수는 그림 SP6.5.3과 같이 라디안 단위의 각도 값에 대하여 그래프로 나타낼 수 있다.

$$\alpha := 0, \frac{\pi}{100}\cdots\frac{\pi}{5}$$

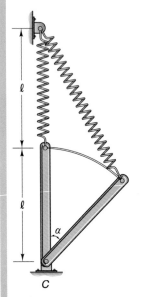

그림 SP6.5.1

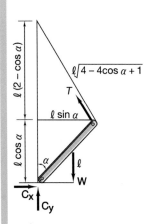

그림 SP6.5.2

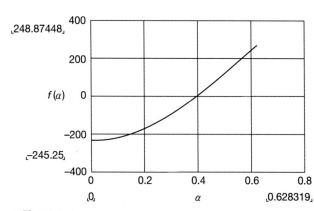

그림 SP6.5.3

이 함수는 0.389 rad, 즉 22.3 °에서 0이 된다. 그러므로 평형각은 다음과 같다.

$$\alpha = 22.3°$$

연습문제

6.11 2명의 어린이가 질량이 25 kg이고 길이가 4 m인 정글 짐에 달린 그네에 앉아 있다(그림 P6.11 참조). C에 있는 어린이는 질량이 35 kg이고 D에 있는 어린이는 질량이 30 kg이다. A에 있는 핀의 반력과 B에 있는 롤러의 반력을 각각 구하라.

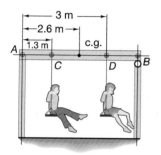

그림 P6.11

6.12 그림 P6.12에는, 작은 보행 다리가 한 쪽 끝(B)에서는 로커로, 다른 쪽(A)에서는 핀으로 지지되어 있다. 질량이 100 kg인 사람이 점 A로부터 1 m 거리에 서 있다. 브리지는 질량이 250 kg이다. 중량 중심은 다리의 중간에 있다고 가정하고, 점 A와 B에서의 반력을 각각 계산하라.

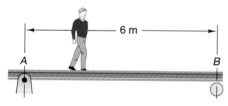

그림 P6.12

6.13 그림 P6.13과 같이, 90 kg의 사람이 끝 가까이에 서 있는 질량이 45 kg인 데크 보가 있다. 점 A의 핀에서의 반력과 점 B의 롤러에서의 반력을 각각 계산하라.

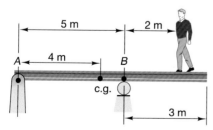

그림 P6.13

6.14 그림 P6.14와 같이, 질량이 200 kg인 에어컨 장치가 핀-케이블 장치로 지지되는 선반에 놓여 있다. 선반의 기하형상 중심과 중량 중심이 일치하고 받침대는 질량이 25 kg이라고 하고, 점 A와 B에서의 반력을 각각 계산하라.

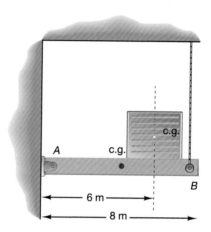

그림 P6.14

6.15 일반적인 '2차원' 자동차가 있다. 잡지와 신문에 소개된 도로 주행 시험 정보에는, 대개 중량 중심이 차량 앞 쪽에서 뒤 쪽으로 중량 분배율로 나타나 있다. 다음 표에 실려 있는 자동차 앞뒤 바퀴 사이 거리(축거), 자동차 중량(차중), 중량 분배율로, 수록된 각각의 자동차에 대하여 앞뒤 타이어 사이 거리를 계산하라.

차종	실차 질량	축거	중량 분배율
링컨 컨티넨털	1805 kg	2.77 m	62.4/37.6 %
BMW 318 ti	1260 kg	2.70 m	51.4/48.6 %
포르쉐 911	1440 kg	2.27 m	50/50 %
쉐보레 블레이저	1912 kg	2.72 m	56/44 %

6.16 간판 고정구가 점 D에서 핀 지지되어 있고 점 A에서 케이블로 고정되어 있는 40 kg의 보로 구성되어 있다. 이 균질 보는 길이가 1 m이고 질량 중심은 그 기하형상 중심에 있다. 간판은 중심이 잡혀 있고, 길이가 0.8 m이며 질량이 10 kg이고 질량 중심이 그 기하형상 중심이며 점 B와 C에서 2개의 케이블로 지지 보에 매달려 있다. D에서의 반력과 점 A에서의 케이블 인장력을 각각 계산하라.

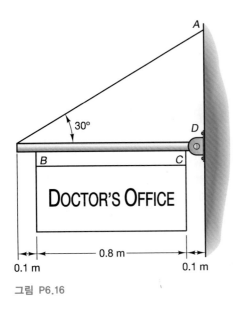

그림 P6.16

6.17 그림 P6.17과 같이, 100 kg의 카트에 대해 반력을 계산하라. 점 A, B 및 C는 모두 다 마찰이 없는 접촉점이다.

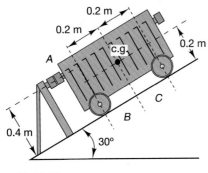

그림 P6.17

6.18 그림 P6.18에 도시되어 있는 다리 지지 구조물은 질량이 101.94 kg이고 중량 중심은 A와 B 사이의 중간에 위치한다. 3 kN의 하중이 그림에 표시된 위치에 가해질 때, 다리 지지부의 반력을 구하라.

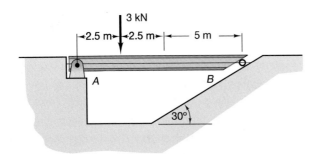

그림 P6.18

6.19 창고 문이 케이블에 의해 열린 채로 있다(그림 P6.19 참조). 문 제조업체에서는 고객이 문을 열어 놓을 때 어떤 종류의 케이블을 사용해야 하는지를 명시해야 한다. $\theta = 30\,°$일 때, 케이블의 인장력과 힌지 A에서의 반력을 각각 계산하라. 케이블은 이 각도에서 수직이며 문짝 질량은 200 kg이라고 가정한다.

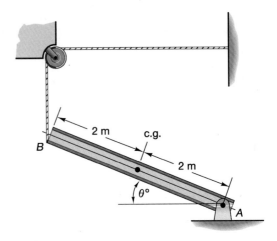

그림 P6.19

6.20 저장 용기 제조업체에서는 감기 장치(권선 장치)를 사용하여 용기의 문을 열고 닫는다(그림 P6.20 참조). 재질이 균일한 문의 질량이 50 kg일 때, 각도 θ가 5°에서 40° 사이의 범위에서 5°의 증분으로 변할 때, 케이블의 인장력과 힌지에서의 반력을 각각 구하라. 문의 질량 중심은 기하형상 중심이라고 가정한다. 이 정보는 힌지와 케이블을 적절히 설계하는 데 필요하다.

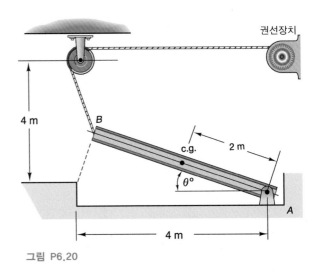

그림 P6.20

6.21 그림 P6.21과 같이, 트러스 구조물이 전선을 지지하는 데 사용된다. 이 전선 탑의 기초부에서의 반력을 계산하라. 가해진 힘들이 결과적으로 반시계 방향의 순 모멘트를 일으키게 되면 전선 탑은 넘어지게 된다는 점에 유의하여야 한다.

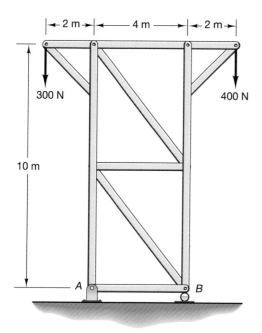

그림 P6.21

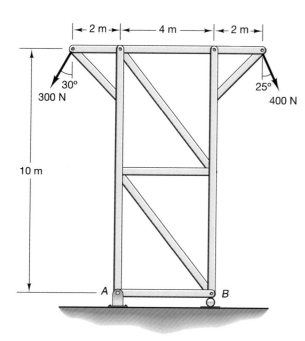

그림 P6.22

6.22 그림 P6.22와 같이, 트러스 구조물이 전선을 지지하는 데 사용된다. 앞 문제의 경우와는 달리, 전선들은 힘을 전선 탑에 경사지게 가한다. 이 전선 탑의 기초부에서의 반력을 계산하라.

6.23 그림 P6.23과 같이, 질량이 10 kg이고 길이가 1 m인 봉이 3개의 케이블(F, T_1 및 T_2)로 지지되어 매달려 있다. $\alpha = 45\,°$이고 $\beta = 30\,°$일 때, 케이블 3개에 걸리는 힘을 각각 구하라.

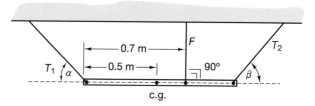

그림 P6.23

6.24 재질이 균일한 보가 한 쪽 끝은 핀으로 지지되어 있고, 다른 쪽 끝은 케이블로 지지되어 있다(그림 P6.24 참조). 이 보는 질량이 20 kg이고 길이가 4 m이다. $\theta = 30\,°$인 경우에 핀 연결 끝에서의 반력과 케이블에서의 인장력을 각각 계산하라. 보는 3력 부재로 취급한다.

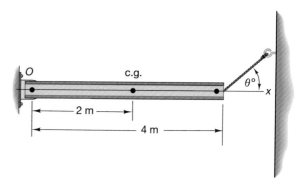

그림 P6.24

6.25 그림 P6.24의 장치에서, 각도 θ는 10 °에서 90 °까지 사이에서 증분을 10 °씩 하여 몇 개의 값을 잡는다. 반력과 인장력을 계산하라. $\theta = 0\,°$와 $\theta = 90\,°$에서는 어떤 일이 일어나게 되는지 약술하라.

6.26 야외 카페의 돌출 지붕이, 질량이 100 kg이고 길이가 5 m인 보로 구성되어 있다(그림 P6.26 참조). 지지 장치의 설계를 고려하라. 즉 케이블의 인장력과 핀에서의 반력이 최소가 되도록 하려면, 케이블을 어디에 부착시켜야 할지 선정(ℓ을 선정)하라. $\ell = 0.5$, 1, 1.5, ⋯, 5일 때, 반력 값을 계산하라.

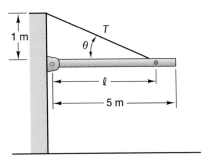

그림 P6.26

6.27 그림 P6.27과 같이, 지지 장치가 마찰이 없는 봉에 있는 칼라와 핀으로 현 위치에 유지되어 있다. 질량이 1000 kg인 지지 장치의 질량 중심은 기하형상 중심과 같다. (a) 4000 kg의 질량이 지지 장치의 점 C에 매달려 있을 때, A와 B에서의 반력을 구하라. (b) 점 C는 점 E와 점 F 사이에 설치되어 있는 이동 트랙에 부착되어 있다. 질량이 매달려 있는 위치를 점 F에서 시작하여 점 E에 이를 때까지 0.5 m씩 증분시켜서 각각의 위치에서 A와 B에서의 반력을 계산하라.

6.28 견인 트럭의 리프트 바 AC는 핀으로 지지되는 보로서 모델링된다(그림 P6.28 참조). 감아올리는 권상 케이블 CD는 리프트 바의 위 쪽 끝에 있는 풀리를 지날 때 마찰이 전혀 없다고 가정한다. (점 B에서) 지지 케이블에 걸리는 힘과 리프트 바의 힌지(점 A)에 걸리는 힘을 계산하라. 리프트 바는 길이가 2 m라고 하고 그 질량은 무시하며 지지 케이블은 리프트 바의 위 쪽 2/3 지점에 부착되어 있다고 가정한다.

6.29 승강 기구가 점 A에서는 핀으로 지지되어 있고 점 B에서는 롤러로 위치가 정해지는 재질이 균일한 보로 구성되어 있다 (그림 P6.29 참조). 유압 장치가 롤러를 위로 이동시킴에 따라 조절점의 길이 ℓ이 변한다. (a) 점 A와 B에서의 반력 관계식을 길이 ℓ, 중량 W, 각도 β를 사용하여 기호 식으로 나타내어라. 질량 중심은 보의 기하형상(도형) 중심과 동일하다. (b) $\beta = 30°$, $\ell = 1.5$ m이고 $W = 400$ N일 때, 이들 반력을 계산하라.

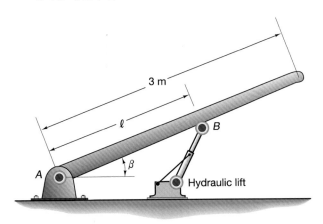

그림 P6.29

6.30 중량이 W이고 길이가 ℓ인 균질 봉이 수직 위치에서 스프링 상수가 k이고 늘어나지 않았을 때 길이가 ℓ인 스프링으로 지지되어 있다. 봉의 기초부에 있는 핀은 마찰이 없다고 간주하므로 수직 위치에 있는 봉은 불안정하여 오른쪽으로 각도 α만큼 넘어지게 된다. 각도 α를 W, k 및 ℓ을 사용하여 표현하라.

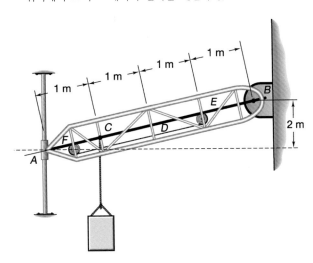

그림 P6.27

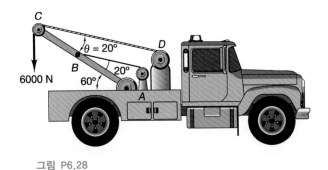

그림 P6.28

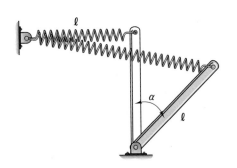

그림 P6.30

6.31 그림 P6.31과 같이, 질량이 m이고 길이가 ℓ인 균질 봉이 2개의 스프링으로 지지되어 있다. 스프링들은 봉이 수평 위치에 있을 때에는 늘어나지 않는다. 평형각 α를 주어진 매개변수로 표현하라.

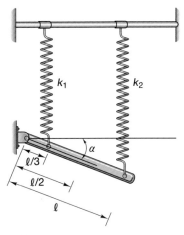

그림 P6.31

6.32 그림 P6.32과 같이, 질량이 m이고 길이가 ℓ인 균질 봉이 스프링 상수가 k인 스프링으로 지지되어 있다. 스프링은 봉이 수직 위치에 있을 때에는 늘어나지 않는다. 평형각 θ를 구하라.

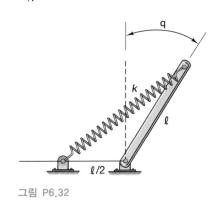

그림 P6.32

6.33 역도 선수가 역기를 들어올릴 때, 각각의 발과 지면 사이에 작용하는 힘은 $F = \dfrac{1}{2}(BW + W)$와 같으며, 여기에서 BW는 체중이고 W는 들어올릴 역기 중량이다. 무릎 관절의 상세도는 그림 P6.33에 그려져 있다. 발에 작용하는 힘의 모멘트는 종지뼈 힘줄(슬개골 건)의 인장력 T의 모멘트와 균형을 이루고 있다. 해부학적인 치수를 살펴보면 D와 d의 크기 범위가 D = 25~30 cm와 d = 5~6 cm로 나온다. 종지뼈 힘줄의 인장력을 계산하고 체중과 들어올릴 역기 중량을 고려한 현실적인 숫자들을 선정하라. 역기를 가속적으로 급히 들어올릴 때에는 발과 지면 사이에 작용하는 힘이 더 커진다. 이 때문에 종지뼈 힘줄의 파단으로 이어질 때도 있다.

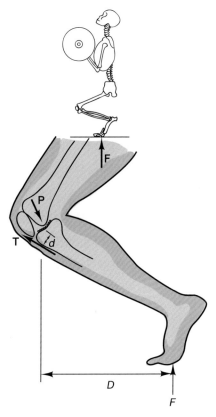

그림 P6.33

6.6 3차원 강체의 평형

제6.1절에서는 3차원에서 강체가 정적 평형을 유지하려면 모든 작용력과 반력에서 나오는 합력과 모멘트가 0이어야 한다고 설명한 바 있다. 이 내용을 2개의 벡터 방정식으로 쓰면 다음과 같다.

$$\sum \mathbf{F} = 0$$
$$\sum \mathbf{M}_O = 0 \qquad (6.14)$$

식 (6.14)는 다음과 같이 쓸 수도 있다.

$$\sum \mathbf{F} = 0$$
$$\sum (\mathbf{r} \times \mathbf{F}) + \mathbf{C} = 0 \qquad (6.15)$$

우력 $\mathbf{C}$는 강체에 작용하는 모든 우력의 합이다. 원점이나 힘의 모멘트를 취하고자 하는 점은 강체에 있는 여느 점이어도 되고 공간에 있는 고정점이어도 된다. 식 (6.14)는 다음 6개의 스칼라 식으로 쓸 수 있다.

$$\sum F_x = 0 \qquad \sum M_x = 0$$
$$\sum F_y = 0 \qquad \sum M_y = 0 \qquad (6.16)$$
$$\sum F_z = 0 \qquad \sum M_z = 0$$

강체의 평형을 유지하는 6개의 미지 반력이나 작용력을 구하려면 이 6개의 식을 풀면 된다. 미지의 힘이나 우력이 6개를 넘어가면 그 문제는 부정정 문제가 된다.

3차원 단일 강체의 평형 문제를 푸는 전략은 공면 평형 문제를 풀 때의 전략과 같다. 먼저, 해석을 시작하기에 앞서 정확한 자유 물체도를 그려야 한다. 자유 물체도를 구성할 때 세운 모든 가정을 기술해야 한다. 예를 들자면, '마찰은 무시한다.', '물체의 중량은 다른 작용 하중에 비하여 작다고 본다.' 등이다. 정확한 자유 물체도를 그렸으면, 원점과 좌표계를 설정한다. 각각의 힘과 우력은 좌표계 성분으로 구성되는 벡터로 써야 한다. 원점으로부터 각각의 힘의 작용선까지의 위치 벡터는 성분 표기법으로 표현한다. 그러면 2개의 정적 평형 벡터 방정식을 세울 수 있다. 지금까지는 문제들이 대개는 6개의 미지수에 대한 6개의 스칼라 식을 푸는 것으로 바뀌었다.

연립 방정식 풀이에 현대식 컴퓨터 응용 해법이 등장하기 전에는, 많은 기법들이 개발되어 계산할 때의 어려움을 덜어주었다. 이전에는 모멘트를 일부 미지력이 작용하는 점에 관하여 취했으므로, 이러한 미지수들이 식에서 외형적으로 드러나지 않게 되어 식의 수치 해가 한 층 더 쉽게 구해졌다. 그러나 컴퓨터 툴이 사용되면서는, 모멘트 식을 강체에 있는 임의의 점에 관하여 취하여도 분명히 풀이가 더 어려워지거나 하는 것이 전혀 없다.

2차원으로 모델링되는 물체에 작용하는 공면력계의 경우에서와 같이, 3차원 문제의 경우에서도 몇 가지 특별한 힘 계는 전혀 중요하지 않다. 3차원 강체에 작용하는 모든 힘이 평행한 힘(평행력)이면, 단지 3개의 자명하지 않은 스칼라 평형 방정식만 남게 된다. 이 평행한 힘계(평행력계)는 제4장에서 설명하였다. 예를 들어, 모든 힘이 z축에 평행일 때에는, x방향의 힘과 y방향의 힘을 각각 합하면 0의 자명한 식이 나오게 되어 0이 된다. 이 상황은, 그림 6.32에 3개의 지주로 지지되어 있고 상자가 놓여 있어 하중을

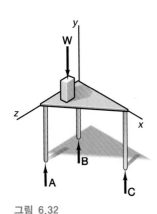

그림 6.32

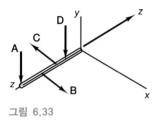

그림 6.33

받고 있는 단상으로 그려져 있다. z 성분만이 있는 힘으로는 z 축에 관하여 모멘트가 발생될 리가 없으므로, z 축에 관한 모멘트의 합 계산은 역시 자명한 식이 된다. 그러므로 힘과 모멘트를 벡터 표기법을 사용하여 공식을 세웠다 하더라도, 문제를 고찰하는 데에는 단지 3개의 스칼라 평형 방정식만이 필요하게 된다.

모든 힘이 공간에 있는 공통 축선을 교차하게 되면, 이 축선을 따르는 이 힘들의 모멘트 성분들은 0이 되므로 이 축에 관한 회전은 구속되지 않는다. 예를 들어, 그림 6.33에서 모든 힘은 축의 축선을 교차하고 있다. 이 축의 축선을 z 축이라고 할 때, 어떠한 힘도 z 축에 관하여는 모멘트를 발생시킬 수가 없다. 다시 말하자면, 이러한 내용은 이 문제를 벡터 표기법을 사용하여 공식을 세울 때 나타나게 되며, 이 문제를 고찰하는 데에는 단지 5개의 스칼라 평형 방정식만 필요하게 된다.

제3장에서 세 번째 경우인 한 점에 작용하는 힘계를 상세하게 고찰하였고 질점의 평면을 설명하였다. 어떠한 힘도 이 공점에 관하여 모멘트를 일으킬 수가 없으므로 문제를 고찰하는 데에는 단지 3개의 스칼라 평형 방정식만 필요하게 된다. 그러나 3개의 회전 자유도는 구속되지 않는다.

6.6.1 구속

강체에 대한 지지는 강체의 6개의 자유도(3개의 병진 운동과 3개의 회전 운동)에 대한 구속으로 작용한다. 단일의 강체에 구속이 6개보다 더 적게 있을 때에는, 물체는 과소 구속되어 어떤 형식으로는 운동이 자유롭다. 단일의 강체에 구속이 6개보다 더 많이 있을 때에는, 물체는 과잉 구속되어 부정정(정역학적으로 결정할 수 없음)이 된다. 설계에서 구속이나 지지를 모델링할 때에는 과소 구속 강체와 과잉 구속 강체를 인식하는 것이 중요하다.

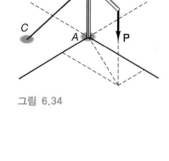

그림 6.34

그림 6.34와 같이, 기초에 고정되어 있는 기둥을 살펴보기로 하자. 점 A 에서의 매입형 지지는 자유도 6개를 모두 구속하며 이 지지에는 3개의 힘 성분과 3개의 모멘트 성분이 있다. 만약, 케이블 CB 나 DB 가 추가되면 이 계는 과잉 구속이 되어 부정정이 된다. 그러면 점 A 에서의 지지를 3개의 반력 성분으로 병진 운동만을 구속할 수 있는 볼-소켓 조인트로 치환한 경우를 살펴보자. 이제, 케이블 CB 와 DB 만을 기둥에 추가하게 되면, 기둥은 과소 구속이 되어 기둥의 축선에 관하여 자유롭게 회전할 수 있을 뿐만 아니라 C 와 D 를 연결한 선에 평행한 축선에 관하여 C 와 D 쪽으로 자유롭게 회전할 수 있게 된다.

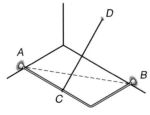

그림 6.35

그림 6.35와 같이, 점 A 와 B 에 볼-소켓 조인트가 있고 C 와 D 를 연결하는 케이블로 지지되어 있는 철제 앵글을 살펴보자. 볼-소켓 조인트는 대개 3개의 상응하는 힘(x 방향, y 방향, z 방향)으로 3개의 병진 운동에 저항한다. 이 경우에, 2개의 볼-소켓 조인트 간에 직선을 그려보면, 이 직선을 따르는 힘은 이 두 볼-소켓 조인트 중의 어느 하나에 의해 지지되어야 한다는 점에 주목하여야 한다. 그러므로 이 앵글은 이 방향으로 부적절하게

구속되어 있다고 봐야 하므로 이 직선을 따르는 힘은 이 두 볼-소켓 조인트 중의 어느 하나에서만 유일하게 구속되어야 한다. 여기에서는 압축 상태에 놓여 있는 조인트가 구속 조인트 역할을 하게 될 것이라는 가정이 논리적이다. 즉 이 조인트는 볼이 힘을 받아 소켓 속으로 눌리고 있다. 이렇게 모델링하게 되면, 구속은 단지 5개가 된다. 그러므로 케이블은 6번째 구속으로 작용하게 되어 역시 그림을 왼쪽에서 봤을 때 A와 B를 연결하는 선에 관하여 시계 방향으로만 회전을 제한하게 된다. 케이블을 링크로 대체하게 되면, 이 선에 관한 회전은 완전히 구속되게 된다. 이 앵글은 이 변형으로 적절하게 구속되게 되어 6개의 미지력이 결정될 수 있다. 이 내용으로 자유 물체도가 구속계의 설계에 어떻게 영향을 미치는지 알 수 있다.

예제 6.6

그림에 그려져 있는 봉이, 점 A에서는 볼-소켓 조인트로, 또한 2개의 케이블 CG와 BE로, 그리고 그 양 쪽 끝이 볼-소켓 조인트로 부착되는 길고 가느다란 봉 BF로 각각 지지되어 있다. 이 장치가 크기가 1000 N인 힘 P를 받고 있을 때, 점 A에 있는 볼-소켓 조인트에서의 반력과, 2개의 케이블에 걸리는 인장력과, 봉 BF에 걸리는 힘을 각각 구하라. 봉의 중량은 무시한다.

풀이 먼저, 봉 $ABCD$의 자유 물체도를 그린다. 봉 BF는 2력 부재이므로 그 축선을 따라 인장력이 아니면 압축력이 전달된다.

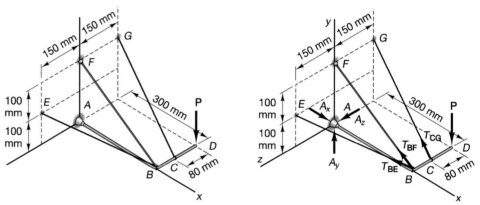

2개의 케이블은 단지 인장력을 전달할 수 있을 뿐이다. 모든 힘의 방향을 설정하게 되면, 풀이에서 음의 값이 나왔을 때 이는 이 특정한 힘이 반대 방향으로 작용하게 된다는 것을 의미한다. 먼저, 각각의 힘을 벡터 표기법으로 써서 원점으로부터 각각의 힘의 작용선에 있는 점까지의 위치 벡터를 구해야 한다. 케이블과 길고 가느다란 봉에 걸리는 힘들은 미지의 크기에다가 케이블이나 봉을 따르는 단위 벡터를 곱하여 나타내기 마련이다. 그리고 이러한 단위 벡터는 B나 C의 부착점으로부터 벽의 부착점까지의 위치 벡터를 먼저 구한 다음 구하면 된다. 상대 위치 벡터는 다음과 같다.

$$\mathbf{r}_{E/B} = -300\hat{\mathbf{i}} + 100\hat{\mathbf{j}} + 150\hat{\mathbf{k}}$$
$$\mathbf{r}_{F/B} = -300\hat{\mathbf{i}} + 200\hat{\mathbf{j}}$$
$$\mathbf{r}_{G/C} = -300\hat{\mathbf{i}} + 200\hat{\mathbf{j}} - 80\hat{\mathbf{k}}$$
$$\hat{\mathbf{e}}_{E/B} = \frac{\mathbf{r}_{E/B}}{|\mathbf{r}_{E/B}|}$$

$$\hat{\mathbf{e}}_{F/B} = \frac{\mathbf{r}_{F/B}}{|\mathbf{r}_{F/B}|}$$

$$\hat{\mathbf{e}}_{G/C} = \frac{\mathbf{r}_{G/C}}{|\mathbf{r}_{G/C}|}$$

이러한 단위 벡터를 사용하면, 힘을 다음과 같이 쓸 수 있다.

$$\mathbf{A} = A_x\hat{\mathbf{i}} + A_y\hat{\mathbf{j}} + A_z\hat{\mathbf{k}}$$
$$\mathbf{P} = -1000\hat{\mathbf{j}}$$
$$\mathbf{T}_{BE} = T_{BE}(-0.857\hat{\mathbf{i}} + 0.286\hat{\mathbf{j}} + 0.429\hat{\mathbf{k}})$$
$$\mathbf{T}_{BF} = T_{BF}(-0.832\hat{\mathbf{i}} + 0.555\hat{\mathbf{j}})$$
$$\mathbf{T}_{CG} = T_{CG}(-0.812\hat{\mathbf{i}} + 0.542\hat{\mathbf{j}} - 0.217\hat{\mathbf{k}})$$

원점으로부터 힘의 작용선까지의 위치 벡터는 다음과 같다.

$$\mathbf{r}_B = 0.300\hat{\mathbf{i}} \quad \mathbf{r}_C = 0.300\hat{\mathbf{i}} - 0.070\hat{\mathbf{k}} \quad \mathbf{r}_D = 0.300\hat{\mathbf{i}} - 0.150\hat{\mathbf{k}}$$

벡터 평형 방정식은 다음과 같다.

$$\mathbf{P} + \mathbf{A} + \mathbf{T}_{BE} + \mathbf{T}_{BF} + \mathbf{T}_{CG} = 0$$
$$\sum\mathbf{M}_A = \mathbf{r}_{B/A} \times (\mathbf{T}_{BE} + \mathbf{T}_{BF}) + \mathbf{r}_{C/A} \times \mathbf{T}_{CG} + \mathbf{r}_{D/A} \times \mathbf{P} = 0$$

6개의 스칼라 평형 방정식은 다음과 같다.

$$A_x - 0.857T_{BE} - 0.832T_{BF} - 0.812T_{CG} = 0$$
$$A_y + 0.286T_{BE} + 0.555T_{BF} + 0.542T_{CG} - 1000 = 0$$
$$A_z + 0.429T_{BE} - 0.217T_{CG} = 0$$
$$0.0379T_{CG} - 0.150(1000) = 0$$
$$-0.1286T_{BE} + 0.1218T_{CG} = 0$$
$$0.0857T_{BE} + 0.1664T_{BF} + 0.1625T_{CG} - 0.300(1000) = 0$$

이 연립 방정식을 풀면 다음이 나온다.

$$A_x = 3106\,\text{N} \quad A_y = -2.13\,\text{N} \quad A_z = -750\,\text{N}$$

$$T_{BE} = 3750\,\text{N} \quad T_{BF} = -3991\,\text{N}\,(\text{봉은 압축 상태}) \quad T_{CG} = 3957\,\text{N}$$

예제 6.7

그림에 나타나 있는 기계 장치를 사용하여 100 kg의 질량을 들어올리고 있다. 축은 반지름이 8 cm이고, 점 A에서는 쓰러스트 베어링으로, 점 B에서는 쓰러스트 베어링이 아닌 베어링으로 지지되어 있다. 베어링이 받는 힘을 크랭크 손잡이 각도 θ의 함수로 구하라.

풀이 앞서 설명한 대로, 베어링은 축에 직각인 2개의 축선에 관한 회전을 구속할 수 있다. 그러므로 만약에 중간에 있는 베어링이 쓰러스트 베어링이고 끝에 있는 베어링은 쓰러스트 베어링이 아니라면, 5개의 미지의 베어링 힘과 4개의 미지의 베어링 모멘트가 있게 되고, 게다가 크랭크 손잡이에 가해져야 하는 미지의 힘이 있다. 그러므로 이 문제는 명백히 정역학적으로 결정할 수 없는 부정정 문제이다. 1차 근사에서, 베어링을 '단순 지지부'로 가정하면 된다. 즉, 이 지지부에서의 모멘트를 무시하고 이 문제를 정적 평형으로 풀면 된다. 평형 방정식은 다음과 같다.

$$\mathbf{P} + \mathbf{A} + \mathbf{W} + \mathbf{B} = 0$$

$$\sum \mathbf{M}_A = \mathbf{r}_{p/a} \times \mathbf{P} + \mathbf{r}_{w/a} \times \mathbf{W} + \mathbf{r}_{b/a} \times \mathbf{B} = 0$$

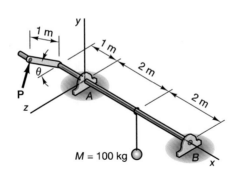 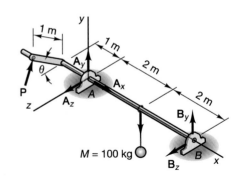

힘 벡터와 위치 벡터는 다음과 같다.

$$\mathbf{P} = P (\cos \theta \hat{\mathbf{j}} - \sin \theta \hat{\mathbf{k}})$$
$$\mathbf{A} = A_x \hat{\mathbf{i}} + A_y \hat{\mathbf{j}} + A_z \hat{\mathbf{k}}$$
$$\mathbf{W} = -100(9.81)\hat{\mathbf{j}}$$
$$\mathbf{B} = B_y \hat{\mathbf{j}} + B_z \hat{\mathbf{k}}$$
$$\mathbf{r}_{p/a} = -\hat{\mathbf{i}} + \sin \theta \hat{\mathbf{j}} + \cos \theta \hat{\mathbf{k}}$$
$$\mathbf{r}_{m/a} = 2\hat{\mathbf{i}} + 0.08 \hat{\mathbf{k}}$$
$$\mathbf{r}_{b/a} = 4\hat{\mathbf{i}}$$

이 벡터 방정식들을 평형 방정식에 대입하면 다음 식이 나온다.

$$\sum \mathbf{F} = A_x \hat{\mathbf{i}} + (P \cos \theta + A_y - 981 + B_y)\hat{\mathbf{j}} + (-P \sin \theta + A_z + B_z)\hat{\mathbf{k}} = 0$$

$$\sum \mathbf{M}_A = (-P \sin^2 \theta - P \cos^2 \theta + 78.5)\hat{\mathbf{i}} + (-4B_z - P \sin \theta)\hat{\mathbf{j}}$$
$$+ (4B_y - P \cos \theta - 1962)\hat{\mathbf{k}} = 0$$

2개의 벡터 방정식의 스칼라 성분을 0으로 놓으면 다음과 같이 된다.

$$P = 78.5 \text{ N}$$

$$A_x = 0 \qquad\qquad B_y = 490.5 + 19.63 \cos \theta$$

$$A_y = 490.5 - 98.13 \cos \theta \quad B_z = -19.63 \sin \theta$$

$$A_z = 98.13 \sin \theta$$

축이 1회전하는 동안에 베어링 힘들을 그래프로 작성하여 이 힘들이 최대가 되는 값들을 구해도 된다.

예제 6.8 그림과 같이, 캠 축이 스프링 부하식 밸브에 대하여 작용하고 있다. 점 A와 B에서의 베어링 반력과 축의 1회전 동안에 모터가 저항을 받는 비틀림을 구하라. 점 A에 있는 베어링은 쓰러스트 베어링이고, 점 B에 있는 베어링은 쓰러스트 베어링이 아니다. 두 베어링을 (베어링 모멘트를 무시하고) 단순 지지부로 모델링하라. 캠은 축 아래에 상세하게 그려져 있다. 스프링 상수 k = 200 N/m이고, 스프링이 압축되지 않았을 때의 길이는 축의 중심선까지의 길이이다.

풀이 그림과 같이, 좌표계의 원점은 캠의 축 중심으로 잡는다. 캠이 캠 판과 닿는 접촉점의 위치 벡터는 임의의 회전각 θ에서 다음과 같다.

$$x_s = \delta \cos \theta \quad y_s = r + \delta \sin \theta \quad z_s = 0$$

스프링 힘의 크기는 $F = k(y_s)$이다.
힘 벡터와 위치 벡터는 다음과 같다.

$$\mathbf{F_s} = \begin{pmatrix} 0 \\ -ky_s \\ 0 \end{pmatrix} \quad \mathbf{r_s} = \begin{pmatrix} x_s \\ y_s \\ 0 \end{pmatrix} \quad \mathbf{A} = \begin{pmatrix} A_x \\ A_y \\ A_z \end{pmatrix} \quad \mathbf{r_A} = \begin{pmatrix} 0 \\ 0 \\ 1 \end{pmatrix}$$

$$\mathbf{B} = \begin{pmatrix} B_x \\ B_y \\ 0 \end{pmatrix} \quad \mathbf{r_b} = \begin{pmatrix} 0 \\ 0 \\ -2 \end{pmatrix} \quad \mathbf{T}_{\text{motor}} = \begin{pmatrix} 0 \\ 0 \\ T \end{pmatrix}$$

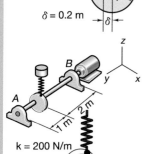

평형 방정식은 다음과 같다.

$$A_x + B_x = 0$$
$$-k\,y_s + A_y + B_y = 0$$
$$A_z = 0$$
$$-A_y + 2\,B_y = 0$$
$$A_x - 2\,B_x = 0$$
$$-k\,x_s\,y_s + T = 0$$

6개의 미지수에 대한 6개의 연립 방정식의 해는 다음과 같다.

$$A_x = 0 \quad B_x = 0 \quad A_y = 2/3(k\,y_s) \quad B_y = 1/3\,(k\,y_s) \quad A_z = 0 \quad T = k\,x_s\,y_s$$

이 식들은 쉽게 세워서 손으로 풀었지만, 필요하다면 해석적으로 식을 세워서 풀어도 된다.

예제 6.9

그림과 같이 문의 왼쪽에 힌지가 달려 있다. 문의 자유 물체도를 그리고 힌지에 작용하는 힘들을 문의 중량으로 구하라.

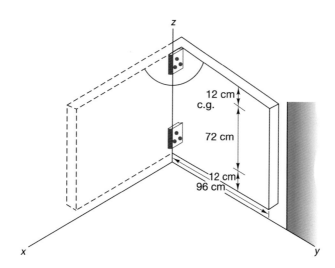

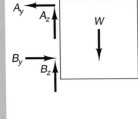

풀이 자유 물체도는 아래에 있는 그림과 같다. 수직 하중이 어느 한 지점에라도 걸리게 되면 수직력은 양 힌지에서 나타난다는 사실에 유의하여야 한다. 두 지점 간의 하중 분포를 구할 수 있는 방법은 없다. y방향의 힘을 합하면 다음이 나온다.

$$A_y - B_y = 0$$

점 B에 관한 모멘트를 합하면 다음이 나온다.

$$72A_y - 48W = 0$$
$$A_y = B_y = \frac{2}{3}W$$

z방향 힘을 합하면 구할 수 있는 수직 하중에 관한 유일한 정보가 나온다.

$$A_z + B_z = W$$

두 힌지 간의 정확한 하중 분포는 구할 수는 없지만, 설계 목적 상 각각의 힌지는 문의 전체 중량을 지지하도록 설계되어야 한다.

6.7 부정정 반력과 부적절한 구속

제6.6절에서는 강체가 과소 구속되거나 아니면 과잉 구속되는 일부 특별한 경우를 설명하였다. 어떤 구조물이나 기계를 설계하고자 하기에 앞서 구속이 물체의 운동을 어떻게 제한하는지를 이해하는 것이 중요하다. 물체가 부적절하게 구속되었거나 과잉 구속되어 있을 때에는 반력을 구하고자 하는 평형 해석은 당연히 가능하지가 않다. 부적절한 구속은 구조물의 파괴로 이어지게 되므로 설계 과정 초기에 인식하여야 한다. 3차원 모델을 고찰하기에 앞서, 2차원으로 모델링하게 될 물체에서 구속의 역할을 살펴보는 것이 가장 빠른 길이다. 2차원 모델은 단일의 평면에서 작용하는 것으로 간주되므로, 구속이 되어 있지 않다면 그 평면에서 2개의 좌표 방향으로 병진 운동을 할 수 있으며, 평면에 직각인 축선에 관하여 회전 운동을 할 수 있다. 그러므로 2차원 물체는 자유도가 3개라고 한다. 구속은 물체를 평형 상태가 되게 하며 자유도 수를 줄여 준다. 제 6.3절에 도시되어 있는 바와 같이, 지지 유형이 다르면 제한하는 운동 유형도 달라진다. 예를 들어, 힌지 조인트에서의 반력들은 물체의 수평 운동과 수직 운동을 제한할 수 있지만, 힌지 조인트의 핀에 관한 회전 운동은 제한할 수 없다. 깃대의 2차원 모델에서 고정 지지는 3개의 자유도 모두를 제한하기도 한다.

제6.5절에서는, 2차원 모델에서 반작용을 결정하는 데에는 단지 3개의 평형 방정식을 사용할 수 있을 뿐이라고 설명한 바 있다. 이러한 3개의 식은 3개의 자유도와 일치한다고 볼 수 있다. 즉 수평 방향에서의 평형은 수평 방향 병진 운동을 구속하고, 수직 방향에서의 평형은 수직 방향 병진 운동을 구속하며, 평면에 직각인 축선에 관한 회전 평형은 이 축선에 관한 회전 운동을 구속하는 것이다. 그러므로 지지 계가 수평 방향으로 반작용을 발생시키지 못하면 수평 방향 운동에 저항하지 못한다. 이 같은 예가 그림 6.36에

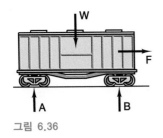

그림 6.36

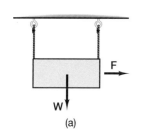

(a)

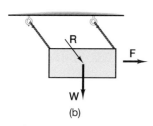

(b)

그림 6.37

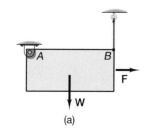

(a)

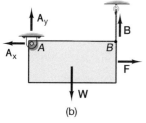

(b)

그림 6.38

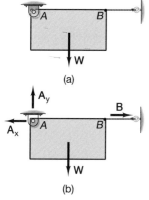

(a)

(b)

그림 6.39

도시되어 있다. 철도 차량 밑에 있는 바퀴는 차량의 하향 수직 운동과 회전 운동을 구속하지만, 차량의 수평 운동을 구속하지는 않는다. 브레이크가 걸리게 되면 수평력이 양 지지에 작용하게 되어 수평 운동이 구속되게 된다. 브레이크가 풀리게 되면, 수평 운동에 대한 어떠한 구속도 발현되지 않게 되어, 차량이 설계된 대로 엔진의 최소 작용력만으로도 끌려가게 된다.

그림 6.37과 같이 2개의 케이블로 지지되고 있는 물체에 수평력이 가해지게 되면, 평행이 유지될 수가 없으므로 물체는 또 다른 평형 위치를 향해 수평 방향으로 운동하기 마련이다. 그림 6.37(b)에 도시된 평형 위치는 2개의 케이블이 합력 $\mathbf{R} = \mathbf{F} + \mathbf{W}$과 평행을 이루게 되는 그런 위치이다. 이 경우에도 평형을 이룰 수는 있겠지만, 물체가 수직 위치에 매달려 있는 한 평형을 이룰 수 없다. 그림 6.38(a)에서와 같이, 물체가 왼쪽 모서리에서는 힌지로 지지되어 있고 오른쪽 모서리에서는 케이블로 지지되어 있을 때에는, 평형을 이룰 수가 있다. 이 물체의 자유 물체도는 그림 6.38(b)에 그려져 있으며, 3개의 반력이 3개의 자유도 모두를 제한한다. 그러나 수평력 $\mathbf{F}$가 충분히 증가하여 $\mathbf{F}$로 인해 발생하게 되는 점 A에 관한 반시계 방향 모멘트가 $\mathbf{W}$에 의해 발생되는 시계 방향 모멘트보다 더 크게 되면, 케이블 B는 인장력을 지지할 수밖에 없으므로 평형이 유지될 수가 없게 되어 물체는 회전하게 된다. 이 경우에, 힌지 지지와 케이블은 제한된 형태의 하중 상태에서 물체를 적절하게 구속하고 있는 셈이다.

그러나 그림 6.39에서와 같이 케이블이 점 B에서 수평 방향으로 부착되어 중량만을 지지하게 되면, 이 계는 부적절하게 구속되어 있는 것이다.

그림 6.39(b)는 점 B에서 케이블이 수평 방향으로 유지되어 있다고 가정했을 때 물체의 자유 물체도이다. 중량은 점 A에 관하여 시계 방향으로 모멘트를 일으키게 되고, 케이블 B의 힘은 점 A를 지나므로 이 회전 운동에 저항할 수가 없음은 명백한 사실이다. 점 A에 관한 힘 B의 모멘트 팔의 길이는 0이므로 힘 $\mathbf{B}$가 회전에 저항하려면 그 크기가 무한하지 않으면 안 된다. 이 설계를 사용하는 실제 경우에는, 케이블이 늘어나게 되고 이 때문에 물체의 오른쪽이 처지게 되어 힘 $\mathbf{B}$의 작용선은 점 A의 밑을 지나게 된다. 이 힘의 모멘트 팔의 길이는 여전히 작기 때문에 점 B에서의 반력은 물체 중량의 몇 배가 되어야 한다. 이 때문에 아주 잘못된 설계가 되어 버리고 케이블의 파단으로 이어질 수 있다. 부적절하게 지지된 물체는 **불안정**하다고 할 때도 있다. 여러 가지 해석마다 안정성이라는 용어를 사용하고 있기 때문에, 이 불안정이라는 상태는, 비안정성이 그 상황의 기하형상에서 비롯되어 운동으로 귀결되므로, **기하학적 비안정성**이라고 칭하는 것이 낫다.

2차원으로 모델링된 강체가 적절하게 구속되어 있는지를 판별하는 일반적인 방법은 반력의 작용선을 조사해보는 것이다. **반력이 한 점에 작용하는 힘계(공점력계)나 평행력계를 형성하고 있다면, 그 물체는 부적절하게 구속되어 있다는 의미이다.**

많은 구조물은 과잉 구속되어 있으므로, 지지에서의 반력은 평형 방정식으로 구할 수 없다. 이러한 구조물을 부정정이라고 한다. 그림 6.40에는 부정정 물체의 예가 그려져

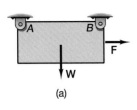

(a)

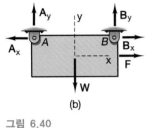

(b)

그림 6.40

있다. 여기에서도, 그림 6.40(b)는 그림 6.40(a)의 자유 물체도이다. 4개의 미지 지지력에 단지 3개의 스칼라 정적 평형 방정식만 있으므로, 이 계에는 1개의 불확정도가 있다. 계가 부정정이면, 반력은 정적 평형 방정식만으로는 구할 수 없으므로 지지 구조의 변형을 조사해야 한다.

부정정계는 아주 일반적이므로 반드시 '좋지 않은' 설계는 아니다. 그러나 계를 과잉 구속하는 것이 항상 더 나은 설계로 좋은 결과를 낼 수 있는 것은 아니다. 이러한 내용은 이어지는 예제에 예시되어 있다.

과잉 지지의 경우에 정상적인 가정은 '많은 것이 항상 좋은 것이다.'는 것이지만 이 가정이 항상 성립하는 것은 아니다. 예제 6.10에서 3개의 동일 기둥으로 지지되어 있는 보를 고찰해보기 바란다.

| 예제 6.10 | 그림과 같이 하중을 받고 있는 강체 보에서 지지점 A, B, C에서의 반력을 구하라. |

풀이 수직력은 3개가 있지만 평형 방정식은 2개(수직 방향 힘의 합 계산과 모멘트의 합 계산)만 세울 수 있다. 보가 강성이 똑같은, 즉 스프링 상수가 똑같은, 3개의 스프링으로 지지되는 강체로 모델링되어 있으면, 스프링 힘과 스프링 변형 사이의 관계는 다음과 같이 된다.

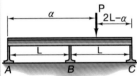

$$F = kd \quad \text{또는} \quad d = F/k \tag{SP6.10.1}$$

이제, 스프링 처짐과 같이 기하형상이 변형된 보를 살펴보자(그림 참조). 점 B와 C에서의 변형으로 2개의 닮은 삼각형이 형성되며, 이 변형과 관련된 기하학적 비례식은 다음과 같다.

$$(d_b - d_a)/L = (d_c - d_a)/2L \tag{SP6.10.2}$$

이 식을 정리하면 다음과 같다.

$$-d_a + 2d_b - d_c = 0 \tag{SP6.10.3}$$

스프링 상수가 같으면, 식 (SP6.10.3)은 미지의 수직력으로 다음과 같이 쓸 수 있다.

$$-F_a + 2F_b - F_c = 0 \tag{SP6.10.4}$$

원점을 점 A에 선정하면, 다음과 같이 2개의 평형 방정식이 나온다.

$$F_a + F_b + F_c - P = 0$$
$$LF_b + 2LF_c - \alpha P = 0 \tag{SP6.10.5}$$

보의 왼쪽 끝으로부터 거리 α만큼 떨어진 곳에 놓여 있는 임의의 특정 하중 P에 대하여, 식 (SP6.10.4)과 식 (SP6.10.5)은 3개의 미지 지지력을 구하는 3개의 연립 방정식을 형성한다. 이 식들은 컴퓨터 소프트웨어를 사용하여 해석적으로 풀면 된다. 그 결과는 다음과 같다.

$$F_a = -\frac{P(-5L + 3\alpha)}{6L}$$

$$F_b = \frac{P}{3}$$

$$F_c = \frac{P(-L + 3\alpha)}{6L}$$

지지 B는 항상 힘 P의 1/3을 지지하므로, 하중이 지지 B 위에 놓인다면, 각각의 지지는 하중의

1/3씩 지지하게 된다는 점에 주목하여야 한다. 하중이 B와 C의 중간에 놓일 때의 지지력은 각각 다음과 같다.

$$F_a = 0.084\,P \qquad F_b = 0.333\,P \qquad F_c = 0.583\,P$$

그러므로 구조물의 목적이 이 지점에 작용하는 하중 P를 지지하는 것이라면, 지지를 B와 C의 두 곳으로만 설계하는 것이 더 좋다. 그러면 지지력은 각각 $0.5P$로 같아진다. 제3의 지지를 추가하게 되면 보충을 하게 된 이점도 뚜렷한 게 전혀 없이 최대 압축력은 $0.5P$에서 $0.583P$로 17 %가 증가하게 된다.

기하학적 비례식은 닮은 삼각형을 사용하지 않아도 선의 식이 $y = ax + d$라는 점을 관찰하면 구할 수 있다. 그러므로 보의 변형 위치는 다음과 같이 쓸 수 있다.

$$d = \xi x + d_a \tag{SP6.10.6}$$

여기에서 ξ는 보의 기울기이고 d는 임의의 점에서의 처짐이다. 이제, b와 c에서의 변형은 다음과 같다.

$$d_b = \xi L + d_a$$
$$d_c = \xi 2L + d_a$$

이 두 식에서 각각의 점에서의 처짐을 F/k로 치환하고 기울기 ξ를 소거하면 식 (SP6.10.4)가 나오므로 선형 연립 방정식의 해를 구할 수 있다.

그림 6.41에는 등가 예제가 그려져 있는데, 여기에서 판은 점 a, b, c에서 못질이 되어 있고 하중은 b와 c 사이에 위치된다. 사용 중에 하중이 왼쪽으로 이동할 수도 있다면, 점 a에 있는 제3의 못은 적절한 것이 된다. 이러한 내용은 볼트 방식 부착이나 리벳 방식 부착의 설계에서 고려해야 할 매우 중요한 사항이다. '쓸 데 없이 못을 더 박지 말 것'은 지지가 목적에 합당하게 설계되어야 함을 강조한다. 그러나 다른 외력에 저항하기 위해 이런 식으로 부정정 구조물을 설계해야 한다는 말은 아니다. 부정정 구조물은 변형체 역학을 학습할 때 상세히 고찰하여야 한다.

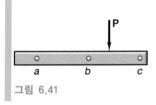

그림 6.41

예제 6.11

그림과 같이 탁자 위에 30 kg의 상자가 놓여 있다. 탁자 질량이 50 kg일 때, 각각의 탁자 다리에 걸리는 힘을 구하라.

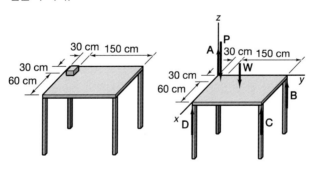

풀이 탁자 상판의 자유 물체도는 그림에 그려져 있다. 좌표계의 원점은 점 A로 잡으면, 이 좌표계에 대한 힘 벡터와 위치 벡터는 다음과 같이 쓸 수 있다.

$$
\begin{aligned}
\mathbf{A} &= A\hat{\mathbf{k}} & \mathbf{r}_a &= 0 \\
\mathbf{B} &= B\hat{\mathbf{k}} & \mathbf{r}_b &= 180\hat{\mathbf{j}} \\
\mathbf{C} &= C\hat{\mathbf{k}} & \mathbf{r}_c &= 90\hat{\mathbf{i}} + 180\hat{\mathbf{j}} \\
\mathbf{D} &= D\hat{\mathbf{k}} & \mathbf{r}_d &= 90\hat{\mathbf{i}}
\end{aligned}
$$

$$\mathbf{P} = -30(9.81)\hat{\mathbf{k}} \qquad \mathbf{r}_p = 30\hat{\mathbf{i}} + 30\hat{\mathbf{j}}$$
$$\mathbf{W} = -50(9.81)\hat{\mathbf{k}} \qquad \mathbf{r}_w = 45\hat{\mathbf{i}} + 90\hat{\mathbf{j}}$$

이 힘 계는 평행력계이므로, 다음과 같이 3개의 평형 방정식만 세울 수 있다.

$$\sum F_x = A + B + C + D - 80(9.81) = 0$$

$$\sum M_x = 180B + 180C - 30(30)(9.81) - 90(50)(9.81) = 0$$

$$\sum M_y = -90C - 90D + 30(30)(9.81) + 45(50)(9.81) = 0$$

3개의 평형 방정식에 4개의 미지수가 들어 있으므로, 이 문제는 부정정 문제이다. 탁자 상판을 강체로 보고, 상판이 공간에서 평면을 이루고 있다고 하면, 이 평면의 식은 다음과 같이 쓸 수 있다.

$$z = \alpha x + \beta y + z_0$$

탁자 다리를 동일한 스프링으로 보면, 이 다리의 처짐은 각각 다음과 같다.

$$\delta_b = 0\alpha + 180\beta + \delta_a$$
$$\delta_c = 90\alpha + 180\beta + \delta_a$$
$$\delta_d = 90\alpha + 0\beta + \delta_a$$

각각의 처짐에 F/k를 대입하면 다음이 나온다.

$$B = 180\beta + A$$
$$C = 90\alpha + 180\beta + A$$
$$D = 90\alpha + A$$

이제 4개의 힘 A, B, C, D와 2개의 기울기 α, β에 대한 식이 6개가 되었다. 이 연립 방정식은 역 행렬로 풀어도 되고 손으로 직접 풀어도 된다. 결과는 다음과 같다.

$$A = 270\,\text{N} \quad B = 172\,\text{N} \quad C = 123\,\text{N} \quad D = 221\,\text{N}$$
$$\alpha = -0.545 \quad \beta = -0.545$$

탁자 다리가 6개일 때에도, 문제 풀이 절차는 위에서와 같다는 점에 유의하여야 한다.

예제 6.12

그림과 같이, 점 A와 B에서 볼-소켓 조인트로 지지되어 있는 철제 앵글이 있다. 앵글에는 질량이 100 kg인 추가 걸려 있다. A와 B에서의 지지력과 케이블 CD의 장력을 구하라.

풀이 앵글의 자유 물체도는 두 번째 그림에 그려져 있다. 이 평형 문제 풀이는 모든 힘 벡터와 위치 벡터를 성분 표기법으로 표현함으로써 진행한다. 즉

$$\mathbf{A} = A_x\hat{\mathbf{i}} + A_y\hat{\mathbf{j}} + A_z\hat{\mathbf{k}} \qquad \mathbf{r}_A = 3\hat{\mathbf{k}}$$
$$\mathbf{B} = B_x\hat{\mathbf{i}} + B_y\hat{\mathbf{j}} + B_z\hat{\mathbf{k}} \qquad \mathbf{r}_B = 3\hat{\mathbf{i}}$$
$$\mathbf{T} = T\hat{\mathbf{e}}_T \qquad\qquad\quad \mathbf{r}_T = 2\hat{\mathbf{i}} + 3\hat{\mathbf{k}}$$

여기에서, $\mathbf{e}_T = \dfrac{-0.5\hat{\mathbf{i}} + \hat{\mathbf{j}} - 3\hat{\mathbf{k}}}{\sqrt{0.5^2 + 1 + 3^2}} = -0.156\hat{\mathbf{i}} + 0.312\hat{\mathbf{j}} - 0.937\hat{\mathbf{k}}$

$$\mathbf{W} = -100(9.81)\hat{\mathbf{j}} \qquad \mathbf{r}_w = 3\hat{\mathbf{i}} + 3\hat{\mathbf{k}}$$

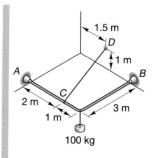

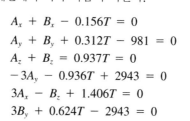

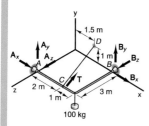

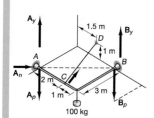

힘의 합 계산과 모멘트의 합 계산에서 각각 다음이 나온다.

$$A_x + B_x - 0.156T = 0$$
$$A_y + B_y + 0.312T - 981 = 0$$
$$A_z + B_z = 0.937T = 0$$
$$-3A_y - 0.936T + 2943 = 0$$
$$3A_x - B_z + 1.406T = 0$$
$$3B_y + 0.624T - 2943 = 0$$

6개의 식에 미지수가 7개이므로, 이 연립 방정식은 풀 수 없다. 자유 물체도를 살펴보면, 미지수를 결정할 수 없는 특성(불확정성)이 점 A와 B에 있는 볼-소켓 조인트로 인한 것이라는 것을 알 수 있는데, 이 조인트로 인하여 미결정력이 A와 B를 잇는 선을 따라 작용하게 된다. 이 공선력 중의 어느 하나 때문에 계의 AB방향 운동이 구속되는 것이다. 이 미지수를 결정할 수 없는 특성은 점 A와 B에 있는 지지가 볼-소켓 조인트라는 것을 명시함으로써 해소할 수가 있다. 수정된 자유 물체도가 세 번째 그림에 그려져 있다. 힘 A_n은 지지 A에서 선 AB를 따라 작용한다. 이 힘은 볼소켓 조인트에서의 법선력이며 조인트로부터 멀어지게 작용하여야 한다. 만약에 이 힘이 풀이에서 음(−)의 값으로 나오면, 이 힘은 볼-소켓 조인트 B에 작용하게 된다. 각각의 조인트에서 선 AB에 직각으로 작용하는 2개의 힘들은 A_y, A_p와 B_y, B_p이다. A에서의 반력은 이제 선 AB를 따르는 단위 벡터와 이 선에 직각인 단위 벡터로 쓸 수 있다. 이 선 AB를 따르는 벡터는 다음과 같다.

$$AB = 3\hat{\mathbf{i}} - 3\hat{\mathbf{k}}$$

$$\mathbf{AB} = \begin{pmatrix} 3 \\ 0 \\ -3 \end{pmatrix}$$

그러므로 단위 벡터는 다음과 같다.

$$\hat{\mathbf{e}}_{AB} = \frac{\mathbf{AB}}{|\mathbf{AB}|}$$

$$= \begin{pmatrix} 0.707 \\ 0 \\ -0.707 \end{pmatrix}$$

선 AB에 직각인 단위 벡터는 다음과 같다.

$$\hat{\mathbf{e}}_p = \hat{\mathbf{e}}_{AB} \times \hat{\mathbf{j}}$$

$$= \hat{\mathbf{e}}_{AB} \times \begin{pmatrix} 0 \\ 1 \\ 0 \end{pmatrix}$$

$$= \begin{pmatrix} 0.707 \\ 0 \\ -0.707 \end{pmatrix}$$

A와 B에서 반력은 각각 다음과 같다.

$$\mathbf{A} = A_n\hat{\mathbf{e}}_{AB} + A_y\hat{\mathbf{j}} + A_p\hat{\mathbf{e}}_p$$
$$\mathbf{B} = \qquad\quad B_y\hat{\mathbf{j}} + B_p\hat{\mathbf{e}}_p$$

평형 방정식은 다음과 같다.

$$0.707A_n + 0.707A_p + 0.707B_p - 0.156T = 0$$

$$A_y + B_y + 0.312T - 981 = 0$$

$$-0.707A_n + 0.707A_p + 0.707B_p - 0.937T = 0$$

$$-3A_y + 0.936T + 2943 = 0$$

$$2.121A_n + 2.121A_p - 2.121B_p - 1.406T = 0$$

$$3B_y - 0.624T - 2943 = 0$$

이 선형 연립 방정식은 손으로 직접 풀어도 되고 6개의 식을 행렬 표기법으로 쓴 다음 컴퓨터 소프트웨어를 사용하여 풀어도 된다. 해는 다음과 같다.

$$A_n = -2.605 \times 10^3 \text{N} \quad A_y = -490.5 \text{ N} \qquad A_p = 1.5621 \times 10^3 \text{ N}$$

$$B_y = 0 \qquad\qquad B_p = 2.084 \times 10^3 \text{ N} \quad T = 4.716 \times 10^3 \text{ N}$$

A에서 법선력이 음(−)의 값으로 나왔는데, 이는 앵글이 A에 대해서가 아니라 B에 대해서 가압되고 있음을 나타낸다. 그러므로 다음과 같이 된다.

$$\mathbf{A}_n = 0 \quad \mathbf{B}_n = -2605 \, \hat{\mathbf{e}}_{AB} \text{N}$$

케이블의 장력은 선 AB에 관한 모멘트 성분을 0으로 놓음으로써 정정 경우로도 풀고 부정정 경우로도 풀었다. A와 B에서의 반력은 A와 B를 잇는 선에 관하여 모멘트를 발생시키지 않는다. 이 풀이는 가끔 사용되는 것이지만 특별한 관찰을 바탕으로 하고 있으며 일반적인 풀이는 아니다. 평형을 이루려면 선 AB에 관한 모멘트는 0이 되어야 한다. 이러한 해법은 여러 교재에서 사용되고 있지만, 부정정 문제를 푸는 방법으로 보아서는 안 된다.

연습문제

6.34 재질이 균일한 10 kg의 간판이 밑동이 고정된 기둥으로 지지되어 있다(그림 P6.34 참조). 간판은 기둥에 고착되어 있으며 표시판의 중심에서 법선 방향으로 200 N의 바람 하중을 받는다. 기둥의 중량을 무시하고 기둥 하단부에서의 반력을 구하라.

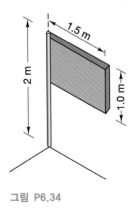

그림 P6.34

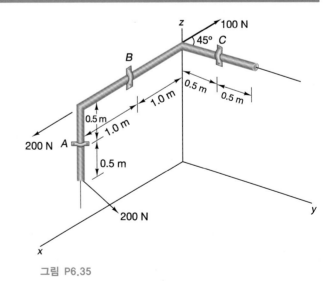

그림 P6.35

6.35 파이프가 점 A, B, C에서 브래킷(bracket)으로 지지되어 있다. 이 브래킷은 파이프의 축선을 따르는 모멘트나 힘을 지지하지 못한다(그림 P6.35 참조). 브래킷에서의 반력을 각각 구하라.

6.36 단위 길이 당 질량이 4 kg/m인 균질의 봉이, 그림 P6.36과 같이 그 밑동이 볼소켓 조인트로 지지되어 있으며 벽 모서리에 기대져 있다. 봉 하단부와 벽에서의 반력을 각각 구하라.

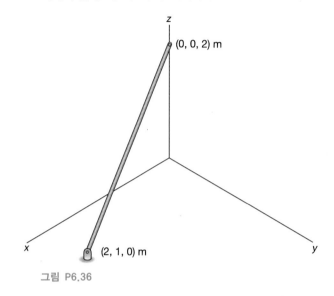

그림 P6.36

6.37 소형 그랜드 피아노 덮개의 질량이 20 kg이다. 점 A에 있는 힌지만 x방향 힘을 저항할 수 있고 그 어느 힌지도 모멘트에는 저항하지 못한다. 지지봉 CD에서의 힘과 힌지에서의 반력을 구하라(그림 P6.37 참조).

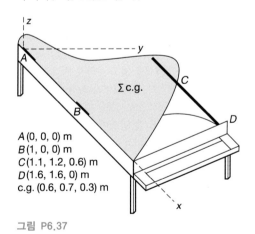

A (0, 0, 0) m
B (1, 0, 0) m
C (1.1, 1.2, 0.6) m
D (1.6, 1.6, 0) m
c.g. (0.6, 0.7, 0.3) m

그림 P6.37

6.38 13 m 균질의 장대가 중량 200 N으로, 그림 P6.38과 같이 그 하단부는 볼-소켓 조인트로 지지되어 있으며 2개의 케이블 AB와 CD로 지지되어 있다. 볼-소켓 조인트에서의 반력과 2개의 케이블의 장력을 구하라.

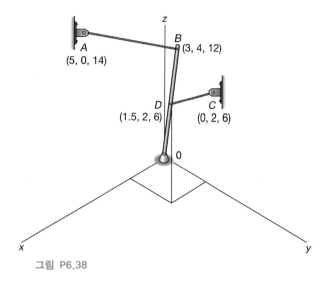

그림 P6.38

6.39 300 kg 균질의 봉이, 그림 P6.39와 같이 점 A에 있는 볼-소켓 조인트와 케이블 BC와 BD로 지지되어 있다. 볼-소켓 조인트에서의 반력과 2개의 케이블의 장력을 구하라.

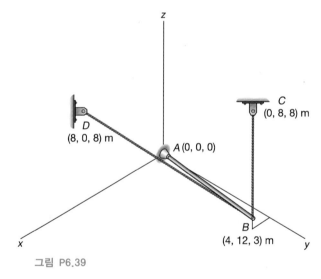

그림 P6.39

6.40 크기가 2 m × 2 m인 균질의 문이 무게 200 N으로, 그림 P6.40과 같은 위치의 벽에 부착되어 있는 모터에 의해 케이블 장치로 들어올려진다. 점 A에 있는 힌지만 힌지 축선을 따르는 하중을 지지할 수 있을 뿐이며 그 어느 힌지도 모멘트에는 저항하지 못한다. 문짝이 들어올려질 때 케이블 장력이 증가하는지 아니면 감소하는지, 문이 30 °와 60 °에 있을 때 각각의 장력을 조사하여 구하라.

6.41 연습문제 6.40과 그림 P6.40의 케이블 장치를 초기 길이가 2 m이고 스프링 상수가 200 N/m인 스프링으로 대체했을 때, 평형을 이루는 각도 θ를 구하라(힌트: y축에 관한 모멘트만을 고려하라).

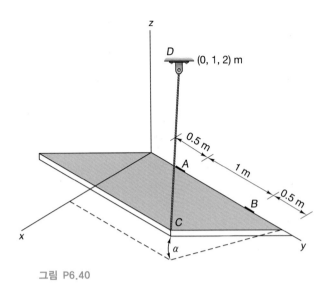

그림 P6.40

6.42 스프링 상수가 300 N/m일 때, 연습문제 6.41과 그림 P6.40의
케이블 장치가 평형을 이루는 각도를 구하라.

6.43 연습문제 6.41에서 평형 각도를 구한 다음, 힌지 A만이 힌지
축선을 따르는 하중을 지지할 때 스프링 힘과 힌지에서의 힘들
을 각각 구하라.

6.44 연습문제 6.42에서 평형 각도를 구한 다음, 힌지 A만이 힌지
축선을 따르는 하중을 지지할 때 스프링 힘과 힌지에서의 힘들
을 각각 구하라.

6.1 생체역학 문제

6.45 체중이 660 N인 사람이 500 N의 중량을 들어올리고 있다.
신체는 허리에서 45° 굽혀져서 오른쪽으로 돌아가 있다. 상체
는 무게가 체중의 2/3이다. 해석 목적 상, 원점은 L-3에 잡는
다. L-4 접합부와 좌표계는 그림 P6.45와 같이 척추체와 일직
선을 이루게 하고, x축은 전방, y축은 좌측 방향, z축은 상방으
로 잡는다. 상체 무게 벡터 $\mathbf{B_W}$, 체중 벡터 $\mathbf{W}$, 내부 등 근육
$\mathbf{M}$, 척추 디스크 힘 $\mathbf{S}$, 척추 디스크 토크 $\mathbf{T}$는 각각 다음과
같이 주어졌다.

$$\mathbf{B_W} = 311\hat{\mathbf{i}} - 311\hat{\mathbf{k}} \text{ N}$$
$$\mathbf{W} = 353\hat{\mathbf{i}} - 353\hat{\mathbf{k}} \text{ N}$$
$$\mathbf{M} = M\hat{\mathbf{k}} \text{ N}$$
$$\mathbf{S} = S_x\hat{\mathbf{i}} + S_y\hat{\mathbf{j}} + S_z\hat{\mathbf{k}} \text{ N}$$
$$\mathbf{T} = T_x\hat{\mathbf{i}} + T_z\hat{\mathbf{k}} \text{ Nm}$$

이 힘들의 위치 벡터는 각각 다음과 같다.

$$\mathbf{r_{BW}} = 0.09\hat{\mathbf{i}} - 0.216\hat{\mathbf{j}} + 0.09\hat{\mathbf{k}} \text{ m}$$
$$\mathbf{r_W} = 0.2\hat{\mathbf{i}} - 0.283\hat{\mathbf{j}} + 0.2\hat{\mathbf{k}} \text{ m}$$

$$\mathbf{r_M} = -0.05\hat{\mathbf{i}} \text{ m}$$
$$\mathbf{r_S} = 0$$

척추의 근육 힘과 디스크 힘 그리고 디스크 토크를 각각 구하라.

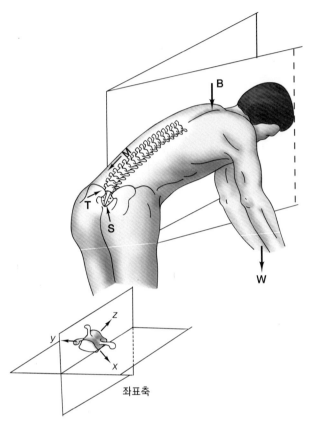

그림 P6.45

6.46 달리기를 하는 사람이 아킬레스 건(발뒤꿈치 힘줄; heel cord,
HC)이 끊어져서(파단되어) 응급실로 실려 왔는데, 이 일은
이 사람이 도로에서 경계석을 밟고 올라갈 때 일어났다. 무슨
일이 일어났는지 생체역학 엔지니어가 환자에게 설명하기를,
이 사람이 도로에서 경계석으로 이동할 때 근육계가 그림 P6.46
과 같이 발뒤꿈치가 힘 $\mathbf{F_1}$을 받으며 땅을 디디게 될 것으로
예상했다고 했다. 전방 경골 근육(anrerior tibialis muscle;
T.A.)이 충격으로 극심한 통증을 계기 되어 발목에 관한 발바닥
굽힘 모멘트에 대하여 역작용을 하게 되었다. 그 대신에, 이
사람은 그림과 같이 발이 둥글게 되어 힘 $\mathbf{F_2}$로 충격을 받게
된 것이다. 경골 근육은 계속 극심한 통증을 계기 되고 아킬레스
건은 충격력과 근육력 모두가 일으키는 배굴(dorsiflection)
모멘트와 균형을 이루려고 할 수밖에 없었다. 충격력이 체중의
3배일 때, 먼저 예상되는 근육력을 계산한 다음, 아킬레스
건에 걸리는 힘을 계산하라.

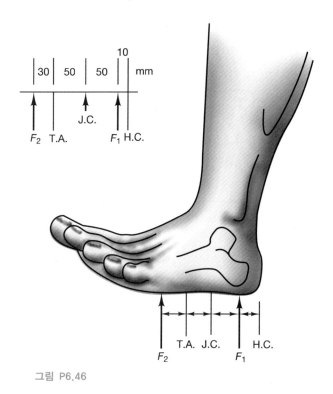

그림 P6.46

6.47 농구 선수가 레이업 슛을 하고 내려오면서 오른쪽 발이 그림 P6.47과 같이 돌아간 상태에서 체중의 8배가 되는 힘을 받으며 착지한다. 발목 관절의 중심 좌표는 좌표계에서 충격 점으로부터 (0.2, 0.2, 0.15) m로 측정된다. 이 선수의 질량이 100 kg일 때, 발목 관절 모멘트를 계산하라. 모멘트의 어느 성분이 발목을 삐게 하는가?

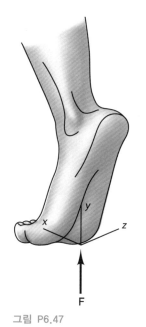

그림 P6.47

6.48 어떤 사람이 무게가 130 N인 모래를 삽으로 뜨고 있다. 좌표계는 제3요추 뼈에 설정하여 x는 전방, y는 등뼈를 따라 상방, z는 신체의 좌측 방향으로 잡는다(그림 P6.48 참조). 하중중심의 좌표가 (2, 1, 0) m일 때, 이 요추에 관한 모멘트를 계산하라(주: 상체와 삽을 단일의 물체로 취급하면 된다). 여기까지는 몸통, 머리, 팔 등의 무게는 고려하지 않고 해석했다. 이러한 무게들을 고려하게 된다면 등뼈에 걸리는 하중이 증가하는가 아니면 감소하는가?

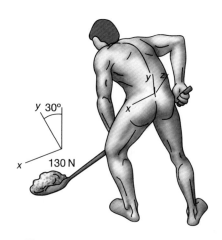

그림 P6.48

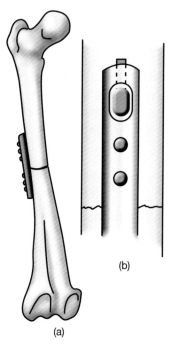

그림 P6.49

6.49 그림 P6.49와 같이 부러진 넓적다리 뼈(대퇴골)를 접골판(bone plate)을 사용하여 접골시키고 있다. 이 뼈의 축선을 따라 작용하는 하중은 W이며 2개의 '스프링'이, 즉 뼈와 접골판이 병렬로 지지하고 있다. 접골판의 스프링 상수는 뼈의 스프링 상수보다 3배 더 크며 뼈의 부러진 끝은 하중이 가해지기 전에 접촉상태에 있다고 가정하고, 접골판이 감당하는 하중 분과 뼈가 감당하는 하중 분을 구하라(주: 뼈가 하중을 받으면 치유가 더 잘 되어 성형이 잘 되는 것을 울프(Wolfe)의 법칙이라 한다. 이 문제는 정형 외과학에서 '응력 차단(stress shielding)'으로 알려져 있다.)

6.50 그림 P6.49(a)에서 접골판은 스프링 상수가 $k_p = 800\,\text{N/mm}$이고 뼈는 스프링 상수가 $k_b = 100\,\text{N/mm}$이다. 뼈를 접합할 때 골절부에서 벌어진 틈이 1 mm라고 하면, 뼈가 축선을 따라서 400 N을 받을 때 접골판이 받는 힘과 뼈가 받는 힘을 구하라.

6.51 생체공학자가 응력 차단 문제에 착수하여 그림 P6.49(b)와 같은 '압축 판'을 제안하였다. 하부 나사는 골절부 아래 뼈에 박고 상부 나사는 슬롯의 상부에서 기다란 구멍에 끼운 다음 고정 나사로 고정시켜 뼈가 골절부를 가로지르는 방향으로 압축되게 한다. 그러면, 뼈는 초기 압축 상태에 있는 반면에 접골판은 인장 상태에 있게 된다. 뼈에 400 N의 하중이 걸릴 때, 뼈와 접골판이 동일한 하중을 지지한다고 하고 뼈의 초기 압축량을 구하라. 연습문제 6.50에서의 스프링 상수을 사용하여, 뼈의 초기 압축량 Δ를 구하라(힌트: 뼈는 Δ량만큼 압축되고 접골판은 Δ량만큼 신장된다).

6.52 2개의 요추 뼈가 그림 P6.52에 그려져 있다. 그림과 같은 모멘트에서 순수 굽힘이 발생할 때 인대와 척추 디스크를 조사하라. 인대와 디스크의 힘 - 변형 관계가 다음과 같을 때, 회전축, 인대에 걸리는 힘과 디스크에 걸리는 힘, 회전 각도를 각각 구하라.

$$F_D = K_D \delta_D \quad k_D = 500\,\text{N/mm}$$
$$F_l = C\delta_1^2 \quad C = 900\,\text{N/mm}^2$$

이 해석에서는 등뼈를 강체로 봐도 된다.

6.53 그림 P6.53과 같이 무게가 1000 N인 2 m × 2m의 강체 상판이 각각의 모서리에서 4개의 케이블로 지지되어 있다. 무게가 400 N인 상자가 한 모서리에서 각각의 변으로부터 0.5 m 안쪽에 놓여 있다. 모서리에 있는 케이블의 스프링 상수가 500 N/mm일 때, 각각의 케이블에 걸리는 힘을 구하라.

6.54 그림 P6.53의 상판이 각각의 케이블에 불균등한 장력이 걸림으로 인해 기울어지게 된다. 상자가 미끄러지지 않게 하는 데 필요한 '마찰력'을 구하라.

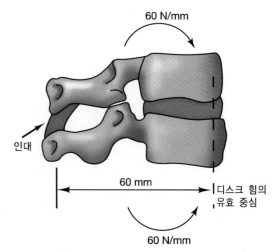

그림 P6.52

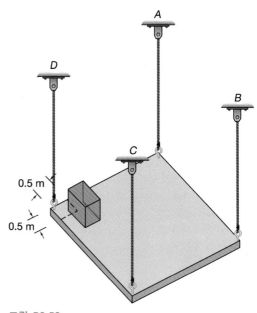

그림 P6.53

6.55 그림 P6.53의 상판에서, 상자가 제거되면 각각의 케이블은 250 N의 인장 상태에 있게 됨을 보여라.

6.56 연습문제 6.53과 그림 P6.53에서 케이블의 최대 안전 하중은 450 N이다. 케이블의 최대 인장력을 줄이고자 다섯 번째의 동일한 케이블을 케이블 B와 C의 중간 변에 설치하려고 한다. 5개의 케이블에 걸리는 인장력을 각각 구하고 다섯 번째 케이블로 인하여 최대 케이블 인장력이 줄어드는지를 결정하라.

6.57 연습문제 6.56에서 상자가 제거되었을 때 5개의 케이블에 걸리는 인장력을 각각 구하라.

단원 요약

이 장에서는 강체의 평형 개념을 다루었다. 질점의 평형에서는 단일의 벡터 방정식을 만족시켰다. 질점에서 한 점에 작용하는 힘의 합은 0이 되었다. 단일의 강체에서는 2개의 평형 방정식을 만족시켜야 한다. 즉 강체에 작용하는 모든 힘의 합은 0이 되어야 하고 강체의 임의의 점에 관한 모멘트의 합은 0이 되어야 한다. 일반적으로, 이 2개의 벡터 방정식에서 6개의 스칼라 방정식이 생성된다. 그러므로 이 6개의 식에서는 6개의 미지의 반작용이 구해질 수 있다.

강체를 모델링하게 되면 강체 지지에서의 반작용을 구하기 어렵게 된다. 2차원 지지는 핀, 롤러, 로커, 매끄러운 표면에서의 법선력, 칼라, 고정 지지 등의 형태가 될 수 있다. 3차원 모델에서의 지지는 더욱 더 복잡하여 힘과 모멘트가 3차원인, 즉 반작용이 6개가 되는 볼-소켓 조인트에서부터 매입형 지지까지의 범위에 이르게 된다. 3차원 강체의 평형에는 오직 6개의 반작용이 필요할 뿐이다. 강체는 과잉 지지가 될 수 있으며 이 경우에는 부정정 이 된다. 모델링 도면이나 강체 도면을 작도하는 것은 강체 평형을 해석할 때에 가장 중요한 단계이다.

Chapter **07**

구조물 해석

7.1 서론

구조물은 거미집에서 포유류의 근골격계까지 자연계 어디에서나 찾아볼 수 있다. 인간들은 주거 목적, 기념물 건조, 운송, 군사 시설 등 다양한 목적으로 구조물을 지어 왔다. 몇 가지 초기 구조물의 예를 들면 이탈리아와 프랑스의 로마시대 수도교, 그리스의 신전들, 전 세계에 걸친 고고학적 발굴에서 나온 도구와 기계류 등이 있다. 아리스토텔레스(Aristotle; 기원전 384~332)와 아르키메데스(Archimedes; 기원전 287~212)는 정역학의 기본을 이루는 구조물 해석의 초기 원리를 세웠다. 레오나르도 다 빈치(Leonardo da Vinci; 1452~1519)는 구조 공학의 초기 이론을 공식화하였고, 갈릴레오 갈릴레이(Galileo Galilei; 1564~1642)는 변형체 재료를 해석하는 방법을 **Two New Sciences**에서 최초로 공식 발표하였다. 제6장에서는 단일 강체의 평형을 조사하여, 강체가 정지 상태로 유지되려면 강체에 작용하는 모든 외력의 합력과 합 우력 모멘트가 각각 0이 되어야 한다는 사실을 알아보았다. **구조물**은 강체 부재나 부품들이 여러 개가 모여 모델링되므로, 하나의 부품으로부터 또 다른 부품으로 전달되는 힘들을 구해야 한다. 여기에서는 조사할 구조물들을 상호 연결된 강체 그룹으로 모델링하게 되지만, 일반적으로 구조물들은 변형체로 구성되어 있다. 구조물은 그림 7.1과 같이 다리(교량)에서부터 플라이어(펜치)까지 그 복잡함과 부품 개수가 다양하다. 다리는 많은 부품으로 되어 있는 반면에, 플라이어는 단지 3개의 부품으로만 되어 있다. 이러한 구조물을 올바르게 설계하려면, 각각의 부품에 작용하는 힘들을 구해야 한다. 이러한 힘들은 외부원에 의할 수도 있고 내부원에 의할 수도 있는데, 하나의 부품이 다른 부품에 작용함으로써 발생하게 된다. 외력은 다른 물체들이 구조물에 작용시키는 하중이나 구조물의 지지부 또는 구속 조건이 구조물에 작용시키는 하중으로 인한 것이다.

이 장의 초점은 구조물의 부품 하나가 다른 부품에 가하는 작용으로 인한 내력(내부 힘)들을 구하는 방법에 관한 것이다. 이 내력들은 그 크기가 같고 방향은 정반대이며

그림 7.1 (a) Dana White/Photo Edit (b) Frederic Stevens/epa/Corbis Canada

동일선 상에 작용하는 힘(공선력)들의 쌍들로, 구조물 부품들 간의 내부 연결부에서 작용한다. 내력을 구하려면, 구조물을 분해하여 각각의 부품의 자유 물체도를 그리면 된다. 그런 다음 모든 부품을 단일 강체의 평형 방정식을 사용하여 해석하면 된다. 그러한 식은 3차원에서 6개가 있으며 구조물은 많은 강체로 구성되어 있으므로, 구조물 해석에서는 복잡한 연립 방정식에 부딪히게 된다. 구조물의 연결부에서 작용하는 내력의 결정은 어떠한 구조물 설계에서도 기본이 된다.

이러한 힘들을 구하는 방법을 간단하게 표현하고자, 구조물을 다음과 같이 3개의 범주로 분류한다.

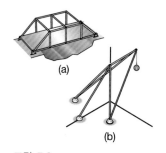

그림 7.2

1. **트러스**는 하중을 지지하고 이동을 방지하고자 설계하는 구조물이다. 트러스의 부품이나 부재들은 끝끼리 연결되어 조인트가 형성되는 길고 가느다란 직선 부재로 되어 있다. 이러한 조인트를 마찰이 없는 핀이 있는 연결부로 이상화할 수 있고, 부재의 중량을 조인트에서 전달되는 힘에 비하여 무시할 수가 있으면, 부재는 **2력 부재**로 볼 수 있다. 즉, 부재마다 작용하는 유일한 힘은 그 조인트 연결부에 걸리는 힘이며 이 힘은 부재의 축선을 따라 전달된다는 것을 의미한다. 이 직선 부재들은 인장력을 받거나 압축력을 받게 되며 굽힘이나 비틀림은 받지 않는다. 이러한 사실 때문에 가늘고 기다란 부재로 구성된 아주 가벼운 경량 구조물이 가능한 것이다. 부재가 조인트 힘에 의해 당겨지면 부재에는 인장력이 작용하게 되고 조인트 힘이 부재를 밀어 붙이게 되면 부재에는 압축력이 작용하게 된다. 인장 상태에 있는 부재는 조인트에 있는 핀에서 멀어지며 압축 상태에 있는 부재는 핀을 조인트에서 밀어붙인다. 트러스는 모든 부재들이 단일의 평면에 놓여 있는 상태의 평면 트러스일 수도 있고, 부재들이 단일의 평면에 있지 않고 하중을 어느 방향으로든지 지지할 수 있는 공간 트러스일 수도 있다. 평면 트러스는 그림 7.2(a)와 같고 공간 트러스는 그림 7.2(b)와 같다.

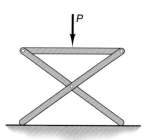

그림 7.3

2. **프레임**은 하중을 지지하고 이동을 방지하려고 설계하지만, 트러스와는 달리 3개 이상의 힘이 작용하는 부재가 적어도 한 개는 있다. 이 말은 프레임의 일부 부재는 단순 인장 부재나 단순 압축 부재로 모델링될 수 없으므로 설계를 할 때에는 굽힘 효과와 비틀림 효과를 고려해야 한다는 것을 의미한다. 이러한 다중 힘 부재들은 하나의 부재가 끝 점이 아닌 점에서 다른 부재들과 연결되기 때문에 발생하기도 하고 무게 중심에 작용하는 부재의 중량이 생각보다도 훨씬 무겁기 때문에 발생하기도 한다. 그림 7.3에는 간단한 프레임이 도시되어 있다.

3. 웹스터 사전은 **기계**를 '미리 정해진 방식으로 하나의 부품에서 또 다른 부품으로 힘, 운동, 에너지를 전달하는 부품들의 조립체'로 정의하고 있다. 정의대로라면,

기계는 가동 부품을 포함하고 있고 그중에 항상 적어도 하나는 다중 힘 부재이어야 한다. 그러므로 플라이어는 기계로 분류되고 있다. 제6장에서 해석한 단순 레버(지렛대)는 힘과 운동을 전달하기는 하지만, 단일의 부재이므로 대개는 기계로 분류하지 않는다.

7.2 평면 트러스

트러스 해석은 트러스의 모든 부재나 부품들을 2력 부재로 가정하는 모델에 기반을 두고 있다. 부재는 직선의 강체 요소로서 조인트라고 하는 연결부에서 하나 또는 그 이상의 요소와 핀 연결된다. 부재는 기계 설계에서는 **단순 링크(binary link)**라고 하고 구조 설계에서는 부재라고 한다. 2력 부재는 제6.5절에서 소개하였고 직선 2력 부재는 그림 7.4에 그려져 있다. 부재 ab가 평형 상태에 있으면, 두 힘은 크기가 같고 방향이 정반대이며 동일선 상에 작용한다. 그러므로

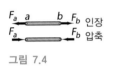

그림 7.4

$$\mathbf{F}_a + \mathbf{F}_b = 0 \tag{7.1}$$

직선 2력 부재는 인장력이나 압축력을 전달할 수 있으며, 힘의 작용선은 부재의 장 축선을 따른다.

그림 7.5

직선이 아닌 2력 부재는 그림 7.5에 도시되어 있다. 다시 또 말하자면, 부재가 평형 상태에 있으면, a와 b에서의 힘들은 크기가 같고 방향이 정반대이며 동일선 상에 작용한다. 그러나 이 경우에는 봉이 굽힘을 받게 될 것이 분명하다. 내력은 직선 부재에서보다 훨씬 더 복잡하지만, 정적 해석에서 직선 부재를 취급할 때와 마찬가지로 취급하면 된다.

트러스가 단지 2력 부재로만 구성되어 있으면, 조인트에서 부재 간의 연결부는 마찰이 없는 핀 조인트로 모델링하면 된다. 그렇지 않고, 조인트에서 모멘트 때문에 회전이 제한되게 되면, 트러스 부재는 2력 부재가 될 수가 없다. 실제 트러스에서는, 부재들은 그림 7.6과 같이 볼트로 연결 혹은 용접되거나 아니면 리벳 보강 판으로 연결된다. 보강 판은 부재 간에 굽힘 모멘트를 전달하기도 하는데, 이 때문에 2력 부재라는 가정을 더 이상 할 수가 없게 된다. 그러나 부재의 힘을 1차적으로 가정할 때에는 이 조인트를 마찰이 없는 핀 조인트로 모델링하면 된다.

이상화된 무마찰 핀

그림 7.6

대부분의 공학 해석은 가장 단순한 모델에서 시작하여 필요에 따라 더욱 더 복잡한 모델로 나아가게 된다. 이렇게 하는 것이 설령 잘못된 방법이라고 해도, 단순 모델에서 **1차 효과**가 나오게 되므로, 조인트에서의 모멘트와 같은 고차 효과는 별도로 조사하면 된다. 그러므로 이러한 단순 모델들은 강력한 설계 도구이다. 현대의 컴퓨터 툴이 사용되기 이전에, 단순 모델들에서 대부분의 설계 기반이 제공되었다. 이제 대부분의 설계 방법에서는 컴퓨터를 사용하여 한층 더 복잡한 모델을 풀고 있으므로, 여기에 제공되어 있는

방법들은 단지 출발점으로서의 역할을 할 뿐이다.

트러스를 핀 결합의 2력 부재로 모델링하게 되면, 모든 외부 하중과 지지는 조인트에 직접 작용하는 것으로 간주하여야 한다. 개별 부재의 중량은 무시될 때가 많지만, 부재의 중량을 고려해야 할 때에는 중량을 부재의 질량 중심에서 작용하는 것으로 모델링하면 안 된다. 중량이 질량 중심에서 작용하는 것으로 보게 되면, 부재는 2력 부재가 될 수가 없으므로, 구조물은 제7.9절에서 소개하는 방식으로 해석할 수밖에 없다. 소형 경량 구조물에서는 부재의 중량을 무시할 수 있지만, 대형 강재 교량에서는 부재의 중량을 무시하게 되면 좋지 않은 모델이 될 게 뻔하다. 부재의 중량은, 각각의 개별 부재의 중량의 절반이 부재의 양 끝에 작용한다고 보고 이 중량을 양 조인트에 작용하는 추가적인 외력으로 취급함으로써, 그 근삿값을 모델에 포함시킬 수 있다. 그림 7.7에는 이러한 모델이 그려져 있는데, 여기에서는 예컨대 W_{AB}가 부재 AB의 중량을 나타내고 있다.

각각의 부재의 중량이 조인트에서 작용하는 것으로 봄으로써 모든 부재를 2력 부재로 취급할 수가 있고 전체 구조를 평면 트러스로 모델링할 수가 있다는 점에 유의하여야 한다. 이렇게 하는 것이 근삿값에 지나지 않지만, 이는 부재 중량의 효과를 조사하는 데에는 쓸모가 있다.

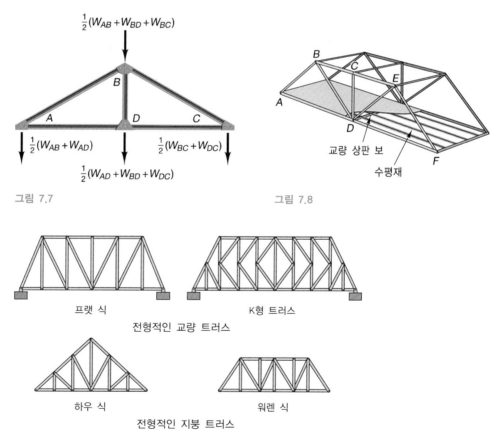

그림 7.7

그림 7.8

그림 7.9

평면 트러스는 그림 7.8과 같이 교량이나 다른 구조물에서 쌍으로 사용될 때가 많으며, 하중은 보와 수평재에 의해 트러스의 조인트로 전달된다. 그림에 그려진 교량의 양쪽 측면은 A, B, C, D, E, F 등에 조인트가 있는 2개의 동일한 평면 트러스로 구성되어 있다. 그림 7.9에는 일반적으로 사용되는 몇 가지 트러스가 예시되어 있다

7.3 단순 트러스

트러스 부재의 기본 배열 형태는 삼각형이다. 삼각형은 그림 7.10과 같이 지지가 제거되어도 외부 하중 하에서 그 형상을 유지하게 된다. 삼각형의 세 변의 길이는 고정되어 있으므로 이러한 트러스는 핀 연결이 헐거워져도 붕괴되지 않게 된다.

A와 C에서의 외부 반력으로 인하여 트러스가 공간에서 움직이지 않게 되므로 단일 강체로서의 트러스에 정적 평형이 제공되고 있다. 트러스 ABC를 강체라고 하였으므로 이 트러스는 세 부재의 인장과 압축을 통해서만 변형을 하게 된다. 트러스 설계에서는 압축 하중 하에서 길고 가느다란 부재가 좌굴(buckling)을 일으킬 수도 있으므로 압축 부재에 각별한 주의를 기울여야 한다는 점에 유의해야 한다. 부재의 좌굴은 부재를 변형체 재료로 취급하게 될 때 살펴볼 것이다. 좌굴의 효과는 잣대의 양 끝에 힘을 가해 밀어붙이면 잣대가 활처럼 휘어지는 것을 보면 쉽게 알 수 있다. 휘어진 잣대는 압축과 굽힘을 동시에 받게 된다.

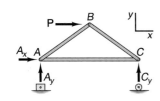

그림 7.10

그림 7.10과 같은 단순 트러스를 2차원 구조물로 모델링하게 되면, 이 구조물은 단지 3개의 지지 반력만으로 구속된다. 이 3개의 반력은 3개의 정적 평형 스칼라 식을 사용하여 구하면 된다. 만약에 C에서의 지지가 A에서의 지지와 동일하게 핀 지지이지만 롤러가 아니라면, 4개의 지지 반력이 있어야 하므로 이 문제는 부정정 문제가 되게 된다. 실제 구성에서는, 트러스의 한 쪽 끝이 로커 위에서 이동이나 유동을 할 수 있게 되어 있어 온도 변화로 인한 팽창이나 수축이 일어날 수 있게 되어 있다.

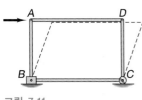

그림 7.11

트러스가 그림 7.11과 같이 4개의 부재의 사각형으로 되어 있으면, 강성을 발휘하지 못하게 된다. 즉, 하중을 받게 되면 붕괴된다. 그러나 그림 7.12와 같이 추가 부재를 더하면 2개의 삼각형을 형성하게 되어 트러스는 강성을 띠게 된다. 부재 AC를 구조물에 추가하게 되면 이제 트러스는 2개의 삼각형으로 구성되게 되어 강성을 띠게 된다는 점에 주목하여야 한다. 부재 AC 대신에 B에서 D로 이어지는 부재를 추가하여도 동일한 결과가 달성될 수 있다. 그러나 부재 AC와 BD를 동시에 추가하게 되면, 트러스는 **과잉강성(overrigid)** 상태가 되며, 추가 부재 가운데 하나는 **과잉**이라고 한다. 과잉 부재 내의 내력은 정적 해석으로는 구할 수가 없게 되어 이제 트러스는 부정정 문제가 되어 버린다.

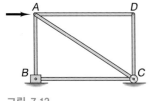

그림 7.12

그림 7.12에 있는 트러스는 삼각형 트러스 ABC에 조인트 D와 2개의 부재 AD와 CD를 추가하여 형성시키면 된다. 이런 식으로 조인트와 2개의 부재를 추가하여 더욱

더 삼각형을 많이 만듦으로써 계속해서 더욱 더 복잡한 트러스로 형성시킬 수 있다. 이런 식으로 구성해가는 트러스를 **단순 트러스**라고 하며, 이는 각각의 새로운 조인트마다 2개의 부재를 추가시키는 방식으로 형성되는 삼각형으로 구성된다. 단순 트러스에서 부재 개수 m과 조인트 개수 j 간의 관계는 다음과 같다.

$$m = 2j - 3 \qquad (7.2)$$

제7.4절에서는 간단한 트러스 해석 방법을 소개한다. 이 방법은 내력을 구하는 데 사용하는 것으로 **조인트 법**이라고 한다. 단순 평면 트러스의 조인트마다 조인트 핀에 2개의 평형 스칼라 식을 세우면 된다. 그러므로 식 (7.2)는 모든 m개의 내력과 3개의 외부 반력을 구하고자 풀 수 있는 충분한 평형 방정식이 있다는 것을 보여주고 있다. 이 식은 단순 트러스의 강성과 풀이가능성을 확인할 수 있는 간단한 수단을 제공해준다. 그러나 이것은 트러스가 안정하게 되는 데 필요조건일 뿐이지 충분조건은 아니다. 즉, 하나 또는 그 이상의 부재를 추가 구성하여도 트러스의 안정성에는 전혀 영향을 미치지 않게 될 수도 있다. $m + 3 > 2j$일 때에는, 부재가 필요한 개수보다 더 많으므로 트러스는 부정정 상태가 된다. $m + 3 < 2j$일 때에는, 트러스가 안정하게 되는 데 부재 개수가 부족하므로 어떤 하중 하에서는 트러스나 트러스 부재가 붕괴하기 마련이다.

7.4 조인트 법

초기에는 트러스를 해석하고자 하는 방법이 필요했고 컴퓨터 성능에는 한계가 있었으므로, 핀 연결 부재로 모델링되는 단순 트러스를 해석할 수 있는 특별한 방법이 개발되었다. 이러한 기법들은 **고전 해법**이라고 하여 아직까지도 사용되고 있으므로 그 이론을 완벽하게 이해한 다음 요즈음의 구조 공학자들이 사용하고 있는 최신 **행렬 해법**을 학습하여야 한다. 조인트 법은 행렬을 사용하기에 적합한 고전 해법 중의 하나로 이후 이를 설명할 것이다. 최신의 행렬 해법은 부재의 변형을 고찰하므로 정적 평형 방정식만으로는 전개할 수 없다. 그러나 트러스를 조인트에서 마찰이 없는 핀으로 연결되는 강성 2력 부재로 모델링하게 되면, 단지 평형만을 고려하여도 해석할 수 있다. 그림 7.10에 있는 단순 트러스의 모든 부재와 핀의 자유 물체도는 그림 7.13에 그려져 있다. 이 트러스에는 3개의 부재와 3개의 조인트가 있으므로 안정성과 풀이가능성 조건이 만족되고 있다는 점을 주목하여야 한다.

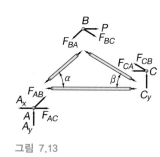

그림 7.13

작용력 P는 알고 있다고 가정하면, 미지력은 6개가 된다. 즉, 내력 F_{AB}, F_{AC}, F_{BC}와 3개의 지지 반력 A_x, A_y, C_y가 그것이다. 모든 내력이 인장 상태에 있다고 가정하면 평형 방정식도 이 가정과 일치되게 세워야 한다는 점에 유의하여야 한다. 만약에, 이 평형 방정식의 풀이 결과, 이 힘 값들 중에서 음(−)으로 나오는 값이 있으면, 이 부재는 가정한 대로 인장 상태가 아니라 압축 상태에 있음을 의미하게 되는 것이다.

조인트 법은 각각의 핀의 자유 물체도를 조사하여 이 각각의 핀에 공점력계가 작용하고 있다는 사실을 이해하는 것이 기초가 되어야 한다. 그러므로 평면 트러스에서는 각각의 핀에 대하여 다음과 같은 2개의 스칼라 평형 방정식을 세울 수 있다.

$$\sum F_x = 0$$

$$\sum F_y = 0 \tag{7.3}$$

각각의 부재 내력의 방향은 알고 있고 단지 이 힘들의 크기를 모를 뿐이다. 2개의 모르는 크기는 각각의 조인트에서 구할 수 있다. 그림 7.13에서, 핀 A에 작용하는 힘은 다음과 같다.

$$\mathbf{F}_{AB} = F_{AB}(\cos \alpha \hat{\mathbf{i}} + \sin \alpha \hat{\mathbf{j}})$$

$$\mathbf{F}_{AC} = F_{AC}$$

$$\mathbf{R}_A = A_x \hat{\mathbf{i}} + A_y \hat{\mathbf{j}} \tag{7.4}$$

이 조인트에는 4개의 미지력이 작용하지만, 단지 2개의 평형 방정식만을 세울 수 있다. 그러므로 조인트 법으로 풀이를 하려고 할 때에는 핀 A에서 시작해서는 안 된다. 전체 트러스를 강체로 취급하면, 전체 트러스에 대하여는 3개의 2차원 평형 방정식을 세울 수 있으므로 3개의 반력을 구할 수 있다. 그런 다음 핀 A에서 해석을 시작하여 핀 C로 진행하여 풀이를 끝마치면 된다. 어떠한 해법에서도, 이 트러스에서는 3개의 핀 각각에 스칼라 평형 방정식을 2개씩 세울 수 있으므로 이에 상응하게 단지 6개의 독립 평형 방정식밖에 세울 수 없다.

이와는 달리 접근하면, 조인트 B에 작용하는 힘들은 다음과 같다.

$$\mathbf{F}_{BA} = -\mathbf{F}_{AB} = F_{AB}(-\cos \alpha \hat{\mathbf{i}} - \sin \alpha \hat{\mathbf{j}})$$

$$\mathbf{F}_{BC} = F_{BC}(\cos \beta \hat{\mathbf{i}} - \sin \beta \hat{\mathbf{j}})$$

$$\mathbf{P} = P \hat{\mathbf{i}} \tag{7.5}$$

작용력 P는 알고 있으므로 평형을 이루려면 다음과 같이 되어야 한다.

$$\mathbf{F}_{BA} + \mathbf{F}_{BC} + \mathbf{P} = 0 \tag{7.6}$$

이 벡터 방정식은 다음과 같은 2개의 스칼라 방정식으로 쓸 수 있다.

$$-F_{AB} \cos \alpha + F_{BC} \cos \beta + P = 0$$

$$-F_{AB} \sin \alpha - F_{BC} \sin \beta = 0 \tag{7.7}$$

이 식을 미지의 내력 F_{AB}와 F_{BC}에 관하여 풀면, 다음과 같다.

$$F_{BC} = \frac{-P \sin \alpha}{\cos \beta \sin \alpha + \sin \beta \cos \alpha} \tag{7.8}$$

$$F_{AB} = \frac{P \sin \beta}{\cos \beta \sin \alpha + \sin \beta \cos \alpha}$$

부재 BC는 압축 상태[(−) 부호에 주목]에 있고 부재 AB는 인장 상태에 있다. 조인트 C의 자유 물체도를 조사하면 부재 AC에서의 힘과 조인트 C에서의 단일 반력을 구할 수 있다. 힘의 평형에서 다음과 같이 나온다.

$$-F_{AC} - F_{BC}\cos\beta = 0$$
$$F_{BC}\sin\beta + C_y = 0$$

그러므로 다음과 같다.

$$F_{AC} = \frac{P\sin\alpha\cos\beta}{\cos\beta\sin\alpha + \sin\beta\cos\alpha} \tag{7.9}$$

$$C_y = \frac{P\sin\alpha\sin\beta}{\cos\beta\sin\alpha + \sin\beta\cos\alpha}$$

마지막으로 남아 있는 미지력들은 A에서의 반력들이므로, 이들은 A에 있는 핀의 평형을 조사하여 구하면 된다. 평형 방정식은 다음과 같다.

$$F_{AB}\cos\alpha + F_{AC} + A_x = 0$$
$$F_{AB}\sin\alpha + A_y = 0$$
$$A_x = -P \tag{7.10}$$
$$A_y = \frac{-P\sin\alpha\sin\beta}{\cos\beta\sin\alpha + \sin\beta\cos\alpha}$$

이와는 다르게, A와 C에서의 반력 또한 전체 구조물을 단일의 강체로 취급하여 세운 평형 방정식을 조사하여 구할 수 있다.

조인트 연결부 중에는 특별한 연결부는 해석이 가능하므로 부재 힘을 쉽게 구할 수 있다. 조인트에 단지 3개의 부재만 관여되어 있을 때에는 이 중에서 두 부재의 축선들은 공선상태를 이루게 되므로, 세 번째 부재의 힘은 이 조인트에 작용하는 외부 하중이나 반력이 없으면 관찰로도 구할 수가 있다. 그림 7.14에는 이러한 조인트가 도시되어 있으므로 이를 살펴보기로 하자. 조인트 핀의 평형에서 다음이 나온다.

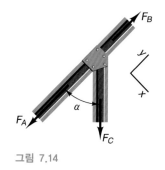

그림 7.14

$$-F_A\hat{\mathbf{j}} + F_B\hat{\mathbf{j}} + F_C(\sin\alpha\hat{\mathbf{i}} - \cos\alpha\hat{\mathbf{j}}) = 0$$

이 조인트에는 외력이 전혀 작용하고 있지 않으므로, x방향으로 작용하는 힘들을 살펴보면 다음이 됨을 알 수 있다.

$$\mathbf{F}_c = 0 \tag{7.11}$$

또한 힘 $\mathbf{F}_A$와 $\mathbf{F}_B$는 크기가 같아야 하고 둘 다 인장력이거나 압축력이어야만 한다. 그러므로 다음과 같이 된다.

$$|\mathbf{F_A}| = |\mathbf{F_B}| \tag{7.12}$$

부재 C는 이 경우에 불필요한 것처럼 보이지만, 이와는 다른 하중 환경에서는 외력을

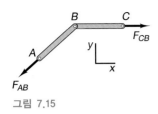

그림 7.15

지지하는 데 필요할 수 있다.

조인트에 단지 2개의 부재만 관여되어 있을 때에는, 조인트는 외력이나 반력이 걸리지 않으므로 두 부재의 축선들이 공선 상태를 이루지 않는 한, 두 부재의 내력은 0이 된다. 이러한 유형의 조인트 예가 그림 7.15에 그려져 있다. y방향 힘의 합 계산에서는 다음과 같이 됨을 알 수 있다.

$$\mathbf{F}_{AB} = 0 \tag{7.13}$$

그러므로 BC의 힘 또한 다음과 같이 0이 되어야 한다.

$$\mathbf{F}_{CB} = 0 \tag{7.14}$$

다시 강조하면, 이 내용은 **오직 이 조인트에 어떠한 외력이나 반력도 전혀 작용하지 않을 때**에만 성립한다.

마지막으로 특별한 경우는 그림 7.16과 같이 4개의 부재로 구성되어 있는 조인트로서 여기에서 네 부재의 축선들은 2개의 교선 중 하나와 공선을 이룬다. y방향 힘의 합 계산에서는 $\mathbf{F}_{CB}$와 $\mathbf{F}_{CD}$는 그 크기가 같으므로 $\mathbf{F}_{CA}$와 $\mathbf{F}_{CE}$ 또한 그 크기가 같다는 점을 알 수 있다. 이 내용은 오직 조인트 C에 어떠한 외부 하중이나 반력도 전혀 작용하지 않을 때에만 성립된다는 점에 유의하여야 한다.

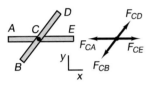

그림 7.16

이와 같은 특별한 상황은 관찰만으로도 해석할 수 있지만, 이러한 경우에는 제한 조건을 부적절하게 적용하게 되면 오류가 발생할 수도 있으므로 매우 조심해야 한다. 예를 들어 그림 7.17과 같은 트러스를 살펴보자. 조인트 B를 살펴보게 되면 BC의 힘은 0이 되고 AB와 BD는 그 힘의 크기가 서로 같으며 두 힘은 모두 인장력이거나 아니면 압축력이라는 사실을 알 수 있다. 이와 비교하기 위해서는, 대칭 위치에 있는 조인트 I를 외력이 작용하고 있는 상태에서 해석하면 된다. 조인트 F는, 간단히 살펴보기만 해도, 부재 EF가 인장 상태로 20 kN의 내력을 받고 있으며, 힘 CF와 FH는 그 크기가 서로 같다는 것을 알 수 있게 된다.

어떤 조건에서는 전혀 하중을 지지하고 있지 않은 부재라도 외부 부하 조건이 달라지면 하중을 지지하게 된다는 점에 유의하여야 한다. 이러한 부재들은 또한 트러스의 강성을 유지하고 트러스의 중량을 지지하는 데 없어서는 안 되는 부재가 되기도 한다.

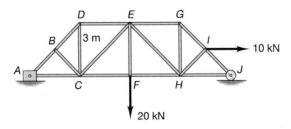

그림 7.17

다음 트러스에서 각각의 부재에 작용하는 하중과 반력을 구하라.

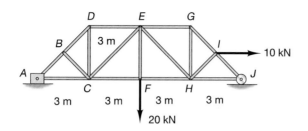

풀이 미지수가 단지 2개인 조인트는 전혀 없다는 점에 유의하면서 구조물이 강체라고 보고 해석을 시작하기로 한다. 전체 구조물의 자유 물체도는 다음과 같다.

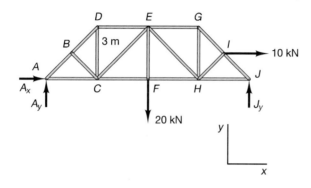

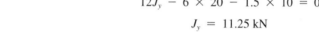

지지점 A에 관하여 모멘트를 취하면 (반력 A_x와 A_y는 식에 나타나지 않게 되고) 다음의 식이 나온다.

$$12J_y - 6 \times 20 - 1.5 \times 10 = 0$$

$$J_y = 11.25 \text{ kN}$$

전체 구조물에 대하여 x방향과 y방향의 힘을 각각 합하여 다음을 구한다.

$$A_x = -10 \text{ kN [음(-)의 부호는 이 힘이 } -x\text{방향을 향하고 있음을 의미]}$$

$$A_y = 20 - 11.25 = 8.75 \text{ kN}$$

조인트 B를 살펴보면 다음과 같음을 알 수 있다.

$$\mathbf{F_{BC}} = 0 \quad \mathbf{F_{AB}} = \mathbf{F_{BD}}$$

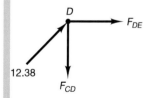

조인트 A를 살펴보면, 핀의 자유 물체도(해당 그림 참조)를 그릴 수 있다. y방향의 힘을 합하면 다음이 나온다.

$$F_{AB} = -8.75/\sin(45°) = -12.38 \text{ kN (압축)}$$

x방향의 힘을 합하면 다음과 같다.

$$F_{AC} = 10 - (-12.38)\cos(45°) = 18.75 \text{ kN (인장)}$$

조인트 D의 자유 물체도에서 다음이 나온다.

$$F_{DE} = -(12.38)\sin(45°) = -8.75 \text{ kN (압축)}$$

$$F_{CD} = (12.38)\cos(45°) = 8.75 \text{ kN (인장)}$$

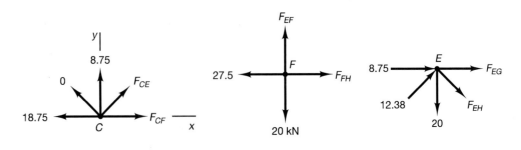

조인트 C의 자유 물체도에서 다음을 구할 수 있다.

$$F_{CE} = -8.75/\sin(45°) = -12.38 \text{ kN (압축)}$$

$$F_{CF} = 18.75 - (-12.38)\cos(45°) = 27.50 \text{ kN (인장)}$$

조인트 F의 자유 물체도에서 다음을 구할 수 있다.

$$F_{EF} = 20 \text{ kN} \quad \text{(인장)}$$

$$F_{FH} = 27.5 \text{ kN (인장)}$$

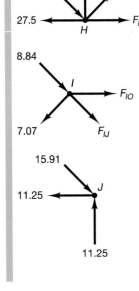

조인트 E의 자유 물체도에서 다음이 나온다.

$$F_{EH} = -[20 - 12.38\cos(45°)]/\cos(45°) = -15.91 \text{ kN (압축)}$$

$$F_{EG} = -[8.75 + 12.38\sin(45°) - 15.91\sin(45°)] = -6.25 \text{ kN (압축)}$$

조인트 G의 자유 물체도에서 다음을 구할 수 있다.

$$F_{GF} = -6.25/\cos(45°) = -8.84 \text{ kN (압축)}$$

$$F_{GH} = -(-8.84)\sin(45°) = 6.25 \text{ kN (인장)}$$

조인트 H의 자유 물체도에서 다음이 나온다.

$$F_{HI} = [15.91\sin(45°) - 6.25]/\sin(45°) = 7.07 \text{ kN (인장)}$$

$$F_{HJ} = [27.5 - 15.91\cos(45°) - (7.07)\cos(45°)] = 11.25 \text{ kN (인장)}$$

조인트 I의 자유 물체도에서 다음이 나온다.

$$F_{IJ} = [-8.84 - 10\cos(45°)] = -15.91 \text{ kN (압축)}$$

7.5 행렬 해법을 사용한 조인트 법

제7.4절에서는, 조인트 법을 사용하여 트러스를 구성하는 각각의 부재 내력을 구하였다. 트러스가 정정(정역학적으로 결정할 수 있음) 상태이면, 조인트의 개수와 내부 부재의 개수 및 반력과의 관계를 다음 식과 같이 나타낼 수 있다.

$$2j = m + r \tag{7.15}$$

여기에서, j는 조인트의 개수이고, m은 내부 부재의 개수이며, $r = 3$은 외부 반력의 개수이다.

평면 트러스에서는, 각각의 조인트마다 2개의 평형 방정식을 세울 수 있으므로, 미지의 부재 내력과 외부 반력의 개수와 동일한 개수의 식이 나온다. 외부 반력은 또한 전체 트러스를 강체로 취급함으로써 구할 수 있으므로 각각의 조인트마다 2개씩 되어 있는 연립 방정식을 풀어 부재의 내력을 구할 수 있다. 예제 7.1에서는, 트러스가 조인트가 10개이므로 각각의 조인트마다 2개씩 선형 식으로 되어 있는 10개의 연립 방정식을 풀었다. 그러나 이는 지루한 수치처리 과정이므로 구조 공학 현업에서는 사용되지 않는다.

조인트 법은 행렬 표기법으로 쓸 수 있으므로 현대의 컴퓨터 툴을 사용하여 부재 내력과 반력을 구할 수 있다. 각각의 조인트에서는, 부재 내력을 그 힘의 크기와 해당 부재의 중심 축선을 따르는 단위 벡터의 곱으로 (부호 규약에 따라 그 힘이 인장력인지 압축력인지를 고려하여) 표현할 수 있다. 예를 들어, 그림 7.10과 같은 단순 평면 트러스와 그림 7.18에 도시되어 있는 일반적인 자유 물체도를 살펴보기로 하자. 외력은 자유 물체도의 각각의 조인트에 그려져 있으며, 이 힘들은 작용력을 나타낸다. 반력 A_x, A_y, C_y 또한 그려져 있다. 행렬 해를 공식 형태로 표현하려면, 모든 내력을 인장력으로 가정해야 한다. 답의 부호가 해당 힘이 실제로 압축력인지 인장력인지를 나타내게 된다. 조인트 A에 작용하는 부재 AB의 내력은 다음과 같다.

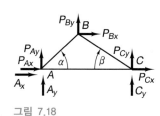

그림 7.18

$$\mathbf{F}_{AB} = F_{AB}(\cos\alpha\hat{\mathbf{i}} + \sin\alpha\hat{\mathbf{j}})$$

조인트 B에 작용하는 부재 AB의 내력은 방향이 정반대이므로, 단위 벡터는 위의 식에 음(−)의 부호를 취한 것과 같다. 즉

$$\mathbf{F}_{BA} = -\mathbf{F}_{AB} = F_{AB}(-\cos\alpha\hat{\mathbf{i}} - \sin\alpha\hat{\mathbf{j}})$$

완전히 일반적인 경우에는, 외부 하중 F_x, F_y가 각각의 조인트에 작용한다는 사실에 유의하여야 한다. 각각의 조인트 A, B, C에 대한 2개의 평형 방정식은 다음과 같이 쓸 수 있다.

$$\cos\alpha(F_{AB}) + (F_{AC}) + 0(F_{BC}) + (A_x) + 0(A_y) + 0(C_y) = -P_{Ax}$$

$$\sin\alpha(F_{AB}) + 0(F_{AC}) + 0(F_{BC}) + 0(A_x) + A_y + 0(C_y) = -P_{Ay}$$

$$-\cos\alpha(F_{AB}) + 0(F_{AC}) + \cos\beta(F_{BC}) + 0(A_x) + 0(A_y) + 0(C_y) = -P_{Bx}$$

$$-\sin\alpha(F_{AB}) + 0(F_{AC}) - \sin\beta(F_{BC}) + 0(A_x) + 0(A_y) + 0(C_y) = -P_{By}$$

$$0(F_{AB}) - F_{AC} - \cos\beta(F_{BC}) + 0(A_x) + 0(A_y) + 0(C_y) = -P_{Cx}$$

$$0(F_{AB}) + 0(F_{AC}) + \sin\beta(F_{BC}) + 0(A_x) + 0(A_y) + C_y = -P_{Cy}$$

이 연립 방정식은 $[C][F] = [-P]$와 같은 행렬 표기법으로 쓸 수 있는데, 여기에서 $[C]$는 계수 행렬이고, $[F]$는 미지의 내력과 반력의 열 행렬이며, $[-P]$는 작용력에 (−) 부호를 붙인 열 행렬이다. 이 행렬들은 다음과 같다.

$$[C] = \begin{bmatrix} \cos\alpha & 1 & 0 & 1 & 0 & 0 \\ \sin\alpha & 0 & 0 & 0 & 1 & 0 \\ -\cos\alpha & 0 & \cos\beta & 0 & 0 & 0 \\ -\sin\alpha & 0 & -\sin\beta & 0 & 0 & 0 \\ 0 & -1 & -\cos\beta & 0 & 0 & 0 \\ 0 & 0 & \sin\beta & 0 & 0 & 1 \end{bmatrix}$$

$$[F] = \begin{bmatrix} F_{AB} \\ F_{AC} \\ F_{BC} \\ A_x \\ A_y \\ C_y \end{bmatrix} \qquad [-P] = \begin{bmatrix} -P_{Ax} \\ -P_{Ay} \\ -P_{Bx} \\ -P_{By} \\ -P_{Cx} \\ -P_{Cy} \end{bmatrix}$$

트러스의 기하형상 특징과 지지 특성은 $[C]$ 행렬의 요소에 함의되어 있다. 이 행렬은 부재들의 방향과 이 부재들이 어떻게 각각의 조인트에서 연결되어 있는지를 나타내고 있을 뿐만 아니라 반력의 위치와 유형을 보여준다. 이 $[C]$ 행렬은 특정한 트러스의 특징을 나타내고 있으므로 이러한 트러스에 작용하는 어떠한 부하에도 적용할 수 있다. 그러므로 일단 결정만 되면, 행렬 $[C]$는 어떠한 작용 하중 $[-P]$에 대해서도 행렬 $[F]$에 들어 있는 내부 하중과 반력 하중을 계산하는 데 사용할 수 있다.

행렬식은, 수학 팁 7.1과 같이, 해석적으로 풀어서 어떠한 일반적인 부하에 대해서도 열 행렬 $[F]$를 구할 수 있다. 대개는 트러스를 해석적이 아니라 수치적으로 풀긴 하지만, 이러한 단순 트러스의 해석적 해는 트러스 각도 α와 β에 대한 내력의 종속성을 알아보는 데 사용할 수 있다.

수학 팁 7.1

$$[F] = \begin{bmatrix} \cos(\alpha) & 1 & 0 & 1 & 0 & 0 \\ \sin(\alpha) & 0 & 0 & 0 & 1 & 0 \\ -\cos(\alpha) & 0 & \cos(\beta) & 0 & 0 & 0 \\ -\sin(\alpha) & 0 & -\sin(\beta) & 0 & 0 & 0 \\ 0 & -1 & -\cos(\beta) & 0 & 0 & 0 \\ 0 & 0 & \sin(\beta) & 0 & 0 & 1 \end{bmatrix} \begin{bmatrix} -P_{Ax} \\ -P_{Ay} \\ -P_{Bx} \\ -P_{By} \\ -P_{Cx} \\ -P_{Cy} \end{bmatrix} =$$

$$\begin{bmatrix} \dfrac{(\sin(\beta) \cdot P_{Bx} + \cos(\beta) \cdot P_{By})}{(\cos(\alpha) \cdot \sin(\beta + \sin(\alpha) \cdot \cos(\beta))} \\[3mm] \dfrac{(\sin(\alpha) \cdot \cos(\beta) \cdot P_{Bx} - \cos(\alpha) \cdot \cos(\beta) \cdot P_{By} + P_{Cx} \cdot \cos(\alpha) \cdot \sin(\beta)) + P_{Cx} \cdot \sin(\alpha) \cdot \cos(\beta)}{(\cos(\alpha) \cdot \sin(\beta + \sin(\alpha) \cdot \cos(\beta))} \\[3mm] \dfrac{(\sin(\beta) \cdot P_{Bx} + \cos(\beta) \cdot P_{By})}{(\cos(\alpha) \cdot \sin(\beta) + \sin(\alpha) \cdot \cos(\beta))} \\[3mm] -P_{Ax} - P_{Bx} - P_{Cx} \\[3mm] \dfrac{-(P_{Ay} \cdot \cos(\alpha) \cdot \sin(\beta) + P_{Ay} \cdot \sin(\alpha) \cdot \cos(\beta) \cdot P_{By} + \sin(\alpha) \cdot \sin(\beta) \cdot P_{Bx} + \sin(\alpha) \cdot \cos(\beta) \cdot P_{By})}{(\cos(\alpha) \cdot \sin(\beta) + \sin(\alpha) \cdot \cos(\beta))} \\[3mm] \dfrac{(\sin(\alpha) \cdot \sin(\beta) \cdot P_{Bx} - \cos(\alpha) \cdot \sin(\beta) - P_{By} - P_{Cx} \cdot \cos(\alpha) \cdot \sin(\beta) - P_{Cy} \cdot \sin(\alpha) \cdot \cos(\beta))}{(\cos(\alpha) \cdot \sin(\beta) + \sin(\alpha) \cdot \cos(\beta))} \end{bmatrix}$$

이 트러스에서는, 각각의 부재 내력 값과 수직 반력의 값이 다음 식에 반비례한다.

$$\sin(\alpha + \beta) = \cos(\alpha)\sin(\beta) + \sin(\alpha)\cos(\beta)$$

그러므로 단순 삼각형 트러스에서는 부재 내력과 반력은 $(\alpha + \beta) = 90°$일 때 최소가 된다. 다음의 수학 팁 7.2와 7.3에서 알게 되겠지만, 이 결과는 특정한 하중조건에서 바뀌기도 한다. 첫 번째, 단위 수직 하중 P_{By}가 작용하고 있을 때, AB와 AC의 내력과 수직 반력 A_y를 $\alpha = \beta$일 때 각도 α의 함수로 결정한다. 두 번째, B에서의 하중이 수직선과 30°를 이루어 작용하고 있을 때, AB, AC, BC의 내력을 $\alpha = \beta$일 때 각도 α의 함수로 조사하는 것이다.

컴퓨터 연산을 할 때 어려움을 줄이고자 초기에 개발된 기법을 포함했던 많은 구식 해법들은 최신의 소프트웨어 때문에 사라지게 되었다.

수학 팁 7.2

삼각형이 대칭을 이루고(즉, 두 각이 같고) 이 각도의 값 α가 5°에서 85°까지 변하는 경우를 살펴보자. (트러스는 0°와 90°에서 불안정하게 된다.) 단위 수직 하중은 B에 작용한다. 그러므로 다음과 같다.

$$\alpha = 5°, \ 10°, \ ..., \ 85°$$

$$AB(\alpha) = \frac{\cos(\alpha)}{2 \cdot \sin(\alpha) \cdot \cos(\alpha)}$$

$$AC(\alpha) = \frac{\cos(\alpha)}{2 \cdot \sin(\alpha) \cdot \cos(\alpha)}$$

$$Ay(\alpha) = \frac{\cos(\alpha)}{2 \cdot \sin(\alpha) \cdot \cos(\alpha)}$$

이 대칭의 경우에는, 2개의 부재 AB와 BC는 내력이 동일하게 되며, A와 C에서의 수직 반력 또한 동일하게 된다. 양(+)의 단위 수직 하중이 B에 작용한다. 결과는 다음과 같이 나온다.

$$AB(45°) = 0.707 \qquad AC(45°) = -0.5 \qquad Ay(45°) = -0.5$$

각도 α에 대한 AB, AC의 내력과 반력 Ay의 그래프는 그림과 같다.

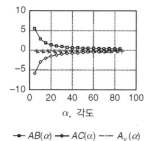

$\rightarrow AB(\alpha) \quad \rightarrow AC(\alpha) \quad \cdots A_y(\alpha)$

삼각형이 대칭을 이루고(즉, 두 각이 같고) 이 각도의 값 α가 5°에서 85°까지 변하는 경우를 살펴보자. 트러스는 0°와 90°에서 불안정하게 된다. 단위 수직 하중은 B에서 수직선과 30°를 이루어 작용한다. 그러므로 다음과 같이 된다.

$$\alpha = 5°, 10°, \ldots, 85° \qquad P_{Bx} = 0.5 \qquad P_{By} = 0.866$$

$$AB(\alpha) = \frac{\sin(\alpha) \cdot P_{Bx} + \cos(\alpha) \cdot P_{By}}{2 \cdot \sin(\alpha) \cdot \cos(\alpha)}$$

$$AC(\alpha) = \frac{\sin(\alpha) \cdot \cos(\alpha) \cdot P_{Bx} - \cos(\alpha)^2 \cdot P_{By}}{2 \cdot \sin(\alpha) \cdot \cos(\alpha)}$$

$$BC(\alpha) = \frac{-\sin(\alpha) \cdot P_{Bx} + \cos(\alpha) \cdot P_{By}}{2 \cdot \sin(\alpha) \cdot \cos(\alpha)}$$

이들은 부재 내력을 트러스 각도의 함수로 나타낸 값이다(그림 참조).

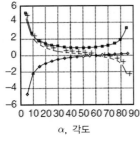

α, 각도

$\rightarrow AB(\alpha) \rightarrow AC(\alpha) -+- AB(\alpha)$

연습문제

7.1 그림 P7.1에서, 점 C에 있는 조인트의 평형 방정식을 사용하여, AC와 CE에 걸리는 힘이 서로 같고 BC와 CD에 걸리는 힘이 서로 같음을 증명하라.

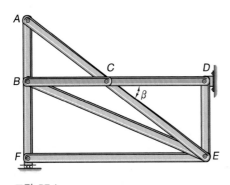

그림 P7.1

7.2 조인트 법을 사용하여, 그림 P7.2와 같이 하중을 받고 있는 각각의 부재에 걸리는 힘을 계산하고, 각각의 부재가 인장 상태인지 아니면 압축 상태인지를 설명하라. 또한, 점 A와 C에서의 반력을 계산하라.

7.3 조인트 법을 사용하여, 그림 P7.3과 같은 트러스의 각각의 부재에 걸리는 힘을 계산하고, 핀 B와 롤러 C에서의 반력도 함께 계산하라.

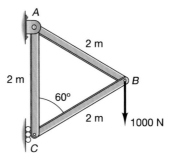

그림 P7.2

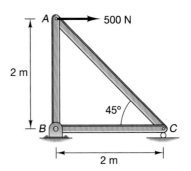

그림 P7.3

7.4 조인트 법을 사용하여, 그림 P7.4와 같은 트러스의 각각의 부재에 걸리는 힘을 계산하고, 점 B에 있는 핀과 점 C에 있는 롤러의 반력도 함께 계산하라.

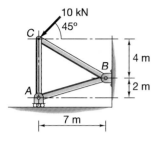

그림 P7.4

7.5 핀 A에 10 kN의 힘이 수평 방향 오른쪽으로 작용하고 점 C에는 외력이 전혀 작용하지 않을 때, 문제 7.4를 다시 풀어 부재에 걸리는 힘에 대한 하중 변화의 효과를 조사하라.

7.6 (a) 그림 P7.6과 같은 트러스의 각각의 부재에 걸리는 힘을 계산하라. 또한, 점 C에 있는 핀과 점 A에 있는 롤러의 반력을 계산하라. (b) 점 D에 100 N의 힘을 수직 방향 아래쪽으로 가하게 되면, 어떤 변화가 일어나는가?

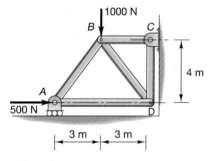

그림 P7.6

7.7 작은 인도교가 그림 P7.7에 표시된 하중을 지지하고 있다. 각각의 부재에 걸리는 힘을 계산하고, 각각의 부재가 인장 상태인지 아니면 압축 상태인지를 설명하라. 또한, 점 A에 있는 핀과 점 D에 있는 롤러에서의 반력을 계산하라.

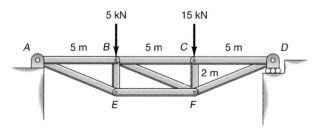

그림 P7.7

7.8 그림 P7.8과 같이, 그림 7.7의 인도교 구조물의 위아래를 뒤집어 놓고 각각의 부재에 걸리는 하중을 계산하라. 그런 다음, 각각의 하중이 인장 상태인지 아니면 압축 상태인지를 설명하고, 점 A에 있는 핀과 점 D에 있는 롤러에서의 반력을 계산하라.

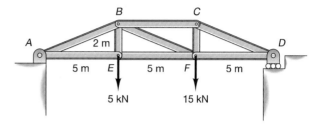

그림 P7.8

7.9 그림 P7.9와 같이, 캔틸레버형 트러스를 사용하여 하중 L_1과 L_2로 표시되어 있는 상판을 지지하고 있다. 하중 L_3는 트러스에 작용하는 바람 하중을 나타낸다. 이 문제는, 다음의 두 문제와 마찬가지로, 하중 조건이 변함에 따라 A에 있는 핀과 B에 있는 롤러에서의 반력값과 트러스의 각각의 부재에 걸리는 힘을 검토하는 것이다. 이렇게 검토하는 것이 설계의 구성 요소는 아니지만, 이는 설계자가 답을 제시해야 하는 문제 유형(즉, "만약에 … 한다면, 어떻게 될까?", 여기에서는 "하중이 변한다면 어떻게 될까?")이다. $L_1 = L_3 = 0$이고 $L_2 = 500$ N일 때, 모든 내력과 반력을 계산하라.

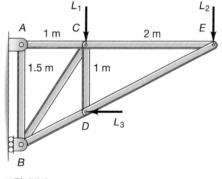

그림 P7.9

7.10 하중 구성이 $L_1 = 1000$ N, $L_2 = 500$ N 및 $L_3 = 0$일 때, 그림 P7.9의 장치의 조인트 힘과 반력을 계산하라.

7.11 그림 P7.9와 같은 앞의 두 문제의 캔틸레버형 트러스를 살펴보고, 대략 1000 N의 바람 하중이 가해질 때 각각의 부재에 걸리는 힘을 계산하라. 즉, $L_1 = 1000$ N, $L_2 = 500$ N 및 $L_3 = 1000$ N이다. 어느 부재가 인장 상태이고 압축 상태인지를 설명하고, 반력도 함께 구하라.

7.12 앞의 세 문제의 트러스를, 점 E는 벽에서 3 m가 튀어나온 상태 그대로 두고, 길이 AB는 1.5 m를 2 m로 바꿔서 설계 변경을 하였다(그림 P7.9 참조). L_2 = 500 N일 때, 각각의 부재에 걸리는 힘과 반력을 계산하라.

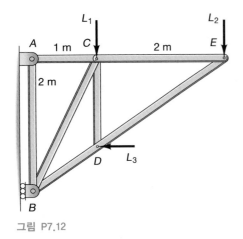

그림 P7.12

7.13 L_1 = 1000 N, L_2 = 500 N 및 L_3 = 0일 때, 그림 P7.12의 구조에서 각각의 부재에 걸리는 힘과 반력을 계산하라.

7.14 L_1 = 1000 N, L_2 = 500 N 및 L_3 = 1000 N일 때, 그림 P7.12의 구조에서 각각의 부재에 걸리는 힘과 반력을 계산하라.

7.15 그림 P7.15와 같이, 승강 기구가 트럭의 뒷부분에 장착되어 있다. 다음의 각각의 경우에 각각의 부재에 걸리는 힘과 점 A와 B에서의 반력을 계산하라. (a) α = 0, (b) α = 15° 및 (c) α = 30°. 점 D에 있는 풀리의 직경은 무시한다.

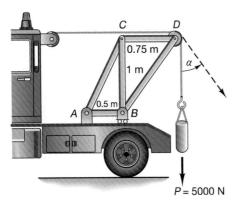

그림 P7.15

7.16 돌출형 지붕을 지지하는 구조물이 단순 트러스로 설계되어 F = 5 kN의 하중을 지지하고 있다(그림 P7.16 참조). 점 A와 B에서의 반력과 각각의 부재에 걸리는 힘을 계산하라. 또한, 각각의 부재가 인장 상태인지 아니면 압축 상태인지를 설명하라.

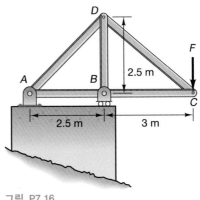

그림 P7.16

7.17 밀도가 균일하고 질량이 25 kg인 간판이 5개의 부재로 되어 있는 트러스로 지지되고 있다(그림 P7.17 참조). 각각의 부재에 걸리는 힘과 점 A와 B에서의 반력을 계산하라.

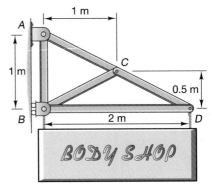

그림 P7.17

7.18 (a) 그림 P7.17의 간판을 지지하고 있는 프레임에서, 500 N으로 모델링되는 눈이 점 C와 D에 수직 방향 아래쪽으로 작용하고 있을 때, 점 A와 B에서의 반력과 각각의 부재에 걸리는 힘을 계산하라. 이 간판은 밀도가 균일하고 질량이 25 kg이다. (b) 역시, 문제 7.17를 풀고 나서 두 문제의 답을 비교해보라. 어느 부재에 걸리는 하중이 심하게 변하는가?

7.19 그림 P7.19에서, 소형 스포츠 차량용으로 잭을 지지하는 스탠드는 핀으로 연결된 5링크 기구로 1500 N의 하중을 지지한다. (a) 점 A와 B에서의 반력과 각각의 부재에 걸리는 힘을 계산하라. (b) 부재 BD는 필요한 부재인가? 있어야 된다고 생각하는 하중은 어떠한 하중인가? 답을 설명하라.

7.20 그림 P7.19와 같은 스탠드에서, 각각의 부재에 걸리는 힘의 값이 최소가 되는 각도 θ를 선정하는 설계를 주문받았다고 하자. 풀이에서 구속 조건은, 스탠드는 그 높이가 0.15 m(즉, DB = 0.15 m)이어야 하고 그 폭(선 AC로 측정됨)은 0.4 m 보다 더 작아야 한다는 것이다. 스탠드가 지지해야 하는 최대 하중은 1500 N이다.

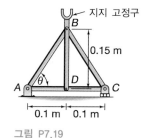

그림 P7.19

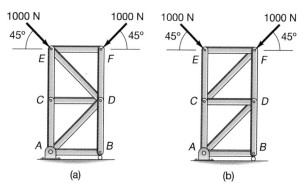

(a)   (b)

그림 P7.24

7.21 그림 7.7에서 제시된 근사식을 사용하여 평면 트러스 가정이 이전과 마찬가지로 성립되도록 하여, 모든 부재의 중량 효과를 고려하여 문제 7.19를 다시 풀어라. 각각의 부재의 질량은 $m_{AB} = 0.5$ kg, $m_{BC} = 0.42$ kg, $m_{BD} = 0.42$ kg 및 $m_{AD} = m_{CD} = 0.28$ kg이다. 이 경우에 질량을 고려하여 문제를 푸는 것이 중요하다고 생각하는가?

7.22 작용력이 50 N로 줄었을 때, 문제 7.21을 다시 풀어라.

7.23 크레인을 사용하여 10^5 N의 최대 하중을 들어올리려고 한다 (그림 P7.23 참조). $\theta = 26.6°$, $\beta = 29.7°$ 및 $\gamma = 68.2°$일 때, 각각의 부재에 걸리는 하중을 계산하고 점 A에서의 반력과 케이블 T의 인장력도 함께 계산하라. 어느 부재가 인장 상태이고 압축 상태인지를 설명하라.

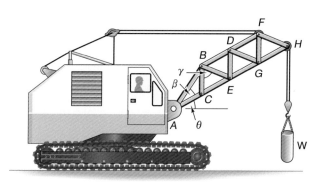

그림 P7.23

7.24 그림 P7.24와 같이, 9개의 부재로 구성해볼 수 있는 구조물이 2가지 있다. 주어진 하중에서, 어떤 구성에서 그 부재들이 최대 힘을 지지할까?

7.25 그림 P7.25에서, 주어진 하중에 대하여 9개의 부재로 구성된 3개의 구조물의 모든 내력과 반력을 계산하라. 어느 설계에서 가장 작은 최대 부재 힘이 발생하게 되는지를 설명하고, 이 3개의 설계 중에서 어느 설계를 선정하고 싶은지를 설명하라.

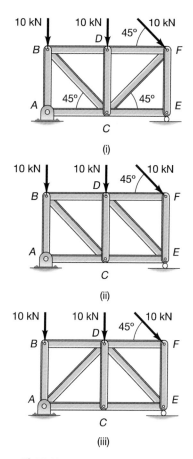

(i)

(ii)

(iii)

그림 P7.25

7.26 최대 바람 하중값이 100 kN일 때, 그림 P7.26의 구조물 중에서 어느 형상이 0과 π 라디안 사이의 θ값에서 가장 밑에 있는 부재에 최대 힘을 발생시키는가?

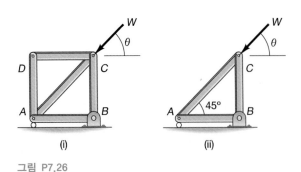

(i)   (ii)

그림 P7.26

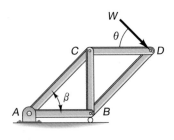

그림 P7.27

7.27 지지 구조물(그림 P7.27 참조)에 작용하는 바람 하중은 최대값이 W = 1000 N으로 알려져 있다. 그러나 바람 방향 θ는 0°와 180° 사이에서 변할 수 있다. 부재의 중량을 무시하고 β = 22°라고 할 때, 부재 힘 크기의 최댓값을 부재마다 힘을 θ로 나타내어 해석적으로 풀어 계산하고, θ가 5°의 증분으로 변한다고 하고 각각의 부재 힘을 θ의 함수로 하여 그래프를 그려라. 구조물이 정적 상태를 유지하지 못하게 되는 특정 θ값이 존재하는가?

7.28 β = 45°라고 할 때, 문제 7.27을 다시 풀어라. 문제 7.27의 결과와 본 문제의 결과의 두 경우 간의 하중을 비교하라.

7.29 부재의 질량을 모델에 포함시켜서 문제 7.27을 다시 풀어라. 각각의 부재는 질량이 10 kg이라고 가정하고 그림 7.7에서 제시한 방법을 사용하여 근사적으로 풀어라.

7.30 β = 45°라고 할 때, 문제 7.29를 다시 풀어라. 문제 7.29의 결과와 본 문제의 결과의 두 경우 간의 하중을 비교하라.

7.6 분할법

　조인트 법은 모든 부재 내력을 알고자 할 때 평면 트러스를 해석하는 효율적인 선행 방법이다. 트러스의 기하형상은 단일의 행렬로 그 특성을 나타낼 수 있으므로, 반력과 부재 내력의 값들은 최신의 행렬 계산용 컴퓨터 소프트웨어를 사용하여 구하면 된다. 그러나 설계 검사에서 단지 몇몇 부재에서만 내력을 구할 필요가 있을 때에는, 조인트 법 대신에 다른 방법을 사용하기도 한다. **분할법**은 물체가 평형 상태에 있으면 그 물체를 구성하는 모든 부분도 평형 상태에 있다는 원리에 기초하고 있다. 강성 평면 트러스에 작용하는 외부 반력은 전체 트러스를 강체로 보고 3개의 평형 방정식을 풀어서 결정할 수 있다. 이와 유사하게, 트러스의 일부도 고립(분할)을 시켜서 자유 물체도를 작성할 수 있으며, 이 분할부에 연결되어 있는 다른 내부 부재들은 이 분할부에 대해서 외부 부재로 취급할 수 있으므로 이들이 분할부에 미치는 효과는 외력으로 나타낼 수 있다. 평면 트러스에서는, 단지 3개의 평형 방정식만을 세우면 되므로, 분할부는 단지 3개의 미지력만 작용하도록 선정하여야 한다. 전체 트러스는 가상의 절단선이 트러스를 지나게 하여 트러스를 2개의 독립된 강체 부분으로 나눠서 분할시킨다. 대부분의 최신 구조 해석에서는 이와 같은 방법을 사용하지 않는다. 그러나 분할법은 단지 몇몇 부재에서만 내력을 구하는 데 쉬운 방법을 제시해주므로 구조 해석에 포함되며 다른 해석 방법들의 선행 과정으로서 가치가 있는 것이다.

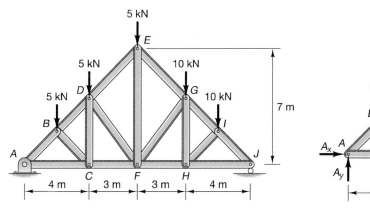

그림 7.19

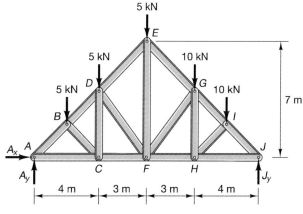

그림 7.20

그림 7.19에 도시된 트러스를 살펴보자. 먼저, 강체로서의 전체 구조물의 자유 물체도를 조사하여 A에서의 반력 A_x와 A_y를 구하고, J에서의 반력 J_y를 구한다(그림 7.20 참조).

x방향으로 작용하는 외력은 전혀 없으므로, A에서의 x방향 반력은 다음과 같다.

$$A_x = 0$$

점 A에 관한 모멘트를 합하면 다음이 나온다.

$$14J_y - 2(5) - 4(5) - 7(5) - 10(10) - 12(10) = 0$$

$$J_y = 20.63 \text{ kN}$$

y방향의 힘을 합하면 다음이 나온다.

$$A_y = 35 - 20.36 = 14.32 \text{ kN}$$

이 트러스는 10개의 조인트와 17개의 내부 부재로 구성되어 있다. 이 트러스를 조인트 법으로 해석하게 된다면, 17개의 부재 내력과 3개의 외부 반력을 구하는 데 20개의 식이 필요하다. 이 20개의 연립 방정식은 앞서 소개한 행렬 해법을 사용하여 풀 수 있다. 그러나 만약에 부재 DE와 DF에 작용하는 힘에만 관심이 있으면, 분할법을 사용하면 17개의 부재에 작용하는 힘들을 반드시 풀지 않아도 이 힘을 구할 수 있다. 분할법은 그림 7.21과 같이 부재 DE, DF 및 CF에 절단선을 그어서 트러스의 일부인 $ABCD$를 고립시킴으로써 진행된다. 다음 평형 방정식은 그림에 그려져 있는 음영 부분(강체 분할부)에 적용한 것이다.

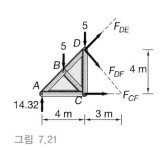

그림 7.21

$$\sum F_x = 0 \quad F_{CF} + F_{DF}3/5 + F_{DE}\cos 45 = 0$$

$$\sum F_y = 0 \quad A_y - F_{DF}4/5 + F_{DE}\sin 45 - 10 = 0$$

$$\sum M_D = 0 \quad 4F_{CF} - 4A_y + 2(5) = 0$$

이 3개의 식을 3개의 미지수 F_{CF}, E_{DE} 및 F_{DF}에 관하여 풀면 다음이 나온다.

$$F_{CF} = 11.82 \text{ kN (인장)}$$

$$E_{DE} = -12.17 \text{ kN (압축)}$$

$$F_{DF} = -5.375 \text{ kN (압축)}$$

절단선의 오른쪽에 있는 분할부 $EFGHIJ$에 적용하여도 동일한 결과를 구할 수 있다는 점에 주목하여야 한다.

그 밖에 선정된 내력들은 트러스에서 고립시킨 분할부에 3개가 넘는 미지력이 작용하지 않도록 절단선을 그어서 구하면 된다. 예를 들어, 절단선을 부재 GI, GH 및 FH를 가로질러 그어서 절단선의 오른쪽이나 왼쪽 중의 어느 하나의 분할부를 고립시켜 강체로 취급하면 된다.

연습문제

7.31 문제 6.8의 부재 BC, BF 및 EF를 여기에서 다시 계산하라 (그림 P7.31 참조). 여기에서 푼 결과를 문제 6.8에서 푼 결과와 반드시 비교해보라.

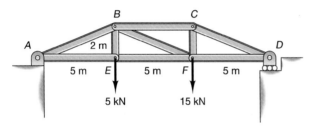

그림 P7.31

7.32 그림 P7.32와 같이, 크레인이 1000 N의 하중을 지지하고 있다. 부재 CE, CF 및 DF에 걸리는 힘을 계산하라.

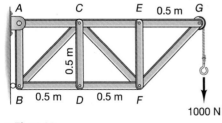

그림 P7.32

7.33 분할법을 사용하여, 그림 P7.33과 같은 고압 송전탑에서 $\theta = \gamma = 0$이고 $F_1 = F_2 = 1$ kN일 때, 부재 CE, CF 및 DF에 걸리는 힘을 계산하라. 여기에서, F_1과 F_2는 전선이 송전탑에 가하는 하중을 나타낸다.

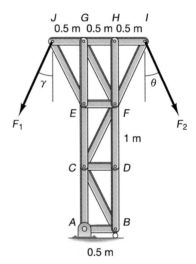

그림 P7.33

7.34 그림 P7.33의 고압 송전탑에서, 송전탑에는 전선이 한 줄만 걸리고 전선에 작용하는 바람 하중 때문에 각도 θ가 0에서 30° 사이에서 변화하게 된다고 가정한다. 부재 CE, CF 및 DF에 걸리는 하중을 계산하고 분할법을 사용하여, 점 J에서 수직선의 왼쪽으로 하중을 지지하는 것($F_2 = 0$, $F_1 = 1.5$ kN, $\gamma = 30°$)이 더 좋은지 아니면 점 I에서 하중을 지지하는 것($F_1 = 0$, $F_2 = 1.5$ kN, $\theta = 30°$)이 좋은지를 결정하라.

7.35 저장 창고의 지붕 단면이 그림 P7.35에 그려져 있다. $P = 0$일 때, 분할법을 사용하여 부재 CE, CF 및 DE에 걸리는 하중을 계산하라.

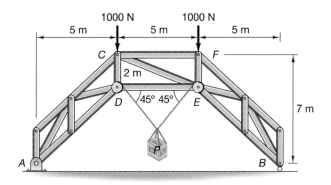

그림 P7.35

7.36 그림 P7.35와 같이 저장 창고 주인이 250 kg의 엔진을 지붕에 걸려고 하는데, 엔진의 중량이 추가되어도 지붕은 붕괴되지 않길 원한다. 부재들도 인장 하중과 압축 하중을 4000 N까지 지지하도록 규정되어 있다. 분할법을 사용하여, 부재 *CE*, *CF* 및 *DE*에 걸리는 하중을 구하고 창고 주인에게 권고하는 내용을 설명해보라.

7.37 (a) 그림 P7.32에 있는 구조물의 부재의 질량 효과(즉, 중량 효과)를 모델링하고 분할법을 사용하여 부재 *CE*, *CF* 및 *DF*에 걸리는 힘을 구하라. 수직 부재와 수평 부재는 질량이 10 kg이고 대각선 부재는 그보다 41 % 더 무겁다고 가정한다. 그림 7.7에서 제안한 방법을 사용하여 중량을 모델링하고, (b) 문제 7.32의 결과와 이 문제의 결과를 비교하고 각각의 부재의 중량을 무시하는 것이 타당한지 아닌지를 설명하라.

7.38 그림 P7.38에 그려져 있는 건물 프레임에서 1 kN으로 모델링한 바람 하중이 점 *C*에 작용할 때, 부재 *BD*에 걸리는 힘을 계산하라. 점 *H*와 *I*에서의 하중은 지붕 하중으로 시뮬레이션한다. 분할법을 사용하여 이 문제를 풀어라.

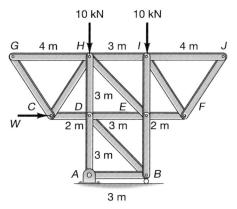

그림 P7.38

7.39 그림 P7.38에 있는 건물 프레임의 하부 부재(*AD*, *AB*, *BD* 및 *BE*)에 걸리는 힘을 점 *C*에서 임의의 크기로 수평 방향으로 적용한다고 가정하는 바람 하중 *W*로 계산해보라. 0〈 *W* 〈10 kN일 때, 이 *W*에 대한 대각선 부재 *BD*에 걸리는 힘을 그래프로 그려라.

7.40 눈 하중과 바람 하중을 받고 있는 지붕 트러스와 그림 P7.40에 표시되어 있는 하중으로 모델링된다. 여기에서, 바람 하중은 0과 500 N 사이에서 그 크기가 변하고 각도 *θ*는 0과 90° 사이의 값이다. 부재 *DJ*에 걸리는 최대 힘을 계산하고, *W* = 500 N일 때, 이 최대 힘을 *θ*의 함수로 하여 그래프를 그려라. *DJ*(*θ*)의 최댓값은 얼마이며, 이 최댓값은 각도 *θ*가 몇 도일 때 발생하는가?

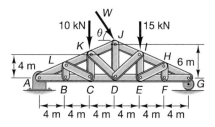

그림 P7.40

7.41 지지 트러스가 원천 설계되어 1000 N의 하중을 지지하고 있다 (그림 P7.41 참조). 부재 *KL*, *OL* 및 *ON*에 걸리는 하중을 계산하라.

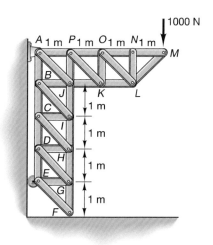

그림 P7.41

7.42 그림 P7.41에서, 점 *M*에 적용하는 힘이 500 N으로 줄은 경우에, 부재 *AJ*에 걸리는 힘을 계산하라.

7.43 지붕 트러스가 그림 P7.43에 예시되어 있는 하중으로 모델 링된 대로 눈과 바람으로 하중을 받고 있다. $\theta = 27°$에서 $W = 5000$ N이라고 가정하고, 분할법을 사용하여 부재 DJ, IJ, EJ 및 DE에 걸리는 힘을 계산하라.

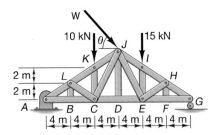

그림 P7.43

7.44 그림 P7.43의 지붕트러스 구조와 그림 P7.40의 지붕트러스 구조를 비교해보면, 중앙 부재 DJ의 양쪽에 있는 2개의 대각선 부재의 방향을 제외하고는 두 트러스는 구조가 같다. 각도가 $\theta = 27°$에서 바람 하중이 $W = 0.5$ kN일 때, 중앙 오른쪽에 있는 2개의 대각선 부재(즉, EJ 또는 DI) 중에서 어느 구조에 있는 부재가 최대 하중을 받게 되는가?

7.45 옥외 카페의 아트리움(atrium; 노천식 안마당)이 그림 P7.45에 도시된 단면과 하중으로 설계된다. 부재 AB에 걸리는 힘을 계산하라.

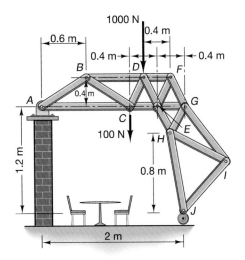

그림 P7.45

7.46 그림 P7.45를 살펴보고, 부재 CD, CE 및 BD에 걸리는 힘을 각각 계산하라.

7.47 그림 P7.47에서, 부재 AC, BC 및 BD에 걸리는 힘을 각각 계산하라. 화분은 질량이 25 kg이다.

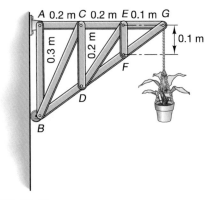

그림 P7.47

7.48 그림 P7.48에서, 부재 AC, AD 및 BD에 걸리는 힘을 각각 계산하라. 화분은 질량이 25 kg이다. 그런 다음, 문제 7.47의 해를 계산하라. 어느 트러스 구조에서 부재 AC 및 BD에 걸리는 힘이 가장 큰가? 부재 BC나 AD 중에서 더 큰 힘이 걸리는 쪽은 어느 부재인가?

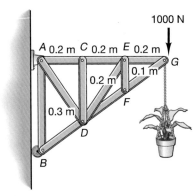

그림 P7.48

7.49 그림 P7.49와 같이, 트러스가 1000 kg의 상자를 지지한다. 부재 JK, JL 및 HL에 걸리는 힘을 각각 계산하라.

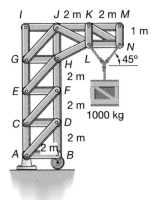

그림 P7.49

7.50 그림 P7.49의 부재 *HJ*에 걸리는 힘을 계산하라.

7.51 그림 P7.51과 같이 구조물에 10 kN의 하중이 작용하고 있을
때 부재 *BD*에 걸리는 힘을 계산하라.

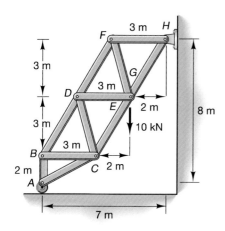

그림 P7.51

7.52 저장 창고의 프레임 단면에 최대 중량이 10 kN인 소형 항공기
엔진을 지지하여야 한다(그림 P7.52 참조). 부재 *CI*, *HI*
및 *HJ*에 걸리는 하중을 계산하라. 그런 다음, 10 kN의 하중을
점 *H*에서 점 *G*로 옮겼을 때, 부재 *GI*에 걸리는 힘을 다시
계산하라.

7.53 그림 P7.52의 부재 *LK*, *LJ* 및 *MK*에 걸리는 힘을 각각
계산하라.

7.54 그림 P7.54의 부재 *DF* 및 *BE*에 걸리는 힘을 분할법을 사용하
여 계산하라.

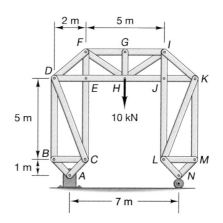

그림 P7.52

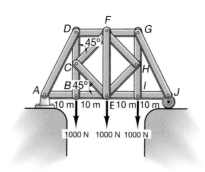

그림 P7.54

7.55 그림 P7.54에 그려져 있는 트러스의 부재 *CF* 및 *CE*에 걸리는
힘을 각각 계산하라.

7.7 공간 트러스

직선 부재들이 평면에 놓여 있지 않도록 연결되어 있으면, 이 구조물을 **공간 트러스**
라고 한다. 평면 트러스에서와 같이, 공간 트러스의 내부 부재들도 2력 부재로 모델링되
며 모든 외부 하중은 조인트에 작용하는 것으로 본다. 공간 트러스의 조인트는 3가지
방향에서 힘에는 저항할 수 있지만 모멘트에는 저항하지 못하는 볼-소킷 조인트로 모델링
된다. 즉, 볼-소킷 조인트에서는 부재들이 자유롭게 회전할 수 있다. 평면 트러스에서와
같이, 각각의 부재의 중량을 무시하거나, 아니면 각각의 부재 중량의 절반을 해당 부재의
양쪽 끝에 있는 2개의 조인트에 작용하는 외부 하중으로 취급한다.

평면 트러스의 기본 요소는 3개의 내부 부재의 삼각형 배열이다. 그림 7.22와 같은

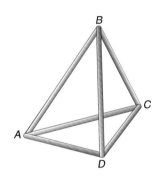

그림 7.22

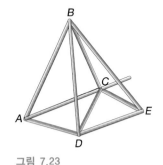

그림 7.23

단순 공간 트러스는 6개의 내부 부재의 4면체로 구성된 것으로 본다. 새로운 조인트를 형성시키고자 할 때마다 이 기본 구조물에 3개의 새로운 부재를 부가함으로써 그림 7.23과 같은 더욱 더 복잡한 공간 트러스로 발달시킬 수 있다. 이 그림에서, 새로운 조인트 E는 부재 BE, CE 및 DE를 부가함으로써 형성된 것이다. 그림 7.22와 같은 기본 사면체형 트러스를 단일의 강체로 보게 되면, 6개의 반력이 6개의 자유도를 구속하여 정적 평형을 유지하는 데 필요하게 된다. 공간 트러스에서는, 부재 개수와 조인트 개수 사이에 관계식이 존재한다. 그림 7.22에는 4개의 조인트와 6개의 부재가 있다. 그림 7.23에 그려져 있는 공간 트러스에는 1개의 새로운 조인트와 3개의 새로운 부재가 부가되어 있다. 단순 공간 트러스에서 부재 개수와 조인트 개수 사이의 관계식은 다음과 같다.

$$3j = m + r \tag{7.16}$$

여기에서, r은 반력의 개수(정정 구조물은 $r = 6$임), m은 부재의 개수이며, j는 조인트의 개수이다.

각각의 조인트에 있는 볼의 자유 물체도를 작성하고 나면 공점력계가 존재하게 되며, 평형 상태가 되려면 이 공점력계의 합력이 0이 되어야 하거나 아니면 볼에 작용하는 힘의 합이 0이 되어야 한다. 이 벡터 방정식을 성분 형태로 나타내면 각각의 조인트마다 3개의 스칼라 식이 나온다. 그러므로 각각의 조인트마다 3개의 평형 방정식을 세울 수가 있으므로, 조인트 개수에 3을 곱한 값이 내력 개수에 반력 개수를 합한 값과 같으면 단순 트러스는 정정이 된다. 트러스를 구속하여 강체로서 움직이지 못하게 하려면 6개의 자유도에 대한 6개의 구속이 필요하다. 구속을 더욱 더 많이 사용하게 되면 트러스는 당연히 과잉 구속이 되므로 부정정이 된다. 평면 트러스에서와 같이, 구조물에서 열 팽창이나 열 수축으로 인한 내부 응력이 발달하게 될 때처럼 과잉 구속이 되는 공간 트러스는 피해야 한다.

공간 트러스의 해석은 분할법을 사용해도 되고 조인트 법을 사용해도 된다. 모든 내부 부재의 힘을 결정해야 할 때에는, 조인트 법이 한층 더 편리하다. 특정 부재에서만 힘을 구하고자 할 때에는, 분할법을 사용하면 된다. 조인트 법을 선택하게 되면, 각각의 조인트마다 3개의 평형 방정식을 세울 수 있으며, 트러스 구조의 해가 존재하려면 3개의 식과 3개의 미지수로 된 그룹의 해 또는 대규모 연립 방정식의 해가 조인트 개수의 3배와 같아야 한다. 대규모 선형 연립 방정식은 행렬 해법과 컴퓨터 툴을 사용하면 가장 잘 풀린다.

분할법을 사용할 때에는, 6개의 내력이 고립된 분할부에 작용하도록 트러스는 절단하면 되며, 이 내력들은 다음과 같은 3차원 강체에 대한 6개의 정적 평형 방정식에서 구하면 된다. 즉

$$\sum F_x = 0 \qquad \sum F_y = 0 \qquad \sum F_z = 0$$

$$\sum M_x = 0 \qquad \sum M_y = 0 \qquad \sum M_z = 0$$

(7.17)

외부 반력은 분할법을 적용하기 전에 구해야 한다.

조인트 법으로 취급할 수 있는 일반적인 3차원 구조물을 **단일연결 공간 구조물**이라고 한다. 이 구조물은 핀 연결부를 모멘트를 지지할 수 없는 무마찰 유니버설 조인트로 치환하여 평면 트러스들을 3차원으로 결합시켜 나온 것이다. 이와 같은 구조물은 제7.5절에서 설명한 행렬 해법을 사용한 조인트 법을 사용하여 해석하면 된다. 조인트가 n개인 정정 상태의 안정된 트러스 구조에서는, 행렬식으로 나타내려면 $3n \times 3n$의 역행렬이 필요하게 된다.

예제 7.2   그림과 같은 트러스에서 부재 내력과 반력을 조인트 법을 사용하여 구하라.

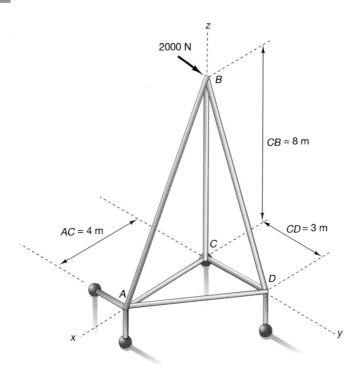

풀이   좌표계는 부재 AC가 x축에 놓이고, 부재 CD가 y축에 놓이며, 부재 CB가 z축에 놓이게 되도록 선정되어 있다. 공간 트러스는 점 C에서는 3개의 반력으로, 점 A에서는 2개의 반력으로, 점 D에서는 1개의 반력으로 지지되어 있으므로, 정역학적으로 해결이 가능하다. 단위 벡터를 AB, AD 및 BD방향에서 각각 구하게 되면, 각각의 조인트마다 3개의 평형 방정식을 세울 수 있어, 총 12개의 미지수에 대한 총 12개의 식을 쓸 수 있다. 다음과 같다.

$$\mathbf{AB} = \begin{pmatrix} -4 \\ 0 \\ 8 \end{pmatrix} \quad \mathbf{AD} = \begin{pmatrix} -4 \\ 3 \\ 0 \end{pmatrix} \quad \mathbf{BD} = \begin{pmatrix} 0 \\ 3 \\ -8 \end{pmatrix}$$

그러므로

$$\frac{\mathbf{AB}}{|\mathbf{AB}|} = \begin{pmatrix} -0.447 \\ 0 \\ 0.849 \end{pmatrix} \quad \frac{\mathbf{AD}}{|\mathbf{AD}|} = \begin{pmatrix} -0.8 \\ 0.6 \\ 0 \end{pmatrix} \quad \frac{\mathbf{BD}}{|\mathbf{BD}|} = \begin{pmatrix} 0 \\ 0.351 \\ -0.936 \end{pmatrix}$$

이들이 AB, AD 및 BD방향에서의 단위 벡터이다. 다음과 같이 12개의 연립 방정식을 세워서 부재 내력과 반력을 조인트 법을 사용하여 구한다.

$$-0.447F_{AB} - F_{AC} - 0.8F_{AD} = 0$$
$$0.6F_{AD} + A_y = 0 \qquad \text{조인트 } A$$
$$0.894F_{AB} + A_z = 0$$

$$0.447F_{AB} = 0$$
$$0.352F_{BD} + 2000 = 0 \qquad \text{조인트 } B$$
$$-0.894F_{AB} - F_{CB} - 0.936F_{BD} = 0$$

$$F_{AC} + C_x = 0$$
$$F_{CD} + C_y = 0 \qquad \text{조인트 } C$$
$$F_{CB} + C_z = 0$$

$$0.8F_{AD} = 0$$
$$-0.6F_{AD} - 0.351F_{BD} - F_{CD} = 0 \qquad \text{조인트 } D$$
$$0.936F_{BD} + D_z = 0$$

이 연립 방정식을 풀어 다음을 구한다.

$$F_{AB} = 0 \quad F_{AC} = 0 \quad F_{AD} = 0 \quad F_{CB} = 5318\,\text{N} \quad F_{BD} = -5682\,\text{N} \quad F_{CD} = 1994\,\text{N}$$

$$A_y = 0 \quad A_z = 0 \quad C_x = 0 \quad C_y = -1994\,\text{N} \quad C_z = -5318\,\text{N} \quad D_z = 5318\,\text{N}$$

조인트 A에서의 모든 힘은 0이며, 이러한 유형의 하중 조건에서는 공간 트러스가 조인트 B, C 및 D로 구성되는 $y-z$평면에서의 평면 트러스로서 기능을 하게 된다는 점에 주목하여야 한다. 이 풀이에는 12×12 연립 방정식이 관련되어 있지만, 이 식들은 트러스의 기하형상을 완벽하게 기술하고 있는 것이다. 이 식에 있는 하중 조건을 바꾸게 되면, 다른 하중 조건에 대해서도 풀 수 있다.

공간 트러스는 또한 제2.10절과 제3장에서 설명한 바와 같이 직접 벡터 해법을 사용하여 풀 수도 있다. 이 방법을 사용할 때에는, 조인트 B에서 시작하여 F_{BC}, F_{BD} 및 F_{BA}를 풀어내게 된다. 그런 다음, 조인트 D에 착수하여 F_{DA}, F_{DC} 및 D_Z를 풀어내면 된다. 끝으로, 조인트 A에서는 2개의 반력 A_y와 A_z 및 부재 AC의 내력을 풀어내면 된다. 그러면, 조인트 C에서의 3개의 반력은 주의 깊게 살펴보기만 해도 구할 수 있다.

7.56 그림 P7.56과 같은 단순 트러스의 부재 내력을 조인트 법을 사용하여 구하라. 점 C에서의 연결은 볼-소킷 조인트인 반면에, 점 B에서의 연결은 단지 수직 방향 힘을 지지하고 점 A에서의 연결은 1개의 수직 방향 힘과 1개의 수평 방향 힘을 지지한다.

7.57 문제 7.56의 장치에 대하여, 점 D에 $\mathbf{F} = -1000\,\hat{\mathbf{i}} - 1000\,\hat{\mathbf{j}} + 1000\,\hat{\mathbf{k}}$의 힘이 가해진 상태에서 조인트 법을 사용하여 단순 트러스의 부재 내력을 구하라.

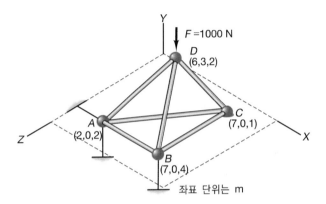

그림 P7.56

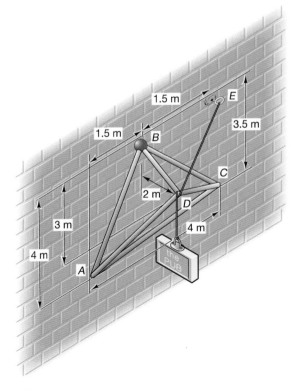

그림 P7.58

7.58 간판이 6개의 부재로 구성된 공간 트러스와 케이블로 지지되고 있다(그림 P7.58 참조). 이 트러스는 점 B에서는 볼-소킷 조인트로, 점 A와 C에서는 마찰이 없는 지지로, 점 D와 E 사이에서는 봉으로 건물의 벽에 각각 연결되어 있다. 간판으로 인하여는 5.2 kN의 수직력이 발생된다. 각각의 부재에 걸리는 힘, 점 A, B 및 C에서의 반력 및 봉에 걸리는 힘을 각각 계산하라.

7.59 그림 P7.58의 간판에 바람이 불어, 점 D에 500 N 힘이 추가로 벽과 봉에 평행한 방향으로 오른쪽으로 작용하게 된다고 하자. 각각의 부재에 걸리는 힘, 점 A, B 및 C에서의 반력 및 봉에 걸리는 힘을 각각 계산하라.

7.60 유리창 닦기 용도의 조립식 임시 지지대(scaffold)가 2개의 공간 프레임으로 지지되어 있는데, 그중에 하나의 공간 프레임이 그림 P7.60에 예시되어 있다. A에 있는 지지는 볼-소킷 조인트이고, 점 B와 C에 있는 지지는 마찰이 없는 지지이며, C에는 또한 x방향으로 핀 구속이 되어 있어, 프레임이 회전되지 않게 된다. 조인트 D는 선 BC의 중점 위 1 m 지점에 정위치되어 있으므로 그 길이는 1 m이다. (a) 이 장치를 조인트 법을 사용하여 풀게 되면 얼마나 많은 미지수와 식이 나타나게 되는가? (b) 각각의 점에서의 반력과 각각의 부재에 걸리는 힘을 계산하라.

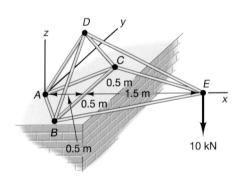

그림 P7.60

7.61 그림 P7.60의 장치에 1 kN의 바람 하중이 작용하고 있다고 하자. 이 바람 하중은 건물에 직접 집중적으로 작용하여 점 E에 추가로 가해지는 1 kN의 힘으로 모델링된다. 점 A, B 및 C에서의 반력과 함께 각각의 부재에 걸리는 힘들을 계산하라.

7.62 9개의 부재로 구성된 프레임을 사용하여 크기가 다른 2개의 기둥, 즉 하나의 4각기둥과 하나의 원기둥을 연결하고 있다(그림 P7.62 참조). 원기둥은 10 kN의 힘이 수직 하방으로 점 D에 작용하는 것으로 모델링된다. A에 있는 연결부는

볼소킷 조인트이고, C와 E에 있는 연결부는 수직 핀인 반면에, B에 있는 연결부는 BCD의 수직 평면 내에서 $30°$ 경사져 있는 핀이다. 점 A, B, C 및 E에서의 반력과 함께 각각의 부재에 걸리는 힘들을 계산하라.

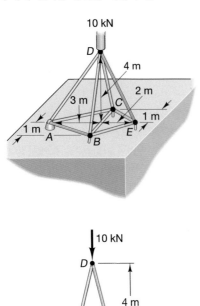

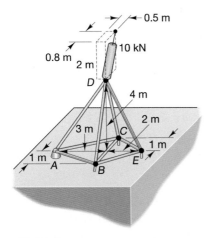

그림 P7.62

7.63 그림 P7.62의 원기둥이 축조 중에 일직선으로 정렬되지 않았다면, 지지와 부재에 걸리는 힘은 바뀌기 마련이다. 이러한 상황을 시뮬레이션하고자, 하중 조건이 그림 P7.63과 같은 상태에서 문제 7.62를 다시 풀어라.

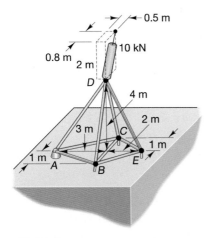

그림 P7.63

7.64 견인 트럭용 공간 프레임이 최대 5×10^4 N을 지지해야 한다 (그림 P7.64 참조). 이 프레임은 점 A에서는 볼소킷 조인트로, 점 B와 D에서는 수직 방향(+ 또는 −)으로만 반력을 제공하는 수직 핀으로, ECD에 있는 점 C에서는 트럭 상판과 $30°$의 각도를 이루고 있는 핀으로 트럭에 각각 연결되어 있다. 하중 조건이 이와 같을 때, 점 A, B, C 및 E에서의 반력과 함께 각각의 부재에 걸리는 힘들을 계산하라.

사시도

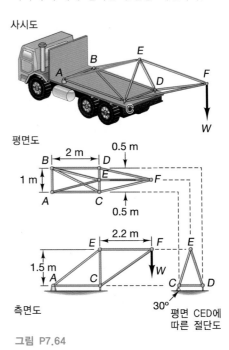

평면도

측면도

평면 CED에 따른 절단도

그림 P7.64

7.65 그림 P7.65의 측면도와 같이, 하중 W가 수직선과 $30°$의 각도를 이루고 있는 경우(크기는 5×10^4 N로 변함이 없음)에 문제 7.64를 다시 풀어라.

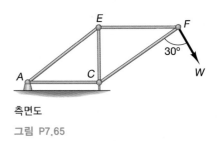

측면도

그림 P7.65

7.66 그림 P7.66과 같이, 일련의 금속제 공간 프레임을 사용하여 차도를 지지하여 이 차도를 콘크리트제 다리 지지부에 연결하고 있다. 점 E와 F에 있는 조인트가 각각 105 N의 수직 하중을 지지할 때, 점 A, B, C 및 D에서의 반력과 함께 각각의 연결부에 걸리는 힘들을 계산하라. 그림과 같이, 점 A에서의 연결부는 볼-소킷 조인트이고, 점 B는 수직 링크이며, 점 C와 D에서의 연결부는 기울어진 링크이다.

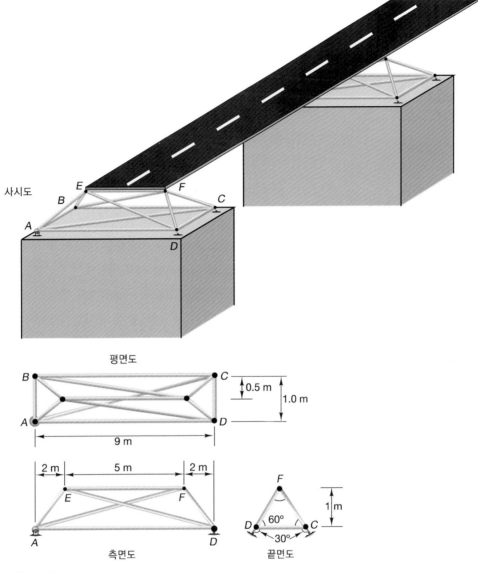

사시도

평면도

B C
A D
0.5 m
1.0 m
9 m

2 m 5 m 2 m
E F
A D
측면도

F
D 60° C
30°
1 m
끝면도

그림 P7.66

7.8 복합 트러스

복합 트러스는 몇 개의 단순 트러스가 강성 연결로 이루어진 트러스이다. 그림 7.24(a)와 같이 연결되어 있는 2개의 단순 트러스를 살펴보기로 하자. 이 복합 트러스는 2개의 단순 트러스 ABC와 BDE를 B에서 서로 연결하고 이 두 트러스 사이에 부재 CD를 추가하여 형성되어 있다. 이 복합 트러스는 A에서 고정 지지로 E에서는 구름 지지로 지지되어 있는 강성, 안정, 정정(정역학적으로 결정가능함) 상태의 트러스이다.

단순 평면 트러스에서, 강성과 풀이가능성을 검사하는 방법은 다음과 같은 조인트 개수와 내부 부재 개수의 관계식을 사용하는 것이다.

$$m = 2j - 3 \tag{7.18}$$

여기에서, m은 내부 부재의 개수이고 j는 조인트의 개수이다. 그림 7.24(a)의 복합 트러스는 이 관계식을 만족시킨다.

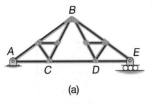

그림 7.24(b)의 복합 트러스는 2개의 단순 트러스를 B에서만 연결하여 형성한 것이다. 이 트러스는 강성 상태가 아니므로 안정 상태가 되려면 조인트 A와 E는 모두 다 트러스에 힌지로 연결되어야 한다. 또한, 이 트러스는 식 (7.18)을 만족시키지 못한다. 그러나 이 트러스는 다음의 식을 만족시킨다.

$$m = 2j - r \tag{7.19}$$

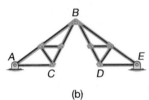

그림 7.24

여기에서, r은 반력의 개수이다. 이 식이 트러스가 평형 방정식으로 풀릴 수 있는지를 결정할 수 있는 한층 더 일반적인 검사 방법으로 보인다. 그러나 복합 트러스는 이 식으로도 정확하게 검사할 수 없을 정도로 구성되기도 한다. 복합 트러스가 정정 상태일 때에는, 앞에서 설명한 바와 같이 조인트 법과 분할법을 사용하면 된다.

7.9 프레임과 기계

앞에서 트러스의 부재 내력을 구하는 데 사용되었던 방법들은 구조물을 2력 부재의 집합체로 모델링할 수 있다는 사실에 의존한 것이다. 그러므로 각각의 조인트나 연결부에 작용하는 힘들의 방향은 자동적으로 알 수 있다. 프레임이나 기계에는 다중 힘 부재(즉, 3개 또는 그 이상의 힘이 작용하고 있는 부재)가 적어도 하나는 있다는 것이 그 특징이다. 프레임 관련 문제를 푸는 데 사용하는 방법과 기계 문제를 푸는 데 사용하는 방법은 동일하다. 프레임은 하중을 지지하도록 설계된 정적 구조물로 정의할 수 있다. 프레임에는 하나 또는 그 이상의 다중 힘 부재가 포함되어 있다는 점에서 프레임은 트러스와 다르다. 기계는 힘을 전달하거나 변경하도록 설계되어 있다. 따라서 기계에는 가동부가 포함되어 있으므로 정적일 수 없다.

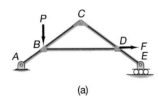

프레임은 그림 7.25(a)와 같이 강성 구조물일 수도 있고 그림 7.25(b)와 같이 비강성 구조물일 수도 있다. 그림 7.25(a)의 프레임에 작용하는 3개의 외부 반력은 전체 프레임을 강성 구조물로 취급하여 3개의 평형 방정식을 세워서 구할 수 있다. 그림 7.25(b)와 같은 구조물은 강성 상태에 있지 않으므로, 전체 구조물을 강체로 보아도 구하지 못하는 4개의 반력에 의해 구속되어 있다. 이 2가지 경우에서 부재 ABC와 CDE는 다중 힘 부재이다. 플라이어(펜치)는 공간에서 구속되어 있지 않으며 이에 따라 그 평형 방정식에서 0은 0일뿐이라는 오직 자명한 결과만 나오는 일종의 기계이다. 외력이라고는 손잡이부에 작용하는 힘과 집게부(jaws)에 작용하는 힘뿐이다. 결과적으로, 해당하는 프레임과 기계가 부정정 상태인지, 과소 구속 상태인지, 부적절 구속 상태인지를 알아낸다는 것은

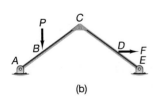

그림 7.25

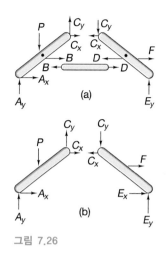

그림 7.26

어려운 일이다. 각각의 문제를 풀 때에는 먼저 해당하는 프레임이나 기계의 구속 상태를 조사하는 것으로 시작하기 마련이다.

프레임과 기계는 분리시키거나 '분해'시킨 부분의 자유 물체도를 작성하여 해석한다. 이는 구조물에서 각각의 부재를 분리시킨 다음 모든 연결 내력을 표시하면 된다. 이 내력들은 해당 연결 부재에 크기는 같고 방향은 정반대로 작용하게 된다. 그림 7.25에 도시된 2개의 구조물의 분해 자유 물체도는 그림 7.26에 예시되어 있다. 그림 7.26(a)에서는 구조물의 모든 치수가 주어지면, 알고 있는 힘(기지력) **P**와 **F**의 작용으로 인한 모르는 힘(미지력)을 구할 수 있다. 분해 물체 자유도를 작성할 때에는, 힘 **P**와 **F**는 각자 하나의 부재에만 작용하는 것으로 본다. A와 E에서의 외부 반력은 전체 구조물을 강체로 봄으로써 구할 수 있다. 이 구조물은 개별적으로 평형 상태에 있을 수밖에 없는 모두 3개의 독립적인 강체로 구성되어 있다. 부재 BD는 2력 부재이므로 다음의 관계식은 반드시 성립한다.

$$|B_x| = |D_x|$$

구조물에는 6개의 미지의 연결 내력과 반력, 즉 A_x, A_y, B_x, C_x, C_y 및 E_y가 있다. 각각의 부재 ABC와 CDE마다 평형 방정식을 3개씩, 6개의 미지수에 대한 총 6개의 식을 세울 수 있다. 이 프레임은 강체로 취급할 수 있으므로 A_x, A_y 및 E_y는 전체 프레임의 평형 방정식에서 구할 수 있다고 하더라도, 이 평형 방정식들은 ABC와 CDE의 평형에서 구한 6개의 식과는 선형적으로 독립이 아니다. 그러므로 대개는 분해 자유 물체도로 문제를 푸는 것이 더 좋다. 교재 중에는 연립 방정식의 해를 간단히 구하려면 전체 구조물을 대상으로 하는 풀이법을 추천하는 교재들도 있다. 그러나 본 교재의 여러 곳에서 강조하였듯이, 최신의 컴퓨터 활용 해법을 사용하면 그러한 염려가 사라지게 되며 해석을 할 때 체계적으로 접근하는 것이 더 좋다.

그림 7.26(b)의 구조물도 똑같은 방식으로 해석하는데, 전체 구조물을 강체로 본다고 해도 강성 상태가 아니므로 외부 반력은 구할 수 없다. 이 구조물에는 6개의 미지의 연결 내력과 반력, 즉 A_x, A_y, C_x, C_y, E_x 및 E_y가 있다. 2개의 부재 각각마다 평형 방정식이 3개씩, 6개의 미지수에 대한 총 6개의 선형 대수 연립 방정식을 구성한다. 한층 더 복잡한 구조물에서는, 더욱 더 많은 부분과 더욱 더 많은 분해 자유 물체도가 있으므로 선형 연립 방정식도 규모가 커진다.

주: 분해 자유 물체도를 다시 조합할 때에는, 전체 구조물의 자유 물체도에는 단지 외부 작용력과 외부 반력을 남겨 놓고 연결 내력을 소거하여야 한다. 외력이 프레임이나 기계의 부재 간 연결부에 작용하고 있으면, 부재를 분해할 때에는 이 힘을 그 연결부에 부착된 부재 가운데 어느 한쪽에 배정하면 된다. 그러나 이 힘을 부재 중의 한쪽에만 배정해야 한다.

해당 그림에는, 가변 토크 모터가 축이 최고 회전 속도로 회전할 때 피스톤에 일정한 힘 P를 유지하도록 프로그램되어 있다. 토크를 축 회전 각도 β의 함수로 구하라. 가동부의 관성은 무시하고 준평형 상태에 대해서 풀어라. $L_1 = 500$ mm이고 $L_2 = 200$ mm이며 $P = 1000$ N일 때, 평형 상태에서 필요한 토크를 그래프로 그려라.

주: L_1은 L_2보다 커야 하며, 그렇지 않으면 이 시스템은 움직이지 않게 된다.

풀이 부재 L_1은 2력 부재이며 자신의 장 축선을 따라 인장 상태이거나 압축 상태에 있다. 부재 L_2는 모터 축에 부착되어 있으므로 2력 부재가 아니다. 다음의 기하식은 모든 위치에서 성립한다.

$$L_1(\sin \theta) = L_2(\sin \beta)$$

그러므로 다음과 같다.

$$\theta = \sin^{-1}\left(\frac{L_2}{L_1}\sin \beta\right)$$

피스톤에 작용하는 공점력은 다음과 같다.

$$\mathbf{N} = N\begin{pmatrix} 1 \\ 0 \\ 0 \end{pmatrix} \qquad \mathbf{P} = P\begin{pmatrix} 0 \\ -1 \\ 0 \end{pmatrix} \qquad \mathbf{T}_{L_1} = T_{L_1}\begin{pmatrix} \sin \\ -\cos \\ 0 \end{pmatrix}$$

그러므로 이 두 식을 풀어서 다음을 구한다.

$$N = P \tan \theta$$

전체 조립체에 대하여 점 O에 관해 모멘트를 취하면 다음이 나온다.

$$M_O - (L_1\cos \theta + L_2\cos \beta)N = 0$$

$$M_O = (L_1\cos \theta + L_2\cos \beta)P \tan \theta$$

완전 1회전에 필요한 엔진 토크가 여러 가지 다른 길이 값 L_1과 L_2에 대하여 그래프로 작성할 수 있다.

복합 레버 절단 공구가 그림에 도시되어 있다. 힘 F가 각각의 핸들에 가해지고 있다. E와 G 사이의 절단력, C와 D에서의 핀 반력 및 부재 BH에 걸리는 인장력 또는 압축력을 구하라. 모든 치수의 단위는 mm이다.

풀이 부품 BH는 2력 부재이므로, 이 부품의 자유 물체도를 별도로 그리지는 않는다. 부품 $ACDG$, HDE 및 IBC의 자유 물체도는 다음 그림 (a), (b) 및 (c)에 각각 그려져 있다.

힘 F가 가해진다고 하면, 절단기에는 6개의 미지력이 작용하게 된다. 즉, BH, C_x, C_y, D_x, D_y 및 P가 그것이다. 그러나 절단기의 3개의 부품마다 3개의 평형 방정식을 쓸 수 있으므로, 6개의 미지수에 대한 9개의 연립 방정식이 나온다. 이 절단 공구는 총체적으로 구속되어 있지 않으므로, 9개의 평형 방정식은 선형적으로 독립이 아니다. 풀이 과정을 좀 더 상세하게 살펴보기로 한다. 자유 물체도 (a)에서, 다음을 구한다.

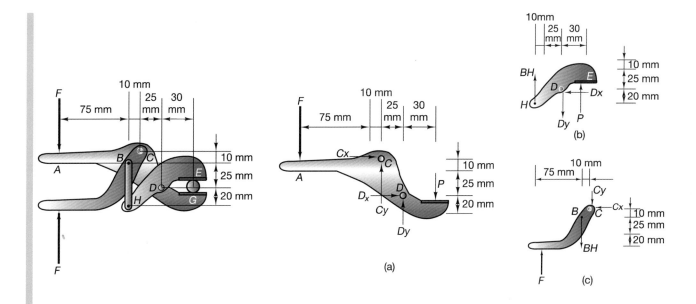

(a)

$$C_x + D_x = 0$$
$$-F + C_y + D_y - P = 0$$
$$85F + 35D_x + 25D_y - 55P = 0$$

(a)

자유 물체도 (b)에서, 다음을 구한다.

$$-D_x = 0$$
$$BH - D_y + P = 0$$
$$-35BH + 30P = 0$$

(b)

자유 물체도 (c)에서, 다음과 같은 3개의 평형 방정식을 더 구한다. 즉

$$C_x = 0$$
$$F - BH - C_y = 0$$
$$-75F - 10C_y = 0$$

(c)

각각의 연립 방정식의 첫째 식을 살펴보면, 다른 두 식에서 C_x와 D_x가 0이라는 것을 충분히 알 수 있듯이, 이 식들이 선형적으로 독립이 아니라는 것을 보여주고 있다. 그러므로 3개의 연립 방정식 중에서 아무거나 2개의 연립 방정식을 사용하여 미지력을 구하면 되며, 이들은 다음과 같다.

$$C_x = 0 \quad C_y = -15F/2 \quad D_x = 0 \quad D_y = 221F/12$$
$$BH = 17F/2 \quad P = 119F/12$$

이 3개의 연립 방정식을 다른 식으로 조합하면 그 상호 종속성을 알 수 있다.

7.67 그림 P7.67과 같이, 사다리에 600 N의 힘이 가해지고 있다. 적절한 자유 물체도를 그리고 각각의 연결부에 작용하는 힘들을 계산하라. 접촉점 A에서는 마찰이 있고 E에서는 마찰이 없는 것으로 모델링하라.

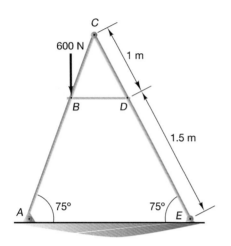

그림 P7.67

7.68 사다리에 페인트 통(45 N)이 있고 칠을 하는 사람(810 N)이 올라가 있다(그림 P7.68 참조). 각각의 연결부에 걸리는 힘들을 계산하라. 이 사다리는 그림과 같이 지지 A에서는 마찰이 있고 B에서는 마찰이 없이 연결된 3개의 부재로 모델링하라. 거리 EG는 0.5 m이고 CF는 0.3 m이다.

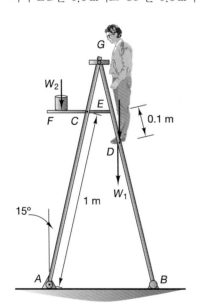

그림 P7.68

7.69 (a) 그림 P7.69에서, 매달려 있는 질량이 점 E에 40,000 N의 힘을 가할 때, 부재 BE에 40,000 N이 작용하게 함으로써, 각각의 연결부에서의 힘과 점 A와 B에서의 반력을 계산하라.

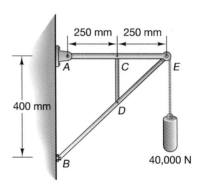

그림 P7.69

7.70 매달려 있는 질량이 점 E에서 대략 자동차 엔진의 평균 중량에 해당하는 2200 N의 하향 힘을 일으킬 때, 문제 7.69를 다시 풀어라.

7.71 프레임을 사용하여 로프와 풀리로 400 kg의 트럭 엔진을 지지하고 있다(그림 P7.71 참조). 로프-풀리 기구는 고정되어 있는 것처럼 그려져 있지만, 엔진을 설치할 때 엔진을 올리고 내릴 수 있게 되어 있다. 각각의 연결부에 걸리는 힘과 지지부에서의 힘을 각각 계산하라.

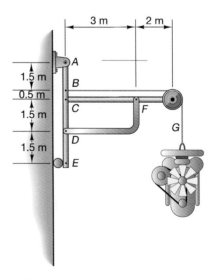

그림 P7.71

7.72 (a) 그림 P7.72와 같이, 2개의 부재로 구성되어 있는 프레임을 사용하여 점 D에 750 N의 힘을 가하고 있는 소형 오버헤드 윈치를 지지하고 있다. $\theta = 30°$일 때, 점 A와 C에서의 반력과 각각의 조인트에서의 힘을 계산하라. (b) θ에 관하여 부재 AC에 걸리는 힘의 그래프를 그리고, 부재 AC에 힘이 적게 걸리도록 θ의 최적 값을 선정하라.

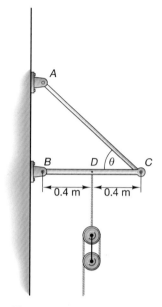

그림 P7.72

7.73 그림 P7.73과 같이 구성되어 있는 경주용 자동차용 서스펜션 장치는 2000 N의 힘을 지지하여야 한다. 각각의 조인트에서의 힘을 계산하라.

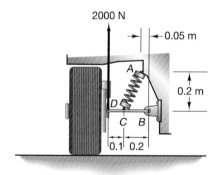

그림 P7.73

7.74 그림 P7.73의 서스펜션 장치의 연결 부재의 질량은 각각 M_{AC} = 10 kg이고 M_{BD} = 15 kg이라고 한다. 그림에서와 같이 (a) 하중이 작용할 때와 (b) 작용하지 않을 때, 각각의 조인트에서의 힘을 계산하라. 각각의 부재의 무게 중심은 해당 부재의 기하형상 중심에 있다고 가정한다.

7.75 그림 P7.75에서, 점 A와 C에서의 반력과 각각의 연결부에서의 힘을 각각 계산하라.

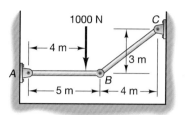

그림 P7.75

7.76 그림 P7.76과 같이, 견인 트럭용 장치가 13.5 kN의 하중을 지지하고 있다. 점 A와 C에서의 반력과 함께, θ가 0°와 30° 사이에서 변할 때 각각의 연결부에서의 힘을 계산하라.

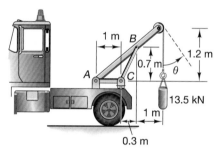

그림 P7.76

7.77 그림 P7.77과 같이, 호두까기 집게를 135 N의 힘으로 꽉 쥘 때 호두에 가해지게 되는 힘 P를 계산하라. 또한, 점 A에 있는 지지 핀에 걸리는 힘을 계산하라.

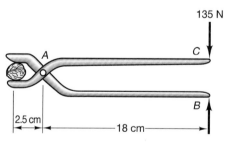

그림 P7.77

7.78 어떤 회사에서 어린이들이 사용할 장난감 플라이어(펜치)를 설계하고자 한다. 조사 결과, 해당 연령 그룹의 어린이들은 엄지와 나머지 손가락 사이에 20 N의 힘을 유지할 수 있고, 너트를 돌릴 수 있게 충분한 마찰을 유지하려면 100 N의 힘이 필요한 것으로 결정되었다. 그림 P7.78과 같이, 길이 a를 계산하여 플라이어의 설계를 완성하라. 또한, 핀 A에 걸리는 힘을 구하라.

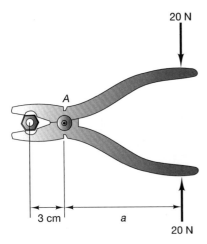

그림 P7.78

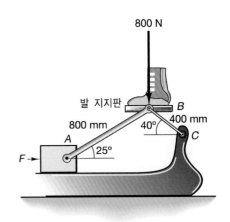

그림 P7.80

7.79 사람이 의자에 앉아 등판에 기대고 있는 것을 그림 P7.79와 같이 구성된 '반쪽 기구 모델'에 수직으로는 400 N의 힘이, 수평으로는 100 N의 힘이 각각 가해지고 있는 것으로 모델링하고자 한다. F에서 의자 다리는 핀으로 지지되어 있고 G에서 의자 다리는 수직 하중만을 지지하고 있다고 하고 F와 G에서의 반력과 각각의 조인트에 걸리는 힘을 각각 계산하라.

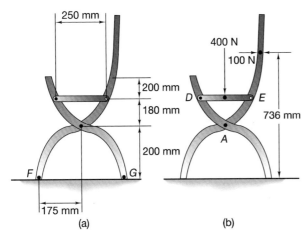

그림 P7.79

7.80 스포츠 훈련 장비 제조업체에서는 그림 P7.80에서와 같이 800 N의 힘을 발로 밟을 때의 답력과 균형을 이루게 하려면 피스톤 A로 얼마나 큰 힘 F를 제공해야 하는지를 알고자 한다. 또한, 각각의 부재에 걸리는 힘과 마찰이 없는 블록에 대한 반력을 각각 계산하라.

7.81 스포츠 훈련 장비용 기구가 2개의 부재와 비압축성 유체 피스톤으로 구성되어 있다. 그림 P7.81과 같이, 1 kN의 힘이 작용할 때 이 기구를 평형 상태로 유지시키는 데 필요한 힘 F를 계산하라.

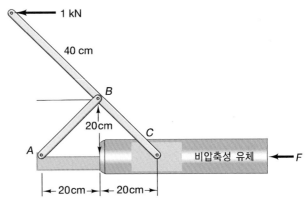

그림 P7.81

7.82 그림 P7.82와 같이, 공항 하역 트럭은 화물칸이 유압 액츄에이터의 신축 작용으로 오르내린다. β = 30°이고 CE의 길이가 3.66 m일 때, 각각의 조인트에 걸리는 힘을 계산하라. 화물칸의 무게는 5.3 kN이고, 길이가 4.6 m인 각각의 대각선 부재는 편의된 무게 중심이 각각의 부재를 따라 위쪽으로 2.59 m인 지점에 위치한 상태에서 무게가 450 N이다. 텔레스코프형 유압 액츄에이터의 중량은 무시한다. 슬라이더 조인트인 B와 G를 제외하고 모든 조인트는 핀 조인트이다.

7.83 그림 P7.83과 같이, 자전거 브레이크 레버 및 손잡이 뭉치에 있는 핀 A와 고정단 B에 각각 걸리는 힘을 계산하라. 브레이크 케이블은 점 C에 712 N의 힘을 가한다.

7.84 플라이어, 절단기, 집게(crimpers) 등과 같은 대부분의 공구의 목적 가운데 하나는 하나 이상의 레버를 사용하여 기계적 이득을 제공하는 것이다. 그림 P7.84를 사용하여, 점 C에서 마찰이 없는 롤러로 연결되어 있는 2개의 부재의 기계적 이득, 즉 증폭 계수가 (ac/bd)임을 증명하라.

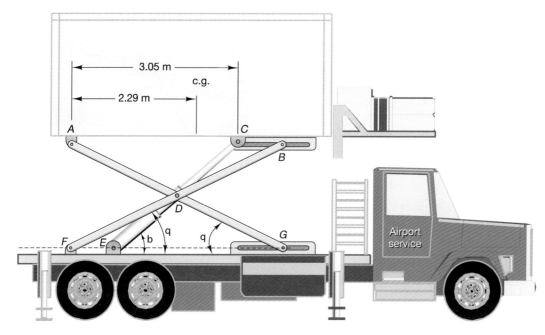

그림 P7.82

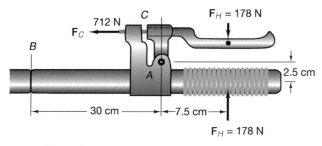

그림 P7.83

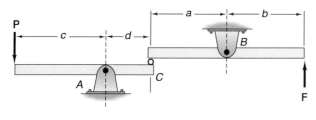

그림 P7.84

7.85 그림 P7.84의 레버 장치에 대하여, 점 A, B와 C에서의 힘과 함께 힘 F를 4개의 길이 a, b, c와 d로 해석적으로 계산하라.

7.86 많은 손 공구(플라이어 등) 설계의 기본은 그림 P7.84의 2레버 기구이다. 이 문제의 목적은 설계 과정을 살펴보는 것이다. 손의 쥐는 힘인 악력은 손 공구의 손잡이에 170 N(약 40 lb)의 힘 P를 가할 수 있다고 보는 것이 타당하다. 손 공구에 의해 장치에 가해지는 힘 F는 1000 N이 되어야 하고 손 공구는 $c + d$ = 200 mm이고 $a + b$ = 100 mm로 총 길이는 300 mm가 되어야 한다고 가정한다. 이 요구조건이 만족되도록 지렛대의 지지점(점 A와 B)의 위치를 선정(즉, 설계)하라(힌 트: 문제 7.84를 먼저 계산한 다음, a, b, c와 d의 여러 가지 값을 조사해보면 된다).

7.87 손 공구의 설계 요인은, 앞에 있는 3개의 문제에서 설명한 바와 같이, 전달력이다. 또 다른 요인은 필요한 힘이 가해지도 록 레버가 이동해야 하는 거리이다. (a) 그림 P7.84의 2레버 기구를 사용하여, 입력 변위에 대한 출력 변위의 비가 기계적 이득의 역수인 (bd/ac)가 됨을 증명하라. (b) 작용력 P = 200 N으로 최종적인 힘 F = 2000 N이 발생되도록 문제 7.84 의 장치를 설계(즉, a, b, c와 d의 값을 선정)한다고 가정한다. 힘 F는 10 mm의 거리를 이동하여야 하고, P는 손의 크기 때문에 60 mm의 거리만큼만 이동할 수 있다고 할 때, 해가 존재하는가? 해가 존재한다면 그 값을 계산하라.

7.88 그림 P7.88에서 핀 A, B와 C에 걸리는 힘과 힘 F를 설계 매개변수 x의 함수로 계산하라. F = 2500 N을 발생시키려면 x의 값을 얼마로 해야 하는가?

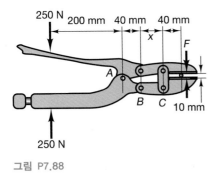

그림 P7.88

7.89 그림 P7.88에서 $x = 0.1$ m라고 하고, 핀 A, B와 C에서의 반력과 힘 F를 각각 계산하라.

7.90 그림 P7.90과 같이, 승강 기구가 화물 적재 판을 잡아당기는 힘 P로 작동되고 있다. 이 장치가 평형 상태를 유지하는 데 필요한 힘 P를 θ의 함수로 계산하라. 화물 적재 판은 질량이 1000 kg이며, 화물 상자는 질량이 3000 kg이다. 또한, A와 B에 걸리는 힘을 계산하라. $\theta = 0°$에서는 어떤 일이 일어나게 되는가?

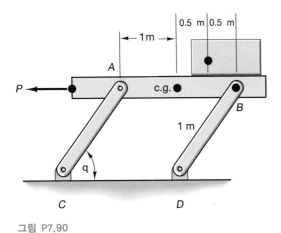

그림 P7.90

7.91 그림 P7.91과 같은 동력 호이스트 장치에서, 각각의 조인트에 걸리는 힘과 A와 B에 가해지는 힘을 계산하라. 이 호이스트를 설계하려면 유압 피스톤이 발휘하는 힘 CE가 필요하다.

7.92 그림 P7.92에는 승강 기구의 일부가 그려져 있다. 조인트 A와 D를 고정 조인트로 잡고 A와 D에서의 반력과 B에 걸리는 힘을 각각 계산하라.

7.93 그림 P7.93과 같은 하중 상태에서, 프레임의 각각의 조인트와 연결부에 걸리는 힘을 계산하라. 프레임 부재들의 질량은 무시한다.

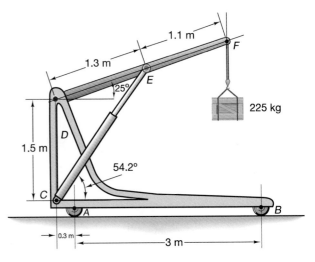

그림 P7.91

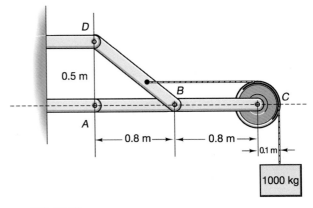

그림 P7.92

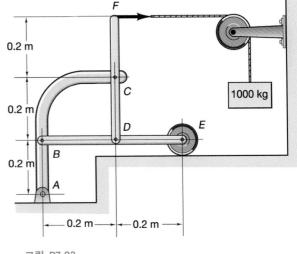

그림 P7.93

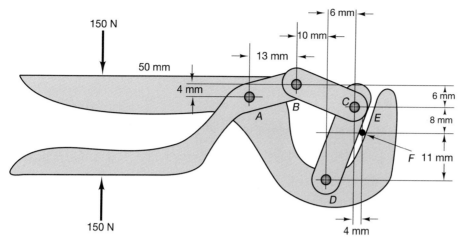

그림 P7.94

7.94 집게 공구를 꽉 쥐어서 힘 F가 발생되고 있다(그림 P7.94 참조). 힘 F와 함께 각각의 조인트에 걸리는 힘을 계산하라.

7.95 그림 P7.95와 같이, 동력 쟁기 기구의 쟁기 날(보습)이 P = 10 kN을 제공하고 W = 1.5 kN이라고 할 때, 이 기구에 표시되어 있는 각각의 연결부에 걸리는 힘을 계산하라. 이 기계의 다른 부재의 중량은 무시한다.

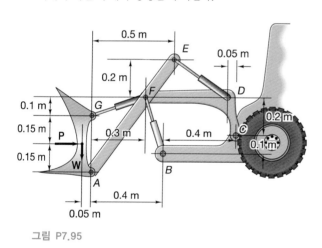

그림 P7.95

7.96 그림 P7.96과 같은 '위시 본(wishbone)' 서스펜션 구조에서, P = 2 kN일 때, B, C, D, E 및 F에 걸리는 힘을 각각 계산하라. G에 있는 핀은 부재 EH와 연결되어 있지 않다.

7.97 그림 P7.97과 같은 '위시 본' 서스펜션 구조에서, 각각의 조인트에 걸리는 힘을 계산하라. 힘 P = 2 kN이다.

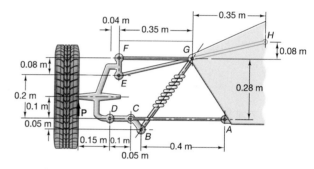

그림 P7.96

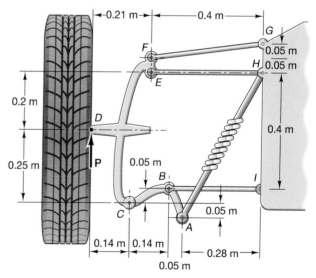

그림 P7.97

구조물은 특정 목적을 달성하도록 물체들을 체계적으로 배열한 것이다. 구조물은 트러스, 프레임, 기계 등의 3가지 종류로 분류할 수 있다.

트러스 트러스의 부재는 1차적인 가정에서 2력 부재로 모델링하면 된다. 완전한 구조 해석에는 부재의 조인트에 작용하는 굽힘 모멘트와 전단력이 포함된다. 조인트 법을 사용할 때에는, 트러스에 있는 각각의 조인트를 핀 연결로 모델링하게 된다. 힘들은 외부 하중의 형태이거나, 그렇지 않으면 부재 내력이 핀에 공점력으로 작용하게 된다. 평면 트러스에서는 각각의 조인트마다 2개의 평형 방정식을 세울 수 있고, 공간 트러스에서는 각각의 조인트마다 3개의 평형 방정식을 세울 수 있다. 조인트 법을 사용하면 트러스의 기하형상의 특징을 나타낼 수 있는 행렬을 생성할 수 있다.

또 다른 해법은 흔히 사용되지는 않는 단면법을 사용하여 트러스 부재 내력을 구하는 것이다. 이 단면법에서는, 먼저 3개의 내부 부재를 지나도록 하면서 트러스를 관통하여 가상으로 절단한다. 그런 다음 절단된 트러스를 강체로 취급한다. 이 방법이 구조 해석에서 사용되지는 않지만, 이 방법을 사용하여 조인트 법으로 구한 결과를 확인해 볼 수 있다.

프레임과 기계 프레임은 하중을 지지하도록 설계되어 있고 부재 가운데 적어도 하나는 다중 힘 부재인 정적 구조물로 정의된다. 기계는 힘을 전달하거나 변경시키도록 설계되어 있으므로 기계에는 가동부가 포함되어 있다. 프레임이나 기계를 해석하는 첫 번째 단계는 그 구조물을 구성하고 있는 각각의 분해부의 자유 물체도를 작성하는 것이다. 연결력 (내력)은 그 크기가 같고 방향은 정반대인 공선력의 쌍으로 발생한다. 2차원 모델에서는 각각의 부분은 개별적인 강체로 취급되며 이 각각의 부분마다 3개의 평형 방정식을 쓸 수 있다. 3차원 모델에서는 각각의 부분마다 6개의 평형 방정식을 쓸 수 있다. 그 결과인 선형 연립 방정식은 행렬 해법으로 풀면 된다.

Chapter 08

구조 부재의 내력

8.1 서론

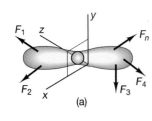

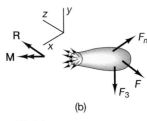

그림 8.1

제7장에서는 트러스 부재를 직선 2력 부재로 모델링하여 그 내력을 구하였다. 또한, 프레임이나 기계류 부품 간의 **연결력(connecting forces)**을 계산하는 방법도 전개하였다. 공학 구조물 부품은 그 부품 내부에 작용하는 **내력(internal forces)**으로 인하여 파손된다. 이 장에서는 이러한 내력을 구하는 일반적인 방법을 소개하려고 하므로, 구조가 파단이 되거나 그렇지 않으면 파손이 발생하게 되는 강도나 그 가능성에 관한 정보가 제공될 것이다. 힘은, 그림 8.1에 예시되어 있는 바와 같이, 강체를 가로지르는 임의의 가상 평면에 걸쳐 분포되며 그러한 평면의 위치, 방향, 면적 등에 종속된다. 그림 8.1(a)에 그려져 있는 분포 내력은 물체 단면의 특정 점(대개는 면적의 도형중심)에 작용하는 합력 R과 모멘트 M이 있는 힘 계와 등가이다. 물체 표면에 분포하는 분포력은 제4장과 제5장에서 설명하였으며, 내력을 구하는 데에도 이와 유사한 방법을 사용할 것이다. 절단면의 오른쪽에 분리되어 있는 부재 부분은, 전체 물체가 평형 상태에 있을 때, R과 M으로 인하여 평형 상태에 있게 된다. 변형체 해법(재료 강도학 또는 재료 역학)이 분포 내력을 구하는 데 사용된다. 이러한 내력의 강도를 응력(stress)이라고 하며 이는 단위 면적 당 힘으로 나타낸다. 응력의 단위는 제곱 미터 당 뉴턴(N/m^2) 또는 제곱 인치 당 파운드 (psi, 즉 lb/in^2)이다. $1\,N/m^2$을 $1\,Pa$(Pascal)이라고 한다. R과 M으로 구성되어 있는 힘 계와 등가인 응력 분포는 여러 가지가 있으므로 이 중에서 적절한 응력 분포를 결정하는 것은 재료의 내부 변형에 달려 있다.

내부 응력 분포를 구하기 전에, 등가 힘 계의 내력과 모멘트를 그 물체를 가로지르는 어떠한 평면에서도 구할 수 있어야 한다. 이 장에서는 이러한 등가 내력 계를 구하는 정형적인 방법을 전개하고 이 방법을 적용하여 봉, 보, 축 또는 이와 유사한 구조물 부품으로 상용되는 길고 가느다란 부재에서의 내력을 구하고자 한다.

8.2 부재의 내력

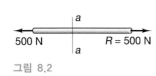

그림 8.2

외부 반력은 부재의 내력을 계산하기 전에 구해야 한다. 부재 전체가 평형 상태에 있으면, **그 부재의 어떠한 부분도 평형 상태에 놓이게 된다.** 그러므로 부재를 가상 평면으로 절단하여 그 분리된 부분이 평형 상태에 있음을 확인하게 됨으로써 부재의 어떠한 부분에 대해서도 내력을 구할 수 있다. 그림 8.2에 그려져 있는 길고 가느다란 봉을 살펴보자. 이 봉은 왼쪽 끝에는 500 N의 힘이 가해지고 있고 오른쪽 끝에는 동일한 반력이 가해지고 있다. 이 봉은 평형 상태에 있다. 가상의 절단선 $a-a$로 봉을 자를 때, 봉의 각각의 부분을 평형 상태로 유지하는 데 필요한 내력은 500 N이다. 그림 8.3에 도시되어 있는 봉에는 점 a, b, c, d 및 e에 작용하는 5개의 외부 축 방향 힘이 걸려 있다. 부재에서는 어떠한 지점에서의 내력이라도 가상의 절단선으로 봉을 여러 부분으로 잘라서 구하면

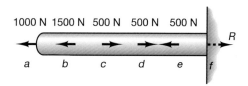

그림 8.3

된다. 이 봉이 평형 상태에 있으려면, 오른쪽 끝에서의 반력은 그림과 같은 방향에서 다음과 같이 되어야 한다.

$$R = 1000 + 1500 - 500 - 500 + 500 = 2000 \text{ N}$$

표 8.1

분할부 ab	1000 N	인장
분할부 bc	2500 N	인장
분할부 cd	2000 N	인장
분할부 de	1500 N	인장
분할부 ef	2000 N	인장

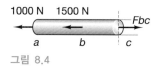

그림 8.4

그림 8.4에서와 같이, b와 c 사이의 봉 부분에 작용하는 내력을 구하고자 하면, 가상의 절단선으로 이 분할부에 있는 임의의 위치에서 봉을 자르면 된다. 절단 분할부가 평형 상태에 있다고 가정하면, 내력이 다음과 같다는 것을 알 수 있다.

$$F_{bc} - 1000 - 1500 = 0$$

즉

$$F_{bc} = 1000 + 1500 = 2500 \text{ N}$$

그러므로 봉은 점 b와 c 사이에서 인장(2500 N) 상태에 있다. 봉의 어느 분할부에서도 내력을 이런 식으로 쉽게 구할 수 있으며, 그 값들은 표 8.1에 수록되어 있다. 최대 내력은 분할부 bc에서 발생하며 최소 내력은 분할부 ab에서 발생한다. 이러한 부하 상태에서, 봉 전체는 인장 상태에 있지만, 내부 인장력의 크기는 여러 분할부마다 다르다.

봉이 수직으로 매달려서 자중에 의한 하중이 걸릴 때, 어느 분할부에서도 내력은 가상의 절단선을 사용하면 구할 수 있다. 그림 8.5에 도시되어 있는 봉을 살펴보자. 가상의 절단선은 봉의 하단에서 위쪽으로 점 x에서 잡는다고 가정한다. 봉 전체 중량은 W이고 봉은 일정한 밀도로 균일하므로 x에 있는 절단선 아래의 중량은 (Wx/L)이며, 내력은 다음과 같다.

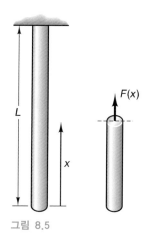

그림 8.5

$$F(x) = Wx/L \quad \text{(인장)}$$

봉의 내력은 봉의 하단에서 상단까지 선형적으로 변한다는 점을 주목하여야 한다.

그림 8.3과 8.5에 있는 봉 2개는 축 방향으로 하중이 작용하므로 봉의 내력은 인장

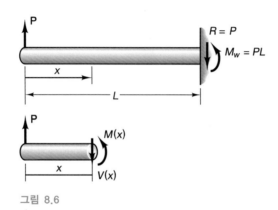

그림 8.6

상태가 아니면 압축 상태일 뿐이다. 다음으로, 그림 8.6에 도시되어 있는 봉을 살펴보자. 봉(또는 보) 전체의 평형에서 벽에서의 반력을 먼저 구한다. 반력은 다음과 같다.

$$\sum F_y = 0 \qquad R = P$$

$$\sum M_{\text{wall}} = 0 \qquad M_w = PL$$

장축에 직각으로 하중이 걸리는 길고 가느다란 부재를 보(beam)라고 하고, 내력 V를 **전단력(shear force)**이라고 하며, 내부 모멘트 M을 **굽힘 모멘트(bending moment)**라고 한다. 지점 x에서의 내력과 내부 모멘트는 x에서 가상 절단선으로 보를 잘라서 이 지점에서 힘과 모멘트를 합하여 구한다. $V(x)$와 $M(x)$는 각각 보의 임의의 지점 x에서의 전단력과 굽힘 모멘트를 나타낸다. 그러면 다음과 같다.

$$V(x) = P$$

$$M(x) = Px$$

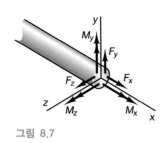

그림 8.7

내부 전단력은 이 보의 어느 곳에서나 일정하지만, 굽힘 모멘트는 왼쪽 끝의 0에서 오른쪽 끝의 최댓값 PL까지 선형적으로 증가한다는 점에 유의하여야 한다. 보의 변형과 내부 응력은 이제 보의 모든 지점에서 구할 수 있다.

일반적으로, 내력에 성분이 3개가 있고 내부 모멘트에 성분이 3개가 있기 마련이다. 이러한 성분들은 대개, 그림 8.7에 도시되어 있는 바와 같이, 단면의 도형 중심에 원점이 있고 1개의 좌표축이 단면에 직각으로 잡혀 있는 좌표계로 표현된다.

x방향의 힘 성분은 봉의 내부 **축력(axial force)**이고, x방향의 모멘트 성분은 **비틀림 모멘트(twisting or torsional moment)**라고 한다. y방향과 z방향의 힘 성분들은 전단력이고, y방향과 z방향에서의 모멘트 성분들은 굽힘 모멘트이다.

| 예제 8.1 | 그림과 같은 갈고리형 후크(crane hook)에서 임의의 지점 R, θ에 걸리는 내부 하중을 구하라. 이 경우에는, 갈고리형 후크를 2차원 물체로 모델링하면 된다. |

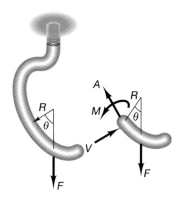

풀이 먼저, 후크를 각도 θ에서 가상 면으로 자른 다음, 절단선 오른쪽 부분의 자유 물체도를 그린다(오른쪽 그림 참조). 평형 방정식을 세우면 다음과 같다.

$$A = F \sin \theta$$
$$V = F \cos \theta$$
$$M = FR \sin \theta$$

최대 전단 하중은 절단면의 각도를 0으로 할 때 발생하며, 최대 축 하중과 최대 굽힘 모멘트는 90°에서 발생한다.

예제 8.2

그림과 같이 기초 바닥에 박혀서 외력 P의 하중을 받고 있는 봉에 작용하는 내력과 내부 모멘트를 봉의 $x - y$좌표의 함수로 구하라.

풀이 먼저, 이 구조물을 2개의 가상 절단선으로 잘라서 각각의 부분에서 내력을 구할 필요가 있다. 그런 다음, 봉에 작용하는 내력과 내부 모멘트는 적절한 벡터 방정식을 세워서 구하면 된다. 봉의 자유 물체도는 먼저 봉의 수평 부분을 잘라서 작도한 다음, 수직 부분을 잘라 그린다(그림 참조). 평형 방정식에서 다음 식이 나온다.

$$\mathbf{R} + \mathbf{P} = \mathbf{0}$$
$$\mathbf{M} + \mathbf{r_p} \times \mathbf{P} = \mathbf{0}$$
$$\mathbf{P} = P\hat{\mathbf{k}}$$
$$\mathbf{r_p} = (l - x)\,\hat{\mathbf{i}}$$

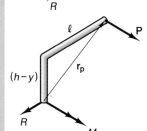

그러므로 다음과 같다.

$$\mathbf{R} = -P\hat{\mathbf{k}}$$
$$\mathbf{M} = P(l - x)\hat{\mathbf{j}}$$

봉의 수직 부분에서는 다음 식이 나온다.

$$\mathbf{r_p} = l\hat{\mathbf{i}} + (h - y)\hat{\mathbf{j}}$$

그러므로 다음과 같다.

$$\mathbf{R} = -P\hat{\mathbf{k}}$$
$$\mathbf{M} = Pl\hat{\mathbf{j}} - P(h - y)\hat{\mathbf{i}}$$

그림과 같이 갈고리형 후크에 작용하는 임의의 힘 $\mathbf{F} = F_x\,\hat{\mathbf{i}} + F_y\,\hat{\mathbf{j}} + F_z\,\hat{\mathbf{k}}$에 대한 내력과 내부 모멘트를 구하라.

풀이 여기에서는, 벡터 해법과 원통 좌표를 사용하기로 한다. 원통 좌표계는 3개의 단위 벡터 $\hat{\mathbf{e}}_r$, $\hat{\mathbf{e}}_\theta$ 및 $\hat{\mathbf{k}}$로 정의된다. 단위 벡터 $\hat{\mathbf{k}}$는 이 경우에 책의 지면 속으로 향하는 방향이므로, 그림에 그려져 있는 자유 물체도에서와 같이 오른손 좌표계 r, θ, z가 형성된다. 이 단위 벡터 간에는 다음과 같은 벡터 관계식이 존재한다. 즉

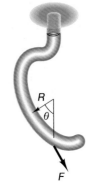

$$\hat{\mathbf{e}}_r \times \hat{\mathbf{e}}_\theta = \hat{\mathbf{k}}$$
$$\hat{\mathbf{e}}_\theta \times \hat{\mathbf{k}} = \hat{\mathbf{e}}_r$$
$$\hat{\mathbf{k}} \times \hat{\mathbf{e}}_r = \hat{\mathbf{e}}_\theta$$

원통 좌표 단위 벡터들은 다음과 같이 직교 좌표 단위 벡터로 나타낼 수 있다.

$$\hat{\mathbf{e}}_r = \cos\theta\hat{\mathbf{i}} + \sin\theta\hat{\mathbf{j}}$$
$$\hat{\mathbf{e}}_\theta = -\sin\theta\hat{\mathbf{i}} + \cos\theta\hat{\mathbf{j}}$$
$$\hat{\mathbf{k}} = \hat{\mathbf{k}}$$

이제 갈고리형 후크에 가해지는 임의의 하중을 살펴보자. 여기에서, $\mathbf{Q}$와 $\mathbf{M}$은 각각 내력과 내부 모멘트이다(그림 참조). 힘을 합하면 다음 식이 나온다.

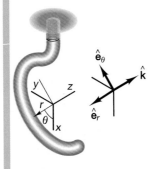

$$\mathbf{Q} + \mathbf{F} = 0 \mapsto \mathbf{Q} = -\mathbf{F}$$

모멘트를 합하면 다음 식이 나온다.

$$\mathbf{M} + \mathbf{r}_{A/C} \times \mathbf{F} = 0 \mapsto \mathbf{M} = -\mathbf{r}_{A/C} \times \mathbf{F}$$

C에서 A까지의 상대 위치 벡터는 다음과 같다.

$$\mathbf{r}_{A/C} = (R - R\cos\theta)\hat{\mathbf{i}} - R\sin\theta\hat{\mathbf{j}}$$

그러므로 다음과 같다.

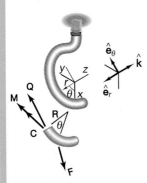

$$\mathbf{Q} = -F_x\hat{\mathbf{i}} - F_y\hat{\mathbf{j}} - F_z\hat{\mathbf{k}}$$

$$\mathbf{M} = -\{(R - R\cos\theta)\hat{\mathbf{i}} - R\sin\theta\hat{\mathbf{j}}\} \times \{(F_x\hat{\mathbf{i}} + F_y\hat{\mathbf{j}} + F_z\hat{\mathbf{k}}\}$$

$$= +F_zR\sin\theta\hat{\mathbf{i}} + F_z(R - R\cos\theta)\hat{\mathbf{j}} + \{F_xR\sin\theta - F_y(R - R\cos\theta)\}\hat{\mathbf{k}}$$

이들이 절단 분할부에 작용하는 내력과 내부 모멘트이다. 그러나 이 힘과 모멘트를 해석하려면 이들을 원통 좌표로 나타내야 한다. 그렇게 하려면 원통 좌표 기본 벡터의 각각에 스칼라 곱을 취하면 된다.

$$A(\theta) = \mathbf{Q} \cdot \hat{\mathbf{e}}_\theta = \{-F_x\hat{\mathbf{i}} - F_y\hat{\mathbf{j}} - F_z\hat{\mathbf{k}}\} \cdot \{-\sin\theta\hat{\mathbf{i}} + \cos\theta\hat{\mathbf{j}}\}$$
$$= F_x\sin\theta - F_y\cos\theta$$

$$V_r(\theta) = \mathbf{Q} \cdot \hat{\mathbf{e}}_r = \{-F_x\hat{\mathbf{i}} - F_y\hat{\mathbf{j}} - F_z\hat{\mathbf{k}}\} \cdot \{\cos\theta\hat{\mathbf{i}} + \sin\theta\hat{\mathbf{j}}\}$$
$$= -F_x\cos\theta - F_y\sin\theta$$

$$V_z(\theta) = \mathbf{Q} \cdot \hat{\mathbf{k}} = -F_z$$

$$M_\theta(\theta) = \mathbf{M} \cdot \hat{\mathbf{e}}_\theta = \{+F_zR \sin\theta\hat{\mathbf{i}} + F_z(R - R\cos\theta)\hat{\mathbf{j}} + \{F_xR \sin\theta - F_y(R$$
$$- R\cos\theta)\hat{\mathbf{k}}\} \cdot \{-\sin\theta\hat{\mathbf{i}} + \cos\theta\hat{\mathbf{j}}\} = F_z[-R\sin^2\theta + (R - R\cos\theta)\cos\theta]$$

$$M_r(\theta) = \mathbf{M} \cdot \hat{\mathbf{e}}_r = \{F_zR \sin\theta\hat{\mathbf{i}} + F_z(R - R\cos\theta)\hat{\mathbf{j}} + \{F_xR \sin\theta - F_y(R$$
$$- R\cos\theta)\}\hat{\mathbf{k}}\} \cdot \{\cos\theta\hat{\mathbf{i}} + \sin\theta\hat{\mathbf{j}}] = F_z(R \sin\theta - 2R \sin\theta\cos\theta)$$

$$M_z(\theta) = \mathbf{M} \cdot \hat{\mathbf{k}} = \{+F_zR \sin\theta\hat{\mathbf{i}} + F_zR\hat{\mathbf{j}}$$
$$+ \{F_xR \sin\theta - F_y(R - R\cos\theta)\}\hat{\mathbf{k}}] \cdot \hat{\mathbf{k}} = \{F_xR \sin\theta - F_y(R - R\cos\theta)\}$$

이제 갈고리형 후크의 내부 응력은 변형체 역학을 사용하여 계산할 수 있다. 이 계산에는 벡터 대수학이 포함되어 있기는 하지만, 그 해석은 간단하다.

연습문제

8.1 그림 P8.1과 같이, 봉의 반력 R과 점 a와 b에서의 내력을 각각 계산하라. 분할부가 인장 상태인지 압축 상태인지를 표시하라.

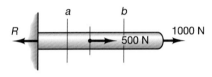

그림 P8.1

8.2 그림 P8.2와 같이, 봉의 반력 R과 점 a와 b에서의 내력을 각각 계산하라.

그림 P8.2

8.3 그림 P8.3과 같이, 균일 중량이 1000 N인 강재 봉이 300 N의 힘으로 압축되고 있다. 부착 지점에서의 반력과 봉의 모든 지점 x에서의 내력을 각각 계산하라.

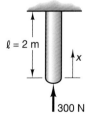

그림 P8.3

8.4 그림 P8.4와 같이, 봉의 점 A와 B에서의 내력과 내부 모멘트를 각각 계산하라. 또한, 고정단부에서의 반력을 계산하라.

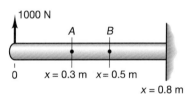

그림 P8.4

8.5 그림 P8.5와 같이, 한쪽 끝이 고정된 봉이 하중을 받고 있다. 봉의 중량을 무시하고 점 A와 B에서의 내력과 내부 모멘트를 각각 계산하라.

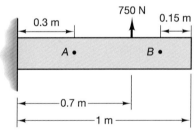

그림 P8.5

8.6 그림 P8.6과 같이, 봉의 중간 지점에서의 내력과 내부 모멘트를 각각 계산하라.

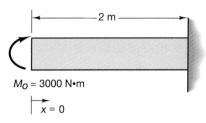

그림 P8.6

8.7 그림 P8.6과 같은 봉의 왼쪽 끝에서 0.5 m인 지점에서의 내력과 내부 모멘트를 각각 계산하라.

8.8 그림 P8.8과 같은 봉의 왼쪽 끝에서 0.5 m인 지점에서의 내력과 내부 모멘트를 각각 계산하라.

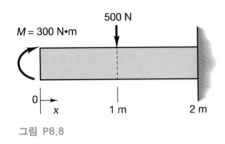

그림 P8.8

8.9 그림 P8.8과 같은 봉의 왼쪽 끝에서 0.9 m인 지점에서의 내력과 내부 모멘트를 각각 계산하라.

8.10 그림 P8.8과 같은 봉의 오른쪽 끝에서 0.9 m인 지점에서의 내력과 내부 모멘트를 각각 계산하라.

8.11 그림 P8.11과 같은 보의 점 A에서의 내력과 내부 모멘트를 각각 계산하라.

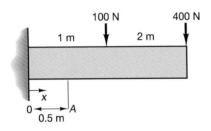

그림 P8.11

8.12 그림 P8.12와 같은 후크에서, 180°와 225° 사이의 θ에 대하여 후크의 전단력, 축력 및 굽힘 모멘트를 각각 계산하라.

8.13 예제 8.1을 따라서, 그림 P8.12와 같은 후크에서, 0°과 225° 사이의 모든 θ값에 대하여 후크의 전단력, 축력 및 굽힘 모멘트의 값을 각각 계산하라. 또한, 고정 연결 지점에서의 반력을 계산하라.

8.14 그림 P8.14와 같은 후크에서, 0° ⟨ θ ⟨ 225° 사이의 θ값에 대하여 후크의 고정 연결 지점에서의 반력, 내부 굽힘 모멘트, 축력 및 전단력을 각각 계산하라.

8.15 그림 P8.15와 같이, 봉의 고정 연결부에서의 내력과 내부 모멘트를 각각 계산하라.

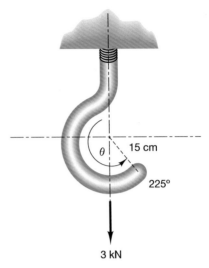

그림 P8.12

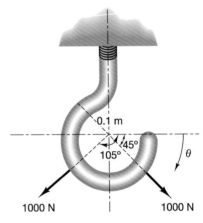

그림 P8.14

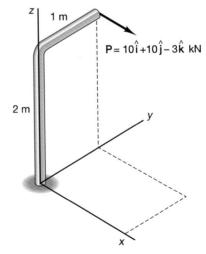

그림 P8.15

8.16 그림 P8.15의 봉의 내력과 내부 모멘트를 다음에 관하여 각각 구하라. (a) 수직 봉에서의 임의의 점, (b) 수평 봉에서의 임의의 점. (c) 각각의 경우에서, 그림 8.7과 관련된 용어로 합력과 모멘트 성분들을 명시하라.

8.17 그림 P8.17과 같이, 로프가 금속 고정구에 묶여 있다. (a) 0°와 170° 사이의 θ값에 대하여 고정 연결부에서의 반력과 고정구의 내력을 각각 계산하라. 로프는 $\theta = 60°$로 정의된 지점에 고정되어 있다. (b) 합력과 모멘트의 2개의 전단 (굽힘) 성분과 1개의 축방향 (비틀림) 성분을 각각 계산하라.

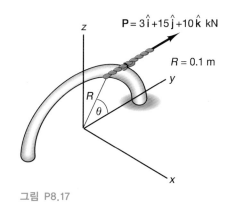

그림 P8.17

8.3 보에서의 하중 및 지지 유형

그 길이를 따라서 여러 점에서 하중을 지지하도록 설계되어 있는 길고 가느다란 부재를 **보(beam)**라고 한다. 가장 간단한 응용에서는, 하중은 보의 장축과는 직각을 이루고 보의 단면의 대칭축과는 평행하거나 직각을 이룬다(제10장의 '보의 단면 특성' 참조). 보는 분포 하중을 지지하기도 하고 단일의 작용점에 집중하는 하중으로 취급되는 집중 하중을 지지하기도 한다. 집중 하중은 하중이 분포되어 있는 면적이 보의 치수에 비하여 작을 때 성립되는 근사 개념이다.

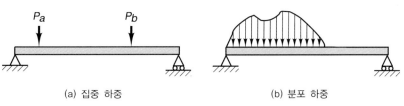

(a) 집중 하중   (b) 분포 하중

그림 8.8

정정 보

단순 지지 보   캔틸레버 보

돌출 보

그림 8.9

집중 하중은 그 단위가 N(뉴턴) 또는 lb(파운드)이며, kN(킬로뉴턴) 또는 klb(킬로파운드)와 같은 배수이기도 하다. 분포 하중은 단위 길이 당 힘 —예를 들어, N/m 또는 lb/ft —이다. 분포 하중은 대개 보의 장축 상의 위치의 함수로 주어진다. 제5장에서는, 반력을 계산할 때 분포 하중을 등가 힘 계로 치환한 바 있다. 내력과 내부 모멘트가 필요할 때면, 하중의 분포를 살펴보면 된다. 보의 왼쪽 끝을 원점으로 하여 보의 장축을 x축으로 잡으면, 분포 하중은 $w(x)$으로 쓸 수 있다. 예를 들어, 길이가 L인 보가 사인 곡선 형태의 분포 하중을 받고 있으면, 그 분포 하중 함수는 다음과 같다.

$$w(x) = p \sin (\pi x/L)$$

균일 분포 하중을 받고 있는 보는 그 분포 하중 함수가 다음과 같다.

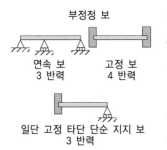

부정정 보

연속 보
3 반력

고정 보
4 반력

일단 고정 타단 단순 지지 보
3 반력

그림 8.10

$$w(x) = 일정$$

$w(x)$는 분포 하중이 위쪽으로 작용하고 y가 위쪽이 양(+)이면 양(+)으로 취급된다는 점에 유의하여야 한다.

보는 지지되는 방식과 과잉구속 여부 그리고 그에 따른 부정정 여부에 따라 분류된다. 보 경계 조건의 몇 가지 유형이 그림 8.9와 8.10에 도시되어 있다. 보는 축 하중이 전혀 작용하지 않는 2차원 구조물로 모델링하여 왔다. 그러므로 단지 2개의 평형 방정식만을 세울 수 있고, 그에 따라 단지 2개의 반력만을 정적 평형으로 구할 수 있다.

8.4 보의 전단 모멘트와 굽힘 모멘트

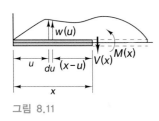

그림 8.11

그림 8.11에 그려져 있는 보는 그 장축에 직각으로 가해지고 있는 일반적인 분포 하중 $w(x)$을 받고 있다. 보는 왼쪽 끝에서 측정된 지점 x에서 분할되어 있다. 내부 전단력 $V(x)$는 분포 하중을 0에서부터 x까지 적분하여 구하면 된다.

내부 굽힘 모멘트 $M(x)$는 지점 x에 관하여 취하게 되므로, 미분 하중에 대한 미분 모멘트는 $(x-u)\,w(u)\,du$가 된다. 미분 모멘트를 0에서부터 x까지 적분하면 위치 x에서의 모멘트가 나온다. 그러므로 다음과 같이 된다.

$$V(x) = \int_0^x w(u)du$$

$$M(x) = \int_0^x (x - u)w(u)du \tag{8.1}$$

하중 함수를 x의 함수로 쓸 수가 있으면, 식 (8.1)의 적분을 쉽게 구할 수 있다. 예를 들어, 여러 가지 보를 살펴보자. 먼저, 균일 하중을 받고 있는 캔틸레버 보는 다음과 같다.

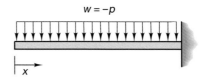

$w = -p$

$$w(x) = -p$$

이 경우는, 자중 하중을 받고 있는 보 또는 눈 하중을 받고 있는 평면 상판 보에 해당한다. 보에 있는 지점의 어떠한 위치에서도 전단은 다음과 같다.

$$V(x) = \int_0^x -pdu = -px$$

그리고 모멘트는 다음과 같다.

$$M(x) = \int_0^x (x - u)(-p)du = -px^2 + p\frac{x^2}{2} = -p\frac{x^2}{2}$$

이제, 다음과 같은 선형 증가 하중을 받는 보를 살펴보자.

$$w(x) = kx$$

여기에서, k는 하중 곡선의 기울기로 그 단위는 N/m²가 된다. 하중 곡선에 있는 임의의 위치에서의 전단은 다음과 같다.

$$V(x) = \int_0^x ku\,du = \left[\frac{1}{2}ku^2\right]_0^x = \frac{1}{2}kx^2$$

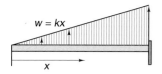

그리고 모멘트는 다음과 같다.

$$M(x) = \int_0^x (x - u)ku\,du = \left[\frac{1}{2}kxu^2 - \frac{1}{3}ku^3\right]_0^x = \frac{1}{6}kx^3$$

한층 더 복잡한 하중을 해석할 때에는 적분표나 해석적 계산을 사용해야 한다. 전단 식이나 모멘트 식을 그래프로 작성하는 것은 일반적이며, 이러한 그래프를 **전단 선도**와 **모멘트 선도**라고 한다. 이러한 선도들은 과거에 최신의 컴퓨터 툴이 등장하기 전에는 보 하중 문제를 도식적으로 푸는 데 사용되었다. 이 선도들은 보에서의 전단 분포와 모멘트 분포에 관한 개념적인 사고방식을 제공한다.

예제 8.4

다음과 같은 하중 함수를 받는 **캔틸레버 보**의 전단 식과 모멘트 식을 각각 구하라.

(a) $w(x) = kx$ 여기에서 $k = W/L$

(b) $w(x) = W\sin(\pi x/L)$

여기에서, W는 최대 하중 강도로 단위는 N/m이고, L은 보의 길이로 단위는 m이다(그림 참조).

풀이 벽에서의 전단 반력은 적분 관계에서 다음과 같이 구한다.

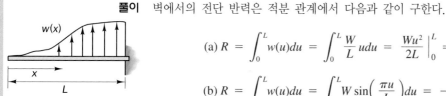

(a) $R = \int_0^L w(u)du = \int_0^L \frac{W}{L}u\,du = \frac{Wu^2}{2L}\Big|_0^L = \frac{WL}{2}$

(b) $R = \int_0^L w(u)du = \int_0^L W\sin\left(\frac{\pi u}{L}\right)du = -\frac{WL}{\pi}\cos\left(\frac{\pi u}{L}\right)\Big|_0^L = \frac{2WL}{\pi}$

벽에서의 반력 모멘트는 적분 관계에서 다음과 같이 구한다.

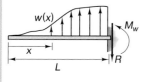

(a) $M_w = \int_0^L (L - u)w(u)du = \int_0^L (L - u)\frac{Wu}{L}du = \frac{Wu^2}{2} - \frac{Wu^3}{3L}\Big|_0^L = \frac{WL^2}{6}$

(b) $M_w = \int_0^L (L - u)w(u)du$

$$= \int_0^L (L - u)W \sin\left(\frac{\pi u}{L}\right)du = \left(\frac{WL^2}{\pi}\right)\cos\left(\frac{\pi u}{L}\right) - \frac{WL^2}{\pi^2}\sin\left(\frac{\pi u}{L}\right)$$

$$+ \left.\frac{WL}{\pi}u\cos\left(\frac{\pi u}{L}\right)\right)\Big|_0^L$$

$$= \frac{WL^2}{\pi}$$

내부 전단력과 모멘트는 식 (8.1)을 사용하여 구한다. 이 절의 시작부에서의 설명에서는, 이러한 적분들을 0에서부터 x까지의 정적분으로 취급하였다. 이들은 또한 적분 상수의 값을 $x = 0$에서 전단력과 모멘트가 0이라는 조건을 사용하여 구할 수 있는 부정적분으로도 취급하여도 된다. 2가지 하중 조건에 대한 전단 식과 모멘트 식은 다음과 같다.

(a)   (b)

$$w(x) = kx \qquad w(x) = W\sin\left(\pi\frac{x}{L}\right)$$

$$V(x) = k\frac{x^2}{2} \qquad V(x) = -\frac{WL}{\pi}\left[\cos\left(\pi\frac{x}{L}\right) - 1\right]$$

$$M(x) = k\frac{x^3}{6} \qquad M(x) = -\frac{WL}{\pi^2}\left[L\sin\left(\pi\frac{x}{L}\right) - \pi x\right]$$

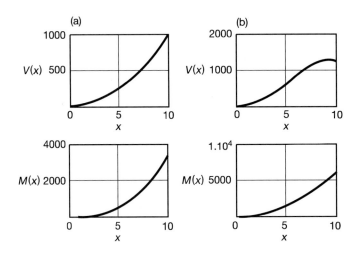

이 그래프는 $W = 200\,\text{N/m}$와 $L = 10\,\text{m}$일 때, 각각의 전단 선도와 모멘트 선도이다. 이러한 유형의 그래프는 그래프용 계산기나 컴퓨터 소프트웨어를 사용하여 구할 수 있다.

8.4.1 하중 분포, 전단력 및 굽힘 모멘트의 관계

    $w(x)$, $V(x)$ 및 $M(x)$ 사이의 관계를 알아보기 전에 적분의 미분을 살펴보기로 하자. 다음과 같이, 피적분 함수와 한계가 모두 변수 x의 함수인 적분을 살펴보자.

$$\int_{a(x)}^{b(x)} F(x, u)du \qquad\qquad (8.2)$$

적분을 x에 관하여 미분하면 다음이 나온다.

$$\frac{d}{dx}\int_{a(x)}^{b(x)} F(x,u)du = \int_{a(x)}^{b(x)} \frac{\partial}{\partial x}[F(x,u)]du + F(x,b)\frac{db}{dx} - F(x,a)\frac{da}{dx} \qquad (8.3)$$

여기에서, $\frac{\partial}{\partial x}$ 는 편미분을 나타내고 $\frac{d}{dx}$ 는 전미분을 나타낸다. 전단 함수 $V(x)$를 x에 관하여 미분하게 되면, 다음과 같은 관계가 나온다.

$$\frac{dV}{dx} = \frac{d}{dx}\int_0^x w(u)du$$

즉

$$\frac{dV}{dx} = \int_0^x \frac{\partial}{\partial x}[w(u)]du + w(x)\frac{dx}{dx} - w(0)\frac{d0}{dx} = w(x) \qquad (8.4)$$

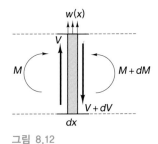

그림 8.12

이 관계는 또한, 그림 8.12에 예시되어 있는 바와 같이, 보의 요소의 자유 물체도를 작도하여 그 요소에 대한 평형 방정식을 세워서 유도할 수도 있다. 분포 하중에 적용하는 부호 규약은 위쪽이 양(+)이라는 점에 주의하여야 한다. 전단은 왼쪽이 상향이고 오른쪽이 하향이면 양(+)이고, 모멘트는 왼쪽이 시계 방향이고 오른쪽이 반시계 방향이면 양(+)이다. 수직 방향에서 힘을 합하면 다음이 나온다.

$$V - (V + dV) + w(x)dx = 0$$

즉, 이를 정리하면 다음과 같다.

$$dV = w(x)dx \qquad (8.5)$$

이 식은 식 (8.4)와 일치한다. 하중 선도와 전단 선도가 그려지면, 하중 선도 아래의 면적은 전단과 같고 전단 선도의 기울기는 하중 함수와 같다는 것은 명백하다. 과거에는, 이러한 결과를 사용하여 보의 내부 전단을 도식적으로 풀었다. 하중 분포는 전단의 도함수와 같으므로, 하중이 0이면 전단은 최대이거나 최소가 된다.

식 (8.1)의 모멘트 함수 $M(x)$를 미분하면 다음이 나온다.

$$\frac{dM}{dx} = \frac{d}{dx}\int_0^x (x-u)w(u)du = \int_0^x w(u)du + (x-x)w(x)$$
$$\frac{dM}{dx} = \int_0^x w(u)du = V(x) \qquad (8.6)$$

그림 8.12에 도시된 요소의 우변에 관한 모멘트를 합하여 동일한 결과를 구한 바 있다. 즉

$$M - (M + dM) + V\,dx + [w(x)dx]dx/2 = 0$$

항들을 결합하고 $(dx)^2$을 포함하는 고차 항을 소거하여 1차 근사식을 구한다.

$$dM = V(x)dx \qquad (8.7)$$

식 (8.7)은 예상한 대로 식 (8.6)과 일치한다. 식 (8.6)을 적분하여 모멘트를 구하면 되므로, 이는 식 (8.1)을 대체할 방법으로 사용할 수 있다. 전단 선도와 모멘트 선도를 살펴보면, 전단 선도 아래의 면적은 모멘트와 같고 모멘트 선도에서 임의의 점의 기울기는 전단과 같다는 것을 알 수 있다. 이러한 결과는, 전단에서 그랬던 것처럼, 내부 모멘트를 도식적으로 푸는 데 사용된 바 있다. 미적분학에서는 어떤 함수의 도함수가 어떤 점에서 0이면(즉, 기울기가 0이면), 그 함수는 그 점에서 국부적으로 최대 또는 최소가 된다. 그러므로 전단이 0이면, 모멘트는 국부적으로 최대 또는 최소가 되기 마련이다. 진정한 최대 또는 최소는 역시 양 끝 점에서 되어야 한다.

집중력과 집중 모멘트는 연속 함수가 아니므로, 하중 식, 전단 식, 모멘트 식 등을 세우는 데 어려움이 있다. 일반적으로, 보의 여러 분할 마디마다 이 식들을 세워야 하므로 집중력이 작용하는 점이나 집중 모멘트가 작용하는 점에서는 이러한 식들이 불연속이 된다. 이러한 불연속성을 그림 8.13에 도시되어 있는 캔틸레버 보를 예로 들어 설명한다. 이 보에서 0과 a 사이에 있는 임의의 지점에서의 전단 식과 모멘트 식은 각각 다음과 같다.

$$
\begin{aligned}
0 < x < a: & \\
V(x) &= P \\
M(x) &= Px
\end{aligned}
\qquad (8.8)
$$

a와 b 사이에 있는 임의의 지점에서는, 전단 식과 모멘트 식은 각각 다음과 같다.

$$
\begin{aligned}
a < x < b: & \\
V(x) &= P - F \\
M(x) &= Px - F(x - a)
\end{aligned}
\qquad (8.9)
$$

b와 L 사이에 있는 임의의 점에서는, 전단 식과 모멘트 식은 각각 다음과 같다.

$$
\begin{aligned}
b < x < L: & \\
V(x) &= P - F \\
M(x) &= Px - F(x - a) + M_b
\end{aligned}
\qquad (8.10)
$$

보에서 L을 초과하는 지점(벽 내부)에서는, 전단 식과 모멘트 식은 0으로 가정되므로 다음과 같이 된다.

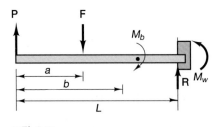

그림 8.13

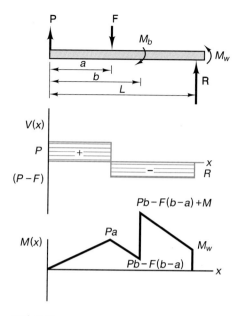

그림 8.14

$x > L$:
$$V(x) = P - F + R = 0 \quad or \quad R = F - P$$
$$M(x) = Px - F(x - a) - M_w + M_b + R(x - L) = 0 \qquad (8.11)$$

즉

$$M_w = PL - F(L - a) + M_b$$

식 (8.11)은 2개의 평형 방정식으로서, 한 식은 수직 방향 힘을 합하면 0이 된다는 내용이고, 다른 한 식은 $x > L$인 구간에서 임의의 점에 관한 모멘트의 합 또한 0이 된다는 내용이다.

그림 8.14에는 이 보의 전단 선도와 모멘트 선도가 그려져 있다. 여기에서 쉽게 알 수 있는 것은 이 선도들이 불연속 함수이므로 이 이상 계산해야 한다면 당연히 어려움이 따를 수밖에 없다는 것이다. 이러한 어려움은 제8.5절에서 설명하고 있는 특별한 **불연속 함수**를 도입함으로써 극복할 수 있다.

| 예제 8.5 | 그림과 같은 보의 전단 식과 모멘트 식을 구하라. |

풀이

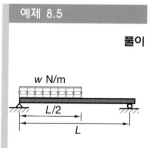

하중 w N/m가 (아래쪽으로 작용하는) 음의 값이고 보의 왼쪽 절반에 작용한다고 가정한다. 반력을 구하려면 보의 자유 물체도가 필요하다(자유 물체도 참조). 반력을 구할 때에는, 제5장에서와 같이, 분포 하중을 등가 힘으로 치환하면 된다.

수직 방향 힘을 합하면 다음 식이 나온다.

$$R_L + R_R - wL/2 = 0$$

보의 왼쪽 끝에 관한 모멘트를 합하면 다음 식이 나온다.

$$R_R L - wL/2(L/4) = 0$$

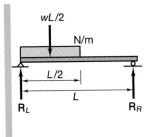

그러므로 다음의 값을 구할 수 있다.

$$R_R = +wL/8 \qquad R_L = +3wL/8 = 0 \quad (\text{두 반력은 모두 위쪽으로 작용함})$$

이제 x가 0 과 $L/2$ 사이에 있는 지점에서 보에 가상 절단선을 그어서 그 절단부의 내력을 구한다.

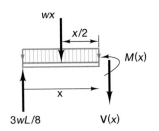

$$0 \le x \le \frac{L}{2}: \quad V(x) = +3wL/8 - wx$$
$$M(x) = +(3wL/8)x - wx^2/2$$

절단선의 왼쪽에 가해지는 분포 하중 부분은 분포 형태의 도형 중심에 작용하는 등가 하중으로 치환해야 한다는 점에 유의하여야 한다. 보의 오른쪽 부분에서의 내부 전단력과 모멘트를 구하려면 이 부분에 절단선을 그어서 그린 자유 물체도가 필요하다. 이 자유 물체도는 다음과 같다.

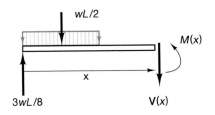

관련 식은 다음과 같다.

$$\frac{L}{2} \le x \le L: \quad V(x) = +3wL/8 - wL/2$$
$$= -wL/8$$
$$M(x) = +(3wL/8)x - (wL/2)(x - L/4)$$
$$= -(wL/8)x + wL^2/8$$

예제 8.6

다음 그림과 같은 보의 전단 식과 모멘트 식을 구하라.

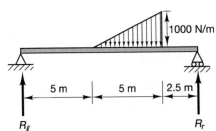

풀이 먼저 반력을 구해야 한다. 보의 왼쪽 끝에 관한 모멘트를 합하고 평형을 이루도록 분포 하중이 그 도형 중심을 지나서 작용한다고 보면 다음이 나온다.

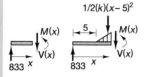

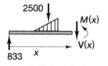

(하중 곡선의 기울기)

$$k = \frac{1000}{5} = 200$$

$$12.5R_r - (1/2 \times 1000 \times 5)(5 + 2/3 \times 5) = 0$$

$$R_r = 1667 \text{ N}$$

수직 방향 힘을 합하면 다음이 나온다.

$$R_l + R_r - 1/2 \times 1000 \times 5 = 0$$

$$R_l = 833 \text{ N}$$

보를 3개의 부분으로 분할하여 각 부분의 자유 물체도를 그리면 다음과 같이 전단 식과 모멘트 식을 3개의 영역으로 나누어 쓸 수 있다.

$$0 < x < 5 \qquad V(x) = 833 \qquad\qquad M(x) = 833x$$

$$5 < x < 10: \quad V(x) = 833 - 200\frac{(x-5)^2}{2} \quad M(x) = 833x - 200\frac{(x-5)^3}{6}$$

$$10 < x < 12.5: V(x) = 833 - 2500 \qquad M(x) = 833x - 2500(x - 8.333)$$

$$= -1667 \qquad\qquad\qquad = -1667x + 20,833$$

최대 모멘트는 $V(x)$가 0일 때 발생한다. 전단은 0에서 5 m까지의 구간에서 그리고 또 10 m에서 보의 오른쪽 끝까지의 구간에서 일정하다. 그러므로 전단 값이 0이 되는 것은 보의 둘째 부분에서 발생한다. 전단에 관한 2차식을 0으로 놓아 필요한 x값을 구하면 된다. $x = 7.89$ m에서 전단은 0이 되고 이 지점에서 모멘트는 5768 N/m가 된다.

이제 모멘트 선도와 전단 선도를 쉽게 그릴 수 있다. 그러나 필요한 정보는 모두 이 식에 들어 있으므로 그래프 해를 다른 목적으로 사용하려고 하지 않는다면 전단 선도와 모멘트 선도는 필요가 없다. 전단 선도와 모멘트 선도는 그래픽 기능이 있는 계산기나 컴퓨터 소프트웨어를 사용하여 작성할 수 있다.

연습문제

8.18 파이프의 한쪽은 단순 지지되어 있고 다른 한쪽은 실효 핀 지지되어 있다(그림 P8.18 참조). 반력과 내력을 각각 계산하여 전단 선도와 모멘트 선도를 작도하고 질량을 파이프의 중간 지점에 매달았을 때 발생되는 최대 굽힘 모멘트를 기술하라.

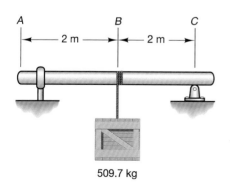

그림 P8.18

8.19 그림 P8.19와 같이, 파이프가 한 쪽은 단순 지지되어 있고 다른 한 쪽은 실효 핀 지지되어 있다. 반력과 내력을 각각 계산하여 전단 선도와 모멘트 선도를 작도하고 하중을 표시된 지점에 매달았을 때 발생되는 최대 굽힘 모멘트를 기술하라.

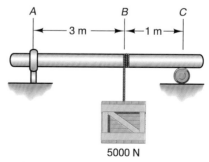

그림 P8.19

8.20 그림 P8.20과 같이, A와 B에서의 반력과 전단 함수 및 굽힘 모멘트 함수를, 값은 주어지지 않았지만 정해져 있는 부하 P, 위치 a 및 길이 L로 보를 따르는 모든 지점에 대하여 각각 구하라.

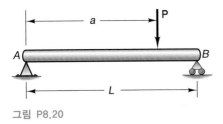

그림 P8.20

8.21 건축업자가 길이가 5 m인 보를 사용하여 그림 P8.21에 주어진 하중을 지지하도록 2개의 벽 간격을 유지하고자 한다. 건축 법규에는 이 구조용 보(단면적 및 재료)의 최대 굽힘 모멘트가 13 kN·m라고 규정되어 있다. 내력과 전단 함수와 모멘트 함수를 각각 계산하고 전단 선도와 모멘트 선도를 그려라. 이 보는 건축 법규를 만족시키는가?

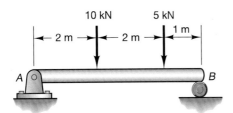

그림 P8.21

8.22 그림 P8.22에 주어진 하중에 대하여, 반력과 보에서의 전단 및 모멘트를 각각 계산하라. 굽힘 모멘트의 최댓값은 얼마이고 보의 어느 지점에서 발생하는가?

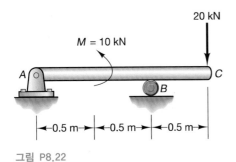

그림 P8.22

8.23 지지 보의 끝에 있는 기계로 인하여 모멘트와 힘이 모두 발생하여 보에 가해지고 있다(그림 P8.23 참조). A에서의 반력과 전단 함수 및 모멘트 함수를 길이 L, 작용력 P_B 및 작용 모멘트 M_B로 각각 구하라.

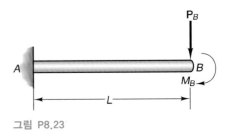

그림 P8.23

8.24 그림 P8.24와 같은 단순 분포 하중에 대하여 반력과 내력을 구하라. 전단 선도와 굽힘 모멘트 선도를 거리 x에 대하여 그려라.

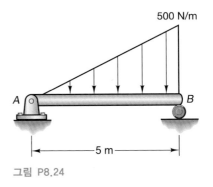

그림 P8.24

8.25 그림 P8.25와 같은 구조물에서 반력과 내력을 구하라. 전단 선도와 굽힘 모멘트 선도를 거리 x에 대하여 그려라.

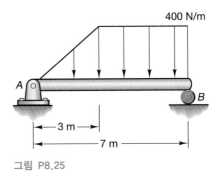

그림 P8.25

8.26 그림 P8.26과 같은 구조물에서 반력과 내력을 구하라. 전단 선도와 굽힘 모멘트 선도를 거리 x에 대하여 그려라.

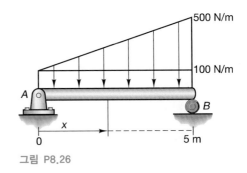

그림 P8.26

8.27 그림 P8.27에서, $w(x) = 10x^2$ N/m에 대하여 반력과 내부
전단력 및 굽힘 모멘트를 각각 구하라. 전단 및 굽힘 모멘트
선도를 x의 함수로 그려라.

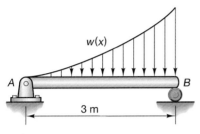

그림 P8.27

8.28 캔틸레버 보가 건물의 개략적인 모델로 사용된다(그림 P8.28
참조). 반력과 내부 전단력 및 굽힘 모멘트를 $w(x) = (x^3$
$- 100x^2) 10^{-4}$ N/m로 모델링되는 강풍 하중에 대하여 계산하
라.

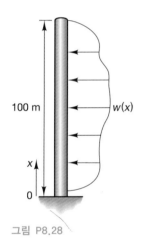

그림 P8.28

8.29 하중이 $w(x) = 10 (1 + \sin(\pi x/50))$ N/m일 때, 문제 8.28을
다시 풀어라.

8.30 하중이 $w(x) = 10 (1 + \sin x)$ N/m일 때, 문제 8.28을 다시
풀어라.

8.31 비행기 날개 위의 양력을 $w(x) = 1000x \, \sin(x)$ N/m로 모델링
하고 날개는 길이가 10 m인 캔틸레버 보로 모델링한다(그림
P8.31 참조). 반력과 함께 내부 전단력 및 굽힘 모멘트를 x의
함수로 계산하라. 전단 선도와 굽힘 모멘트 선도를 그려라.

8.32 평면 지붕 위의 눈 하중이 그 형태가 $w(x) = 10(x \cos (\pi x$
$/40))^2$ N/m이다(그림 P8.32 참조). 반력과 내부 전단력 및
굽힘 모멘트를 계산하고, 전단 선도와 굽힘 모멘트 선도를
x의 함수로 그려라.

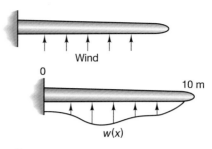

그림 P8.31

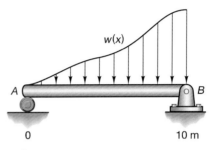

그림 P8.32

8.33 그림 P8.33과 같은 보의 모든 x값에서 각각 반력을 계산하고
전단력과 굽힘 모멘트를 계산하라.

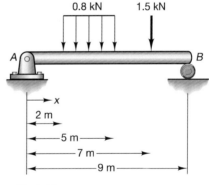

그림 P8.33

8.34 그림 P8.34에서, 점 하중 P와 분포 하중 w_0이 조합하여
작용할 때, 이로 인한 반력, 전단력 및 굽힘 모멘트를, 상수
a, b, L, P 및 w_0를 사용하여 x의 함수로 계산하라. $a < b$라고
가정한다.

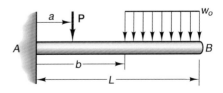

그림 P8.34

8.35 그림 P8.35에서, 분포 하중 w_0와 모멘트 M이 작용할 때, 이로 인한 반력, 전단력 및 굽힘 모멘트 함수를, 0과 L의 값 사이의 모든 지점 x에서 각각 상수 a, b, L, w_0 및 M으로 계산하라. $a<b$라고 가정한다.

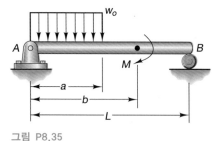

그림 P8.35

8.36 그림 P8.36에서, 2개의 점 하중 P와 분포 하중 w_0가 작용할 때, 이로 인한 반력, 전단력 및 굽힘 모멘트를, $0<x<6L$ 사이의 모든 x값에서 각각 상수 L, P 및 w_0로 계산하라. $a<b$라고 가정한다.

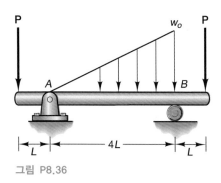

그림 P8.36

8.37 그림 P8.37에서, 분포 하중 w_0와 모멘트 M이 작용할 때, 이로 인한 반력, 전단력 및 굽힘 모멘트를, $0<x<L$ 사이의 모든 x값에서 각각 상수 a, b, L, P 및 w_0로 계산하라. $a<b$라고 가정한다.

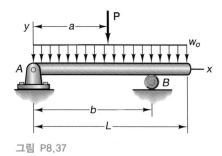

그림 P8.37

8.38 그림 P8.38에서, 강도가 w_0인 2개의 분포 하중이 작용할 때, 이로 인한 반력, 전단력 및 굽힘 모멘트를, 0과 $4a$ 사이의 모든 x값에서 각각 상수 a와 w_0로 계산하라.

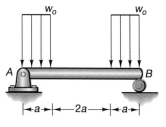

그림 P8.38

8.39 그림 P8.39에서, 강도가 w_0인 분포 하중이 작용할 때, 이로 인한 반력, 전단력 및 굽힘 모멘트를, 0과 L 사이의 모든 x값에서 각각 상수 L과 w_0로 계산하라.

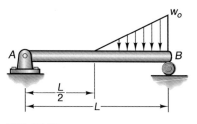

그림 P8.39

8.40 그림 P8.40에서, 강도가 w_0인 분포 하중이 작용할 때, 이로 인한 반력, 전단력 및 굽힘 모멘트를, 0과 L 사이의 모든 x값에서 각각 상수 L과 w_0로 계산하라.

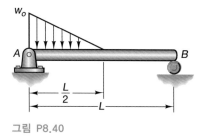

그림 P8.40

8.41 그림 P8.41에서, 강도가 w_0인 분포 하중이 작용할 때, 이로 인한 반력, 전단력 및 굽힘 모멘트를, 0과 L 사이의 모든 x값에서 각각 상수 L과 w_0로 계산하라.

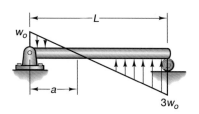

그림 P8.41

8.5 보 식에 사용되는 불연속 함수

제8.4절에서는, 연속 하중 분포는 식 (8.1)을 사용하여 수학적으로 쉽게 나타낼 수 있었으며, 최종적인 전단과 굽힘 모멘트는 x의 연속 함수였다. 그러나 집중력이나 집중 모멘트가 보에 가해지면, 하중 분포 식에는 불연속과 특이점이 나타나게 된다. 제8.4절에서는, 또한 보의 각각의 분할부를 개별적으로 취급하여 보의 전단력과 굽힘 모멘트를 계산하였다. 변형 재료의 경우에서와 같이, 보의 처짐(deflection)을 구하고자 할 때에는, 이러한 불연속 때문에 계산에 어려움이 따르게 된다.

이 절에서는, 불연속 함수를 사용함으로써 보에 작용하는 불연속 하중을 취급하는 또 다른 방법을 제공한다. 2가지 상이한 유형의 불연속 함수를 사용하게 되는데, 하나는 불연속 점에서 특이성이 존재하는 함수(**특이점 함수**)이고, 다른 하나는 불연속 점에서 특이성이 존재하지 않는 함수가 그것이다. 사용될 2가지 특이점 함수는 **단위 중복 함수**와 **디랙(Dirac) 델타 함수**이다. **헤비사이드(Heaviside) 스텝 함수** 또는 **단위 스텝 함수**와 같은 비특이성 불연속 함수들은 특이점 함수에서 전개될 것이다. 보에 불연속 함수를 사용하는 것은 W. H. Macauly ("Note on the Deflection of Beams," *Messenger of Math.*, vol. 48, 129–130, 1919)가 처음으로 제안하였고 Crandal and Dahl의 교재인 *An Introduction to the Mechanics of Solids*(1959)에 등장한다. 그러므로 이러한 함수들은 매컬리(Macauly) 불연속 함수라고 한다. 불연속 함수를 사용하게 되면, 모든 보 하중을 유기적으로 취급할 수 있으므로 보의 분할부를 개별적으로 고찰할 필요가 없게 된다.

이 교재에서는 줄곧 집중 하중을 사용하고는 있지만, 집중 하중은 길이가 0인 보의 분할부에 걸쳐서 분포되어 있다고 생각하여야 한다. 집중 하중으로 인한 분포 하중의 강도는 정의가 될 것 같지도 않고 값이 유한하지 않을 것처럼 보이기도 한다. 그러나 집중 하중은 **디랙 델타 함수**라고 하는 특이점 함수를 사용하여 분포 하중으로 취급할 수 있다. 디랙(Paul A. M. Dirac)은 $x = a$인 지점을 제외한 모든 지점에서 0이고 면적이 1인 함수를 정의했다. 디랙 델타 함수와 그 적분은 각각 다음과 같이 정의된다.

$$\langle x - a \rangle_{-1} = \delta(x - a) = 0 \quad x \neq a$$

$$\int_{-\infty}^{x} \langle \zeta - a \rangle_{-1} \, d\zeta = \begin{cases} 0 & x < a \\ 1 & x > a \end{cases} \tag{8.12}$$

여기에서, a는 특이성이 발생하는 지점(즉, 당연히 집중 하중이 가해지고 있는 지점)이다. 디랙 델타 함수는 $x = a$에서는 정의되지 않지만, a보다 작거나 큰 모든 값에서는 정의된다. 꺾은 괄호에 하첨자 (−1)이 붙어 있는 첫 번째 식은 재료역학 교재에서 통상적으로 사용되고 있는 반면에, 수학의 다른 분야에서는 이 함수를 나타내는 데 델타(δ)를 사용하는 것이 한층 더 일반적이다. 그림 8.15에는, 지점 a에서의 크기가 무한대이고 폭이 0인 디랙 델타 함수가 나타나 있는데, 이 함수 아래의 면적은 $\infty \cdot 0 = 1$이 된다. 이것이 처음에는 이상하게 보일지도 모르지만, 이러한 무한과 0의 곱의 형태는 수학의

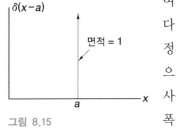

그림 8.15

어딘가에서 발생하며 대개는 초급 미적분학 과목에서 접하게 된다. 예를 들어, 다음과 같은 함수를 살펴보자.

$$\frac{1}{x} \cdot \sin x$$

이 함수는 $x = 0$이면 $\infty \cdot 0$이 되는데, 이는 부정이다. 이 함수는 여전히 로피탈(l'Hôpital)의 법칙을 사용하여 계산할 수 있다. 즉

$$\lim_{x \to 0} \frac{f(x)}{g(x)} = \lim_{x \to 0} \frac{f'(x)}{g'(x)}$$

$$\lim_{x \to 0} \frac{\sin x}{x} = \lim_{x \to 0} \frac{\cos x}{1} = 1$$

디랙 델타 함수의 중요한 특성은 다음과 같다.

$$\langle x - a \rangle_{-1} = 0 \quad x \neq a$$

$$\int_{-\infty}^{x} f(\zeta)\langle \zeta - a \rangle_{-1}d\zeta = \begin{cases} 0 & x < a \\ f(a) & x > a \end{cases} \tag{8.13}$$

그러므로 어떤 함수와 지점 a를 포함하는 영역에 걸친 디랙 델타 함수와의 곱의 적분은 지점 a에서의 디랙 델타 함수의 값과 같다. 매컬리 괄호 표기법은 불연속 함수와 그 미분과 적분을 식별하는 데 사용하게 된다.

이제 그림 8.16에 도시되어 있는 함수를 살펴보자. 이 함수는 영국 물리학자이자 전기 공학자인 올리버 헤비사이드(Oliver Heaviside; 1850~1925)의 이름을 따서 **헤비사이드 스텝 함수**라고 한다. 이 스텝 함수는 a보다 더 작은 모든 x값에서는 그 값이 0이며 a보다 더 큰 x값에서는 그 값이 1이다. 이는 지점 a에서 그 값이 0에서 1로 계단(스텝)을 이루므로 a에서 정확히 불연속이다. 이 정의는 다음과 같이 수학적으로 쓸 수 있다.

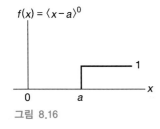

$$f(x) = \langle x - a \rangle^0$$

그림 8.16

$$\langle x - a \rangle^0 = \begin{cases} 0 & x < a \\ (x - a)^0 = 1 & x > a \end{cases} \tag{8.14}$$

헤비사이드 스텝 함수는 많은 응용에서 표기법 $H(x-a)$ 또는 $\Phi(x-a)$로 나타내기도 하지만, 여기에서는 재료역학 교재의 내용에 맞춰서 꺾은 괄호 표기법을 사용할 것이다. a보다 더 큰 x값에서는, 스텝 함수는 $(x-a)$에 0승을 한 것, 즉 1과 같다는 사실에 유의하여야 한다. 이제, 지점 a까지는 값이 0이며 그 이후에는 값이 $(x-a)^n$이므로, 여기에서 $n > 0$인 다항 형태 함수를 다음과 같이 정의할 수가 있다. 즉

$$\langle x - a \rangle^n = \begin{cases} 0 & x < a \\ (x - a)^n & x > a \end{cases} \tag{8.15}$$

이 다항 형태 함수에서 각각의 함수는 지점 a 이전에는 그 값이 0이고, 각각의 함수는 이 지점에서 0이 아닌 값으로 시작한다. 이와 함께, 이들은 n차 불연속 함수라고 하는

함수를 형성한다. 헤비사이드 스텝 함수는 다음과 같이 지점 a에서 어떤 함수가 시작되게 하는 데 사용할 수 있다. 즉

$$\langle x - a \rangle^0 F(x) = \begin{cases} 0 & x < a \\ F(x) & x > a \end{cases} \tag{8.16}$$

여기에서, 스텝 함수는 함수가 원하는 지점 a에서 시작되도록 함수 $F(x)$에 곱하는 상수로서 사용되어 왔다. n차 불연속 함수의 도함수는 다음과 같이 정의된다.

$$\frac{d}{dx} \langle x - a \rangle^n = n \langle x - a \rangle^{n-1} \quad (n \geq 1 일 \ 때) \tag{8.17}$$

식 (8.17)은 헤비사이드 스텝 함수에 적용하지 않는다. 스텝 함수의 도함수는 한층 더 복잡하며, 선도의 기울기가 0인 것처럼, a보다 더 작은 값에서는 도함수가 0이 되고 a보다 더 큰 값에서도 도함수가 0이 된다. 지점 a에서는, 스텝 함수는 불연속이므로 도함수는 정의되지 않는다. 그러나 선도가 0의 기울기에서부터 무한 기울기까지 변한 다음 다시 0의 기울기로 되는 것처럼 보이면, 스텝 함수의 도함수는 디랙 델타 함수인 것으로 보이기도 한다. 그러므로 다음과 같이 된다.

$$\frac{d}{dx} \langle x - a \rangle^0 = \langle x - a \rangle_{-1} \tag{8.18}$$

디랙 델타 함수는 지점 a에서 그 면적이 1로 정의된다. 이 함수를 적분하면 다음을 구할 수 있다.

$$\int_0^x \langle u - a \rangle_{-1} \, du = \begin{cases} 0 & x < a 일 \ 때 \\ 1 & x < a 일 \ 때 \end{cases} = \langle x - a \rangle^0 \tag{8.19}$$

이 식은, 디랙 델타 함수의 적분이 헤비사이드 스텝 함수와 같은 것처럼, 식 (8.18)과 일치한다. 앞서 드러난 바와 같이, 디랙 델타 함수는 다음의 표기법을 사용하여 쓸 수도 있다.

$$\delta(x - a) = \langle x - a \rangle_{-1} \tag{8.20}$$

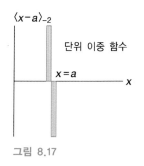

〈x-a〉₋₂

단위 이중 함수

x = a

그림 8.17

꺾은 괄호 표기법은 다른 특이점 함수에서 사용하였던 것과 일치하지만, $(x-a)$의 역의 표기법과 혼동해서는 안 된다. 디랙 델타 함수는 정의가 되어 있으므로 물리적으로도 응용이 된다. 디랙 델타 함수의 기울기를 조사해보면, 지점 a까지는 기울기가 0이며 그 결과로 기울기는 양의 무한대가 되고, 이어서 음의 무한대가 되므로 a보다 더 큰 모든 x값에서는 기울기가 0이 된다는 것을 알 수 있다. 특성이 이러한 함수를 **단위 이중 함수**라고 하며 그림 8.17에 그려져 있다. 이 단위 이중 함수에서 사용하는 표기법은 $\langle x - a \rangle_{-2}$이며 이는 다른 특이점 함수에서 사용하고 있는 표기법과 일치한다. 단위 이중 함수는 단위 집중 모멘트나 단위 집중 우력이라고 볼 수 있다. 도식적으로, 이 단위 이중 함수는 양의 디랙 델타 함수와 음의 디랙 델타 함수가 0의 간격만큼 분리되어 있는 것으로

볼 수 있다. 단위 이중 함수는 시계 방향으로 작용하는 단위 우력과 등가라는 점에 주목하여야 한다.

불연속 함수의 도함수 공식과 적분 공식 목록이 표 8.2에 수록되어 있다. (양의 상방으로) 크기가 P_a인, 점 a에서의 집중 하중은 다음과 같이 쓴다.

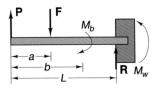

$$\mathbf{P}_a = P_a \langle x - a \rangle_{-1} \tag{8.21}$$

크기가 M_a인 지점 a에서의 시계 방향 집중 모멘트는 다음과 같이 쓴다.

$$\mathbf{M}_a = M_a \langle x - a \rangle_{-2} \tag{8.22}$$

표 8.2
불연속 함수의 도함수와 적분

$$\frac{d}{dx} \langle x - a \rangle_{-1} = \langle x - a \rangle_{-2}$$

$$\frac{d}{dx} \langle x - a \rangle^0 = \langle x - a \rangle_{-1}$$

$$\frac{d}{dx} \langle x - a \rangle^n = n \langle x - a \rangle^{n-1} \quad n \geq 1 \text{일 때}$$

$$\int_0^x \langle u - a \rangle_{-2} du = \langle x - a \rangle_{-1}$$

$$\int_0^x \langle u - a \rangle_{-1} du = \langle x - a \rangle^0$$

$$\int_0^x \langle u - a \rangle^n du = \frac{\langle x - a \rangle^{n+1}}{n+1} \quad n \geq 0 \text{일 때}$$

불연속 함수의 사용 예로서, 그림 8.13에 도시되어 있는 보를 살펴보자. 이제 이 보의 하중 식은 다음과 같이 쓸 수 있다.

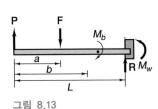

그림 8.13

$$w(x) = P \langle x - 0 \rangle_{-1} - F \langle x - a \rangle_{-1} + M_b \langle x - b \rangle_{-2}$$
$$+ R \langle x - L \rangle_{-1} - M_w \langle x - L \rangle_{-2} \tag{8.23}$$

이 식은 음의 무한대에서부터 양의 무한대까지의 모든 x값에서 성립되지만, 보는 실제로는 $x = 0$에서 $x = L$ 사이에만 존재한다. 표 8.2를 사용하여 이 식을 적분하면 전단식과 모멘트 식을 구할 수 있다. 즉

$$V(x) = P \langle x - 0 \rangle^0 - F \langle x - a \rangle^0 + M_b \langle x - b \rangle_{-1} + R \langle x - L \rangle^0$$
$$- M_w \langle x - L \rangle_{-1} + C_1$$
$$M(x) = P \langle x - 0 \rangle^1 - F \langle x - a \rangle^1 + M_b \langle x - b \rangle^0 + R \langle x - L \rangle^1$$
$$- M_w \langle x - L \rangle^0 + C_1 x + C_2 \tag{8.24}$$

2개의 적분 상수 C_1와 C_2는 계산할 수 있다. 전단과 모멘트는 $x = 0\_$에서, 즉 $x = 0$의 바로 왼쪽에 있는 점에서 0이다. 즉

$$V(0_-) = 0 = C_1$$
$$M(0_-) = 0 = C_2 \tag{8.25}$$

반력 R과 반작용 모멘트 M_w는 L보다 더 큰 임의의 x값($x > L$)에서 $V(x)$와 $M(x)$를 0으로 놓음으로써 구하면, 다음과 같은 2개의 정적 평형 방정식이 나온다.

$$V(L^+) = 0 = P - F + R \qquad\qquad R = F - P \tag{8.26}$$

$$M(L^+) = 0 = P(L) - F(L - a) + M_b + R(L^+ - L) - M_w \tag{8.27}$$
$$M_w = P(L) - F(L - a) + M_b$$

많은 재료역학 교재에서는, 계산을 간단하게 할 수 있을 뿐만 아니라 분포 하중과 모멘트를 적분할 수 있으므로, 보 식을 이런 식으로 취급한다.

헤비사이드 스텝 함수는 보의 하중 상태를 모델링할 때 매우 중요한 역할을 한다. 어떤 하중 함수는 스텝 함수를 일정한 곱하는 수(승수)로 취급함으로써 보의 임의의 점에서 시작할 수도 있고 끝날 수도 있다. 그러므로 함수 $F(x)$는 하중 함수를 다음과 같이 씀으로써 지점 a에서 시작하게 할 수 있다.

$$\langle x - a \rangle^0 F(x)$$

그리고 이 함수는 하중 함수를 다음과 같이 씀으로써 지점 b에서 끝나게 할 수 있다.

$$\langle x - a \rangle^0 F(x) - \langle x - b \rangle^0 F(x)$$

이제, 함수 $F(x)$가 x의 전체 범위에 걸쳐서 정의되었다고는 하지만, a에서부터 b까지의 x의 범위에서의 하중으로서만 나타날 뿐이다. (실제로는 양의 함수가 지점 a에서 시작하여 무한대로 계속되고 음의 함수가 지점 b에서 시작하여 무한대로 계속되어 두 함수는 서로 상쇄된다.) **헤비사이드 스텝 함수는 어떤 연속 하중 함수를 시작시키고 중지시키는 데 사용할 수 있다.**

스텝 함수를 사용하는 진짜 유용성은 이 함수를 적분하여 보의 전단과 모멘트 분포를 구할 수 있을 때일 것이다. 재료역학 과목에서는, 계속해서 적분을 하게 되면 보의 기울기와 처짐이 나오게 된다는 것을 보여주고 있다. 다음과 같은 적분을 살펴보기로 하자.

$$\int_0^x \langle \xi - a \rangle^0 F(\xi) d\xi$$

이 적분은 부분 적분을 하면 된다.

$$\int_a^b u\,dv = uv \Big|_a^b - \int_a^b v\,du$$

다음과 같이 선택하면 된다.

$$u = \langle \xi - a \rangle^0 \quad \text{및} \quad dv = F(\xi) d\xi$$

그러므로 다음과 같다.

$$du = \langle \xi - a \rangle_{-1} d\xi \quad \text{및} \quad v = \int F(\xi)d\xi = G(\xi)$$

이제 일반식을 전개할 수 있다.

$$\int_0^x \langle \xi - a \rangle^0 F(\xi)d\xi = \left[\langle \xi - a \rangle^0 G\xi \right]_0^x - \int_0^x \langle \xi - a \rangle_{-1} G(\xi)d\xi \tag{8.28}$$
$$= \langle x - a \rangle^0 G(x) - \langle x - a \rangle^0 G(a)$$

이 식에서 마지막 항은 디랙 델타 함수가 지점 a를 제외한 모든 곳에서 0이라는 사실을 사용하여 적분한다. x가 a보다 더 작으면 이 적분은 0이 되며, x가 a보다 더 크면 이 적분은 a에서 함수 $G(x)$의 값이 된다.

예를 들어, 보가 지점 a에서 시작하게 되는 부분적인 사인 함수 형태의 하중을 받게 되면 (즉, 하중은 x가 a보다 더 작을 때에는 0이 되고, x가 a와 같거나 a보다 더 클 때에는 $[P \sin(\pi x/L)]$이 되면), 하중 곡선은 다음과 같다.

$$w(x) = \langle x - a \rangle^0 P \sin\left(\frac{\pi x}{L}\right)$$
$$V(x) = \langle x - a \rangle^0 P \frac{L}{\pi}\left[-\cos\left(\frac{\pi x}{L}\right) + \cos\left(\frac{\pi a}{L}\right)\right]$$
$$V(x) = \frac{PL}{\pi}\cos\frac{\pi a}{L} \cdot \langle x - a \rangle^0 - \frac{PL}{\pi}\cos\frac{\pi x}{L} \cdot \langle x - a \rangle^0$$
$$M(x) = \frac{PL}{\pi}\cos\frac{\pi a}{L} \cdot \langle x - a \rangle^1 - \frac{PL^2}{\pi^2}\left\{\sin\frac{\pi x}{L} - \sin\frac{\pi a}{L}\right\} \cdot \langle x - a \rangle^0$$

예제 8.7

예제 8.6에서와 같은 보의 하중 식, 전단 식 및 모멘트 식을 구하라(그림 참조).

풀이

반력은 제8.4절에서 이 문제를 풀 때 구한 바 있지만, 특이점 함수를 사용할 때에는 반력을 구할 필요가 없다. 그러나 이와 같은 특정한 문제를 풀 때에는 특별히 고려해야 할 것이 몇 가지 있다. 하중은 $x = 5$에서 시작하여 $x = 10$에서 끝난다. 특이점 함수는 시작은 분명하지만, 이론적으로는 무한대로 이어진다. 분포 하중은 200 (N/m)/m의 비율로 증가하면서 $x = 10$ m에서 끝난다. 이 때문에, $x = 10$ m에서 하중의 음의 값을 더하여 처리하면 된다. 하중의 음의 값은 두 번째 그림과 같이 $x = 10$ m에서의 일정 분포 하중에 선형 증가 하중을 합한 값과 같다. 그러므로 하중 선도는 다음과 같이 된다.

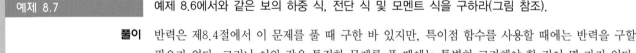

$$w(x) = R_l \langle x - 0 \rangle_{-1} - 200 \langle x - 5 \rangle^1 + 1000 \langle x - 10 \rangle^0 + 200 \langle x - 10 \rangle^1$$
$$+ R_r \langle x - 12.5 \rangle_{-1}$$

이를 적분하면 다음과 같이 전단 식과 모멘트 식이 나온다.

$$V(x) = R_l \langle x - 0 \rangle^0 - 100 \langle x - 5 \rangle^2 + 1000 \langle x - 10 \rangle^1 + 100 \langle x - 10 \rangle^2$$
$$= + R_r \langle x - 12.5 \rangle^0$$
$$M(x) = R_l \langle x - 0 \rangle^1 - 33.3 \langle x - 5 \rangle^3 + 500 \langle x - 10 \rangle^2 + 33.3 \langle x - 10 \rangle^3$$
$$+ R_r \langle x - 12.5 \rangle^1$$

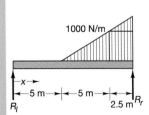

반력은 L^+에서의 전단과 모멘트를 0으로 놓으면 그 값을 구할 수 있다.

$$V(12.5) = R_l - 100(7.5)^2 + 1000(2.5) + 100(2.5)^2 + R_r = 0$$

$$R_l + R_r - 2500 = 0$$

이 식은 수직 힘의 합을 0으로 놓은 것과 같다. 이제 보의 끝에서의 모멘트를 살펴보자.

$$M(12.5) = R_l(12.5) - 33.3(7.5)^3 + 500(2.5)^2 + 33.3(2.5)^3 + R_r(0) = 0$$

이 식은 보의 오른쪽 끝에 관한 모멘트의 합과 같으며 다음의 값이 나온다.

$$R_l = 833\,\text{N}$$
$$R_r = 1667\,\text{N}$$

이 문제를 푸는 다른 대체 방법은 다음과 같이 하중 함수를 세워서 적용하면 된다.

$$w(x) = R_l\langle x - 0\rangle_{-1} - \langle x - 5\rangle^0 200(x - 5) + \langle x - 10\rangle^0 200(x - 5)$$
$$+ R_r\langle x - 12.5\rangle_{-1}$$

둘째 항과 셋째 항을 식 (8.28)을 사용하여 적분하면 다음과 같이 전단 식이 나온다.

$$V(x) = R_l\langle x - 0\rangle^0 - \langle x - 5\rangle^0 100(x - 5)^2 + \langle x - 10\rangle^0 100(x - 5)^2$$
$$- \langle x - 10\rangle^0 2500 + R_r\langle x - 12.5\rangle^0 + C_1$$

이제 식 (8.28)을 사용하여 모멘트를 구하고자 전단 식을 적분하여 둘째 항과 셋째 항을 적분하면 다음과 같다.

$$M(x) = R_l\langle x - 0\rangle^1 - \langle x - 5\rangle^0 33.3(x - 3)^3 + \langle x - 10\rangle^0 33.3(x - 5)^3$$
$$- \langle x - 10\rangle^0 33.3(5)^3 - \langle x - 10\rangle^1 2500 + R_r\langle x - 12.5\rangle^1 + C_1 x + C_2$$

0−에서의 경계 조건은 다음과 같다.

$$V(0-) = 0 \quad \Rightarrow \quad C_1 = 0$$
$$M(0-) = 0 \quad \Rightarrow \quad C_2 = 0$$

보의 오른쪽 끝(12.5+)에서의 경계 조건은 다음과 같다.

$$V(12.5+) = 0 \quad \Rightarrow \quad R_l - 2500 + R_r = 0$$
$$M(12.5+) = 0 \quad \Rightarrow \quad 12.5R_l - 125(33.3) - 2500(2.5) = 0$$

이 두 식을 풀면 다음의 값이 나온다.

$$R_l = 833\,\text{N}$$
$$R_r = 1667\,\text{N}$$

이 경우에는, 두 가지 해법 중에 어느 하나를 사용하여 식들을 적분하면 되지만, 하중 함수가 한층 더 복잡할 때에는 나머지 방법을 사용해야 한다.

보의 전단과 모멘트를 해석하고자 할 때에는, 이전에 했던 대로 전단 식과 모멘트 식의 모든 구간을 개별적으로 살펴보아야 한다. 불연속 함수의 이점은 그 적분이 쉽다는 것이다. 전단 식과 모멘트 식을 사용하여 보의 기울기와 처짐 값을 구할 때에는, 2번의 적분이 더 필요하게 되므로 불연속 함수의 유용함이 분명해진다. 대부분의 컴퓨터 소프트웨어 패키지에는 헤비사이드 스텝 함수가 들어 있으며 디랙 델타 함수가 들어 있는 것도 있으므로 둘 중에 하나를 사용하거나 두 가지 모두 사용하여 전단 식과 모멘트 식을 풀어 그래프를 그리면 된다.

8.42 그림 P8.42과 같은 보에서, 특이점 함수를 사용하여 A와 B에서의 반력과 함께 전단 및 굽힘 모멘트 함수를, 값은 주어지지 않았지만 정해져 있는 부하 P, 위치 a 및 길이 L로 보를 따르는 모든 지점에 대하여 각각 구하라.

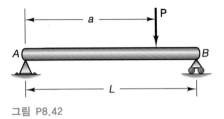

그림 P8.42

8.43 지지 보의 끝에 있는 기계로 인하여 모멘트와 힘이 모두 발생하여 보에 가해지고 있다(그림 P8.43 참조). 불연속 함수를 사용하여, A에서의 반력과, 전단 함수 및 모멘트 함수를 길이 L, 작용력 P_B 및 작용 모멘트 M_B로 각각 구하라.

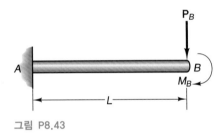

그림 P8.43

8.44 그림 P8.44에서, 점 하중 P와 분포 하중 w_0이 조합하여 작용할 때, 이로 인한 반력, 전단력 및 굽힘 모멘트를, 상수 a, b, L, P 및 w_0를 사용하여 x의 함수로 계산하라. 불연속 함수를 기반으로 하는 방법을 사용한다.

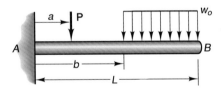

그림 P8.44

8.45 그림 P8.45에서, 분포 하중 w_0와 모멘트 M가 작용할 때, 이로 인한 반력, 전단력 및 굽힘 모멘트 함수를, 0과 L의 값 사이의 모든 지점 x에서 각각 상수 a, b, L, w_0 및 M으로 계산하라. $a<b$라고 가정하고 불연속 함수를 사용한다.

8.46 문제 8.36을 불연속 함수를 사용하여 다시 풀어라.

8.47 문제 8.37을 불연속 함수를 사용하여 다시 풀어라.

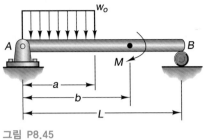

그림 P8.45

8.48 문제 8.38을 불연속 함수를 사용하여 다시 풀어라.

8.49 문제 8.39를 불연속 함수를 사용하여 다시 풀어라.

8.50 문제 8.40을 불연속 함수를 사용하여 다시 풀어라.

8.51 문제 8.41에서 $x = a$에 집중력 P가 작용할 때 이를 다시 풀어라. 특이점 함수를 사용하여 하중을 기술하라.

8.52 그림 P8.52에는, 캔틸레버 데크에 가해지는 눈 하중이 지지 보에 분포 하중으로 나타나 있다. 보의 전단과 모멘트를 구하라.

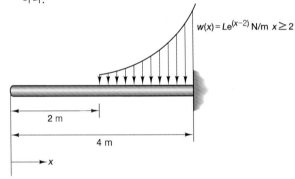

그림 P8.52

8.53 그림 P8.53에는 공기역학적 하중 $w(x)$와 엔진 하중으로 인한 힘 P를 동시에 받는 비행기 날개의 개략적인 모델이 그려져 있다. 1차 근사에서는, $w(x) = \sin\left(\dfrac{\pi x}{L}\right)\dfrac{L}{4} \le x \ge \dfrac{3L}{4}$ 이다. 날개의 임의의 점에서 전단 식과 모멘트 식을 구하라.

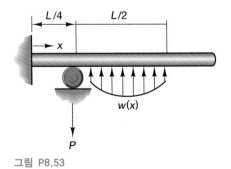

그림 P8.53

8.6 케이블

가요성 케이블은 매우 중요한 구조물 부재인데, 이는 현수교, 전깃줄, 송전선 및 다른 여러 공학 응용에 사용된다. '가요성'이라는 용어는 케이블의 굽힘 저항을 무시할 수가 있으므로 케이블을 인장 부재로 취급할 수 있다는 의미이다. 단일의 하중이 2개 또는 3개의 케이블로 지지될 때에는, 그 힘들은 공점력 계를 형성하는데, 이 공점력 계의 해석 방법은 제3장에 실려 있다. 가요성 케이블을 구조물에 사용할 때에는 보통은 많은 개별 하중이나 분포 하중을 지지하는 단일의 케이블이 관련된다. 먼저 개별 하중을 지지하는 케이블 문제를 살펴본 다음, 분포 하중에 저항하는 케이블의 경우를 살펴볼 것이다.

8.6.1 집중 하중을 받는 케이블

그림 8.18에는 여러 개의 집중 하중을 받는 케이블이 도시되어 있다. 여기에는 2개의 모르는 반력, 즉 A에서의 T_A와 D에서의 T_D가 있는데, 이 반력들은 하중을 받고 있는 케이블의 기하형상을 알고 있으면 구할 수 있다. 모든 설계 명세에서는, 케이블의 길이와 끝점의 위치가 알려져 있다. 양 끝 지지의 위치 때문에 케이블의 길이에 또 다른 구속(즉, 최소)이 추가된다. 개별 길이 AB, BC 및 CD가 각각 명시되어야 하거나, 아니면 설계에는 구간 거리 AB_x, BC_x 및 CD_x가 명시되어야 한다. 첫 번째 경우는, 하중들이 케이블의 길이를 따라 표시된 점들에 작용하여 평형 상태에 따라 공간에서 분리되게 된다. 두 번째 경우는, 하중들이 공간에서 특정 위치들을 차지하게 되도록 케이블 연결부의 위치가 결정되어야 한다.

연결점 B와 C마다 각각 다음과 같이 2개의 평형 방정식을 쓸 수 있다. 즉

$$\text{점 B}$$

$$-T_{AB} \cos \alpha_{AB} + T_{BC} \cos \alpha_{BC} = 0 \tag{8.29}$$

$$-T_{AB} \sin \alpha_{AB} + T_{BC} \sin \alpha_{BC} - P_1 = 0 \tag{8.30}$$

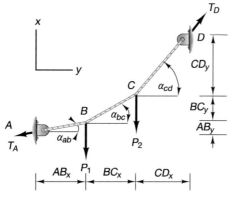

그림 8.18

점 C

$$-T_{BC} \cos \alpha_{BC} + T_{CD} \cos \alpha_{CD} = 0 \tag{8.31}$$

$$-T_{BC} \cos \alpha_{BC} + T_{CD} \cos \alpha_{CD} - P_2 = 0 \tag{8.32}$$

이제 4개의 식에는 6개의 미지수가 들어 있다. 즉 T_{AB}, T_{BC}, T_{CD}, α_{AB}, α_{BC} 및 α_{CD}이다. 다음과 같은 6개의 추가 식이 구조물의 기하형상을 기술하고 있다. 즉

$$AB_x + BC_x + CD_x = AD_x \tag{8.33a}$$

$$AB \sin \alpha_{AB} + BC \sin \alpha_{BC} + CD \sin \alpha_{CD} = AD_y \tag{8.33b}$$

$$AB + BC + CD = L \tag{8.33c}$$

$$AB_x = AB \cos \alpha_{AB} \tag{8.33d}$$

$$BC_x = BC \cos \alpha_{BC} \tag{8.33e}$$

$$CD_x = CD \cos \alpha_{CD} \tag{8.33f}$$

구간 길이, 즉 연결 길이가 명시되어 있을 때에는, 그에 따라 이 6개의 식을 결합하게 되면 6개의 미지수를 풀 수 있는 2개의 추가 식이 나오게 된다. AB_x, BC_x 및 CD_x가 명시되어 있으면, 2개의 추가 식은 다음과 같다.

$$AB_x \tan \alpha_{AB} + BC_x \tan \alpha_{BC} + CD_x \tan \alpha_{CD} = AD_y \tag{8.34a}$$

$$AB_x/\cos \alpha_{AB} + BC_x/\cos \alpha_{BC} + CD_x/\cos \alpha_{CD} = L \tag{8.34b}$$

연결 길이 AB, BC 및 CD가 명시되어 있으면, 2개의 추가 식은 다음과 같다.

$$AB \sin \alpha_{AB} + BC \sin \alpha_{BC} + CD \sin \alpha_{CD} = AD_y \tag{8.35a}$$

$$AB \cos \alpha_{AB} + BC \cos \alpha_{BC} + CD \cos \alpha_{CD} = AD_x \tag{8.35b}$$

이 6개의 식은 6개의 미지수를 풀 수 있는 비선형 연립 방정식이 나온다. 이 연립 방정식은 손으로는 쉽사리 풀리지 않으므로 컴퓨터 소프트웨어를 사용하여야 한다. 대부분의 컴퓨터 프로그램은 반복법을 사용하므로 미지수의 초기 추정치에 민감하다. 이러한 유형의 풀이는 예제 8.8에 나와 있다.

이제 임의의 개수의 집중력이 걸려 있는 케이블 문제로 넓혀보기로 한다. 그림 8.19에 도시되어 있는 케이블에는 n개의 하중이 걸려 있어 $(n+1)$개의 각도로 작용하는 $(n+1)$개의 장력에 의해 지지되고 있다. 각각의 연결점마다 평형 방정식을 세우면, $2n$개의 연립 방정식이 다음과 같은 형태로 구해지기 마련이다.

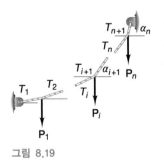

그림 8.19

$$i = 1 에서 \quad n: \quad -T_i \cos \alpha_i + T_{i+1} \cos \alpha_{i+1} = 0 \tag{8.36}$$

$$-T_i \sin \alpha_i + T_{i+1} \sin \alpha_{i+i} - P_i = 0 \tag{8.37}$$

식 (8.34)나 식 (8.35)에서 2개의 최종 식이 나오므로 $(n+1)$개의 장력과 $(n+1)$개의 각도를 구할 수 있는 $(2n+2)$개의 비선형 대수 연립 방정식이 구성된다. 이러한 유형의 연립 방정식을 푸는 데에는 컴퓨터 지원 수단이 필요하기 마련이다.

그림과 같은 케이블에서, $P_1 = 750$ N, $P_2 = 400$ N이고, 지지점 사이 거리의 성분은 $AD_x = 30$ m이고 $AD_y = 0$ m이다. 설계 요구 조건은 하중이 $AB_x = 10$ m, $BC_x = 10$ m 및 $CD_x = 10$ m로 균등 간격을 유지하는 것이다. 길이가 33 m인 케이블이 사용될 때, 케이블의 각 구간에서의 장력을 구하라.

풀이 식 (8.29)에서 (8.32) 및 식 (8.34a)와 (8.34b)는 비선형 연립 방정식이 구성된다. 케이블의 여러 구간에서의 장력은 케이블의 길이가 증가하면 감소한다. 케이블 길이가 33 m일 때에는, 장력의 크기와 방향이 각각 $T_{AB} = 1208$ N, $\alpha_{AB} = -31.63°$, $T_{BC} = 1035$ N, $\alpha_{BC} = 6.47°$ 및 $T_{CD} = 1151$ N, $\alpha_{CD} = 26.68°$이다. 케이블 길이가 31 m일 때에는, 장력의 크기와 방향이 각각 $T_{AB} = 1915$ N, $\alpha_{AB} = -19.15°$, $T_{BC} = 1827$ N, $\alpha_{BC} = 3.66°$ 및 $T_{CD} = 1895$ N, $\alpha_{CD} = 15.82°$이다. 이 값들은 컴퓨터 소프트웨어를 사용하여 구한 결과이다.

지지점이 아닌 케이블 상 지점의 좌표 위치를 알고 있을 때에는, 4개의 모르는 지지 반력은, 전체 구조물에 관한 3개의 평형 방정식과 알고 있는 지점의 분할된 구조물에서 반력 모멘트를 0으로 놓아서 얻어지는 네 번째 식으로 구할 수 있다. 예를 들어, 점 B의 좌표를 A의 오른쪽으로 10 m, A 밑으로 6.15 m라고 알고 있을 때($\alpha_{AB} = -31.63°$, 앞 계산 결과임)에는, 예제 8.8의 첫 번째 경우에서의 반력을 다음의 식으로 구할 수 있다.

$$A_y + D_y - 750 - 400 = 0$$
$$A_x = D_x$$
$$10 \times 750 + 20x \times 400 - 30 D_y = 0$$
$$10 A_y - 6.159 A_x = 0$$

이 식을 풀면, 앞에서 구한 대로 $A_y = 633$ N 및 $A_x = 1028$ N, 즉 $T_{AB} = 1207$ N이 나온다. 나머지 해는 조인트 법으로 구하면 된다. 이 경우에는 컴퓨터를 활용하지 않고 해를 구할 수 있었지만 그렇다고 해서 실용적이라는 것은 아니다.

8.6.2 수평선을 따라 균일 분포 하중을 지지하는 케이블

그림 8.20과 같이, 케이블이 2개의 지지점에 연결되어 균일 분포 하중을 지지하고 있다고 하자. 현수교의 주 케이블에서와 같이, 하중이 수평선을 따라 균일하게 분포되어 있는 경우를 살펴보자. 케이블의 장력은 케이블이 공간에서 이루는 곡선에 접하게 된다. 그림 8.21과 같이, 자유 물체도는 케이블을 그 **최저점**에서 절단하여 그린다. 이 최저점에 $x - y$좌표계의 원점을 잡으면, 평형 방정식은 다음과 같다.

$$T \cos \theta = T_0 \tag{8.38}$$
$$T \sin \theta = wx \tag{8.39}$$

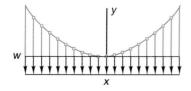

그림 8.20

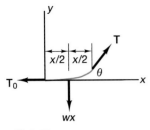

그림 8.21

여기에서, w는 수평선을 따르는 단위 길이 당 하중이다. 식 (8.38)과 식 (8.39)을 결합하여 접선을 형성하며 이 접선은 기울기라는 사실에서 다음이 나온다.

$$\tan \theta = \frac{dy}{dx} = \frac{w}{T_0}x = qx$$

$$여기에서, \quad q = \frac{w}{T_0} \tag{8.40}$$

식 (8.40)을 적분하면 케이블이 나타내는 곡선이 다음과 같이 포물선이라는 것을 알 수 있다.

$$y = \frac{1}{2}qx^2 \tag{8.41}$$

임의의 점에서 케이블의 인장력은 식 (8.40)과 식 (8.41)을 사용하여 q로 구하면 다음과 같다.

$$T = T_0\sqrt{1 + q^2x^2} \tag{8.42}$$

예제 8.9

현수교가 1000 N/m의 균일 수평 하중을 지지하고 경간이 50 m 간격을 유지하도록 설계되고 있다. 주 케이블의 최저점으로부터 왼쪽 끝에 있는 지지점까지의 거리는 10 m이고 이 최저점으로부터 오른쪽 끝에 있는 지지점까지의 거리는 12 m이다. 케이블에 걸리는 최대 장력을 구하라.

풀이 먼저, 좌표계의 원점을 케이블의 최저점에 설정한다. 이 최저점으로부터 왼쪽 지지점과 오른쪽 지지점까지의 거리는 각각 다음과 같다.

$$y_L = 10 = \frac{1}{2}qx_L^2$$

$$y_R = 12 = \frac{1}{2}qx_R^2$$

$$\frac{x_L}{x_R} = \sqrt{\frac{10}{12}} = 0.913$$

케이블의 경간은 50 m이므로, 다음 식이 성립한다.

$$x_L + x_R = 50$$

그러므로 $x_L = 23.86$ m이고 $x_R = 26.14$ m이다.
상수 q는 어느 한 쪽 끝의 좌표를 사용하여 구하면 된다.

$$q = \frac{2 \cdot 12}{26.14^2} = 0.035$$

최대 장력은 수평 거리가 최대가 되는 지점에서 발생한다. 그러므로

$$T = T_0\sqrt{1 + q^2x^2}$$

케이블의 최저점에서의 장력은 $T_0 = w/q = 1000/0.035 = 28,460$ N이다. 그러므로

$$T_{\max} = 38,580 \text{ N}$$

8.6.3 그 길이를 따라 균일 분포 하중을 지지하는 케이블

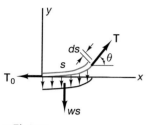

그림 8.22

자중을 지지하는 케이블은, 앞서 설명한 현수교의 경우에서와 같이, 수평선을 따라서가 아니라 케이블을 따라서 균일하게 분포되는 하중을 지지하여야 한다. 이런 식으로 하중이 걸리는 케이블이 나타내는 곡선은 포물선이 아니라 **현수선(catenary)**이다. 그림 8.22에는 이와 같은 케이블의 자유 물체도가 그려져 있다. 분포 하중은 각각의 길이 요소 ds마다 힘(wds)이 작용하도록 되어 있는데, 여기에서 w는 단위 길이 당 중량과 같은 상수이다. 앞서 설명한 대로, 케이블은 그 최저점에서 분할하게 되며 이 점에서의 인장력은 T_0이다. 힘의 평형 방정식은 다음과 같다.

$$T \sin \theta = ws \tag{8.43}$$
$$T \cos \theta = T_0 \tag{8.44}$$

식 (8.43)을 식 (8.44)로 나누면 다음이 나온다.

$$\tan \theta = \frac{dy}{dx} = \frac{w}{T_0} s \tag{8.45}$$

다음으로, 상수 $q = w/T_0$를 도입하고 식 (8.45)를 x에 관하여 미분한다. 이렇게 하면 다음이 나온다.

$$\frac{d}{dx}\left(\frac{dy}{dx}\right) = q\frac{ds}{dx} \tag{8.46}$$

케이블의 미분 길이는 다음과 같이 쓸 수 있다.

$$ds^2 = dx^2 + dy^2$$
$$\frac{ds}{dx} = \sqrt{1 + \left(\frac{dy}{dx}\right)^2} \tag{8.47}$$

$\zeta = dy/dx$, 즉 이를 곡선 기울기라고 하자. 그런 다음, 식 (8.46)과 식 (8.47)를 결합하면 다음과 같은 기울기의 미분식이 나온다.

$$\frac{d\zeta}{dx} = q\sqrt{1 + \zeta^2}$$

즉

$$\frac{d\zeta}{\sqrt{1 + \zeta^2}} = qdx \tag{8.48}$$

좌표계의 원점은 케이블의 최저점에 선정되어 있으며, 이 점에서의 기울기는 0이다. 식 (8.48)의 양변을 적분하면 다음과 같다.

$$\int_0^\zeta \frac{d\zeta}{\sqrt{1 + \zeta^2}} = \int_0^x qdx \tag{8.49}$$

$$\zeta = \frac{dy}{dx} = \frac{1}{2}(e^{qx} - e^{-qx}) = \sinh(qx)$$

케이블이 공간에서 이루는 곡선의 식은 기울기 식을 적분함으로써 구할 수 있으며, 적분을 하게 되면 다음과 같다.

$$y = \frac{1}{q}[\cosh(qx) - 1] \tag{8.50}$$

이 식은 현수선을 나타내며, 이 식에는 qx의 하이퍼볼릭 코사인이 들어 있다. 케이블의 인장력은 식 (8.44), 식 (8.47)과 식 (8.49)를 사용하여 구하면 다음과 같다.

$$T = \frac{T_0}{\cos\theta} = T_0\frac{ds}{dx}$$

즉

$$T = T_0\sqrt{1 + (\sinh qx)^2} = T_0\cosh qx \tag{8.51}$$

여기에서는, 하이퍼볼릭 함수에서 항등식인 $\cosh^2 qx - \sinh^2 qx = 1$이 사용되었다.

최저점에서부터 임의의 점 x까지의 케이블 길이는 식 (8.45)에서 다음과 같이 구할 수 있다. 즉

$$s = \zeta/q = [\sinh qx]/q \tag{8.52}$$

모든 관련 식에는 케이블 최저점에서의 인장력 T_0가 포함되어 있지만, 이 매개변수가 당연히 명시되어야 한다는 것은 아니라는 점에 유의하여야 한다. 그러나 케이블의 길이와 지지의 위치는 케이블의 중량처럼 알고 있으므로 이러한 매개변수를 사용하여 T_0와 케이블 최저점의 위치를 구할 수 있다.

예제 8.10

단위 길이 당 중량이 40 N/m이고 길이가 10 m인 전화 케이블이 높이가 같고 18 m만큼 떨어져 있는 2개의 기둥으로 지지되어 있다. 케이블의 처짐량과 최대 장력이 얼마인지를 구하라.

풀이 케이블의 최저점은 중간이 될 것이고 지지점까지의 수평 거리는 $x = 9$ m가 된다. 케이블의 길이로는 $s = 10$ m가 된다. 상수 q는 식 (8.52)를 사용하여 구하면 된다. 즉

$$sq - \sinh(qx) = 0$$
$$10q - \sinh(9q) = 0$$

두 번째 식은 이 식을 그래프로 그려서 이 식이 0이 되는 값을 찾아서 풀어야 하는 q에 관한 초월함수이다. 대부분의 컴퓨터 지원 수단에는 이 식의 근을 구하는 방법이 들어 있다. 이 경우에는 다음과 같다.

$$q = 0.089$$

케이블의 최저점은 식 (8.50)에서 $x = 9$ m로 놓고 케이블의 최저점 위로 지지점의 높이를 결정하여 구할 수 있다. 이 결과는 다음과 같다.

$$y = 1/0.089[\cosh(0.089\cdot 9) - 1]$$

케이블의 최저점은 지지점 아래로 3.801 m에 있다. $q = w/T_0$라는 사실을 사용하면, 이 점에서의 장력은 다음과 같다.

$$T_0 = 40/0.089 = 449 \, \text{N}$$

최대 장력은 지지점에서 발생하므로 식 (8.51)로 구하면 된다.

$$T(x) = T_0 \cosh(qx) \qquad T(9) = 449 \cosh(0.089 \cdot 9)$$

연습문제

8.54 그림 P8.54에서, 각각의 로프에 걸리는 장력을 계산하라.

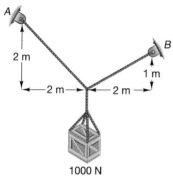

그림 P8.54

8.55 그림 P8.55와 같은 2개의 케이블에서, 하중이 $P = 2 \, \text{kN}$일 때, 장력과 각도 θ와 β를 각각 구하라.

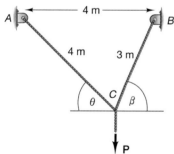

그림 P8.55

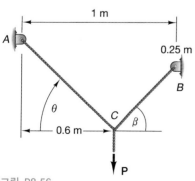

그림 P8.56

8.56 길이가 2 m인 케이블을 사용하여 5 kN의 하중을 지지하고 있다(그림 P8.56 참조). 점 A의 수직선으로부터 P까지의 수평 거리는 0.6 m가 되어야 한다. (a) 각각의 케이블에 걸리는 장력과 각도 θ와 β를 구하라. (b) 지지점 A와 B에서의 힘의 x성분과 y성분을 각각 계산하라.

8.57 길이가 10.5 m인 케이블이 힘 $P_1 = 1.5 \, \text{kN}$과 $P_2 = 2 \, \text{kN}$의 하중을 받고 있다(그림 P8.57 참조). (a) 각각의 구간 부분에 걸리는 장력과 각도 α, β 및 γ를 각각 계산하라. (b) A와 D에서의 반력의 x성분과 y성분 및 점 B와 C에서의 처짐량을 각각 구하라.

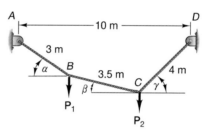

그림 P8.57

8.58 그림 P8.58과 같은 케이블에서, 각각의 구간 부분에 걸리는 장력, 각도 α, β 및 γ와 각각의 구간 부분의 길이를 각각 계산하라. 하중은 $P_1 = 1.5 \, \text{kN}$과 $P_2 = 5 \, \text{kN}$이다. 케이블의 총 길이는 7.5 m이다.

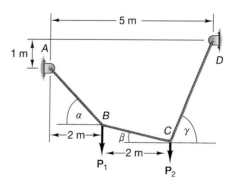

그림 P8.58

8.59 그림 P8.59와 같은 교통 신호등에서, 각각의 케이블 구간 부분에 걸리는 장력과 각도 α, β 및 γ를 각각 계산하라. 2개의 신호등은 잘 볼 수 있게 그 상단들이 같은 높이에 매달릴 수 있도록 매다는 부분의 길이 l을 설계(선정)하라. 케이블의 길이는 62 m이다. 여기에서, P_1 = 500 N이고 P_2 = 400 N 이다.

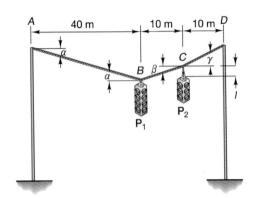

그림 P8.59

8.60 길이가 16 m인 케이블이 수평거리가 14 m만큼 떨어져 있는 2개의 지지 기둥 사이에 연결되어 있다(그림 P8.60 참조). 주어진 하중에 대하여 각각의 케이블 구간 부분에 걸리는 장력, A와 E에서의 반력과 점 B, C 및 D의 위치를 계산하라.

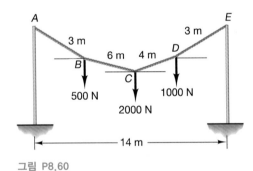

그림 P8.60

8.61 그림 P8.61과 같이, 1000 N/m의 분포 하중을 지지하고 있는 케이블에 걸리는 최대 장력을 계산하라.

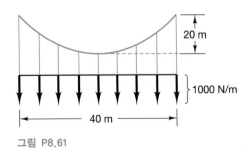

그림 P8.61

8.62 케이블이 10^4 N/m의 분포 하중을 지지하고 있다(그림 P8.62 참조). 케이블에 걸리는 최대 장력을 계산하라.

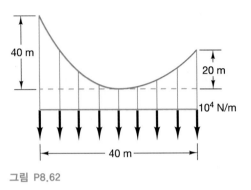

그림 P8.62

8.63 그림 P8.61과 같은 구조의 케이블에 걸리는 장력을 계산하고, 이 장력을 2개의 끝점 사이의 접선 거리의 함수로 하여 그래프를 그려라.

8.64 그림 P8.62와 같은 케이블에 걸리는 장력을 계산하고, 이 장력을 2개의 끝점 사이의 수평 거리의 함수로 하여 그래프를 그려라.

8.65 그림 P8.65에서, 교량에 가해지는 균일 하중이 2000 N/m일 때 현수 케이블에 걸리는 장력을 계산하고 그래프를 그려라. 케이블의 처짐량은 중간 지점에서 10 m이다. 케이블이 지지할 수 있는 최대 장력은 750 kN이다. 이 케이블은 하중을 유지할 수 있을까?

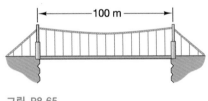

그림 P8.65

8.66 그림 P8.66과 같이, 전깃줄 설치 방식이 지상의 전봇대 설비에서 점 A에서의 지중 매설 시설로 바뀌고 있다. 케이블의 밀도는 4 kg/m이고, 점 A와 전봇대 밑동 사이의 수평 거리는 2.5 m이다. 점 B는 지상 3.5 m 지점이다. 자중을 받고 있는 케이블 식과 케이블에 걸리는 최대 장력을 구하라. 케이블에 걸리는 장력을 점 A로부터의 수평 거리의 함수로 그래프로 그려라.

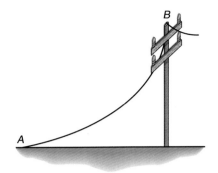

그림 P8.66

8.67 그림 P8.67과 같이, 케이블이 수평 거리가 30 m만큼 떨어져 있는 2개의 지점 사이에 지지되어 있으며, 단위 길이 당 중량은 500 N/m이다. 케이블 중량으로 인한 점 A에서의 반력 크기를 계산하라. 케이블은 길이가 32 m이다. 또한, 케이블에 걸리는 장력을 A로부터의 수평 거리의 함수로 그래프를 그려라.

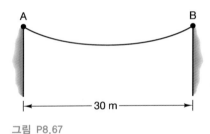

그림 P8.67

8.68 통신 케이블을 통근 열차 통로의 상단을 가로질러 지나게 해야 한다(그림 P8.68 참조). 관련 법규에는 케이블이 높이가 가장 높은 열차(5 m) 위로 2/3 m가 유지되어야 한다고 규정되어 있다. 길이가 17 m이고 중량이 400 N인 케이블이 열차 통로에 걸쳐 있을 때, 이 케이블은 관련 법규를 만족시키는가?

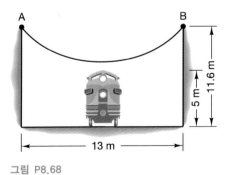

그림 P8.68

8.69 전선이 한 빌딩의 꼭대기로부터 다음 빌딩의 꼭대기로 이어져 있다(그림 P8.69 참조). 이 전선은 단위 길이 당 중량이 50 N/m이고 길이가 40 m이다. 임의의 지점에서 전선에 걸리는 장력과 현수선을 나타내는 곡선의 식을 각각 구하라. 이 장력을 수평 거리의 함수로 그래프로 작도하고, 최대 장력을 구하라.

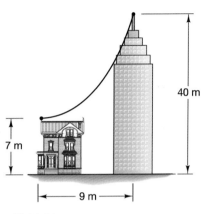

그림 P8.69

8.70 그림 P8.70과 같이, 단위 길이 당 중량이 15 N/m인 전깃줄이 2개의 지지 지둥 사이에 걸려 있다. 이 2개의 지지 기둥 사이에 길이가 45 m인 전깃줄이 사용되었을 때, 전깃줄에 걸리는 장력을 수평 거리의 함수로 구하고 전깃줄에 걸리는 최대 장력을 각각 구하라.

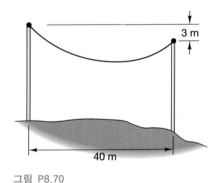

그림 P8.70

물체 전체가 평형이라는 것은 물체의 어느 부분이든 평형 상태에 있다는 것을 의미한다. 그러므로 가상의 평면으로 물체를 절단하게 되면, 이 평면에 작용하는 내력으로 물체의 각각의 분할부는 평형 상태에 있게 된다.

보 $w(x)$가 보에 작용하는 분포 하중이면(그림 참조), 내부 전단력과 굽힘 모멘트는 각각 다음과 같이 주어진다.

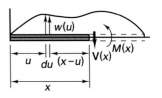

$$V(x) = \int_0^x w(u)du$$

$$M(x) = \int_0^x (x - u)w(u)du$$

하중 분포, 전단력 및 굽힘 모멘트 간의 관계는 다음과 같다.

$$\frac{dV(x)}{dx} = w(x)$$

$$\frac{dM(x)}{dx} = V(x)$$

불연속 함수 다음의 특이 함수와 불연속 함수는 보의 하중 분포 식을 공식화하는 데 유용하다[디랙(Dirac) 델타 함수는 위치 $x = a$에서의 집중력을 표현하는 데 사용된다]. 즉

$$\langle x - a \rangle_{-1} = \delta(x - a) = 0 \qquad x \neq a$$

$$\int_{-\infty}^x \langle \zeta - a \rangle_{-1} d\zeta = \int_{-\infty}^x \delta(\zeta - a)d\zeta = \begin{bmatrix} 0 & x < a \\ 1 & x > a \end{bmatrix}$$

$$\langle x - a \rangle_{-1} = \delta(x - a) = 0 \qquad x \neq a$$

$$\int_{-\infty}^x f(\zeta)\langle \zeta - a \rangle_{-1} d\zeta = \int_{-\infty}^x f(\zeta)\delta(\zeta - a)d\zeta = \begin{bmatrix} 0 & x < a \\ f(a) & x > a \end{bmatrix}$$

단위 중복 함수는 위치 $x = a$에서의 작용 모멘트를 표현하는 데 사용된다. 즉

$$\langle x - a \rangle_{-2} = 0 \quad x \neq a$$

$$\int \langle x - a \rangle_{-2} dx = \langle x - a \rangle_{-1}$$

헤비사이드(Heaviside) 스텝 함수는 a보다 더 작은 모든 x값에서 (즉, 독립 변수가 음수일 때) 그 값이 0이며 독립 변수가 양수일 때에는 그 값이 1이다. 수학적으로는 다음과 같다.

$$\langle x - a \rangle^0 = \begin{cases} 0 & x < a \\ (x - a)^0 = 1 & x > a \end{cases}$$

독립 변수가 음수일 때에는 그 값이 0이 되고 $n > 0$일 때에는 그 값이 $(x-a)^n$인 다항식 형태의 함수군은, 이를 불연속 연립 함수라고 하며 다음과 같이 주어진다.

$$\langle x - a \rangle^n = \begin{cases} 0 & x < a \\ (x - a)^n & x > a \end{cases}$$

이 불연속 함수의 미분과 적분은 다음과 같다. 즉

$$\frac{d}{dx}\langle x - a \rangle_{-1} = \langle x - a \rangle_{-2}$$

$$\frac{d}{dx}\langle x - a \rangle^0 = \langle x - a \rangle_{-1}$$

$$\frac{d}{dx}\langle x - a \rangle^n = n\langle x - a \rangle^{n-1} \qquad n \geq 1일 \; 때$$

$$\int_0^x \langle u - a \rangle_{-2} \, du = \langle x - a \rangle_{-1}$$

$$\int_0^x \langle u - a \rangle_{-1} \, du = \langle x - a \rangle^0$$

$$\int_0^x \langle u - a \rangle^n \, du = \frac{\langle x - a \rangle^{n+1}}{n + 1} \qquad n \geq 0일 \; 때$$

케이블 집중 하중을 지지하는 케이블 분할부의 인장력은 비선형 연립 방정식을 풀어서 구할 수 있다. 각각의 집중 하중 작용점마다, 2개의 대향 인장력 및 케이블이 수평선과 이루는 2개의 각도를 포함하고 있는 2개의 평형 방정식을 세울 수 있다(그림 참조). 그러므로 $(n+1)$개의 케이블 분할부의 인장력과 각각의 분할부가 수평선과 이루는 $(n+1)$개 각도에 대하여 $2n$개의 비선형 대수 연립 방정식이 형성된다. 2개의 추가 식은 케이블 연결부의 전체 기하형상과 케이블을 따라 작용하는 집중 하중의 위치에서 구한다.

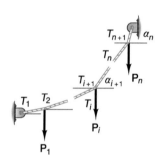

수평선을 따라 균일하게 분포되는 하중을 지지하는 케이블은 다음 식과 같이 공간에서 포물선 형태를 이루게 된다.

$$y = \frac{1}{2}qx^2$$

여기에서,

$$q = \frac{w(균일 \; 하중)}{T_0(최저점에서의 \; 인장력)}$$

최저점으로부터 수평으로 측정된 점 x에서의 인장력은 다음과 같다.

$$T = T_0\sqrt{1 + q^2x^2}$$

자중을 지지하는 케이블은 공간에서 현수선을 형성하게 되며, 이는 다음과 같은 식으로 주어진다.

$$y = \frac{1}{q}\{\cosh(qx) - 1\}$$

s가 케이블을 따르는 거리이고 x가 수평 거리일 때, q는 다음과 같이 정의된다.

$$s = \frac{\sinh(qx)}{q}$$

최저점으로부터 수평으로 측정된 임의의 점 x에서의 인장력은 다음과 같다.

$$T = T_0 \cosh(qx)$$

여기에서, T_0는 최저점에서의 인장력이며 q는 다음과 같다.

$$q = \frac{w(\text{단위 길이 당 케이블 중량})}{T_0(\text{최저점에서의 인장력})}$$

Chapter 09

마찰

9.1 서론

이전의 장에서 모델링된 문제에서는, 두 물체 사이의 접촉 표면을 미끄러짐이 전혀 일어나지 않도록 고정되어 있다고 보거나, 아니면 완전히 자유롭게 미끄러진다고 보거나, 즉 접촉 표면을 마찰이 없는 표면이라고 가정하였다. 이는 이동 불가능과 완전 자유 이동이라는 2가지 극단적인 조건이었다. 실제로 아무런 접착제나 접합(bonding)이 없이 접촉 상태에 있는 2개의 표면은 작용력이 충분히 크게 되면 서로에 대하여 미끄럼 이동을 하게 된다. 미끄럼에 대한 저항은 **마찰(friction)**에 그 원인이 있다. 마찰과 마모에 관한 학문을 윤활공학(tribology)이라고 한다. 이에 관한 내용은 제3장(특별 절 3.5A)에서 소개하였다.

마찰의 예는 그림 9.1과 같이 경사면에 책을 올려놓음으로써 볼 수 있다. 그림 9.1(a)에는 경사각이 α인 경사면에 놓여 있는 책을 보여주고 있으며, 그림 9.1(b)는 경사면과 책 사이의 힘들을 법선력 **N**과 **마찰력 f**로 나타낸 이 책의 자유 물체도이다. 이제 간단한 실험을 해보면, 경사각을 어떤 값까지 증가시키면 책이 미끄러지게 된다는 것을 알게 될 것이다. 책이 미끄러지는 각도까지는 마찰력의 크기를 정적 평형 방정식에서 구할 수 있다. 그림 9.1(b)의 자유 물체도를 조사해보면, 다음과 같은 2개의 평형 방정식을 구할 수 있다.

$$N - W \cos \alpha = 0 \tag{9.1}$$

$$f - W \sin \alpha = 0 \tag{9.2}$$

이 두 식을 연립시켜 풀면, 다음과 같이 마찰력은 법선력과 관계가 있다는 것을 알 수 있다.

$$f = N \tan \alpha \tag{9.3}$$

책이 미끄러지기 시작하기 전까지 경사면을 기울일 수 있는 최대각은 발생될 수 있는 최대 마찰력을 나타낸다. **정마찰계수(coefficient of static friction)**는 다음과 같이 이 최대각의 탄젠트 값으로 정의된다.

$$\mu_s = \tan \alpha_{\max} = f_{\max}/N \tag{9.4}$$

이 각도 $\alpha_{\max}$를 **마찰각(friction angle)**이라고 한다. 정마찰계수 μ_s는 미끄러짐이 일어

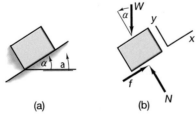

(a) (b)

그림 9.1

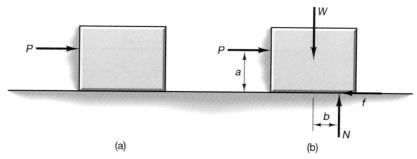

그림 9.2

나기 전까지 두 표면 사이에서 구할 수 있는 최대 마찰력을 두 표면 사이의 법선력으로 나눈 것과 같다.

이제 그림 9.2(a)와 같이 힘 P의 작용을 받고 있는 수평 바닥 위의 상자를 살펴보자. 이 상자의 자유 물체도는 그림 9.2(b)에 그려져 있으며, 이 물체가 평형 상태에 있다면 다음과 같은 관계식이 성립한다. 즉

$$N = W$$
$$f = P$$
$$Nb = Pa \quad \text{또는} \quad b = (P/W)a$$

상자가 바닥에 접합되어 있어서 접선력 **f**가 계속해서 증가하여 작용력 **P**와 같은 상태로 있게 된다면, 어떠한 **P** 값에도 상자는 평형 상태에 있게 된다. 마찰이 운동에 저항하면, 마찰력은 그 제한 값이 $\mu_s N$으로 정해진다. 그러므로 이 경우에, 마찰력은 **P**가 증가함에 따라 증가하게 되어 그 최댓값에 도달하게 되고, 그렇게 되면 상자는 막 미끄러지려고 하는 **미끄럼 개시** 상태가 된다. 거리 b 또한 제한을 받게 되므로 μ_s가 충분히 크면, 상자는 b가 상자 폭의 절반 값이 되면 넘어지게 마련이다.

2가지 유형의 마찰이 접촉 표면에 존재한다. 즉 유체 마찰과 건마찰이 그것이다. **유체 마찰**은 표면이 기체 또는 액체의 유체 막으로 분리되어 있을 때 일어난다. 이러한 유형의 마찰은 유체 막을 통하여 전달되는 전단력에 달려 있으며 이는 유체역학에서 상세하게 학습하게 된다. 그러나 이러한 마찰은 서로 다른 속도로 움직이는 유체 층 사이에서의 전단력 때문에 발생하므로 이해하기 어렵다. 유체 마찰은 대부분의 윤활의 기초가 되므로 운동부가 있는 기계의 마모에서는 대단히 중요한 사안이 된다. 둘째 유형의 마찰은 **건마찰** 또는 **쿨롱 마찰(Coulomb friction)**이다. 이 '쿨롱 마찰'이라는 이름은 쿨롱(C. A. Coulomb) 이 1781년에 이러한 유형의 마찰을 연구했던 사실에서 유래된 것이다. 건마찰은 유체 막이 없이 접촉하고 있는 물체 사이에서 일어난다. 일부 상황에서는 이 두 유형의 마찰 사이에 구별이 명확하지 않으므로 이럴 때에는 문제를 건마찰로 모델링하고 있다. 눈으로 덮인 도로나 빙판 도로 위에서 미끄러지고 있는 자동차가 이러한 경우에 해당한다.

건마찰은 그림 9.3과 같이 2개의 접촉 표면의 거친 정도 또는 울퉁불퉁함에 그 원인이

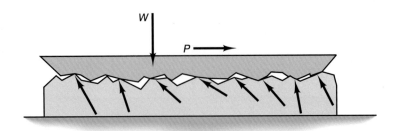

그림 9.3

있다. 힘 **P**가 상부 표면을 오른쪽으로 밀어붙이려고 함에 따라, 접촉력은 **W**와 **P**에 동시에 대항하게 되는 각도로 발생한다. 2개의 재료 표면 사이의 마찰은 또한 온도, 이물질의 존재, 두 표면 간의 무자 결합과 원자 결합 등의 영향을 받는다.

　표면들이 미끄러지기 시작하면, 저항 마찰은 25 %만큼이나 감소하게 되므로, 이때에는 법선력에 대한 마찰력의 비를 단위가 없는 **동마찰 계수** μ_k로 나타낸다. 작용력 P에 관한 마찰력의 변화는 그림 9.4에 나타나 있다. 정마찰 계수는 미끄럼 개시점에서 법선력에 대한 최대 마찰력의 비이다. 외력이 미끄럼이 일어나게 되는 표면과 평행한 작용선을 따라서 가해지게 되면, 마찰력은 당연히 이러한 작용력에 대하여 그 크기는 같고 방향성은 정반대가 되게 된다. 마찰력의 작용선은 이 표면에 접하게 된다. 마찰력은 여전히 평형을 유지하게 되어, 마찰력이 정마찰 계수에 의해 주어지는 최댓값에 도달할 때까지는 미끄럼이 일어나지 않게 한다. 미끄럼이 일어나게 되면, 미끄럼에 대한 저항은 동마찰 계수와 미끄럼 표면 간 법선력의 곱과 같게 될 정도로 마찰력은 그 크기가 거의 일정하게 감소하게 된다. 그러므로 마찰력의 크기가 정마찰 계수와 법선력의 곱과 같아지는 것은 단지 미끄럼 개시점에서뿐이다.

　일반적으로, 정마찰 계수는 표면 간에 미끄럼이 일어나게 될 것인지 아닌지를 결정하는 데에만 사용된다. 평형을 이루는 데 필요한 마찰력이 표면 사이에서 일어날 수 있는 최댓값보다 더 크게 되면, 표면 간에는 상대 운동이 발생하기 마련이다. 그러므로 마찰력의 크기는 알려져 있으며 그 값은 동마찰 계수와 법선력의 곱과 같다. 운동부의 속도가 일정

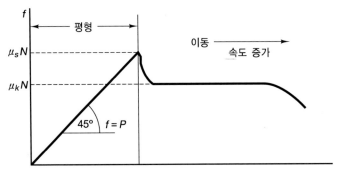

그림 9.4

하지 않을 때에는 뉴턴의 운동 제2법칙을 사용하여 운동을 조사하면 된다. 접촉 물체 사이의 모든 힘이 그러하듯이, 내부 마찰력 또한 크기가 같고 방향성은 정반대인 공선력의 쌍으로 발생하게 된다. 일부 대표적인 정마찰 계수가 표 9.1에 실려 있다(동마찰 계수 μ_k는 상응하는 정마찰 계수보다 20~25 % 더 낮다).

거친 표면이 관련되는 문제들은 다음 절에서 알아볼 것이며, 동마찰은 동역학에서 한층 더 자세하게 살펴보도록 한다.

표 9.1

표면 재료	정마찰 계수
강과 강	0.75
고무와 콘크리트	0.50~0.90
고무와 얼음	0.05~0.3
금속과 얼음	0.04
구리와 구리	1.2
금속과 나무	0.20~0.60
테플론®과 테플론®	0.04
유리와 유리	0.90
구리와 강	0.50
나무와 나무	0.25~0.50
알루미늄과 알루미늄	1.10
고무 타이어와 자갈	0.5
고무 타이어와 진흙	0.3~0.5
고무 타이어와 눈	0.1~0.3

9.2 쿨롱 마찰

건마찰이 2개의 접촉 표면 사이에서 발생하면, **마찰력은 항상 미끄러지려는 방향과 정반대이다.** 그림 9.5(a)에 예시되어 있는 바와 같이 거친 수평 표면 위에 놓인 블록의 단순한 경우와 그림 9.5(b)에 도시되어 있는 이에 상응하는 자유 물체도를 살펴보기로 하자. 평형 식은 다음과 같다.

$$P - f = 0$$
$$N - W = 0$$
$$Wb - Pa = 0$$

작용력 P의 크기가 증가함에 따라, 저항 마찰력 f이 증가하여 평형을 유지하게 된다. 이러한 균형은 f의 값이 $\mu_s N$과 같아지는 미끄럼 개시점에 도달할 때까지 계속된다. 그러므로 이동이 발생하기 전까지 가해질 수 있는 P의 최댓값은 정적 마찰력의 최댓값과 같아지게 된다.

법선력은, 힘 P와 마찰력 f에 의해 형성되는 우력에 의해 발생되는 모멘트와 반대 방향으로 모멘트를 발생시켜야만 하므로, 무게 중심 바로 밑에 위치해서는 안 된다는 점에 유의하여야 한다. 법선력은 접촉 표면을 따라서 어떠한 점에도 집중하여 작용할 수 있다고 봐도 되지만, 법선력과 중량에 의해 발생되는 모멘트는 블록 밑면의 치수에 의해 제한된다. 관련식은 다음과 같다.

$$b = \frac{P \cdot a}{W} \leq \text{(밑면 치수의 1/2)} \quad \text{(무게 중심(c.g.)이 블록의 중앙에 있을 때)}$$

집중점이 블록의 앞쪽 모서리에 있으면, 마찰력이 최댓값이 아니어도 블록은 넘어지려고 하기 마련이다. 그러므로 2가지 유형의 개시 운동(impending motion)이 일어날 수 있다. 즉 미끄러짐과 넘어짐이 그것이다.

마찰력과 법선력이 합해져서 접촉 합력을 형성하게 되면, 이 합력은 최대 마찰력과 법선력의 합에 의해 형성되는 원뿔 영역 내의 어딘가에 놓여 있게 된다. 이 원뿔 영역은 그림 9.6에 예시되어 있다. 원뿔각의 탄젠트 값은 다음과 같다.

$$\tan \phi_s = \frac{f_{max}}{N} = \mu_s \tag{9.5}$$

다시금, 법선력과 마찰력의 합력은 이 원뿔 영역 내의 어딘가에 놓이게 된다는 점에 유의하여야 한다. 이 원뿔각은 **마찰각**이라고 하며 다음과 같다.

$$\phi_s = \tan^{-1} \mu_s \tag{9.6}$$

다음으로, 서로가 서로에 대하여 상대적으로 미끄럼 이동할 수 있는 2개의 블록의 경우를 살펴보자. 그림 9.7(a)에서, 상부 블록은 하부 블록에 대하여 왼쪽으로 미끄러지려고 하고 하부 블록은 상부 블록에 대하여 오른쪽으로 미끄러지려고 한다. 두 블록 사이의 마찰력은 이러한 상대 운동과는 반대 방향이며, 이에 상응하는 자유 물체도는 그림 9.7(b)에 그려져 있다. 상부 블록의 마찰력 f_1은 오른쪽으로 작용하며, 하부 블록의 마찰력 f_1은 그 크기는 같지만 왼쪽으로 작용한다는 점에 주목하여야 한다. 이 두 마찰력은 그 크기는 같지만, 그 방향성은 화살표 방향으로 표시되어 있다. 하부 블록과 표면 사이의 마찰력 f_2는 하부 블록의 이동에 저항하여 오른쪽으로 작용한다. 힘 P가 증가하게 되면,

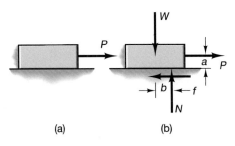

그림 9.5

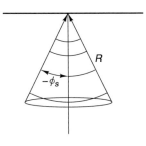

그림 9.6

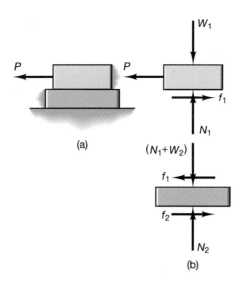

그림 9.7

상부 블록과 하부 블록 사이에 미끄럼이 발생하기도 하고 두 블록이 서로 미끄러지기도 한다. 마찰 계수가 모든 표면 사이에서 동일할 때에는, 하부 블록과 바닥 사이의 최대 마찰력은, 이 표면 사이에서의 법선력이 더 크므로, 두 블록 사이의 마찰력보다 더 크다는 점에 유의하여야 한다.

대개는, 마찰력이 작용하는 방향은 이동이 일어날 수 있는 방향을 조사해보면 쉽게 구할 수 있다. 자동차에서 구동 바퀴의 마찰력은 자동차가 가속 상태인지 아니면 제동 상태인지에 좌우되기 마련이다. 자동차가 가속 상태에 있을 때에는, 타이어와 지표면 사이의 접촉에 뒤쪽으로 미끄러지면서 구르는 성향이 있으므로 마찰력은 자동차의 앞쪽으로 작용한다. 실제로, 자동차를 이동하게 하는 것은 바로 이 마찰력이다. 타이어가 눈밭이나 빙판 위에서 구르는 경우에서와 같이, 정마찰 계수가 너무 작아서 마찰력이 자동차를 이동시킬 수 있을 만큼 충분하지 않을 때에는, 운전자는 '곤란한' 상태에 처하게 된다. 4륜구동 차량은 네 바퀴 모두와 지면 사이에서 마찰이 발생하게 된다. 차량은 중량의 대략 60 %가 앞바퀴에 걸리므로 4륜구동 차량은 눈밭에서 후륜구동 차량보다 더 효율적이다. 자동차가 제동 상태에 있을 때에는, 타이어는 구르려고 하지 않기 때문에, 고무가 지표면에서 미끄러지게 되므로 마찰력의 방향이나 방향성은 자동차의 뒤쪽을 향하게 된다.

개념적으로 한층 더 어려운 경우는 그림 9.8(a)와 같은 원통형 물체이다. 원통형 물체가 미끄럼 개시점에 있을 때, 자유 물체도는 그림 9.8(b)에 그려져 있다. 이때에는 원통형 물체가 반시계 방향으로 회전하려고 할 것이므로 왼쪽에서의 마찰력과 바닥에서의 마찰력은 이 운동에 대항한다. 원통형 물체가 미끄럼 개시점에 있지 않을 때에는, 4개의 미지수(2개의 법선력과 2개의 마찰력)과 단 3개의 평형 방정식만을 세울 수 있으므로 이 문제는 부정정 문제가 된다.

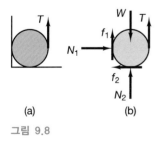

그림 9.8

예제 9.1

작업자가 표면이 매끄러운 벽에 사다리를 기대어 놓고 이 사다리의 꼭대기까지 올라가려고 한다(그림 참조). 사다리의 밑동과 바닥 사이의 마찰 계수가 μ일 때, 사다리가 미끄러지지 않고 바닥에 서 있을 수 있는 최소 각도를 구하라.

풀이 작업자의 체중은 사다리의 꼭대기에 작용하는데, 이 지점은 사다리가 미끄러지려는 경향이 최대가 되는 위치이다. 평형에서, 다음 식이 나온다.

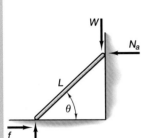

$$N_b = W$$
$$N_a = f$$

또한, 마찰력은 θ값이 최소일 때 최대가 되기 마련이며 식으로 쓰면 다음과 같다.

$$f = \mu N_b = \mu W$$

마찰력과 한 쪽 끝의 N_a와 다른 쪽 끝의 N_b는, 평형을 이루려면 크기는 같고 방향은 정반대가 되어야 하는 우력을 형성한다. 그러므로 다음과 같다.

$$fL \sin \theta = WL \cos \theta$$
$$\tan \theta = 1/\mu$$

예를 들어, 바닥과 사다리 밑동 사이의 정마찰 계수가 0.8일 때, 작업자가 사다리의 꼭대기까지 올라갈 수 있으려면 사다리가 바닥과 이루는 최소 각도는 51.3°가 되어야 한다.

예제 9.2

그림과 같은 400 N의 상자가 경사면을 미끄러져 올라가거나 내려가지 않게 하는 데 필요한 힘 P의 값의 범위를 구하라. 상자와 경사면 사이의 정마찰 계수는 0.20이다.

풀이 먼저, 경사면에 평행하고 직각인 좌표계를 선정하고 상자의 자유 물체도를 그린다(그림 참조). 마찰력은 양 방향으로 작용하는 것으로 그려져 있다. P가 최소일 때에는 미끄러지는 경향이 경사 하향을 나타내므로 마찰은 경사 상향으로 작용하여 미끄러짐에 저항하게 된다. P가 최대일 때에는 미끄러지는 경향이 경사 상향을 나타내므로 마찰은 경사 하향으로 작용하여 미끄러짐에 저항하게 된다. 미끄럼 개시 조건을 확인한 바 있으므로, 마찰력의 크기는 정마찰 계수와 법선력의 곱이 됨을 알 수 있다. 평형 방정식을 쓰면 다음과 같다.

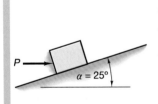
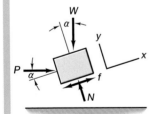

$$\mathbf{P} + \mathbf{W} + \mathbf{N} + \mathbf{f} = 0$$
$$\mathbf{P} = P(\cos 25°\hat{\mathbf{i}} - \sin 25°\hat{\mathbf{j}})$$
$$\mathbf{W} = 400(-\sin 25°\hat{\mathbf{i}} - \cos 25°\hat{\mathbf{j}})$$

여기에서,

$$\mathbf{N} = N\hat{\mathbf{j}}$$
$$\mathbf{f} = \pm 0.2N\hat{\mathbf{i}} \quad [\text{최소 } P \text{에서 } (+)\text{이고 최대 } P \text{에서 } (-)\text{이다.}]$$

벡터 방정식의 $\hat{\mathbf{i}}$성분과 $\hat{\mathbf{j}}$성분을 같게 놓으면 다음과 같이 2개의 스칼라 평형 방정식이 나온다.

$$P_{\text{max/min}} \cos 25° - 400 \sin 25°(\mp)0.2 N = 0$$
$$-P_{\text{max/min}} \sin 25° - 400 \cos 25° + N = 0$$

마찰력이 음(경사 하향 작용)이면, 미끄럼 개시 운동이 경사 상향으로 일어나며 P는 최대가 된다. 행렬 평형 방정식은 다음과 같다.

$$\begin{bmatrix} \cos 25° & -0.2 \\ -\sin 25° & 1 \end{bmatrix} \begin{bmatrix} P_{\max} \\ N \end{bmatrix} = \begin{bmatrix} 300 \sin 25° \\ 400 \cos 25° \end{bmatrix}$$

이 행렬 방정식을 풀면 $P_{\max} = 293.9$ N가 나온다.

마찰력이 양(경사 상향 작용)이면, 미끄럼 개시 운동이 경사 하향으로 일어나며 평형 행렬 방정식은 다음과 같다.

$$\begin{bmatrix} P_{\min} \\ N \end{bmatrix} = \begin{bmatrix} \cos 25° & +0.2 \\ -\sin 25° & 1 \end{bmatrix}^{-1} \begin{bmatrix} 300 \sin 25° \\ 400 \cos 25° \end{bmatrix}$$

그러므로 경사 하향 운동에 저항하는 데 필요한 최소력은 $P_{\min} = 97.4$ N이다.

이제, 이와는 다른 좌표계를 선정하여 이 문제를 다시 풀어보자. 결과는 좌표계의 선정에 따라 달라지지는 않지만, 평형 방정식은 대수학적인 표현이 다르게 나타나게 된다. 좌표계를 달리 선정하더라도 자유 물체도는 동일하다. 경사 상향 운동을 양으로 잡을 때, 경사면을 따르는 접선 방향 단위 벡터는 다음과 같다.

$$\hat{\mathbf{t}} = \cos 25°\hat{\mathbf{i}} + \sin 25°\hat{\mathbf{j}}$$

법선 방향 단위 벡터는 식 (5.6), 즉 두 접선 벡터의 벡터 곱을 사용하여 다음과 같이 구한다.

$$\hat{\mathbf{n}} = \hat{\mathbf{k}} \times \hat{\mathbf{t}} = -\sin 25°\hat{\mathbf{i}} + \cos 25°\hat{\mathbf{j}}$$

이 좌표계에서는 힘들이 다음과 같이 된다.

$$\mathbf{P} = P_{\max/\min}\hat{\mathbf{i}}$$
$$\mathbf{W} = -400\hat{\mathbf{j}}$$
$$\mathbf{N} = N(-\sin 25°\hat{\mathbf{i}} + \cos 25°\hat{\mathbf{j}})$$
$$\mathbf{f} = (\mp)0.2N(\cos 25°\hat{\mathbf{i}} + \sin 25°\hat{\mathbf{j}})$$

경사 상향 미끄럼 개시 운동이 일어날 때의 P값($P_{\max}$)과 경사 하향 미끄럼 개시 운동에 저항하는 데 필요한 최소력($P_{\min}$)을 구하는 행렬 방정식은 다음과 같다.

$$\begin{bmatrix} P_{\max/\min} \\ N \end{bmatrix} = \begin{bmatrix} 1 & -\sin 25° \mp 0.2 \cos 25° \\ 0 & \cos 25° \mp 0.2 \sin 25° \end{bmatrix}^{-1} \begin{bmatrix} 0 \\ 400 \end{bmatrix}$$

P의 최댓값과 최솟값은 각각 다음과 같다.

$$P_{\min} = 97.4 \text{ N}$$
$$P_{\max} = 293.9 \text{ N}$$

예제 9.3

그림과 같은 블록에서, 최소력 $\mathbf{P}$를 운동이 개시되는 임의의 경사 각도 α에서의 θ의 함수로 구하라.

풀이 먼저, 경사면에 평행한 방향을 x로 하고 경사면에 직각인 방향을 y로 하는 좌표계를 선정한다. 그런 다음, 그림과 같이 블록의 자유 물체도를 그린다. 미끄럼 개시에 필요한 P의 최솟값이 구해지면, 마찰력의 크기는 정마찰 계수를 사용하여 구하면 된다. 평형 방정식은 다음과 같이 된다.

$$P \cos(\theta - \alpha) - f - W \sin \alpha = 0$$
$$N - W \cos \alpha + P \sin(\theta - \alpha) = 0$$
$$f = \mu_s N$$

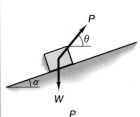

$$\begin{bmatrix} P \\ N \\ f \end{bmatrix} = \begin{bmatrix} \cos(\theta - \alpha) & 0 & -1 \\ \sin(\theta - \alpha) & 1 & 0 \\ 0 & -\mu_s & 1 \end{bmatrix}^{-1} \begin{bmatrix} W\sin\alpha \\ W\cos\alpha \\ 0 \end{bmatrix}$$

이 식들을 풀어 P를 구하면 다음이 나온다.

$$P(\theta) = \frac{W(\sin\alpha + \mu_s\cos\alpha)}{\cos(\theta - \alpha) + \mu_s\sin(\theta - \alpha)}$$

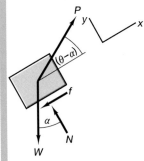

P의 최솟값은, P가 θ의 함수이므로 $P(\theta)$를 θ에 관하여 미분한 다음, 국부 지점에서의 최대 또는 최소를 구할 때 하는 것처럼, 이 미분 결과를 0으로 놓으면 확실히 구할 수 있다. 이 문제를 변형한 문제를 살펴보자. 이 문제를, 아래 그림에서와 같이, 블록을 당겨 올릴 때의 경사 각도와 동일한 경사 각도로 블록을 밀어 올리는 문제로 바꾸어 살펴보자.

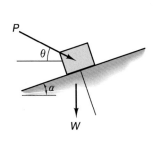
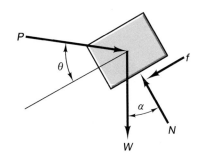

평형 방정식을 다시 쓰면 다음과 같다.

$$P\cos(\theta + \alpha) - f - W\sin\alpha = 0$$
$$N - W\cos\alpha - P\sin(\theta + \alpha) = 0$$
$$f = \mu_s N$$

$$\begin{bmatrix} P \\ N \\ f \end{bmatrix} = \begin{bmatrix} \cos(\theta + \alpha) & 0 & -1 \\ \sin(\theta + \alpha) & 1 & 0 \\ 0 & -\mu_s & 1 \end{bmatrix}^{-1} \begin{bmatrix} W\sin\alpha \\ W\cos\alpha \\ 0 \end{bmatrix}$$

이 식들을 풀어 P를 구하면 다음이 나온다.

$$P(\theta) = \frac{W(\sin\alpha + \mu_s\cos\alpha)}{\cos(\theta + \alpha) - \mu_s\sin(\theta + \alpha)}$$

블록을 밀어 올릴 때에는 법선력과 블록을 이동시키는 데 필요한 최소력 $P(\theta)$가 증가한다는 점에 주목하여야 한다.

예제 9.4

그림과 같이 질량이 m인 블록이 경사면에 놓여 있다. 이 블록이 미끄러지지 않게 하는 데 필요한 최소 정마찰 계수를 구하라. 이 경사면은 $x-z$평면의 x축과는 각도 α를 이루고 $y-z$평면의 y축과는 각도 β를 이루고 있다.

풀이 먼저, 경사면에 대한 법선력과 경사면을 따라 하향 작용하는 접선력을 구한다[식 (6.6) 참조]. 그런 다음, 경사면과 $x-y$평면의 교선을 따르는 벡터와 경사면과 $y-z$평면의 교선을 따르는 벡터를 그린다.

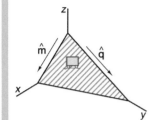

$$\hat{\mathbf{m}} = \cos \alpha \hat{\mathbf{i}} - \sin \alpha \hat{\mathbf{k}}$$
$$\hat{\mathbf{q}} = \cos \beta \hat{\mathbf{j}} - \sin \beta \hat{\mathbf{k}}$$

경사면에 법선 방향을 이루는 단위 벡터는 그림과 같이 $\hat{\mathbf{m}}$와 $\hat{\mathbf{q}}$로 정의된다. 이 두 벡터는 서로 직교하지 않으므로 단위 법선 벡터는 두 벡터의 벡터 곱을 그 크기로 나누면 된다.

$$\hat{\mathbf{n}} = \frac{\hat{\mathbf{m}} \times \hat{\mathbf{q}}}{|\hat{\mathbf{m}} \times \hat{\mathbf{q}}|}$$

$$= \frac{1}{\sqrt{\cos^2 \alpha + \sin^2 \alpha \cos^2 \beta}} [\sin \alpha \cos \beta \hat{\mathbf{i}} + \cos \alpha \sin \beta \hat{\mathbf{j}} + \cos \alpha \cos \beta \hat{\mathbf{k}}]$$

질량에 작용하는 유일한 힘이자, 법선력과 마찰력이 아닌 다른 힘은 중력인데, 이로써 블록의 중량이 나오게 된다.

$$W = -mg\mathbf{k}$$

$\mathbf{W}$의 법선 방향 성분과 접선 방향 성분은 각각 다음과 같다.

$$W_n = (\mathbf{W} \cdot \hat{\mathbf{n}})\hat{\mathbf{n}}$$
$$W_t = W - W_n$$

필요한 마찰력은 $\mathbf{W}_t$와 크기는 같고 방향은 정반대이어야 하며, 법선력은 $\mathbf{W}_n$과 크기는 같고 방향은 정반대이므로 다음과 같다.

$$N = -W_n \quad f = -W_t$$

최소 정마찰 계수는 다음과 같다.

$$\mu_{s\,min} = \frac{|\mathbf{f}|}{|\mathbf{N}|}$$

단위 벡터 $\hat{\mathbf{n}}$은 경사면에 법선 방향을 이루므로, z축과 법선 벡터 사이의 각도 θ가 경사면의 경사 각도이다(그림 참조). 이 각도는 다음과 같다.

$$\theta = \cos^{-1}(\hat{\mathbf{n}} \cdot \hat{\mathbf{k}})$$

정마찰 계수는 미끄럼 개시에 상응하는 경사 각도의 탄젠트 값으로 정의할 수 있다는 사실을 앞서 증명한 바 있다. 그러므로 임의의 경사 표면에 대한 최소 정마찰 계수는 다음과 같다.

$$\mu_s = \tan \theta = \tan[\cos^{-1}(\hat{\mathbf{n}} \cdot \hat{\mathbf{k}})]$$

벡터 계산은 특정한 수치가 주어지는 경우에 하면 된다.

예제 9.5

그림과 같이, 높이가 3 m이고 질량이 100 kg인 화물 상자에 하중이 가해져서 질량 중심이 길이가 1 m인 밑면 위로 2 m인 지점에 있게 된다. 밑면과 경사 표면 사이의 정마찰 계수가 0.4일 때, 이동하기 시작하는 데 필요한 힘을 구하고, 힘을 가할 수 있는 최소 및 최대 높이 h를 구하라.

풀이 화물 상자는 경사면을 미끄러져 올라갈 수도 있고, 힘 **P**가 너무 크게 가해지면 앞으로 넘어가게 되고 힘 **P**가 너무 작게 가해지면 뒤로 넘어가게 된다. 먼저, 화물 상자의 자유 물체도를 그린다(그림 참조). x축을 경사면에 평행하게 선정하면 다음의 식이 세워진다.

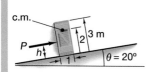

$$\sum F_x = P - W\sin\theta - f = 0$$

$$\sum F_y = -W\cos\theta + N = 0$$

$$\sum M_{\text{c.m.}} = P(2 - h) - 2f - Nd = 0$$

그러므로 다음과 같다.

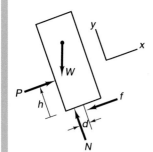

$$N = W\cos\theta$$
$$P = W\sin\theta + \mu_s W\cos\theta$$

d의 최댓값이 $+0.5\,$m가 되어야 화물 상자가 뒤로 넘어가지 않으며, 최솟값이 $-0.5\,$m가 되어야 앞으로 넘어가지 않게 된다. 그러므로 화물 상자가 뒤로 넘어가지 않게 하는 데 필요한 h의 최솟값은 다음과 같이 모멘트 식에서 구할 수 있다.

$$(W\sin\theta + \mu_s W\cos\theta)(2 - h) - (\mu_s W\cos\theta)(2) - (W\cos\theta)(0.5) = 0$$

$$h = \frac{2\sin\theta - \cos\theta}{\sin\theta + \mu_s\cos\theta}$$

주어진 경사 각도와 정마찰 계수에서는, h의 최솟값이 $0.3\,$m이 된다. 화물 상자가 앞으로 넘어가지 않게 하는 데 필요한 h의 최댓값은 모멘트 식에서 $d = -0.5\,$m라고 놓으면 구해진다. 즉

$$h = \frac{2\sin\theta + \cos\theta}{\sin\theta + \mu_s\cos\theta}$$

h의 최댓값은 $1.6\,$m이다.

예제 9.6

요요가 그림과 같이 경사면 위에 줄로 유지되어 있다. 평형을 이루는 데 필요한 정마찰 계수의 최솟값을 구하라.

풀이 먼저, 그림과 같이 자유 물체도를 작도하여, 이 자유 물체도에서 다음의 식을 구한다.

$$\sum F_x = T - mg\sin\theta + f = 0$$

$$\sum F_y = -mg\cos\theta + N = 0$$

$$\sum M_{\text{c.m.}} = -Tr + fR = 0$$

f와 N에 관하여 풀면 다음이 나온다.

$$\mu_{s\,\min} = \frac{f}{N} = \frac{r}{r + R}\tan\theta$$

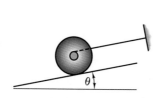
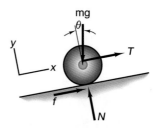

9.1 그림 P9.1과 같이, 100 N의 힘으로 200 N의 블록을 끌고 있다. 블록과 바닥 사이의 정마찰 계수는 $\mu_s = 0.6$이고, 동마찰 계수는 $\mu_k = 0.4$이다. (a) 블록과 바닥 사이의 마찰력은 얼마인가? (b) 블록은 움직이게 되는가?

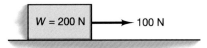

그림 P9.1

9.2 (a) 200 kg의 블록이 30 ° 경사면에 놓여 있다. 블록과 경사면 사이의 정마찰 계수는 $\mu_s = 0.8$이다. 블록은 정지 상태를 유지하게 되는가? (b) 50 kg의 질량이 45 ° 경사면에 놓여 있다. 블록과 경사면 사이의 정마찰 계수는 $\mu_s = 0.6$이다. 블록은 정지 상태를 유지하게 되는가?

9.3 블록과 경사면 사이의 정마찰 계수는 $\mu_s = 0.35$일 때, 50 kg의 블록이 경사면에서 정지 상태를 유지하게 되는 최대 경사각은 얼마인가?

9.4 그림 P9.4와 같이, 10 N의 힘으로 40 N의 블록을 밀어 내리고 있다. 경사면의 경사각은 $\alpha = 40$ °이다. 블록과 경사면 사이의 정마찰 계수는 $\mu_s = 0.75$이고, 동마찰 계수는 $\mu_k = 0.65$이다. 블록은 경사면에서 미끄러지게 되는가? 블록이 미끄러지게 된다면 올라가는가 아니면 내려가는가? 블록과 경사면 사이의 마찰력은 얼마인가?

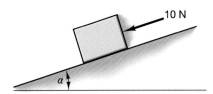

그림 P9.4

9.5 그림 P9.5와 같이, 60 N의 힘으로 10 kg의 질량을 경사면에서 밀어 내리고 있다. 경사면의 경사각은 $\alpha = 20°$이다. 블록과 경사면 사이의 정마찰 계수는 $\mu_s = 0.6$이고, 동마찰 계수는

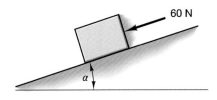

그림 P9.5

$\mu_k = 0.5$이다. 블록은 경사면에서 미끄러지게 되는가? 블록이 미끄러지게 된다면 올라가는가 아니면 내려가는가? 블록과 경사면 사이의 마찰력은 얼마인가?

9.6 문제 9.4에서, 정적 평형이 유지되려면 최대 경사각은 얼마인가?

9.7 그림 P9.7과 같이, 100 N의 힘으로 50 kg의 블록을 끌어 올리고 있다. 블록과 경사면 사이의 정마찰 계수는 $\mu_s = 0.4$이고, 동마찰 계수는 $\mu_k = 0.3$이다. 경사면의 경사각은 $\alpha = 35°$이다. (a) 블록은 경사면에서 움직이게 되는가? (b) 블록과 경사면 사이의 마찰력은 얼마인가?

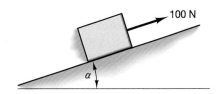

그림 P9.7

9.8 그림 P9.8과 같이, 75 N의 힘을 $\alpha = 45°$의 각도로 경사지게 가하여 100 N의 블록을 끌고 있다. 블록과 바닥 사이의 정마찰 계수는 $\mu_s = 1.3$이고, 동마찰 계수는 $\mu_k = 1.1$이다. (a) 블록은 움직이게 되는가? (b) 블록과 평면 사이의 마찰력은 얼마인가?

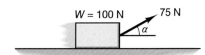

그림 P9.8

9.9 5 kg의 블록이 100 kg의 질량을 매단 채로 레일 위에 놓여 있다(그림 P9.9 참조). (a) 레일을 따라 블록을 움직이게 하는 데 필요한 힘은 얼마인가? 블록과 레일 사이의 정마찰 계수는 $\mu_s = 0.6$이고, 동마찰 계수는 $\mu_k = 0.5$이다. 힘은 그림과 같이 $\alpha = 60$ °로 경사지게 작용한다. (b) 각도 α가 얼마일 때, 힘 F로 블록을 오른쪽으로 미끄러지게 할 수 있는가?

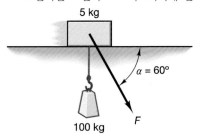

그림 P9.9

9.10 1000 N의 힘을 $\beta = 35\,°$의 각도로 경사지게 가하여 100 kg의 블록을 끌고 있다(그림 P9.10 참조). 블록과 경사면 사이의 정마찰 계수는 $\mu_s = 0.25$이고, 동마찰 계수는 $\mu_k = 0.15$이다. 경사면의 경사각은 $\alpha = 40\,°$이다. (a) 블록과 경사면 사이의 마찰력은 얼마인가? (b) 블록은 움직이게 되는가?

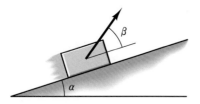

그림 P9.10

9.11 그림 P9.11과 같이, 650 N의 힘을 $\beta = 25\,°$의 각도로 경사지게 가하여 1500 N의 블록을 밀어 내리고 있다. 블록과 경사면 사이의 정마찰 계수는 $\mu_s = 1.05$이고, 동마찰 계수는 $\mu_k = 0.95$이다. 경사면의 경사각은 $\alpha = 30\,°$이다. (a) 블록은 움직이게 되는가? (b) 블록과 경사면 사이의 마찰력은 얼마인가?

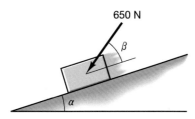

그림 P9.11

9.12 그림 P9.12와 같이, 로프로 원반을 끌어 올리고 있다. 미끄럼이 일어나기 전에 로프에 기해지는 최대 장력은 얼마인가? 양쪽 경계면에서의 정마찰 계수는 $\mu_s = 0.6$이고, 동마찰 계수는 $\mu_k = 0.5$이며, 원반의 반경은 1 m이고, 원반의 중량은 20 N이다.

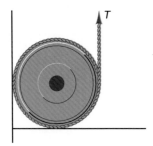

그림 P9.12

9.13 그림 P9.13과 같이, 바퀴의 미끄럼이 일어나기 전에 가할 수 있는 최대 모멘트 M을, 정마찰 계수 μ_s, 바퀴의 반경 r 및 바퀴의 중량 W로 풀어라. μ_s는 양쪽 경계면에서 동일하다.

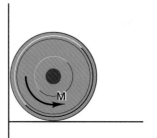

그림 P9.13

9.14 그림 P9.14와 같이, 2개의 블록이 경사면에 놓여 있다. 블록 A는 질량이 100 kg이고 블록 B는 질량이 10 kg이다. 경사면의 경사각은 $\alpha = 35\,°$이다. (a) 블록이 미끄러지지 않게 하는 데 필요한 최소 마찰 계수는 얼마인가? 경사면과 블록 사이의 마찰 계수는 두 블록 사이의 마찰 계수와 동일하다고 가정한다. (b) 로프에 걸리는 장력은 얼마인가?

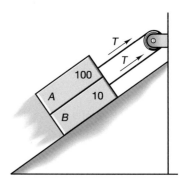

그림 P9.14

9.15 그림 P9.15와 같이, 2개의 블록이 경사면에 놓여 있다. 블록 A는 질량이 10 kg이고 블록 B는 질량이 25 kg이다. 경사면의 경사각은 20°이다. (a) 블록이 미끄러지지 않게 하는 데 필요한 최소 마찰 계수는 얼마인가? 두 블록 사이의 마찰 계수는 블록과 경사면 사이의 마찰 계수의 4배라고 가정한다. (b) 로프에 걸리는 장력은 얼마인가?

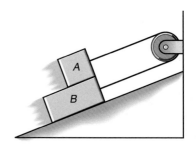

그림 P9.15

9.16 경사면이 x 축과 30°를 이루고 있다. 50 kg의 질량이 경사면에 놓여 있다. 블록과 경사면 사이의 정마찰 계수는 $\mu_s = 0.5$이고, 동마찰 계수는 $\mu_k = 0.4$이다. 블록에는 힘 $\mathbf{F} = 20\,\hat{i} + 40\,\hat{j}$ N이 가해지고 있다. 중력은 y방향으로 작용한다고 가정한다. 블록은 미끄러지게 될까?

9.17 지붕 기술자가 지붕 위에 서 있다. 지붕 기술자는 질량이 80 kg이다. 지붕 기술자의 작업화와 지붕 합판 사이의 마찰 계수는 $\mu_s = 0.4$이다. 지붕 기술자가 미끄러지지 않게 되는 지붕의 최대 경사각은 얼마인가?

9.18 공항에서는 컨베이어 벨트를 사용하여 화물을 지상에서 기내 화물칸으로 운반한다(그림 P9.18 참조). 컨베이어 벨트의 경사 각은 40°이다. 화물이 미끄러지지 않게 하는 데 필요한 화물과 벨트 사이의 최소 마찰 계수는 얼마인가?

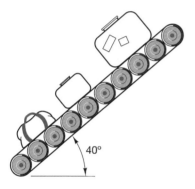

그림 P9.18

9.19 그림 P9.19와 같이, 트럭이 100 km/hr의 속도로 도로를 내려가고 있다. 트럭은 질량이 1100 kg이다. 트럭 바퀴와 노면 사이의 구름 마찰 계수는 $\mu_r = 0.35$이다. 각각의 바퀴와 노면 사이의 마찰 계수는 얼마인가? 트럭의 무게 중심은 트럭의 중심에 있다고 가정한다.

그림 P9.19

9.20 정비소에서 호이스트를 사용하여 엔진을 차에서 꺼내 받침대로 옮기고 있다(그림 P9.20 참조). 엔진은 질량이 600 kg이다. 호이스트의 질량은 무시한다. 호이스트와 레일 사이의 정마찰 계수는 $\mu_s = 0.4$이고, 동마찰 계수는 $\mu_k = 0.3$이다. 엔진이 움직이게 가해야 할 최대 힘은 얼마인가?

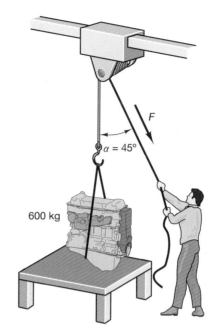

그림 P9.20

9.21 그림 P9.21과 같이, 어떤 사람이 땅바닥 위에서 8 kg의 통나무를 굴리려고 한다. 이 사람은 땅바닥과 40°가 되게 힘을 가하고 있다. 통나무와 지면 사이의 정마찰 계수는 $\mu_s = 0.85$이고, 동마찰 계수는 $\mu_k = 0.7$이다. 통나무를 밀어서 구르게 하는 데 이 사람은 얼마나 애를 써야 하는가? (이 사람이 가해야 하는 힘의 크기는?)

그림 P9.21

9.22 스키를 탄 사람이 언덕 위에서 정지 상태에서 아래로 출발하려고 한다(그림 P9.22 참조). 이 사람은 질량이 54 kg이고, 스키와 눈 사이의 정마찰 계수는 $\mu_s = 0.04$이고, 동마찰 계수는 $\mu_k = 0.03$이다. 언덕의 경사각은 60°이다. 스키 폴대는 눈 덮인 지면과 45° 경사를 이룬다. 스키 폴 대에는 얼마만큼의 힘을 가해야 하는가? 힘은 폴 대를 통해 직선으로 가해진다고 가정한다.

그림 P9.22

9.23 그림 P9.23과 같이, 썰매를 사용하여 선반 기계를 공장의 이쪽 끝에서 저쪽 끝으로 이동시키고 있다. 이 선반 기계를 막 이동시키는 데 트랙터가 공급해야 할 힘은 얼마인가? 선반 기계는 중량이 1000 N이고 썰매는 중량이 300 N이다. 썰매와 콘크리트 사이의 정마찰 계수는 $\mu_s = 0.7$이고, 동마찰 계수는 $\mu_k = 0.6$이다. 썰매와 트랙터 사이의 수평 거리는 3 m이고 썰매에 있는 아이 볼트와 트랙터에 있는 부착부 사이의 수직 거리는 1 m이다.

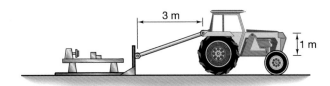

그림 P9.23

9.24 문제 9.7를 다시 풀어라. 단, 경사각을 0°에서 80°까지 5°씩 증분시켜 변화시켜라.

9.25 문제 9.8을 다시 풀어라. 단, 경사각을 0°에서 80°까지 5°씩 증분시켜 변화시켜라.

9.26 건설업체가 자동차를 안전하게 주차할 수 있도록 차도의 기울기를 선정하고자 한다(그림 P9.26 참조). 자동차를 뒷바퀴(비상)

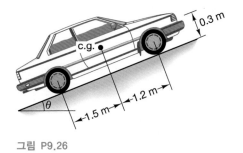

그림 P9.26

브레이크를 채우는 상태에서 주차할 때, 차도가 수평선과 이루는 최대 경사각을 계산하라.

9.27 문제 9.26을 다시 풀어라. 단, 앞바퀴와 뒷바퀴 브레이크를 모두 채워서 네 바퀴 모두에 마찰이 발생하도록 한다. 이는 브레이크 페달을 밟았을 때의 경우이다.

9.28 문제 9.26의 내용대로 차도의 최대 경사각을 구하는 문제를 고찰하라. 자동차가 주차 브레이크만 채워진 상태일 때, 눈으로 덮인 차도($\mu_s = 0.3$), 비에 젖은 차도($\mu_s = 0.6$) 및 마른 차도($\mu_s = 0.75$)의 최대 경사각을 각각 구하라.

9.29 블록과 표면 사이의 경계면이 (a) 강과 강, (b) 구리와 구리, (c) 알루미늄과 알루미늄일 때, 블록이 미끄러짐과 동시에 넘어지게 되는 최대 허용력과 최대 작용점 높이를 각각 계산하라(그림 P9.29 참조). 블록의 질량 중심은 도형 중심과 동일하다. 최대 작용점 높이는 중량에 종속되는가?

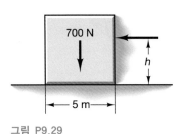

그림 P9.29

9.30 그림 P9.30에서, $\theta = 30°$일 때 강재 용기가 강재 경사면에 놓여서 평형 상태로 유지될 수 있는 질량 m의 값은 얼마인가?

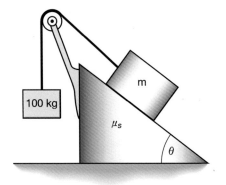

그림 P9.30

9.31 $\theta = 60°$일 때, 문제 9.30을 다시 풀어라.

9.32 그림 P9.32에서, 화물 상자는 평형 상태에 놓여 있는가? 화물 상자의 무게 중심은 도형 중심과 같으며, 화물 상자와 경사면 사이의 정마찰 계수는 $\mu_s = 0.6$이다.

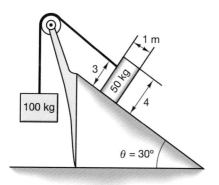

그림 P9.32

9.33 그림 P9.32에서, 로프를 제거하면 화물 상자는 넘어질까? 미끄러질까? 아니면 그 자리에 서 있을까?

9.34 그림 P9.34에서, 상자는 평형 상태에 놓여 있는가? 상자의 무게 중심은 도형 중심과 같다고 가정한다.

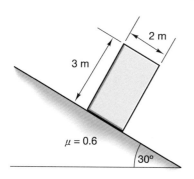

그림 P9.34

9.35 그림 P9.34에서, 상자는 무게 중심이 왼쪽 위 모서리에서 1 m 아래에 있다고 가정한다. 상자는 평형 상태에 놓여 있는가?

9.36 그림 P9.36과 같이, 경사면에 놓여서 무게 중심이 중심선을 벗어나 있는 화물 상자는 평형 상태에 놓여 있는가? 작업자는 1.5 m 이하인 높이 h에서 최대 힘 P으로 750 N을 쓸 수 있다고 가정할 때, 이 사람은 화물 상자를 평형 상태로 유지할 수 있는가? 화물 상자는 질량이 500 kg이라고 가정한다.

9.37 목제 서랍장을 나무 바닥 위에서 넘어지지 않게 밀려고 한다(그림 P9.37 참조). 서랍장의 질량이 75 kg일 때, 서랍장이 넘어지지 않고 미끄러지게 하려면 어느 정도의 힘을 어느 곳에 가해야 하는가?

9.38 문제 9.37에서, 나무 바닥을 닦아 윤을 내서 정마찰 계수를 0.3으로 감소시켰을 경우로 다시 풀어라.

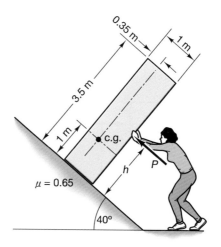

그림 P9.36

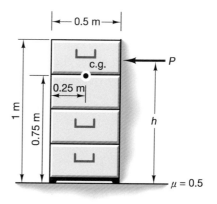

그림 P9.37

9.39 질량이 75 kg인 목제 서랍장을 나무 바닥 위에서 넘어지지 않게 밀려고 한다(그림 P9.39 참조). (a) 서랍장이 넘어지지 않고 미끄러지게 하려면 어느 정도의 힘을 어느 곳에 가해야 하는가? (b) 서랍장을 돌려서 힘을 무게 중심의 맞은편에서 가할 때, 서랍장이 넘어지지 않고 미끄러지게 하려면 어느 정도의 힘을 어느 곳에 가해야 하는가?

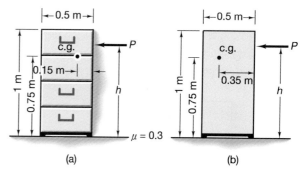

그림 P9.39

9.40 그림 P9.40과 같이, 상자가 막 미끄러지려고 하는 미끄럼 개시 조건에서 작용력 P의 값을 상자의 중량 W와 정마찰 계수 μ로 구하라. 미끄럼 개시식을 유도하고, 이 식이 W와 b에 독립적임을 증명하라.

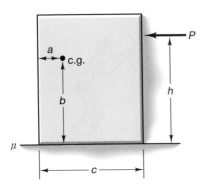

그림 P9.40

9.41 그림 P9.41과 같이, 어떤 사람이 100 kg의 상자에 600 N의 힘을 그림과 같은 각도로 가하여 미끄럼 이동시키려고 한다. 정마찰 계수는 0.5이다. 상자는 (미끄러짐이나 넘어짐 등으로) 움직이게 되는가? 상자의 무게 중심은 도형 중심과 같다.

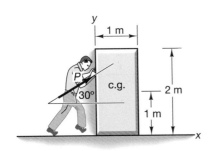

그림 P9.41

9.42 그림 P9.41에서 상자를 밀고 있는 사람을 고찰하라. 이 사람은 45°의 각도로 밀고 있고 상자는 질량이 100 kg이며 정마찰 계수는 $\mu_s = 0.8$이라고 가정한다. 상자는 움직이게 되는가? 움직인다면, 미끄러지게 되는가 아니면 넘어지게 되는가?

9.43 그림 P9.43과 같이, 55 N의 힘이 중량이 100 N인 위 상자에 가해지고 있다. 아래 상자는 중량이 50 N이고, 지면과 아래 상자 사이의 정마찰 계수는 $\mu_s = 0.3$인 반면에 두 상자 사이의

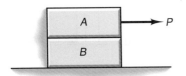

그림 P9.43

정마찰 계수는 $\mu_s = 0.6$이다. 두 상자는 폭이 충분히 넓어서 전혀 넘어질 리가 없다고 가정할 때, 어느 표면에서라도 미끄럼이 일어나게 되는가? 아니면, 상자는 그 자리에 서있게 되는가?

9.44 그림 P9.43에 있는 두 상자를 다시 고찰하라. 어느 표면에서도 미끄럼이 전혀 일어나지 않도록 상자 A에 가할 수 있는 최대 힘 P의 값을 두 상자의 중량과 두 표면에서의 2개의 정마찰 계수로 계산하라.

9.45 그림 P9.45에서, 어느 표면에서도 미끄럼이 전혀 일어나지 않도록 상자 A에 가할 수 있는 최대 힘 P의 값을 두 상자의 중량과 두 표면에서의 두 개의 정마찰 계수로 계산하라.

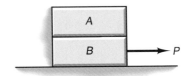

그림 P9.45

9.46 그림 P9.46과 같이, 어느 표면에서도 미끄럼이 전혀 일어나지 않도록 위 상자에 가할 수 있는 최대 힘 P의 값을 세 상자의 중량과 세 표면에서의 세 개의 정마찰 계수로 계산하라.

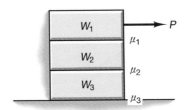

그림 P9.46

9.47 그림 P9.47과 같은 상자 구성에서, $P = 0.25\,W$에서 상자가 막 움직이기 시작하는 운동 개시 상태는 어떠한가? 정마찰 계수는 $\mu_s = 0.5$이고, 각각의 상자의 중량은 동일(W)하며, 각각의 상자의 무게 중심은 그 도형 중심과 같다.

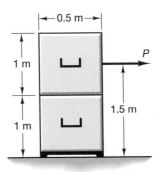

그림 P9.47

9.48 요요가 벽면에 닿은 채로 바닥에 놓여 있다(그림 P9.48 참조). 정마찰 계수가 모든 접촉 표면에서 동일할 때, 요요를 움직이게 하는 데 필요한 최소 힘 P를 구하라.

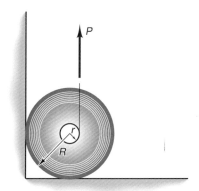

그림 P9.48

9.49 그림 P9.48에서, 벽이 매끄러워서 마찰은 바닥에서만 작용할 때, 요요를 움직이게 하는 데 필요한 최소 힘 P를 구하라.

9.50 그림 P9.48에서, 바닥이 매끄러워서 마찰은 벽에서만 작용할 때, 요요를 움직이게 하는 데 필요한 최소 힘 P를 구하라.

9.51 그림 P9.51과 같이, 어떤 사람이 75 kg의 화물 상자를 바닥 위에서 밀려고 한다. 화물 상자와 바닥 사이의 정마찰 계수는 0.6이고, 화물 상자의 질량 중심은 그 도형 중심과 같을 때, 화물 상자를 움직이게 하려면 힘을 얼마만큼 가해야 하는가?

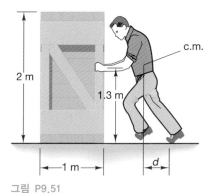

그림 P9.51

9.52 그림 P9.51에서, 사람의 질량이 73 kg일 때, 화물 상자를 움직이게 하려면 발바닥과 지면 사이의 최소 정마찰 계수는 얼마여야 하며, 이 사람이 자신의 질량 중심 뒤로 발을 디뎌야 하는 거리 d는 얼마인가?

9.53 그림 P9.53과 같이, 질량이 10 kg으로 동일한 3개의 원통형 물체가 쌓여 있다. 평형 상태를 유지하는 데 필요한 원통형 물체 간의 최소 정마찰 계수와 원통형 물체와 바닥 사이의 최소 정마찰 계수를 각각 구하라.

그림 P9.53

9.54 그림 P9.54와 같이, 질량이 1360 kg인 후륜구동 자동차가 경사도 15°인 오르막길을 올라가고 있다. 2개의 뒷바퀴와 도로 사이의 마찰 계수가 0.7일 때, 자동차가 미끄러지지 않으면서 두 뒷바퀴로 발생시킬 수 있는 최대 추진력은 얼마인가?

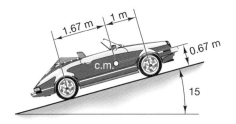

그림 P9.54

9.55 문제 9.54의 자동차가 전륜구동 자동차라면, 자동차가 미끄러지지 않으면서 두 뒷바퀴로 발생시킬 수 있는 최대 추진력은 얼마인가?

9.56 문제 9.54의 자동차가 4륜구동 자동차라면, 자동차가 미끄러지지 않으면서 두 뒷바퀴로 발생시킬 수 있는 최대 추진력은 얼마인가?

9.57 문제 9.54의 후륜구동 자동차의 바퀴 반경이 0.3 m일 때, 자동차에 가해질 수 있는 최대 구동축 토크는 얼마인가?

9.58 그림 P9.58과 같이, 질량이 90 kg인 사람이 40 kg의 소년을 썰매에 태워 끌고 있다. 썰매와 눈 사이의 정마찰 계수가 0.4일 때, 썰매가 미끄러지는 데 필요한 로프의 장력을 구하라. 썰매의 중량은 무시한다.

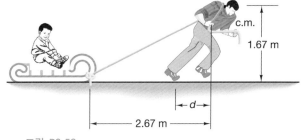

그림 P9.58

9.59 문제 9.58에서, 이 사람이 앞으로 고꾸라지거나 뒤로 넘어가지 않고 썰매를 끌 수 있도록 자신의 질량 중심 뒤로 발을 디뎌야 하는 거리 d를 구하라.

9.60 그림 P9.60과 같이, 이 상태에서 장작이 밀리지 않고 집게가 장작을 집을 수 있게 되는 집게와 장작 간의 최소 정마찰 계수는 얼마인가?

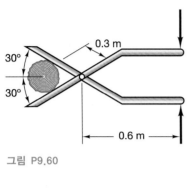

그림 P9.60

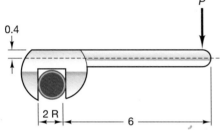

그림 P9.61

9.61 그림 P9.61과 같이, 강재 파이프에서 강재 렌치가 미끄러지지 않게 되는 최대 힘 P의 값을 계산하라.

9.62 그림 P9.62와 같이, 질량이 100 kg인 등반가가 아이젠 (crampon)을 사용하여 빙벽을 타고 있다. 이 등반가가 빙벽을 지그재그로 올라가는 데 필요한 아이젠과 얼음 사이의 최소 정마찰 계수를 구하라. (등반가는 아이젠을 얼음 표면에 확실히 찍어서 유효 정마찰 계수를 크게 할 수가 있음에 주목하여야 한다. 등반가는 이러한 등반에서는 피켈(ice ax)을 하나나 둘을 사용하기도 한다.) 점 A, B 및 C의 좌표는 $A(0, 0, 600)$, $B(100, 0, 0)$ 및 $C(0, 200, 0)$이다.

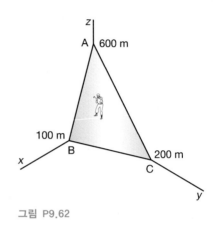

그림 P9.62

9.3 쐐기

쐐기(wedge)는 인류에게 알려진 아주 간단하고 오래된 기계, 즉 공구 가운데 하나이다. 쐐기는 그림 9.9와 같이 서로 간에 작은 각도의 예각을 이루는 2개의 면으로 구성되어 있다. 그림 9.9(a)의 쐐기가 앞쪽으로 밀려들어가면, 그 경사면에 대해 법선 방향으로 큰 힘을 발휘하게 되므로 무거운 물체를 들어올리는 데 사용된다. 쐐기의 개념은 또한 그림 9.9(b)와 같이 도끼에 적용되어 나무를 쪼개기도 한다. 쐐기에 가해지는 하중이 대개는 그 면에 대한 법선 방향 힘보다 상당히 더 작기 때문에 쐐기는 효율적인 들어올리기 기구이다. 접촉 표면 사이에 존재하는 마찰 때문에 쐐기를 밀어 넣을 때에는 저항을 받게 되지만, 쐐기가 원하는 위치에 밀어 넣어진 후에는 쐐기를 정위치에 유지시키는 데 유리한 점으로 작용하기도 한다. [그러므로 쐐기를 자체 잠금(self-locking)이라고 한다.] 쐐기는 중량을 들어올릴 수 있을 뿐만 아니라, 그 높이를 조절하면서 정위치에 유지시킬 수도 있다. 목수들은 굄목(shim)이라고 하는 특수한 쐐기를 사용하여 벽과

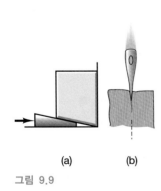

그림 9.9

장롱의 수평을 잡는다. 쐐기는 그림 9.10(a)에 예시되어 있는 구성과 같이 주로 쌍으로 사용한다. 각도 θ는 쐐기 각이라고 하며, 이로써 중량 W를 들어올리는 데 필요한 힘의 값 P뿐만 아니라 쐐기를 밀어 넣어 위치를 잡을 때의 중량의 높이 변화가 결정되게 된다. 이 각도가 작을수록 힘은 적게 들어가게 되지만, 중량이 들려 올라가게 되는 높이도 작아진다. 쐐기와 중량의 자유 물체도는 그림 9.10(b)에 그려져 있다. 마찰은 모든 접촉면 사이에서 가정하고 있으므로, 개시 시점 운동에서는 마찰력들은 최대가 된다. 즉, 이 마찰력들은 각각의 정마찰 계수에 법선력을 곱한 것과 같다. 일반적으로는, 정마찰 계수를 사용하여 주어진 중량을 막 들어올릴 때에 필요한 힘의 값 P를 구하고자 한다. 중량이 일정한 속도로 들려 올라가게 될 때에는, 모든 마찰력은 동마찰 계수를 사용하여 구하게 된다. 이러한 문제에는 4가지 미지수가 있다. 즉, 힘 P와 3개의 법선력이 그것이다. 중량과 쐐기가 동시에 질점으로 모델링될 때에는 2개의 스칼라 식을 세울 수가 있게 되어, 여기에서 필요한 식이 4개가 나온다. 막 미끄러지기 시작했다고 가정할 때, 중량과 쐐기의 평형 방정식은 다음과 같다.

$$\mu_{s2}N_2 - N_1 = 0$$
$$N_2 - \mu_{s1}N_1 - W = 0$$
$$P - u_{s2}N_2 - \mu_{s3}N_3\cos\theta - N_3\sin\theta = 0$$
$$N_3\cos\theta - \mu_{s3}N_3\sin\theta - N_2 = 0$$

중량을 알고 있으면, 쐐기 각에 대한 작용력 P의 종속성을 살펴볼 수 있다. 앞에 있는 4개의 식의 일반해는 대부분의 컴퓨터 소프트웨어에서 사용하고 있는 기호 연산자를 사용하여 구할 수 있다. 이 선형 연립 방정식을 풀면 다음과 같이 나온다.

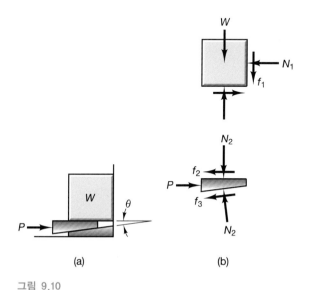

(a)　　　(b)

그림 9.10

$$P = \frac{(\mu_{s2} + \mu_{s3})\cos\theta + (1 - \mu_{s2}\mu_{s3})\sin\theta}{(1 - \mu_{s1}\mu_{s2})\cos\theta - \mu_{s3}(1 - \mu_{s1}\mu_{s2})\sin\theta}W$$

$$N_1 = \frac{\mu_{s2}}{1 - \mu_{s1}\mu_{s2}}W$$

$$N_2 = \frac{1}{1 - \mu_{s1}\mu_{s2}}W$$

$$N_3 = \frac{1}{(1 - \mu_{21}\mu_{s2})\cos\theta - \mu_{s3}(1 - \mu_{21}\mu_{s2})\sin\theta}W$$

일반적으로, 설계 문제는 이런 식으로 접근하게 된다. 즉, 먼저 설계에서 조정할 수 있는 매개변수들에 대한 종속성을 결정한다. 쐐기의 경우에는, 쐐기 각은 선정하면 되는 것이고, 마찰 계수는 재료를 선정하여 조정하면 된다. 금속 물체를 들어올리고자 큰 마찰 계수가 필요할 때에는, 쐐기를 유사한 금속으로 만들면 된다. 이렇게 하여 자체 잠금 쐐기를 만들 수는 있지만, 쐐기를 들어올리는 데에는 힘이 더 들어가게 된다. 나무로 된 목재 쐐기에서는 정마찰 계수가 작게 나온다. 이 해석에서는 쐐기의 중량은 들어올릴 중량에 비하여 대개는 작으므로 무시하였다. 그러나 쐐기의 중량을 포함시킨 문제도 있는데, 이는 넷째 식에만 들어가게 되므로 문제를 푸는 데에는 크게 어려워지거나 하지는 않는다.

예제 9.7

그림 9.10(a)와 같은 쐐기 구성을 자체 잠금으로 보장하는 데 필요한 최소 정마찰 계수를 구하라. 해답은 정마찰 계수를 쐐기각의 함수로 나타내야 한다.

풀이 이 경우에는 중량이 벽에 기대어 있거나 하지 않으므로 쐐기로 자유롭게 이동시킬 수 있다. 자유 물체도는 그림과 같이 블록과 쐐기가 결합되어 있는 상태이다.
평형 방정식은 다음 식과 같다.

$$f\cos\theta - N\sin\theta = 0$$

그러므로 정마찰 계수는 다음과 같다.

$$\mu_s = \tan\theta$$

그러므로 이 문제는 경사면 위에 놓여 있는 블록 문제와 동일하므로, 자체 잠금 쐐기에서는 마찰 계수가 쐐기각의 탄젠트 값과 같거나 더 커야 한다.

예제 9.8

그림과 같은 구성에서 정마찰을 이겨내고 중량이 100 N인 블록 A를 밀어 올리게 하는 데 필요한 최소력 P를 구하라. 쐐기는 중량이 5 N이고 쐐기각은 20 °이며, 모든 표면 사이의 정마찰 계수는 0.40이다.

풀이 먼저, 그림과 같이 블록과 쐐기의 자유 물체도를 각각 그린다. 블록에서는 다음의 식이 나온다.

$$\sum F_x = f_1\cos\theta + N_1\sin\theta - N_w = 0$$

$$\sum F_y = N_1\cos\theta - f_1\sin\theta - f_w - 100 = 0$$

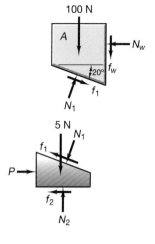

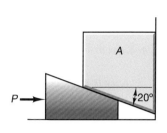

쐐기에서는 다음의 식이 나온다.

$$\sum F_x = P - f_1 \cos \theta - N_1 \sin \theta - f_2 = 0$$

$$\sum F_y = N_2 - N_1 \cos \theta + f_1 \sin \theta - 5 = 0$$

개시 운동을 해석하려면, 마찰력을 $f = \mu_s N$으로 놓으면 되므로, 4개의 미지수 N_1, N_2, N_w, P를 포함하고 있는 4개의 선형 식으로 된 연립 방정식을 세울 수 있다. 이 방정식을 행렬 형태로 쓰면 다음과 같다.

$$\begin{bmatrix} -1 & \mu_s \cos \theta + \sin \theta & 0 & 0 \\ -\mu_s & \cos \theta - \mu_s \sin \theta & 0 & 0 \\ 0 & -\mu_s \cos \theta - \sin \theta & -\mu_s & 1 \\ 0 & -\cos \theta + \mu_s \sin \theta & 1 & 0 \end{bmatrix} \begin{bmatrix} N_w \\ N_1 \\ N_2 \\ P \end{bmatrix} = \begin{bmatrix} 0 \\ 100 \\ 0 \\ 5 \end{bmatrix}$$

$\mu_s = 0.4$이고 $\theta = 20\,°$일 때 연립 방정식을 풀면 다음을 구할 수 있다.

$$\begin{bmatrix} N_w \\ N_1 \\ N_2 \\ P \end{bmatrix} = \begin{bmatrix} 139.2 \\ 193.9 \\ 160.7 \\ 203.5 \end{bmatrix}$$

100 N의 블록을 밀어 올리는 데 필요한 힘은 203.5 N이므로 이 쐐기 구성은 너무나 효율적이지 못하다. 거의 모든 쐐기 문제에는 선형 연립 방정식의 풀이가 포함되기 마련이므로 행렬 해법을 사용하여 수치계산에 드는 노고를 줄여야 한다는 점에 주목하여야 한다.

예제 9.9

그림과 같이 질량이 50 kg인 원통형 물체의 상향 운동을 개시하는 데 필요한 최소력 P를 구하라. 정마찰 계수는 각각 벽과 원통형 물체 사이는 0.4이고 원통형 물체와 쐐기 사이는 0.30이며 쐐기와 바닥 사이는 0.20이다. 쐐기의 중량은 무시한다. 쐐기각은 20\,°이다.

풀이 먼저, 쐐기와 원통형 물체의 자유 물체도를 각각 그린 다음, 좌표계를 선정한다. 원통형 물체의 평형 방정식은 다음과 같다.

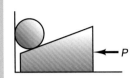

$$\sum F_x = N_1 - f_2 \cos\theta - N_2 \sin\theta = 0$$

$$\sum F_y = -f_1 - f_2 \sin\theta + N_2 \cos\theta - mg = 0$$

$$\sum M_{c.m.} = f_1 r - f_2 r = 0$$

쐐기의 평형 방정식은 다음과 같다.

$$\sum F_x = f_3 + f_2 \cos\theta + N_2 \sin\theta - P = 0$$

$$\sum F_y = N_3 + f_2 \sin\theta - N_2 \cos\theta = 0$$

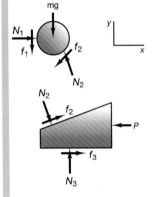

쐐기의 중량을 무시하면, 쐐기는 3력 부재가 되고 힘들은 공점력계가 된다는 점에 유의하여야 한다. 모멘트를 합해 보아야만 이 사실을 증명할 수 있다. 시스템이 움직이게 되면, 쐐기와 바닥 사이가 아니면 원통형 물체와 벽 사이에서나 원통형 물체와 쐐기 사이에서 미끄럼이 일어날 수밖에 없다. 즉, 원통형 물체는 벽에서 미끄러지지 않고 굴러 올라가기도 하고 쐐기 위에서 미끄러지지 않고 구르기도 하기 때문이다. 미끄럼 조건은 다음 2개의 식 가운데 하나가 된다.

$$f_3 = \mu_{s3} N_3 \quad f_1 = \mu_{s1} N_1 \quad f_2 \leq \mu_{s2} N_2 \quad \text{(원통형 물체와 벽 사이의 미끄럼)}$$

또는

$$f_3 = \mu_{s3} N_3 \quad f_2 = \mu_{s2} N_2 \quad f_1 \leq \mu_{s1} N_1 \quad \text{(원통형 물체와 쐐기 사이의 미끄럼)}$$

이제 쐐기-원통형 물체 구성이 움직이려면 만족시켜야 하는 7개의 등식과 1개의 부등식으로 된 연립 방정식이 나왔다. 7개의 미지수는 3개의 법선력과 3개의 마찰력과 힘 P이다. 이 식들은 손(필산)으로 풀어도 되고 계산기나 컴퓨터 등으로 풀어도 된다. 이제 표면 가운데 하나에서 미끄럼이 전혀 일어나지 않는다고 가정하고 이 가정을 확인해야 한다. 즉 부등식을 만족하는지 따져봐야 한다. 벽에서 미끄럼이 일어나고 쐐기 위에서 구르게 되는 조건 1의 결과는 다음과 같다.

$$N_1 = 416 \text{ N} \quad N_2 = 760 \text{ N} \quad N_8 = 657 \text{ N} \quad f_1 = f_2 = 167 \text{ N}$$

$$f_8 = 131 \text{ N} \quad P = 548 \text{ N}$$

부등식 조건은 만족된다는 점에 주목하여야 한다. 즉 마찰력 f_2는 최고 허용 정마찰력보다 작다. 그러나 미끄럼이 일어나면서 원통형 물체가 벽을 굴러 올라가게 될 때의 해는 전혀 구하지 않았다. 원통형 물체와 쐐기 사이의 정마찰 계수가 0.2까지 감소되어도, 유일한 해는 원통형 물체가 쐐기 위에서 미끄러져서 벽을 굴러 올라가는 해이다. 쐐기각이 30°까지 증가되어도, 유일한 해는 원통형 물체가 벽을 굴러 올라가는 해이다. (또 다른 식을 추가하여) 모든 마찰을 최댓값으로 놓고 원하는 쐐기각에서 풀면, 원통형 물체가 쐐기 위에서 구르는 운동에서 벽을 굴러 올라가는 운동으로 바뀌는 천이 쐐기각을 구할 수 있다. 문제에서 주어진 원래의 마찰 계수에서는, 천이 쐐기각이 29.22°이다. 원통형 물체와 쐐기 사이의 마찰 계수를 감소시키게 되면 쐐기 위를 구르는 운동에서 벽을 굴러 올라가는 운동으로 운동의 형태를 바꿀 수 있다는 사실을 알았다. 모든 표면에서 미끄럼이 개시하게 되는 마찰 계수는 $\mu_{s2} = 0.219$이다. 즉 원통형 물체와 쐐기 사이의 마찰 계수가 이 값과 같거나 더 작으면, 원통형 물체는 쐐기 위에서는 미끄러지게 되고 벽을 굴러 올라가게 되기 마련이다. 그러므로 엔지니어가 쐐기각이나 마찰 계수를 선정함으로써 어떻게 특정 운동 형태를 하도록 설계할 수 있는지를 알 수 있을 것이다.

9.63 그림 P9.63에서, 정마찰을 이기고 블록 A를 들어올리기 시작하는 데 필요한 최소 힘 P를 구하라. 블록 A의 중량은 100 N이고 쐐기는 중량이 5 N이며 쐐기각은 20 °이다. 모든 표면 간의 정마찰 계수는 0.4이다.

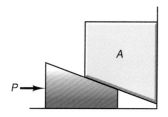

그림 P9.63

9.64 그림 P9.63에서, 모든 표면 간의 동마찰 계수가 0.35일 때, 블록 A를 일정한 속도로 들어올리는 데 필요한 힘 P를 구하라.

9.65 그림 P9.65와 같이, 2중 쐐기 구성을 사용하여 질량이 500 kg인 화물 상자의 위치를 잡고 있다. 쐐기의 질량은 무시하고 화물 상자를 움직이게 하는 데 필요한 최소 힘 P를 구하라. 쐐기각이 10 °인 쐐기와 다른 모든 표면들 간의 정마찰 계수는 0.2이고, 화물 상자와 바닥 사이의 정마찰 계수는 0.6이다.

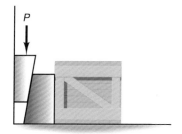

그림 P9.65

9.66 문제 9.65에서, 쐐기가 테플론(Teflon®)으로 코팅되어 있어 정마찰 계수가 0.02로 감소되었을 때 화물 상자를 움직이게 하는 데 필요한 최소 힘 P는 얼마인가?

9.67 문제 9.65에서, 쐐기각을 10 °에서 15 °로 증가시켰을 때의 효과는 무엇인가?

9.68 문제 9.65에서, 쐐기각을 10 °에서 5 °로 감소시켰을 때의 효과는 무엇인가?

9.69 그림 P9.69에서와 같이, 문제 9.65의 쐐기를 좌우를 바꿔 배치하였다. 정마찰 계수가 문제 9.65에서 주어진 값과 동일할 때, 화물 상자를 움직이게 하는 데 필요한 최소 힘은 얼마인가?

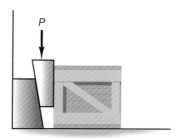

그림 P9.69

9.70 그림 P9.70과 같이, 3중 쐐기 구성을 사용하여 화물 상자를 옮기려고 할 때 화물 상자를 움직이게 하는 데 필요한 최소 힘은 얼마인가? 쐐기와 다른 모든 표면들 간의 정마찰 계수는 0.2이고, 500 kg의 화물 상자와 바닥 사이의 정마찰 계수는 0.6이다. 쐐기의 중량은 무시한다.

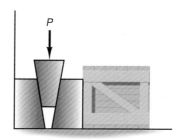

그림 P9.70

9.71 그림 P9.70의 3중 쐐기 구성에서, 쐐기와 모든 접촉 표면들 간의 동마찰 계수는 0.16이고, 화물 상자와 바닥 사이의 동마찰 계수는 0.48이다. 화물 상자를 움직이게 하는 데 필요한 최소 힘 P는 얼마인가?

9.72 예제 9.9에서와 같이, 쐐기와 50 kg의 원통형 물체를 정위치에 유지시키는 데 필요한 최소 힘 P를 구하라(그림 P9.72 참조). 쐐기와 바닥 사이의 마찰 계수는 0.2이고, 쐐기와 원통형 물체 사이의 마찰 계수는 0.3이며, 원통형 물체와 벽 사이의 마찰 계수는 0.4이다. 쐐기각은 20 °이다. 원통형 물체는 쐐기 위를 구르기 시작하게 되는가 아니면 벽을 타고 구르기 시작하게 되는가?

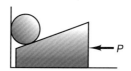

그림 P9.72

9.73 문제 9.72에서, 벽을 매끄러운 표면이라고 가정하고 원통형 물체를 밀어 올리는 데 필요한 최소 힘을 구하라. 원통형 물체는 벽을 타고 구르게 되는가 아니면 쐐기 위를 구르게 되는가?

9.74 문제 9.72에서, 모든 표면 간의 정마찰 계수가 0.4일 때 원통형 물체를 밀어 올리는 데 필요한 최소 힘을 구하라. 원통형 물체는 벽을 타고 구르게 되는가 아니면 쐐기 위를 구르게 되는가?

9.75 문제 9.72에서, 원통형 물체가 매끄러워서 벽과 쐐기 사이에 마찰이 전혀 없을 때, (a) 원통형 물체를 정위치에 유지시키는 데 필요한 최소 힘을 구하고, (b) 쐐기가 자체 잠금이 되게 하는 바닥과 쐐기 사이의 최소 정마찰 계수를 구하라.

9.76 그림 P9.76과 같이, 질량이 5 kg이고 쐐기각이 15 °인 쐐기를 사용하여 150 kg의 원통형 물체를 오른쪽으로 움직이게 하려고 한다. 쐐기와 모든 접촉 표면 간의 정마찰 계수는 0.2이고, 원통형 물체와 바닥 사이의 정마찰 계수는 0.5일 때, 원통형 물체를 움직이게 하는 데 필요한 최소 힘 P를 구하라. 원통형 물체는 바닥 위를 구르게 되는가 아니면 쐐기 위를 구르게 되는가?

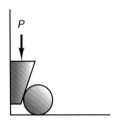

그림 P9.76

9.77 문제 9.76의 쐐기-원통형 물체 구성의 모든 표면에서 미끄럼이 일어나게 되는, 쐐기각과 힘 P를 구하라.

9.78 문제 9.76의 쐐기-원통형 물체 구성의 모든 표면에서 미끄럼이 일어나게 되는, 쐐기와 그 접촉 표면 사이의 최소 마찰 계수와 힘 P를 구하라.

9.79 그림 P9.79와 같이, 냉장고 수평을 잡는 데 쐐기각이 5 °인 쐐기 구성이 필요하다. 중량 분포는 질량이 800 kg인 냉장고의 모든 발에 가해지는 중량은 똑같도록 한다. 냉장고 발과 그 접촉 표면 사이의 마찰 계수는 0.8이며, 쐐기 간의 정마찰 계수는 0.2이고, 쐐기와 바닥 사이의 정마찰 계수는 0.4이다. 냉장고가 수평을 유지하기 시작하는 데 필요한 최소력 P는 얼마인가?

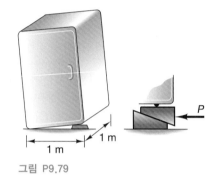

그림 P9.79

9.80 문제 9.79의 쐐기 구성은 자체 잠금이 되는가?

9.81 문제 9.79에 쐐기각이 10 °인 쐐기 구성이 사용된다면, 냉장고가 수평을 유지하기 시작하는 데 필요한 최소력 P는 얼마인가?

9.4 사각 단면 나사

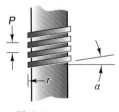

그림 9.11

사각 단면 **나사**는 동력이나 운동을 전달하는 데 사용되는 유용한 도구이다. 이러한 유형의 나사는 바이스, 축, 클램프 및 조절가능 지지구에 사용된다. 나사산에 작용하는 마찰력으로 나사 작용 조건이 정해진다. 윤활이 잘 된 동력용 나사의 동마찰 계수는 대략 0.15이다. 삼각 단면 나사에도 유사한 해석을 전개할 수는 있지만, 여기에서는 사각 단면 나사만을 살펴볼 것이다. 그림 9.11에는 이러한 나사의 단면이 그려져 있다. 나사의 리드 또는 피치 p는 매 회전마다 나사가 진행하는 거리이다. 나사산의 기울기, 즉 리드 각은 α로 나타낸다. r이 나사산의 평균 반경일 때, 피치는 다음과 같다.

$$p = 2\pi r \tan(\alpha)$$

나사산은 원통 둘레에 경사면이 감겨져 있는 것으로 생각할 수 있다. 나사를 프레임에

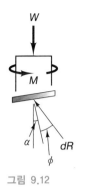

그림 9.12

끼워서 회전시키면, 나사는 프레임에서 나사산 둘레를 미끄러져 올라가기 마련이다. 마찰력은 법선력에 동마찰 계수를 곱한 것과 관계가 있으므로, 마찰력과 법선력의 합력은 그림 9.12의 자유 물체도와 같이 수직 축과 각 $(\alpha+\phi)$을 이루게 된다. 각 f는 식 (9.6)으로 주어지는 마찰각이다. 총 반력 R의 수직 성분은 밀어 올릴 중량(W)과 같아야 하고, 작용 모멘트 M은 나사 축에 관한 수평 성분의 모멘트와 같아야 한다. 임의의 위치에서 접촉 상태에 있는 나사산의 길이를 L이라고 하면, 평형 방정식은 다음과 같다.

$$\cos(\phi + \alpha) \int_L dR = W$$
$$r\sin(\phi + \alpha) \int_L dR = M \tag{9.7}$$

R에 관한 적분항을 소거시키면 다음이 나온다.

$$M = Wr\tan(\phi + \alpha) \tag{9.8}$$

이는 나사가 W를 밀어 올리는 방향으로 회전과 이동을 개시하게 하는 데 필요한 모멘트이다. 많은 기계설계 참고문헌에서는 식 (9.8)이 미분 형태로 표현되어 있기 마련이다. 두 각의 합의 탄젠트 값은 다음과 같이 쓸 수 있다.

$$\tan(\phi + \alpha) = \frac{\tan\phi + \tan\alpha}{1 - \tan\phi\tan\alpha} \tag{9.9}$$

마찰 계수는 ϕ의 탄젠트 값($\mu = \tan\phi$)과 같으며, 나사산 각의 탄젠트 값은 다음과 같이 나사의 리드 또는 피치 및 평균 나사산 반경으로 나타낼 수 있다.

$$\tan\alpha = \frac{p}{2\pi r} \tag{9.10}$$

그러므로 식 (9.8)을 다음 식과 같이 쓸 수 있다.

$$M = Wr\left(\frac{p + 2\pi\mu r}{2\pi r - \mu p}\right) \tag{9.11}$$

나사 운동을 개시하게 하는 모멘트 값은 식 (9.11)의 정마찰 계수를 사용하여 구한다. 일정한 속도로 나사 운동을 계속하게 하는 데 필요한 모멘트 값은 동마찰 계수를 사용하여 구한다. 설계 명세에는 대개 피치와 나사의 평균 직경이나 평균 반경이 들어 있으므로, 식 (9.11)을 참고하면 된다. 이 식은 마찰각 ϕ를 도입하지 않고서도 직접 전개할 수 있다. 그 과정을 알고자 하려면, 그림 9.13의 자유 물체도에서와 같이 나사산을 한 바퀴만 살펴보면 된다. 평형을 이루려면 다음 식과 같아야 한다.

$$\sum F_x = F - \mu N\cos\alpha - N\sin\alpha = 0$$
$$\sum F_y = -W - \mu N\sin\alpha + N\cos\alpha = 0$$

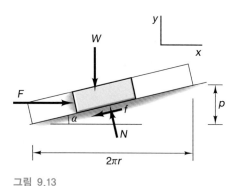

그림 9.13

$$\tan \alpha = \frac{p}{2\pi r}$$

평형 방정식을 풀면 다음이 나온다.

$$F = W \frac{(\mu \cos \alpha + \sin \alpha)}{(\cos \alpha - \mu \sin \alpha)}$$

평균 반경과 피치로 α를 소거하게 되면 다음과 같이 된다.

$$F = W \frac{(\mu 2\pi r + p)}{(2\pi r - \mu p)}$$

필요한 모멘트는 다음과 같다.

$$M = Fr = W \frac{(\mu 2\pi r + p)}{(2\pi r - \mu p)} r$$

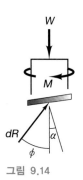

그림 9.14

이 식은 식 (9.11)과 일치한다. 재차 강조하자면, 정마찰 계수는 나사 운동 개시에 필요한 모멘트 값을 구하는 데 사용하고 동마찰 계수는 일정한 나사 운동을 유지하는 데 필요한 모멘트 값을 구하는 데 사용한다.

  중량을 내릴 때에는, 나사산에 작용하는 마찰력은 그림 9.14와 같이 반대 방향으로 작용하게 된다. 이제 평형 방정식은 다음과 같다.

$$\cos(\phi - \alpha) \int_L dR = W$$

$$r \sin(\phi - \alpha) \int_L dR = M$$

(9.12)

중량을 내리는 데 필요한 모멘트 M와 중량 W 사이의 관계식은 다음과 같다.

$$M = Wr \tan(\phi - a)$$ (9.13)

정마찰 계수는 ϕ가 α와 같거나 더 작으면, 중량은 저항 모멘트가 없이는 정지 상태가 유지되지 않게 되며, 나사는 중량 때문에 돌아가지가 않게 된다는 점에 주목하여야 한다. 재차 강조하자면, 기계설계 참고문헌에서는 중량을 내리는 데 필요한 모멘트 값을 다음과 같이 나타내고 있기 마련이다.

$$M = Wr\left(\frac{2\pi\mu r - p}{2\pi r + \mu p}\right) \tag{9.14}$$

여기에서, p는 나사의 피치이고 r은 나사산의 평균 반경이라는 점을 재차 강조한다. 식 (9.14) 역시 식 (9.11)에서와 같이 나사각을 사용하지 않고도 전개할 수 있다. 나사를 내리는 데 필요한 모멘트 값이 0보다 더 크거나 같은 한, 나사는 자체 잠금이 되기 마련이다. 그러므로 자체 잠금형 나사에 필요한 정마찰 계수는 다음과 같다.

$$\mu_s \geq \frac{p}{2\pi r} \tag{9.15}$$

2줄 나사(2개의 별개의 나사산이 형성되어 있는 나사)는, 피치를 $2p$로 바꿔서 놓으면 된다. 그러므로 n줄 나사는 피치를 np로 바꿔 놓으면 된다.

동력용 나사의 효율은 입력 일에 대한 출력 일의 비로 정의된다. 일은 제11장에서 정식으로 정의하겠지만, 동력용 나사의 효율 계산에서 출력 일은 중량 W에 1바퀴 회전 동안 이동한 거리 p를 곱한 값이다. 입력 일은 나사를 밀어 올리는 데 필요한 리프팅 모멘트 M에 rad 단위의 한 바퀴 회전각, 즉 2π를 곱한 값이다. 그러므로 동력용 나사의 효율은 다음과 같다.

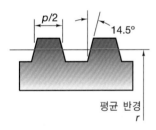

$$e + \frac{Wp}{2\pi M} = \frac{p(2\pi r - \mu_k p)}{r(p + \mu_k 2\pi r)} \tag{9.16}$$

식 (9.10)을 사용하면, 이 나사 효율을 다음과 같이 쓸 수 있다.

$$e = \frac{1 - \mu_k \tan\alpha}{1 + \mu_k \cot\alpha} \tag{9.17}$$

사각 단면 나사는 고효율을 제공하지만, 면이 직각을 이루고 있으므로 기계 가공하기가 더 어렵다. 그러므로 대부분의 나사의 나사산은 그림에 있는 Acme 나사산과 같이 단면이 일정한 경사각으로 절삭 가공되어 있다.

동력용 Acme 나사를 밀어 올리는 데 필요한 모멘트는 다음과 같다.

$$M = Wr\left(\frac{p\cos\beta + 2\pi\mu r}{2\pi r\cos\beta - \mu p}\right) \tag{9.18}$$

여기에서, β는 나사각이다(Acme 나사는 14.5 °). 동력용 Acme 나사의 효율은 다음과 같다.

$$M = Wr\left[\frac{2\pi\mu r - p\cos\beta}{2\pi r\cos\beta + \mu p}\right] \tag{9.19}$$

$$e = \frac{\cos\beta - \mu_k \tan\alpha}{\cos\beta + \mu_k \cot\alpha} \tag{9.20}$$

동력용 사각 단면 나사를 사용하여 500 kg의 질량을 들어올려 유지시키고 있다. 이 나사의 평균 반경은 30 mm이고, 리드 각은 3°이며, 동마찰 계수는 0.15이고, 정마찰 계수는 0.19이다.

a. 질량을 일정 속도로 들어올리는 데 필요한 모멘트를 구하라.

b. 나사는 자체 잠금인가?

c. 나사의 효율은 얼마인가?

d. 질량이 하향 운동을 개시하게 되는 데 필요한 모멘트는 얼마인가?

풀이 a. 나사의 피치는 다음과 같다.

$$p = 2\pi r \tan(\alpha) = 2\pi(0.030)\tan(3°) = 0.010 \text{ m}$$

질량을 일정 속도로 들어올리는 데 필요한 모멘트는 다음과 같다.

$$M = Wr\left(\frac{p + 2\pi\mu_k r}{2\pi r - \mu_k p}\right)$$

$$= (500)(9.81)(0.03)\left(\frac{0.01 + 2\cdot\pi\cdot0.15\cdot0.03}{2\cdot\pi\cdot0.03 - 0.15\cdot0.01}\right) = 29.90 \text{ N}\cdot\text{m}$$

b. 나사가 자체 잠금이 되려면, 다음과 같이 식 (9.15)를 만족시켜야 한다.

$$\mu_s \geq \frac{p}{2\pi r}$$

그러므로 다음과 같다.

$$0.18 \geq \frac{0.01}{2\cdot\pi\cdot0.03}$$
$$0.18 \geq 0.053$$

그러므로 이 나사는 자체 잠금이 된다.

c. 나사의 효율은 식 (9.17)로 다음과 같이 구한다.

$$e = \frac{1 - \mu_k \tan\alpha}{1 + \mu_k \cot\alpha}$$

$$= \frac{1 - 0.15\cdot\tan(3°)}{1 + 0.15\cdot\cot(3°)} = 0.257 \text{ 즉 } 25.7\%$$

d. 나사가 하향 운동을 개시하게 하는 데 필요한 모멘트는 다음과 같다.

$$M = Wr\left(\frac{2\pi\mu_s r - p}{2\pi r + \mu_s P}\right)$$

$$= (500)(9.81)(0.03)3\left(\frac{2\cdot\pi\cdot0.18\cdot0.03 - 0.01}{2\cdot\pi\cdot0.03 + 0.18\cdot0.01}\right) = 18.50 \text{ N}\cdot\text{m}$$

9.82 그림 P9.82와 같이, 동력용 사각 단면 나사 잭을 사용하여 500 kg의 하중을 들어올리려고 한다. 평균 직경이 75 mm이고 피치가 1.0 mm이며 마찰 계수가 0.15인 나사를 사용할 때, 이 하중을 들어올리는 데 길이가 360 mm인 잭 핸들에 어느 정도의 힘을 가해야 하는가? (윤활이 잘 되어 있는 동력용 나사는 동마찰 계수가 정마찰 계수와 거의 같다는 점에 유의하여야 한다)

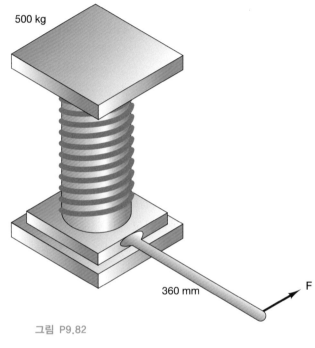

500 kg

360 mm

F

그림 P9.82

9.83 문제 9.82의 잭은 자체 잠금이 되는가? 하중을 내리려면 잭 핸들에 어느 정도의 힘을 가해야 하는가?

9.84 문제 9.82의 동력용 사각 단면 나사 잭의 효율은 얼마인가?

9.85 문제 9.82의 잭과 평균 직경과 피치가 각각 동일한 동력용 Acme 나사를 사용할 때, 하중을 들어올리는 데 잭 핸들에 어느 정도의 힘을 가해야 하는가?

9.86 문제 9.85의 동력용 Acme 나사 잭의 효율은 얼마인가?

9.87 2개의 동일한 C 클램프를 사용하여 2장의 50 mm × 100 mm 판재를 서로 접착시키는 과정에서 고정시키려고 한다(그림 P9.87 참조). 접착제가 잘 굳게 하는 데 3×10^3 Pa의 평균 압력이 필요할 때, 각각의 C 클램프에는 어느 정도의 모멘트를 가해야 하는가? 클램프는 평균 직경이 250 mm이고 피치가 50 mm이며 정마찰 계수가 0.2인 사각 단면 나사로 되어있다. 클램프는 판재의 양쪽 끝에서 $a = b = 250$ mm인 지점에 위치한다.

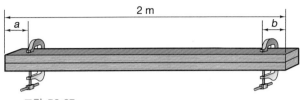

2 m

a

b

그림 P9.87

9.88 문제 9.87에서, 오른쪽 끝에 있는 C 클램프가 $b = 50$ cm인 지점에 위치할 때, 두 판재 사이에 3×10^3 Pa의 압력이 형성되게 하려면 두 판재에 어느 정도의 모멘트를 가해야 하는가?

9.89 문제 9.87에서, C 클램프를 제거하려면 어느 정도의 모멘트를 가해야 하는가?

9.90 나사가 자체 잠금이 아닐 때, 하중 W로 인해 '풀림(back driven)'이 일어날 수 있다. 즉 너트를 누르게 되면 나사가 돌아가게 된다. Yankee 나사 드라이버는 풀림 나사를 응용한 것이다(그림 P9.90 참조). 큰 피치 각을 사용하여 손잡이에 힘을 가하면 나사 드라이버가 회전하게 되어 목재용 나사를 회전시켜 나무에 박히게 한다. 손잡이의 축방향 하중과 목재용 나사에 가해지는 모멘트의 관계식을 세워라.

M

P

그림 P9.90

9.91 동력용 Acme 나사에 관한 식 (9.18)을 유도하라.

9.92 사각 단면 나사로 되어 있는 동력 잭을 사용하여 집 바닥의 수평을 잡으려고 한다(그림 P9.92 참조). 나사는 평균 직경이 80 mm이고 피치가 15 mm이며 정마찰 계수가 0.3일 때, I 자형 철재 빔의 수평을 잡는 데 필요한 모멘트를 구하라. 250 mm의 간격으로 대어져 있는 각각의 장선(joist, 집 바닥 밑에 대는 지지 보)은 빔에 4.5 kN의 하중을 가한다. 빔의 중량은 무시한다.

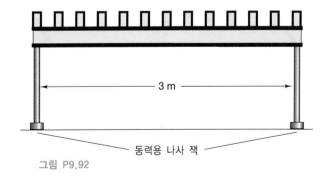

3 m

동력용 나사 잭

그림 P9.92

9.93 자동차 뒤쪽을 들어올리려고 자동차 잭(그림 P9.93)을 사용하고 있다. 잭은 사각 단면 나사(A쪽은 오른 나사이고 B쪽은 왼 나사임)로 작동된다. 나사의 평균 직경은 25 mm이고 피치는

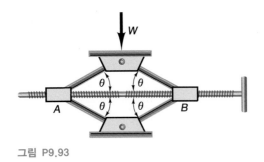

그림 P9.93

5 mm이다. 동마찰 계수는 0.15이다. 자동차를 들어올리는 데 필요한 모멘트를 하중 W와 각도 θ의 함수로 구하라.

9.94 문제 9.93의 자동차를 내리는 데 필요한 모멘트를 구하라.

9.95 냉장고는 네 귀퉁이에 직경이 25 mm인 Acme 나사산 수평 조정 나사가 있다. 냉장고는 질량이 300 kg으로, 4개의 수평 조정 나사에 균등하게 분포된다. 나사 피치가 5 mm이고 동마찰 계수가 0.3일 때, 냉장고의 귀퉁이를 들어올리는 데 필요한 모멘트를 구하라.

9.96 문제 9.95의 냉장고의 귀퉁이를 내리는 데 필요한 모멘트를 구하라.

9.5 벨트 마찰

벨트 또는 로프가 드럼에 걸려 돌아갈 때에는, 벨트와 드럼 사이에 마찰이 발생한다. 이 마찰은 자동차에서 진공청소기에 이르기까지 많은 기계에서 사용되고 있는 벨트 구동 장치 설계에 대단히 중요하다. 그림 9.15에 예시되어 있는 평 벨트는 곡률이 일정한 만곡 표면에 걸려 벨트와 표면 간의 접촉각이 β를 이루며 돌아가고 있다.

저항 장력 T_1은 알고 있을 때, 벨트를 드럼에서 미끄러지게 하는 장력 T_2를 구하려고 한다. 이 장력은 벨트와 드럼 사이의 마찰과 힘 T_1을 충분히 이겨낼 수 있으므로, 벨트의 개시 운동이 드럼에서 반시계 방향으로 일어나게 된다. 그림 9.16(a)와 같이, 드럼에 접촉하고 있는 벨트의 요소는 $d\alpha$로 표시되어 있다. 그림 9.16(b)에는 벨트 단면의 자유 물체도가 그려져 있다. 법선 방향과 접선 방향에서의 평형 방정식은 각각 다음과 같다.

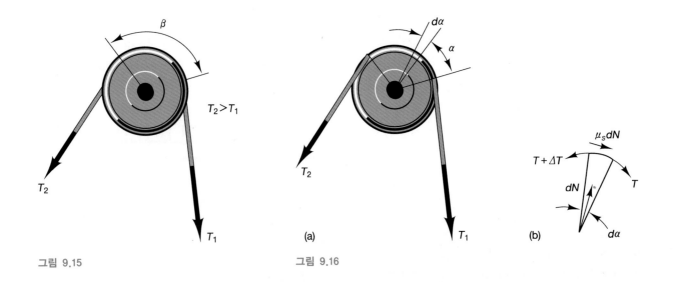

그림 9.15

(a)

(b)

그림 9.16

$$\sum F_{\text{tangential}} = \mu_s dN + T\cos\frac{d\alpha}{2} - (T + dT)\cos\frac{d\alpha}{2} = 0$$

$$\sum F_{\text{normal}} = dN - T\sin\frac{d\alpha}{2} - (T + dT)\sin\frac{d\alpha}{2} = 0$$

$$(9.21)$$

다음과 같은 미소 각 근사식을 적용할 수 있다. 즉

$$\cos\frac{d\alpha}{2} \approx 1$$

$$\sin\frac{d\alpha}{2} \approx \frac{d\alpha}{2}$$

$$(9.22)$$

이고 고차 항($dT\, d\alpha/2$)을 무시하면, 식 (9.21)은 다음과 같다.

$$\mu_s dN - dT = 0$$

$$dN - T d\alpha = 0$$

$$(9.23)$$

dN을 소거하면 다음과 같은 미분 식이 나온다.

$$\frac{dT}{T} = \mu_s d\alpha \qquad (9.24)$$

상응하는 한계 구간에서 양변을 적분하게 되면 다음과 같다.

$$\int_{T_1}^{T_2} \frac{dT}{T} = \int_0^\beta \mu_s d\alpha$$

$$\ln\frac{T_2}{T_1} = \mu_s \beta$$

$$T_2 = T_1 e^{\mu_s \beta}$$

$$(9.25)$$

비 T_2/T_1은 드럼의 반경에 종속되지 않는다는 점을 주목하여야 한다. 각 β는 라디안 값으로 나타내야만 한다. 정마찰 계수를 동마찰 계수로 치환하게 되면 벨트가 드럼에서 일정한 속도로 미끄러지게 되는 데 필요한 힘을 구할 수 있다. 접촉각 β가 90°를 이루면서 벨트가 드럼에 감겨져 있을 때에는, 마찰 계수 값에 대한 민감도는 장력 T_1에 대한 장력 T_2 비를 마찰 계수에 대하여 작성한 그래프로 나타낼 수 있다(그림 9.17 참조).

 등반가들이 빙원을 횡단할 때에는 로프를 서로 엇걸기를 하여 이동하도록 훈련을 받는다. 그러나 등반가 중에 한 사람이 크레바스 속으로 추락했을 때, 로프와 크레바스 모서리

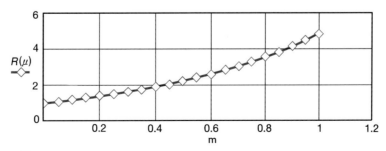

그림 9.17

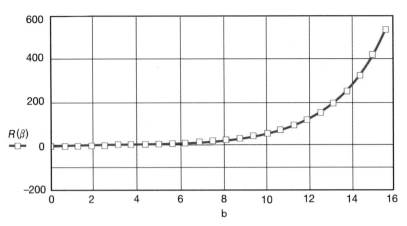

그림 9.18

간의 마찰 때문에 추락한 등반가를 크레바스에서 끌어 올리는 데에는 그 사람 체중의 2배보다 더 큰 힘이 필요하게 되어 있다. 추락한 등반가는 스스로 기어 올라와야 하거나, 아니면 부상을 당했을 때는 구조자가 기어 내려가서 그 사람을 데리고 나와야만 한다. 로프와 크레바스의 얼음 모서리 사이에는 0.5보다 더 큰 정마찰 계수가 발생하게 된다.

T_1에 대한 T_2 비의 접촉각 β에 대한 종속도를 그래프로 그려서 살펴보는 것은 그럴 만한 가치가 있다(그림 9.18 참조). 드럼에 벨트를 2바퀴 반을 감아 놓으면 저항 장력의 500배의 힘이 필요하다. 카우보이들은 말뚝에 고삐를 감아서 말을 매어 놓는다.

9.5.1 V 벨트

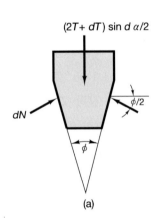

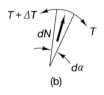

그림 9.19

지금까지는 벨트가 평 벨트이고 법선력이 드럼의 곡률 반경 방향을 향한다는 가정 하에서 해석하였다. 그러나 여러 가지 자동차 응용, 농장 설비, 그 외의 기계에는 풀리에 형성되어 있는 V형 홈(groove)에 끼워지는 벨트를 사용하고 있다. 그러나 이러한 벨트를 사용한다고 해서 해석이 크게 달라지는 것은 아니며, 이에 관하여는 이후에 설명할 것이다. 앞에서 설명한 대로 운동 시점은 미끄럼 개시 시점으로 가정하겠지만, 벨트는 그림 9.19와 같이 단면에서뿐만 아니라 접선 방향에서도 살펴볼 것이다. 측면 자유 물체도는 그림 9.16(b)에서와 동일하다. 접선 방향과 법선 방향에서의 평형 방정식을 세우면 다음이 나온다.

$$\sum F_{\text{tangential}} = 2\mu_s dN + T_{cos}\frac{d\alpha}{2} - (T + dT)\cos\frac{d\alpha}{2} = 0$$

$$\sum F_{\text{normal}} = 2dN \sin\frac{\phi}{2} - T\sin\frac{d\alpha}{2} - (T + dT)\sin\frac{d\alpha}{2} = 0$$

(9.26)

$d\alpha$에 미소 각 근사식을 사용하여, 평 벨트에 적용했던 해석 과정으로 진행하면 T_2와 T_1 사이의 관계는 다음과 같다.

$$T_2 = T_1 e^{\frac{\mu_s \beta}{\frac{\sin\phi}{2}}}$$

(9.27)

여기에서, β와 ϕ는 단위가 라디안이다. **V 벨트**를 사용하게 되면, 반각의 사인 값으로 나누어 보면 알 수 있듯이 유효 마찰 계수가 크게 증가하게 된다. 그러므로 벨트가 미끄러질 수 있는 모든 가능성을 없애야 하겠다면, 체인-스프로킷 휠을 사용하여야 한다.

외접형 브레이크-밴드 조립체가 그림에 그려져 있다. 평 벨트와 드럼 사이의 정마찰 계수는 0.30이다. 100 N · m의 반시계 방향 토크를 받을 때 드럼이 회전하지 않게 하는 데 필요한 최소 힘 F를 구하라.

풀이 먼저, 드럼과 브레이크 레버의 자유 물체도를 그린다. 벨트와 드럼 사이의 접촉각이 π일 때, 식 (9.25)에서 다음이 나온다.

$$\frac{T_2}{T_1} = e^{\mu_s \beta} = e^{0.3\pi} = 2.566$$

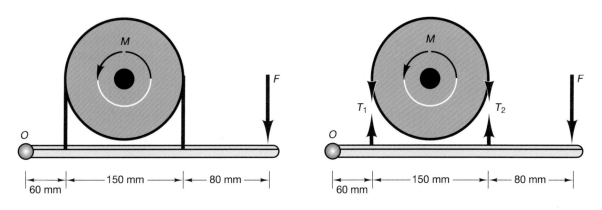

드럼 중심에 관한 모멘트를 합하면 다음과 같다.

$$100 - (T_2 - T_1)0.075 = 0$$

브레이크 레버의 점 O에 관한 모멘트를 합하면 다음 식이 나온다.

$$0.060T_1 + 0.210T_2 - 0.290F = 0$$

이제, 3개의 미지수 F, T_1 및 T_2에 관한 3개의 식을 구했다. 이 식을 풀면 결과는 다음과 같다.

$$F = 1758 \text{ N} \qquad T_1 = 851 \text{ N} \qquad T_2 = 2185 \text{ N}$$

9.6 베어링

　기계에 사용되는 주요한 두 가지 유형의 베어링은 구름 접촉 베어링과 윤활/저널 베어링이다. 구름 접촉 베어링, 반마찰 베어링 및 **구름 베어링**은 하중이 미끄럼 접촉 대신에 구름 접촉으로 전달되는 베어링을 기술할 때에 서로 바꿔 쓸 수 있는 용어이다. 이러한 베어링에서는 운동 전의 정마찰이 동마찰의 2배 정도가 되기는 하지만, 대부분의 해석에서는 이를 무시하고 있다. 구름 접촉 베어링은 그림 9.20에 예시되어 있다. 이러한 유형의 베어링을 해석할 때에는 마찰을 무시하므로, 이 절에서는 단지 저널 베어링만을 살펴보기로 한다.

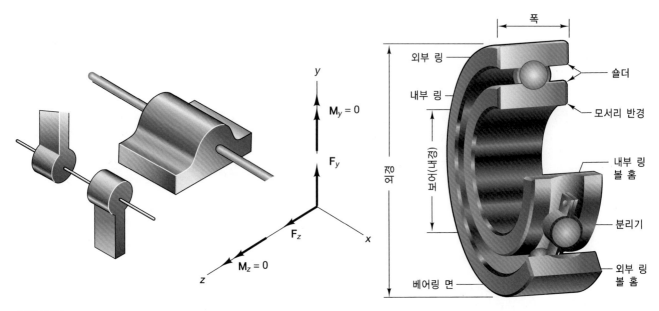

그림 9.20

저널 베어링(journal bearing)은 슬리브 또는 베어링 내부에서 회전하는 축 또는 저널로 구성되어 있으며 상대 운동은 미끄럼 운동이다. 일반적으로, 이러한 유형의 베어링은 축이 회전하는 도중에 발생되는 마찰, 마모 및 열을 감소시키고자 윤활에 의존한다. 저널 베어링의 응용은 자동차의 크랭크 축에서 증기 터빈에 이르기까지 다양하다. 하중이 작고 보수가 중요하지 않으며 무윤활의 단순한 베어링이면 충분한 곳에서도 역시 많이 응용되고 있다. 분말 야금 베어링에는 윤활 수단이 매입되어 있으며 다른 많은 베어링에서도 경질의 그리스 윤활제만 급유해주면 된다. 완전 윤활에 의존하는 베어링의 해석에는 유체 역학 분야에서 사용하는 기법이 필요하므로 여기에서는 설명하지 않는다.

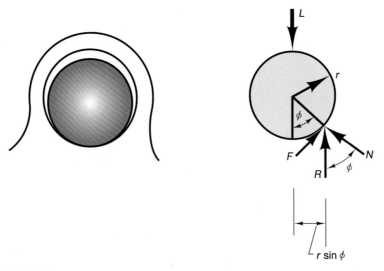

그림 9.21

그림 9.21과 같은 무윤활 베어링은 축과 이 축보다 직경이 약간 더 큰 베어링으로 구성된다. 모멘트가 축에 가해지면, 축은 미끄럼이 발생할 때까지 베어링 측면을 타고 오른다. 그런 다음, 축은 약간 미끄러져 내려와서 안정 위치에 자리를 잡는다. 마찰과 법선력의 합력과 축 하중에 의해 발생되는 우력은 구동 모멘트와 같기 마련이다. 평형을 이루려면, 다음 관계식이 성립되어야 한다.

$$R = L \tag{9.28}$$

$$M = Rr \sin\phi \tag{9.29}$$

여기에서, ϕ는 마찰각으로서 마찰 계수는 이 각의 탄젠트 값과 같아지게 된다. 거리(r $\sin\phi$)는 **마찰 원**의 반경이라고 한다. 마찰각이 작을 때에는 사인을 탄젠트와 같게 놓을 수 있으므로 식 (9.29)는 다음과 같이 근사식으로 쓸 수 있다.

$$M = Rr\mu_k \tag{9.30}$$

마찰 모멘트를 계산할 때에는 이 근사식에서 타당한 결과가 나온다. 다음 표에는 동마찰 계수의 값과 마찰각 ϕ가 마찰각의 사인 값과 함께 실려 있다.

μ_k	$\phi = \tan^{-1}\mu_k$	$\sin\phi$
0.05	2.86°	0.05
0.10	5.71°	0.10
0.15	8.53°	0.148
0.20	11.31°	0.196
0.25	14.04°	0.243
0.30	16.70°	0.287

마찰 계수가 0.3일 때에는, 근사식의 오차는 5 %를 넘지 않는다. 이 근사식을 사용하고자 할 때에는 이 식을 사용할 것인지 말 것인지를 항상 판단해야 한다. 마찰각을 계산하고 식 (9.29)를 사용하는 데에는 추가적으로 들어가는 수고가 극히 작다. 윤활이 잘 된 저널 베어링은 마찰 계수가 작아지므로 베어링의 마모가 감소된다.

| 예제 9.12 | 반경이 0.05 m이고 길이가 1 m이며 질량이 10 kg인 축으로 되어 있는 장치에서 일정 속도를 유지하는 데 필요한 토크를 구하라. 구름 접촉 베어링의 동마찰 계수는 0.15이다. 이 장치의 도면은 다음과 같다. |

풀이 이 축의 자유 물체도는 다음과 같다.

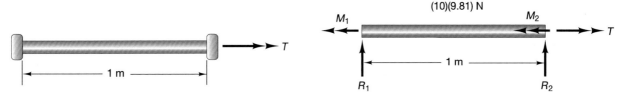

이제, 다음과 같이 값을 구할 수 있다.

$$R_1 = R_2 = 1/2(10)(9.81) = 49 \text{ N}$$

$$T = M_1 + M_2$$

$$T = R_1 r \mu_k + R_2 r \mu_k = (49)(0.05)(0.15)2 = 0.736 \text{ Nm}$$

9.7 쓰러스트 베어링, 칼라 및 클러치

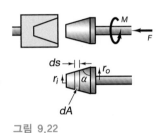

그림 9.22

회전 기계의 설계에서는, 대체로 클러치, 칼라 및 쓰러스트 베어링을 사용하여 토크와 회전을 전달하면서 축방향 힘을 제어한다. **클러치(clutch)**는 모터의 원 운동을 구동축에 전달할 때에 구동축을 쉽게 연결시키고 단절시킬 수 있게 흔히 사용하는 2개의 부분으로 구성된 장치이다. 클러치의 맞닿음 표면은 상대 마찰 계수가 큰 재질로 되어 있다. **칼라(collar)**는 회전축의 축방향 운동에 저항하는 데 사용된다. 쓰러스트 베어링도 이와 유사하게 축방향 운동에 저항하는 응용에 사용된다. 이 모든 3가지 장치는 그 역학이 유사하므로 이 절에서 다루는 것이다. **쓰러스트 베어링(thrust bearing)**은 축에 작용하는 축방향 하중에 저항할 수 있지만, 미끄럼 표면 사이에는 마찰이 존재한다. 그림 9.22에는 쓰러스트 베어링이 예시되어 있다. 원뿔형 접촉 표면 면적의 미분 요소는 다음과 같다.

$$dA = 2\pi r ds = 2\pi r \frac{dr}{\cos \alpha} \tag{9.31}$$

r_i에서 r_o까지 적분하면, 전체 접촉 면적을 다음과 같이 구할 수 있다.

$$a + \int_{r_i}^{r_o} 2\pi r \frac{dr}{\cos \alpha} = \frac{\pi(r_o^2 - r_i^2)}{\cos \alpha} \tag{9.32}$$

p를 접촉 표면 사이의 접촉 압력으로 놓는다. 그러면 평형을 이루려면 다음 식과 같이 된다.

$$pA \cos \alpha = F \tag{9.33}$$

또한, 접촉 표면들이 균일 접촉 상태에 있다고 가정하면, 압력은 다음과 같다.

$$p = \frac{F}{A \cos \alpha} = \frac{F}{\pi(r_o^2 - r_i^2)} \tag{9.34}$$

이 압력은 원뿔각에 종속되지 않는다는 점에 유의하여야 한다. 접촉 표면 사이의 마찰에 의한 모멘트는 다음과 같다.

$$M_f = \int_A \mu_k pr dA = \int_{r_i}^{r_o} \mu_k r \frac{F}{\pi(r_o^2 - r_i^2)} \frac{2\pi r dr}{\cos \alpha}$$

즉

$$M_f = \frac{2\mu_k F}{3 \cos \alpha} \left[\frac{r_o^3 - r_i^3}{r_o^2 - r_i^2} \right] \tag{9.35}$$

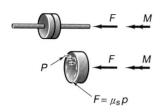

그림 9.23

쓰러스트 베어링에서는, 마찰 계수가 동마찰 계수이다. 클러치에서는, 그림 9.23에서와 같이 내경이 0이 되는데 이는 맞닿음 클러치 표면 전체에 걸쳐 완전 접촉이 일어남을 의미하며, 원뿔각 또한 0이 된다. 클러치 표면에 작용하는 압력은 다음과 같다.

$$p = \frac{F}{\pi r_o^2}$$

클러치가 미끄럼을 일으키지 않고 전달할 수 있는 최대 모멘트는 다음과 같다.

$$M_f = \int_A \mu_s pr dA = \int_{r_i}^{T_o} \mu_k r \frac{F}{\pi r_o^2} 2\pi r dr$$

즉

$$M_f = \frac{2\mu_s F r_o}{3}$$

예제 9.13

회전형 연마기에 일정한 각속도로 회전하는 직경이 125 mm인 디스크가 사용되고 있다. 연마기를 나무로 되어 있는 표면에 100 N의 힘으로 누르고 연마기와 나무 표면 사이의 마찰 계수가 0.8일 때, 일정한 각속도를 유지하는 데 필요한 모터 토크는 얼마인가?

풀이 연마기가 나무 표면 위에서 미끄럼 이동하고 있으므로 동마찰 계수를 사용한다. 모터가 이겨내야 하는 마찰 모멘트를 구하려면 식 (9.35)를 사용하면 된다. 이 경우에, $\alpha = 0$이고 $r_i = 0$이다. 그러므로 다음과 같다.

$$M_f = 2/3 \mu_k F r_o$$
$$M_f = 2/3(0.8)(100)125 = 6.666 \text{ N} \cdot \text{m}$$

9.8 구름 저항

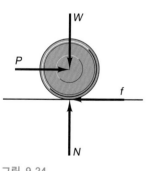

그림 9.24

'구름 저항'은, 축 저항과 공기 저항을 무시하더라도, 구르고 있는 바퀴에 작용하여 바퀴가 구르는 것을 늦춰서 정지시키는 힘을 말한다. 바퀴가 미끄러지지 않고 구를 때에는, 바퀴와 수평 표면 사이의 접촉점에 상대 운동이 전혀 없다. 수평력 P를 받고 중량 W를 지지하면서 수평 표면을 따라 구르고 있는 자유 물체도를 살펴보자(그림 9.24 참조). 바퀴 중심에 관한 모멘트를 합해보면 마찰력 f가 0이라는 사실을 알 수 있다. 즉 표면들 간의 마찰 계수 값에 상관없이, 마찰력은 전혀 존재하지 않게 되는 것이다. 수평 방향에서의 평형을 살펴보면 P 역시 0이 된다는 것을 의미한다. 그러므로 바퀴는 어떠한 추진력이 없이도 계속 구르게 된다. 그러나 이러한 내용으로도 구르고 있는 바퀴가 구르는 것이 점점 느려지다가 서게 되는 이유가 완전히 설명되지는 않는다.

구름 저항을 이해하려면, 두 접촉 표면의 변형을 조사해보아야 한다. 그렇게 하는 것이, 진흙탕 속에서 구르고 있는 타이어나 플라스틱(소성 재료) 표면 위에서 구르고 있는 금속 바퀴의 경우에서와 같이 한 쪽 재료가 다른 쪽 재료보다 훨씬 더 경질일 때, 특히 올바른 방법이다. 이 가운데 플라스틱 표면 위 금속 바퀴의 경우는 전체 무릎을 인공 관절로 교체할 때 발생하는데, 이때에는 금속 부품이 폴리에틸렌 마모성 표면 위에서 구름 운동을 한다(그림 9.25 참조). 바퀴가 구르게 되면, 바퀴는 앞에 있는 재료를 변형시키면서 앞으로 밀어낸다. 이러한 변형에 대한 저항이 Nd이다. 바퀴 뒤에서는 재료에서 얼마간의 복원력 Nr이 나오기는 하지만, 이것은 항상 변형력보다 더 작다. 등가 자유 물체도는 그림 9.25(c)에 도시되어 있다. 모멘트를 작용점 R에 관하여 취하게 되면, 구름 저항을 이기는 데 필요한 힘은 다음과 같다.

$$P = W(a/r) \tag{9.36}$$

P는 구름 저항력과 같아야 하므로, 식 (9.36)은 다음과 같이 쓸 수 있다.

$$P = \mu_r N \tag{9.37}$$

여기에서, N은 바퀴와 변형되지 않은 표면 간의 법선력이며, μr은 그 형태가 마찰 계수와 동일하므로 **구름 저항 계수**라고 한다. 여기에서 강조할 점은 바퀴와 표면 사이에는 미끄럼 마찰이 전혀 없으므로, 구름 저항은 복잡한 변형 때문에 발생하게 되며, 재료의 소성 흐름 때문에 발생하기도 한다는 사실이다. 많은 실험에서 구름 저항이 바퀴의 반경에 그리 민감하지 않다는 사실이 밝혀진 바와 같이, 많은 참고문헌에서는 거리 a를 구름 저항 계수라고 하고 있다. 그러나 이러한 종류의 실험은 수행하기가 극히 어려워 실험 결과로 구한 숫자들을 그리 크게 신뢰할 수는 없다. a의 값이 공표될 때에는 mm나 in 같은 길이의 단위를 사용하기로 되어 있다. 표 9.2에는 몇 가지 공표된 a값이 실려 있다.

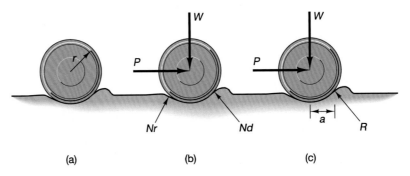

그림 9.25

표 9.2

재료	a(mm)	a(in)
강과 강	0.01	0.0004
강과 나무	2	0.08
강과 부드러운 땅	130	5
타이어와 포장도로	0.6	0.025
타이어와 진흙탕	1.3	0.05

9.97 가죽과 나무 사이의 마찰 계수가 0.6일 때, 3.2 kN의 말이 고삐를 풀지 못하도록 하려면 카우보이는 말뚝에 고삐를 몇 바퀴를 감아야 하는가? 자유롭게 감을 수 있는 쪽의 고삐의 무게는 8 N이다.

9.98 그림 P9.98에서, 로프와 안전 링 사이의 마찰 계수가 0.4일 때, 바위에서 떨어져서 로프에 매달려 있는 80 kg의 등반가를 지지하려면 얼마의 힘 F를 가해야 하는가?

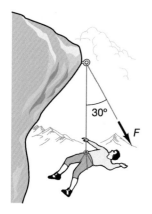

그림 P9.98

9.99 문제 9.98에서, 마찰을 이겨내고 끌어올리기 시작하는 데 필요한 힘은 얼마인가?

9.100 그림 P9.100에서, 구동 바퀴 A를 사용하여 구멍뚫기 기계에 부착된 바퀴 B에 토크를 전달하고자 한다. 바퀴 C는 평벨트의 장력을 조절하는 데 사용하며 회전이 자유롭다. C의 질량은 30 kg이며, 그 중량은 벨트로 완전히 지지된다. 벨트와 바퀴 사이의 정마찰 계수가 0.4일 때, A에서 B로 전달될 수 있는 최대 토크를 구하라.

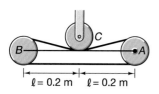

바퀴의 반경은 모두 0.05 m

그림 P9.100

9.101 문제 9.100에서, 2500 N·m의 토크를 전달하는 데 필요한 벨트와 바퀴 사이의 최대 마찰 계수를 구하라.

9.102 스트랩 렌치(strap wrench)를 사용하여 파이프의 표면에 손상을 주지 않고 파이프 연결을 풀려고 한다(그림 P9.102 참조). 렌치가 미끄러지지 않게 되는 스트랩과 파이프 사이의 최소 정마찰 계수를 구하라. 파이프에 가해지는 토크 크기를 구하라.

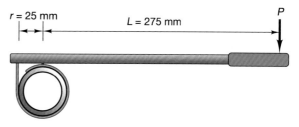

그림 P9.102

9.103 스트랩 렌치에서, 렌치가 미끄러지지 않게 하는 데 필요한 최소 정마찰 계수가 비 $L/(L + r)$에만 종속됨을 증명하라.

9.104 질량이 50 kg인 플라이 휠(fly wheel) 2개가 2개의 저널 베어링으로 지지되어 모터로 일정한 각속도로 구동되고 있다(그림 P9.104 참조). 동마찰 계수가 0.2이고 4 kg의 연결 축은 직경이 80 mm일 때, 베어링 마찰을 이기는 데 필요한 토크를 구하라.

그림 P9.104

9.105 문제 9.104에서, 플라이 휠의 각속도를 일정하게 유지하는 데 필요한 모멘트가 4 N·m일 때, 베어링의 동마찰 계수는 얼마인가?

9.106 그림 P9.106과 같이, 베어링의 마찰 계수가 0.15일 때, 50 N의 중량을 일정한 속도로 들어올리는 데 필요한 토크를 구하라. 직경이 20 cm인 풀리의 중량은 20 N이고 직경이 3 cm인 축의 중량은 5 N이다.

그림 P9.106

9.107 문제 9.106에서, 중량을 일정한 속도로 내리는 데 필요한 토크를 구하라.

9.108 문제 9.106의 풀리 시스템에서, 정비부서가 태만해서 베어링의 윤활 상태가 불량하게 되어 축과 베어링 간의 마찰 계수가 0.9로 높아지게 되었다. 중량을 들어올리는 데 필요한 토크와 축과 베어링 간에 작용하는 마찰 마모력을 구하라.

9.109 전체 무릎 대체물(전체 무릎 관절 성형술)은 경골 판 위에 있는 초고분자량 폴리에틸렌 마모 표면 위에서 미끄럼 운동하는 코발트-크롬 대퇴부 관절구(condyle)로 되어 있다(그림 P9.109 참조). 코발트-크롬 부품은 축 역할을 하고 폴리에틸렌은 베어링 역할을 한다. 이 금속과 폴리에틸렌 사이의 마찰 계수가 0.05이고 관절구의 반경이 25 mm일 때, 무릎이 보행 중 일보 전진 자세에서 900 N의 힘만큼 하중을 받게 될 때 마찰을 이기는 데 필요한 굽힘 모멘트를 구하라.

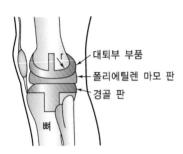

대퇴부 부품
폴리에틸렌 마모 판
경골 판

그림 P9.109

9.110 중량을 무시할 수 있는 지렛대가 반경이 20 mm인 축에 틈새가 있도록 부착되어 있다(그림 P9.110 참조). 축과 지렛대 사이의 마찰 계수가 1.1일 때, 30 kg의 블록을 들어올리기 시작하는 데 필요한 힘 F를 구하라.

80 mm   130 mm

30 kg

F

그림 P9.110

9.111 문제 9.110에서, 지렛대가 반시계 방향으로 회전하지 않도록 하는 데 필요한 최소 힘 F를 구하라.

9.112 그림 P9.112와 같이, 반경이 100 mm인 스프링 부하식 클러치를 통하여 전달될 수 있는 최대 토크를 구하라. 클러치 접촉면 사이의 정마찰 계수는 0.8이다. 늘어나지 않은 스프링 길이는 500 mm이고 스프링 상수는 1000 N/m이다.

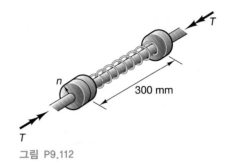

T

n

300 mm

T

그림 P9.112

9.113 1000 N의 축방향 추력을 지지하고 있는 쓰러스트 베어링에서 동마찰 $\mu_k = 0.2$를 이기는 데 필요한 토크를 구하라(그림 P9.113 참조).

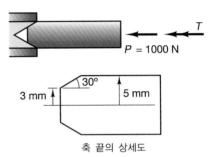

$P = 1000$ N T

30°

3 mm   5 mm

축 끝의 상세도

그림 P9.113

9.114 그림 P9.114에서, 2개의 마찰 패드가 전체 중량이 2000 N인 수직 축과 풀리를 지지하는 쓰러스트 베어링의 접촉 표면을 형성하고 있다. 마찰 패드와 축 사이의 동마찰 계수가 0.4일 때, 마찰을 이기는 데 필요한 토크를 구하라.

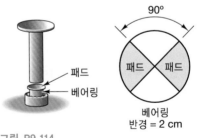

90°

패드   패드

패드
베어링

베어링
반경 = 2 cm

그림 P9.114

9.115 문제 9.109에서, 구름 저항 계수가 $a = 2$ mm일 때, 넓적다리(대퇴부) 부품이 폴리에틸렌 마모 판에서 구르게 하는 데 필요한 수평력을 구하라.

9.116 타이어 반경이 330 mm일 때, 흙 표면(구름 저항 계수 $a = 1.3$ mm)에서 1100 kg의 자동차를 몰고 지나가는 데 필요한 힘은 얼마인가? 진흙 표면($a = 40$ mm)에서는 얼마인가?

9.117 문제 9.116에서, 포장 도로($a = 0.6$ mm)에서 같은 자동차를 몰고 지나가는 데 필요한 힘은 얼마인가?

마찰은 2개의 접촉 표면 사이의 미끄럼에 대한 저항이다. 마찰은 항상 움직임에 저항하여 작용한다. 미끄럼이 발생하기 전에 구할 수 있는 마찰력은 다음과 같이 정마찰 계수로 정의한다.

$$\mu_s = f_{max}/N$$

여기에서, f_{max}는 최대 마찰력이고, N은 접촉 표면들 간의 법선력이다. 미끄럼이 발생하게 되면, 마찰력은 20~25 % 정도 감소하게 되므로 다음과 같이 동마찰 계수로 정의된다.

$$\mu_k = f_{sliding}/N$$

물체가 경사면에 놓여 있을 때에는, $\hat{\mathbf{m}}$과 $\hat{\mathbf{q}}$가 경사면에 접하는 두 개의 비평형 단위 벡터일 때, 경사면에 대한 단위 법선 벡터는 다음과 같다.

$$\hat{\mathbf{n}} = \frac{\hat{\mathbf{m}} \times \hat{\mathbf{t}}}{|\hat{\mathbf{m}} \times \hat{\mathbf{t}}|}$$

사각 단면 나사는 동력이나 운동을 전달하는 데 사용되는 효율적인 장치이다. 이러한 나사는 각 운동을 선형 운동으로 변환시키거나 선형 운동을 각 운동으로 변환시킨다. 나사의 리드 또는 피치는 매 회전마다 나사가 전진하는 거리이다. 나사 운동을 개시하는 데 필요한 모멘트 또는 나사 운동을 일정 속도로 계속하여 중량을 들어올리는 데 필요한 모멘트는 다음과 같다.

$$M = Wr \left(\frac{p + 2\pi\mu r}{2\pi r - \mu p} \right)$$

여기에서, r은 나사의 평균 반경이고, p는 나사의 피치이며, μ는 나사의 나사산과 프레임의 나사산 사이의 마찰 계수이다. 정마찰 계수는 나사 운동 개시에 필요한 모멘트를 구하는 데 사용되고, 동마찰 계수는 일정 속도 나사 운동에 필요한 모멘트를 구하는 데 사용된다.

나사가 자체 잠금(self-locking)이 되려면, 즉 나사가 저항 모멘트가 없이도 중량을 지지하게 되려면, 정마찰 계수가 다음과 같아야 한다.

$$\mu_s \geq \frac{p}{2\pi r}$$

중량을 내리는 데 필요한 모멘트는 다음과 같다.

$$M = Wr \left(\frac{2\pi\mu r - p}{2\pi r + \mu p} \right)$$

여기에서, 정마찰 계수는 나사 운동 개시에 필요한 모멘트를 구하는 데 사용되고, 동마찰 계수는 일정 속도의 나사 운동 중에 사용된다. 동력용 나사의 효율은 다음과 같다.

$$e = \frac{Wp}{2\pi M} = \frac{p(2\pi r - \mu_k p)}{r(p + \mu_k 2\pi r)}$$

벨트 마찰 벨트나 로프가 드럼에 감겨서 움직일 때에는, 마찰 때문에 다음과 같이 벨트의 양 끝에서 장력 차가 발생하게 된다.

$$T_2 = T_1 e^{\mu b}$$

여기에서, β는 rad 단위의 접촉각이다.

롤러 베어링 건 접촉 베어링이나 구름 접촉 베어링에서 축의 회전에 저항하는 마찰 모멘트는 다음과 같다.

$$M \approx Rr\mu_k$$

여기에서, R은 베어링에서 축 표면에 법선 방향으로 작용하는 힘이며, r은 축의 반경이다.

쓰러스트 베어링, 칼라 및 클러치 쓰러스트 베어링, 칼라 및 클러치는 토크와 회전을 전달하면서 축방향 힘을 제어하는 데 사용된다. 끝이 잘린 원뿔 형상의 스러스트 베어링에서는, 마찰 모멘트가 다음과 같다.

$$M_f = \int_A \mu_k pr \, dA = \int_{r_i}^{r_o} \mu_k r \frac{F}{\pi(r_o^2 - r_i^2)} \frac{2\pi r dr}{\cos \alpha}$$

$$M_f = \frac{2\mu_k F}{3 \cos \alpha} \left[\frac{r_o^3 - r_i^3}{r_o^2 - r_i^2} \right]$$

정마찰 계수는 운동 개시에 필요한 모멘트를 구하는 데 사용되고, 동마찰 계수는 운동 중의 저항 마찰을 구하는 데 사용된다.

클러치에서는, 각 α와 내경 r_i이 0이 된다. 맞닿아 있는 클러치를 통하여 전달될 수 있는 최대 모멘트는 다음과 같다.

$$M_f = \int_A \mu_s pr \, dA = \int_{r_i}^{r_o} \mu_k r \frac{F}{\pi r_o^2} 2\pi r dr$$

$$M_f = \frac{2\mu_s F r_o}{3}$$

여기에서, F는 축방향 힘이고, r_o는 클러치의 반경이다.

Chapter 10

관성 모멘트

10.1 서론

이 장에서는, **2차 면적 모멘트** 또는 **면적 관성 모멘트**라고 하는 면적의 특정한 수학적 특성을 소개하고자 한다. 이 특성에 사용된 면적 관성 모멘트라는 이름은 질량 관성 모멘트와의 그 수학적 유사성에 근거를 두고 있는데, 이는 강체 회전에 대한 저항이다. 이러한 강체 특성은 동역학 과목에 상세하게 설명되어 있다. 2차 면적 모멘트는 또한 **횡 관성 모멘트**(transverse moment of inertia)라고도 한다.

2차 면적 모멘트는 도형 중심에 관한 면적의 분포 방식에 따라 달라지는 특징이 있으므로 보의 굽힘에 대한 저항과 직접적인 관계가 있다. 2차 면적 모멘트에는 2차 텐서(tensor)의 수학적 특성이 있다. 제5장에서는 1차 면적 모멘트가 도입되어 면적의 도형 중심(centroid)을 구하는 데 사용되었다. 그림 10.1에서는, x축과 y축에 관한 1차 면적 모멘트가 다음과 같이 각각 정의된다.

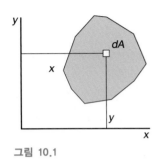

그림 10.1

$$x축에 \ 관한 \ 1차 \ 면적 \ 모멘트 \ = \ \int_A ydA \ = \ y_c A$$

$$y축에 \ 관한 \ 1차 \ 면적 \ 모멘트 \ = \ \int_A xdA \ = \ x_c A$$

(10.1)

여기에서, x_c와 y_c는 각각 면적의 도형 중심의 x좌표와 y좌표인데, 이는 면적을 구성하는 각각의 요소 좌표의 평균값으로나 면적이 집중되어 있다고 생각하는 점으로 볼 수 있다.

2차 면적 모멘트는 다음과 같은 2가지 이유에서 상세하게 학습하게 되는 것이다. 첫째로는 보 단면적의 2차 면적 모멘트가 보의 굽힘에 대한 저항과 직접적인 관계가 있고, 둘째로는 이 양이 2차 텐서이고, 이 2차 텐서는 응력, 변형률 및 질량 관성 모멘트로서 나타나게 되므로 이들의 수학적 특성을 알아야 하기 때문이다. 단면이 5 cm × 10 cm인 판재를 시험해보면, 10 cm인 변을 밑으로 했을 때가 5 cm인 변을 밑으로 했을 때보다 더 쉽게 구부러진다는 것을 알 수 있다. 즉, 이 판재의 단면적은 동일하므로 굽힘에 대한 저항은 면적이 아니라는 것이다. 16세기 갈릴레오는 그림 10.2와 같이 한 쪽 끝은 암벽에 고정시키고 다른 한 쪽 끝에는 하중을 걸어서 보의 굽힘에 대한 저항을 시험하였다. 그 결과, 단면적이 4각형인 보의 굽힘에 대한 저항은 밑변에 높이의 3승을 곱한 값에 비례한다는 결론을 내렸지만, 비례 상수를 잘못 가정하였다.

그림 10.2

10.2 2차 면적 모멘트

x축과 y축에 관한 2차 면적 모멘트는 각각 다음과 같이 정의된다.

$$I_{xx} = \int_A y^2 dA$$

$$I_{yy} = \int_A x^2 dA \tag{10.2}$$

2차 면적 모멘트의 단위는 길이의 4승, 즉 mm^4, in^4, m^4 또는 ft^4이다. 피적분함수 (integrand)는 제곱되는 양이므로 2차 면적 모멘트는 좌표축에 관계없이 양(+)이다. 2차 면적 모멘트는 좌표축으로부터 면적 요소까지의 거리에 제곱으로 증가한다.

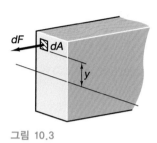

그림 10.3

변형체 분야에서는 순수 굽힘 상태(보의 양 끝에 크기가 같고 방향이 정반대인 모멘트가 걸린 상태)에 있는 보의 분포 내력은 단면적의 도형 중심을 통과하는 축, 즉 보의 도형 중심 축에 관하여 선형적으로 변한다는 사실이 증명되어 있다. 이러한 관계는 그림 10.3에 예시되어 있다. 면적 요소 dA에 작용하는 힘은 다음과 같다.

$$dF = kydA \qquad \text{여기에서, } k\text{는 상수} \tag{10.3}$$

보의 단면에 작용하는 총 힘은 다음과 같다.

$$R = \int dF = \int_A kydA = ky_c A \tag{10.4}$$

도형 중심 축으로부터 도형 중심 y_c까지의 거리가 0이 되면, 이 단면에 작용하는 총 힘은 0이다. 도형 중심 축에 관한 내력의 총 모멘트는 다음과 같다.

$$M = \int ydF = \int_A ky^2 dA = kI_{xx} \tag{10.5}$$

그러므로 내력 모멘트는 도형 중심 축에 관한 2차 면적 모멘트에 비례한다.

10.2.1 2차 면적 모멘트를 적분으로 구하기

2차 면적 모멘트를 적분으로 가장 직접적으로 구할 수 있는 방법은 적분을 반복하거나 이중 적분을 사용하는 것이다. 예를 들어, 그림 10.4와 같은 삼각형 면적을 살펴보자. 삼각형의 빗변을 형성하는 선의 식은 $y = (h/b)x$이며, x축에 관한 2차 면적 모멘트는 다음과 같다.

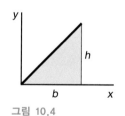

그림 10.4

$$I_{xx} = \int_A y^2 dA = \int_0^b \left(\int_0^{\frac{h}{b}x} y^2 dy \right) dx$$

$$I_{xx} = \int_0^b \frac{(hx)^3}{3b^3}\, dx = \frac{1}{12}bh^3$$

괄호 속의 적분에는 함수 한계가 있으므로 이를 먼저 적분하여야 함에 유의하여야 한다.

이와 유사하게, y축에 관한 2차 면적 모멘트는 다음과 같다.

$$I_{yy} = \int_A x^2 dA = \int_0^b x^2 \left(\int_0^{\frac{h}{b}x} dy \right) dx$$

$$I_{yy} = \int_0^b \frac{h}{b} x^3 dx = \frac{1}{4} b^3 h$$

10.3 극 관성 모멘트

비틀림에 대한 축의 저항은 **극 관성 모멘트**(polar moment of inertia), 즉 z축에 관한 2차 면적 모멘트로 나타낸다. 극 관성 모멘트는 다음과 같이 정의된다.

$$J_{0z} = \int_A r^2 dA \tag{10.6}$$

극 좌표계에서는, $r^2 = x^2 + y^2$이므로 다음과 같다.

$$J_{0z} = I_{xx} + I_{yy} \tag{10.7}$$

단면적의 도형 중심 축에 관한 보의 단면적의 2차 모멘트는 굽힘에 대한 보의 저항의 척도이다. 도형 중심에 관한 원형 축의 극 관성 모멘트는 비틀림에 대한 축의 저항의 척도이다. 1차 면적 모멘트는 면적의 도형 중심을 구하는 데 사용된다. 도형 중심을 지나는 축은 무한개가 있음을 깨달아야 한다. 제10.8절에서는, **주 축**(principal axes)이라고 하는 특별한 직교 도형 중심 축 세트를 정의하게 될 것이다.

그림 10.5에 그려져 있는 원형 면적을 살펴보자. 여기에서는, 도형 중심이 원의 중심으로 쉽게 정의된다. 그러므로 극 관성 모멘트는 다음과 같다.

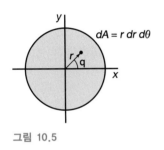

$dA = r\, dr\, d\theta$

그림 10.5

$$J_{0z} = \int_A r^2 dA = \int_0^{2\pi} \left[\int_0^R r^3 dr \right] d\theta = \frac{\pi R^4}{2} \tag{10.8}$$

극 관성 모멘트는 또한 x축과 y축에 관한 2차 면적 모멘트에서 구할 수 있다. 원형 면적에서는, 어떠한 도형 중심 축에 관해서도 그 2차 면적 모멘트는 동일하다. 또한, 극 관성 모멘트는 다음과 같이 쓸 수 있다.

$$J_{0z} = I_{xx} + I_{yy} = 2I_{xx}$$

$$I_{xx} = \int_A y^2 dA \quad y = r \sin \theta$$

$$I_{xx} = \int_0^{2\pi} \left[\int_0^R r^3 dr \right] = \sin^2 \theta d\theta = \int_0^{2\pi} \frac{R^4}{4} \sin^2 \theta d\theta$$

$$I_{xx} = \frac{R^2}{4} \left[\frac{\theta}{2} - \frac{\sin \theta}{4} \right]_0^{2\pi} = \frac{\pi R^4}{4}$$

그러므로 다음과 같다.

$$J_{0z} = \frac{\pi R^4}{2} \tag{10.9}$$

예상한 대로, 이 결과는 식 (10.8)과 같다. 원형 축에서는, 굽힘에 대한 저항이 비틀림에 대한 저항의 절반이라는 점에 주목하여야 한다.

이러한 유형의 적분은 상업용 컴퓨터 패키지에 들어 있는 수학용 소프트웨어를 사용하여 계산하여도 된다.

10.4 특정한 면적의 도형 중심 축에 관한 2차 면적 모멘트

정형화된 면적의 2차 면적 모멘트는 다중 적분으로 쉽게 구할 수 있다. 해당 그림에는 사각형, 삼각형 및 원형이 각각 도시되어 있다. 이 그림에서 2차 면적 모멘트를 구하면 각각 다음과 같다.

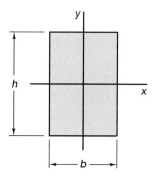

사각형:

$$I_{xx} = \int_{-\frac{b}{2}}^{\frac{b}{2}} \int_{-\frac{h}{2}}^{\frac{h}{2}} y^2 dy\, dx = \frac{1}{12} \cdot h^3 \cdot b$$

$$I_{yy} = \int_{-\frac{b}{2}}^{\frac{b}{2}} \int_{-\frac{h}{2}}^{\frac{h}{2}} x^2 dy\, dx = \frac{1}{12} \cdot b^3 \cdot h$$

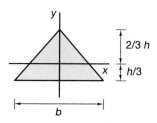

삼각형:

$$I_{xx} = \int_{-\frac{h}{3}}^{2 \cdot \frac{h}{3}} \int_{b \cdot \frac{y}{2 \cdot h} - \frac{b}{3}}^{\frac{b}{3} - b \cdot \frac{y}{2 \cdot h}} y^2 dx\, dy = \frac{1}{36} \cdot b \cdot h^3$$

$$I_{yy} = \int_{-\frac{h}{3}}^{\frac{2 \cdot h}{3}} \int_{\frac{b \cdot y}{2 \cdot h} - \frac{b}{3}}^{\frac{b}{3} - \frac{b \cdot y}{2 \cdot h}} x^2 dx\, dy = \frac{1}{48} \cdot b^3 \cdot h$$

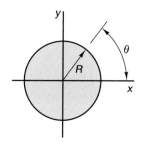

원형:

$$I_{xx} = I_{yy} = \int_0^{2 \cdot \pi} \left(\int_0^R r^3 dr \right) \cdot \sin^2(\theta)\, d\theta = \frac{1}{4} \cdot \pi \cdot R^4$$

이 2차 면적 모멘트는 모두 2중 적분으로 구하였다.

10.1 그림 P10.1에서, 도형 중심의 위치를 구하라.

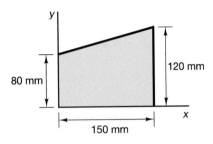

그림 P10.1

10.2 그림 P10.1에서, x축에 관한 2차 면적 모멘트 I_{xx}를 구하라.

10.3 그림 P10.1에서, y축에 관한 2차 면적 모멘트 I_{yy}를 구하라.

10.4 그림 P10.4의 링에서, x축에 관한 2차 면적 모멘트 I_{xx}를 구하라.

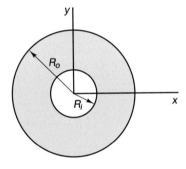

그림 P10.4

10.5 그림 P10.4에서, J_{0z}를 구하고 이 값이 합($I_{xx} + I_{yy}$)과 같음을 증명하라.

10.6 그림 P10.6의 사각형에서, x축에 관한 2차 면적 모멘트 I_{xx}를 구하라.

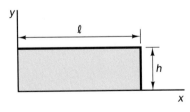

그림 P10.6

10.7 그림 P10.6에서, y축에 관한 2차 면적 모멘트 I_{yy}를 구하라.

10.8 그림 P10.8의 면적에서, x축에 관한 2차 면적 모멘트 I_{xx}를 구하라.

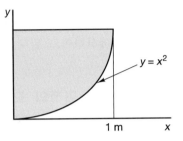

그림 P10.8

10.9 그림 P10.8의 면적에서, y축에 관한 2차 면적 모멘트 I_{yy}를 구하라.

10.10 그림 P10.8의 면적에서, 도형 중심의 위치를 구하라.

10.11 그림 P10.11에서, 2차 면적 모멘트와 점 0에 관한 극 관성 모멘트를 구하라.

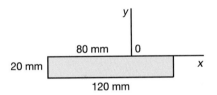

그림 P10.11

10.12 그림 P10.12의 타원 단면적 식은 다음과 같다.

$$\frac{x^2}{a^2} + \frac{y^2}{b^2} = 1$$

여기에서, $a = 3$이고 $b = 2$이다.
x축에 관한 2차 면적 모멘트를 구하라.

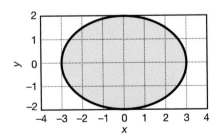

그림 P10.12

10.13 그림 P10.12의 타원에서, y축에 관한 2차 면적 모멘트를 구하라.

10.14 그림 P10.12의 타원에서, 극 관성 모멘트를 구하라.

10.15 어떤 단면을 그림 P10.15와 같이 반 타원으로 근사시켰다. x축에 관한 2차 면적 모멘트를 구하라. 관련 식은 다음과 같다.

$$-a \leq x \leq a$$

$$y = b\sqrt{1 - \frac{x^2}{a^2}}$$

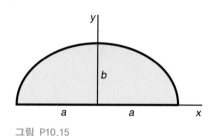

그림 P10.15

10.16 그림 P10.15의 반 타원형 단면에서, y축에 관한 2차 면적 모멘트를 구하라.

10.17 그림 P10.15의 반 타원형 단면에서, 극 관성 모멘트를 구하라.

10.18 그림 P10.18과 같은 반 사인 곡선 $y = h \sin(\pi x / \ell)$, $0 \leq x \leq \ell$ 로 정의되는 단면적에서, x축에 관한 2차 면적 모멘트를 구하라.

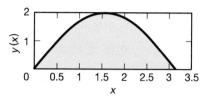

그림 P10.18

10.19 그림 P10.18에서, y축에 관한 2차 면적 모멘트를 구하라.

10.20 그림 P10.18에서, 극 관성 모멘트를 구하라.

10.21 그림 P10.18과 같은 반 사인 면적의 y 도형 중심 축과 이 축에 관한 2차 면적 모멘트를 구하라.

10.5 2차 면적 모멘트의 평행 축 정리

그림 10.6과 같은 면적을 2개의 평행 축 $x - y$와 $x' - y'$에 관하여 살펴보자. 이 면적에 있는 임의의 점의 y축은 다음과 같이 y'축과 관계가 있다.

$$y = y' + y_0 \tag{10.10}$$

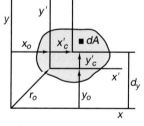

그림 10.6

x축에 관한 2차 면적 모멘트는 다음과 같다.

$$I_{xx} = \int_A y^2 \, dA$$

즉

$$I_{xx} = \int_A (y' + y_0)^2 \, dA = \int_A (y'^2 + 2y'y_0 + y_0^2) \, dA \tag{10.11}$$

식 (10.11)의 적분식의 첫째 항은 x'축에 관한 2차 면적 모멘트로서 I'_{xx}로 쓰기도 한다. 둘째 항은 y'와 dA의 곱의 적분으로서 x'축으로부터 도형 중심까지의 거리에 면적을 곱한 것과 같다. 셋째 항은 y_0^2에 면적을 곱한 것과 같다. 그러므로 식 (10.11)은 다음과 같이 쓸 수 있다.

$$I_{xx} = I'_{xx} + 2y_0 y'_c A + y_0^2 A \tag{10.12}$$

x'축이 도형 중심 축이면, y'_c는 0이 되므로, 식 (10.12)는 다음과 같이 쓸 수 있다.

$$I_{xx} = I_{xx_c} + Ad_y^2 \tag{10.13}$$

여기에서, I_{xx_c}는 x' 도형 중심 축에 관한 2차 면적 모멘트이고, d_y는 좌표축인 x축과 이와 평행한 도형 중심 축 x_c 사이의 거리이다.

이를 평행 축 정리라고 하는데, 이를 사용하면 도형 중심 축에 관한 모멘트를 알고 있을 때 이 축과 평행한 임의의 축에 관한 2차 면적 모멘트를 계산할 수 있다. 이 이론으로 복잡한 단면적을 단순한 기하형상의 합성체로 취급할 수 있게 된다.

평행 축 이론은 y축에 관한 2차 면적 모멘트에도 똑같이 적용되는데, 이를 식으로 쓰면 다음과 같다.

$$I_{yy} = I_{yy_c} + Ad_x^2 \tag{10.14}$$

여기에서, I_{yy_c}는 y' 도형 중심 축에 관한 2차 면적 모멘트이고, d_x는 좌표축인 y축과 이와 평행한 도형 중심 축 y_c 사이의 거리이다.

이와 같은 평행 축 이론의 2개의 형태를 합하게 되면 이와 유사한 극 관성 모멘트, 즉 2차 극 면적 모멘트가 나오게 되며, 이는 다음 식과 같다.

$$J_0 = J_{0_c} + Ar_0^2 \tag{10.15}$$

여기에서, J_{0_c}는 도형 중심에 관한 2차 극 면적 모멘트이고, r_0는 좌표 원점으로부터 도형 중심까지의 거리이다.

이 경우에, 평행 축들은 z축들이 되며, 2차 면적 모멘트는 이 축들에 관해 취해진다.

예제 10.1

평행 축 정리를 사용하여, 반원형 면적의 2차 면적 모멘트를 그 도형 중심 축에 관해 계산하라.

풀이

먼저, 좌표축 x와 y에 관한 2차 면적 모멘트를 계산하면 된다. y축은 대칭축이므로 도형 중심 축이기도 하다는 점에 유의하여야 한다. 도형 중심의 좌표는 $(0, 4R/3\pi)$이며, 단면적은 $\pi R^2/2$가 된다. 그러므로 반원형에서는 다음과 같다.

$$I_{xx} = \int_0^\pi \left(\int_0^R r^3 dr \right) \cdot \sin^2(\theta)\, d\theta = \frac{1}{8} \cdot \pi \cdot R^4$$

$$I_{yy} = \int_0^\pi \left(\int_0^R r^3 dr \right) \cdot \cos^2(\theta)\, d\theta = \frac{1}{8} \cdot \pi \cdot R^4$$

I'_{yy}는 도형 중심 축에 관한 2차 면적 모멘트이다. x 도형 중심 축에 관한 2차 면적 모멘트는 평행 축 이론을 사용하여 다음과 같이 구할 수 있다.

$$I'_{xx} = I_{xx} - Ay_c^2$$

$$= \left(\frac{\pi}{8} - \frac{8}{9\pi} \right) R^4$$

10.6 면적의 회전 반경

축에 관한 2차 면적 모멘트를 나타내는 유용한 방식은 **면적의 회전 반경**이다. 회전(gyration)은 '점이나 축에 관한 회전'을 의미하며 회전 반경은 점이나 축으로부터 면적이 집중되었다고 생각하는 점까지의 거리라고 할 수 있다. 회전 반경은 다음과 같이 정의된다.

$$k_x = \sqrt{\frac{I_{xx}}{A}}$$

$$k_y = \sqrt{\frac{I_{yy}}{A}} \qquad\qquad (10.16)$$

$$k_z = \sqrt{\frac{J_{0z}}{A}}$$

2차 면적 모멘트는 회전 반경으로 다음과 같이 나타낼 수 있다.

$$I_{xx} = k_x^2 A$$

$$I_{yy} = k_y^2 A \qquad\qquad (10.17)$$

$$J_{0z} = k_z^2 A$$

극 2차 면적 모멘트와 x축과 y축에 관한 2차 면적 모멘트 사이의 관계를 살펴보면, 다음과 같은 식을 구할 수 있다.

$$J_{0z} = I_{xx} + I_{yy}$$

$$k_z^2 A = k_x^2 A + k_y^2 A \qquad\qquad (10.18)$$

그러므로 다음과 같다.

$$k_z^2 = k_x^2 + k_y^2$$

평행 축 정리는 회전 반경으로 다음과 같이 쓸 수 있다.

$$I_{xx} = I_{xx_c} + A d_y^2$$

그러므로 다음과 같다.

$$k_x^2 = k_{xc}^2 + d_y^2 \qquad\qquad (10.19)$$

여기에서, k_{xc}는 x도형 중심 축에 관한 회전 반경이다.

예제 10.2

그림과 같은 사각형 면적의 회전 반경을 구하라. 여기에서, I_{xx_c}는 다음과 같다.

$$I_{xx_c} = \frac{1}{12} bh^3$$

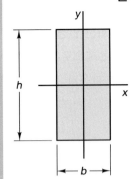

풀이 다음을 구한다.

$$k_{xc} = \sqrt{\frac{I_{xx_c}}{A}} = \sqrt{\frac{\frac{1}{12}bh^3}{bh}} = \sqrt{\frac{1}{12}}h$$

사각형의 밑변에 있는 축에 관한 회전 반경을 알고자 한다면, 회전 반경에 대한 평행 축 정리로 구하면 된다.

$$k_x^2 = k_{xc}^2 + d_y^2$$

$$k_x^2 = \frac{1}{12}h^2 + \left(\frac{h}{2}\right)^2 = \frac{1}{3}h^2$$

$$k_x = \sqrt{1/3}h$$

연습문제

10.22 그림 P10.22와 같은 단면적의 도형 중심을 구하고 x축과 y축에 관한 2차 면적 모멘트를 구하라. 평행 축 정리를 사용하여 도형 중심 축에 관한 회전 반경을 구하라.

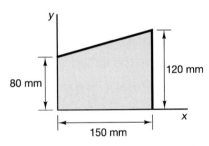

그림 P10.22

10.23 그림 P10.23에서 원점이 A일 때와 B일 때의 x축과 y축에 관한 2차 면적 모멘트를 평행 축 정리를 사용하여 구하라.

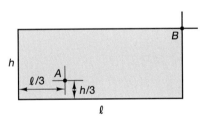

그림 P10.23

10.24 반경이 r인 반원형 면적의 도형 중심 축에 관한 2차 면적 모멘트를 구하라.

10.25 문제 10.8과 같은 면적의 평행 도형 중심 축에 관한 2차 면적 모멘트를 구하라.

10.26 문제 10.15와 같은 반 타원형 면적의 평행 도형 중심 축에 관한 2차 면적 모멘트를 구하라.

10.27 문제 10.18과 같은 반 사인형 면적의 도형 중심 회전 반경을 구하라.

10.28 문제 10.18과 같은 반 사인형 면적의 도형 중심 극 관성 모멘트를 구하라.

10.29 반경이 r인 원형 단면(그림 P10.29 참조)에서, 원의 중심 위로 $r/2$인 지점에 위치한 축 x'에 관한 2차 면적 모멘트를 구하라.

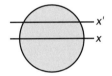

그림 P10.29

10.30 그림 P10.29와 같은 원의 상부에 접하는 축에 관한 회전 반경을 구하라.

10.31 그림 P10.31과 같은 삼각형 단면의 도형 중심 축에 관한 2차 면적 모멘트를 구하라.

10.32 그림 P10.31의 삼각형의 맨 위 꼭지점을 원점으로 하여 밑변과 수직변에 각각 평행한 한 쌍의 축에 관하여 삼각형의 2차 면적 모멘트를 구하라.

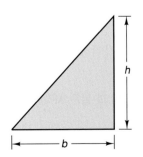

그림 P10.31

10.7 합성 면적의 2차 면적 모멘트

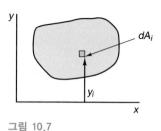

그림 10.7

공학 문제를 푸는 데 컴퓨터를 널리 사용하게 되자 수치 적분도 크게 진전이 되었다. 정형적인 면적의 2차 면적 모멘트를 구하는 것은 제10.4절에서 다중 적분의 사용으로 정립되었다. 그러나 면적이라고 하는 것은 여러 개의 작은 면적으로 분할할 수 있으므로 그 2차 면적 모멘트도 그림 10.7과 같이 분할된 면적들의 2차 면적 모멘트를 합(수치 적분)하여 구할 수 있다. x축에 관한 2차 면적 모멘트는 다음과 같다.

$$I_{xx} = \sum_i y_i^2 A_i \tag{10.20}$$

면적의 수치 적분 정밀도는 그 면적을 더욱 더 잘게 쪼갤수록 증가하게 된다. 이 말은 쪼개지는 면적의 크기가 작아진다는 것을 의미하므로 결국에는 이 과정은 적분에 이르게 되는 것이다.

면적이라고 하는 것은 유한한 개수의 정형화된 면적의 특성(면적, 도형 중심에 관한 2차 면적 모멘트, 회전 반경)의 합성체로 볼 수 있다. 그러므로 평행 축 이동 정리를 사용하게 되면 전체 합성 면적의 2차 면적 모멘트를 구할 수 있다. 대표적인 도형의 도형 중심과 2차 면적 모멘트는 표 10.1에 실려 있다.

예제 10.3

풀이

그림과 같은 도형에서, 도형 중심 축 x_c에 관한 2차 면적 모멘트를 구하라.

먼저, 제5장에서 소개한 합성체 해법을 사용하여 x' 도형 중심 축의 위치를 설정해야 한다. 그림의 단면을 2개의 부분으로 분할한다. 즉, 상부에 있는 2 cm × 6 cm의 직사각형과 하부에 있는 6 cm × 2 cm의 직사각형이 그것이다. 그런 다음, 다음과 같은 표를 작성한다.

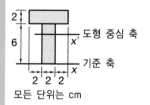

모든 단위는 cm

부분	면적(cm²)	도형 중심까지의 거리 y (cm)	$A \cdot y$ (cm³)
1	12	7	84
2	12	3	36
Σ	24		120

기준 축으로부터 x' 도형 중심 축까지의 거리는 다음과 같다.

$$y_c = 120/24 = 5 \text{ cm}$$

x' 도형 중심 축에 관한 직사각형의 2차 면적 모멘트는 다음과 같다.

$$I_{xx_c} = \frac{1}{12}bh^3$$

여기에서, b는 밑변이고 h는 높이이다. 그러므로 도형 중심 축에 관한 2차 면적 모멘트는 다음 표에 있는 합성체 값을 사용하여 구하면 된다.

부분	Ixx_c (cm⁴)	면적(cm²)	dy (cm)	Ady^2 (cm⁴)
1	4	12	2	48
2	36	12	−2	48
Σ	40			96

x' 도형 중심 축에 관한 직사각형의 2차 면적 모멘트는 다음과 같다.

$$Ixx_c = 40 + 96 = 136 \text{ cm}^4$$

예제 10.4

그림과 같은 도형에서, x 도형 중심 축에 관한 2차 면적 모멘트를 구하라.

풀이 우선, 이 도형을 원형 구멍이 없는 직사각형 면적 A_1과 원형 구멍 면적 A_2로 나누어 직사각형의 밑변에 있는 기준 축을 설정한다. 원형 구멍은 음의 면적으로 취급하면 된다. 먼저, 다음 표를 사용하여 전체 합성체 면적의 도형 중심을 구한다.

부분	A_i (mm²)	y_{ci} (mm)	$A_i \cdot y_{ci}$ (mm³)
1	2400	30	72,000
2	−314	40	−12,560
Σ	2086		59,440

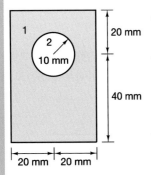

도형 중심은 다음과 같다.

$$y_c = \frac{\sum A_i y_i}{\sum A_i} = \frac{59440}{2086} = 28.5 \text{ mm}$$

각각의 도형 중심 축에 관한 원형 면적과 직사각형 면적의 2차 면적 모멘트를 주목하여, 합성체 면적의 2차 면적 모멘트를 유사하게 구한다. 즉

부분	A_i (mm²)	$D_{yi} = (y_{ci} - y_c)$	I_{xxci} (mm⁴)	$A_i d_{yi}^2$ (mm⁴)
1	2400	−1.5	720,000	5400
2	−314	11.5	−7854	−41,526
Σ			712,146	−36,126

$$I_{xxc} = \sum_i (I_{xxc_i} + A_i d_{yi}^2) = 676,020 \text{ mm}^4$$

표 10.1 선 요소와 면적 요소의 기하 특성

도형 중심 위치	도형 중심 위치	면적 관성 모멘트

원호

$L = 2\theta r$

$\dfrac{r\sin\theta}{\theta}$

부채꼴 면적

$A = \theta r^2$

$\dfrac{2}{3}\dfrac{r\sin\theta}{\theta}$

$I_x = \dfrac{1}{4}r^4\left(\theta - \dfrac{1}{2}\sin 2\theta\right)$

$I_Y = \dfrac{1}{4}r^4\left(\theta - \dfrac{1}{2}\sin 2\theta\right)$

4분원 및 반원

$L = \dfrac{\pi}{2}r$

$L = \pi r$

$\dfrac{2r}{\pi}$

4분원 면적

$A = \dfrac{1}{4}\pi r^2$

$\dfrac{4r}{3\pi}$

$\dfrac{4r}{3\pi}$

$I_x = \dfrac{1}{16}\pi r^4$

$I_y = \dfrac{1}{16}\pi r^4$

사다리꼴 면적

$A = \dfrac{1}{2}h(a+b)$

$\dfrac{1}{3}\left(\dfrac{2a+b}{a+b}\right)h$

반원 면적

$A = \dfrac{1}{2}\pi r^2$

$\dfrac{4r}{3\pi}$

$I_x = \dfrac{1}{8}\pi r^4$

$I_y = \dfrac{1}{8}\pi r^4$

반 포물선 내부 면적

$A = \dfrac{2}{3}ab$

$\dfrac{2}{5}a$

$\dfrac{3}{8}b$

원 면적

$A = \pi r^2$

$I_x = \dfrac{1}{4}\pi r^4$

$I_y = \dfrac{1}{4}\pi r^4$

포물선 외부 면적

$A = \dfrac{ab}{3}$

$\dfrac{3}{10}b$

$\dfrac{3}{4}a$

직사각형 면적

$A = bh$

$I_x = \dfrac{1}{12}bh^3$

$I_y = \dfrac{1}{12}hb^3$

포물선 내부 면적

$A = \dfrac{4}{3}ab$

$\dfrac{2}{5}a$

삼각형 면적

$A = \dfrac{1}{2}bh$

$\dfrac{1}{3}h$

$I_x = \dfrac{1}{36}bh^3$

10.33 그림 P10.33과 같은 단면적의 도형 중심 축에 관한 2차 면적 모멘트를 구하라.

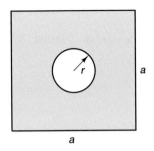

그림 P10.33

10.34 그림 P10.34와 같은 면적의 도형 중심을 구하고, 도형 중심 축에 관한 2차 면적 모멘트를 구하라. b는 $\ell/2$이다.

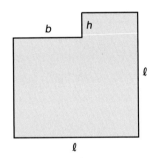

그림 P10.34

10.35 그림 P10.35에서, z단면에 대한 수평 및 수직 도형 중심 축에 관한 2차 면적 모멘트를 각각 구하라.

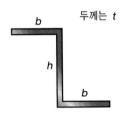

그림 P10.35

10.36 그림 P10.35에서, z단면에 대한 도형 중심 축에 관한 극 관성 모멘트의 회전 반경을 구하라.

10.37 그림 P10.37과 같이, 밑변이 b이고 높이가 h이며 두께가 t인 C형 강재(channel) 단면의 도형 중심 축에 관한 2차 면적 모멘트를 구하라.

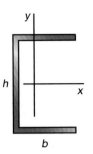

그림 P10.37   C형 강재의 두께는 t

10.38 그림 P10.38과 같이, 밑변이 b이고 높이가 h이며 두께가 t인 I형 강재(beam)의 도형 중심 축에 관한 2차 면적 모멘트를 구하라.

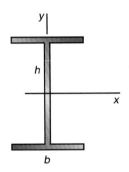

그림 P10.38   I형 강재의 두께는 t

10.39 그림 P10.39와 같이, 가운데가 정사각형 구멍으로 뚫려 있는 원형 단면의 2차 면적 모멘트와 극 관성 모멘트를 구하라.

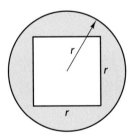

그림 P10.39

10.40 그림 P10.39에서, 정사각형 구멍이 크기가 $(r \times r)$에서 $(r/2 \times r/2)$로 감소되었을 때 원형 단면의 비틀림 강성(극 관성 모멘트)의 증가량을 구하라.

10.41 그림 P10.39에서, 정사각형 구멍이 크기가 $(r \times r)$에서 $(r/3 \times r/3)$로 감소되었을 때 원형 단면의 굽힘 강성(2차 면적 모멘트)의 증가량을 구하라. 극 관성 모멘트의 증가량은 얼마인가?

10.42 그림 P10.42와 같은 단면적의 도형 중심 축에 관한 2차 면적 모멘트를 구하라.

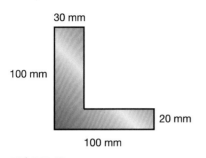

30 mm
100 mm
20 mm
100 mm

그림 P10.42

10.43 그림 P10.43과 같은 면적의 도형 중심 축에 관한 2차 면적 모멘트를 구하라.

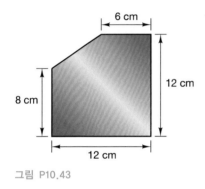

6 cm
12 cm
8 cm
12 cm

그림 P10.43

10.44 그림 P10.44와 같은 T형 단면에서, 도형 중심 축에 관한 2차 면적 모멘트를 구하라.

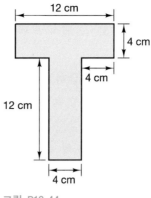

12 cm
4 cm
4 cm
12 cm
4 cm

그림 P10.44

10.45 그림 P10.45와 같은 단면적에서, 도형 중심 축에 관한 2차 면적 모멘트를 구하라.

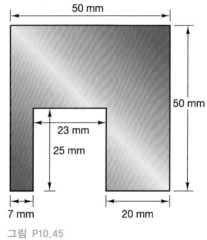

50 mm
50 mm
23 mm
25 mm
7 mm
20 mm

그림 P10.45

10.8 주 2차 면적 모멘트

면적에서 도형 중심을 지나는 축은 그 개수가 무한하다. 그러므로 계산할 수 있는 2차 면적 모멘트의 개수도 무한하다. 이 무한한 개수의 축 중에서 2개의 직교 축을 **주 축**이라고 하는데, 이 주 축은 물리적으로 매우 중요하다. 보가 구부러질 때면, 보는 주 도형 중심 축에 직각으로 작용하는 하중 때문에 구부러지는 것처럼 반응하기 마련이다. 보의 응력 및 처짐 해석에서는 보의 장축에 직각으로 작용하는 하중을 주 축에 직각인 성분들로 분해해야 하는데, 이 주 축에는 다음과 같은 특성이 있다. 즉

1. 주 축들은 서로 직교하는 축이다.
2. 주 축 가운데 하나의 축에 관한 2차 면적 모멘트는 모든 도형 중심 축들의 2차 면적 모멘트 중에서 최댓값이 되어야 하고, 다른 주 축에 관한 2차 면적 모멘트는

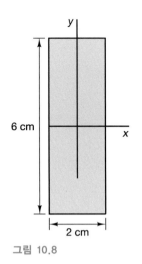

그림 10.8

최솟값이 되어야 한다.

3. 곱 면적 모멘트라고 하는 특성 값은 주 축에 관하여 0이 된다.

보가 굽혀질 질 때면, 보는 굽힘에 대한 최대 저항 축에 관하여 그리고 굽힘에 대한 최소 저항 축에 관하여 각각 구부러지는 것처럼 반응한다는 점은 당연한 것이다. 그림 10.8과 같은 2 cm × 6 cm의 직사각형을 제10.4절에서 제시한 공식을 사용하여 살펴보면, x 도형 중심 축과 y 도형 중심 축에 관한 2차 면적 모멘트는 각각 다음과 같음을 알 수 있다.

$$I_{xx} = \frac{1}{12}bh^3 = \frac{2(6)^3}{12} = 36 \text{ cm}^4$$

$$I_{yy} = \frac{1}{12}hb^3 = \frac{6(2)^3}{12} = 4 \text{ cm}^4$$

(10.21)

x축과 y축은 이 면적의 주 축이며 3 cm⁴이 가능한 모든 2차 면적 모멘트 값 중에서 최댓값이고 4 cm⁴은 최솟값임을 알 수 있다.

10.8.1 곱 면적 모멘트 또는 곱 관성 모멘트

곱 면적 모멘트라고 하는 수학적 특성은 어떤 직교 축 세트와도 관계가 있으며 다음과 같이 정의된다.

$$I_{xy} = -\int_A xy \, dA$$

(10.22)

식 (10.22)에 있는 음(−)의 부호는 2차 면적 모멘트와 질량 관성 모멘트의 정식 텐서의 정의와 논리적으로 연속성이 유지되게 도입되었다. 다른 저자들은 이 음의 부호를 사용하기도 하고 사용하지 않기도 한다. 곱 면적 모멘트는 비대칭성의 척도이며 해당 면적의 주 축을 구하는 데 필요하다. 앞에서 강조한 대로, 주 축의 특성 가운데 하나는 주 축에 관한 2차 면적 모멘트가 0이 된다는 점이다. 이에 비하여, 축에 관한 2차 면적 모멘트는 그 피적분함수(integrand)가 x^2이나 y^2인 것처럼 항상 양(+)이 되어야 하는데, 이로써 면적에서는 어느 곳도 음인 곳은 없다. 곱 면적 모멘트는, 그 피적분함수가 면적에 있는 여러 지점에서 양이 될 수도 있고 음이 될 수도 있기 때문에, 양이 될 수도 있고 음이 될 수도 있으며 0이 될 수도 있다.

짝함수(우함수)와 홀함수(기함수)는 제5장에서 도형 중심을 설명할 때 정의한 바 있으며, 대칭 축은 홀함수의 적분이 대칭 한계 사이에서 항상 0이 된다는 사실 때문에 도형 중심 축이 됨을 증명하였다. 곱 면적 모멘트의 피적분함수는 x와 y의 두 방향에서 홀함수이므로, **곱 면적 모멘트는 어떠한 직교 축 세트라도 그 가운데 하나는 대칭 축이 되게 되어, 직교 축 세트에 관하여 0이 되기 마련이다.** 그러므로 면적의 대칭 축은 어느 것이라도 그 면적의 주 축이 된다.

평행 축 정리 또한 2차 면적 모멘트에서와 같이 곱 면적 모멘트에 전개할 수 있다. 그림 10.6을 참고하여, 다음 식과 같이 $x-y$축에 관한 곱 면적 모멘트와 $x'-y'$축에 관한 곱 면적 모멘트의 관계를 세울 수 있다.

$$x = x' + x_0 \qquad y = y' + y_0$$

$$I_{xy} = -\int_A xy \, dA = -\int_A (x' + x_0)(y' + y_0) \, dA$$

$$I_{xy} = -\int_A x'y'dA - x_0\int_A y'dA - y_0\int_A x'dA - x_0y_0\int_A dA \tag{10.23}$$

$$I_{xy} = I_{x'y'} - x_0y_cA - y_0x_cA - x_0y_0A$$

여기에서, x_c와 y_c는 $x'-y'$축으로부터 면적의 도형 중심까지의 거리이다. $x'-y'$축이 도형 중심 축이면, 이 거리는 0이 되며 곱 면적 모멘트에 관한 평행 축 정리는 다음과 같이 된다.

$$I_{xy} = I_{x'y'} - x_0y_0A \tag{10.24}$$

10.8.2 축의 회전

그림 10.9와 같이, 원점이 공통인 $x-y$와 $x'-y'$의 두 축 세트를 살펴보기로 하자. $x'-y'$ 좌표축은 $x-y$축에서 반시계 방향으로 각도 β만큼 회전되어 있다. 제2장의 방향 코사인에서 사용했던 표기법과 유사한 표기법을 도입하여, 다음과 같이 놓는다.

$$\theta_{x'x} = x'\text{축과 } x\text{축 사이의 각도}$$

$$\theta_{x'y} = x'\text{축과 } y\text{축 사이의 각도}$$

$$\theta_{y'x} = y'\text{축과 } x\text{축 사이의 각도} \tag{10.25}$$

$$\theta_{y'y} = y'\text{축과 } y\text{축 사이의 각도}$$

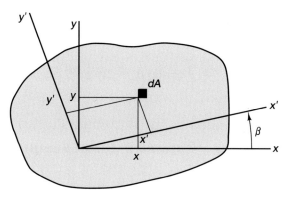

그림 10.9

임의의 점의 $x'-y'$좌표와 그 점의 $x-y$좌표의 관계는 다음 식과 같이 전개할 수 있다.

$$x' = x \cos \theta_{x'x} + y \cos \theta_{x'y}$$
$$y' = x \cos \theta_{y'x} + y \cos \theta_{y'y}$$

(10.26)

이 식을 z축에 관한 좌표계의 회전 변환식이라고 한다. 이 회전을 정의하는 코사인 행렬 $[R]$은 **직교 회전 변환 행렬**이라고 하며 식으로 쓰면 다음과 같다.

$$x' = x \cos \theta_{x'x} + y \cos \theta_{x'y}$$
$$y' = x \cos \theta_{y'x} + y \cos \theta_{y'y}$$
$$\begin{bmatrix} x' \\ y' \end{bmatrix} = \begin{bmatrix} \cos \theta_{x'x} & \cos \theta_{x'y} \\ \cos \theta_{y'x} & \cos \theta_{y'y} \end{bmatrix} \begin{bmatrix} x \\ y \end{bmatrix}$$
$$[x'] = [R][x]$$

(10.27)

여기에서,

$$[R] = \begin{bmatrix} \cos \theta_{x'x} & \cos \theta_{x'y} \\ \cos \theta_{y'x} & \cos \theta_{y'y} \end{bmatrix}$$

반시계 방향 회전각 β에서는 코사인 식들이 다음과 같다.

$$\cos \theta_{x'x} = \cos \beta \quad \cos \theta_{x'y} = \cos (90° - \beta) = \sin \beta$$
$$\cos \theta_{y'x} = \cos (90° + \beta) = -\sin \beta \quad \cos \theta_{y'y} = \cos \beta$$

(10.28)

그러므로 $x'-y'$ 좌표와 $x-y$ 좌표 사이의 변환은 다음과 같다.

$$x' = x \cos \beta + y \sin \beta$$
$$y' = -x \sin \beta + y \cos \beta$$

(10.29)

x'축에 관한 2차 면적 모멘트는 다음과 같다.

$$I_{x'x'} = \int_A (y')^2 \, dA$$

(10.30)

식 (10.29)를 사용하면, 식 (10.30)을 다음과 같이 쓸 수 있다.

$$I_{x'x'} = \int_A (-x \sin \beta + y \cos \beta)^2 \, dA$$
$$= \int_A (x^2 \sin^2 \beta - 2xy \sin \beta \cos \beta + y^2 \cos^2 \beta) \, dA$$

(10.31)

즉

$$I_{x'x'} = I_{xx} \cos^2 \beta + I_{xy}(2 \sin \beta \cos \beta) + I_{yy} \sin^2 \beta$$

2배각 공식은 다음과 같다.

$$2 \sin \beta \cos \beta = \sin 2\beta$$

$$\cos^2 \beta = \frac{1 + \cos 2\beta}{2} \tag{10.32}$$

$$\sin^2 \beta = \frac{1 - \cos 2\beta}{2}$$

이 2배각 공식을 도입하면, 2차 면적 모멘트와 두 좌표계 사이의 관계는 다음과 같다.

$$I_{x'x'} = \frac{I_{xx} + I_{yy}}{2} + \frac{I_{xx} - I_{yy}}{2} \cos 2\beta + I_{xy} \sin 2\beta \tag{10.33}$$

이와 유사하게, 프라임($'$)이 붙은 좌표계에서의 곱 면적 모멘트와 프라임이 붙지 않은 좌표계는 다음과 같은 관계를 세울 수 있다.

$$I_{x'y'} = \frac{I_{xx} - I_{yy}}{2} \sin 2\beta + I_{xy} \cos 2\beta \tag{10.34}$$

β에 따른 $I_{x'x'}$와 $I_{x'y'}$의 변화는 그림 10.10에서 볼 수 있는데, 여기에서 $I_{xx} = 10 \text{ mm}^4$이고 $I_{yy} = 5 \text{ mm}^4$이며 $I_{xy} = 0$이다. 이러한 유형의 그래프는 그래프 작성기능이 있는 컴퓨터나 대부분의 컴퓨터 소프트웨어로 쉽게 구할 수 있다.

그림 10.10을 살펴보면, 2차 면적 모멘트 $I_{x'x'}$는 $I_{x'y'}$가 0일 때 최대 또는 최소에 도달한다는 것을 알 수 있다. 식 (10.33)을 2β에 관하여 미분하면 다음이 나온다.

$$\frac{d}{d(2\beta)} I_{x'x'} = -\frac{I_{xx} - I_{yy}}{2} \sin 2\beta + I_{xy} \cos 2\beta = I_{x'y'} \tag{10.35}$$

그러므로 2차 면적 모멘트의 도함수를 0으로 두는 것은 $I_{x'y'}$를 0으로 놓는 것과 같으므로, **곱 면적 모멘트는 2차 면적 모멘트가 최대이거나 최소가 되는 주 축에 관하여 0이 된다.**

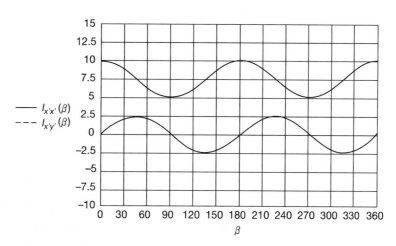

그림 10.10 각도 β에 대한 $I_{x'x'}$와 $I_{x'y'}$

$x - y$좌표 축으로부터 주 축까지의 각도는 식 (10.35)를 0으로 놓으면 구할 수 있다. 그러므로 각도 β는 다음과 같다.

$$\tan 2\beta = \frac{2I_{xy}}{I_{xx} - I_{yy}}$$

$$\beta = \frac{1}{2}\tan^{-1}\left(\frac{2I_{xy}}{I_{xx} - I_{yy}}\right)$$

(10.36)

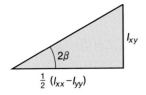

식 (10.36)에는 90°간격으로 2개의 해가 있다. 이 해는 x'축과 y'축을 나타내는데, 이것이 주 축이다. 2β의 탄젠트 값은 그림에 있는 직각 삼각형을 살펴보면 알아볼 수 있다. 즉, 그림에서 다음의 식을 구할 수 있다.

$$\sin 2\beta = \frac{I_{xy}}{\sqrt{\left(\dfrac{I_{xx} - I_{yy}}{2}\right)^2 + I_{xy}^2}}$$

$$\cos 2\beta = \frac{\dfrac{I_{xx} - I_{yy}}{2}}{\sqrt{\left(\dfrac{I_{xx} - I_{yy}}{2}\right)^2 + I_{xy}^2}}$$

이 식을 식 (10.33)에 대입하면 다음이 나온다.

$$I_{\text{max/min}} = \frac{I_{xx} + I_{yy}}{2} \pm \sqrt{\left(\frac{I_{xx} - I_{yy}}{2}\right)^2 + I_{xy}^2}$$

(10.37)

식 (10.36)과 식 (10.37)에서는 주 2차 면적 모멘트의 값과 기준 축 세트와 이루는 각도가 나온다.

예제 10.5

그림과 같은 면적에서, 도형 중심, 주 도형 중심 축 및 이 축에 관한 2차 면적 모멘트의 값을 구하라.

풀이 $X - Y$축을 기준 축으로 잡으면 되고, $x - y$축을 도형 중심 축으로 잡으면 되지만 주 축으로 삼을 필요는 없다. 먼저, 이 면적을 합성 면적으로 보고 도형 중심을 구한다.

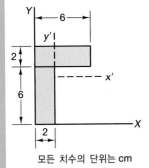

모든 치수의 단위는 cm

	A_i (cm²)	x_{ic} (cm²)	y_{ic} (cm)	$A\,x_{ic}$ (cm³)	$A\,y_{ic}$ (cm³)
1	12	3	7	36	84
2	12	1	3	12	36
Σ	24			48	120

그러므로 도형 중심의 좌표는 $x = 48/24 = 2\,\text{cm}$이고 $y = 120/24 = 5\,\text{cm}$이다.
도형 중심 축에 관한 2차 면적 모멘트는 평행 축 정리를 사용하여 구하면 된다. 다음의 표를 구할 수 있다.

	A (cm²)	d_x (cm)	d_y (cm)	I_{xx}(cm⁴)	I_{yy}(cm⁴)	I_{xy}(cm⁴)	Ad_x^2(cm⁴)	Ad_y^2(cm⁴)	$\dfrac{-1^*}{Ad_xd_y}$(cm⁴)
1	12	1	2	4	36	0	12	48	−24
2	12	−1	−2	36	4	0	12	48	−24
Σ	24			40	40	0	24	96	−48

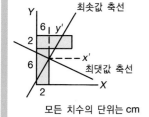

최솟값 축선
Y
y'
6
2
x'
6
최댓값 축선
2
X
모든 치수의 단위는 cm

2차 면적 모멘트와 $x-y$ 도형 중심 축에 관한 곱 면적 모멘트는 각각 다음과 같다.

$$I_{xx} = \sum \left(I_{xx} + Ad_y^2\right) = 40 + 96 = 136 \ \text{cm}^4$$

$$I_{yy} = \sum \left(I_{yy} + Ad_x^2\right) = 40 + 24 = 64 \ \text{cm}^4$$

$$I_{xy} = \sum \left(I_{xy} - Ad_xd_y\right) = 0 - 48 = -48 \ \text{cm}^4$$

주 축에 대한 각도는 다음과 같다.

$$\beta = \frac{1}{2}\tan^{-1}\left(\frac{2I_{xy}}{I_{xx}-I_{yy}}\right) = \frac{1}{2}\tan^{-1}\left(\frac{-96}{72}\right) = -26.6° \quad \text{또는} \quad -116.6°$$

이 두 각도는 각각 x' 주 축과 y' 주 축에 대한 각도를 나타낸다. 주 2차 면적 모멘트 값은 $I_{\max} = 160 \ \text{cm}^4$이고 $I_{\min} = 40 \ \text{cm}^4$이다. 주 축은 그림에 나타나 있다.

연습문제

다음의 각각의 단면적에서, 식 (10.36)과 식 (10.37)를 사용하여 주 축과 주 2차 면적 모멘트를 각각 구하라.

10.46 문제 10.35의 z형 단면(그림 P10.46 참조). b는 $h/2$.

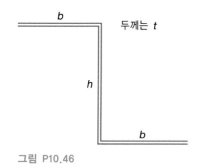

b
두께는 t
h
b

그림 P10.46

10.47 문제 10.22의 단면(그림 P10.47 참조).

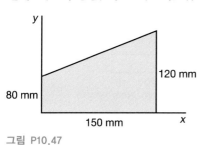

y
80 mm
120 mm
150 mm
x

그림 P10.47

10.48 문제 10.42의 단면(그림 P10.48 참조).

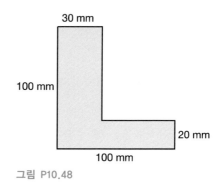

30 mm
100 mm
20 mm
100 mm

그림 P10.48

10.49 문제 10.43의 단면(그림 P10.49 참조).

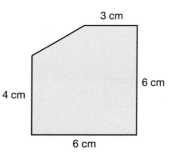

3 cm
6 cm
4 cm
6 cm

그림 P10.49

10.50 문제 10.45의 단면(그림 P10.50 참조).

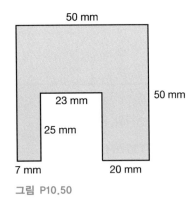

그림 P10.50

10.51 그림 P10.51과 같은 삼각형에서, 도형 중심 주 축과 주 2차 면적 모멘트를 구하라.

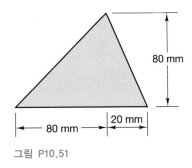

그림 P10.51

10.52 정사각형 단면에서, 모든 도형 중심 축은 주 축이 됨을 증명하라.

10.53 이등변삼각형 단면에서, 모든 도형 중심 축은 주 축이 됨을 증명하라.

10.54 육각형 단면에서, 모든 도형 중심 축은 주 축이 됨을 증명하라.

10.55 그림 P10.55와 같은 단면적에서, 도형 중심 주 축과 주 2차 면적 모멘트를 구하라.

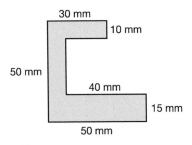

그림 P10.55

10.56 그림 P10.56과 같이, 정사각형을 네 등분했을 때 좌상 사분면에 반경이 10 mm인 원형 구멍이 나 있는 정사각형 단면에서 도형 중심 주 축과 주 2차 면적 모멘트를 구하라.

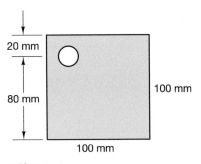

그림 P10.56

10.57 그림 P10.57과 같이, 두께가 t인 L형 강재(beam)의 단면에서 도형 중심 주 축과 주 2차 면적 모멘트를 구하라.

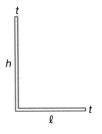

그림 P10.57

10.58 그림 P10.57에서, 강재의 다리부가 같을 때($h = \ell$) 대칭 축이 주 축임을 증명하라.

10.59 그림 P10.59와 같은 단면적에서, 도형 중심 주 축과 주 2차 면적 모멘트를 구하라.

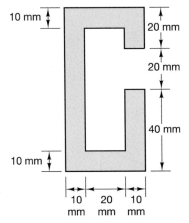

그림 P10.59

10.9 모어 원을 사용하여 주 2차 면적 모멘트 구하기

임의의 직교 축 쌍에 관하여 2차 면적 모멘트와 곱 면적 모멘트가 주어지면, 식 (10.33)과 식 (10.34)를 사용하여 원점이 동일한 다른 임의의 $x' - y'$ 축 세트에 관하여도 이러한 특성 값들을 구할 수 있다. 이러한 변환식의 도식적 표현은 1882년 독일 엔지니어 모어 (Otto Mohr)가 개발하였다. 모어는 가능한 모든 2차 면적 모멘트 값과 곱 면적 모멘트의 값을 원에 표시할 수 있음을 보였다. 이 **모어 원**을 적절한 크기로 정확하게 그리면 임의의 축에 관한 2차 면적 모멘트를 구하는 도식적 도구로 사용할 수 있다. 다른 도식적 기법과 같이, 이 방법도 삼각법과 결합이 되어 반도식적 도구나 변환식의 개념적 도구로 사용된다.

변환식 (10.33)과 (10.34)는 β의 삼각함수, 즉 **원 함수**에 종속된다. 그러므로 모어가 원을 동원하여 이와 관련된 관계를 찾아내고자 한 것은 당연한 일이다. 변환식에서는 제곱을 한 다음 서로 합하게 되면 원의 식이 나오기 마련이다. 이러한 결과는 변환식을 써보면 다음과 같이 쉽게 구할 수 있다.

$$I_{x'x'} - \frac{I_{xx} - I_{yy}}{2} = \frac{I_{xx} - I_{yy}}{2} \cos 2\beta + I_{xy} \sin 2\beta$$

$$I_{x'y'} = \frac{I_{xx} - I_{yy}}{2} \sin 2\beta + I_{xy} \cos 2\beta$$

좌변과 우변을 제곱을 한 다음 합하면 다음이 나온다.

$$\left(I_{x'x'} - \frac{I_{xx} + I_{yy}}{2} \right)^2 + (I_{x'y'})^2 = \left(\frac{I_{xx} - I_{yy}}{2} \right)^2 + (I_{xy})^2 \tag{10.38}$$

이 식이 x, y 공간에 있는 식이 아니라 $I_{x'x'}$, $I_{x'y'}$ 공간에 있는 식이라고 생각하면, 이 식이 원의 식임을 알 수 있다. 즉

$$(x - x_0)^2 + y^2 = R^2 \tag{10.39}$$

2차 모멘트 공간에 있는 원은 그 원점이 $\left(\dfrac{I_{xx} + I_{yy}}{2}, \ 0 \right)$에 있고 반경은 다음과 같다.

$$R = \sqrt{\left(\frac{I_{xx} - I_{yy}}{2} \right)^2 + I_{xy}^2} \tag{10.40}$$

모어 원을 작도하려면 변환 식에 대해서 몇 가지를 주의 깊게 고려해야 한다. 먼저, 식에 2배각 2β가 나타나므로, 원에 있는 모든 각들이 면적의 좌표계 사이에 있는 각들의 2배라는 점에 유의하여야 한다. 곱 면적 모멘트에 양의 부호나 음의 부호가 매겨질 수 있도록 I_{xy}에 대해서 양(+)의 부호 규약을 선정하여야 한다. 2차 면적 모멘트는 항상 양이므로, 모어 원은 그림 10.11과 같이 도시되기 마련이다.

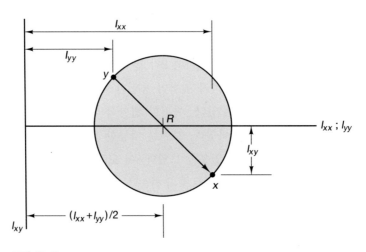

그림 10.11

x축과 y축은 각각 좌표가 $(I_{xx} - I_{xy})$ 및 $(I_{xx} + I_{yy})$인 원 위의 점이 된다는 것을 주목하여야 한다. I_{xy}는 아래쪽 방향이 양이 되게 작도를 하게 되므로, 면적에 있는 축들을 회전시키게 되면 모어 원에서의 회전 방향과 일치하게 된다. 원에서의 각도는 면적에서의 각도의 2배가 된다는 점에 유의하여야 한다.

주 2차 면적 모멘트는 다음과 같은 관계를 알고 있으면 구할 수 있다.

$$I_{\max} = (I_{xx} + I_{yy})/2 + R$$

$$I_{\min} = (I_{xx} + I_{yy})/2 - R$$

여기에서, $(I_{xx} + I_{yy})/2$는 원의 중심까지의 거리이다. 그러므로 다음과 같다.

$$I_{\max/\min} = \frac{I_{xx} + I_{yy}}{2} \pm \sqrt{\left(\frac{I_{xx} - I_{yy}}{2}\right)^2 + I_{xy}^2} \tag{10.41}$$

예제 10.6

예제 10.5의 모어 원을 그려라.

풀이 먼저, 2차 면적 모멘트-곱 면적 모멘트 좌표계를 설정한다(아래 그림 중 왼쪽 그림 참조). 그런 다음, y모멘트를 그릴 때 I_{xy}는 부호를 반대로 그려야 한다는 점을 염두에 두면서 x모멘트와 y모멘

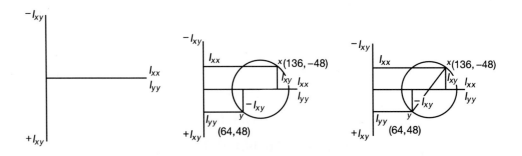

트의 좌표를 그린다. x점과 y점들을 선으로 연결하여 원의 직경을 그어서 원의 중심의 위치를 구한다(그림 중 오른쪽 두 그림 참조).
x축과 최솟값 사이의 2배각은 원에서 쉽게 구할 수 있으며 이 문제에서는 다음과 같다.

$$\tan^{-1}(48/\{[136 - 64]/2\}) = 53.13°$$

그러므로 2차 면적 모멘트가 최대가 되는 주 축은 x축을 기준으로 하여 시계 방향으로 26.6°를 이루고 있다. 원의 중심은 (136+64)/2인 지점, 즉 $I_{x'x'}$축에서 100 cm^{4}인 지점에 있으며, 원의 반경은 다음과 같다.

$$R = \sqrt{\left(\frac{I_{xx} - I_{yy}}{2}\right)^2 + I_{xy}^2} \text{ cm}^4$$

$$= \sqrt{36^2 + 48^2} = 60$$

최대 2차 면적 모멘트는 160 cm^{4}이고 최소 2차 면적 모멘트는 40 cm^{4}이다. 모어 원을 사용하여 연산을 하게 되면 품이 많이 들기는 하지만, 개념적인 도구를 제공하므로 도형 중심 축의 변환 효과를 알 수 있다는 것을 주목하여야 한다..

연습문제

다음의 각각의 단면적에서, 모어 원을 사용하여 주 축과 주 2차 면적 모멘트를 각각 구하라.

10.60 문제 10.35의 z형 단면(그림 P10.60 참조). b는 $h/2$.

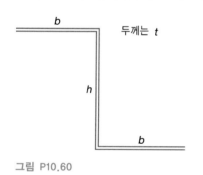

그림 P10.60

10.61 문제 10.22의 단면(그림 P10.61 참조).

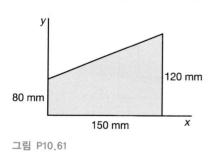

그림 P10.61

10.62 문제 10.42의 단면(그림 P10.62 참조).

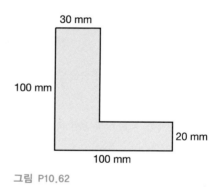

그림 P10.62

10.63 문제 10.43의 단면(그림 P10.63 참조).

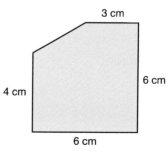

그림 P10.63

10.64 문제 10.45의 단면(그림 P10.64 참조).

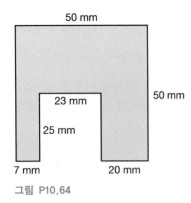

50 mm

50 mm

23 mm

25 mm

7 mm   20 mm

그림 P10.64

10.65 그림 P10.65와 같은 삼각형에서, 도형 중심 주 축과 주 2차 면적 모멘트를 구하라.

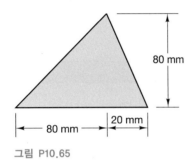

80 mm

80 mm   20 mm

그림 P10.65

10.66 정사각형 단면에서, 모든 도형 중심 축은 주 축이 됨을 증명하라.

10.67 이등변삼각형 단면에서, 모든 도형 중심 축은 주 축이 됨을 증명하라.

10.68 육각형 단면에서, 모든 도형 중심 축은 주 축이 됨을 증명하라.

10.69 그림 P10.69와 같은 단면적에서, 도형 중심 주 축과 주 2차 면적 모멘트를 구하라.

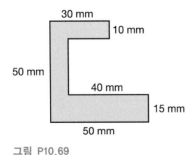

30 mm

10 mm

50 mm

40 mm

15 mm

50 mm

그림 P10.69

10.70 그림 P10.70과 같이, 정사각형을 네 등분했을 때 좌상 사분면에 반경이 10 mm인 원형 구멍이 나 있는 정사각형 단면에서 도형 중심 주 축과 주 2차 면적 모멘트를 구하라.

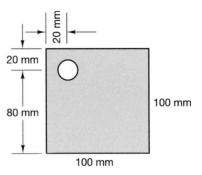

20 mm

20 mm

80 mm

100 mm

100 mm

그림 P10.70

10.71 그림 P10.71과 같이, 두께가 t인 L형 강재(beam)의 단면에서 도형 중심 주 축과 주 2차 면적 모멘트를 구하라.

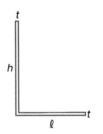

t

h

ℓ t

그림 P10.71

10.72 그림 P10.71에서, 강재의 다리부가 같을 때($h = \ell$) 대칭 축이 주 축임을 증명하라.

10.73 그림 P10.73과 같은 단면적에서, 도형 중심 주 축과 주 2차 면적 모멘트를 구하라.

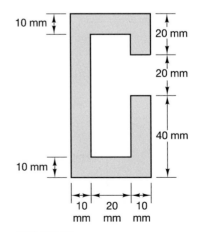

10 mm

20 mm

20 mm

40 mm

10 mm

10   20   10
mm   mm   mm

그림 P10.73

10.10 아이겐밸류 문제

　면적의 주 축을 구하고 이에 상응하는 2차 면적 모멘트의 주 값을 구하는 문제는 물리학과 수학의 많은 유사한 상황에서 발생한다. 그러므로 이에 관한 문제를 상세하게 다루는 것은 당연한 일이다. 이러한 주 값은 '특성 값' 또는 **아이겐밸류(eigenvalue)** 라는 명칭을 갖게 되었고 주 축을 따르는 단위 벡터를 '특성 벡터' 또는 **아이겐벡터 (eigenvector)**라고 한다. 아이겐밸류 문제는 선형 대수학, 텐서 해석 및 미분방정식을 포함하는 많은 응용 수학 분야에서 나타난다. 제10.8절에서는, 직교 회전 변환 행렬을 소개한 바 있다. 이 행렬로 x, y좌표를 x', y'좌표로 변환시켰고 이 행렬을 사용하여 2차 면적 모멘트와 x'축에 관한 곱 면적 모멘트를 구하였다. 이러한 변환은 다음과 같은 관계식으로 일반화할 수 있다.

$$[I'] = [R][I][R]^T \tag{10.42}$$

여기에서 $[R]^T$는 행렬 $[R]$의 전치 행렬이다. (상세한 내용은 선형 대수학 교재를 참조하길 바란다.)

　식 (10.42)를 전개하면 다음이 나온다.

$$\begin{bmatrix} I'_{xx} & I'_{xy} \\ I'_{yx} & I'_{yy} \end{bmatrix} = \begin{bmatrix} \cos\beta & \sin\beta \\ -\sin\beta & \cos\beta \end{bmatrix} \begin{bmatrix} I_{xx} & I_{xy} \\ I_{yx} & I_{yy} \end{bmatrix} \begin{bmatrix} \cos\beta & -\sin\beta \\ \sin\beta & \cos\beta \end{bmatrix} \tag{10.43}$$

식 (10.43)에서 행렬 곱셈을 하게 되면 프라임($'$)이 붙은 좌표계에서 2차 면적 모멘트의 값과 곱 면적 모멘트의 값이 나온다. 즉

$$\begin{bmatrix} I'_{xx} & I'_{yx} \\ I'_{xy} & I'_{yy} \end{bmatrix} = \begin{bmatrix} I_{xx}\cos^2\beta + 2I_{xy}\sin\beta\cos\beta + I_{yy}\sin^2\beta \\ -(I_{xx}-I_{yy})\sin\beta\cos\beta + I_{xy}(\cos^2\beta - \sin^2\beta) \end{bmatrix}$$
$$\begin{matrix} -(I_{xx}-I_{yy})\sin\beta\cos\beta + I_{xy}(\cos^2\beta - \sin^2\beta) \\ I_{yy}\cos^2\beta - 2I_{xy}\sin\beta\cos\beta + I_{xx}\sin^2\beta \end{matrix} \tag{10.44}$$

식 (10.32)의 2배각 관계식을 사용하면 식 (10.43)과 (10.44)가 나온다.

　이제, (2×2) 행렬 $[I]$에 (2×1) 열행렬 $[u]$를 곱하여 (2×1) 열행렬 $[v]$가 나오게 되는 과정을 살펴보기로 하자. 즉

$$[I][u] = [v] \tag{10.45}$$

열행렬 $[u]$ 및 $[v]$는 2차원 벡터라고 볼 수 있다. 이제, $[I]$을 곱하면 자신과 **평행**을 이루는 벡터가 나오게 되는 0이 아닌 벡터 $[u]$가 있는지의 여부를 따져보자. 즉 다음의 식의 성립 여부를 따져보자.

$$[I][u] = \lambda[u] \tag{10.46}$$

이것이 아이겐밸류 문제이다. 식 (10.46)은 다음과 같이 쓸 수 있다.

$$\begin{bmatrix} (I_{xx} - \lambda) & I_{xy} \\ I_{xy} & (I_{yy} - \lambda) \end{bmatrix} \begin{bmatrix} u_x \\ u_y \end{bmatrix} = 0 \qquad (10.47)$$

식 (10.47) 이 u_x와 u_y를 구하는 선형 연립 방정식이라고 한다면, 이 식은 만약, 그리고, 계수 행렬의 행렬식이 0인 경우에 한해 해를 갖게 되기 마련이다. 즉 다음 식이 성립되어야 한다.

$$\lambda^2 - (I_{xx} + I_{yy})\lambda + (I_{xx}I_{yy} - I_{xy}^2) = 0 \qquad (10.48)$$

아이겐밸류 λ는 2차 면적 모멘트의 주 값이므로, 아이겐벡터 $[u]$는 그 방향이 주 축을 따르게 된다. 2차식의 근의 공식을 사용하게 되면, 식 (10.48)에서 다음이 나온다.

$$\lambda_{1/2} = \frac{I_{xx} + I_{yy}}{2} \pm \sqrt{\frac{(I_{xx} + I_{yy})^2 - 4(I_{xx}I_{yy} - I_{xy}^2)}{4}}$$
$$\lambda_{1/2} = \frac{I_{xx} + I_{yy}}{2} \pm \sqrt{\frac{(I_{xx} - I_{yy})^2}{4} + I_{xy}^2} \qquad (10.49)$$

식 (10.49)는 모어 원을 사용하여 구한 식 (10.41)과 일치한다.

아이겐밸류 문제는 질량 관성 모멘트, 주 응력 또는 주 변형률, 및 고유 주파수 등을 구할 때 나타난다.

예제 10.7

예제 10.5와 같은 단면적에서, 2차 면적 모멘트의 주 값과 주 축을 아이겐밸류 방법을 사용하여 구하라.

풀이 2차 면적 모멘트의 텐서는 다음과 같이 쓸 수 있다.

$$[I] = \begin{bmatrix} 136 & -48 \\ -48 & 64 \end{bmatrix} \text{cm}^4$$

아이겐밸류는 다음과 같다.

$$\lambda = \begin{bmatrix} 160 \\ 40 \end{bmatrix} \text{cm}^4$$

최대 아이겐밸류가 $\lambda = 160 \text{ cm}^4$일 때, 아이겐벡터는 다음과 같다.

$$n_1 = \begin{bmatrix} 0.894 \\ -0.447 \end{bmatrix}$$

$$\beta_1 = \tan^{-1}\left(\frac{n_{1y}}{n_{1x}}\right) = -26.565°$$

최소 아이겐밸류가 $\lambda = 40 \text{ cm}^4$일 때, 아이겐벡터는 다음과 같다.

$$n_2 = \begin{bmatrix} 0.447 \\ 0.894 \end{bmatrix}$$

$$\beta_2 = \tan^{-1}\left(\frac{n_{1y}}{n_{1x}}\right) = 63.435°$$

직교 회전 변환 행렬은 다음과 같다.

$$[R] = \begin{bmatrix} 0.894 & -0.447 \\ 0.447 & 0.894 \end{bmatrix}$$

$$[R][I][R]^T = \begin{bmatrix} 160 & 0 \\ 0 & 40 \end{bmatrix}$$

연습문제

다음의 각각의 단면적에서, 아이겐밸류-아이겐벡터를 사용하여 주 축과 주 2차 면적 모멘트를 각각 구하라.

10.74 문제 10.35의 z형 단면(그림 P10.74 참조). b는 $h/2$.

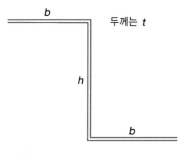

그림 P10.74

10.75 문제 10.22의 단면(그림 P10.75 참조).

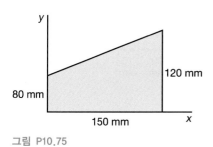

그림 P10.75

10.76 문제 10.42의 단면(그림 P10.76 참조).

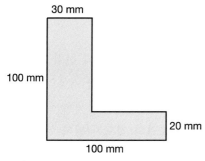

그림 P10.76

10.77 문제 10.43의 단면(그림 P10.77 참조).

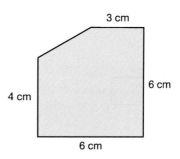

그림 P10.77

10.78 문제 10.45의 단면(그림 P10.78 참조).

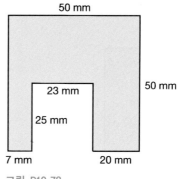

그림 P10.78

10.79 그림 P10.79와 같은 삼각형에서, 도형 중심 주 축과 주 2차 면적 모멘트를 구하라.

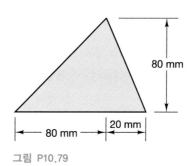

그림 P10.79

10.80 정사각형 단면에서, 모든 도형 중심 축은 주 축이 됨을 증명하라.

10.81 이등변삼각형 단면에서, 모든 도형 중심 축은 주 축이 됨을 증명하라.

10.82 육각형 단면에서, 모든 도형 중심 축은 주 축이 됨을 증명하라.

10.83 그림 P10.83과 같은 단면적에서, 도형 중심 주 축과 주 2차 면적 모멘트를 구하라.

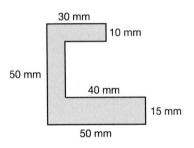

그림 P10.83

10.84 그림 P10.84와 같이, 정사각형을 네 등분했을 때 좌상 사분면에 반경이 10 mm인 원형 구멍이 나 있는 정사각형 단면에서 도형 중심 주 축과 주 2차 면적 모멘트를 구하라.

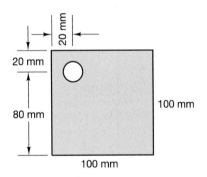

그림 P10.84

10.85 그림 P10.85와 같이, 두께가 t인 L형 강재(beam)의 단면에서 도형 중심 주 축과 주 2차 면적 모멘트를 구하라.

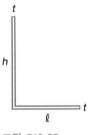

그림 P10.85

10.86 그림 P10.86에서, 강재의 다리부가 같을 때($h = \ell$) 대칭 축이 주 축임을 증명하라.

10.87 그림 P10.87과 같은 단면적에서, 도형 중심 주 축과 주 2차 면적 모멘트를 구하라.

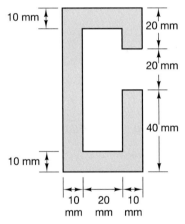

그림 P10.87

10.11 질량 관성 모멘트

뉴턴의 운동 제2법칙은 질점에 작용하는 비평형력과 그 질점의 선형 운동량 mv의 변화와의 관계를 나타내고 있다. 질점의 질량은 선형 가속도에 대한 저항의 척도가 된다. 이 원리는 동역학 분야의 근본이 되므로 그 분야를 고찰할 때 상세히 살펴보면 된다. 점에 관한 힘의 모멘트는 그 점에 관한 힘의 회전 효과의 척도가 된다. 강체가 비평형 모멘트를 받게 되면, 물체는 각가속 운동을 하게 되기 마련이다. 각가속에 대한 저항은 물체 내 질량 분포로 구하게 된다. 이 저항을 **질량 관성 모멘트**라고 한다. 질량 관성 모멘트의 단위는 [(질량)×(길이)²]이므로, kg · m², lbm · ft² (또는 slug · ft²)이다. 이러한 강체의 특성량은 동역학에서 상세하게 다룰 것이다. 여기에서는, 질량 대칭면이 있는 강체만을 살펴보기로 하고, 질량 모멘트에 관한 상세한 학습은 동역학 문제를 해석하게 될 때까지 미루기로 한다. 물체의 대칭면에 직각인 축이 질량 관성 모멘트의 주 축이 된다는 사실은 다음과 같은 내용으로 설명할 수 있다. 즉, **강체에 질량 대칭면이 있으면, 강체의 질량 중심은 질량 대칭면에 놓여 있기 마련이므로 이 대칭면에 직각인 축이 주 축이 될 수밖에 없다.** 이러한 내용이 강체를 2차원으로 모델링하여 이 물체에는 단지 3자유도 (대칭면에서의 2개의 병진과 대칭면에 직각인 축에 관한 회전)만이 있다고 가정하는 평면 동역학의 기초이다.

그림 10.12와 같이, 밀도가 균일하고 길고 가느다란 단순 봉을 살펴보기로 하자. 직교 좌표계의 원점은 봉의 질량 중심에 있고, y축은 봉의 장축과 일치하게 된다. 3개의 좌표계($x-y$, $y-z$ 및 $x-z$)는 모두 대칭면이 되므로, 각각의 좌표 축은 대칭면에 직각이다. 관성 질량 모멘트, 즉 대칭면에 직각인 축에 관한 회전에 대한 저항은 이 축에 관한 질량의 분포로 구한다. 즉

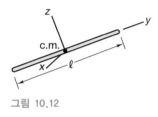

그림 10.12

$$I = \int_M r^2 \, dm \tag{10.50}$$

여기에서, M은 총 질량이고, r은 축으로부터 질량 요소까지의 수선이다. ρ은 질량 밀도이고 A는 봉의 단면적이며 x축과 z축에 관한 질량 관성 모멘트는 다음과 같다.

$$I_{xx} = I_{zz} = \int_{-\frac{l}{2}}^{\frac{l}{2}} y^2 \rho A \, dy = \frac{1}{12}(\rho A l)l^2 = \frac{1}{12}Ml^2 \tag{10.51}$$

질량의 회전 반경은 제10.6절에 있는 식 (10.16)의 회전 반경과 일치되도록 정의된다. 즉

$$k = \sqrt{\frac{I}{M}} \tag{10.52}$$

질량 관성 모멘트는 다음과 같이 회전 반경으로 나타낼 수 있다.

$$I = k^2 M \tag{10.53}$$

그러므로 길고 가느다란 봉은 그 중심에 관한 회전 반경이 다음과 같다.

$$k_x = k_z = \sqrt{\frac{1}{12}}\,l \tag{10.54}$$

10.11.1 평행 축 정리

질량 관성 모멘트에서도 2차 면적 모멘트에서 사용되었던 것과 유사한 평행 축 정리를 전개할 수 있다. 이 정리는 점에 관한 질량 관성 모멘트와 질량 중심에 관한 질량 관성 모멘트와의 관계를 나타낸다. 그림 10.13과 같이, 질량 대칭면을 $x - y$평면으로 나타낸 강체를 살펴보자.

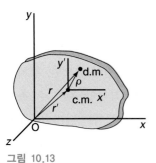

그림 10.13

$x' - y'$축은 질량 중심을 지나는 축이므로, 질량 요소를 향하는 양(+)의 벡터는 다음과 같다.

$$r = r' + \rho \tag{10.55}$$

점 O를 지나는 z축에 관한 질량 관성 모멘트는 다음과 같다.

$$I_{Oz} = \int_M r \cdot r \, dm \tag{10.56}$$

식 (10.55)를 식 (10.56)에 대입하면 다음이 나온다.

$$I_{0z} = \int_M [r' \cdot r' + 2r' \cdot \boldsymbol{\rho} + \boldsymbol{\rho} \cdot \boldsymbol{\rho}] \, dm \tag{10.57}$$

$$I_{0z} = (r')^2 M + 2r' \cdot \int_M \boldsymbol{\rho} \, dm + \int_M \rho^2 \, dm$$

식 (10.57)에 있는 둘째 항의 적분은 기준점으로부터 질량 중심까지 거리의 정의이며, ρ는 질량 중심에서부터 측정하게 되므로 이 거리는 0이 된다. 질량 중심에 관한 질량 관성 모멘트는 다음과 같다.

$$I_{\text{c.m.}} = \int_M \rho^2 \, dm \tag{10.58}$$

그러므로 질량 관성 모멘트의 평행 축 정리는 다음과 같다.

$$I_{0z} = (r')^2 M + I_{\text{c.m.}z} \tag{10.59}$$

역자 주: 여기에서, r'는 질량 중심으로부터 기준 축까지의 거리이며, $I_{\text{c.m.}z}$는 질량 중심이 지나는 질량 대칭면에 직각인 주 축에 관한 질량 관성 모멘트이다.

이 평행 축 정리는 합성체의 질량 관성 모멘트를 구하는 데에도 사용할 수 있다. 균질 입체의 질량 중심과 질량 관성 모멘트는 표 10.2에 수록되어 있다.

표 10.2 균질 입체의 질량 중심 및 질량 관성 모멘트

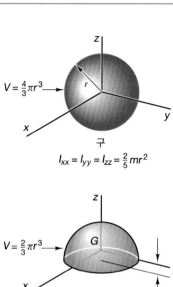

구

$I_{xx} = I_{yy} = I_{zz} = \frac{2}{5}mr^2$

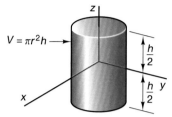

원통형 물체

$I_{xx} = I_{yy} = \frac{1}{12}m(3r^2+h^2)$ $I_{zz} = \frac{1}{2}mr^2$

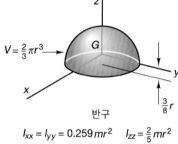

반구

$I_{xx} = I_{yy} = 0.259\,mr^2$ $I_{zz} = \frac{2}{5}mr^2$

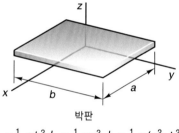

원뿔

$I_{xx} = I_{yy} = \frac{3}{80}m(4r^2+h^2)$ $I_{zz} = \frac{3}{10}mr^2$

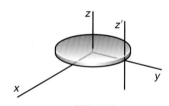

원형 박판

$I_{xx} = I_{yy} = \frac{1}{4}mr^2$ $I_{zz} = \frac{1}{2}mr^2$ $I_{zz} = \frac{3}{2}mr^2$

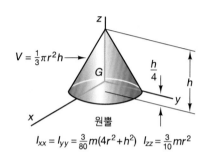

박판

$I_{xx} = \frac{1}{12}mb^2$ $I_{yy} = \frac{1}{12}ma^2$ $I_{zz} = \frac{1}{12}m(a^2+b^2)$

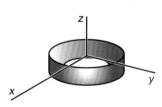

얇은 벽 링

$I_{xx} = I_{yy} = \frac{1}{2}mr^2$ $I_{zz} = mr^2$

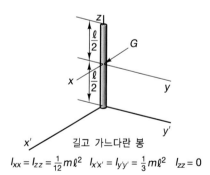

길고 가느다란 봉

$I_{xx} = I_{zz} = \frac{1}{12}m\ell^2$ $I_{x'x'} = I_{y'y'} = \frac{1}{3}m\ell^2$ $I_{zz} = 0$

예제 10.8

그림과 같은 진자에서, 점 O에 관한 질량 관성 모멘트를 구하라. 진자는 질량이 m인 길고 가느다란 봉과 지량이 M인 원판으로 되어 있다.

풀이 먼저, 원판의 질량 관성 모멘트를 그 질량 중심에 관하여 구해야 한다. 원판이 밀도가 ρ로 균일하고 두께가 t일 때, 질량 중심을 지나는 z축에 관한 질량 관성 모멘트는 다음과 같다.

$$I_{\text{c.m.}} = \int_{-\frac{1}{2}t}^{\frac{1}{2}t}\int_{0}^{2\pi r}\int_{0}^{r}\rho[(r^2 r\, dr)\, d\theta]\, dz$$

$$I_{\text{c.m.}} = \frac{r^2}{2}(\rho\pi r^2 t) = \frac{1}{2}Mr^2$$

봉의 질량 관성 모멘트를 질량 중심에 관하여 구하면 다음과 같다.

$$I_{\text{c.m.}} = \frac{1}{12}m\ell^2$$

점 O에 관한 질량 관성모멘트는 평행 축 정리를 사용하여 다음과 같이 구한다.

$$I_O = \frac{1}{12}m\ell^2 + m\left(\frac{1}{2}\right)^2 + \frac{1}{2}Mr^2 + M(\ell + r)^2$$

그러므로 다음과 같다.

$$I_O = \frac{1}{3}m\ell^2 + M\left(l^2 + 2\ell r + \frac{2}{3}r^2\right)$$

연습문제

10.88 그림 P10.88에서, 질량이 m인 직사각형 판의 질량 관성 모멘트를 구하라. 단, 이 판의 밀도는 균일하다고 가정한다.

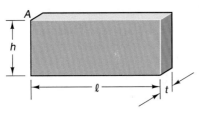

그림 P10.88

10.89 그림 P10.88에서, 이 판의 좌상귀 A에 관한 질량 관성 모멘트를 구하라.

10.90 그림 P10.90에서, 중립면에 관하여 대칭으로 모델링된 자동차의 질량 관성 모멘트를 구하라. 이 자동차를 차체는 3개의 직사각형의 구성으로 보고 엔진은 1개의 직사각형으로 보아 총 4개의 직사각형으로 되어 있다고 가정한다. 타이어의 질량과 다른 부품의 질량은 무시한다. 세 부분으로 구성된 차체의 질량은 360 kg이고, 엔진 블록은 질량이 200 kg이다. 각각의 직사각형의 질량 중심은 각각의 기하 도형 중심에 있다고 가정한다.

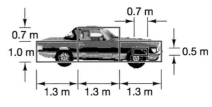

그림 P10.90

10.91 그림 P10.90에서, 질량이 75 kg인 탑승자 두 사람이 각각 $0.3\,\text{m} \times 1\,\text{m}$로 모델링하여 자동차 실내의 앞좌석에 앉았다 (그림 P10.91 참조).

75 kg의 탑승자 두 명
질량 중심의 위치
앞변에서부터 0.6 m
밑변에서부터 0.8 m

그림 P10.91

10.92 그림 P10.92에서, 질량이 75 kg인 탑승자 두 사람이 자동차 실내의 뒷좌석에 더 앉았을 때, 질량 중심과 질량 관성 모멘트는 어떻게 변하는가?

탑승자 두 명 질량 중심의 위치 뒷변에서부터 0.3 m 밑변에서부터 0.8 m

75 kg의 탑승자 두 명 질량 중심의 위치 앞변에서부터 0.3 m 밑변에서부터 0.8 m

0.7 m

0.7 m

1 m

0.5 m

1.3 m 1.3 m 1.3 m

그림 P10.92

10.93 그림 P10.92에서, 두께가 60 mm인 삼각형 판의 질량 중심과 점 O에 관한 질량 관성 모멘트를 각각 구하라. 질량 밀도는 0.8×10^{-6} kg/mm³이다.

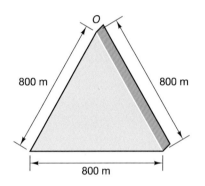

O

800 m

800 m

800 m

그림 P10.93

10.94 그림 P10.94에서, 역기의 질량 관성 모멘트를 질량 중심을 지나는 z축에 관하여 구하라. (힌트: 먼저, 원판의 질량 관성 모멘트를 직경 방향 축에 관하여 구해야 한다.)

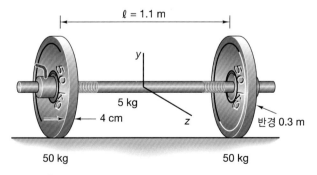

ℓ = 1.1 m

y

5 kg

4 cm

z

반경 0.3 m

50 kg

50 kg

그림 P10.94

10.95 그림 P10.94에서, 역기의 질량 관성 모멘트를 역기 봉의 장축에 관하여 구하라.

10.96 그림 P10.96에서, 질량이 5 kg이고 반경이 0.2 m인 구와 질량이 1 kg이고 길이가 1.5 m인 봉으로 되어 있는 진자의 질량 관성 모멘트를 점 O에 관하여 구하라.

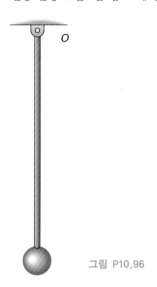

O

그림 P10.96

10.97 그림 P10.97에서, 두께가 8 mm이고 한 변의 길이가 500 mm 인 정사각형 판의 중앙부에 직경이 100 mm인 구멍이 뚫려 있을 때, 이 판의 질량 관성 모멘트를 구하라. 질량 밀도는 250 kg/m³이다.

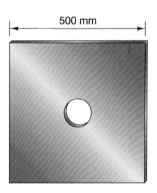

500 mm

그림 P10.97

10.98 그림 P10.97에서, 이 판의 질량 관성 모멘트를 좌상귀에 관하여 구하라.

10.99 그림 P10.97에서, 이 판의 질량 관성 모멘트를 한 변의 중점에 관하여 구하라.

10.100 그림 P10.100에서, 질량이 m이고 길이가 l인 길고 가느다란 봉이 중간 지점에서 각 θ만큼 구부러져 있다. 이 봉의 질량 중심에 관한 질량 관성 모멘트를 일반식으로 나타내어라. 각 θ = 0일 때, 이 일반식은 질량이 m이고 길이가 l인 직선 봉에서와 같게 됨을 보여라.

10.101 그림 P10.100에서, 이 봉의 점 O에 관한 질량 관성 모멘트를 일반식으로 나타내어라.

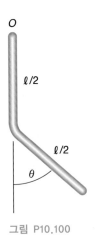

그림 P10.100

10.102 삽은 봉과 판으로 모델링할 수 있다. 그림 P10.102에서, 이 삽의 질량 관성 모멘트를 삽자루의 점 O에 관하여 구하라. 봉의 질량은 2 kg이고 판의 질량은 3 kg이다.

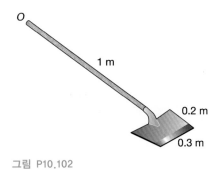

그림 P10.102

단원 요약

1차 면적 모멘트는 제5장에서 다음과 같이 정의한 바 있다.

$$x\text{에 관한 1차 면적 모멘트} = \int_A y\,dA = y_c A$$

$$y\text{에 관한 1차 면적 모멘트} = \int_A x\,dA = x_c A$$

2차 면적 모멘트는 다음과 같이 정의된다.

$$I_{xx} = \int_A y^2\,dA$$

$$I_{yy} = \int_A x^2\,dA$$

극 관성 모멘트, 즉 z축에 관한 2차 면적 모멘트는 다음과 같이 정의된다.

$$J_{0z} = \int_A r^2\,dA$$

극 좌표에서는, $r^2 = x^2 + y^2$이므로,

$$J_{0z} = I_{xx} + I_{yy}$$

2차 면적 모멘트의 평행 축 정리는 다음과 같다.

$$I_{xx} = I_{xx_c} + Ad_y^2 \tag{10.13}$$

여기에서, I_{xx}는 x' 도형 중심 축에 관한 2차 면적 모멘트이고, d_y는 기준 x축과 평행 도형 중심 축 x_c 사이의 거리이다.

평행 축 정리를 사용하게 되면, 평행 도형 중심 축에 관한 2차 면적 모멘트를 알고 있으면 어떠한 축에 관해서도 2차 면적 모멘트를 계산할 수 있다. 또한, 이 정리를 사용하게 되면, 복잡한 단면적을 단순한 기하 도형의 합성체로 취급할 수 있다.

평행 축 정리는 y축에 관한 2차 면적 모멘트에도 똑같이 적용되며, 그 경우에는 다음과 같이 쓸 수 있다.

$$I_{yy} = I_{yy_c} + Ad_x^2 \tag{10.14}$$

여기에서, I_{yy}는 y' 도형 중심 축에 관한 2차 면적 모멘트이고, d_x는 기준 y축과 평행 도형 중심 축 y_c 사이의 거리이다.

이 2가지 형태의 평행 축 정리를 합하면 극 관성 모멘트, 즉 극 2차 면적 모멘트에서도 다음과 같은 유사한 결과가 나온다.

$$J_0 = J_{0_c} + Ar_0^2 \tag{10.15}$$

여기에서, J_0는 y' 도형 중심 축에 관한 극 2차 면적 모멘트이고, r_0는 기준 원점으로부터 도형 중심까지의 거리이다.

이 경우에, 평행 축은 z방향 축이 되므로 2차 면적 모멘트는 이러한 z방향 축에 관하여 취한다.

회전 반경은 2차 면적 모멘트를 명시하는 또 다른 방법이다. 즉

$$k_x = \sqrt{\frac{I_{xx}}{A}}$$

$$k_y = \sqrt{\frac{I_{yy}}{A}}$$

$$k_z = \sqrt{\frac{J_{0z}}{A}}$$

주 2차 면적 모멘트 주 2차 면적 모멘트는 주 도형 중심 축에 관한 2차 면적 모멘트이다. 주 축에는 다음과 같은 특성이 있다.

1. 주 축들은 서로 직교하는 축이다.
2. 주 축 가운데 하나의 축에 관한 2차 면적 모멘트는 모든 도형 중심 축들의 2차 면적 모멘트 중에서 최댓값이 되어야 하고, 다른 주 축에 관한 2차 면적 모멘트는 최솟값이 되어야 한다.
3. 곱 면적 모멘트라고 하는 특성 값은 주 축에 관하여 0이 된다.

곱 면적 모멘트는 다음과 같이 정의된다.

$$I_{xy} = -\int_A xy \, dA$$

한 세트의 직각 좌표 축에 관한 2차 면적 모멘트와 곱 면적 모멘트를 알고 있으면, 한 세트의 회전 축 $x'-y'$(그림 참조)에 관한 2차 면적 모멘트는 다음과 같다.

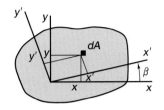

$$I_{x'x'} = \frac{I_{xx} + I_{yy}}{2} + \frac{I_{xx} - I_{yy}}{2}\cos 2\beta + I_{xy}\sin 2\beta$$

$$I_{x'y'} = \frac{I_{xx} - I_{yy}}{2}\sin 2\beta + I_{xy}\cos 2\beta$$

주 축에 대한 각은 다음 식으로 나타낸다.

$$\tan 2\beta = \frac{2I_{xy}}{I_{xx} - I_{yy}}$$

즉

$$\beta = \frac{1}{2}\tan^{-1}\left(\frac{2I_{xy}}{I_{xx} - I_{yy}}\right)$$

주 축에 관한 관성 모멘트 곱은 0이 된다. 이러한 축에 관한 2차 면적 모멘트는 최대 및 최소가 되며 다음 식으로 나타낸다.

$$I_{\max/\min} = \frac{I_{xx} + I_{yy}}{2} \pm \sqrt{\left(\frac{I_{xx} - I_{yy}}{2}\right)^2 + I_{xy}^2}$$

모어 원은 2차 면적 모멘트의 회전 변환식의 도식적 표현이다. 이는 2차 텐서를 알아보는 데 가치 있는 개념적 도구이다.

　주 2차 면적 모멘트와 주 축은 각각 2차 면적 모멘트 행렬(텐서)의 아이겐밸류와 아이겐벡터이다.

$$[I] = \begin{bmatrix} I_{xx} & I_{xy} \\ I_{xy} & I_{yy} \end{bmatrix}$$

질량 관성 모멘트　축에 관한 강체의 각가속에 대한 저항이 강체의 질량 관성 모멘트이다. 질량 관성 모멘트의 단위는 [(질량) × (길이)²]이다. 강체에 질량 대칭면이 있으면, 강체의 질량 중심은 질량 대칭면에 놓여 있기 마련이므로 이 대칭면에 직각인 축이 주 축이 될 수밖에 없다.

$$I = \int_M r^2 \, dm$$

회전 반경은 다음과 같다.

$$k = \sqrt{\frac{I}{M}}$$

질량 관성 모멘트의 평행 축 정리는 다음과 같다.

$$I_{0z} = (r')^2 M + I_{c.m.z}$$

여기에서, r'는 질량 중심으로부터 기준 축까지의 거리이며, $I_{c.m.z}$는 질량 중심이 지나는 질량 대칭면에 직각인 주 축에 관한 질량 관성 모멘트이다.

Chapter 11

가상 일

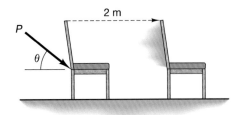

그림 11.1

11.1 서론

가상 일(virtual work) 방법은 변분법(calculus of variation)이라고 하는 수학의 한 분야에 기초하고 있다. 이 주제는 1686년 뉴턴이 시작하였고, 더 나아가 조한/제이콥 베르누이(1696), 오일러(1744), 르장드르(1786), 라그랑주(1788), 해밀턴(1833) 그리고 야코비(1837) 등이 거듭 보완함으로써 발전되었다. 이 방법은 1788년에 라그랑주가 뉴턴 의 평형 법칙의 대안으로서 *Mécanique Analytique*를 출간하여 공식적으로 발표하였다. 이 장에서는 가상 일과 **포텐셜 에너지** 방법을 사용하여 서로 연결된 일련의 강체의 평형을 살펴보고 이러한 시스템의 **안전성**을 조사하게 된다.

11.1.1 일: 힘 또는 모멘트가 일으키는 일

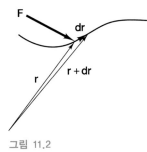

그림 11.2

일(work)은 '결과의 산물(production of results)' 또는 '작용의 성과(performance of function)'로 정의할 수 있다. 그림 11.1과 같이, 힘 P가 하게 되는 일의 아주 단순한 예를 살펴보자. 원하는 결과는 의자를 바닥에서 밀어 2 m를 이동시키는 것이다. 이 힘의 수직 성분은 원하는 결과를 발생시키는 데 분명히 전혀 도움이 되지 않으므로, 일을 전혀 하지 않는다. 힘 P는 의자가 힘의 방향으로 변위를 일으키게 될 때에만 일을 한다. 이러한 이론을 배경으로 하여, 그림 11.2와 같이, 힘 F의 작용 하에서 위치 **r**로부터 위치 **r** + **dr**까지 이동하고 있는 질점을 살펴보자. 힘 F가 변위 **dr**을 일으키면서 하게 되는 일의 수학적인 정식 정의는 다음과 같다.

$$dU = \mathbf{F} \cdot \mathbf{dr} \tag{11.1}$$

이를 말로 바꾸면, 미소 일은 힘에 위치 벡터의 미소 변화를 도트 곱을 하거나 스칼라 곱을 한 것과 같다. 그러므로 일은 스칼라 양이므로, 일이 어떤 방향으로 이루어졌다고 해서는 절대 안 된다. 일의 단위는 (힘) × (길이)이다. SI 단위를 사용할 때에는, 일은 N · m의 단위로 나타내며, 1 N · m는 1 J (Joule)과 같다. 미국 상용 단위를 사용할 때에는, 일은 ft · lb나 in · lb의 단위로 나타낸다. 모멘트 역시 단위가 (힘) × (길이)이기는 하지만, 이는 일이나 에너지의 척도가 아니므로 J로 나타내지 않는다. 힘과 변위 벡터 사이의 각도가 90°보다 더 크면, 도트 곱이 음이 되므로 이때에는 힘이 음의 일을 하게

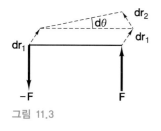

그림 11.3

된다. 개념적인 관점에서 볼 때, 이 경우에는 힘 때문에 바라는 결과가 이뤄지지 못하게 되는 것이므로 앞의 표현은 타당하다. 마찰과 같은 어떤 힘들은 항상 음의 일을 하므로 에너지를 소산시키며, 이에 관해서는 이후에 증명할 것이다.

모멘트가 일으키는 일은, 그림 11.3과 같이, 우력(짝힘)을 형성하는 2개의 힘이 해내는 일을 살펴보면 가장 잘 이해할 수 있다. 우력이 $\mathbf{dr}_1$만큼 변위되면 우력 모멘트는 일을 전혀 하지 않지만, 힘 $\mathbf{F}$가 $\mathbf{dr}_2$만큼 변위될 때에는 순 일(net work)을 하게 된다. 미소 각 벡터가 오른손 법칙에 따라 $d\theta$로 정의되면, 변위는 다음과 같다.

$$\mathbf{dr}_2 = \mathbf{d\theta} \times \mathbf{r} = d\theta\,\hat{\mathbf{n}} \times \mathbf{r} \tag{11.2}$$

여기에서, $\hat{\mathbf{n}}$은 오른손 법칙으로 정의되는 방향성과 방향에 따라 $d\theta$만큼 회전한 축을 따르는 단위 벡터이다. 이러한 회전 동안에 이루어진 일은 다음과 같다.

$$dU = \mathbf{F} \cdot (d\theta\,\hat{\mathbf{n}} \times \mathbf{r}) \tag{11.3}$$

스칼라 삼중 곱 항등식을 사용하면 식 (11.3)은 다음과 같이 쓸 수 있다.

$$dU = d\theta\,\hat{\mathbf{n}} \cdot (\mathbf{r} \times \mathbf{F}) = d\theta\,\hat{\mathbf{n}} \cdot \mathbf{M} \tag{11.4}$$

우력 모멘트가 각 $d\theta$만큼 회전되면, 모멘트는 다음과 같은 일을 하게 된다.

$$dU = \mathbf{M} \cdot \mathbf{d\theta} \tag{11.5}$$

여기에서, $\mathbf{M} = \mathbf{r} \times \mathbf{F}$이다. 유한한 회전은 벡터가 아니긴 하지만, 제2장에서 설명한 바와 같이, 미소 회전을 수학적으로는 벡터로 취급하여도 된다.

어떤 구속력들은 일을 하지 않는다. 예를 들어, 마찰이 없는 볼-소킷 조인트나 힌지 조인트에서의 반력은, 구조물의 이동 중에 변위가 일어나지 않으므로, 일을 하지 않는다. 내력은 크기가 같고 방향은 정반대인 공선력으로 쌍으로 발생하므로 짝힘으로 간주되며, 일은 하지 않는다.

11.2 가상 일

지금까지는, 일을 위치 벡터 $\mathbf{dr}$의 미분 변화로 표현되는 실제 운동으로 정의하였다. 구속과 일치하는 평형 위치로부터 이동까지의 상상 변위 또는 변화를 **가상 변위**라고 하며, 이와 같은 가상 변위 중에 외력으로 이루어진 일을 **가상 일**이라고 한다. 이러한 가상 변위는 실제로 일어나지 않지만, 여러 가지 평형 위치들을 해석하고자 할 때 상상할 수 있다. 가상 변위는 1차 미분이라고 가정하고 특수 기호 $\delta \mathbf{r}$로 나타낸다. 미분 가상 변위 벡터는 성분 표기법으로 다음과 같이 쓸 수 있다.

$$\delta \mathbf{r} = \delta x\hat{\mathbf{i}} + \delta y\hat{\mathbf{j}} + \delta z\hat{\mathbf{k}} \tag{11.6}$$

이와 유사하게, 가상 일은 다음과 같다.

$$\delta U = \mathbf{F} \cdot \delta \mathbf{r} + \mathbf{M} \cdot \delta \theta \qquad (11.7)$$

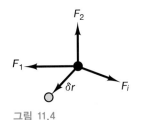

그림 11.4

이제, 그림 11.4와 같이, 가상 변위 $\delta \mathbf{r}$ 만큼을 이동하면서 몇 개의 힘을 받으면서도 평형 상태에 있는 질점을 살펴보자. 이 가상 변위 중에 이루어지는 가상 일은 다음과 같다.

$$\delta U = \mathbf{F}_1 \cdot \delta \mathbf{r} + \mathbf{F}_2 \cdot \delta \mathbf{r} + \mathbf{F}_3 \cdot \delta \mathbf{r} = \left(\sum \mathbf{F}_i \right) \cdot \delta \mathbf{r} \qquad (11.8)$$

이 질점은 평형 상태에 있으므로, 힘의 합은 0이 되며, 가상 일도 0이 된다. 이와 유사하게, 3차원 물체 또는 물체 계는 그 자체가 평형 상태에 있으면서 평형 형태로부터 가상 변위를 겪게 되어도 그 가상 일은 0이 된다. 그러므로 **평형 상태에 있는 물체 또는 물체 계가 어떠한 가상 변위를 겪게 되더라도 이와 관련된 가상 일은 0이 된다.** 기호 식으로는 다음과 같이 쓴다.

$$\delta U = 0 \quad \text{평형 조건} \qquad (11.9)$$

관련된 힘들은 가상 변위 중에 계속 일정하다고 가정한다. 이러한 힘들의 변화를 고려해야 할 때에도, 변화량들의 곱과 미소 가상 변위가 고차 항을 이루게 되는데, 이러한 고차 항은 무시하게 된다. 명백한 것은 가상 일의 개념을 사용하여 단일 강체의 평형 문제를 푸는 데에는 평형 방정식을 직접 세운 다음 풀어야 하므로 제한적인 이점만이 있다는 점이다. 가상 일 방법은 연결된 강체 계를 포함하는 평형 문제를 푸는 데에 가장 적합하다. 다음 절에서는 이러한 유형의 응용을 설명할 것이다.

11.3 연결된 강체 계의 가상 일 원리

연결된 강체 계의 해를 가상 일 방법으로 어떻게 구할 수 있는지 그 개요를 설명하기 전에, 몇 몇 다른 개념들을 복습할 필요가 있다. 단일 강체의 자유도 수는 물체의 위치를 3차원 공간에서 나타내는 데 명시해야만 하는 좌표 위치의 수로 정의한다. 일반적으로, 단일의 강체는 자유도가 3개의 병진과 3개의 회전으로 총 6 자유도이다. 예를 들어, 그림 11.5와 같은 봉은 좌표가 2개의 지점에서 명시되어 있으므로, 총 6개의 좌표가 명시되어야 한다. 강체 봉의 지점 A와 B를 향하는 위치 벡터는 다음과 같이 쓸 수 있다.

$$\mathbf{r}_A = x_A \hat{\mathbf{i}} + y_A \hat{\mathbf{j}} + z_A \hat{\mathbf{k}}$$
$$\mathbf{r}_B = x_B \hat{\mathbf{i}} + y_B \hat{\mathbf{j}} + z_B \hat{\mathbf{k}} \qquad (11.10)$$

여기에서, (x, y, z)는 지점 A와 B의 좌표이다. 이 물체에는 6개의 좌표가 명시되어 있으므로 자유도가 6 자유도이다. 그러므로 일단은 공간에 있는 물체의 위치를 나타내는 데에는 이와 같이 6개의 좌표면 충분하다고 생각하면 된다. 그러나 물체를 간단히 살펴보면 물체는 A와 B를 지나는 축에 관하여 자유롭게 회전할 수 있고 식 (11.10)의 6개의 좌표로는 이 회전을 명시할 수 없다는 사실을 알 수 있다. 이 좌표로 회전을 명시할 수

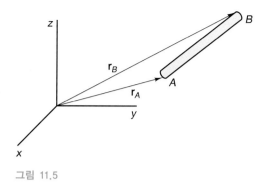

그림 11.5

없는 이유는 이 6개의 좌표들이 독립적이지 않기 때문이다. 이러한 사실을 알아보려면, 물체는 강체로 정의하였으므로 A로부터 B까지의 벡터의 크기는 일정해야 한다는 점을 상기하여야 한다. 이러한 관계는 다음과 같이 수식으로 나타낼 수 있다.

$$\mathbf{r}_{B/A} = (x_B - x_A)\hat{\mathbf{i}} + (y_B - y_A)\hat{\mathbf{j}} + (z_B - z_A)\hat{\mathbf{k}}$$
$$|\mathbf{r}_{B/A}| = \sqrt{(x_B - x_A)^2 + (y_B - y_A)^2 + (z_B - z_A)^2} = l_{AB} \tag{11.11}$$

식 (11.11)은 점 A와 B의 좌표에 대한 구속식이다. 그러므로 봉에는 5개의 독립 좌표가 있다.

가상 일의 원리는 일련의 **독립 좌표**, 즉 일련의 **일반화된 좌표**를 명시하는 데에 달려 있으며, 이 좌표의 개수는 계의 자유도 수와 같다. 이 일반화된 좌표는 대개 q_i로 표기하는 데, 여기에서 지수 i는 그 값이 1에서 n까지이며 n은 자유도 수이다. 그림 11.6에는 1 자유도 계가 도시되어 있다. 점 B가 수평선 AC보다 위에 있도록 구속되어 있을 때, x_c나 θ가 주어지면 계의 배치는 완전히 명시되므로 계는 자유도가 1에 지나지 않는다. 그러므로 x_c나 θ는 독립 좌표 또는 일반화된 좌표로 사용할 수 있게 된다.

$$q_1 = x_c \quad \text{또는} \quad q_1 = \theta \tag{11.12}$$

점 B와 C의 x좌표와 y좌표는 일반화된 좌표 q_1으로 명시할 수 있다.

그림 11.7에 예시되어 있는 평면 2중 진자는 2 자유도 계의 예이다. 진자를 이루는 2개의 링크의 길이는 일정하고 진자는 평면에서 움직이도록 구속되어 있으므로, 2개의

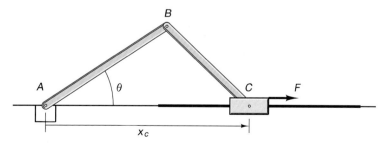

그림 11.6

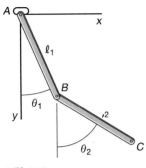

그림 11.7

일반화된 좌표는 다음과 같다.

$$q_1 = \theta_1$$
$$q_2 = \theta_2 \tag{11.13}$$

n개의 강체로 된 계의 자유도 수는 다음과 같다.

$$\text{자유도} = 6n - m \tag{11.14}$$

여기에서, m은 구속 개수이다. 그림 11.7의 2중 진자에서, B_1은 링크 1에 있는 점 B라고 하고 B_2는 링크 2에 있는 점 B라고 하자. 그러면, 10개의 구속 식은 다음과 같다.

$$
\begin{aligned}
x_A &= 0 \\
y_A &= 0 \\
z_A &= 0 \\
z_{B_1} &= 0 \\
z_{B_2} &= 0 \\
z_C &= 0 \\
x_{B_1} &= x_{B_2} \\
y_{B_1} &= y_{B_2} \\
(x_{B_1} - x_A)^2 + (y_{B_1} - y_A)^2 &= \ell_1^2 \\
(x_C - x_{B_2})^2 + (y_C - y_{B_2})^2 &= \ell_2^2
\end{aligned}
\tag{11.15}
$$

0이 아닌 4개의 좌표는 다음과 같이 2개의 일반화된 좌표로 쓸 수 있다.

$$
\begin{aligned}
x_B &= \ell_1 \sin\theta_1 \\
y_B &= \ell_1 \cos\theta_1 \\
x_C &= \ell_1 \sin\theta_1 + \ell_2 \sin\theta_2 \\
y_C &= \ell_1 \cos\theta_1 + \ell_2 \cos\theta_2
\end{aligned}
\tag{11.16}
$$

식 (11.16)은 좌표계 세트 (x, y, z)를 일반화된 좌표 $(q_1 = \theta_1$ 및 $q_2 = \theta_2)$로 바꾸는 **변환 식**이라고 한다.

다음으로, 2중 진자를 형성하는 2개의 링크가 균일하고 이에 따라 링크의 중량이 그 중간점에 작용한다고 할 수 있는 경우를 살펴보자. 이 두 링크의 중간점의 좌표는 (x_1, y_1) 및 (x_2, y_2)로 나타낸다. 이 계는, 그림 11.8의 자유 물체도와 같이, 점 C에 작용하는 수평력 $\mathbf{F}$로 평형 상태를 유지하고 있다. 이러한 평형 상태가 유지되려면 주어진 중량과 주어진 힘 F에서 링크가 수직 좌표축과 이루는 각들이 각각 특정한 값이 되어야 한다. 이 각들은 제7장에서 설명한 방법으로 구할 수도 있지만, 가상 일의 원리에서도 이러한 해석을 효과적으로 할 수 있는 대안이 나온다. 이것이 사실인지를 알아보기 위해서 가상 변위 $\delta\theta_1$과 $\delta\theta_2$ 그리고 그 결과로 나타나는 최종 일을 살펴보자.

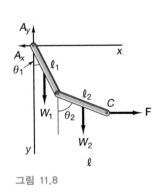

그림 11.8

$$\delta U = W_1 \delta y_1 + W_2 \delta y_2 + F \delta x_C$$

가상 변위는 변환 식을 일반화된 좌표에 관하여 편미분하여 구한다. 즉

$$y_1 = \frac{\ell_1}{2}\cos\theta_1$$

$$y_2 = \ell_1\cos\theta_1 + \frac{\ell_2}{2}\cos\theta_2$$

$$x_c = \ell_1\sin\theta_1 + \ell_2\sin\theta_2$$

그러므로 다음과 같다.

$$\delta y_1 = -\frac{\ell_1}{2}\sin\theta_1\delta\theta_1$$

$$\delta y_2 = -\ell_1\sin\theta_1\delta\theta_1 - \frac{\ell_2}{2}\sin\theta_2\delta\theta_2$$

$$\delta x_c = \ell_1\cos\theta_1\delta\theta_1 + \ell_2\cos\theta_2\delta\theta_2$$

마찰이 없는 연결부로 연결된 강체 계의 **가상일의 원리**는 다음과 같다.

강체가 마찰이 없이 연결되어 있을 때 이 강체나 강체 계가 평형 상태에 있으면, 이 강체나 강체 계의 구속과 일치하는 어떠한 가상 변위에 대해서도 이 강체나 강체 계에 작용하는 외력의 총 가상 일은 0이 된다.

예제 11.1

그림 11.8과 같은 2중 진자의 평형 각을 가상 일의 원리와 평형 식의 해법을 둘 다 사용하여 구하라.

풀이 계의 총 가상 일은 다음과 같다.

$$\delta U = W_1\delta y_1 + W_2\delta y_2 + F\delta x_c = 0$$

$$\delta U = -W_1\frac{\ell_1}{2}\sin\theta_1\delta\theta_1 - W_2\ell_1\sin\theta_1\delta\theta_1$$

$$-W_2\frac{\ell_2}{2}\sin\theta_2\delta\theta_2 + F\ell_1\cos\theta_1\delta\theta_1 + F\ell_2\cos\theta_2\delta\theta_2 = 0$$

각각의 일반화된 좌표는 다른 일반화된 좌표들과는 독립적이므로 가상 변위들을 개별적으로 살펴보면 된다. 그러므로 각각의 가상 변위의 가상 일은 0이 되므로 평형 방정식은 다음과 같다. 여기에서 다음의 관계가 나온다.

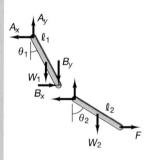

$$\left(-W_1\frac{\ell_1}{2}\sin\theta_1 - W_2\ell_1\sin\theta_1 + F\ell_1\cos\theta_1\right)\delta\theta_1 = 0$$

$$\left(-W_2\frac{\ell_2}{2}\sin\theta_2 + F\ell_2\cos\theta_2\right)\delta\theta_2 = 0$$

$$\tan\theta_1 = \frac{2F}{W_1 + 2W_2}$$

$$\tan\theta_2 = \frac{2F}{W_2}$$

이 문제는 또한 해당 그림에서와 같이 각각의 링크에 대하여 평형 방정식을 사용하고 자유 물체도를 그려서 풀어도 된다. 제2링크에 작용하는 힘들을 합하면 다음이 나온다.

$$B_x = F \quad \text{및} \quad B_y = W_2$$

점 B에 관하여 모멘트를 구하면 다음과 같다.

$$Fl_2 \cos \theta_2 - W_2 \frac{l_2}{2} \sin \theta_2 = 0$$

$$\tan \theta_2 = \frac{2F}{W_2}$$

이 식들은 가상 일 방법으로 구한 결과와 일치한다. 제1링크에 대하여 점 A에 관한 모멘트를 구하면 다음과 같다.

$$Fl_1 \cos \theta_1 - W_2 l_1 \sin \theta_1 - W_1 \frac{l_1}{2} \sin \theta_1 = 0$$

그러므로 다음과 같다.

$$\tan \theta_1 = \frac{2F}{W_1 + 2W_2}$$

이 식 또한 가상 일 방법으로 구한 결과와 일치한다. 두 링크의 중량이 같고 힘 F가 링크 하나의 중량과 같을 때, 평형각은 다음과 같다.

$$\theta_1 = 33.7°$$
$$\theta_2 = 63.4°$$

이 평형각은 링크의 길이에는 독립적이고 계에 작용하는 외력에만 종속된다는 점에 유의하여야 한다.

연습문제

11.1 그림 P11.1과 같이, 각 θ를 2절 링크기구의 평형에 상응하는 작용력 F로 구하라. 두 링크는 동일하고 각각의 질량은 m이고 길이는 l이다. 각각의 링크의 질량 중심은 그 기하형상 중심에 있다.

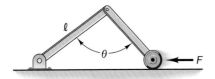

그림 P11.1

11.2 2개의 레버로 되어 있는 기구를 사용하여 작용력의 방향을 바꾸고자 한다. 그림 P11.2와 같이 이 기구를 평형 상태로 유지시키는 데 필요한 힘을 계산하라.

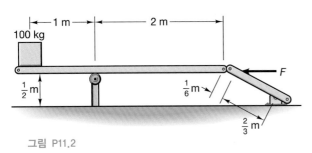

그림 P11.2

11.3 그림 P11.3에서, 모터로 2절 링크기구에 모멘트 M을 가하여 지시기 팔 a를 그림과 같이 유지시키려고 한다. 짧은 링크는 질량이 m이고 긴 링크는 질량이 $4m/3$이며, 각각의 링크의 무게 중심은 그 기하형상 중심에 있다. 평형 상태에서 필요한 M값을 θ, m 및 l의 함수로 계산하라.

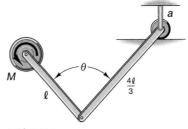

그림 P11.3

11.4 그림 P11.4와 같이, 이 계의 평형 상태에서 힘 **F**를 질량 m, 길이 a 및 각 θ의 함수로 계산하라.

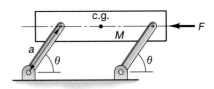

그림 P11.4

11.5 그림 P11.5와 같이, 지지 링크의 끝이 무게 중심선과 일직선 상에 있지 않을 때 문제 11.4를 다시 풀어라.

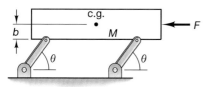

그림 P11.5

11.6 그림 P11.6과 같이, 사과 압착기가 2개의 동일한 링크와 컵으로 구성되어 있다. 작용력 F는 나사 - 크랭크 기구로 조인트 B에서 발생되고 있다. 사과(점 A)에서의 힘 P를 각 θ와 평형에 필요한 힘 F로 계산하라. 링크의 질량은 무시하라.

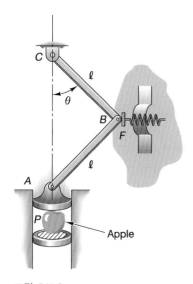

그림 P11.6

11.7 문제 11.6의 사과 압착기에서 링크의 중량(mg)을 포함시키고 각각의 링크의 질량 중심이 그 중간점에 있다고 가정하고 다시 풀어라. 힘 F를 mg, θ, l 및 P로 풀어라.

11.8 그림 P11.8에서, 모터를 사용하여 링크기구를 통해 부품을 이동시켜 기계가공하려고 한다. 각각의 부품의 질량은 무시하고 힘 $\mathbf{F}$를 그림과 같은 위치에서 평형 상태로 유지시키는 데 필요한 모멘트 M을 계산하라. 힘 F는 그림에 그려져 있지 않은 스프링이나 유압 부품으로 제공되고 있다.

11.9 그림 P11.9에서, 질량 W(500 kg)를 B에 있는 피스톤으로 $\theta = 30\,°$의 각도로 유지시키는 데 필요한 힘 $\mathbf{F}$를 계산하라. $l = 2.5$ m의 값을 사용하라.

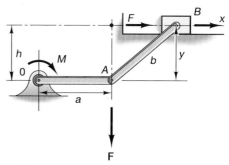

그림 P11.8

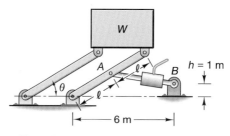

그림 P11.9

11.10 그림 P11.10에서, 이 계를 평형 상태로 유지시키는 데 A에 있는 모터에 필요한 모멘트 M을 구하는 계산식을 세우고, $\theta = 30\,°$, $W = 1000$ N 및 $l = 2$ m일 때 M의 값을 구하라.

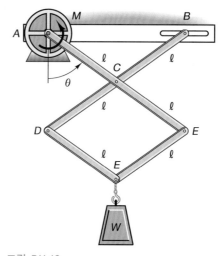

그림 P11.10

11.11 그림 P11.11에서, 이 계를 $\theta = 30\,°$에서 평형 상태로 유지시키는 데 필요한 중량 W를 계산하라.

11.12 유압식 발 펌프에 250 N의 힘을 가하여 피스톤의 힘에 대항시켜 평형 상태를 유지시키고 있다(그림 P11.12 참조). 필요한 피스톤 힘을 5\,°에서 85\,° 사이의 θ에 대해서 θ의 함수로 그래프를 작도하라.

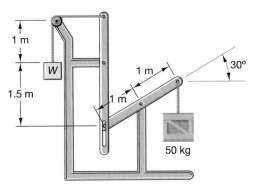

그림 P11.11

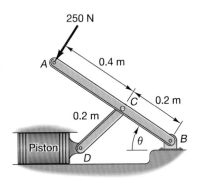

그림 P11.12

11.13 이번에는 두 링크의 질량을 포함시켜서 문제 11.12를 다시 풀어라. 링크 AB의 중심에 작용하는 중력은 25 N이고, 링크 CD에 작용하는 중력은 15 N이다.

11.14 그림 P11.14에는 어떤 구동 시스템(도시되어 있지 않음)으로 롤러에 힘 $\mathbf{F}$를 가하여 작동을 시키는 물건 들어올리기 기구를 나타내고 있다. 이 기구를 평형 상태로 유지시키는 데 필요한 힘을 θ, a 및 b로 계산하여라. 그런 다음, 주어진 W에 대하여 필요한 힘이 가능한 한 적게 들도록 기구를 어떻게 설계할지 기술하라. (바꿔 말하여, 유효한 a와 b의 값은 얼마인가?)

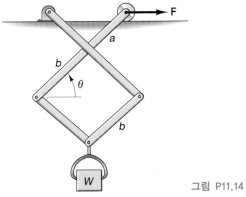

그림 P11.14

11.15 그림 P11.15에서, 손잡이에 150 N의 힘을 가했을 때 점 E에서 결과적으로 발생되는 힘을 계산하라.

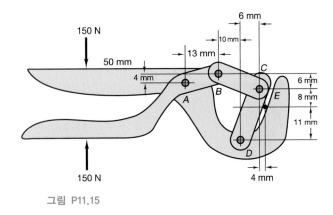

그림 P11.15

11.16 그림 P11.16과 같은 화물이송 판이 질량이 1000 kg이고 화물상자는 질량이 3000 kg일 때, 힘 P를 θ로 계산하라. 2개의 링크 AC와 BD의 질량은 무시한다고 가정한다.

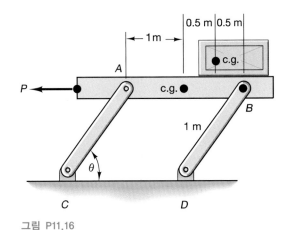

그림 P11.16

11.17 그림 P11.17과 같이, 덤프트럭 승강 기구를 사용하여 하중 W를 그림과 같은 위치에 유지시키고자 한다. 필요한 힘 F를 a, b, c, d 및 θ의 함수로 계산하라.

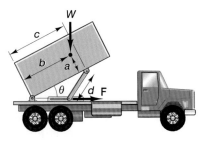

그림 P11.17

11.18 정밀 공작기계에서 모터를 사용하여 기계 부품을 힘 P가 소요되는 절삭 공구에 공급하여 유지시키고 있다(그림 P11.18 참조). 모멘트 M을 링크의 길이 a, 작용력 P 및 절삭 거리 h로 계산하라.

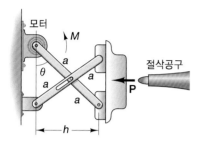

그림 P11.18

11.19 그림 P11.19에는 놀이 공원에 있는 탑승 놀이기구의 단면이 예시되어 있다. 탑승자를 그림과 같은 위치에 유지시키는 데 필요한, 점 C에 있는 모터의 모멘트 M을 질량 m, g, R 및 θ의 함수로 계산하라. 놀이기구 부품의 질량은 무시한다.

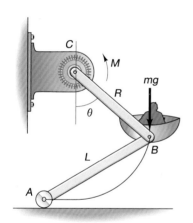

그림 P11.19

11.20 이번에는 각각의 부재의 중량을 포함시켜서, 문제 11.19를 다시 풀어라. 링크 CB는 질량을 M_R로, 링크 AB는 M_L로 각각 표시한다. 각각의 링크의 무게 중심은 그 기하형상 중심에 있다. 모터에 필요한 토크를 m, g, M_R, M_L, θ 및 R로 계산하여라.

11.21 그림 P11.21과 같이, 질량이 100 N으로 균일한 4개의 봉 기구를 각 θ로 유지시키는 데 필요한 중량(W)을 계산하라.

11.22 그림 P11.22에서, 각각의 링크로 이루어지는 각도들을 L_1, L_2, W_1, W_2, W_B, W_C 및 F로 계산하라. 각 링크의 중량은 그 기하도형 중심에 작용한다고 가정한다.

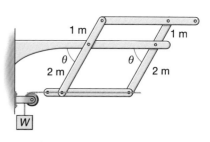

그림 P11.21

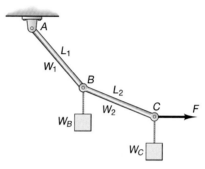

그림 P11.22

11.23 그림 P11.23에서, 100 N의 힘이 2중 진자의 끝에 수평으로 가해질 때 각각의 링크로 이루어지는 각도들을 계산하라. 각 링크는 20 N의 중량이 그 기하도형 중심에 작용한다.

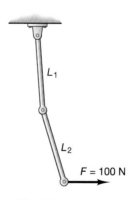

그림 P11.23

11.24 그림 P11.24에서, F의 힘이 2중 진자의 중간에 수평으로 가해질 때 각각의 링크로 이루어지는 각도들을 계산하라. 각 링크는 W_1과 W_2의 중량이 그 기하도형 중심에 작용한다. 아래쪽 링크는 수직 상태를 유지하게 되는 것을 증명하라.

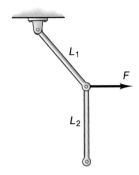

그림 P11.24

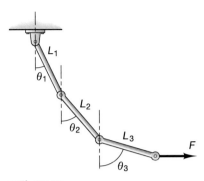

그림 P11.26

11.25 그림 P11.24에서, 100 N의 힘이 2중 진자의 중간에 수평으로 가해질 때 각각의 링크로 이루어지는 각도들을 계산하라. 각 링크는 20 N의 중량이 그 기하도형 중심에 작용한다.

11.26 그림 P11.26에서, 각각의 링크로 이루어지는 각도들을 L_1, L_2, L_3, W_1, W_2, W_3 및 힘 F로 계산하라. 각 링크의 중량은 그 기하도형 중심에 작용한다고 가정한다.

11.27 그림 P11.26에서, 10 N의 힘이 마지막 링크에 수평으로 가해질 때 각각의 링크로 이루어지는 각도들을 계산하라. 각 링크는 질량이 10 kg이다.

11.28 그림 P11.26에서, 10 N의 힘이 링크 1의 끝에 수평으로 가해질 때 각각의 각도는 얼마가 되는가? (각 링크는 질량이 10 kg 이다.)

11.4 힘과 모멘트의 유한 일

제11.1절에서는, 위치 벡터의 미분 변화 중에 이동하는 힘이 하는 미분 일을 다음과 같이 쓸 수 있음을 알았다.

$$dU = \mathbf{F} \cdot \mathbf{dr} \tag{11.17}$$

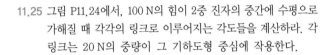

그림 11.9와 같이, 공간에 있는 곡선은 그 길이 s를 따르는 매개변수로 기술할 수 있다. 2차원 곡선과 3차원 곡선은 모두 매개변수로 표현할 수 있다(제5.3절 참조). 위치 벡터의 변화는 다음과 같이 ds와 이 곡선에 접하는 단위 벡터로 쓸 수 있다.

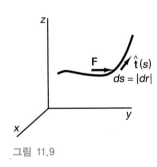

그림 11.9

$$\mathbf{dr} = \hat{\mathbf{t}}(s)ds \tag{11.18}$$

힘 $F(s)$는 또한 이동 경로의 함수이기도 하므로, 위치 s_1으로부터 위치 s_2까지 이동하면서 하는 일은 다음과 같다.

$$U_{1\rightarrow 2} = \int_{s_1}^{s_2} \mathbf{F}(s) \cdot \hat{\mathbf{t}}(s)ds \tag{11.19}$$

일반적으로, 힘을 이 또한 경로의 함수인 단위 접선 벡터를 사용하여 공간에 있는 특정 경로를 따르는 위치의 함수로 표현하는 것은 어렵다.

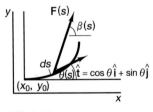

그림 11.10

경로를 따르는 접선을 경로의 함수로서 수학적으로 표현할 수 있다면, 힘이 2차원에 있는 경로를 따라 움직이면서 하는 일은 일반적인 방법으로 계산이 가능하다(그림 11.10

참조). 평면 곡선에서는, 이 단위 벡터를 다음과 같이 기준 $x-y$좌표계와 관계지을 수 있다.

$$\hat{\mathbf{t}}(s) = \cos\theta(s)\hat{\mathbf{i}} + \sin\theta(s)\hat{\mathbf{j}} \tag{11.20}$$

평면에 있는 질점의 위치는 다음과 같은 식을 사용하여 구하면 된다.

$$\mathbf{r}(s) = \int_0^s \hat{\mathbf{t}}(u)du \tag{11.21}$$

경로 s를 따라 이동하는 질점에 작용하는 힘이 한 일은 다음과 같다.

$$U_{s_1 \to s_2} = \int_{s_1}^{s_2} \mathbf{F}(s) \cdot \hat{\mathbf{t}}(s)ds \tag{11.22}$$

여기에서, 벡터는 각각 다음과 같다.

$$\hat{\mathbf{t}}(s) = \cos\theta(s)\hat{\mathbf{i}} + \sin\theta(s)\hat{\mathbf{j}}$$
$$\mathbf{F}(s) = f(s)[\cos\beta(s)\hat{\mathbf{i}} + \sin\beta(s)\hat{\mathbf{j}}]$$

힘과 단위 접선 벡터는 모두 완전히 일반적인 형태로 표현되어 있다. 힘의 크기는 위치 s의 함수로 표현되어 있으며, 힘의 단위 벡터는 x축과 각 $\beta(s)$를 이루고 있다. 이 벡터 방정식을 일 식 (11.22)에 대입하면 다음이 나온다.

$$U_{s_1 \to s_2} = \int_{s_1}^{s_2} \mathbf{F}(s) \cdot \hat{\mathbf{t}}(s)ds$$

$$U_{s_1 \to s_2} = \int_{s_1}^{s_2} \{f(s)[\cos\beta(s)\hat{\mathbf{i}} + \sin\beta(s)\hat{\mathbf{j}}] \cdot [\cos\theta(s)\hat{\mathbf{i}} + \sin\theta(s)\hat{\mathbf{j}}]\}ds$$

$$U_{s_1 \to s_2} = \int_{s_1}^{s_2} \{f(s)[\cos\beta(s)\cos\theta(s) + \sin\beta(s)\sin\theta(s)]\}ds \tag{11.23}$$

$$U_{s_1 \to s_2} = \int_{s_1}^{s_2} \{f(s)\cos[\beta(s) - \theta(s)]\}ds$$

힘 크기의 변화와 힘 벡터가 x축과 이루는 각을 알면, $\theta(s)$로 정의되는 경로를 따라 이동하는 힘이 한 일은 식 (11.23)으로 구한다.

예제 11.2

반경이 R인 원형 경로를 따라 0에서 90°까지 이동하는 질점에 x방향으로 작용하는 힘이 한 일을 각각 다음에 대하여 구하라.

(a) 힘의 크기가 일정할 때.

(b) 힘의 크기가 θ로 주어질 때, 즉 $F(\theta) = F\sin\theta$일 때.

풀이 경로에 접하는 벡터는 $\hat{\mathbf{t}} = \hat{\mathbf{i}}_\theta = -\sin\theta\,\hat{\mathbf{i}} + \cos\theta\,\hat{\mathbf{j}}$이다. (a)와 (b) 모두에서 힘은 다음과 같이 쓸 수 있다.

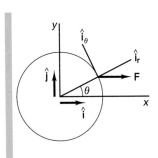

$$\mathbf{F}(\theta) = |\mathbf{F}|f(\theta)\hat{\mathbf{i}}$$
$$a.\, f(\theta) = 1$$
$$b.\, f(\theta) = \sin\theta$$

힘이 한 일은 다음과 같다.

$$U_{0\to90°} = F\int_0^{\frac{\pi}{2}} -f(\theta)\sin\theta R d\theta$$

그러므로 다음과 같다.

$$a.\, U_{0\to90°} = FR[\cos\theta]_0^{\frac{\pi}{2}} = -FR$$

$$b.\, U_{0\to90°} = -FR\left[\frac{\theta}{2} - \frac{\sin 2\theta}{4}\right]_0^{\frac{\pi}{2}} = -\frac{FR\pi}{2}$$

예제 11.3

$\hat{\mathbf{t}}[\theta(s)]$로 정의되는 경로가 있다. 여기에서, $\theta(s) = 1 + s^2$이다. 이 경로는 평면에 있는 나선임을 알 수 있다. 질점의 경로를 평면에 작도하고, 이 질점이 경로를 따라 4 m 이동할 때 x방향으로 작용하는 50 N의 일정한 힘이 한 일을 구하라.

풀이 공간에 있는 곡선은 식 (11.21)으로 구할 수 있다. 임의의 s값에서 위치 벡터의 성분은 각각 다음과 같다.

$$x(s) = \int_0^s \cos(1 + \varsigma^2)\delta\varsigma$$
$$y(s) = \int_0^s \sin(1 + \varsigma^2)d\varsigma$$

이 적분들은 프레스넬(Fresnel) 적분으로 수치 계산을 하면 된다. $x-y$평면에서 이 곡선을 그리면 나선이 된다(왼쪽 그래프 참조). 질점이 나선 경로를 따라 4 m 이동할 때 50 N의 힘이 한 일은 식 (11.23)으로 구한다. 힘이 x방향으로는 일정하므로, β는 0이 되어 일은 다음과 같은 적분으로 표현된다.

$$U(s) = \int_0^s 50\cos[\theta(u)]du$$

이번에도 이 적분은 수치 계산을 하면 되며, 이루어진 총 일을 s의 함수로 그래프로 그리면 그림과 같다.

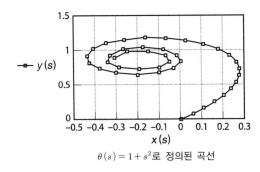

$\theta(s) = 1 + s^2$로 정의된 곡선

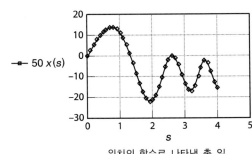

위치의 함수로 나타낸 총 일

예제 11.4

놀이터에 있는 마찰계수가 0.3인 미끄럼틀을 타고 내려오는 질량이 20 kg인 어린이가 있다. 미끄럼틀의 경로 식은 사실상 포물선으로 볼 수 있으며, 미끄럼틀의 위쪽 경사각은 −60°이고 아래쪽 경사각은 0°이다. 미끄럼틀을 따라서 잰 길이를 1 단위로 잡을 때, 총 일을 구하라. 어린이는 질점으로 모델링한다고 하고, 이 어린이가 공간에 있는 만곡된 경로를 이동하고 있으므로, 법선력에는 또한 관성 항이 포함되게 되는데, 이 관성 항은 질량과 제곱 속도를 곱한 다음 공간에 있는 경로의 곡률 반경으로 나눈 값과 같다는 점에 주목하여야 한다. 이 문제는 이 관성 항이 포함됨으로 해서 비선형 문제가 되어 버린다. 즉, 그러므로 정역학 문제가 아니라 동역학 문제가 되는 것이다. 여기에서, 관성 항을 무시할 수 있는 항이라고 보면, 법선력은 중력 인력과 균형을 이루게 된다.

풀이 미끄럼틀의 경사각은 다음과 같이 쓸 수 있다.

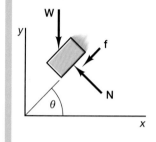

$$\theta(s) = -60(1 - s^n)$$

여기에서, n은 포물선의 형상을 결정하는 지수이다. 어린이의 자유 물체도는 질점으로 모델링하여 그린다(그림 참조). 자유 물체도를 그릴 때에는 각 θ를 양(+)으로 잡는 것이 가장 좋으며 이 식은 음(−)이 되어도 성립된다고 하자. 이렇게 하여 부호 오류를 회피할 수가 있다. 관련 벡터들은 다음과 같다.

$$\hat{\mathbf{t}} = \cos\theta(s)\hat{\mathbf{i}} + \sin\theta(s)\hat{\mathbf{j}}$$
$$\overline{\mathbf{W}} = -W\hat{\mathbf{j}}$$
$$\mathbf{N} = W\cos\theta(s)[-\sin\theta(s)\hat{\mathbf{i}} + \cos\theta(s)\hat{\mathbf{j}}]$$
$$\bar{\mathbf{f}} = \mu W\cos\theta(s)[-\cos\theta(s)\hat{\mathbf{i}} - \sin\theta(s)\hat{\mathbf{j}}]$$

일 적분의 피적분함수는 다음과 같다.

$$\overline{\mathbf{F}}(s)\cdot\hat{\mathbf{t}}(s) = -W\{\sin\theta(s) + \mu\cos\theta(s)\}$$

일은 어떠한 s값에 대해서도 수치 적분으로 구할 수 있다.

연습문제

11.29 예제 11.2에서, $f(\theta) = 10\cos(\theta)$ N이고 $R = 2$ m일 때 이 시스템에 이루어진 일을 구하라.

11.30 예제 11.2에서, $f(\theta) = F\theta\,\hat{\mathbf{i}}$ N이고 $R = 1$ m일 때 이 시스템에 이루어진 일을 구하라.

11.31 그림 P11.31에서, $F(\theta) = 10$ N이고 $R = 2$ m일 때 음의 x방향으로 작용하는 힘 F로 A에서 B까지 이동하는 동안 이루어진 일을 구하라.

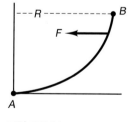

그림 P11.31

11.32 그림 P11.31에서, $F(\theta) = 5\sin(\theta)$ N이고 $R = 2$ m일 때 x방향으로 작용하는 힘 F로 이루어진 일을 구하라.

11.33 그림 P11.31에서, $F(\theta) = 2\theta$ N이고 $R = 5$ m일 때 x방향으로 작용하는 힘 F로 이루어진 일을 구하라.

11.34 32 kg의 어린이가 4분원 형상의 미끄럼틀을 타고 내려오고
있다(그림 P11.34 참조). (a) 식 (11.19)를 사용하여 중력으로
이루어진 일을 계산하라. (b) 어린이 체중과 미끄럼틀 높이의
곱을 계산하라.

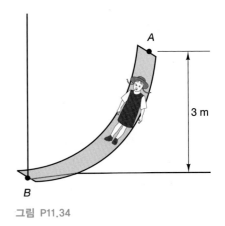

그림 P11.34

11.5 보존력과 퍼텐셜 에너지

제11.4절에서는, 질점에 작용하는 힘으로 이루어진 일을 이동 경로에 접하는 힘의 성분
을 사용하여 구하였다. 어떤 힘들은 공간에서 자체 위치에만 종속이 되므로, 이러한 힘들
로 행하여진 일도 질점의 최초 위치와 최종 위치에만 종속이 되고 실제 이동 경로와는
독립적이 된다. 이러한 힘들에서는, 그 힘들이 작용하는 입자가 폐쇄 경로를 따라 이동할
때에는 이 힘으로 행하여진 일은 0이다. 즉

$$\oint_c \mathbf{F} \cdot \mathbf{dr} = 0 \tag{11.24}$$

이 조건을 만족시키는 힘을 **보존력(conservative forces)**이라고 한다. 이 힘이 최초
위치와 최종 위치에만 종속이 되면 그 피적분함수는 어떤 함수의 정미분이 되기 마련이
다. 즉

$$\mathbf{F} \cdot \mathbf{dr} = -dV \tag{11.25}$$

이 식에서, 음(−)의 부호는 이후의 식들을 단순하게 하려고 도입한 것이다. 함수 V는
퍼텐셜 함수(potential function)라고 한다. 예제 11.2는 보존력의 예를 든 것이다. x방향
으로 작용하는 일정한 힘이 원형 경로를 따라 이동하면, 이때 이루어진 일은 다음과
같다.

$$U_{1 \to 2} = \int_{s_1}^{s_2} \mathbf{F}(s) \cdot \hat{\mathbf{t}}(s) ds = F_x \int_{\theta_1}^{\theta_2} [-R \sin \theta d\theta]$$

$$U_{1 \to 2} = F_x \int_{\theta_1}^{\theta_2} d(R\cos\theta) = F_x \int_{x_1}^{x_2} dx = F_x(x_2 - x_1) \tag{11.26}$$

또한, 다음의 식이 성립됨을 주목하여야 한다.

$$\oint_c d(R\cos\theta) = R\cos\theta \Big|_{\theta_1}^{\theta_1+2\pi} = 0$$

보존력의 퍼텐셜 함수는 다음의 관계를 사용하여 구할 수 있다.

$$dV = \frac{\partial V}{\partial x}dx + \frac{\partial V}{\partial y}dy + \frac{\partial V}{\partial z}dz \tag{11.27}$$

위치 벡터의 변화와 힘 벡터는 각각 다음과 같이 쓸 수 있다.

$$\mathbf{dr} = dx\hat{\mathbf{i}} + dy\hat{\mathbf{j}} + dz\hat{\mathbf{k}}$$

$$\mathbf{F} = F_x\hat{\mathbf{i}} + F_y\hat{\mathbf{j}} + F_z\hat{\mathbf{k}} \tag{11.28}$$

그러면 일 적분의 피적분함수는 다음과 같다.

$$\mathbf{F}\cdot\mathbf{dr} = F_x dx + F_y dy + F_z dz = -\left(\frac{\partial V}{\partial x}dx + \frac{\partial V}{\partial y}dy + \frac{\partial V}{\partial z}dz\right)$$

그러므로 다음과 같다.

$$F_x = -\frac{\partial V}{\partial x}$$
$$F_y = -\frac{\partial V}{\partial y} \tag{11.29}$$
$$F_z = -\frac{\partial V}{\partial z}$$

이 식들을 풀어 V를 구하면 된다. 점 1로부터 점 2까지 이동하는 힘으로 이루어진 일은 다음과 같다.

$$U_{1\to2} = V_1 - V_2 \tag{11.30}$$

벡터 미적분학에서, 유도 도함수의 벡터 연산자는 다음과 같이 정의된다.

$$\vec{\nabla} = \hat{\mathbf{i}}\frac{\partial}{\partial x} + \hat{\mathbf{j}}\frac{\partial}{\partial y} + \hat{\mathbf{k}}\frac{\partial}{\partial z} \tag{11.31}$$

이제, 식 (11.29)는 다음과 같이 벡터 형식으로 쓸 수 있다.

$$\mathbf{F} = -\vec{\nabla}V \tag{11.32}$$

기호 $\vec{\nabla}$는 **델(del) 연산자**라고 한다. 항 $\vec{\nabla}V$는 V의 **기울기**(gradient)라고 하거나, 'grad' V라고 하며, V의 각 방향 유도 도함수와 같다. 수학 팁 11.1에는 델 연산자의 몇 가지 다른 특성들이 수록되어 있다.

델 벡터 연산자: $\overrightarrow{\nabla} = \hat{\mathbf{i}}\dfrac{\partial}{\partial x} + \hat{\mathbf{j}}\dfrac{\partial}{\partial y} + \hat{\mathbf{k}}\dfrac{\partial}{\partial z}$

스칼라 함수 $\varphi(x,\ y,\ z)$의 기울기(gradient):

$$\overrightarrow{\nabla}\varphi = \hat{\mathbf{i}}\dfrac{\partial \varphi}{\partial x} + \hat{\mathbf{j}}\dfrac{\partial \varphi}{\partial y} + \hat{\mathbf{k}}\dfrac{\partial \varphi}{\partial z}$$

벡터의 발산(divergence): $\overrightarrow{\nabla}\cdot\mathbf{u} = \dfrac{\partial u_x}{\partial x} + \dfrac{\partial u_y}{\partial y} + \dfrac{\partial u_z}{\partial z}$

벡터의 컬(curl):

$$\overrightarrow{\nabla}\times\mathbf{u} = \hat{\mathbf{i}}\left(\dfrac{\partial u_z}{\partial y} - \dfrac{\partial u_y}{\partial z}\right) + \hat{\mathbf{j}}\left(\dfrac{\partial u_x}{\partial z} - \dfrac{\partial u_z}{\partial x}\right) + \hat{\mathbf{k}}\left(\dfrac{\partial u_y}{\partial x} - \dfrac{\partial u_x}{\partial y}\right)$$

특수 스칼라 연산자, 즉 라플라스 연산자(Laplacian):

$$\nabla^2 = \overrightarrow{\nabla}\cdot\overrightarrow{\nabla} = \dfrac{\partial^2}{\partial x^2} + \dfrac{\partial^2}{\partial y^2} + \dfrac{\partial^2}{\partial z^2}$$

어떠한 함수라도 그 기울기의 컬(curl)은 0이 된다는 것은 알려진 사실이다. 즉

$$\overrightarrow{\nabla}\times\overrightarrow{\nabla}\varphi = 0 \tag{11.33}$$

그러므로 보존력의 또 다른 정의는 그 컬이 0이 되는 힘이다.

$$\overrightarrow{\nabla}\times\mathbf{F} = \overrightarrow{\nabla}\times(-\overrightarrow{\nabla}V) = 0 \tag{11.34}$$

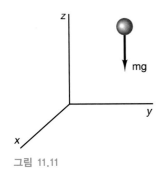

그림 11.11

따라서 어떤 힘이 보존력인지 아닌지를 알아보려면 힘의 컬을 취하여 그 값이 0이 되는지를 확인하면 된다. 이 시점에서 델 연산자를 포함하여 모든 연산자들이 생소하기도 하겠지만, 공학에서 이보다 더 일반적인 함수는 아마도 없을 것이며, 이 연산자들은 수학에서 전기 공학에까지 거의 모든 분야의 물리학과 공학에서 등장한다.

가장 일반적인 보존력은 중력 인력으로 인한 힘, 즉 물체의 중량이다. 이 힘은 그림 11.11에 예시되어 있으며, 다음과 같이 쓸 수 있다.

$$\mathbf{F} = -mg\hat{\mathbf{k}} \tag{11.35}$$

식 (11.29)는 다음과 같이 된다.

$$\frac{\partial V}{\partial x} = 0 \Rightarrow V = f(y,z)$$

$$\frac{\partial V}{\partial y} = 0 \Rightarrow \frac{\partial f}{\partial y} = 0 \Rightarrow V = f(z)$$

$$\frac{\partial V}{\partial z} = mg \Rightarrow \frac{df}{dz} = mg \tag{11.36}$$

$$V = f = mgz + C$$

여기에서, C는 적분 상수이다.

V는 대개 V_g로 쓰고 중력 퍼텐셜이라고 한다. V_g는 중력 인력으로 인한 물체의 **퍼텐셜 에너지**이다. 물체가 들어올려지면 퍼텐셜 에너지가 증가하므로 물체는 능력을 보유하게 되어 이 물체가 낙하하게 되면 양의 일을 수행하게 된다. 중력은 퍼텐셜 함수의 기울기(gradient)의 음과 같게 되므로, 중력이 수행하는 일은 식 (11.36)의 상수 C와는 독립적이 된다. 기준면($x-y$평면)이나 기준 높이는 임의로 선정하면 된다.

보존력의 또 다른 예를 들자면 스프링이 압축되거나 신장될 때 발생되는 힘이다. 그림 11.12에 도시된 스프링을 살펴보자. 이 스프링의 스프링 힘은 다음과 같이 쓸 수 있다.

$$\mathbf{F}(x) = -kx\hat{\mathbf{i}} \tag{11.37}$$

질점이 x_1에서 x_2로 이동할 때 스프링 힘으로 행하여진 일은 다음과 같다.

$$U_{1 \to 2} = \int_{x_1}^{x_2} -kx\,dx = -\frac{k}{2}(x_2^2 - x_1^2) \tag{11.38}$$

스프링으로 행하여진 일은 스프링의 최초 위치와 최종 위치에만 종속이 되고 이동 경로와는 독립적이 된다. (위치는 늘어나기 전의 스프링의 길이를 기준으로 측정한다는 점에 유의하여야 한다.) 그러므로 스프링 힘은 보존력이므로 퍼텐셜 함수에서 유도할 수 있다. 이 퍼텐셜 함수는 다음과 같다.

$$V_e = \frac{1}{2}kx^2 \tag{11.39}$$

스프링이 신장되면 스프링은 퍼텐셜 에너지를 얻게 되며, 즉 일을 할 수 있는 퍼텐셜을 취득하게 된다. 이는 스프링의 탄성으로 인한 퍼텐셜 에너지이다. 모든 탄성 재료는 힘이 작용하면 변형하게 되므로, 이러한 재료들은 변형으로 인한 퍼텐셜 에너지를 취득하게 된다.

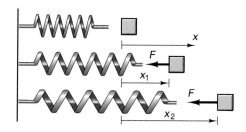

그림 11.12

| 예제 11.5 | 스프링으로 지지되어 있는 중량의 총 퍼텐셜 에너지를 늘어나기 전의 스프링 길이에 대한 위치의 함수로 구하라(그림 참조). |

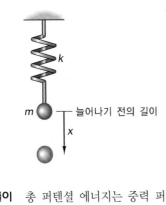

풀이 총 퍼텐셜 에너지는 중력 퍼텐셜 에너지와 스프링 변형 퍼텐셜 에너지의 합이다.

$$V = V_g + V_s = -mgx + (1/2)\,kx^2$$

11.6 퍼텐셜 에너지와 평형

가상 일의 원리를 사용할 때, 물체나 계가 평형 상태에 있으면 이 물체나 계에 작용하는 외력의 가상 일은 물체나 계의 구속과 함께하는 어떠한 가상 변위에 대해서도 0이 된다. 일을 하는 모든 외력이 보존력이면, 가상 일과 포텐셜 에너지의 가상 변화는 다음과 같다.

$$\delta U = -\delta V = 0 \tag{11.40}$$

이 원리는, 일을 하는 외력들은 보존력이고 연결력은 일을 전혀 하지 않거나 보존력인 한은, 서로 연결되어 있는 물체계에 적용된다. 이러한 계를 **보존계**라고 한다. 제11.3절에서, 일반화된 좌표의 개념을 도입한 바 있는데, 이러한 각각의 일반화된 좌표는 서로 독립적이게 된다. **평형 상태에 있는 보존계에서는, 퍼텐셜 에너지의 도함수가 0이 된다.** 그러므로 보존계에서의 평형 조건은 다음과 같다.

$$\delta V = \sum_i \frac{\partial V}{\partial q_i} \delta q_i = 0 \tag{11.41}$$

일반화된 좌표들은 서로 독립적이므로, 보존계의 평형 조건은 다음과 같이 쓸 수 있다.

$$\frac{\partial V}{\partial q_i} = 0 \tag{11.42}$$

식 (11.42)는 보존계가 평형을 이루게 되는 위치를 구하는 데 사용되기도 한다.

그림 11.7을 다시 그린 그림과 같은 2중 진자가 있다. 2개의 링크는 그 질량이 각각 m_1과 m_2이다. 이 계가 평형을 이루는 위치를 구하라.

풀이 2중 진자가 수직으로 매달려 있을 때 퍼텐셜 에너지가 0이 되는 기준면을 선정하게 되면, 이 계가 어떠한 위치에 놓여 있어도 그 퍼텐셜 에너지는 다음과 같다.

$$V = m_1 g \frac{\ell_1}{2}(1 - \cos\theta_1) + m_2 g\left[\ell_1(1 - \cos\theta_1) + \frac{\ell_2}{2}(1 - \cos\theta_2)\right]$$

평형을 이루게 되려면 다음과 같아야 한다. 즉

$$\frac{\partial V}{\partial \theta_1} = \left[g\ell_1\left(\frac{m_1}{2} + m_2\right)\right]\sin\theta_1 = 0$$

$$\frac{\partial V}{\partial \theta_2} = m_2 g \frac{\ell_2}{2}\sin\theta_2 = 0$$

그러므로 이 계는 다음과 같을 때 평형 상태가 된다.

$$\theta_1 = 0 \quad \text{또는} \quad 180°$$

$$\theta_2 = 0 \quad \text{또는} \quad 180°$$

11.7 평형의 안정성

예제 11.6에서 보면, 평형 위치 간에는 근본적인 차이가 있다. 각 θ_1과 θ_2가 모두가 0일 때 2중 진자가 평형 위치에서 약간 변위된 다음 놓이게 되면, 진자는 평형 위치로 되돌아가기 마련이다. 이 평형 위치는 안정적이라고 하며, 이 계는 **안정 평형** 상태에 있다고 한다. 반면에, 두 각 중에 어느 하나가 180°가 되어 계가 섭동(perturbation)을 하게 되면, 이 계는 최초 위치로 전혀 되돌아가지 않게 되므로 이러한 **평형** 위치는 **불안정**하게 된다.

단일 변수 함수의 도함수가 한 점에서 0이 되면, 이 함수의 값은 **상대 극값**, 즉 상대 최댓값 또는 상대 최솟값이 된다. 이 특성을 사용하여 해당 함수의 그래프에서 '피크(peak)'나 '밸리(valley)'를 구한다. 함수 $f(x)$가 점 c에서 상대 최대이면, 다음과 같다.

$$f(c) \geq f(x) \quad (c를 \text{ 포함하는 개방 구간에 있는 모든 } x\text{의 경우}) \quad (11.43)$$

함수 $f(x)$가 점 c에서 상대 최소이면, 다음과 같다.

$$f(c) \leq f(x) \quad (c를 \text{ 포함하는 개방 구간에 있는 모든 } x\text{의 경우}) \quad (11.44)$$

수학 팁 11.2에는, 단일 변수 함수에서 상대 극값의 2차 도함수 판정이 실려 있다.

단일 변수의 미적분에서 이 정리를 사용하면, 퍼텐셜 에너지가 단일의 일반화된 좌표의 함수일 때 다음과 같다.

$$\frac{dV}{dq} = 0\text{이고 } \frac{d^2 V}{dq^2} > 0\text{이면, 안정 평형 위치가 된다.} \qquad (11.46a)$$

그러나

$$\frac{dV}{dq} = 0\text{이고 } \frac{d^2 V}{dq^2} < 0\text{이면, 불안정 평형 위치가 된다.} \qquad (11.46b)$$

1차 도함수와 2차 도함수가 모두 0이 되면, 고차 도함수를 조사하여 평형 위치가 안정인지 아닌지를 결정할 필요가 있다. V의 모든 도함수가 0이 되면, 그 평형 위치는 **중립 평형 위치**라고 하고, 이때에는 계가 섭동을 일으켜도 퍼텐셜 에너지의 값은 변하지 않는다. 안정 평형은 최소 에너지 상태에 상응하고, 이때에는 계가 항상 이 상태로 되돌아가려는 경향을 나타낸다.

그림 11.13에는 3가지 평형 상태가 예시되어 있다. 계의 자유도가 1보다 더 커서, 그 퍼텐셜 에너지가 1개의 일반화된 좌표보다 더 많은 함수가 되면, 안정, 불안정 및 중립 평형의 판정이 더욱 복잡해진다. 이 경우에는 다변수 미적분 정리를 사용하여야 한다. 이 정리들은 다음과 같으며, 그 증명은 생략한다.

안정　중립　불안정

그림 11.13

정리 1.

$f(x, y)$가 점 (a, b)를 포함하는 영역에서 정의되고 모든 점이 (a, b)를 중심으로 하는 어떤 원 안에 정의된다고 하자. 만약 $f(x, y)$가 상대 극값이 점 (a, b)에 있고 x와 y에 대한 $f(x, y)$의 편 도함수(partial derivatives)가 존재하면, 이 편 도함수들은 둘 다 모두 (a, b)에서 0이 된다. 즉

$$\frac{\partial f(a,\ b)}{\partial x} = 0 = \frac{\partial f(a,\ b)}{\partial y} \qquad (11.47)$$

1차 도함수가 0이 되는 점들을 임계점이라고 한다.

$f(x,y)$의 2개의 2차 편 도함수가 둘 다 모두 (a,b)에서 양이면, 그 함수는 (a,b)에서 상대 최솟값이 되고, 반대로 $f(x,y)$의 2개의 2차 편 도함수가 둘 다 모두 (a,b)에서 음이면, 그 함수는 (a,b)에서 상대 최댓값이 된다는 사실을 예상할 수 있다. 그러나 함수의 상대 극값을 알아보는 것은 예제 11.7에서와 같이 그렇게 간단하지 않다.

정리 2.

$f(x,y)$의 2차 편 도함수를 판정한다. 2차 편 도함수는 다음과 같이 나타내게 된다.

$$f_x = \frac{\partial f}{\partial x}, \ f_y = \frac{\partial f}{\partial y}, \ f_{xx} = \frac{\partial^2 f}{\partial x^2}, \ f_{yy} = \frac{\partial^2 f}{\partial y^2}, \ f_{xy} = \frac{\partial^2 f}{\partial x \partial y}$$

(a,b)를 (a,b)의 임계점이라고 하자. 편 도함수들은 (a,b)에서 그리고 그 근방에서 연속이라고 가정한다. 다음이 성립한다고 하자.

$D = f_{xx}(a,b) \, f_{yy}(a,b) - [f_{yy}(a,b)]^2$

$D > 0$이고 $f_{xx}(a,b) > 0$이거나 $f_{yy}(a,b) > 0$이면, $f(a,b)$는 상대 최솟값이다.

$D > 0$이고 $f_{xx}(a,b) < 0$이거나 $f_{yy}(a,b) < 0$이면, $f(a,b)$는 상대 최댓값이다.

$D < 0$이면, $f(x,y)$는 (a,b)에서 상대 최솟값도 아니고 상대 최댓값도 아니다.

[(a,b)에 안점이 있다. **역자 주**: 안점(saddle point)은 두 변수 함수가 0과 같은 편도함수를 갖고는 있으나, 그 점에서는 그 함수가 최댓값이나 최솟값을 갖지 않은 점이다.]

항 D는 $f(x,y)$의 **판별식**이라고 한다. 판별식은 다음과 같이 0보다 더 커야 한다는 사실로 표현하는 편이 더 쉽다.

$$[f_{xy}(a,b)]^2 < f_{xx}(a,b)f_{yy}(a,b) \tag{11.48}$$

이 점에서 극점을 가져야 하는 함수에서는, 혼합 편 도함수가 너무 크지 않아야 한다. 판별식이 0이 되면, 2차 도함수 판정이 되지 않으므로 정보를 전혀 얻을 수 없다.

예제 11.7

$f(x,y) = x^2 + 3xy + y^2$의 임계점을 구하고, 이 임계점에 임계점이 있는지를 판별하라.

풀이 x와 y에 대하여 $f(x,y)$의 편 도함수를 취하고 이를 0으로 놓으면 다음이 나온다.

$$2x + 3y = 0$$
$$3x + 2y = 0$$

유일한 해는 $(x,y) = (0, 0)$이다.
원점 영역에서 $f(x,y)$의 표면 그래프는 일반적인 표면 형상이다(그림 참조). x나 y에 대한 $f(x,y)$의 2차 편 도함수는 양(+)이기는 하지만, 표면 그래프를 보면 함수는 점 $(0, 0)$에 안점이 있지만 최솟값은 아니다. 이 함수 $[D = (2 \star 2) - (3)^2 = -5]$에서 판별식 값은 상수와 음수이므로 점 $(0, 0)$은 안점이 된다.

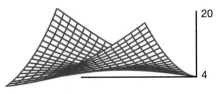

$f(x,y) = x^2 + 3xy + y^2$의 표면 그래프

연습문제

11.35 질량이 스프링에 매달려 있다(그림 P11.35 참조). (a) x가 0과 0.2 m 사이에 있을 때, 계의 퍼텐셜 에너지를 계산하고 그 그래프를 그려라. (b) 퍼텐셜 에너지의 최솟값이 계의 정지 위치나 평형 위치에서 발생함을 증명하라. 그림에서와 같이 스프링이 늘어나기 전의 위치에 상응하는 $x = 0$에서 $V = 0$을 선정하라.

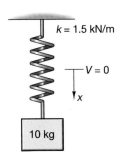

그림 P11.35

11.36 그림 P11.36에서, 스프링-링크 계의 퍼텐셜 에너지를 구하라. 링크의 양 끝은 롤러로 지지되어 있으며, 스프링은 링크의 중량으로 신장된다. 스프링이 늘어나기 전의 위치는 선 $y = 0$에 있다. 링크의 질량은 m으로 표시하고 스프링의 강성은 k로 표시하라.

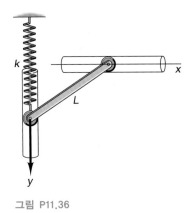

그림 P11.36

11.37 그림 P11.36에서, 계의 평형 위치를 구하고 이 위치들이 안정 위치인지를 판별하라.

11.38 그림 P11.38에서, 100 kg의 질량이 길이가 각각 0.5 m인 2개의 링크로 지지되어 있다. 스프링 강성 k와 계가 안정 상태에 있게 되는 링크가 이루는 각 사이의 관계를 구하라. 스프링이 늘어나기 전의 위치는 두 링크가 모두 수평에 있을 때이다. 링크의 질량은 무시할 수 있다고 가정하고 이 각에 대한 강도의 그래프를 그려라. $\theta = 0°$ 근방에서는 어떤 일이 발생하는가?

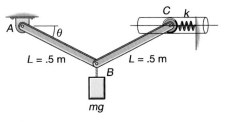

그림 P11.38

11.39 문제 11.38에 있는 그림 P11.38를 참고하라. 두 링크의 중량을 무시하지 말고 각각의 링크는 질량이 10 kg이라고 가정하고, 스프링 상수 k와 계가 안정 상태에 있게 되는 링크 각 사이의 관계를 구하라. 스프링 상수가 $k = 10,000$ N/m일 때 평형 위치를 구하고 평형 안정성을 판별하라.

11.40 그림 P11.40에서, 150 kg의 질량이 레버 기구에 놓여 있다. 평형 상태에서 레버 AB가 x축과 이루는 각을 계산하라. 스프링이 늘어나기 전의 위치는 그림에 도시되어 있고 레버의 질량은 무시한다.

11.41 질량이 로프-풀리 장치에 매달려서 스프링을 변형시키고 있다(그림 P11.41 참조). 질량이 평형 상태에서 매달리게 되는 거리를 스프링의 강성과 질량의 중량으로 구하라.

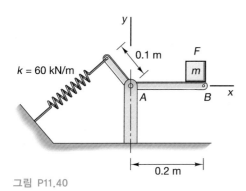

그림 P11.40

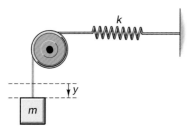

그림 P11.41

11.42 그림 P11.42의 장치는 스프링으로 정위치에 유지되어 있다. 스프링이 늘어나기 전의 위치는 하부 링크가 수평 위치에 있을 때에 상응하고 링크의 질량은 무시할 수 있다고 가정한다. 이 장치가 평형 상태에 있게 되는 0과 360° 사이의 각(들)을 계산하고, $a = 0.3\,\text{m}$, $m = 125\,\text{kg}$이고 $k = 1\,\text{kN}$인 경우에 각각의 각의 안정성을 설명하라.

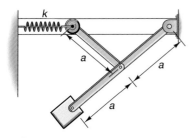

그림 P11.42

11.43 그림 P11.42의 장치를 질량이 미리 정해진 위치에 매달려 있도록 설계하고자 한다고 가정하자. 이렇게 하면 스프링 상수 k의 값을 선정하여 평형 상태를 만족시키게 된다. 질량이 스프링에서 0.2 m 아래에 매달리도록 k를 계산하라.

11.44 그림 11.44와 같이. 소형 저울 장치가 컵과 스프링에 부착된 레버로 되어 있다. 컵은 질량이 10 kg이고 레버는 그 중심에서 작용하는 질량이 5 kg일 때, 이 장치를 그림과 같은 수평 위치에서 평형 상태를 유지하게 하는 데 필요한 스프링 상수를 계산하라. 스프링이 늘어나기 전의 위치는 $\theta = 0°$에 상응하는 선 밑으로 0.01 m이라고 가정한다.

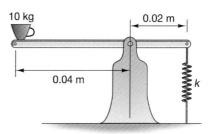

그림 P11.44

11.45 그림 P11.45의 장치는 2개의 스프링으로 정위치에 유지되어 있다. 스프링이 늘어나기 전의 위치는 링크가 수직 위치에 있을 때에 상응하며 링크의 질량은 무시해도 된다. 이 장치가 평형 상태에 있게 되는 데 필요한 각 θ를 계산하고, $a = 0.3\,\text{m}$, $m = 125\,\text{kg}$이고 $k = 1\,\text{kN}$인 경우에 안정성을 설명하라.

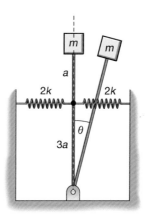

그림 P11.45

11.46 그림 P11.46에서, 스프링이 평형 상태의 역진자에 부착되는 위치의 효과를 평형 위치에 상응하는 각 θ를 매개변수 α의 함수로 그래프를 그려 고찰하라. 여기에서, α는 0과 1 사이에서 변한다. 상수 $(mg/kL) = 10^{-4}$이라고 놓고, 스프링이 늘어나기 전의 위치는 $\theta = 0°$에 있다. $\alpha = 0$이 성립하는가?

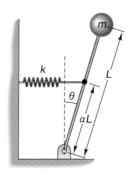

그림 P11.46

11.47 문제 11.46에서, $\alpha = 0.8\,$m, $L = 1\,$m, $m = 1,000\,$kg이고 $k = 20\,$kN/m일 때 각 θ를 구하라. 스프링이 강성이 $1\,$kN/m일 때 질량과 봉이 위를 향하게 유지시킬 수 있는가?

11.48 그림 P11.48에서, 장치가 평형을 이룰 때 이에 상응하는 거리 h를 계산하라. 여기에서, $m = 100\,$kg, $k = 10\,$kN/m이고, 스프링이 늘어나기 전의 위치는 링크가 수평 위치에 있을 때에 상응한다. 이 위치는 실제로 안정 위치임을 증명하라.

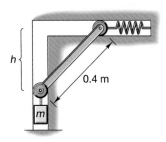

그림 P11.48

11.49 길이가 동일한 2개의 봉이 중량 W를 지지하고 있는 강성이 k로 동일한 2개의 스프링에 연결되어 있다(그림 P11.49 참조). 스프링 힘은 수평으로 유지된다고 가정하여 평형 위치를 L, k 및 W의 함수로 계산하고, 각각의 위치의 안정성을 설명하라. 스프링이 늘어나기 전의 위치는 링크가 수직 위치에 있을 때에 상응한다. 이 매개변수 값들이 얼마일 때 장치가 안정되는가? (스프링은 수평을 유지한다고 가정한다.)

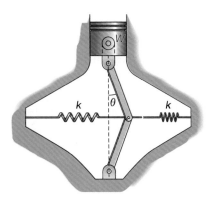

그림 P11.49

11.50 문제 11.49에서, 봉의 중량($0.25\,W$)을 포함시켜 문제를 다시 풀어라.

11.51 그림 P11.51에서, 장치의 평형 위치를 계산하고 각각의 위치의 안정성을 설명하라. 스프링이 늘어나기 전의 위치는 $\theta = 0\,°$에 있고 링크의 질량 중심은 그 기하도형 중심에 있다고 가정한다.

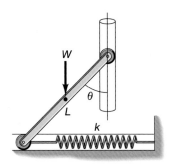

그림 P11.51

11.52 문제 11.51에서, 스프링이 늘어나기 전의 위치가 $\theta = 20\,°$에 있고 $W = 100\,$N, $L = 1\,$m이고 $k = 200\,$N/m인 경우에 문제를 다시 풀어라.

11.53 힘 $\mathbf{F} = x^2\,\hat{\mathbf{i}} + xy\,\hat{\mathbf{j}} + g\,\hat{\mathbf{k}}$가 질점에 작용하고 있다. 여기에서, g는 상수이다. 이 힘은 보존력인가?

11.54 힘 $\mathbf{F} = x^2\,\hat{\mathbf{i}} + y^2\,\hat{\mathbf{j}} + z^2\,\hat{\mathbf{k}}$가 질점에 작용하고 있다. 이 힘은 보존력인가?

11.55 힘 $\mathbf{F} = f_1(x)\,\hat{\mathbf{i}} + f_2(y)\,\hat{\mathbf{j}} + f_3(z)\,\hat{\mathbf{k}}$가 질점에 작용하고 있다. 이 힘은 보존력인가?

11.56 힘 $\mathbf{F} = x^2\,\hat{\mathbf{i}} + z^2\,\hat{\mathbf{j}} + 2yz\,\hat{\mathbf{k}}$가 질점에 작용하고 있다. 이 힘은 보존력인가?

11.57 질점의 퍼텐셜 에너지 함수가 $V = x^2 + y^2 + z^2$인 것으로 정해졌다. 이 퍼텐셜을 발생시키는 힘을 계산하라.

11.58 질점의 퍼텐셜 에너지 함수가 $V = yx^2 + zy^2 + xz^2$인 것으로 정해졌다. 이 퍼텐셜을 발생시키는 힘을 계산하라.

11.59 질점의 퍼텐셜 에너지 함수가 $V = (x-1)^2 + y^2 + z^2$인 것으로 정해졌다. 이 퍼텐셜을 발생시키는 힘을 계산하라. 이 힘은 보존력인가?

11.60 질점의 퍼텐셜 에너지 함수가 $V(x, z) = (1-x)^2 + \sin z$인 것으로 정해졌다. 이 퍼텐셜을 발생시키는 힘을 계산하고, 이 힘이 보존력인지를 판별하라. 이 힘이 보존력이면, 평형 위치를 계산하고 각각의 안정성을 설명하라.

변위 $\mathbf{dr}$을 겪는 힘 F로 이루어지는 미분 일은 다음과 같다.

$$dU = \mathbf{F} \cdot \mathbf{dr}$$

미분 각 $\mathbf{d}\theta$만큼 회전하는 모멘트로 이루어지는 일은 다음과 같다.

$$dU = \mathbf{M} \cdot \mathbf{d}\theta$$

미분 가상 일을 성분 표기법으로 쓰면 다음과 같다.

$$\delta\mathbf{r} = \delta x\hat{\mathbf{i}} + \delta y\hat{\mathbf{j}} + \delta z\hat{\mathbf{k}}$$

그리고 가상 일은 다음과 같다.

$$\delta U = \mathbf{F} \cdot \delta\mathbf{r} + \mathbf{M} \cdot \delta\boldsymbol{\theta}$$

평형 상태에 있는 물체나 계에서는, 어떠한 변위에서도 이와 관련된 가상 일이 0이 된다.

가상 일의 원리는 일련의 독립적인 좌표, 즉 일련의 일반화된 좌표 q_i를 명시하는 데에 달려 있는데, 이 좌표는 그 개수가 계의 자유도 수와 같다. n개의 강체로 된 계의 자유도 수는 다음과 같다.

$$\text{자유도} = 6n - m$$

여기에서, m은 시스템에 대한 구속 개수이다.

일련의 직교 좌표를 일반화된 좌표에 관계를 지어주는 식을 변환 식이라고 한다. 가상 변위는 일반화된 좌표에 관한 변환 식의 변화에서 구한다.

가상 일의 원리는 다음과 같다. 즉

강체가 마찰이 없이 연결되어 있을 때 이 강체나 강체 계가 평형 상태에 있으면, 이 강체나 강체 계의 구속과 일치하는 어떠한 가상 변위에 대해서도 이 강체나 강체 계에 작용하는 외력의 총 가상 일은 0이 된다.

공간에 있는 곡선은 그림 11.14와 같이 매개변수 s와 이 곡선에 접하는 단위 벡터로 기술할 수 있다. 즉

$$\hat{\mathbf{t}}(s) = \cos\theta(s)\hat{\mathbf{i}} + \sin\theta(s)\hat{\mathbf{j}}$$

질점의 위치는 다음과 같다.

$$\mathbf{r}(s) = \int_0^s \hat{\mathbf{t}}(u)\,du$$

경로 s를 따라 이동하는 질점에 작용하는 힘으로 이루어진 일은 다음과 같다.

$$U_{s_1 \to s_2} = \int_{s_1}^{s_2} \mathbf{F}(s) \cdot \hat{\mathbf{t}}(s)\,ds$$

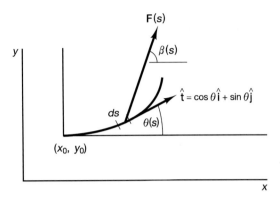

그림 11.14

여기에서,

$$\hat{\mathbf{t}}(s) = \cos \theta(s)\hat{\mathbf{i}} + \sin \theta(s)\hat{\mathbf{j}}$$

$$\mathbf{F}(s) = f(s)[\cos \beta(s)\hat{\mathbf{i}} + \sin \beta(s)\hat{\mathbf{j}}]$$

보존력 폐쇄 경로를 따라 이동하는 질점에 작용하는 힘으로 이루어지는 일이 0이 되면, 이 힘은 보존력이라고 한다. 수학적으로는 다음과 같이 쓴다.

$$\oint_c \mathbf{F} \cdot \mathbf{dr} = 0$$

보존력으로 이루어지는 일은 질점의 실제 이동 경로와는 독립적이고 질점의 최초 위치와 최종 위치에만 종속된다. 보존력은 다음과 같이 퍼텐셜 함수에서 유도할 수 있다.

$$\mathbf{F} \cdot \mathbf{dr} = -dV$$

$$\mathbf{F} \cdot \mathbf{dr} = F_x dx + F_y dy + F_z dz = -\left(\frac{\partial V}{\partial x} dx + \frac{\partial V}{\partial y} dy + \frac{\partial V}{\partial z} dz \right)$$

그러므로 다음과 같다.

$$F_x = -\frac{\partial V}{\partial x}$$

$$F_y = -\frac{\partial V}{\partial y}$$

$$F_z = -\frac{\partial V}{\partial z}$$

$$\mathbf{F} = -\vec{\nabla} V$$

어떠한 함수라도 그 기울기(gradient)의 컬(curl)은 0이 되므로, 보존력의 컬은 0이 된다.

$$\vec{\nabla} \times \mathbf{F} = \vec{\nabla} \times (-\vec{\nabla} V) = 0$$

계에 일을 하는 힘이 보존력이면, 퍼텐셜 에너지의 가상 변화는 0이 된다. 즉

$$\delta V = \sum_i \frac{\partial V}{\partial q_i} \delta q_i = 0$$

평형을 이루는 조건은 다음과 같이 쓸 수 있다.

$$\frac{\partial V}{\partial q_i} = 0$$

평형 위치는 안정, 불안정 또는 중립이 될 수 있다. 위치의 안정성은 퍼텐셜 에너지의 상대 극값들을 조사함으로써 판별할 수 있다.

$$\frac{dV}{dq} = 0 \text{이고 } \frac{d^2 V}{dq^2} > 0 \text{이면, 안정 평형 위치가 된다.}$$

$$\frac{dV}{dq} = 0 \text{이고 } \frac{d^2 V}{dq^2} < 0 \text{이면, 불안정 평형 위치가 된다.}$$

선형 연립 방정식의 해법

본문에서는 선형 연립 방정식을 풀고자 행렬 해법을 검토한 바 있다. 선형 연립 방정식을 행렬 표기법으로 쓰면 다음과 같다. 즉

$$[A][x] = [c]$$

여기에서, $[A]$는 계수 행렬이고, $[x]$는 미지수 열행렬(column matrix)이며, $[c]$는 각각의 식의 우변에 있는 기지수 행렬이다. 계수 행렬은 n개의 식과 n개의 미지수를 나타내는 크기가 $(n \times n)$인 정사각 행렬(square matrix)이다. 이 행렬의 역행렬(inverse matrix)은 컴퓨터 소프트웨어를 사용하여 구할 수 있으며 그 해는 다음과 같은 형태로 나타낼 수 있다. 즉

$$[x] = [A]^{-1}[c] \qquad \text{여기에서, } [A]^{-1}\text{는 } [A]\text{의 역행렬.}$$

계수 행렬의 역행렬은 계수 행렬의 행렬식이 0이 아닌 한 존재하는데, 이 계수 행렬의 행렬식이 0인 경우를 특이(singular)하다고 한다. 컴퓨터 소프트웨어를 사용할 수 있을 때에는 연립 방정식을 행렬 해법으로 푸는 것이 좋은 방법이다. 대부분의 다른 해법들은 Gauss-Jordan 소거법 형태에 기반을 두고 있다.

Gauss-Jordan 소거법

다음과 같은 형태의 연립 방정식을 살펴보기로 하자.

$$a_{11}x_1 + a_{12}x_2 + \cdots\cdots + a_{1n}x_n = c_1$$
$$a_{21}x_1 + a_{22}x_2 + \cdots\cdots + a_{2n}x_n = c_2$$
$$\cdots\cdots\cdots\cdots\cdots\cdots$$
$$a_{m1}x_1 + a_{m2}x_2 + \cdots\cdots + a_{mn}x_n = c_m$$

문제는 다음과 같다. 즉, a_{11}, a_{12}, $\cdots$ a_{mn} 및 c_1, c_2, $\cdots$ c_m 이 주어졌을 때, x_1, x_2, $\cdots$ x_n을 구하는 것이다. 이러한 연립 방정식을 푸는 체계적인 방법은 Gauss-Jordan 소거법에서 나온다. Gauss-Jordan 소거법은 연립 방정식을 풀 때 다음과 같이 진행된다. 먼저, a_{11}가 0이 되지 않도록 식들을 정렬한다. x_1항의 계수가 1이 되도록 첫째 식을

a_{11}로 나눈다. 이 식에 a_{21}를 곱한 다음 둘째 식에서 빼서, 이 식에서 x_1을 소거시킨다. 이 과정을 나머지 식에도 반복 적용하여 원 연립 방정식을 첫째 식과 $(m-1)$개의 x_1항 미포함 식으로 변환시킨다. 이러한 과정을 둘째 식에 반복 적용하여 나머지 식에 x_1이나 x_2가 포함되지 않도록 연립 방정식을 변환시킨다. 이 과정은 마지막 식에 x_n 만이 포함되어 이 미지수를 쉽게 구할 수 있을 때까지 반복한다.

이 해법을 사용할 간단한 예제는 다음과 같다.

$$2x + 3y - z = 6$$
$$3x - y + z = 8$$
$$-x + y - 2z = 0$$

제1차 소거 과정을 거친 후, 이 식들은 다음과 같다.

$$x + 1.5y - 0.5z = 3$$
$$-5.5y + 2.5z = -1$$
$$2.5y - 2.5z = 3$$

이 과정을 반복하여 마지막 식에서 y를 소거시키면, 변환된 식들은 다음과 같다.

$$x + 1.5y - 0.5z = 3$$
$$y - 0.455z = 0.182$$
$$-1.363z = 2.545$$

z를 구하면 다음이 나온다. 즉 $z = -1.867$이다.

이 값을 첫째 식과 둘째 식에 대입하면 다음이 나온다. 즉 $y = -0.667$ 및 $x = 3.067$이다.

본문에서는 행렬 해법을 사용하여 선형 연립 방정식을 풀도록 제안하고 있다. 이러한 연립 방정식 해의 존재 여부에 관한 결정에서 중요한 것은 계수 행렬의 행렬식이다. 이 계수 행렬식이 0이 아니면 비특이하므로 해가 존재한다. 정사각 행렬의 **행렬식**은 다음과 같이 표시한다.

$$|\mathbf{A}| = |A_{ij}| \tag{A.1}$$

여기에서, 이 행렬식의 값은 각각의 행과 각각의 열에서 단지 하나의 요소만 나타나 있는, 가능한 모든 곱을 합하여 구하게 되는 숫자인데, 각각의 곱에는 다음의 규칙에 따라 양의 부호나 음의 부호를 부여한다. 즉, 정해진 곱에 관여하는 요소들을 짝을 지어 선분으로 잇는다. 이러한 우상방 사선 방향 선분들의 총 개수가 짝수 개이면, 그 곱에 양의 부호를 붙인다. 그렇지 않고 홀수 개이면 음의 부호를 붙인다.

다음과 같은 행렬식의 특성은 연립 방정식을 취급할 때 유용하다.

1. 정사각 행렬에서 어떠한 행이나 열이라도 그 요소들이 모두 0이면, 그 행렬식의 값은 0이다.

2. 행렬에서 행과 열을 서로 바꾸어도, 그 행렬식의 값은 변하지 않는다.

3. 정사각 행렬에서 2개의 행(또는 2개의 열)을 바꾸면, 그 행렬식의 부호는 변한다.

4. 정사각 행렬에서 1개의 행(또는 1개의 열)에 있는 모든 요소에 숫자 α를 곱하는 것은, 그 행렬식에 α를 곱한 것과 같다.

5. 2개의 행(또는 2개의 열)에 있는 상응하는 요소들이 서로 같거나 그 비가 일정하면, 그 행렬식의 값은 0이다.

6. 1개의 행(또는 1개의 열)에 있는 각각의 요소를 2개의 항의 합으로 표현할 수 있으면, 원 행렬식은 2개의 행렬식의 합으로 똑같이 표현할 수 있는데, 이 각각의 행렬식에서는 2개의 항 가운데 1개의 항은 그 행(또는 열)의 각각의 요소에서 소거되어야 한다.

7. 임의의 행 (또는 열)에 다른 임의의 행 (또는 열)에 있는 상응하는 요소들을 α배하여 더하면, 그 행렬식의 값은 변하지 않는다.

이러한 행렬식의 특성은 선형 연립 방정식의 풀이에서 **크레이머 법칙(Cramer's rule)**을 적용할 때 유용하다. $[\mathbf{a}]$를 n개의 선형 식의 계수의 $(n \times n)$ 정사각 행렬이라 하고 $[\mathbf{x}]$를 미지수의 $(n \times 1)$ 행렬이라고 하자. 그리고 이 연립 방정식들의 우변은 $(n \times 1)$ 행렬인 $[\mathbf{c}]$라고 표기한다. 그러면, 이 선형 연립 방정식은 다음과 같이 쓸 수 있다.

$$[\mathbf{a}][\mathbf{x}] = [\mathbf{c}] \tag{A.2}$$

크레이머 법칙은 다음과 같다. 즉 선형 대수 연립 방정식에서 행렬식 $|\mathbf{a}|$가 0이 아니면, n개의 미지수 x들의 유일 해가 나온다. 임의의 x_j는 2개의 행렬식의 비로 표현할 수 있는데, 이 비에서 그 분모는 계수의 행렬 $[\mathbf{a}]$의 행렬식이고, 분자는 계수 행렬의 j번째 열을 이 연립 방정식들의 우변의 열행렬 $[\mathbf{c}]$의 요소들로 치환시켜서 구하는 행렬의 행렬식이다.

크레이머 법칙을 사용하는 예로서, 앞에서 가우스-조단 소거법으로 풀었던 미지수가 3개이고 식이 3개인 3원 연립 방정식을 살펴보자.

$$2x + 3y - z = 6$$
$$3x - y + z = 8$$
$$-x + y - 2z = 0$$

계수 행렬의 행렬식은 다음과 같다.

$$|\mathbf{a}| = \begin{vmatrix} 2 & 3 & -1 \\ 3 & -1 & 1 \\ -1 & 1 & -2 \end{vmatrix} = (4 - 3 - 3 + 1 - 2 + 18) = 15$$

$$x = \begin{vmatrix} 6 & 3 & -1 \\ 8 & -1 & 1 \\ 0 & 1 & -2 \end{vmatrix} / 15 = (12 + 0 - 8 + 0 - 6 + 48)/15 = 46/15 = 3.067$$

같은 방식으로, $y = -0.667$ 및 $z = -1.867$이며, 이는 앞에서 푼 결과와 일치한다.

행렬식이 소거되는 (즉, 0이 되는) 행렬을 **특이 행렬**(singular matrix)이라고 한다. 크레이머 법칙을 적용하여 조사해보면, 선형 연립 방정식의 계수 행렬의 행렬식이 0이면 이 행렬은 특이성을 보이게 되어 이 연립 방정식은 풀 수 없게 된다는 것을 알 수 있다. 이와 같은 일은 대개 행렬에서 2개의 행이 같거나 그 비가 일정하여 이 식들이 선형적으로 독립이 아닐 때 일어난다. 이는 행렬식의 특성 제5번에 해당하며 앞 절에서 (2×2)와 (3×3) 연립 방정식에서 예시되었음을 주목하여야 한다. 이 행렬의 행렬식이 0에 접근할수록, 연립 방정식은 풀이 상황이 좋지 않게 된다. 어떤 수치 해법에서는 그 한계 때문에 연립 방정식의 풀이 상황이 좋지 않게 되어 버린다.

역학에서 유용한 또 다른 행렬 기법은 행렬의 **전치 행렬**(transpose matrix)의 개념이다. ($m \times n$) 행렬의 전치 행렬은 ($n \times m$) 행렬이 되는데, 이는 원 행렬의 행과 열을 서로 바꿔서 배열시킨다. 예를 들어, 행렬 [$\mathbf{a}$]의 전치 행렬은 $[\mathbf{a}]^T$로 표기하며 다음과 같다.

$$[\mathbf{a}] = \begin{bmatrix} 1 & 2 & 3 \\ 4 & 5 & 6 \end{bmatrix} \qquad [\mathbf{a}]^T = \begin{bmatrix} 1 & 4 \\ 2 & 5 \\ 3 & 6 \end{bmatrix} \tag{A.3}$$

행렬의 역행렬

다음과 같이 정의되는 (2×2) 행렬 [$\mathbf{A}$]를 살펴보자.

$$[\mathbf{A}] = \begin{bmatrix} a & b \\ c & d \end{bmatrix} \tag{A.4}$$

정사각 행렬 [$\mathbf{A}$]의 역행렬은 $\mathbf{A}^{-1}$로 표기되는, 차원이 동일한 행렬로서 다음이 성립된다.

$$[\mathbf{A}][\mathbf{A}]^{-1} = [\mathbf{A}]^{-1}[\mathbf{A}] = [\mathbf{I}] \tag{A.5}$$

여기에서, [$\mathbf{I}$]는 단위 행렬(identity matrix)이다. 이 경우에는, [$\mathbf{I}$]는 그 형태가 다음과 같다.

$$[\mathbf{I}] = \begin{bmatrix} 1 & 0 \\ 0 & 1 \end{bmatrix} \tag{A.6}$$

일반적인 (2×2) 행렬의 역행렬은 다음과 같다.

$$[\mathbf{A}]^{-1} = \frac{1}{|A|}\begin{bmatrix} d & -b \\ -c & a \end{bmatrix} \tag{A.7}$$

이 식은 행렬 [$\mathbf{A}$]의 행렬식인 | $\mathbf{A}$ |가 0이 아니라는 조건 하에서 성립한다. 이 행렬식은 그 값이 다음과 같다.

$$|\mathbf{A}| = ad - bc \tag{A.8}$$

식 (A.7)이 실제로 역행렬임을 확인하려면, 다음의 과정을 주의 깊게 살펴보면 된다.

$$[\mathbf{A}]^{-1}[\mathbf{A}] = \frac{1}{ad-bc}\begin{bmatrix} d & -b \\ -c & d \end{bmatrix}\begin{bmatrix} a & b \\ c & c \end{bmatrix}$$

$$= \frac{1}{ad-bc}\begin{bmatrix} ad-bc & bd-bd \\ ac-ac & ad-bc \end{bmatrix} = \begin{bmatrix} 1 & 0 \\ 0 & 1 \end{bmatrix} \tag{A.9}$$

중요한 점은 행렬 [$\mathbf{A}$]는, 만약에 | $\mathbf{A}$ | ≠ 0일 때 그리고 그 경우에 한해, 역행렬이 존재한다는 사실을 인식하여야 하는 것이다. [$\mathbf{A}$]의 행렬식이 0일 때에는 [$\mathbf{A}$]에는 역행렬이 존재하지 않으며 그 행렬을 특이 행렬이라고 한다.

행렬 [$\mathbf{A}$]의 행렬식은 다음과 같은 공식으로 정의된다.

$$|\mathbf{A}| = \sum_{j=1}^{n}(-1)^{1+j}a_{1j}|A_{1j}| \tag{A.10}$$

여기에서, a_{1j} 는 행렬 [$\mathbf{A}$]에서 $(1, j)$ 의 위치에 있는 요소이며, [$\mathbf{A}_{1j}$]는 행렬 [$\mathbf{A}$]에서 제1행과 제 j 열을 소거시킴으로써 형성되는 $(n-1) \times (n-1)$ 행렬이다. 이 행렬식은 스칼라라는 점에 유의하여야 한다.

행렬 [$\mathbf{A}$]에서 제 i 행과 제 j 열을 소거시킴으로써 형성되는 행렬 [$\mathbf{A}_{ij}$]를 행렬 [$\mathbf{A}$]의 소행렬(minor)이라고 한다. α_{ij} 를 다음과 같이 [$\mathbf{A}_{ij}$]의 행렬식에 특수 부호를 부여하여 형성되는 스칼라라고 하자.

$$\alpha_{ij} = (-1)^{i+j}|A_{ij}| \tag{A.11}$$

이렇게 하여, 행렬에 요소 α_{ij} 를 형성시킴으로써 정의되는 행렬을 [$\mathbf{A}$]의 **수반 행렬** (adjoint) 이라고 하며 adj [$\mathbf{A}$]라고 표기한다. 역 행렬 [$\mathbf{A}$]$^{-1}$ 은 다음 식과 같이 수반 행렬에서 계산할 수 있다.

$$[\mathbf{A}]^{-1} = \frac{\mathrm{adj}[\mathbf{A}]}{|A|} \tag{A.12}$$

행렬 [$\mathbf{A}$]는 그 행렬식이 0이고 행렬에 특이성이 있으면 역 행렬이 없다는 점에 또 다시 유의하여야 한다. 역행렬이 있는 행렬을 비특이 행렬이라고 한다.[*]

----

[*] (역 행렬에 관한 이 설명은 다음 서적을 참조하였다. ***Engineering Vibration***, *Daniel J. Inman*; *Prentice-Hall, Inc. Englewood Cliffs, N. J. 1994.*)

행렬의 전치 행렬, 역 행렬 및 행렬식의 일부 특성들은 다음의 수학 팁에 실려 있다.

수학 팁 A.1

행렬의 전치 행렬, 역 행렬 및 행렬식

$$([\mathbf{a}] + [\mathbf{b}])^{\mathrm{T}} = [\mathbf{a}]^{\mathrm{T}} + [\mathbf{b}]^{\mathrm{T}}$$

$$(\alpha[\mathbf{a}])^{\mathrm{T}} = \alpha[\mathbf{a}]^{\mathrm{T}}$$

$$([\mathbf{a}][\mathbf{b}])^{\mathrm{T}} = [\mathbf{b}]^{\mathrm{T}}[\mathbf{a}]^{\mathrm{T}}$$

$$([\mathbf{a}]^{\mathrm{T}})^{\mathrm{T}} = [\mathbf{a}]^{\mathrm{T}}$$

$$([\mathbf{a}]^{-1})^{\mathrm{T}} = ([\mathbf{a}]^{\mathrm{T}})^{-1}$$

$$([\mathbf{a}][\mathbf{b}])^{-1} = [\mathbf{b}]^{-1}[\mathbf{a}]^{-1}$$

행렬식 : $\det([\mathbf{a}][\mathbf{b}] = \det([\mathbf{a}])\det([\mathbf{b}])$

$$\det([\mathbf{a}]^{\mathrm{T}}) = \det([\mathbf{a}])$$

$\det(\alpha[\mathbf{a}]) = \alpha\det([\mathbf{a}])$ (여기에서, α는 스칼라)

벡터 방정식의 해법

정역학에서 흔히 발생하는 문제는 지지 케이블의 방향은 알지만 각각의 케이블에 걸리는 장력의 크기는 모르는 그러한 3차원 문제이다. 이 문제를 수학적인 형태로 쓰면 다음과 같다. 즉

$$T_A\hat{\mathbf{a}} + T_B\hat{\mathbf{b}} + T_C\hat{\mathbf{c}} = \mathbf{P} \tag{A.13}$$

단위 벡터는 모르는 장력의 방향을 나타내며 $\mathbf{P}$는 알고 있는 작용력이다. 이제, 이 문제를 푸는 3가지 별개의 해법을 제시하는데, 각각의 해법에는 행렬 표기법으로 나타낼 수 있는 스칼라 연립 방정식의 풀이가 포함되어 있다. 제1해법으로는 이러한 연립 방정식을 기준 직교 좌표계에서 나타내는 전통적인 방법을 사용해보자. 식 (A.13)과 각각의 단위 기본 벡터의 스칼라 곱, 즉 도트 곱의 형태로 나타내면 다음과 같은 3개의 스칼라 방정식이 나온다.

$$
\begin{aligned}
T_A\hat{\mathbf{a}}\cdot\hat{\mathbf{i}} + T_B\hat{\mathbf{b}}\cdot\hat{\mathbf{i}} + T_C\hat{\mathbf{c}}\cdot\hat{\mathbf{i}} &= \mathbf{P}\cdot\hat{\mathbf{i}} \\
T_A\hat{\mathbf{a}}\cdot\hat{\mathbf{j}} + T_B\hat{\mathbf{b}}\cdot\hat{\mathbf{j}} + T_C\hat{\mathbf{c}}\cdot\hat{\mathbf{j}} &= \mathbf{P}\cdot\hat{\mathbf{j}} \\
T_A\hat{\mathbf{a}}\cdot\hat{\mathbf{k}} + T_B\hat{\mathbf{c}}\cdot\hat{k} + T_C\hat{\mathbf{c}}\cdot\hat{\mathbf{k}} &= \mathbf{P}\cdot\hat{\mathbf{k}}
\end{aligned}
\tag{A.14}
$$

식 (A.14)는 다음과 같이 흔히 보는 행렬 표기법으로 써서 풀어낼 수 있다.

$$\begin{bmatrix} \hat{\mathbf{a}}\cdot\hat{\mathbf{i}} & \hat{\mathbf{b}}\cdot\hat{\mathbf{i}} & \hat{\mathbf{c}}\cdot\hat{\mathbf{i}} \\ \hat{\mathbf{a}}\cdot\hat{\mathbf{j}} & \hat{\mathbf{b}}\cdot\hat{\mathbf{j}} & \hat{\mathbf{c}}\cdot\hat{\mathbf{j}} \\ \hat{\mathbf{a}}\cdot\hat{\mathbf{k}} & \hat{\mathbf{b}}\cdot\hat{\mathbf{k}} & \hat{\mathbf{c}}\cdot\hat{\mathbf{k}} \end{bmatrix} \begin{bmatrix} T_A \\ T_B \\ T_C \end{bmatrix} = \begin{bmatrix} \mathbf{P}\cdot\hat{\mathbf{i}} \\ \mathbf{P}\cdot\hat{\mathbf{j}} \\ \mathbf{P}\cdot\hat{\mathbf{k}} \end{bmatrix} \qquad (A.15)$$

이 행렬 방정식은 이제 컴퓨터 소프트웨어나 계산기를 사용하여 풀면 된다. 이런 식으로 방정식을 생성하게 되면 실수를 저지를 확률이 크게 줄어들게 되는 이점이 있다.

제2해법은 제1해법과 유사하지만, 이 방법에서는 벡터 $\hat{\mathbf{a}}$, $\hat{\mathbf{b}}$ 및 $\hat{\mathbf{c}}$를 기본 벡터로 사용하여 식 (A.13)과 이들 각각의 기본 벡터들과의 도트 곱을 취함으로써 3개의 스칼라 식을 세운다. 또한, 동일한 단위 벡터끼리의 도트 곱은 어느 단위 벡터나 그 값이 1이라는 사실을 사용한다.

$$T_A + T_B\hat{\mathbf{b}}\cdot\hat{\mathbf{a}} + T_C\hat{\mathbf{c}}\cdot\hat{\mathbf{a}} = \mathbf{P}\cdot\hat{\mathbf{a}}$$
$$T_A\hat{\mathbf{a}}\cdot\hat{\mathbf{b}} + T_B + T_C\hat{\mathbf{c}}\cdot\hat{\mathbf{b}} = \mathbf{P}\cdot\hat{\mathbf{b}} \qquad (A.16)$$
$$T_A\hat{\mathbf{a}}\cdot\hat{\mathbf{c}} + T_B\hat{\mathbf{b}}\cdot\hat{\mathbf{c}} + T_C = \mathbf{P}\cdot\hat{\mathbf{c}}$$

이제, 식 (A.16)은 다음과 같이 행렬 표기법으로 쓰면 된다. 즉

$$\begin{bmatrix} 1 & \hat{\mathbf{b}}\cdot\hat{\mathbf{a}} & \hat{\mathbf{c}}\cdot\hat{\mathbf{a}} \\ \hat{\mathbf{a}}\cdot\hat{\mathbf{b}} & 1 & \hat{\mathbf{c}}\cdot\hat{\mathbf{b}} \\ \hat{\mathbf{a}}\cdot\hat{\mathbf{c}} & \hat{\mathbf{b}}\cdot\hat{\mathbf{c}} & 1 \end{bmatrix} \begin{bmatrix} T_A \\ T_B \\ T_C \end{bmatrix} = \begin{bmatrix} \mathbf{P}\cdot\hat{\mathbf{a}} \\ \mathbf{P}\cdot\hat{\mathbf{b}} \\ \mathbf{P}\cdot\hat{\mathbf{c}} \end{bmatrix} \qquad (A.17)$$

이 행렬 방정식은 계수 행렬이 값이 1인 대각선 요소들을 기준으로 하여 대칭을 이룬다는 이점이 있다. 행렬에 관한 문헌을 검토해보면 이러한 식들은 대각선 요소들이 모두 1이면 수치적으로 풀기가 더 쉽다고 나타나 있다.

식 (A.13)을 푸는 제3해법에서는 원래의 기본 벡터 $\hat{\mathbf{a}}$, $\hat{\mathbf{b}}$ 및 $\hat{\mathbf{c}}$와 2직교하는 제2의 기본 벡터 세트를 구하면 된다. 원래의 기본 벡터들이 서로 직교하지 않으므로 이 때문에 스칼라 연립 방정식으로 풀어야 했던 점을 알아차려야 한다. 이제 사용하게 될 방법은 덴마크 수학자인 요르겐 페데르손 그램(Jorgen Pederson Gram)이 개발한 수정된 그램-쉬미트(Gram-Schmidt) 직교화 방법이다. 새로운 기본 벡터 세트 $\hat{\mathbf{r}}$, $\hat{\mathbf{s}}$ 및 $\hat{\mathbf{t}}$를 구하게 되는데, 이들은 각각 원래의 기본 벡터 가운데 2개와 직교하게 된다. 이 새로운 세트의 독립된 기본 벡터들은 서로 직교하지는 않지만 원래의 기본 벡터 세트와는 2직교하게 되어 있다. 이 새로운 세트의 기본 벡터들은 다음과 같이 원래의 기본 벡터들의 크로스 곱을 사용하여 구하게 된다. 즉

$$\hat{\mathbf{r}} = \frac{\hat{\mathbf{b}}\times\hat{\mathbf{c}}}{|\hat{\mathbf{b}}\times\hat{\mathbf{c}}|} \qquad \hat{\mathbf{r}}은 \ \hat{\mathbf{b}} \ 및 \ \hat{\mathbf{c}}와 \ 직교하는 \ 단위 \ 벡터$$

$$\hat{\mathbf{s}} = \frac{\hat{\mathbf{c}}\times\hat{\mathbf{a}}}{|\hat{\mathbf{c}}\times\hat{\mathbf{a}}|} \qquad \hat{\mathbf{s}}는 \ \hat{\mathbf{c}} \ 및 \ \hat{\mathbf{a}}와 \ 직교하는 \ 단위 \ 벡터 \qquad (A.18)$$

$$\hat{\mathbf{t}} = \frac{\hat{\mathbf{a}} \times \hat{\mathbf{b}}}{|\hat{\mathbf{a}} \times \hat{\mathbf{b}}|} \qquad \hat{\mathbf{t}}\text{는 } \hat{\mathbf{a}} \text{ 및 } \hat{\mathbf{b}}\text{와 직교하는 단위 벡터}$$

이제, 식 (A.13)과 이러한 각각의 2직교 벡터와의 도트 곱을 취함으로써 다음과 같이 3개의 스칼라 식을 세우면 된다.

$$\begin{aligned}
T_A\hat{\mathbf{a}} \cdot \hat{\mathbf{r}} + T_B\hat{\mathbf{b}} \cdot \hat{\mathbf{r}} + T_C\hat{\mathbf{c}} \cdot \hat{\mathbf{r}} &= \mathbf{P} \cdot \hat{\mathbf{r}} \\
T_A\hat{\mathbf{a}} \cdot \hat{\mathbf{s}} + T_B\hat{\mathbf{b}} \cdot \hat{\mathbf{s}} + T_C\hat{\mathbf{c}} \cdot \hat{\mathbf{s}} &= \mathbf{P} \cdot \hat{\mathbf{s}} \\
T_A\hat{\mathbf{a}} \cdot \hat{\mathbf{t}} + T_B\hat{\mathbf{b}} \cdot \hat{\mathbf{t}} + T_C\hat{\mathbf{c}} \cdot \hat{\mathbf{t}} &= \mathbf{P} \cdot \hat{\mathbf{t}}
\end{aligned} \qquad (A.19)$$

2개의 기본 벡터 세트들의 2직교 특성을 사용하면, 식 (A.19)는 다음과 같이 대각 행렬로 쓸 수 있다. 즉

$$\begin{bmatrix} \hat{\mathbf{a}} \cdot \hat{\mathbf{r}} & 0 & 0 \\ 0 & \hat{\mathbf{b}} \cdot \hat{\mathbf{s}} & 0 \\ 0 & 0 & \hat{\mathbf{c}} \cdot \hat{\mathbf{t}} \end{bmatrix} \begin{bmatrix} T_A \\ T_B \\ T_C \end{bmatrix} = \begin{bmatrix} \mathbf{P} \cdot \hat{\mathbf{r}} \\ \mathbf{P} \cdot \hat{\mathbf{s}} \\ \mathbf{P} \cdot \hat{\mathbf{t}} \end{bmatrix} \qquad (A.20)$$

계수 행렬이 대각선 형태로 배열되어 있으므로, 인장력은 연립 방정식을 풀지 않고도 그 해를 구할 수 있다. 해는 다음과 같다.

$$\begin{aligned}
T_A &= \frac{\mathbf{P} \cdot \hat{\mathbf{r}}}{\hat{\mathbf{a}} \cdot \hat{\mathbf{r}}} \\
T_B &= \frac{\mathbf{P} \cdot \hat{\mathbf{s}}}{\hat{\mathbf{b}} \cdot \hat{\mathbf{s}}} \\
T_C &= \frac{\mathbf{P} \cdot \hat{\mathbf{t}}}{\hat{\mathbf{c}} \cdot \hat{\mathbf{t}}}
\end{aligned} \qquad (A.21)$$

이 해는 식 (A.13)의 직접 벡터 해의 형태이다.

컴퓨터 활용 팁 A.1에는 이와 같이 3가지 해법을 사용하여 푸는 식 (A.13)의 예제가 나타나 있다.

컴퓨터 활용 팁 A.1

100 kg의 질량이 3개의 케이블로 지지되어 있다. 좌표계의 원점이 질량에 있다고 잡게 되면, 케이블 부착부는 $A(4, -2, 10)$, $B(-2, -3, 10)$ 및 $C(0, 5, 10)$이 된다. 풀어야 되는 벡터 방정식은 다음과 같다. 즉

$$\mathbf{T}_A + \mathbf{T}_B + \mathbf{T}_C + \mathbf{W} = 0$$

$$\mathbf{A} := \begin{pmatrix} 4 \\ -2 \\ 10 \end{pmatrix} \quad \mathbf{B} := \begin{pmatrix} -2 \\ -3 \\ 10 \end{pmatrix} \quad \mathbf{C} := \begin{pmatrix} 0 \\ 5 \\ 10 \end{pmatrix} \quad \mathbf{W} := \begin{pmatrix} 0 \\ 0 \\ -100 \cdot 9.81 \end{pmatrix}$$

각각의 케이블을 따라 단위 벡터들을 구하고, 또한 단위 벡터들을 직교 좌표 방향으로 나타낸다. 즉

$$\hat{\mathbf{a}} := \frac{\mathbf{A}}{|\mathbf{A}|} \quad \hat{\mathbf{b}} := \frac{\mathbf{B}}{|\mathbf{B}|} \quad \hat{\mathbf{c}} := \frac{\mathbf{C}}{|\mathbf{C}|} \quad \hat{\mathbf{i}} := \begin{pmatrix} 1 \\ 0 \\ 0 \end{pmatrix} \quad \hat{\mathbf{j}} := \begin{pmatrix} 0 \\ 1 \\ 0 \end{pmatrix} \quad \hat{\mathbf{k}} := \begin{pmatrix} 0 \\ 0 \\ 1 \end{pmatrix}$$

2중 직교 기본 단위들은 다음과 같다. 즉

$$\hat{\mathbf{r}} := \frac{\hat{\mathbf{b}} \times \hat{\mathbf{c}}}{|\hat{\mathbf{b}} \times \hat{\mathbf{c}}|} \quad \hat{\mathbf{s}} := \frac{\hat{\mathbf{c}} \times \hat{\mathbf{a}}}{|\hat{\mathbf{c}} \times \hat{\mathbf{a}}|} \quad \hat{\mathbf{t}} := \frac{\hat{\mathbf{a}} \times \hat{\mathbf{b}}}{|\hat{\mathbf{a}} \times \hat{\mathbf{b}}|}$$

3개의 해는 다음과 같다. 즉

$$\mathbf{T}1 := \begin{pmatrix} \hat{\mathbf{a}} \cdot \hat{\mathbf{i}} & \hat{\mathbf{b}} \cdot \hat{\mathbf{i}} & \hat{\mathbf{c}} \cdot \hat{\mathbf{i}} \\ \hat{\mathbf{a}} \cdot \hat{\mathbf{j}} & \hat{\mathbf{b}} \cdot \hat{\mathbf{j}} & \hat{\mathbf{c}} \cdot \hat{\mathbf{j}} \\ \hat{\mathbf{a}} \cdot \hat{\mathbf{k}} & \hat{\mathbf{b}} \cdot \hat{\mathbf{k}} & \hat{\mathbf{c}} \cdot \hat{\mathbf{k}} \end{pmatrix}^{-1} \cdot \begin{pmatrix} \mathbf{W} \cdot \hat{\mathbf{i}} \\ \mathbf{W} \cdot \hat{\mathbf{j}} \\ \mathbf{W} \cdot \hat{\mathbf{k}} \end{pmatrix} \quad \mathbf{T}1 = \begin{pmatrix} 233.616 \\ 453.399 \\ 381.493 \end{pmatrix}$$

$$\mathbf{T}2 := \begin{pmatrix} \hat{\mathbf{a}} \cdot \hat{\mathbf{a}} & \hat{\mathbf{b}} \cdot \hat{\mathbf{a}} & \hat{\mathbf{c}} \cdot \hat{\mathbf{a}} \\ \hat{\mathbf{a}} \cdot \hat{\mathbf{b}} & \hat{\mathbf{b}} \cdot \hat{\mathbf{b}} & \hat{\mathbf{c}} \cdot \hat{\mathbf{b}} \\ \hat{\mathbf{a}} \cdot \hat{\mathbf{c}} & \hat{\mathbf{b}} \cdot \hat{\mathbf{c}} & \hat{\mathbf{c}} \cdot \hat{\mathbf{c}} \end{pmatrix}^{-1} \cdot \begin{pmatrix} \mathbf{W} \cdot \hat{\mathbf{a}} \\ \mathbf{W} \cdot \hat{\mathbf{b}} \\ \mathbf{W} \cdot \hat{\mathbf{c}} \end{pmatrix} \quad \mathbf{T}2 = \begin{pmatrix} 233.616 \\ 453.399 \\ 381.493 \end{pmatrix}$$

$$\mathbf{T}_A := \frac{\mathbf{W} \cdot \hat{\mathbf{r}}}{\hat{\mathbf{a}} \cdot \hat{\mathbf{r}}} \qquad T_A = 233.616$$

$$\mathbf{T}_B := \frac{\mathbf{W} \cdot \hat{\mathbf{s}}}{\hat{\mathbf{b}} \cdot \hat{\mathbf{s}}} \qquad T_B = 453.399$$

$$\mathbf{T}_C := \frac{\mathbf{W} \cdot \hat{\mathbf{t}}}{\hat{\mathbf{c}} \cdot \hat{\mathbf{t}}} \qquad T_C = 381.493$$

벡터 대수학

벡터의 성분 표기식: $\mathbf{A} = A_x \hat{\mathbf{i}} + A_y \hat{\mathbf{j}} + A_z \hat{\mathbf{k}}$

행렬 표기법: $\mathbf{A} = \begin{bmatrix} A_x \\ A_y \\ A_z \end{bmatrix}$

벡터의 크기 또는 절대값: $|\mathbf{A}| = \sqrt{A_x^2 + A_y^2 + A_z^2}$

$\mathbf{A}$의 방향을 나타내는 단위 벡터: $\hat{\mathbf{a}} = \dfrac{\mathbf{A}}{|\mathbf{A}|}$, 즉 벡터를 그 벡터의 크기로 나눈 벡터. 그러므로 벡터는 항상 그 크기와 단위 벡터의 곱으로 나타낼 수 있다.

좌표계의 기본 벡터: x, y 및 z방향의 좌표 $\hat{\mathbf{i}}$, $\hat{\mathbf{j}}$ 및 $\hat{\mathbf{k}}$를 각각 따르는 3개의 비공면 (non-coplanar) 단위 벡터.

벡터 덧셈: $\mathbf{A} + \mathbf{B} = \mathbf{B} + \mathbf{A} = (A_x + B_x)\hat{\mathbf{i}} + (A_y + B_y)\hat{\mathbf{j}} + (A_z + B_z)\hat{\mathbf{k}}$

벡터 항등식: 2개의 벡터는 오직 각각의 성분이 같은 경우에만 같다.

$$\mathbf{A} = \mathbf{B} \rightarrow A_x = B_x \ \ A_y = B_y \ \ A_z = B_z$$

벡터와 스칼라의 곱셈: $\alpha\mathbf{A} = \alpha A_x \hat{\mathbf{i}} + \alpha A_y \hat{\mathbf{j}} + \alpha A_z \hat{\mathbf{k}}$

벡터의 방향 코사인: $\lambda_x = \dfrac{A_x}{|\mathbf{A}|} \ \ \lambda_y = \dfrac{A_y}{|\mathbf{A}|} \ \ \lambda_z = \dfrac{A_z}{|\mathbf{A}|}$

방향 코사인은 벡터와 각각의 좌표축 사이 각의 코사인 값이다.

A의 방향을 나타내는 단위 벡터의 각각의 성분이 방향 코사인이다.

$$\hat{\mathbf{a}} = \lambda_x \hat{\mathbf{i}} + \lambda_y \hat{\mathbf{j}} + \lambda_z \hat{\mathbf{k}}$$

두 벡터의 스칼라 곱, 즉 도트 곱:

$$\mathbf{A} \cdot \mathbf{B} = |\mathbf{A}||\mathbf{B}| \cos \theta \quad (\text{여기에서, } \theta \text{는 두 벡터 사이 각})$$

$$\mathbf{A} \cdot \mathbf{B} = A_x B_x + A_y B_y + A_z B_z$$

두 벡터의 벡터 곱, 즉 크로스 곱:

$$\mathbf{A} \times \mathbf{B} = |\mathbf{A}||\mathbf{B}| \sin \theta \, \hat{\mathbf{n}}$$

여기에서, θ는 두 벡터의 사이 각이며, $\hat{\mathbf{n}}$은 두 벡터가 이루는 평면에 직각인 단위 벡터이며, 그 방향은 오른손 법칙에 따라 정해진다.

$$\mathbf{A} \times \mathbf{B} = (A_y B_z - A_z B_y)\hat{\mathbf{i}} + (A_z B_x - A_x B_z)\hat{\mathbf{j}} + (A_x B_y - A_y B_x)\hat{\mathbf{k}}$$

$$\mathbf{A} \times \mathbf{B} = \begin{vmatrix} \hat{\mathbf{i}} & \hat{\mathbf{j}} & \hat{\mathbf{k}} \\ A_x & A_y & A_z \\ B_x & B_y & B_z \end{vmatrix}$$

단위 벡터의 도트 곱과 크로스 곱의 특성:

$$\hat{\mathbf{i}} \cdot \hat{\mathbf{i}} = 1 \quad \hat{\mathbf{i}} \cdot \hat{\mathbf{j}} = 0 \quad \hat{\mathbf{i}} \cdot \hat{\mathbf{k}} = 0 \quad \hat{\mathbf{i}} \cdot \hat{\mathbf{i}} = 0 \quad \hat{\mathbf{i}} \times \hat{\mathbf{j}} = \hat{\mathbf{k}} \quad \hat{\mathbf{i}} \times \hat{\mathbf{k}} = -\hat{\mathbf{j}}$$

$$\hat{\mathbf{j}} \cdot \hat{\mathbf{i}} = 0 \quad \hat{\mathbf{j}} \cdot \hat{\mathbf{j}} = 1 \quad \hat{\mathbf{j}} \cdot \hat{\mathbf{k}} = 0 \quad \hat{\mathbf{j}} \cdot \hat{\mathbf{i}} = -\hat{\mathbf{k}} \quad \hat{\mathbf{j}} \times \hat{\mathbf{j}} = 0 \quad \hat{\mathbf{j}} \times \hat{\mathbf{k}} = \hat{\mathbf{i}}$$

$$\hat{\mathbf{k}} \cdot \hat{\mathbf{i}} = 0 \quad \hat{\mathbf{k}} \cdot \hat{\mathbf{j}} = 0 \quad \hat{\mathbf{k}} \cdot \hat{\mathbf{k}} = 0 \quad \hat{\mathbf{k}} \times \hat{\mathbf{i}} = \hat{\mathbf{j}} \quad \hat{\mathbf{k}} \times \hat{\mathbf{j}} = -\hat{\mathbf{i}} \quad \hat{\mathbf{k}} \times \hat{\mathbf{k}} = 0$$

벡터 항등식:

$$\mathbf{A} \cdot (\mathbf{B} \times \mathbf{C}) = \mathbf{B} \cdot (\mathbf{C} \times \mathbf{A}) = \mathbf{C} \cdot (\mathbf{A} \times \mathbf{B})$$

$$\mathbf{A} \times (\mathbf{B} \times \mathbf{C}) = \mathbf{B}(\mathbf{C} \cdot \mathbf{A}) - \mathbf{C}(\mathbf{A} \cdot \mathbf{B})$$

$$(\mathbf{A} \times \mathbf{B}) \times (\mathbf{C} \times \mathbf{D}) = \mathbf{B}[\mathbf{A} \cdot (\mathbf{C} \times \mathbf{D})] - \mathbf{A}[\mathbf{B} \cdot (\mathbf{C} \times \mathbf{D})]$$

$$(\mathbf{A} \times \mathbf{B}) \times (\mathbf{C} \times \mathbf{D}) = \mathbf{C}[(\mathbf{A} \times \mathbf{B}) \cdot \mathbf{D}] - \mathbf{D}[(\mathbf{A} \times \mathbf{B}) \cdot \mathbf{C}]$$

$$(\mathbf{A} \times \mathbf{B}) \times (\mathbf{A} \times \mathbf{C}) = \mathbf{A}[(\mathbf{A} \times \mathbf{B}) \cdot \mathbf{C}]$$

단위 벡터 $\hat{\mathbf{n}}$으로 표시되는 선에 평행한 벡터와 직각인 벡터:

$$\mathbf{A}_{\parallel} = (\mathbf{A} \cdot \hat{\mathbf{n}})\hat{\mathbf{n}}$$

$$\mathbf{A}_{\perp} = \hat{\mathbf{n}} \times (\mathbf{A} \times \hat{\mathbf{n}}) = \mathbf{A} - (\mathbf{A} \cdot \hat{\mathbf{n}})\hat{\mathbf{n}}$$

비직교 좌표계에서 벡터의 성분 표기식:

$$\mathbf{F} = F_a\hat{\mathbf{a}} + F_b\hat{\mathbf{b}} + F_c\hat{\mathbf{c}}$$

비직교 좌표계에서 기본 벡터의 2직교 세트 형태:

$$\hat{\mathbf{r}} = \frac{\hat{\mathbf{b}} \times \hat{\mathbf{c}}}{|\hat{\mathbf{b}} \times \hat{\mathbf{c}}|} \quad \hat{\mathbf{s}} = \frac{\hat{\mathbf{c}} \times \hat{\mathbf{a}}}{|\hat{\mathbf{c}} \times \hat{\mathbf{a}}|} \quad \hat{\mathbf{t}} = \frac{\hat{\mathbf{a}} \times \hat{\mathbf{b}}}{|\hat{\mathbf{a}} \times \hat{\mathbf{b}}|}$$

비직교 좌표계에서 각 성분 벡터의 크기:

$$F_a = \frac{\mathbf{F} \cdot \hat{\mathbf{r}}}{\hat{\mathbf{a}} \cdot \hat{\mathbf{r}}} \quad F_b = \frac{\mathbf{F} \cdot \hat{\mathbf{s}}}{\hat{\mathbf{b}} \cdot \hat{\mathbf{s}}} \quad F_c = \frac{\mathbf{F} \cdot \hat{\mathbf{t}}}{\hat{\mathbf{c}} \cdot \hat{\mathbf{t}}}$$

선형 대수학

행렬 $[A]$는 다음과 같이 i번째 행과 j번째 열에 놓이게 되는 요소 a_{ij}들로 구성되어 정렬되어 있는 사각형 배열이다.

$$[A] = \begin{bmatrix} a_{11} & a_{12} & \cdots & \cdots & a_{1n} \\ a_{21} & a_{22} & \cdots & \cdots & a_{2n} \\ \vdots & \vdots & \vdots & \vdots & \vdots \\ \vdots & \vdots & \vdots & \vdots & \vdots \\ a_{m1} & a_{m2} & \cdots & \cdots & a_{mn} \end{bmatrix}$$

이와 같은 행렬을 행이 m개이고 열이 n개인 $(m \times n)$차 행렬이라고 한다.

행렬의 덧셈과 뺄셈: 2개의 행렬은 이 두 행렬이 동일한 크기(즉, $m \times n$)일 때 각각의 상응하는 요소들을 더하거나 뺌으로써 더하거나 뺄 수 있다.

$$[C] = [A] \pm [B]$$

$$c_{ij} = a_{ij} \pm b_{ij}$$

행렬과 스칼라 α의 곱셈은 개별 요소 기반으로 정의된다. (즉, 스칼라 α와 행렬 $[A]$의 곱은 $\alpha[A]$로 표기되며 요소 αa_{ij}들로 구성된다.)

두 행렬의 곱: 2개의 행렬의 곱은 오직 이 두 행렬이 호환가능한 크기일 때에만 정의된다. 특히, 행렬 곱 $[C] = [A][B]$는 오직 $[A]$가 $(m \times p)$ 행렬이고 $[B]$가 $(p \times n)$ 행렬일 때에만 정의된다. 여기에서, p는 호환가능한 크기 매개변수이다. 계산 결과, 행렬 $[C]$는 크기가 $(m \times n)$인 행렬이 된다.

$$[C] = [A][B]$$

$$c_{ij} = \sum_{k=1}^{p} a_{ik} b_{kj}$$

$(n \times n)$ 정사각 행렬의 행렬식:

$$|A| = \sum_{j=1}^{n} (-1)^{1+j} a_{1j} |A_{1j}|$$

여기에서, $[A_{ij}]$는 행렬 $[A]$에서 첫 번째 행과 j번째 열을 제거시킴으로써 구성되는 $[(n-1) \times (n-1)]$ 행렬이다. 행렬 $[A]$에서 i번째 행과 j번째 열을 제거시킴으로서 구성되는 행렬 $[A_{ij}]$를 $[A]$의 소행렬(minor)이라고 한다.

$[A]$의 수반 행렬(adjoint)은 adj$[A]$로 표기하는데, 이는 $a_{ij} = (-1)^{1+j} |A_{ij}|$인 요소 a_{ij}들로 행렬을 구성함으로써 정의된다.

행렬의 역행렬 $[A]^{-1}$은 다음과 같이 정의된다.

$$[A]^{-1}[A] = [A][A]^{-1} = [I]$$

여기에서, $[I]$는 대각선 요소들이 1이고 그 나머지 요소들이 0인 단위 행렬이다.

$$[A]^{-1} = \frac{adj[A]}{|A|}$$

행렬 $[A]$의 행렬식이 0이면, 그 행렬의 역행렬은 존재하지 않으며 그 행렬은 특이 행렬(singular)이라고 한다.

선형 연립 방정식: $[A][x] = [C]$는 n개의 미지수 행렬 $[x]$에 대한 n개의 식으로 된 연립 방정식이다.

$$[x] = [A]^{-1}[C]$$

행렬의 전치 행렬(transpose)은 행렬의 행 요소들과 열 요소들을 서로 바꿔서 구한다.

수학 팁 A.2

행렬의 전치 행렬, 역행렬 및 행렬식의 특성

$$([\mathbf{a}] + [\mathbf{b}])^T = [\mathbf{a}]^T + [\mathbf{b}]^T$$

$$(\alpha[\mathbf{a}]^T) = \alpha[\mathbf{a}]^T$$

$$([\mathbf{a}][\mathbf{b}])^T = [\mathbf{b}]^T[\mathbf{a}]^T$$

$$([\mathbf{a}]^T)^T = [\mathbf{a}]$$

$$([\mathbf{a}]^{-1})^T = ([\mathbf{a}]^T)^{-1}$$

$$([\mathbf{a}][\mathbf{b}])^{-1} = [\mathbf{b}]^{-1}[\mathbf{a}]^{-1}$$

행렬식: $\det([\mathbf{a}][\mathbf{b}]) = \det([\mathbf{a}])\det([\mathbf{b}])$

$$\det([\mathbf{a}]^T) = \det([\mathbf{a}])$$

$\det(\alpha[\mathbf{a}]) = \alpha\det([\mathbf{a}])$　　(여기에서, α는 스칼라)

Appendix 04

정역학 용어집

가상 변위(virtual displacement): 계의 구속조건과 일치하는 평형 위치로부터 가정한 변위나 변화. (443)

가상 일(vertual work): 가정된 변위나 가상의 변위를 이동할 때 힘이 한 일. (443)

가상 일의 원리(principle of virtual work): 강체 또는 마찰이 없이 연결된 강체 계가 평형 상태에 있을 때에는, 그 강체 또는 강체 계에 작용하는 외력의 총 가상 일은 그 강체 또는 강체 계에 대한 구속 조건과 일치하는 임의의 가상 변위에 대하여 0이 됨. (447)

가우스-조단 소거법(Gauss-Jordan reduction): 선형 연립 방정식을 푸는 규칙적인 해법. (471)

강체(rigid body): 그 기하형상은 한정되어 있는 것으로 간주하지만 변형이 되지 않거나 변형이 되어도 치수 변화를 무시할 수 있는 물체. (137)

건마찰(dry friction): 쿨롱 마찰 참조. (359)

결합법칙(associative): 3개의 수학 양을 결합(순서는 유지됨)할 때, 그 결과가 결합 대상 양을 묶는 방식에 종속되지 않으면, 그 수학 양을 한 번에 2개씩 결합하는 법칙. 벡터 합산. (25)

경심(metacenter): 배의 부력 중심을 지나는 수직선과 선체의 단면적의 중심선이 교차하는 점. (223)

곱 면적 모멘트(product moment of an area): (곱 관정 모멘트). 임의의 직교 축 세트와 관련되는 면적의 수학적 특성량으로 다음과 같이 정의됨. (416)

$$I_{xy} = -\int_A xy dA$$

공간(space): 물체와 사건이 발생하고 상대 위치와 상대 방향이 있는, 경계가 없는 범위. 길이, 면적 및 체적의 개념. 공간은 무한하고 균질이며 등방성이고 절대적인 것으로 간주됨. (2)

공면(coplanar): 공간에 있는 2차원 공통 면에 놓임. (21)

공면력계(coplanar force system): 물체에 있는 단일의 평면이나 공간에 있는 단일의 평면에서 작용하는 힘 계. (169)

공선(collinear): 동일한 선에 놓이거나 동일한 선을 지남. (33)

공점(concurrent): 공간에서 동일한 점으로 수렴하여 그 점을 차지함. (21)

공점력계(concentrated force systems): 모든 힘이 물체에 있는 공통점에 작용하거나 그 작용선들이 공통의 교점에서 교차하는 힘 계. (169)

교환 법칙(commutative): 2개의 양 사이의 수학 법칙. 그 결과는 결합 순서와 무관함. (22)

구름 저항 계수(coefficient of rolling resistance): μ. 다른 물체 위에서 구르는 하나의 물체의 저항 척도. 이 저항은 접촉 영역에서 두 물체의 변형에 기인함. (396)

구조물(structure): 독립된 부품들이 일정한 조직 패턴으로 구성되어 있는 것. 트러스, 프레임 및 기계 따위. (276)

굽힘 모멘트(bending moment): 보의 내부 모멘트의 성분. 보의 굽힘 변형을 일으킴. (320)

극 관성 모멘트(polar moment of inertia): 비틀림에 대한 축의 저항과 관련되는 축의 단면적의 특성량. 이는 수학적으로 다음 식과 같이 쓸 수 있음. (404)

$$J_{0z} = \int_A \bar{r}^2 dA$$

기계 또는 기구(machine or mechanism): 힘, 운동 및 에너지를 정해진 대로 하나의 부품으로부터 또 다른 부품으로 전달하는 부품들의 조립체. 기계에는 움직이는 부품이 들어 있으며 적어도 하나의 다중 힘 부재가 있음. (277)

기울기(gradient): 함수의 기울기는 그 함수에 작용하는 델 연산자와 같고 그 함수의 방향이 있는 도함수와 같음. (457)

기하학적 불안정성(geometric instability): 결과적으로 어떤 방향으로든지 운동이 일어나게 물체가 지지되어 있는 상태. (263)

나사(screw): 원통형 축이나 원뿔형 축에서 돌출되는 나선형 돌기선이 형성되어 있는 기계 요소. 하중을 지지하거나, 하중을 밀어 올리거나 내리거나, 물체를 서로 체결시키는 데 사용됨. (382)

내력(internal forces): 구조물의 부품에 내부적으로 작용하는 힘. 재료의 응력과 변형률을 구하는 데 필요함. (136)

뉴턴(newton): SI 단위계에서 힘의 측정 단위는 1 kg의 질량을 1 m/s²으로 가속시키는 데 필요한 힘과 같음. (6)

뉴턴의 법칙(Newton's law):

1. 모든 물체나 질점은, 가해지는 힘으로 상태가 변하게 되지 않는 한, 계속 정지 상태에 있거나 균일 직선 운동을 계속함. $\Sigma \mathbf{F} = 0$.

2. 물체의 운동 변화는 물체에 가해지는 순 힘에 비례하고 그 순 힘의 방향에서 일어남. $\Sigma \mathbf{F} = m\mathbf{a}$.

3. 제1물체가 제2물체에 힘을 가하면 제2물체는 제1물체에 크기가 같고 방향이 정반대이며 공선인 힘을 가함. $\mathbf{F}_{12} = -\mathbf{F}_{21}$

4. 임의의 두 질점은 다음과 같이 그 크기가 각각의 질점의 중력 질량의 곱에 비례하고 두 질점 사이의 거리의 제곱에 반비례하는 힘으로 서로 이끌리게 됨. (3)

$$F = \frac{Gm_1m_2}{r^2}$$

단위(units): 측정의 표준으로 채택되는 (길이, 시간, 질량 등의) 확정량. (5)

단위 벡터(unit vector): 공간에서 방향이 특정하고 단위가 전혀 없으며 크기가 1인 벡터. 좌표계의 기본 벡터로 사용됨. (44)

단위 행렬(unit matrix): 대각선 요소들은 1이고 그 외 요소들은 0인 정사각 행렬. (67)

데카르트 좌표(Cartesian coordinate): 2개의 교차하는 직선 축 가운데 어느 하나로부터 다른 축에 평행하게 측정되는 점의 거리. 3개의 교차하는 좌표 평면 가운데 어느 하나로부터 다른 2개의 평면의 교차선인 3개의 직선 축 가운데 하나에 평행하게 측정되는 거리. (25)

델 연산자(del operator): $\overrightarrow{\nabla} = \hat{\mathbf{i}}\frac{\partial}{\partial x} + \hat{\mathbf{j}}\frac{\partial}{\partial y} + \hat{\mathbf{k}}\frac{\partial}{\partial z}$. 델 연산자는 방향이 있는 도함수임. (457)

도트 곱(dot product): 스칼라 곱 참조. (71)

도형 중심(centroid): 선, 면적 또는 체적의 도형 중심. 선, 면적 또는 체적이 집중되어 있다고 보는 점으로 정의됨. 수학적으로는 선, 면적 또는 체적의 1차 모멘트를 그 선, 면적 또는 체적으로 나눈 값과 같음. (192)

동마찰 계수(coefficient of kinetic friction): μ_k. 2개의 표면이 미끄럼 이동할 때 법선력에 대한 마찰력의 비. (122)

등가(equivalent): 효과나 기능이 상응하거나 가상적으로 동등함. 등가 힘 계는 물체에 있는 임의의 점이나 공간에 있는 임의의 점에 관하여 동일한 합력과 합 모멘트를 발생시

킴. (164)

디랙 델타 함수(Dirac delta function): 변수의 특정 값에서는 그 값이 1이고 변수의 다른 모든 값에서는 그 값이 0이 되는 다음과 같은 함수. (337)

$$\delta(x - a) = 0 \qquad x \neq a$$

$$\int_{-\infty}^{x} \delta(\zeta - a)d\zeta = \begin{bmatrix} 0 & x < a \\ 1 & x > a \end{bmatrix}$$

렌치(wrench): 단일의 힘과 평행 모멘트로 되어 있는 힘 계. (177)

마찰(friction): 2개의 표면 간의 미끄럼 저항. (121)

마찰력(friction force): 2개의 접촉 표면 사이에서 마찰로 발생하여 운동에 저항하는 힘. (122)

만유인력 상수(universal gravitational constant): $G = 66.73 \times 10^{-12}$ m³/kg s². 다음 식에서와 같이 2개의 질량 간의 중력 인력에 관한 상수. (4)

$$F = \frac{Gm_1 m_2}{r^2}$$

면적의 주 축(principal axes of an area): 2차 면적 모멘트가 최대가 되거나 최소가 되고 면적 모멘트 곱이 0이 되는 직교 도형중심 축의 쌍. (404)

면적의 회전 반경(radius of gyration of an area): 2차 면적 모멘트를 계산할 때 모든 면적을 한 점에 위치시키는 것과 등가인 거리. 회전 반경은 다음과 같이 쓸 수 있음. (409)

$$k_x = \sqrt{\frac{I_{xx}}{A}}$$

모멘트 선도(moment diagram): 보의 축 방향 길이를 따르는 위치에 대한 보의 내부 모멘트의 선도. 과거에 보 문제를 반도식적 방식으로 풀 때 사용되었음. 지금은 대부분의 공학 학습에서 개념적인 보조 수단으로 사용되고 있음. (327)

모멘트 팔(moment arm): 기준 점이나 기준 축으로부터 힘의 작용선까지의 수직 거리. (138)

모어 원(Mohr's circle): 면적의 주축을 구하는 반도식적 방법. 1882년에 모어(Otto Mohr)가 개발함. 이 원은 주축을 회전시켜서 구하는 면적 2차 모멘트의 궤적이며 변환식의 개념적인 표현임. (423)

무게 중심(center of gravity): 물체에서 전체 중력 인력의 합력이 작용하고 있다고 간주하는 점. (192)

무리수(irrational number): 정수나 분수로 나타낼 수 없는 숫자. (13)

미국 상용 단위(U.S. Customary units): 길이, 힘 및 시간의 단위로서 각각 피트, 파운드 및 초 등의 옛 영국 단위를 기반으로 하는 단위계. (5)

바리뇽의 정리(Varignon's theorem): 모멘트의 원리라고도 함. 점에 관한 힘의 모멘트는 그 점에 관한 힘의 성분의 모멘트의 합과 같음. (벡터 곱의 분배 특성을 적용) (146)

방향성(sense): 벡터의 방향성은 벡터가 작용하는 양의 방향을 가리킴. (21)

방향 코사인(direction cosine): 벡터와 좌표 축 사이 각의 코사인 값. 방향 코사인은 벡터의 크기에 대한 그 벡터의 직교 스칼라 성분의 비와 같다. (28)

베어링(bearing): 축의 축선의 법선 방향으로는 병진 운동을 제한하면서 축의 회전 운동을 허용하고 지지 점에서는 축의 굽힘에 저항하는 지지. (235)

> **구름 베어링(rolling bearing)**: (반마찰 베어링) 미끄럼 접촉 대신에 구름 접촉으로 하중을 전달하면서 축의 회전을 허용하는 베어링. (391)

> **쓰러스트 베어링(thrust bearing)**: 축의 축 방향 이동에 저항하는 구름 베어링 또는 저널 베어링. (394)

> **저널 베어링(journal bearing)**: (윤활 베어링) 축(저널)과 슬리브 또는 베어링으로 구성되어 있는 베어링. 축과 슬리브 사이의 상대 운동은 미끄럼 운동임. (392)

벡터(vector): 크기, 방향 및 방향성이 있고 벡터 덧셈 법칙과 스칼라와의 곱셈 법칙을 만족시키는 수학량. 차수가 1인 텐서. (18)

벡터 계산기(vector calculator): 보통의 산수 계산과 유사하게 벡터 계산을 할 수 있도록 되어 있는 컴퓨터 소프트웨어 프로그램. (51)

벡터 곱(vector product): 크로스 곱이라고도 함. 2개의 벡터를 곱하여 이 두 벡터에 직각인 제3의 벡터가 산출되게 하는 벡터 연산. 그 크기는 두 벡터의 크기의 곱에 두 벡터 사이 각의 사인 값을 곱한 것과 같음. 최종적인 벡터의 방향성은 오른손 법칙으로 결정된다. $C = A \times B$. 여기에서, $|C| = |A||B|\sin\theta$임. (71)

벡터 덧셈(vector addition): 평행사변형 법칙으로 2개의 벡터를 합하는 과정. (45)

벡터 성분(components of vector): 그 합이 주어진 벡터가 되는 2개의 비공선 공면 벡터 세트 또는 3개의 비공선 비공면 세트. 이러한 벡터 세트가 공간의 차원을 (2차원 또는 3차원으로) 정하게 됨. (32)

벡터 종류(vector type):

> **고정 벡터(fixed vector)**: 고정된 작용점(시점이나 종점)이 있고 작용선이 물체에나 공간에 있는 물리량을 나타내는 벡터. (29)

> **미끄럼 벡터(sliding vector)**: 물체에나 공간에 특정한 작용선이 있지만 이 작용선에서 자신의 작용점과는 무관한 물리량을 나타내는 벡터. (29)

자유 벡터(free vector): 물체에서나 공간에서 자신의 작용점(시점, 종점 또는 작용선)과는 무관한 물리량을 나타내는 벡터. (29)

벡터 3중 곱(vector triple product): 3개의 벡터 간의 순차적인 벡터 곱을 수반하는 벡터 연산. 그 최종적인 결과는 또 다른 벡터가 나옴. 다음 식으로 정의됨. $\mathbf{A} \times (\mathbf{B} \times \mathbf{C})$. (83)

벨트(belt): 힘과 운동을 전달하는 평편하고 가요성이 있는 로프 같은 요소. (390)
  V 벨트: 단면적이 쐐기 형상, 즉 V자 형상인 벨트. 벨트와 풀리 사이의 마찰을 증가시키고자 사용함. (391)

보(beam): 구조용 부재의 일종. 일반적으로 곧으며 그 길이가 그 높이나 폭보다 훨씬 더 크고 장축에 대해 직각 방향으로 하중을 받음. (218)

부력(buoyancy): 유체가 물체에 가하는 힘. 이 힘은 물체가 밀어낸 유체의 중량과 같다. Archimedes 원리. (222)

부정정(statically indeterminate): 과구속되어 정적 평형 방정식보다 미지의 지지가 더 많은 구조물이나 물체. 평형이외에도 지지나 부재의 변형을 살펴보아 미지의 힘을 구하여야 한다. (101)

분포력(distributed force): 선, 면적 또는 체적에 걸쳐 분포되어 있는 힘으로 단일 점에 집중되게 나타낼 수 없는 힘. (188)

분할법(method of sections): 트러스에서 3개 이하의 부재를 지나는 가상 절단선으로 트러스를 분할하는 트러스 해법. 트러스에서 고립시킨 분할부의 자유 물체도를 작성하고 이 분할부를 평형 상태에 있는 강체로 취급함. (294)

불안정 평형(unstable equilibrium): 퍼텐셜 에너지가 단일의 일반화된 좌표의 함수일 때, 이 퍼텐셜 함수의 1차 도함수가 0이고 2차 도함수가 0보다 더 작으면 계는 불안정 평형임. (461)

비틀림 모멘트(twisting or torsion moment): 축이나 긴 부재의 비틀림의 원인이 되는 모멘트 성분. (320)

상대 극값(relative extrema): 단일 변수 함수의 도함수가 한 점에서 0이면, 그 함수 값은 상대 극값, 즉 상대 최댓값 또는 상대 최솟값이 됨. (461)

상대 위치 벡터(relative position vector): 점 B의 위치와 점 A의 위치의 관계를 맺어주는 위치 벡터로 관계식은 다음과 같음. 즉 $\mathbf{r}_{B/A} = \mathbf{r}_B - \mathbf{r}_A$. 여기에서, $\mathbf{r}_A$와 $\mathbf{r}_B$는 A와 B의 위치 벡터임. (48)

선형 연립 방정식(system of linear equations): 일반적으로 식이 n개이고 미지수가

n개이며 이 모든 것이 선형인 대수 연립 방정식. (63)

스칼라(scalar): 단지 크기만 있는 물리량. 0차 텐서. 예를 들면, 질량, 온도, 체적 등이 있음. (20)

스칼라 곱(scalar product): 도트 곱이라고도 함. 그 결과가 스칼라가 되는 두 벡터의 곱셈. $A \cdot B = |A||B|\cos\theta$로 정의됨. 여기에서, θ는 두 벡터 사이 각으로 0과 180° 사이의 각도임. (71)

스칼라 3중 곱(scalar triple product): 혼합 벡터 곱이라고도 함. 그 결과가 스칼라로 나오는 3개의 벡터 간의 벡터 연산. $A \cdot (B \times C)$로 정의됨. (82)

스프링 상수(spring constant): 선형 스프링의 힘-변형 곡선의 기울기. 즉, 변형에 대한 힘의 비. (114)

시간(time): 사건의 흐름 순서를 정하는 데 사용되는 개념. 작용, 과정 또는 상태가 존재하거나 계속되는 측정된 기간이나 측정할 수 있는 기간. (3)

쐐기(wedge): 점점 가늘어져서 한 쪽 가장자리가 얇게 되어 있어 물체들을 서로 분리시키거나 강제로 분리되게 하는 데 사용하는 강체로 된 간단한 요소. (376)

안정 평형(stable equilibrium): 퍼텐셜 에너지가 단일의 일반화된 좌표 함수일 때, 이 퍼텐셜 에너지의 1차 도함수가 0이고 2차 도함수는 0보다 더 크면 계는 안정 평형 상태에 있게 됨. (461)

압력 중심(center of pressure): 표면에서 분포 압력의 합력이 작용하는 점. (221)

역행렬(inverse): 비특이 정사각 행렬의 역행렬은 그 역과 등가임. 선형 연립 방정식을 푸는 데 사용됨. (67)

오른손 좌표계(right-handed coordinate system): x, y 및 z좌표가 오른손의 엄지, 인지 및 중지 손가락과 각각 일치되게 설정한 좌표계. (42)

우력(couple, 짝 힘): 크기가 같고 방향이 정반대이며 비공선인 2개의 평행한 힘. (160)

위치 벡터(position vector): 좌표계의 원점으로부터 공간에 있는 임의의 점까지의 벡터. 이 벡터의 스칼라 성분은 이 점의 좌표임. (47)

유체 마찰(fluid friction): 유체 층이나 기체 층으로 분리된 2개의 표면 간의 미끄럼 저항. (359)

유체정압(hydrostatic pressure): 정지 상태에 있는 유체가 임의의 점에 가하는 압력으로 파스칼의 법칙에 따라 모든 방향에서 동일함. (221)

응력(stress): 물체에서 내부 분포력의 세기. (37)

일(work): 결과를 발생시키기 또는 기능을 수행하기. 수학적으로는 힘과 그 힘이 이동하는 변위 간의 도트 곱으로 정의됨. $dU = \mathbf{F} \cdot \mathbf{dr}$. (442)

일반화된 좌표(generalized coordinates): 계의 자유도와 동일한 독립 좌표 세트. (445)

자유도(degree of freedom): 공간에서 강체의 위치를 정하는 데 규정하여야 하는 병진 운동과 회전 운동의 가지 수. 단일의 강체는 자유도가 6임(x, y 및 z방향에서의 병진 운동과 이 세 축에 관한 회전 운동). (233)

자유 물체도(free body diagram): 물체를 주위에서 고립시키는 데 사용하는 그림. 물체에 대한 모든 구속과 작용력 그리고 물체를 모델링하는 데 필요한 모든 기하형상 측정치가 나타나 있어야 함. (94)

작용선(line of action): 힘 벡터가 따라서 작용하는, 공간에 있는 선. (21)

전단력(shear force): 보의 단면 평면에서 작용하는, 일반적으로 보의 내력. (37)

전단 선도(shear diagram): 보의 축을 따르는 위치에 대한 보 전단력의 선도. 이전에는 반도식적 해법에서 사용됨. (327)

전달성의 원리(principle of transmissibility): 물체가 강체로 모델링되는 때에는, 물체에 작용하는 힘을 미끄럼 벡터로 취급할 수 있으므로 힘은 그 작용선에 있는 임의의 점에 작용한다고 볼 수 있음. (138)

전치 행렬(transpose): 행렬의 전치 행렬은 행과 열을 서로 바꾸어 구함. 전치 행렬은 $[\mathbf{a}]^T$로 표시함. (474)

정마찰 계수(coefficient of static friction): μ_s. 미끄럼 개시 점에서 법선력에 대한 최대 마찰력의 비. (122)

조인트 법(method of joints): 트러스를 해석할 때, 각각의 조인트의 자유 물체도를 작성하고 조인트 핀의 평형을 살펴봄으로써 그 조인트에 작용하는 힘을 구하는 방법. (281)

  행렬법을 사용하는 조인트 법(using matrix methods): 행렬 표기법을 사용하여 트러스의 기하형상을 기술하여 조인트 법으로 푸는 트러스 해법. (286)

좌표 전위(inversion of coordinates): 오른손 좌표계를 왼손 좌표계로 바꾸거나 또는 그 반대로 바꾸는 변환. (42)

중량(weight): 행성으로 끌어당기는 중력 인력으로 인하여 물체에 가해지는 힘. 지표면에서는 $W = mg$임. (4)

중력 가속도(gravitational acceleration): 다음과 같은 상수에 적용되기도 하는 용어.

$$g = \frac{GM}{R^2}$$

여기에서, G는 만유인력 상수이고, M은 지구 질량이며, R은 지구 반경임. g는 SI 단위계에서는 $9.81 \, \text{m/s}^2$이고 미국 상용 단위계에서는 $32.2 \, \text{ft/s}^2$임. (5)

중력 단위계(gravitational system of units): 미국 상용 단위계와 같이 중력을 기반으로 하는 단위계. (5)

중립 평형(neutral equilibrium): 시스템의 퍼텐셜 에너지가 단지 하나의 일반화된 좌표의 함수이고 이 함수의 모든 도함수가 0일 때, 이 계는 중립 평형 위치에 있다고 함. (462)

지지(부)(supports): 강체의 운동을 제한시키는 데 사용되는, 강체와 다른 물체와의 연결(부). (230)

직교(orthogonal): 상호 직각을 이루며 수학적으로는 독립적임. (26)

직접 벡터 방법(direct vector method): 단위 벡터 $\hat{\mathbf{a}}$, $\hat{\mathbf{b}}$, $\hat{\mathbf{c}}$와 벡터 $\mathbf{D}$는 알고 있고 벡터 $\mathbf{A}$, $\mathbf{B}$, $\mathbf{C}$의 크기는 모르고 있을 때, 벡터 방정식($\mathbf{A} + \mathbf{B} + \mathbf{C} = \mathbf{D}$)을 푸는 방법. 3개의 모르는 벡터들이 비공면일 때에는 이 식에 유일 해가 있음. 이 식은 스칼라 성분으로 전개하지 않고도 직접 풀 수 있으므로 이 방법은 질점 평형 문제를 풀 때 매우 유용함. (90)

직접 벡터 해(direct vector solution): 3개의 벡터가 상호 직교일 때, 벡터 방정식 $\mathbf{A} \times \mathbf{B} = \mathbf{C}$에서 $\mathbf{A}$나 $\mathbf{B}$를 구하는 방법. 이 식은 스칼라 성분 형태로 전개하지 않고도 해를 구할 수 있음. 이 방법은 평면 운동에서 강체의 각속도를 구하는 데 Rodrigue가 처음으로 사용하였음. (88)

질량(mass): 물체의 체적 및 밀도와 관련이 있는 물질의 양. 중력 질량은 또 다른 물체에 대한 인력을 결정해 주는 물체의 특성량임. 이 힘은 질량과 만유인력 상수의 곱에 비례하고 두 물체 사이 거리의 제곱에 반비례함. 관성 질량은 물체에 힘이 가해질 때 가속도에 저항하는 물질의 특성량임. 중력 질량과 관성 질량은 등가임. (3)

질량 중심(center of mass): 질량 계에서 전체 질량이 집중되어 있다고 간주하는 점. 수학적으로는 1차 질량 모멘트를 전체 질량으로 나눈 값과 같음. (191)

질점(particle): 물체가 공간에 있는 단지 한 점을 차지한다고 보며 방향성은 전혀 없는 물체의 모델. 질점은 점 질량으로 볼 수 있음. (18)

집중력(concentrated force): 힘이 0의 면적에 걸쳐 분포되어 있다고 볼 때 단일의 벡터로 표현되는 힘. (188)

체적력(body force): 물체의 분포 질량과 이와 별도인 물체 사이의 인력으로 인한 힘. 이 힘은 물체의 체적에 걸쳐 분포함. (18)

칼라(collar): 일반적으로 원형을 이루고 있는 밴드형상 부재. 축이 축선을 따라 이동하는 것을 구속하면서 축을 지지하는 데 사용함. (394)

캔틸레버 보(cantilever beam): 한 쪽 끝이 매입되어 있는 보. 매입되어 있는 끝에서는 회전 운동과 병진 운동이 0임. (327)

컬(curl): 벡터의 컬은 델 연산자와 벡터의 크로스 곱과 같으며 $\vec{\nabla} \times \vec{F}$과 같이 씀. 보존력의 컬은 0임. (458)

컴퓨터 소프트웨어(computational software): 수치 연산과 기호 연산을 수행하며 그래픽 기능이 있는, 상업적으로 판매되는 소프트웨어 패키지. (14)

케이블(cable): 일반적으로 금속으로 만들어지는 강인한 로프. 인장 강도가 대단히 크고 구조물에 사용할 용도로 설계되어 있음. (345)

    집중 하중을 받는 케이블. (345~347)

    수평선을 따라 균일 분포 하중을 지지하는 포물선 형상의 케이블. (347~348)

    자신의 길이를 따라 균일 분포 하중을 지지하는 현수선 형상의 케이블. (349~351)

쿨롱 마찰(Coulomb friction): 유체가 없을 때의 마찰. (359)

크레이머의 법칙(Cramer's rule): 선형 연립 방정식을 행렬식을 사용하여 푸는 해법. (473)

크로스 곱(cross product): 벡터 곱(vector product) 참조. (71)

클러치(clutch): 2개의 회전 부재를 연결시키거나 연결을 끊는 데 사용하는 기구. (394)

킬로그램(kilogram): SI 단위계에서 질량의 기본 단위. $1\,\text{N} = 1\,\text{kg}\cdot\text{m/s}^2$. (6)

트러스(truss): 하중을 지지하고 전혀 움직이지 못하게 설계되어 있으며 그 부품이나 부재들은 모두 2력 부재로 모델링될 수 있는 구조물. (277)

    공간 트러스(space truss): 직선 부재들이 단일의 평면에 놓이지 않도록 조립된 트러스. (399)

    단순 트러스(simple truss): 부재들이 삼각형을 형성하도록 조직된 평면 트러스. 6개의 내부 부재로 된 4면체로 구성되는 공간 트러스. (281)

    복합 트러스(compound truss): 몇 개의 단순 트러스를 연결하여 조립된 트러스. (305)

    평면 트러스 (planar truss): 모든 부재가 공면 부재가 되도록 모델링할 수 있는 트러스. (279)

특이점 함수(singularity functions): 다음 식과 같이 특정 변수 값보다 더 작은 모든 변수 값에서는 그 값이 0이 되고 특정 변수 값보다 더 큰 모든 변수 값에서는 정의된 함수가 되는 함수. (337)

$$\langle x - a \rangle^n = \begin{cases} 0 & x < a \\ (x - a)^n & x > a \end{cases}$$

특이 행렬(singular matrix): 행렬식의 값이 0인 정사각 행렬. (67)

파스칼(Pascal): 단위 면적 당 힘의 측정 단위. $1\,\mathrm{Pa} = 1\,\mathrm{N}/1\,\mathrm{m}^2$. (37)

파스칼의 법칙(Pascal's law): 정지 상태에 있는 유체는 유체 중에 있는 임의의 점에 압력을, 즉 정수력압을 모든 방향에서 똑같이 가함. (221)

파푸스-굴디누스 정리(Theorems of Pappus and Guldinus):
1. 길이가 L인 평면 곡선을 그 평면에 있는 임의의 비교차 축에 관하여 회전시켜서 발생하게 되는 회전 표면의 면적 A는, 그 곡선의 길이와 그 곡선의 도형중심이 이동한 경로의 길이를 곱한 것과 같음. (207)
2. 평면 면적 A를 그 평면에 있는 임의의 비교차 축에 관하여 회전시켜서 발생하게 되는 회전체의 체적 V는, 그 면적과 그 면적의 도형중심이 이동한 경로의 길이를 곱한 것과 같음. (207)

퍼텐셜 에너지(potential energy): 보존력의 퍼텐셜 함수인 V임. $\overline{\mathbf{F}} \cdot d\overline{\mathbf{r}} = -dV$과 같이 힘과 관련됨. 퍼텐셜 에너지는 일을 할 수 있는 힘의 능력의 스칼라 척도임. 퍼텐셜 에너지는 일반적으로 중력장에 있는 질량 위치의 결과이거나 물체나 스프링의 탄성 변형으로 저장되는 위치의 결과임. (459)

평행사변형 법칙(parallelogram law): 2개의 벡터를 하나의 벡터의 종점에 다른 하나의 벡터의 시점을 위치시켜서 평행사변형을 형성시켜 합을 구함으로써 더하는 벡터 덧셈 법칙. (22)

평행 힘 계(parallel force system): 작용선이 평행한 힘들로 구성된 힘 계. (171)

평형(equilibrium): 정적 평형. 질점이나 강체에 작용하는 순 외력이 전혀 없고 이 질점이나 강체는 정지하고 있거나 일정한 속도를 유지하고 있는 상태. (99)

표면력(surface force): 물체가 또 다른 물체와 접촉함으로 인하여 그 물체의 표면에 작용하게 되는 힘. (18)

프레임(frame): 하중을 지지하고 움직이지 않도록 설계되는 구조물. 2개의 힘보다 더 많은 힘이 작용하는 적어도 하나의 부재로 구성되어 있음. (277)

합력(resultant force): 힘 계의 합력은 모든 힘의 벡터 합임. (38)

행렬(matrix): 요소라고 하는 항을 $(m \times n)$차 또는 차원으로 배열한 직사각형 배열. 선형 연립 방정식을 취급할 때처럼, 이러한 요소 간의 관계가 기본이 되는 문제를 쉽게 취급할 수 있도록 사용함. (50)

행렬식(determinant): (원 뜻은 결정하여 준다는 의미) 행렬의 역행렬에 사용되며 행렬의 특이성을 판별하는 스퀘어 행렬에 적용되는 연산. (472)

헤비사이드 스텝 함수 또는 단위 스텝 함수(Heaviside step function or unit step function): 변수 값이 특정 값보다 더 작을 때에는 0이고 그 특정 값보다 더 큰 모든 값에서는 1인 다음과 같은 특이 함수. (338)

$$\langle x - a \rangle^0 = \begin{cases} 0 & x < a \\ (x - a)^0 = 1 & x > a \end{cases}$$

힘(force): 하나의 물체가 다른 물체에 미치는 작용. (3) 표면력은 하나의 물체와 또 다른 물체의 접촉으로 인하여 발생함. 체적력은 물체가 떨어져 있을 때 하나의 물체가 또 다른 물체에 미치는 인력으로 인하여 발생함. (18)

　　보존력(conservative force): 공간에서 그 위치에만 종속되는 힘. 이 힘이 한 일은 이동 경로와는 무관하며 최초 위치와 최종 위치에만 종속됨. (456)

힘의 모멘트(moment of force):
　　1. 점에 관한 힘의 모멘트 – 점에 관한 힘의 회전 효과는 힘의 크기에 점으로부터 힘의 작용선까지의 수직 거리를 곱한 것, 즉 $M = Fd$와 같음. 이는 점으로부터 힘의 작용선에 있는 임의의 점까지의 위치 벡터와 힘 벡터의 크로스 곱, 즉 $\mathbf{M} = \mathbf{r} \times \mathbf{F}$으로 계산하면 됨. (141)
　　2. 선이나 축에 관한 힘의 모멘트 – 공간에 있는 선이나 축에 관한 힘의 회전 효과는 그 선이나 축에 평행한 모멘트의 성분과 같음. (156)

2력 물체(two-force body): 단지 2개의 힘의 작용 하에서 평형 상태에 있는 강체. 이 2개의 힘은 크기가 같고 공선이며 방향은 정반대임. (243)

2차 면적 모멘트(second moment of the area): (면적 관성 모멘트). 굽힘 저항과 관련된 면적 특성량. 다음의 적분과 같음. (402)

$$\int_A y^2 \, dA \quad \text{또는} \quad \int_A x^2 \, dA$$

2차 면적 모멘트의 평행 축 정리(parallel axes theorem for the second moment of area): 도형중심 축에 관한 2차 면적 모멘트를 알고 있을 때, 이 도형중심 축에 평행한 임의의 축에 관한 2차 면적 모멘트를 산출하는 수학적 관계. 이 정리는 수학적으로 $I_{xx} = I_{xx_c} + Ad_y^2$와 같이 쓸 수 있음. (407)

3력 물체(three-force body): 3개의 힘의 작용 하에서 평형 상태에 있는 물체. 이 힘들은 공면이어야 하고 공점이거나 평행이어야 함. (243)

SI 단위계(국제 단위계, Systeme International d'Unites): 길이, 질량 및 시간을 기반으로 하여 국제 절대 단위계로 채택되어 있는 단위계. 길이의 단위는 미터(m)이고, 질량의 단위는 킬로그램(kg)이며, 시간의 단위는 초(s)임. (5)

Chapter 1

1.1 d

1.2 a

1.3 b

1.4 c

1.5 Yes

1.6 6 ft

1.7 622.7 N

1.8 63.48 kg

1.9 4.35 slugs

Chapter 2

2.1 $x = x' \cos 30°$
$y = y' \cos 30°$

2.3 $\lambda_x = .8660, \lambda_y = .5$
$\lambda_{x'} = 1, \lambda_{y'} = 0$

2.5 $R = 77.9$ N, $59.5°$ from the x-axis.

2.7 $R = 49.8$ m/s, $34.74°$ from the $+x$-axis.

2.9 $F_{AC} = 331.2$ N, $F_{AB} = 244.0$ N

2.11 $F_{AB} = 202.32$ N, $F_{CB} = 418.28$ N

2.13 $F_x = 707.1$ N, $F_y = 707.1$ N
$\lambda_x = 0.707, \lambda_y = 0.707$

2.15 $v_{x'} = v_x \cos \theta + v_y \sin \theta$
$v_{y'} = -v_x \sin \theta + v_y \cos \theta$

2.17 $\beta = 24.74°$, $F_{b\text{-}b'} = 57.98$ N

2.19 $R = 138.5$ N, $79.2°$ from the $+x$-axis.

2.21 $R = 1761$ N, $20.5°$ from the $+x$-axis.

2.23 $|\mathbf{A}| = 7, \mathbf{a} = (3\hat{\mathbf{i}} + 2\hat{\mathbf{j}} + 6\hat{\mathbf{k}})/7$

2.25 $F_y = \pm 120$ N

2.27 $2\mathbf{U} - \mathbf{V} = 7\hat{\mathbf{i}} - 4\hat{\mathbf{j}} + 10\hat{\mathbf{k}}$
$\theta_x = 56.99°$ (with $+x$-axis)
$\theta_y = 108.14°$ (with $+y$-axis)
$\theta_z = 38.90°$ (with $+z$-axis)

2.29 $\theta_x = 105.54°$, $\theta_y = 16.94°$,
$\theta_z = 83.41°$
$F_x = -268$ N, $F_y = 956.6$ N,
$F_z = -114.8$ N

2.31 $\dfrac{\mathbf{AB}}{|\mathbf{AB}|} = \dfrac{2}{3}\hat{\mathbf{i}} - \dfrac{1}{3}\hat{\mathbf{j}} + \dfrac{2}{3}\hat{\mathbf{k}}$

2.33 $\mathbf{r}_{b/a} = -\hat{\mathbf{i}} - 4\hat{\mathbf{j}} - 2\hat{\mathbf{k}}$
$\hat{\mathbf{e}}_{b/a} = (-\hat{\mathbf{i}} - 4\hat{\mathbf{j}} - 2\hat{\mathbf{k}})/\sqrt{21}$

2.35 $T_1 = 366$ N, $T_2 = 259$ N

2.37 $|\mathbf{R}| = 324.8$ N, $-1.9°$ from the $+x$-axis.

2.39 $|\mathbf{R}| = 1759.8$ N, $20.7°$ from the $+x$-axis.

2.41 $\mathbf{B} = -\hat{\mathbf{i}} + 2\hat{\mathbf{j}} - \hat{\mathbf{k}}$
$\lambda_x = -0.408, \lambda_y = 0.816,$
$\lambda_z = -0.408$

2.43 $\mathbf{B} = -3\hat{\mathbf{i}} - 16\hat{\mathbf{j}} - 2\hat{\mathbf{k}}$
$|\mathbf{B}| = 16.401, \lambda_x = -0.183,$
$\lambda_y = -0.976, \lambda_z = -0.123$

2.45 $F_x = 272.1$ N, $F_y = 127.3$ N,
$F_z = 169.7$ N

2.47 $\mathbf{F} = 1278\hat{\mathbf{i}} + 634\hat{\mathbf{j}} + 464\hat{\mathbf{k}}$ N

2.49 $\mathbf{F} = 400\hat{\mathbf{i}} + 565.6\hat{\mathbf{j}}$ N $+ 400\hat{\mathbf{k}}$ N

2.51 $\mathbf{F} = 604\hat{\mathbf{i}} - 220\hat{\mathbf{j}} + 766\hat{\mathbf{k}}$ N

2.53 $\mathbf{A} = 25.561\hat{\mathbf{i}} + 14.758\hat{\mathbf{j}}$
$\mathbf{B} = 9.459\hat{\mathbf{i}} + 20.242\hat{\mathbf{j}}$

2.57 A: $\theta_x = 57.69°$ (with $+x$-axis),
$\theta_y = 143.30°$ (with $+y$-axis),
$\theta_z = 74.50°$ (with $+z$-axis)
B: $\theta_x = 54.74°$ (with $+x$-axis),
$\theta_y = 54.74°$ (with $+y$-axis),
$\theta_z = 54.74°$ (with $+z$-axis)
C: $\theta_x = 33.69°$ (with $+x$-axis),
$\theta_y = 90°$ (with $+y$-axis),
$\theta_z = 123.69°$ (with $+z$-axis)

2.59 $|\mathbf{A}| = 6736$ N
$|\mathbf{B}| = 13,428$ N

2.61 $R_a = -29.74$, $R_b = 64.74$,
$R_c = 26.24$

2.63 $R_a = 47.17$, $R_b = -81.70$,
$R_c = 47.17$

2.65 $P_A = 244.79$, $P_B = 229.48$
$P_C = -162.86$

2.67 $|\mathbf{A}| = 272.46$ N
$\hat{\mathbf{c}} = -0.635\hat{\mathbf{i}} + 0.454\hat{\mathbf{j}} + 0.625\hat{\mathbf{k}}$

2.69 $F_A = -63.64$, $F_B = 218.18$,
$F_c = 59.09$

2.71 $T_1 = -81.06$, $T_2 = 8.27$, $T_3 = 46.67$,
$T_4 = -24.66$, $T_5 = -8.36$

2.73

$$AB = \begin{bmatrix} 4 & 8 & 8 \\ -7 & 1 & -3 \\ -5 & 1 & 5 \end{bmatrix},$$

$$BA = \begin{bmatrix} 2 & 7 & 8 \\ -4 & 6 & 0 \\ -9 & 3 & 2 \end{bmatrix}$$

2.75

$$A^{-1} = \begin{bmatrix} 0.3750 & 0.2500 & -0.2500 \\ 0.2500 & 0.500 & -0.5000 \\ -0.1875 & -0.1250 & 0.6250 \end{bmatrix}$$

$$B^{-1} = \begin{bmatrix} 0.0769 & -0.2692 & -0.3077 \\ 0.2308 & 0.1923 & 0.0769 \\ 0.2308 & -0.3077 & 0.0769 \end{bmatrix}$$

2.77 $F_1 = 126.92$, $F_2 = 34.62$,
$F_3 = -7.69$, $F_4 = -23.08$

2.79 $\mathbf{A} \cdot \mathbf{B} = 2$, $\mathbf{A} \cdot \hat{\mathbf{i}} = 3$,
$\mathbf{A} \cdot \hat{\mathbf{j}} = -2$, $\mathbf{A} \cdot \hat{\mathbf{k}} = 1$

2.81 $\hat{\mathbf{e}}_n = \dfrac{1}{\sqrt{5}} (2\hat{\mathbf{j}} + \hat{\mathbf{k}})$
$\mathbf{F} \cdot \hat{\mathbf{e}}_n = 2.2361$

2.83 $\mathbf{R}_v = 1.049\hat{\mathbf{i}} + 1.817\hat{\mathbf{j}}$
$\mathbf{R}_\perp = -2.049\hat{\mathbf{i}} + 1.183\hat{\mathbf{j}}$

2.85 $B_z = 1$

2.87 $\mathbf{F} = 4.402\hat{\mathbf{e}}_a + 2.319\hat{\mathbf{e}}_b$
$\mathbf{F} \cdot \hat{\mathbf{e}}_a = 6.25$
$\mathbf{F} \cdot \hat{\mathbf{e}}_b = 5.82$

2.89 $\mathbf{F} = -1.4\hat{\mathbf{e}}_a - 2\hat{\mathbf{e}}_b$
$\mathbf{F} \cdot \hat{\mathbf{e}}_a = 0$
$\mathbf{F} \cdot \hat{\mathbf{e}}_b = -1$

2.91 $\mathbf{F} = 70.71 \hat{\mathbf{e}}_a + 50\hat{\mathbf{e}}_b$ N
$\mathbf{F} \cdot \hat{\mathbf{e}}_a = 106.07$ N
$\mathbf{F} \cdot \hat{\mathbf{e}}_b = 100$ N

2.93
$F_a = -135.4$ N, $F_b = -178.9$ N,
$\mathbf{F} \cdot \hat{\mathbf{e}}_a = -281.96$ N, $\mathbf{F} \cdot \hat{\mathbf{e}}_b = -289.8$ N

2.95 a. $l = 0.922$ m
b. $\theta = 45°$

2.97 $\theta = 14°$

2.99 $\mathbf{A} \times (\mathbf{B} + \mathbf{C}) = -2\hat{\mathbf{j}} + 2\hat{\mathbf{k}}$
$(\mathbf{A} \times \mathbf{B}) + (\mathbf{A} \times \mathbf{C}) = -2\hat{\mathbf{j}} + 2\hat{\mathbf{k}}$

2.101 $r_x = 1$
$\mathbf{M} = 4\hat{\mathbf{i}} - 4\hat{\mathbf{j}}$
$\mathbf{M} \cdot \mathbf{F} = 0$, $\mathbf{M} \cdot \mathbf{r} = 0$

2.103
$(\mathbf{r}_1 + \mathbf{r}_2) \times \mathbf{F} = 30\hat{\mathbf{i}} - 9\hat{\mathbf{j}} + 61\hat{\mathbf{k}}$
$(\mathbf{r}_1 \times \mathbf{F}) + (\mathbf{r}_2 \times \mathbf{F}) = 30\hat{\mathbf{i}} - 9\hat{\mathbf{j}} + 61\hat{\mathbf{k}}$

2.105 $\hat{\mathbf{n}} = .707\hat{\mathbf{i}} - .707\hat{\mathbf{j}}$

2.107 $\mathbf{B}_\perp = -\hat{\mathbf{i}} + 2\hat{\mathbf{j}} + 4\hat{\mathbf{k}}$

2.109
$\mathbf{W}_n = -39.51\hat{\mathbf{i}} - 69.14\hat{\mathbf{j}} - 39.51\hat{\mathbf{k}}$ N
$\mathbf{W}_t = 39.51\hat{\mathbf{i}} + 69.14\hat{\mathbf{j}} - 160.49\hat{\mathbf{k}}$ N

2.111 a. $\mathbf{r}_{B/A} = \mathbf{r}_B - \mathbf{r}_A$
$\mathbf{r}_{C/A} = \mathbf{r}_C - \mathbf{r}_A$

$\hat{\mathbf{i}} = \dfrac{\mathbf{r}_{B/A}}{|\mathbf{r}_{B/A}|}$

$\hat{\mathbf{k}} = \dfrac{\mathbf{r}_{B/A} \times \mathbf{r}_{C/A}}{|\mathbf{r}_{B/A} \times \mathbf{r}_{C/A}|}$

$\hat{\mathbf{j}} = \hat{\mathbf{k}} \times \hat{\mathbf{i}}$

b.

$\hat{\mathbf{i}} = -0.159\hat{\mathbf{I}} + 0.379\hat{\mathbf{J}} - 0.912\hat{\mathbf{K}}$
$\hat{\mathbf{j}} = 0.411\hat{\mathbf{I}} + 0.865\hat{\mathbf{J}} + 0.288\hat{\mathbf{K}}$
$\hat{\mathbf{k}} = 0.898\hat{\mathbf{I}} - 0.329\hat{\mathbf{J}} - 0.293\hat{\mathbf{K}}$

2.113 $A = 5.66$
$B = -7$

2.115 $A = 59.72$
$B = 66.67$
$C = -16.72$

2.117 $A = 77.1$
$B = 111.32$
$C = 118.79$

2.119 $A = 100$
$B = 49.5$
$C = 77.79$

2.121 $A = 77.47$
$B = 30.71$
$C = -21.37$

Chapter 3

3.9 $\hat{\mathbf{e}}_1 = -0.577\hat{\mathbf{i}} + 0.577\hat{\mathbf{j}} + 0.577\hat{\mathbf{k}}$

$\hat{\mathbf{e}}_2 = -0.577\hat{\mathbf{i}} + 0.577\hat{\mathbf{j}} - 0.577\hat{\mathbf{k}}$

$\hat{\mathbf{e}}_3 = 0.447\hat{\mathbf{i}} + 0.894\hat{\mathbf{j}}$

$\mathbf{T}_1 = T_1\hat{\mathbf{e}}_1, \mathbf{T}_2 = T_2\hat{\mathbf{e}}_2, \mathbf{T}_3 = T_3\hat{\mathbf{e}}_3$

3.11 $T_1 = 7181$ N, $T_2 = 8795$ N, $T_3 = 9810$ N

3.13 $T_A = 1212$ N, $T_B = 2948$ N

3.15 a. $T_1 = 3328$ N, $T_2 = 29.56$ N, $T_3 = 59.09$ N, $T_4 = 108$ N

b. 2.5 m:
$T_1 = 28.66$ N, $T_2 = 27.62$ N, $T_3 = 55.27$ N, $T_4 = 108$ N
0.25 m:
$T_1 = 100.95$ N, $T_2 = 66.08$ N, $T_3 = 132.16$ N, $T_4 = 108$ N

3.17 $T_1 = 2230$ N, $T_2 = 3717$ N, $T_3 = W_2 = 3539$ N, $T_4 = 3433$ N

3.19 $T_1 = 208.14$ N, $T_2 = 348.40$ N, $T_3 = 232.56$ N

3.21 $\mathbf{F}_2 = -800\hat{\mathbf{i}} + 64{,}290\hat{\mathbf{j}}$ N

3.23 $\mathbf{T}_1 = -100\hat{\mathbf{i}} + 100\hat{\mathbf{j}} - 50\hat{\mathbf{k}}$ N

$\mathbf{T}_2 = -100\hat{\mathbf{j}} + 100\hat{\mathbf{k}}$ N

$\mathbf{T}_3 = 100\hat{\mathbf{i}} - 100\hat{\mathbf{j}} - 50\hat{\mathbf{k}}$ N

3.25 $T = (m + M/2)g/2$

3.27 $N_1 = 8g/(\sin 45°/\tan \beta + \cos 45°)$
$N_2 = 8g/(\sin \beta/\tan 45° + \cos \beta)$

3.29 $T = 85.52$ N, $\alpha = 6.59°$

3.31 $\tan \alpha = \dfrac{m_A \tan \beta - m_B \tan \theta}{m_A + m_B}$

$T = g(m_A + m_B)\dfrac{\sqrt{1 + \tan^2 \alpha}}{\tan \theta + \tan \beta}$

3.33 $a = 4.42$ m, $b = 3.64$ m
$\hat{\mathbf{I}}_\mathbf{B} \cdot (\mathbf{B} - \mathbf{A}) = 0$

3.35
$\hat{\mathbf{I}}_\mathbf{A} = -0.23\hat{\mathbf{i}} + 0.69\hat{\mathbf{j}} - 0.69\hat{\mathbf{k}}$

$\hat{\mathbf{I}}_\mathbf{B} = -0.89\hat{\mathbf{i}} + 0.45\hat{\mathbf{j}}$

$\mathbf{A} = 3\hat{\mathbf{k}} + 2.27\hat{\mathbf{I}}_\mathbf{A}$

$\mathbf{B} = 4\hat{\mathbf{i}} + 2.18\hat{\mathbf{I}}_\mathbf{B}$

3.37
$\mathbf{W}_\mathbf{t} = -95.2\hat{\mathbf{i}} - 63.45\hat{\mathbf{j}} + 687.46\hat{\mathbf{k}}$ N

3.39 a. $f = k_1 c - mg$
b. $f = 2k_1 c - mg$

3.41 $T_1 = 1.652 \times 10^3$ N
$T_2 = 1.607 \times 10^3$ N
$x = 0.098$ m

3.43 $\delta = 0.136$ m

3.45 $\delta = 0.42$ m

3.47 a. $f = 100$ N
b. The block will not move.

3.49 19.29°

3.51 The block slides down the incline.
$f = 46.09$ N

3.53 a. The block slides down the incline.
b. $f = 120.55$ N

3.55 a. There is no such force.
b. $0° < \alpha < 59°$

3.57 a. The block will not move.
b. $f = 1339.1$ N

3.59 a. $\mu_s = 0.047$
b. $T = 50.88$ N

3.61 21.8°

3.63 $\mu_s = 0.84$

3.65 Answers given by (3.5B.8) and (3.5B.9).

Chapter 4

4.1 $M_0 = 6.92$ N m

4.3 $d = 0.3$ m

4.5 $M_0 = 386.6$ N m, $M_p = 86.6$ N m

4.7 $M_{\min} = 0$, $M_{\max} = 100$ N m
Counterclockwise.
It makes a big difference what angle you push on a wrench.

4.9 $M_A = M_B = 70.71$ N m

4.11 $\mathbf{M}_0 = -386.6\hat{\mathbf{k}}$ N m

4.13 $\mathbf{M}_A = 3.6\hat{\mathbf{k}}$ N cm

$\mathbf{M}_B = 0$

$\mathbf{M}_C = -1.2\hat{\mathbf{k}}$ N cm

$\mathbf{M}_D = -1.2\hat{\mathbf{k}}$ N cm

4.15 $\mathbf{M}_0 = 7\hat{\mathbf{i}} - 14\hat{\mathbf{j}} - 7\hat{\mathbf{k}}$ kN m

4.17 $\mathbf{M}_0 = -1679\hat{\mathbf{k}}$ N m

$\mathbf{M}_B = -779.4\hat{\mathbf{k}}$ N m

4.19 a. $\mathbf{M}_0 = -28.7\hat{\mathbf{k}}$ N cm

4.21
$\mathbf{M}_0 = -0.8\hat{\mathbf{i}} + 1.9\hat{\mathbf{j}} - 0.7\hat{\mathbf{k}}$ kN m

4.23 $\mathbf{M}_0 = -141.4\hat{\mathbf{i}} + 84.64\hat{\mathbf{j}}$
Same moment using both methods.

4.25 $\mathbf{M}_0 = -1.60\hat{\mathbf{i}} - 0.40\hat{\mathbf{j}} - 4.8\hat{\mathbf{k}}$ N m

4.27 $\mathbf{M}_0 = 63.6\hat{\mathbf{i}} - 178.7\hat{\mathbf{k}}$ kN m

4.29 a. $\mathbf{F}_1$ provides the greatest moment about point 0 in the $\hat{\mathbf{j}}$ direction.
b. $\mathbf{M}_0 = -15\hat{\mathbf{i}} + 20.4\hat{\mathbf{j}}$ N m

4.31 $\mathbf{r} = -3\hat{\mathbf{k}}$

4.33 $\mathbf{F} = -1.44\hat{\mathbf{i}} + 1.56\hat{\mathbf{j}} + 0.22\hat{\mathbf{k}}$ N

4.35 $\mathbf{F} = 3.95\hat{\mathbf{i}} - 3.42\hat{\mathbf{j}} + 2.63\hat{\mathbf{k}}$ N

4.37 $\mathbf{P} = 1.57\hat{\mathbf{i}} - 3.39\hat{\mathbf{j}} + 2.43\hat{\mathbf{k}}$ N

4.39 $c_x = 0.25$, $c_y = 1.57$
$\mathbf{F} = 553$ N (compression)

4.41
$\mathbf{M}_A = 3.12\hat{\mathbf{i}} - 1.44\hat{\mathbf{j}} + 2.52\hat{\mathbf{k}}$ N m
$\mathbf{M}_{AB} = 2.52\hat{\mathbf{k}}$ N m

4.43 $\mathbf{M}_{AB} = -48.0\hat{\mathbf{i}} - 24.0\hat{\mathbf{j}}$ N m

4.45 $\mathbf{M}_0 \cdot \hat{\mathbf{k}} = -848.5$ N m

4.47 $M_P \cdot \hat{\mathbf{j}} = -94$ N m

4.49 $\mathbf{F} = R\hat{\mathbf{i}} + (0.8R - 120)\hat{\mathbf{j}} + 60\hat{\mathbf{k}}$ N
for any value of R.

4.51 $M_{max} = 5.66$ N m at $\theta = 90°$

4.53 $\mathbf{C} = -8.84\hat{\mathbf{k}}$ N m

4.55
$\mathbf{C} = -2.2 \times 10^4\hat{\mathbf{k}} - 5 \times 10^3\hat{\mathbf{i}}$ N m
$|\mathbf{C}| = 22{,}561$ N m

4.57 $\mathbf{C}_A = -60\hat{\mathbf{k}}$ Nm
$\mathbf{C}_B = 40.44\hat{\mathbf{k}}$ Nm
$\mathbf{C}_A + \mathbf{C}_B = -19.56\hat{\mathbf{k}}$ N m

4.59 $\mathbf{C} = -116.4\hat{\mathbf{i}} + 89.1\hat{\mathbf{j}}$
$\hat{\mathbf{e}}_C = -0.794\hat{\mathbf{i}} + 0.608\hat{\mathbf{j}}$
$\mathbf{C} = 146.6\,\hat{\mathbf{e}}_C$ N m

4.61 $\mathbf{C} = 122.474\hat{\mathbf{i}} - 61.237\hat{\mathbf{k}}$ N m

4.63 $\mathbf{F}_A = 433\hat{\mathbf{i}} + 250\hat{\mathbf{j}}$ N
$\mathbf{C} = -91.5\hat{\mathbf{k}}$ N m

4.65 $\mathbf{C} = -5\hat{\mathbf{j}} + 5\hat{\mathbf{k}}$ N m

4.67 $\mathbf{R} = (\hat{\mathbf{i}} + 20\hat{\mathbf{j}})$ kN
$\mathbf{M}_A = -0.3\hat{\mathbf{k}}$
$x = 0.27$ m

4.69 $\mathbf{P}_{AO} = 0.269\hat{\mathbf{i}} - 0.013\hat{\mathbf{j}}$ m

4.71 $\mathbf{M}_0 = -237.28\hat{\mathbf{k}}$ N m
$\mathbf{R} = 66.86\hat{\mathbf{i}} + 132.43\hat{\mathbf{j}}$ N
$\mathbf{r}_{ro} = -1.43\hat{\mathbf{i}} + 0.721\hat{\mathbf{j}}$ m

4.73 a. $\mathbf{R} = -15\hat{\mathbf{i}} - 47.3\hat{\mathbf{j}}$ kN
$\mathbf{r}_{R/O} = 6.738\hat{\mathbf{i}} - 2.136\hat{\mathbf{j}}$ m
b. $3.155x - y = 23.39$ (7.1414, 0)

4.75 $\mathbf{C}_\| = 8.69\hat{\mathbf{i}} - 2.35\hat{\mathbf{j}} + 4.35\hat{\mathbf{k}}$ N m
$\mathbf{C}_\perp = 41.31\hat{\mathbf{i}} + 52.35\hat{\mathbf{j}} - 54.35\hat{\mathbf{k}}$ N m

4.77 $\mathbf{r} = 1.072\hat{\mathbf{i}} + 0.24\hat{\mathbf{j}} + 1.764\hat{\mathbf{k}}$ m
$\mathbf{R} = 20\hat{\mathbf{i}} - 825\hat{\mathbf{j}} + 100\hat{\mathbf{k}}$ N
$\mathbf{C}_\| = 0.729\hat{\mathbf{i}} - 30.09\hat{\mathbf{j}} + 3.65\hat{\mathbf{k}}$ N m

4.79
$\mathbf{r} = 0.571\hat{\mathbf{i}} + 0.122\hat{\mathbf{j}} - 1.224\hat{\mathbf{k}}$ m
$\mathbf{M}_\| = 4.408\hat{\mathbf{i}} + 8.816\hat{\mathbf{j}} + 2.939\hat{\mathbf{k}}$ N m

4.81 $\mathbf{T} = 3.6\hat{\mathbf{i}}$ N m
$\mathbf{p}_0 = -0.89\hat{\mathbf{i}} - 0.165\hat{\mathbf{j}} + 0.189\hat{\mathbf{k}}$ m

4.83 $\mathbf{p}_0 = 0.05(-\hat{\mathbf{i}} + \hat{\mathbf{j}})$ m
$\mathbf{T} = -5.5(\hat{\mathbf{i}} + \hat{\mathbf{j}})$ N m

Chapter 5

5.1 $x_c = 0.5$ m, $y_c = 0.5$ m

5.3 $x_c = 6.62$ m, $y_c = 49.61$ m

5.5 $x_c = 0.73$ mm, $y_c = 0.6$ mm

5.7 $x_c = 6.36$ cm, $y_c = 0$

5.9 $x_c = 0$, $y_c = 0$

5.11 $x_c = 2b/3$, $y_c = h/3$

5.13 $x_c = (2R/3\alpha)\sin\alpha$, $y_c = 0$

5.15 $x_c = 4a/3\pi$, $y_c = 4b/3\pi$

5.17 $x_c = 3b/5$, $y_c = 3h/8$

5.19 $A = 3ab/4$, $x_c = 4a/7$, $y_c = 2b/5$

5.21 $V = \pi hR^2$, $\bar{x} = 0$, $\bar{y} = 0$, $\bar{z} = h/2$

5.23 $V = \pi hR^2/3$, $\bar{x} = 3h/4$, $\bar{y} = 0$, $\bar{z} = 0$

5.25 $V = 2\pi R^3/3$, $\bar{x} = 5R/8$, $\bar{y} = 0$, $\bar{z} = 0$

5.27 $A = 4\pi R^2$

5.29 $V = \pi ab^2$

5.31 $V = 2\pi ab^2/3$

5.33 $\bar{x} = 0.1$ m, $\bar{y} = 0.11$ m, $\bar{z} = 0.25$ m

5.35 $x_c = 0.72$ m
$y_c = 2.2$ m
$z_c = 2.48$ m

5.37 $x_c = 2$ m, $y_c = 2$ m
$x_c = 2$ m, $y_c = 1.33$ m (solid triangle)

5.39 $x_c = 0.41$ m, $y_c = 0.2$ m
$x_c = 0.4$ m, $y_c = 0.2$ m
(without holes)

5.41 $\bar{x} = 2.06$ m, $\bar{y} = 3.58$ m
Centroid is *on* the structure.

5.43 $\bar{x} = 44.5$ mm, $\bar{y} = 34.6$ mm
Centroid is *not on* the object.

5.45 $\bar{x} = 3.06$ cm, $\bar{y} = 55.35$ cm
Centroid is *not on* the cane.

5.47 $\bar{x} = 5$ m, $\bar{y} = 4.81$ m, $\bar{z} = 1.5$ m

5.49 $V = 80.59$ cm³, $\bar{x} = 0$,
$\bar{y} = 4.65$ cm, $\bar{z} = 0$

5.51 At $l = 6$ m, $\bar{x} = 6.94$ m, $\bar{y} = 0$, $\bar{z} = 0$

5.53 1500 N at $x_c = 1.91$ m

5.55 $W = 90$ N at $x_c = 2.25$ m

5.57 $W = 603$ N at $x_c = 19$ m

5.59 $W = 3111$ N at $x_c = 1.86$ m

5.61 $W = 13{,}390$ N at $x_c = 5.83$ m

5.63 $R = 6898$ kN, $y_c = 5$ m

5.65 $R = 12{,}844$ kN

5.67 $R_{\text{bot}} = 58.8$ N at the center of the bottom.
$R_{\text{end}} = 58.8$ N at 2/3 of the way down from the top (13.3 cm).
$R_{\text{side}} = 19.7$ N at 2/3 of the way down from the top (13.3 cm).

5.69 $W = 9418$ N

Chapter 6

6.11 $F_{Ax} = 0$, $F_{Ay} = 391$ N, $F_{By} = 492$ N

6.13 $F_{Ax} = 0$, $F_{Ay} = -265$ N, $F_{By} = 1588$ N

6.15 Lincoln, $d_f = 1.04$ m, $d_r = 1.73$ m
BMW, $d_f = 1.31$ m, $d_r = 1.39$ m
Porsche, $d_f = 1.135$ m, $d_r = 1.135$ m
Blazer, $d_f = 1.20$ m, $d_r = 1.52$ m

6.17 $F_A = 491$ N, $F_B = 180$ N, $F_C = 670$ N

6.19 $T = 981$ N, $F_{Ax} = 0$, $F_{Ay} = 981$ N

6.21 $F_{Ax} = 0$, $F_{Ay} = 250$ N, $F_{By} = 450$ N

6.23 $F = 39$ N, $T_1 = 53$ N, $T_2 = 43$ N

6.25 At $\theta = 0°$, T cannot be determined.
At $\theta = 10°$, $T = 115.2$ lb,
$F_x = 113.4$ lb, $F_y = 20$ lb
At $\theta = 90°$, $T = 20$ lb, $F_x = 0$,
$F_y = 20$ lb

6.27 a. $F_{Ax} = -55{,}220$ N,
$F_{Bx} = 55{,}220$ N, $F_{By} = 49{,}050$ N
b. $F_{By} = 49{,}050$ N,
$F_{Bx} = -F_{Ax} = 67{,}970, 59{,}470,$
$50{,}970, 42{,}480, 33{,}980, 25{,}490$ N

6.29 a. $F_{Ax} = 1.5mg \cos \beta \sin \beta/l$,
$F_{Ay} = mg(1 - 1.5 \cos^2 \beta/l)$,
$F_{By} = 1.5mg \cos \beta/l$
b. $F_{Ax} = 173.2$ N, $F_{Ay} = 100$ N,
$F_{By} = 346.4$ N

6.31 $\alpha = \sin^{-1} \dfrac{9mg}{2l(k_1 + 9k_2)}$

6.33 $T = D(BW + W)/2d$

6.35 $A_x = -133.33$ N
$A_y = -162.62$ N
$B_y = -108.09$ N
$B_z = 66.67$ N
$C_x = -66.67$ N
$C_z = -137.38$ N

6.37 $F = 125.5$ N
$A_x = 71.5$ N
$A_y = 80.6$ N
$A_z = 130.3$ N
$B_y = -22.8$ N
$B_z = -19.6$ N

6.39 $A_x = 452.7$ N
$A_y = 942.9$ N
$A_z = 1811.1$ N
$T_{BD} = 769.8$ N
$T_{BC} = 1281.9$ N

6.41 $\theta = 13.66°$

6.43 $T = 133.28$ N
$A_x = 48.58$ N
$A_y = 50$ N
$A_z = 161.8$ N
$B_x = 48.58$ N
$B_z = -35.16$ N

6.45 $S_x = -664$ N
$S_y = 0$
$S_z = 4607.6$ N
$T_x = -167.1$ N
$T_z = -167.1$ N
$M = -3943.6$ N

6.47 $\mathbf{M} = 1177.2\,\hat{\mathbf{i}} - 1569.6\,\hat{\mathbf{k}}$ N
M_x is the component of the total moment that could cause an ankle sprain.

6.49 The plate carries 75% of the load, the bone 25%.

6.51 $\Delta = \dfrac{100}{k_B}$

6.53 $F_A = F_C = 350$ N, $F_D = 450$ N, $F_B = 250$ N

6.55 $4F = 1000$ N (symmetry)

6.57 $F_A = F_D = 250$ N, $F_B = F_C = F_E = 166.67$ N

Chapter 7

7.1

$$\sum F_y = 0: \quad CD \sin \beta - CB \sin \beta = 0$$

$$\sum F_x = 0:$$

$$CE - CA + CD \cos \beta - CB \cos \beta = 0$$

7.3 $AC = -707$ N (compression)

$AB = 500$ N (tension)

$BC = 500$ N (tension)

$C_y = 500$ N (up)

$B_x = -500$ N (left)

$B_y = -500$ N (down)

7.5 $AB = -10.4$ kN

$AC = 0, BC = 0$

$B_x = -10$ kN

$B_y = 2.9$ kN

$A_y = 2.9$ kN

7.7 $D_y = 11{,}670$ N, $A_x = 0, A_y = 8330$ N

$AE = 22{,}430$ N, $AB = -20{,}830$ N,

$EF = 20{,}830$ N,

$BE = -8330$ N, $DF = 31{,}420$ N,

$CD = -29{,}180$ N,

$BC = -29{,}180$ N, $BF = 8990$ N,

$CF = -15{,}000$ N

7.9 $B_x = 1000$ N, $A_x = 1000$ N,

$A_y = 500$ N,

$AC = 1000$ N, $AB = 500$ N,

$BC = 0$,

$CE = 1000$ N, $CD = 0$,

$DE = BD = -1119$ N

7.11

Force	
A_x	1331 N
A_y	1500 N
B_x	2331 N
AC	1331 N
AB	1500 N
BC	−600 N
BD	−2235 N
CE	999 N
CD	−500 N
DE	−1117 N

7.13 $A_x = -1250$ N

$A_y = 1500$ N

$B_x = 1250$ N

$AC = 1250$ N

$DE = -901.4$ N

$AB = 1500$ N

$CE = 750$ N

$BC = -1117.8$ N

$BD = -901.4$ N

$CD = 0$

7.15 a., b., c.

	$\alpha = 0$	$\alpha = 15°$	$\alpha = 30°$
A_x	5000 N(R)	3706 N(R)	2500 N(R)
A_y	2500 N(U)	167 N(U)	1495 N(U)
B_y	2500 N(U)	4662 N(U)	5825 N(U)
AB	3750 N(C)	3622 N(C)	3248 N(C)
AC	2795 N(C)	187 N(C)	1671 N(T)
BC	2500 N(T)	167 N(T)	1495 N(C)
BD	6250 N(C)	6037 N(C)	5413 N(C)
CD	1250 N(C)	84 N(C)	747 N(T)

R = right, U = up, C = compression,
T = tension

7.17 $A_x = -245.3$ N

$A_y = 245.3$ N

$B_x = 245.3$ N

$AC = 274.2$ N

$CD = 274.2$ N

$AB = 122.65$ N

$BD = -245.3$ N

$BC = 0$

7.19 a. $A_x = 0, AB = -901$ N,

$BD = 0, A_y = 750$ N,

$AD = 500$ N, $CD = 500$ N

$C_y = 750$ N, $BC = -901$ N,

b. The force in BD is zero unless joint D is loaded directly. Therefore, BD is not necessary.

7.21 $A_x = 0, AB = -908.5$ N,

$BD = 4.78$ N, $A_y = 759.7$ N,

$AD = 503.9$ N, $CD = 503.9$ N,

$C_y = 759.7$ N, $BC = -908.5$ N

It is not necessary to consider the weights of the members.

7.23 $A_x = 21{,}960$ N, $AB = 1799$ N

$BE = 1192$ N (C), $A_y = 10{,}000$ N

$AC = -25{,}680$ N (C), $BD = 2334$ N

$T = 7890$ N, $BC = 0$,

$CE = -25{,}680$ N (C), $DE = 997$ N,

$EG = -26{,}910$ N (C),

$GH = -12{,}420$ N (C), $DF = 3592$ N

$FH = 11{,}960$ N, $DG = -1192$ N (C)

$GH = -6049$ N (C),

C = compression

7.25 i.

$A_x = -7.071$ kN $\quad AC = 7.071$ kN
$CD = -10$ kN $\quad DF = -1.464$ kN
$A_y = 11.464$ kN $\quad BC = 2.071$ kN
$CE = 0$ $\quad E_y = 15.607$ kN
$AB = -11.464$ kN $\quad BD = -1.464$ kN
$CF = 12.01$ kN $\quad EF = -15.689$ kN

ii.

$A_x = -7.07$ kN $\quad AC = 7.07$ kN
$CD = -1.464$ kN $\quad DF = 7.07$ kN
$A_y = 11.464$ kN $\quad BC = 2.01$ kN
$CE = 8.536$ kN $\quad E_y = 15.607$ kN
$AB = -11.464$ kN $\quad BD = -1.464$ kN
$DE = -12.071$ kN $\quad EF = -7.07$ kN

iii.

$A_x = -7.071$ kN $\quad AC = 8.536$ kN
$CD = 0$ $\quad DF = 7.071$ kN
$A_y = -8.536$ kN $\quad AD = -2.071$ kN
$CE = 8.536$ kN $\quad E_y = 15.607$ kN
$AB = 10$ kN $\quad BD = 0$
$DE = -12.071$ kN $\quad EF = -7.07$ kN

7.27

$A_x = -W\cos\theta$

$B_y = W\dfrac{\sin\beta\cos\theta + 2\sin\theta\cos\beta}{\cos\beta}$

$A_y = -W\dfrac{\sin\beta\cos\theta + \sin\theta\cos\beta}{\cos\beta}$

$BC = -W\dfrac{\sin\beta\cos\theta + \sin\theta\cos\beta}{\cos\beta}$

$AB = -W\sin\theta\cos\beta/\sin\beta$

$BD = -W\sin\theta/\sin\beta$

$AC = W\dfrac{\sin\beta\cos\theta + \sin\theta\cos\beta}{\sin\beta\cos\theta}$

$CD = W\dfrac{\sin\beta\cos\theta + \sin\theta\cos\beta}{\sin\beta}$

Structure not in equilibrium for $168.5 < \theta < 180°$.

7.29

$A_x(\theta) = -W\cos(\theta)$

$B_y(\theta) = (490.5\cos\beta + W\sin\beta\cos\theta + 2W\sin\theta\cos\beta)/\cos\beta$

$A_y(\theta) = -W\dfrac{\sin\beta\cos\theta\sin\theta\cos\beta}{\cos\beta}$

$BC(\theta) = -(245.25\cos\beta + W\sin\beta\cos\theta + W\sin\theta\cos\beta)/\cos\beta$

$AB(\theta) = \dfrac{\cos\beta}{\sin\beta}(W\sin\theta + 98.1)$

$BD(\theta) = -(W\sin\theta + 98.1)/\sin\beta$

$AC(\theta) = \dfrac{W(\sin\beta\cos\theta + \sin\theta\cos\beta) + 98.1\cos\beta}{\cos\beta\sin\beta}$

$CD(\theta) = \dfrac{W(\sin\beta\cos\theta + \sin\theta\cos\beta) + 98.1\cos\beta}{\sin\beta}$

Structure always in equilibrium.

7.31 $BC = 29.2$ kN
$\quad BF = 8.97$ kN
$\quad EF = 20.9$ kN

7.33 $FD = -1$ kN
$\quad EC = -1$ kN
$\quad CF = 0$

7.35 $CE = 0$
$\quad CF = -2500$ N (compression)
$\quad DE = 2500$ N (tension)

7.37 a. $CF = 2123.8$ N
$\quad CE = 1118.2$ N
$\quad DF = -2620$ N (compression)
b. Including the weight of the members makes a significant difference.

7.39 $AD = -W - 10$,
$\quad BD = \sqrt{2}\,W, BE = -10$

7.41 $OL = 1414$ N
$\quad ON = 1000$ N
$\quad KL = -2000$ N

7.43 $DJ = 0$
$\quad JI = -34.789$ kN (tension)
$\quad EJ = 18.028$ kN (compression)
$\quad DE = 21.116$ kN (compression)

7.45 $AB = -409$ N

7.47 $AC = 490.5$ N
$\quad BD = -548.34$ N
$\quad BC = 0$

7.49 $JK = 9.81$ kN, $HL = -16.45$ kN, $JL = 5.48$ kN

7.51 $BD = -34.3$ kN

7.53 $MK = -2.5$ kN, $LK = 0$, $LJ = -2.5$ kN

7.55 $-CE = CF = 354$ N

7.57 $A_x = 0.988$ N $\quad F_{BD} = -1329$ N
$A_y = 799.543$ N $\quad F_{BC} = -596.261$ N
$F_{AB} = 382$ N $\quad C_x = 999.0122$ N
$F_{AC} = 723.9$ N $\quad C_y = -865.6$ N
$F_{AD} = -1332.6$ N $\quad C_z = -1000$ N
$B_y = 1333$ N $\quad F_{dc} = -956.464$ N

7.59 $A_x = 1.71$ kN $AD = -2.30$ kN
$B_x = -2.05$ kN $C_x = 1.02$ kN
$AB = 776$ N $BC = 469$ N
$B_y = 0$ $CD = -1.66$ kN
$AC = 1.01$ kN $BD = 3.72$ kN
$B_z = 4.20$ kN $DE = 1.30$ kN

7.61 $A_x = 1$ kN, $AD = 33.5$ kN,
$C_z = 19.9$ kN, $A_y = 0, B_z = 19.9$ kN,
$CD = -22.4$ kN, $A_z = -29.9$ kN,
$BC = 20.7$ kN, $CE = -8.4$ kN,
$AB = -11.3$ kN, $BE = 8.4$ kN,
$DE = 18.0$ kN, $AC = -11.3$ kN,
$BD = -22.4$ kN, $C_x = 0$

7.63 $A_x = 2.26$ kN, $B = 4.18$ kN,
$C_z = -122.3$ kN, $A_y = 0$,
$BC = -5.14$ kN, $CD = -12.76$ kN,
$A_z = 9.54$ kN, $BD = -2.15$ kN,
$CE = 2.74$ kN, $AB = 2.58$ kN,
$BE = 2.74$ kN, $AC = 2.58$ kN,
$DE = -10.95$ kN, $AD = -11.93$ kN,
$E_z = 4.79$ kN

7.65 $A_x = -25,000$ N, $B_z = -95,032$ N,
$C = 7217$ N, $A_y = -6250$ N,
$BC = -100,727$ N, $CD = 39,999$ N,
$A_z = 21,357$ N, $BD = -36,616$ N,
$CE = 22,513$ N, $AB = 13,369$ N,
$BE = 161,523$ N, $CF = 45,092$ N,
$AC = 53,476$ N, $EF = 98,233$ N,
$AE = -36,300$ N

7.67 $A_x = 0, B = -120, C_y = 180$
$A_y = 420, C_x = -120$,
$E_y = 180 (B = -D)$

7.69 a. Same as (b) except
$E_y = 40,000$ N.

b.
$A_x = -50,000$ N $C = D = 80,000$ N
$A_y = -40,000$ N $E_x = 50,000$ N
$B_x = 50,000$ N $E_y = 80,000$ N

7.71
$A_x = 4316$ N $C_x = 9156$ N
$D_x = 10,080$ N $E_x = 4316$ N
$A_y = 3924$ N $C_y = 2616$ N
$D_y = 6540$ N $F_y = 6540$ N
$F_x = 1380$ N $G_x = G_y = B = 3924$

7.73
$A_x = 2250$ N, $B_x = 2250$ N, $C_x = 2250$ N,
$A_y = 3000$ N, $B_y = 1000$ N, $C_y = 3000$ N

7.75 $A_x = -1067$ N, $B_x = -1067$ N,
$C_x = -1067$ N, $A_y = 200$ N,
$B_y = 800$ N, $C_y = 800$ N

7.77 $A_x = 0, A_y = 1187$ N, $P = -972$ N

7.79 $A_x = 538$ N,
$A_y = 210$ N, $D_x = E_x = -538$ N,
$D_y = E_y = 200$ N, $F_x = -100$ N,
$F_y = -10$ N, $G_y = 410$ N

7.81 $F = 0.207$ kN

7.83 $A_x = 712$ N, $A_y = 180$ N,
$B_x = 712$ N, $B_y = 0$,
$M_B = 3150$ N cm

7.85 $A_y = \dfrac{d + c}{d} P, \ B_y = \dfrac{(a + b)c}{db} P,$
$C_y = \dfrac{c}{d} P, F = \dfrac{ac}{db} P$

7.87 b. No solution.

7.89 $A_x = B_x = C_x = 0, A_y = -1500$ N,
$B_y = -1250$ N, $C_y = 4375$ N,
$F = 3125$ N

7.91 $A_y = 214$ N, $B = 5967$ N,
$CE = 7569$ N, $D_x = 4428$ N,
$D_y = 3932$ N

7.93 $A_x = 9810$ N, $A_y = -14,715$ N,
$B_x = 9810$ N, $B_y = 14,715$ N,
$C_x = 19,620$ N, $C_y = 29,430$ N,
$D_x = 9810$ N, $D_y = -29,430$ N,
$E = 14,715$ N

7.95 $A_x = -5.25$ kN, $A_y = 3.083$ kN,
$B = 3.582$ kN, $C_x = -8.867$ kN,
$C_y = -1.898$ kN, $D = -10.907$ kN,
$F_x = -17.942$ kN, $F_y = -4.152$ kN,
$G = -5.007$ kN

7.97 $E = -15.54$ kN, $F = 14.92$ kN,
$A = -0.171$ kN, $B = -0.651$,
$C_x = -735$ kN,
$C_y = -0.149$ kN

Chapter 8

8.1 $R = 1500$ N (tension)
$F_a = 1500$ N (tension)
$F_b = 1000$ N (tension)

8.3 $R = 700$ N
$F(x) = 500x - 300$ N

8.5 $V(0.3) = 750$ N
$M(.3) = 300$ N m
$V(.85) = 0$
$M(.85) = 0$

8.7 $V(0.5) = 0$
$M(0.5) = 3000$ N m

8.9 $V(0.9) = 0$

$M(0.9) = 300$ N m

8.11 $V(0.5) = 500$ N

$M(0.5) = 1050$ N m

8.13

$$V(\theta) = \begin{cases} 3\cos\theta \text{ kN} & 0 \le \theta \le 180° \\ 0 & 180° \le \theta \le 225° \end{cases}$$

$$M(\theta) = \begin{cases} 450\sin\theta \text{ N m} & 0 \le \theta \le 180° \\ 0 & 180° \le \theta \le 225° \end{cases}$$

$$A(\theta) = \begin{cases} 3\sin\theta \text{ kN} & 0 \le \theta \le 180° \\ 0 & 180° \le \theta \le 225° \end{cases}$$

8.15 $R = -10\hat{\mathbf{i}} - 10\hat{\mathbf{j}} + 3\hat{\mathbf{k}}$ kN

$M(0) = 23\hat{\mathbf{i}} - 20\hat{\mathbf{j}} + 10\hat{\mathbf{k}}$ kN m

8.17 a.

$\mathbf{R}_0 = -3\hat{\mathbf{i}} - 15\hat{\mathbf{j}} - 10\hat{\mathbf{k}}$ kN

$\mathbf{M}_0 = 1.799\hat{\mathbf{i}} - 0.2598\hat{\mathbf{j}} - 0.15\hat{\mathbf{k}}$ N m

For $0° \le \theta < 60°$,

$\mathbf{Q}(\theta) = 3\hat{\mathbf{i}} + 15\hat{\mathbf{j}} + 10\hat{\mathbf{k}}$,

$\mathbf{M}(\theta) = (1.5\sin\theta - \cos\theta - 0.799)\hat{\mathbf{i}}$
$+ (0.2598 - 0.3\sin\theta)\hat{\mathbf{j}}$
$+ (0.3\cos\theta - 0.15)\hat{\mathbf{k}}$,

For θ between 60° and up to 170°, $\mathbf{M}$ and $\mathbf{Q}$ are zero.

b.

$\hat{\mathbf{i}} \cdot \mathbf{Q}(\theta) = 3$ kN

$\hat{\mathbf{e}}_r \cdot \mathbf{Q}(\theta) = 15\cos\theta + 10\sin\theta$ kN

$\hat{\mathbf{e}}_\theta \cdot \mathbf{Q}(\theta) = -15\sin\theta + 10\cos\theta$ kN

$\hat{\mathbf{i}} \cdot \mathbf{M}(\theta) = (1.5\sin\theta - \cos\theta$
$- 0.799)$ kN m

$\hat{\mathbf{e}}_r \cdot \mathbf{M}(\theta) = 0.2598\cos\theta$
$- 0.15\sin\theta$ kN m

$\hat{\mathbf{e}}_\theta \cdot \mathbf{M}(\theta) = -0.2598\sin\theta - 0.15\cos\theta$
$+ 0.3$ kN m

8.19 $C_y = 3.75$ kN

$A_y = 1.25$ kN

$V(x) = 1.25$ kN, $0 \le x < 3$

$M(x) = 1.25x$ kN m, $0 \le x < 3$

$V(x) = -3.75$ kN, $3 < x \le 4$

$M(x) = 15 - 3.75x$ kN m,
$3 < x \le 4$

The maximum value of the moment is 3.75 kN m.

8.21 $A_y = 7$ kN

$B_y = 8$ kN

$V(x) = 7$ kN, $0 \le x < 2$ (down)

$M(x) = 7x$ kN m, $0 \le x < 2$

$V(x) = -3$ kN, $2 < x < 4$ (up)

$M(x) = 20 - 3x$ kN m, $2 < x < 4$

$V(x) = -8$ kN, $4 < x < 5$ (up)

$M(x) = 40 - 8x$, $4 < x \le 5$

The maximum value of the bending moment is 14 kN m.

8.23 $R_A = P_0$

$M_A = P_0L + M_0$

$V = P_0$ (up)

$M(x) = P_0(x - L) - M_0$

8.25 $A_y = 885.7$ N

$B_y = 1314.3$ N

$V(x) = 885.7 - 66.67x^2$ N,
$0 \le x < 3$ m

$M(x) = 885.7x - 22.22x^3$,
$0 \le x < 3$

$V(x) = -400x + 1485.7$ N,
$3 < x \le 7$

$M(x) = -200x^2 + 1485.7x - 600$ N m,
$3 < x \le 7$

8.27 $B_y = 67.5$ N, $A_y = 22.5$ N,

$V(x) = \dfrac{-10x^3}{3} + 22.5$ N,

$M(x) = \dfrac{-5x^4}{6} + 22.5x$ N m

8.29 $R_y = 1000$ N

$M_0 = 34{,}000$ N/m

$V(x) = \dfrac{10}{\pi}\left(x\pi - 50\cos\dfrac{\pi x}{50} + 50\right)$
$- 1000$ N

$M(x) = 5x^2 - \dfrac{25{,}000}{\pi^2}\sin\dfrac{\pi x}{50}$
$+ \dfrac{500}{\pi}x - 1000x + 3400$ N m

8.31

$R_y = 7847$ N

$M_0 = 69{,}349$ N m

$V(x) = 1000(\sin x - x\cos x) - 7847$ N

$M(x) = 71{,}349 - 7847x - 2000\cos x$
$- 1000x\sin x$ N m

8.33

$B_y = 2.1$ kN, $A_y = 1.8$ kN

$V(x) = 1.8$, $0 \le x < 2$

$M(x) = 1.8x$, $0 \le x < 2$

$V(x) = 3.4 - 0.8x$ kN, $2 < x \le 5$

$M(x) = -0.4x^2 + 3.4x - 1.6$ kN m,
$2 < x \le 5$

$V(x) = -0.6 \text{ kN}, 5 < x \leq 7$

$M(x) = 8.4 - 0.6x \text{ kN m}$
$5 < x \leq 7$

$V(x) = -2.1 \text{ kN}, 7 < x \leq 9$

$M(x) = 18.9 - 2.1x \text{ kN m},$
$7 < x \leq 9$

8.35

$R_B = \dfrac{a^2}{2L}w_0 + \dfrac{M}{L},$

$R_A = w_0 a\left(1 - \dfrac{a}{2L}\right) - \dfrac{M}{L}$

For $0 \leq x < a,$

$V(x) = w_0 a\left(1 - \dfrac{a}{2L}\right) - \dfrac{M}{L} - w_0 x,$

$M(x) = \left(w_0 a\left(1 - \dfrac{a}{2L}\right) - \dfrac{M}{L}\right)x$
$\qquad - \dfrac{w_0}{2}x^2$

For $a \leq x < b,$

$V(x) = -\dfrac{a^2}{2L}w_0 - \dfrac{M}{L},$

$M(x) = -\dfrac{a^2}{2L}w_0 x - \dfrac{M}{L}x + \dfrac{a^2 w_0}{2}$

For $b \leq x \leq L, \ V(x) = -\dfrac{a^2}{2L}w_0 - \dfrac{M}{L},$

$M(x) = -\dfrac{a^2}{2L}w_0 x + M\left(1 - \dfrac{x}{L}\right)$
$\qquad + \dfrac{a^2 w_0}{2}$

8.37

$R_B = \dfrac{a}{b}P + \dfrac{w_0}{2}\left(\dfrac{L^2}{b}\right),$

$R_A = P\left(1 - \dfrac{a}{b}\right) + w_0 L\left(1 - \dfrac{L}{2b}\right)$

For $0 \leq x < a,$

$V(x) = -w_0 x + P\left(1 - \dfrac{a}{b}\right)$
$\qquad + w_0 L\left(1 - \dfrac{L}{2b}\right),$

$M(x) = -w_0\dfrac{x^2}{2} + \left(P\left(1 - \dfrac{a}{b}\right)\right.$
$\qquad \left. + w_0 L\left(1 - \dfrac{L}{2b}\right)\right)x$

For $a \leq x < b,$

$V(x) = -w_0 x + w_0 L\left(1 - \dfrac{L}{2b}\right)$
$\qquad - \dfrac{a}{b}P,$

$M(x) = -w_0\dfrac{x^2}{2} + w_0 L\left(1 - \dfrac{L}{2b}\right)x$
$\qquad + Pa\left(1 - \dfrac{x}{b}\right)$

For $b \leq x < L, \ V(x) = -w_0 x + w_0 L,$

$M(x) = -\dfrac{(L - x)^2}{2}w_0$

8.39

$R_A = \dfrac{1}{24}Lw_0, \ R_B = \dfrac{5}{24}Lw_0$

For $0 \leq x < L/2$

$V(x) = \dfrac{1}{24}Lw_0, \ M(x) = \dfrac{1}{24}Lw_0 x$

For $L/2 \leq x < L,$

$V(x) = -\dfrac{1}{L}w_0\left(x - L/2\right)^2 + \dfrac{1}{24}Lw_0,$

$M(x) = -\dfrac{w_0}{3L}\left(x - \dfrac{L}{2}\right)^3 + \dfrac{1}{24}Lw_0 x$

8.41

$a = L/4,$

$R_A = -\dfrac{w_0 L}{6}, \ R_B = -\dfrac{5}{6}w_0 L$

For $0 \leq x < a,$

$V(x) = -w_0 x\left(1 - \dfrac{2x}{L}\right) - \dfrac{w_0 L}{6},$

$M(x) = -\dfrac{w_0 x^2}{2}\left(1 - \dfrac{4x}{3L}\right) - \dfrac{w_0 L}{6}x$

For $a < x \leq L$, same as above.

8.43 $R_A = P_B$

$\quad M_A = (M_B + P_B L)$

$\quad V(x) = M_B\langle x - L\rangle_{-1}$
$\qquad - P_B\langle x - L\rangle^0$
$\qquad - M_A\langle x - 0\rangle_{-1}$
$\qquad + R_A\langle x - 0\rangle^0$

$\quad M(x) = M_B\langle x - L\rangle^0$
$\qquad - P_B\langle x - L\rangle^1$
$\qquad - M_A\langle x - 0\rangle^0$
$\qquad + R_A\langle x - 0\rangle^1$

8.45 $R_A = w_0 a\left(1 - \dfrac{a}{2L}\right) - \dfrac{M}{L}$

$\quad R_B = \dfrac{a^2}{2L}w_0 + \dfrac{M}{L}$

$\quad V(x) = -w_0\langle x - 0\rangle^1$
$\qquad + w_0\langle x - a\rangle^1$
$\qquad + M\langle x - b\rangle^{-1}$
$\qquad + R_A\langle x - 0\rangle^0$
$\qquad + R_B\langle x - L\rangle^0$

$$M(x) = -\frac{w_0}{2}\langle x - 0\rangle^2$$
$$+ \frac{w_0}{2}\langle x - a\rangle^2$$
$$+ M\langle x - b\rangle^0$$
$$+ R_A\langle x - 0\rangle^1$$
$$+ R_B\langle x - L\rangle^1$$

8.47

$$R_A = P\left(1 - \frac{a}{b}\right) + w_0L\left(1 - \frac{L}{2b}\right)$$

$$R_B = \frac{a}{b}P + \frac{w_0}{2}(L^2/b)$$

$$V(x) = -w_0\langle x - 0\rangle^1$$
$$- P\langle x - a\rangle^0$$
$$+ R_A\langle x - 0\rangle^0$$
$$+ R_B\langle x - b\rangle^0$$

$$M(x) = -\frac{w_0}{2}\langle x - 0\rangle^2$$
$$- P\langle x - a\rangle^1$$
$$+ R_A\langle x - 0\rangle^1$$
$$+ R_B\langle x - b\rangle^1$$

8.49 $\quad R_A = \frac{w_0}{24}L$

$$R_B = \frac{5}{24}w_0L$$

$$V(x) = -\frac{w_0}{L}\langle x - L/2\rangle^2$$
$$+ R_A\langle x - 0\rangle^0$$
$$+ R_B\langle x - L\rangle^0$$

$$M(x) = -\frac{w_0}{3L}\langle x - L/2\rangle^3$$
$$+ R_A\langle x - 0\rangle^1$$
$$+ R_B\langle x - L\rangle^1$$

8.51

$L = 4a$ (from loading geometry)

$$R_L = \frac{3P}{4} - \frac{2w_0a}{3}$$

$$R_R = -\frac{P}{4} + \frac{10w_0a}{3}$$

$$V(x) = R_L\langle x - 0\rangle^0 - w_0\langle x - 0\rangle^1$$
$$- P\langle x - a\rangle^0 + \frac{w_0}{2a}\langle x - 0\rangle^2$$
$$- R_R\langle x - 4a\rangle^0$$

$$M(x) = R_L\langle x - 0\rangle^1 - \frac{w_0}{2}\langle x - 0\rangle^2$$
$$- P\langle x - a\rangle^1 + \frac{w_0}{6a}\langle x - 0\rangle^3$$
$$- R_R\langle x - 4a\rangle^1$$

8.53

$$M_0 = \frac{\sqrt{2}L^2}{2\pi} - \frac{PL}{4}$$

$$V_0 = P - \frac{\sqrt{2}L}{\pi}$$

$$w(x) = M_0\langle x - 0\rangle_{-2} + V_0\langle x - 0\rangle_{-1}$$
$$+ \sin\left(\frac{\pi x}{L}\right)\left\langle x - \frac{L}{4}\right\rangle^0$$
$$- \sin\left(\frac{\pi x}{L}\right)\left\langle x - \frac{3L}{4}\right\rangle^0$$

$$V(x) = M_0\langle x - 0\rangle_{-1} + V_0\langle x - 0\rangle^0$$
$$- P\left\langle x - \frac{L}{4}\right\rangle^0 + \frac{L}{\pi}\left[\frac{\sqrt{2}}{2}\right.$$
$$\left. - \cos\left(\frac{\pi x}{L}\right)\right]\left\langle x - \frac{L}{4}\right\rangle^0$$
$$+ \frac{L}{\pi}\left[\frac{\sqrt{2}}{2} - \cos\left(\frac{\pi x}{L}\right)\right]\left\langle x - \frac{3L}{4}\right\rangle^0$$

$$M(x) = M_0\langle x - 0\rangle^0 + V_0\langle x - 0\rangle^1$$
$$- P\left\langle x - \frac{L}{4}\right\rangle^1 + \frac{\sqrt{2}L}{2\pi}\left\langle x - \frac{L}{4}\right\rangle^1$$
$$+ \frac{\sqrt{2}L}{2\pi}\left\langle x - \frac{3L}{4}\right\rangle^1$$
$$- \frac{L^2}{\pi^2}\left[\sin\left(\frac{\pi x}{L}\right) - \frac{\sqrt{2}}{2}\right]$$
$$\left\langle x - \frac{L}{4}\right\rangle^0 + \frac{L^2}{\pi^2}\left[\sin\left(\frac{\pi x}{L}\right) + \frac{\sqrt{2}}{2}\right]$$
$$\left\langle x - \frac{3L}{4}\right\rangle^0$$

8.55 $\theta = 44.05°, \quad \beta = 67.98°,$
$\quad\quad T_A = 809 \text{ N}, \quad T_B = 1501 \text{ N}$

8.57 a. $T_{AB} = 4.767 \text{ kN}, T_{BC} = 4.413 \text{ kN},$
$\quad\quad\quad T_{CD} = 4.706 \text{ kN}, \alpha = 22.6°,$
$\quad\quad\quad \beta = 4.32°, \gamma = 20.75°$

$\quad\quad$ **b.** $A_x = -4.4 \text{ kN}$
$\quad\quad\quad A_y = 1.83 \text{ kN}$
$\quad\quad\quad D_x = 4.4 \text{ kN}$
$\quad\quad\quad D_y = 1.67 \text{ kN}$
$\quad\quad\quad$ The sag at B is 1.15 m
$\quad\quad\quad$ and at C is 1.42 m.

8.59

$T_{AB} = 1349 \text{ N}, T_{BC} = 1355 \text{ N},$

$T_{CD} = 1486 \text{ N}, \alpha = 9.96°,$

$\beta = 11.35°, \gamma = 26.64°, \ell = 2.0 \text{ m}$

8.61 $T = 22.36 \text{ kN}$

8.63 $T = 1000\sqrt{1 + (0.1)^2 x^2},$
$\quad\quad -20 \leq x \leq 20$

8.65

$T(x) = 2.5 \times 10^5 \sqrt{1 + (0.008)^2 x^2},$
$\quad\quad -50 < x < 50$

8.67 Reaction at $A = 14.4 \text{ kN}$

$T(x) = 1197.5 \cosh(0.0417x),$
$\quad\quad -15 < x < 15$

8.69

$T(x) = 87.88 \cosh(0.5689x)$
$y = [\cosh(0.5689x) - 1]/0.5689$

Chapter 9

9.1 See 3.47

9.3 See 3.49

9.5 See 3.51

9.7 See 3.53

9.9 See 3.55

9.11 See 3.57

9.13 $M = r\mu_s W\left(\dfrac{1 + \mu_s}{1 + \mu_s^2}\right)$

9.15 See 3.59

9.17 See 3.61

9.19 $f = 1888.43 \text{ N}$

9.21 $F = 302.78 \text{ N}$

9.23 $F = 777.75 \text{ N}$

9.25 a. $f(\alpha) = 75 \cos\alpha$
    b. $N(\alpha) = 100 - 75 \sin\alpha$
      $f < \mu_s N(\alpha)$ for all values of α
      so the block never moves.

9.27 $\theta = 30.96°$

9.31 $80.578 \text{ kg} < m < 203.65 \text{ kg}$

9.33 The crate will tip down the plane.

9.35 The crate is not in equilibrium and will tip down the incline.

9.37 $P = 367.875 \text{ N}$ applied at any value of $h < 0.5 \text{ m}$.

9.39 a. $P = 220.725$ applied anywhere.
    b. $P = 220.725$ at $h < 0.5 \text{ m}$.

9.41 The box slides.

9.43 The blocks slide together.

9.45 $P_{max} < \mu_2(W_1 + W_2)$

9.47 The boxes are stationary.

9.49 $P = \dfrac{\mu R}{\mu R + r} W$

9.51 $P = 4441 \text{ N}$
The crate tips.

9.53 $\mu_1 = 0.0893, \mu_3 = 0.268$

9.55 $\mu N_2 = 5062 \text{ N}$

9.57 $\mathbf{r} \times \mathbf{F} = 1203 \text{ N m}$

9.59 $d = 0.217 \text{ m}$

9.61 $P = 55.56 \text{ N}$

9.63 $P = 203.4 \text{ N}$

9.65 $P = 1883.57 \text{ N}$

9.67 $P = 2268 \text{ N}$

9.69 $P = 1973 \text{ N}$

9.71 $P = 1725.21 \text{ N}$

9.73 $P = 276.6 \text{ N}$
Slips on both wall and wedge.

9.75 $P = 80.43 \text{ N},$
$\mu_{\text{smallest}} = 0.364$

9.77 No solution for slip at all surfaces.

9.79 $P = 2143 \text{ N}$

9.81 $P = 2335 \text{ N}$

9.83 The system is self locking.
$F = 79.4 \text{ N}$

9.85 $F = 102 \text{ N}$

9.87 $M = 10.02 \text{ m N}$

9.89 $M = 5.05 \text{ m N}$

9.93 $M = 0.11 W \cot\theta \text{ m N}$

9.95 $M = 3.5 \text{ m N}$

9.97 1.6 times.

9.99 $F = 2236 \text{ N}$

9.101 The tension of 2500 N m cannot be transmitted by the center wheel.

9.103 $\dfrac{L}{L + r} = \mu e^{\frac{3\pi\mu}{2}}$

9.105 $\mu_k = 0.098$

9.107 $T_A = 966.25 \text{ N cm}$

9.109 $M = 1125 \text{ N mm}$

9.111 $F = 132.52 \text{ N}$

9.113 $M_f = 0.943 \text{ N m}$

9.115 $P = 72 \text{ N}$

9.117 $P = 19.62 \text{ N}$

Chapter 10

10.1 $\bar{x} = 80 \text{ mm}, \bar{y} = 50.66 \text{ mm}$

10.3 $I_{yy} = 1.2375 \times 10^8 \text{ mm}^4$

10.5 $I_{xx} + I_{yy} = \dfrac{\pi}{2}\left(R_0^4 - R_1^4\right)$

10.7 $I_{yy} = \dfrac{h\ell^3}{3}$

10.9 $I_{yy} = \dfrac{2}{15}\ \text{m}^4$

10.11 $I_{xx} = 320 \times 10^3\ \text{mm}^4,$
$\qquad I_{yy} = 3840 \times 10^3\ \text{mm}^4,$
$\qquad I_0 = 4160 \times 10^3\ \text{mm}^4$

10.13 $I_{yy} = \dfrac{\pi a^3 b}{4} = \dfrac{\pi(3)^3 2}{4} = \pi\left(\dfrac{27}{2}\right)$

10.15 $I_{xx} = \dfrac{\pi b^3 a}{8}$

10.17 $I_0 = \dfrac{\pi ab}{8}(a^2 + b^2)$

10.19 $I_y = \dfrac{h\ell^3}{\pi}\left(1 - \dfrac{4}{\pi^2}\right)$

10.21 $\bar{y} = \dfrac{\pi}{4}$
$\qquad I_{yyc} = \pi^2 - 8$

10.23

Origin at A: $I_x = \dfrac{1}{9}\ell h^3$, $I_y = \dfrac{1}{9}h\ell^3$

Origin at B: $I_x = \dfrac{7}{12}\ell h^3$, $I_y = \dfrac{7}{12}h\ell^3$

10.25 $I_{xx_c} = 0.0457\ \text{m}^4$
$\qquad I_{yy_c} = 0.0393\ \text{m}^4$

10.27 $K_{xx_c} = 0.521$
$\qquad K_{yy_c} = 0.684$

10.29 $I'_{xx} = \dfrac{\pi r^4}{2}$

10.31 $I_{xx_c} = \dfrac{bh^3}{36},$
$\qquad I_{yy_c} = \dfrac{b^3 h}{48}$

10.33 $I_{xx} = \dfrac{a^4}{12} - \dfrac{\pi r^4}{4},$
$\qquad I_{yy} = \dfrac{a^4}{12} - \dfrac{\pi r^4}{4}$

10.35

$I_{xx} = \dfrac{1}{6}(b - t)t^3$
$\quad + (b - t)t\left(\dfrac{h}{2} - \dfrac{t}{2}\right)^2 + \dfrac{1}{12}th^3,$

$I_{yy} = \dfrac{1}{6}(b - t)^3 t$
$\quad + (b - t)t\left(\dfrac{b - t}{2} + \dfrac{t}{2}\right)^2 + \dfrac{1}{12}t^3 h$

10.37 $I_{xx_c} = \dfrac{1}{6}(b - t)t^3 + (b - t)t$
$\qquad \left[\left(h - \dfrac{t}{2} - \bar{y}_c\right)^2 + \left(\bar{y}_c - \dfrac{t}{2}\right)^2\right]$
$\qquad + \dfrac{1}{12}th^3 + ht\left(\dfrac{h}{2} - \bar{y}_c\right)^2,$

$\qquad I_{yy_c} = \dfrac{1}{6}t(b - t)^3 + 2t(b - t)$
$\qquad \left(\dfrac{b + t}{2} - \bar{x}_c\right)^2 + \dfrac{1}{12}ht^3$
$\qquad + ht\left(\bar{x}_c - \dfrac{t}{2}\right)^2$

10.39 $I_x = I_y = 0.702r^4$
$\qquad I_z = 1.404r^4$

10.41 11.68% increase in bending
stiffness.
11.68% increase in polar moment
of inertia.

10.43 $I_{xx_c} = 1432\ \text{cm}^4$
$\qquad I_{yyc} = 1495\ \text{cm}^4$

10.45 $I_{xx_c} = 0.374 \times 10^{-6}\ \text{m}^4$
$\qquad I_{yy_c} = 0.4639 \times 10^{-6}\ \text{m}^4$

10.47 $\beta = -5.52°$
$\qquad I_{x'x'} = 26.94 \times 10^{-6}\ \text{m}^4$
$\qquad I_{y'y'} = 13.36 \times 10^{-6}\ \text{m}^4$

10.49 $\beta = 42.82°$
$\qquad I_{x'x'} = 114.375\ \text{cm}^4$
$\qquad I_{y'y'} = 68.175\ \text{cm}^4$

10.51 $\bar{x}_c = 59.99\ \text{mm}$
$\qquad \bar{y}_c = 26.66\ \text{mm}$
$\qquad \beta = -40.83°$
$\qquad I_{x'x'} = 2.0392 \times 10^{-6}\ \text{m}^4$
$\qquad I_{y'y'} = 0.9578 \times 10^{-6}\ \text{m}^4$

10.53 $I_{xy_c} = 0$ and $I_{xx_c} = I_{yy_c}$

10.55 $\bar{x}_c = 18.84\ \text{mm}$
$\qquad \bar{y}_c = 20\ \text{mm}$
$\qquad \beta = -35.33°$
$\qquad I_{x'x'} = 0.4359 \times 10^{-6}\ \text{m}^4$
$\qquad I_{y'y'} = 0.1731 \times 10^{-6}\ \text{m}^4$

10.57 $\bar{x}_c = \dfrac{1}{2}\dfrac{ht + l^2 - t^2}{h + l - t},$
$\qquad \bar{y}_c = \dfrac{1}{2}\dfrac{h^2 + lt - t^2}{h + l - t},$

$$I_{xx} = \frac{1}{12}th^3 + \frac{1}{12}(l-t)t^3$$
$$+ \frac{1}{4}\frac{ht(lt - t^2 - hl + ht)^2}{(h+l-t)^2}$$
$$- \frac{1}{4}\frac{(-l+t)th^2(h-t)^2}{(h+l-t)^2},$$

$$I_{yy} = \frac{1}{12}t^3h + \frac{1}{12}t(l-t)^3$$
$$+ \frac{1}{4}\frac{htl^2(-l+t)^2}{(h+l-t)^2} - \frac{1}{4}\frac{(-l+t)th^2l^2}{(h+l-t)^2},$$

$$I_{xy} = -\frac{1}{4}\frac{htl(-l+t)(h-t)}{h+l-t}$$

Use (10.36) and (10.37).

10.59 $\bar{x}_c = 18.3$ mm, $\bar{y}_c = 38.8$ mm,
$\beta = -16.07°$,
$I_{x'x'} = 1.41 \times 10^{-6}$ m⁴,
$I_{y'y'} = 0.25 \times 10^{-6}$ m⁴

10.61 See 10.47

10.63 See 10.49

10.65 See 10.51

10.67 See 10.53

10.69 See 10.55

10.71 See 10.57

10.73 See 10.59

10.75 See 10.47

10.77 See 10.49

10.79 See 10.51

10.81 See 10.53

10.83 See 10.55

10.85 See 10.57

10.87 See 10.59

10.89 $I_{xx_A} = \frac{1}{3}m(h^2 + t^2)$
$I_{yy_A} = \frac{1}{3}m(t^2 + \ell^2)$
$I_{zz_A} = \frac{1}{3}m(\ell^2 + h^2)$

10.91 $I_{zz} = 1867$ kg m²

10.93 $\bar{x} = 400$ mm, $\bar{y} = 230.94$ mm,
$I_{zz_0} = 3.547 \times 10^6$ kg mm²

10.95 $I_{xx} = 0.45$ kg m²

10.97 $I_{zz} = 0.02081$ kg m² (about the center of mass)

10.99 $I_{z_0} = 0.511$ kg m²

10.101 $I_{z_0} = \frac{5}{24}m\ell^2 + \frac{1}{8}m\ell^2\cos\theta$

Chapter 11

11.1 $\theta = 2\tan^{-1}\frac{2F}{mg}$

11.3 $M = \frac{25mg\ell}{18}\sin\theta$

11.5 $F = mg\cot\theta$

11.7 $F = 2\tan\theta(P - mg)$

11.9 $F = 15{,}288$ N

11.11 1274.32 N

11.13 $P(\theta) = 625\frac{1}{\sin\theta} + 22.5$

11.15 $W = 1204.2$ N

11.17
$$F(\theta) = \frac{-W(a\sin\theta - b\cos\theta)}{-c\sin\theta + \dfrac{c^2\cos\theta\sin\theta}{\sqrt{d^2 - c^2\sin^2\theta}}}$$

11.19 $M = mgR\sin\theta$

11.21 $W = 100\cot\theta$ N

11.23 $\theta_1 = 73.3°$
$\theta_2 = 84.3°$

11.25 $\theta_1 = 73.3°$
$\theta_2 = 0°$

11.27 $\theta_1 = 2.3°$
$\theta_2 = 3.89°$
$\theta_3 = 11.52°$

11.29 $U = -10$ Joules

11.31 $U = 20$ Joules

11.33 $U = 10$ Joules

11.35 **a.** $V(x) = 750x^2 - 98.1x$ Joules
b. $V'(x) = kx - mg = 0$
So, $x = \frac{mg}{k}$,
$\sum F = kx = mg$ is zero at
$x = \frac{mg}{k}$.

11.37 $\theta = \sin^{-1}\frac{mg}{2kL}$, stable and
$\theta = \pm\pi/2, \pm 3\pi/2, \cdots$, neutral.

11.39 $k = \frac{294.3}{(1 - \cos\theta)\tan\theta}$,
$\theta = 22°$, stable.

11.41 $x = \frac{mg}{k}$

11.43 $k = 101.09$ kN/m

11.45 $\theta = -27.0°$, stable.

11.47 $\theta = 39.97°$

No.

11.49 $\theta = \cos^{-1}\left[\dfrac{W}{kL}\right]$, unstable.

$\theta = 0$, stable if $kL > W$, neutral if $kL = W$, unstable if $kL < W$.

11.51 $\theta = 0°$, stable if $2kL > W$.

$\theta = \cos^{-1}\left(\dfrac{W}{2kL}\right)$, unstable.

11.53 No.

11.55 Yes.

11.57 $\mathbf{F} = -2x\hat{\mathbf{i}} - 2y\hat{\mathbf{j}} - 2z\hat{\mathbf{k}}$

11.59 $\mathbf{F} = -2(x - 1)\hat{\mathbf{i}} - 2y\hat{\mathbf{j}} - 2z\hat{\mathbf{k}}$

Yes.

찾아보기

번역 및 교정에 참여하신 분 (가나다 순)

김성수 · 김승필 · 박대호 · 안정훈 · 양 협 · 유삼상
이재훈 · 이병수 · 이준식 · 임병덕 · 장성욱 · 조용진
최병선

정역학

2018년 3월 1일 인쇄
2018년 3월 5일 발행

　　　　　Robert W. Soutas-Little
저　　자 ◉ Daniel J. Inman
　　　　　Daniel S. Balint

발 행 인 ◉ **조 승 식**

발 행 처 ◉ (주)도서출판 **북스힐**
　　　　　서울시 강북구 한천로 153길 17

등　　록 ◉ 제 22-457 호

 (02) 994-0071

 (02) 994-0073

 www.bookshill.com
　　　　　bookshill@bookshill.com

잘못된 책은 교환해 드립니다.
값 28,000원

ISBN 979-11-5971-105-3